Verificación de productos conformados

Sergio Gómez

Marcombo

Verificación de productos conformados

Primera edición, 2012
Segunda edición, 2025

© 2025 Sergio Gómez

© 2025 MARCOMBO, S. L. www.marcombo.com
Gran Via de les Corts Catalanes, 594, 08007 Barcelona
Contacto: info@marcombo.com

Diseño de la cubierta: cuantofalta.es
Corrección: Nuria Barroso
Directora de producción: M.ª Rosa Castillo

ISBN: 978-84-267-3917-9

D.L.: B 6578-2025

Impreso en Servicepoint
Printed in Spain

Libro ecológico
Impreso con papel procedente de bosques gestionados
de manera eficiente, libre de cloro

Presentación

La fabricación mecánica ha experimentado un notable avance en las últimas décadas, impulsado por la demanda de productos de alta precisión. En este contexto, la **verificación de productos** se ha vuelto clave para garantizar que los procesos de fabricación cumplan con los estándares de calidad y eficiencia.

Este libro, *Verificación de productos conformados*, vinculado a la **Formación Profesional de Fabricación Mecánica**, está diseñado con un enfoque práctico. A lo largo de sus páginas, se cubren los resultados de aprendizaje y criterios de evaluación del currículo, ofreciendo tanto los contenidos básicos como elementos adicionales que amplían la comprensión. La obra está estructurada en cuatro partes que reflejan los resultados de aprendizaje esenciales: **Control dimensional (metrología), Control de características, Calibración y trazabilidad** y **Técnicas estadísticas de control de calidad**.

El texto destaca por su enfoque práctico, ofreciendo no solo teoría, sino también problemas resueltos, ejercicios, test y actividades propuestas que permiten al estudiante aplicar lo aprendido y desarrollar competencias para situaciones reales.

El objetivo es proporcionar a los lectores las habilidades necesarias para realizar con éxito las tareas de control y verificación en la fabricación mecánica, abarcando temas clave como metrología, ensayos destructivos y no destructivos, calibración e instrumentos de medida.

Confiamos en que este manual será una herramienta valiosa para estudiantes y profesionales, ayudándoles a adquirir los conocimientos y habilidades esenciales para su futuro en el sector.

Acceda a www.marcombo.info
para descargar gratis
el contenido adicional
complemento imprescindible de este libro

Código: MARCOMBO30

Índice

RA 1

RA 3

RA 2

RA 3

RA 4

Resultados de aprendizaje

RA 1	Determina pautas de control, relacionando características dimensionales de piezas y procesos de fabricación con la frecuencia de medición y los instrumentos de medida.
RA 2	Planifica el control de las características y de las propiedades del producto fabricado, relacionando los equipos y máquinas de ensayos destructivos y no destructivos con las características a medir o verificar.
RA 3	Calibra instrumentos de medición describiendo procedimientos de corrección de errores sistemáticos de los mismos.
RA 4	Determina el aseguramiento de la calidad del producto y de la estabilidad del proceso calculando datos estadísticos de control del producto y del proceso.

Control dimensional

Contenidos básicos

Pautas de control

Instrumentos de medición

Procesos de medida

Requisitos de las normas para los equipos de inspección, medida y ensayo

Errores en la medición

Contenidos

1. Metrología dimensional
2. Verificación de formas
3. Verificación de roscas
4. Verificación de engranajes
5. Tolerancias y ajustes
6. Estado superficial
7. Errores, calibración y trazabilidad

Resultados de aprendizaje

- Determina pautas de control, relacionando características dimensionales de piezas y procesos de fabricación con la frecuencia de medición y los instrumentos de medida.

- Calibra instrumentos de medición describiendo procedimientos de corrección de errores sistemáticos de los mismos.

Metrología dimensional

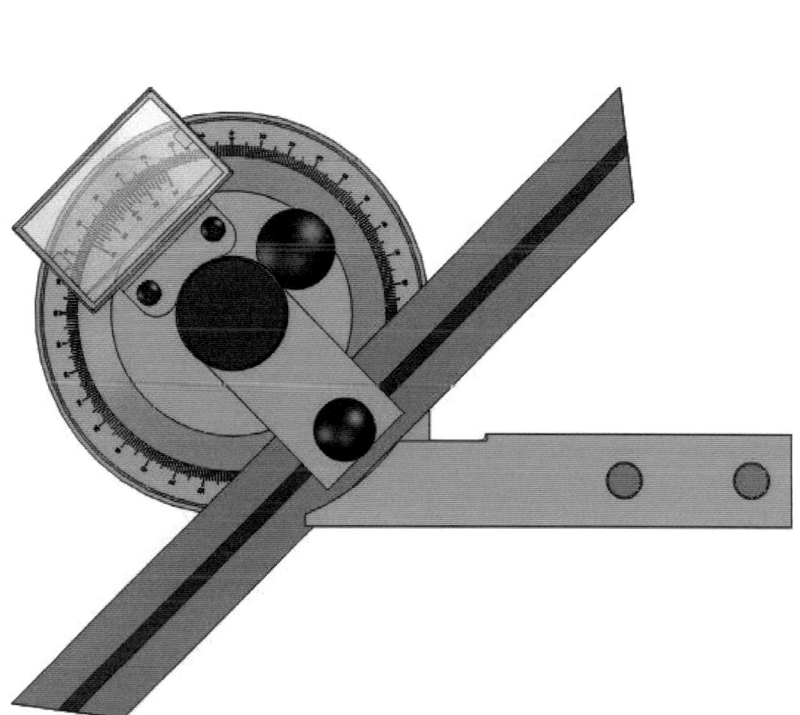

Contenidos

Introducción a la metrología

Medición y comprobación de longitudes

Control de medidas indirectas

Medición y comprobación de ángulos

Calibres de tolerancia

Máquinas de medición

Normativa de calibración

Problemas resueltos

Test, cuestiones y problemas propuestos

Objetivos

- Describir los instrumentos y dispositivos de verificación, medición y comprobación de longitudes y ángulos.

- Describir los calibres de tolerancia y las máquinas de medición.

- Definir las técnicas de medición directa y trigonometría de ángulos.

1.1.1 Introducción a la metrología

La conformación de piezas ya sea por procedimientos de deformación y corte, arranque de material, moldeo o especiales exige el control de las medidas durante y después del proceso de fabricación para determinar su aptitud para el uso o para determinar si es conforme a las especificaciones técnicas indicadas en los planos. Es parte fundamental en el proceso de producción, pues determina la aceptación o rechazo de las piezas en función de tolerancias admitidas en la fabricación.

Cuando se realiza una medida se está comparando una magnitud con otra que previamente ha sido definida. Con la comparación entre la magnitud y la unidad se establece la medida, es decir, el número de veces que aquella contiene a esta.

Se define la **metrología** como la ciencia que trata la medición de las diferentes magnitudes, los sistemas de unidades y establece requisitos en la fabricación de los instrumentos de medida.

Todo es factible de ser medido en el mundo físico. Por lo que la metrología puede ser aplicada a un gran número de campos, pero, considerando a esta desde el punto de vista de una de sus especialidades, en este capítulo nos ocuparemos, fundamentalmente, de la **metrología** aplicada a las industrias de fabricación mecánica.

Modernamente se ha creado el concepto de **metrotecnia** como metrología aplicada a la industria técnica, la cual trata temas como el conocimiento de los instrumentos de medida, las instrucciones para su correcto manejo, conservación y mantenimiento y da las pautas para realizar las mediciones.

Mediante el control de las medidas de una pieza pueden determinarse el valor numérico de una magnitud lineal o angular (medición) y que la magnitud se encuentra dentro de unos márgenes terminados (verificación).

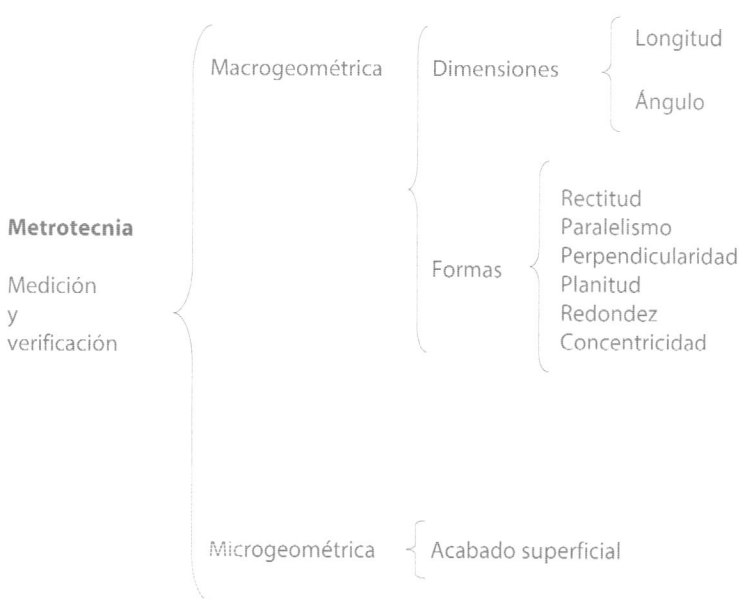

Figura 1.1.1 Esquema mediciones y verificaciones macrogeométricas y microgeométricas.

Muchas son las clasificaciones que pueden realizarse sobre los métodos de medición. A continuación, se presenta la más intuitiva y generalizada que divide los instrumentos en dos tipos: verificación y medición.

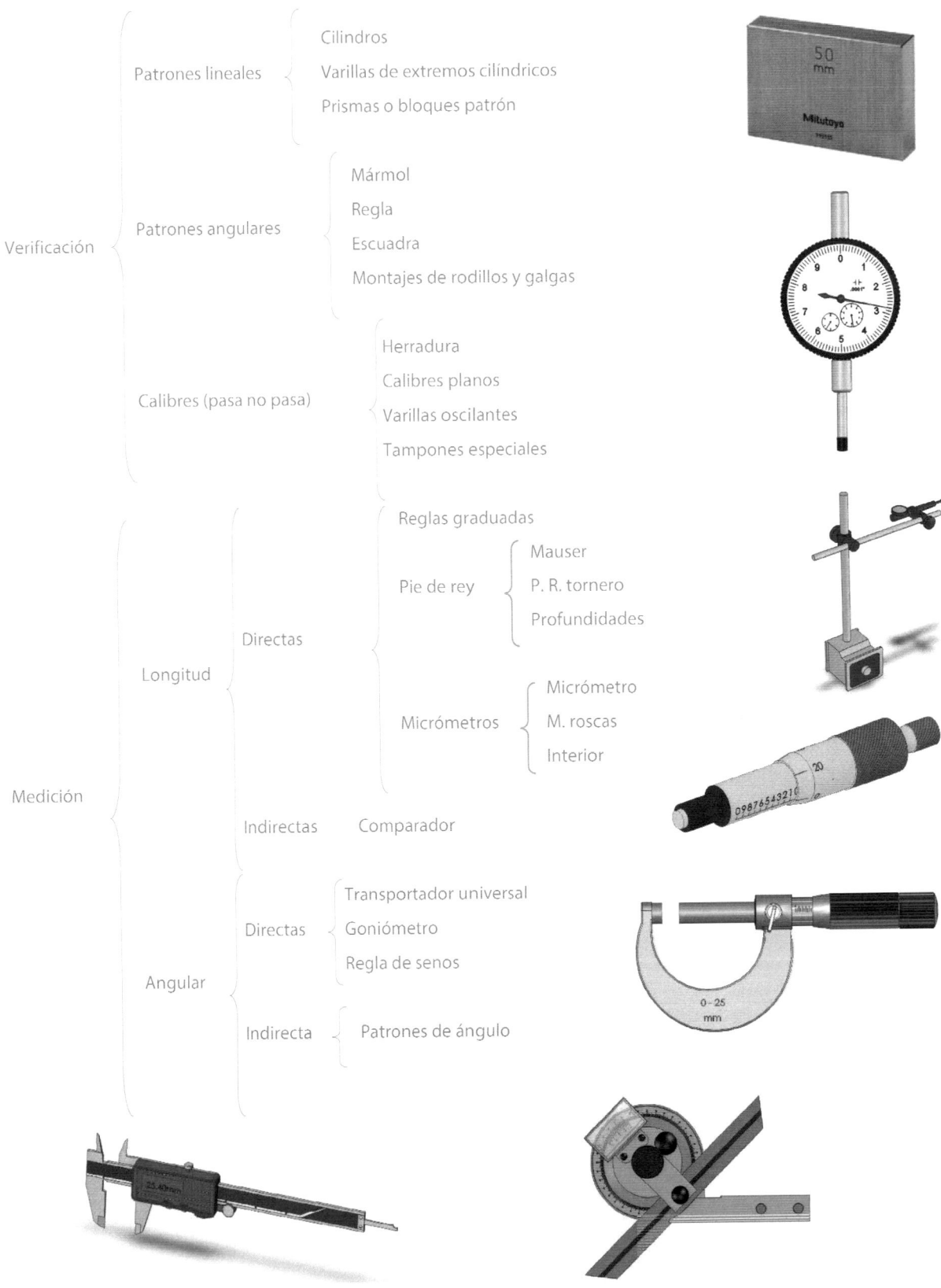

Figura 1.1.2 Instrumentos de medición y verificación.

1.1.2 **Herramientas de verificación y comprobación**

1.1.2.1 **Patrones de medida**

Medir es comparar una magnitud con un patrón determinado, por lo que se hace necesario, en la verificación de dimensiones y formas de las piezas, establecer patrones lineales y angulares que sirvan de base para el sistema de medición.

Figura 1.1.3 Patrones de verificación y comprobación lineales, angulares y calibres pasa no pasa.

Los patrones son objetos o instrumentos que permiten reproducir una unidad de medida (o múltiplo o submúltiplo de la misma). Existen dos tipos fundamentales: los patrones primarios y los secundarios. Los primeros reproducen unidades básicas del sistema internacional (SI) mientras de los segundos reproducen unidades no básicas o que realizan la comparación con un patrón primario.

En nuestro sistema los patrones adoptados son el metro patrón y sus derivados y el ángulo recto patrón y sus derivados.

1.1.2.2 **Patrones de longitud**

Reproducen el valor de una longitud determinada de forma que es innecesario recurrir a instrumentos de medida para determinar el valor. Permiten realizar la verificación de las dimensiones de un objeto por medio de manipulaciones relativamente simples, como por ejemplo: a) por la distancia entre dos trazos marcados en una regla (metro patrón) o b) mediante la distancia entre dos superficies de una barra o cala (varilla de extremos esféricos y calas de extremos planos).

Sus formas son muy diversas y en algunos casos guardan formas similares a las de instrumentos de medida y comprobación utilizados en el taller, pero se diferencian en su elevada precisión, por lo que solo se emplean en la comprobación de instrumentos de medida y nunca para la medición o comprobación directa de piezas.

Calibres fijos para exteriores (herradura)   Calibres fijos para interiores

Figura 1.1.4 Calibres pasa y no pasa (herradura y tampón). Imagen cedida por cortesía de Unceta/Holex.

Son fabricados en aceros al cromo debido a la gran dureza, resistencia al desgaste y buena estabilidad estructural. Es importante que el coeficiente de dilatación sea constante entre los límites de temperatura de empleo.

Los patrones de longitud más empleados en taller son los **patrones cilíndricos**, las **varillas de extremos esféricos** y los **patrones prismáticos** o **bloques patrón**.

- **Patrones cilíndricos**. En este tipo de patrón la medida de referencia está materializada por el diámetro de una superficie cilíndrica; entre ellos pueden diferenciarse los calibres de tampón normales, los discos patrón y los anillos patrón.

  - **Calibres normales simples**. Están formados por un cilindro cuyo diámetro tiene la medida de referencia y un mango para facilitar su manejo (conocidos como calibres tampón). El calibre tampón liso se emplea en la verificación de diámetros mediante la operación pasa y no pasa. El tampón está formado por un mango en cuyos extremos se disponen dos anillos con las medidas máximas admisibles (lado pasa) y la medida mínima (lado no pasa). Esta última suele estar marcada con un anillo de color rojo. El lado pasa entra sin dificultad en el agujero taladrado a verificar mientras que el lado no pasa no debería entrar.

  - **Discos patrón**. Son discos perforados en su centro y de un cierto espesor, cuya cota de referencia está materializada por un diámetro exterior. Se utilizan montados en un mango o en juegos montados sobre un soporte cilíndrico. Son utilizados en la verificación de calibres de tolerancia del tipo de boca o herradura, y también para la comprobación de instrumentos de medidas de exteriores, tales como micrómetros.

  - **Anillos patrones**. Son anillos cuyo diámetro del agujero materializa la cota de referencia. Se construyen con precisión de una micra y se emplean para el control de los instrumentos de medición y verificación de interiores.

Pasa   No pasa

Figura 1.1.5 Anillo patrón y anillo patrón para roscas (pasa y no pasa). Imagen cedida por cortesía de Unceta/Holex.

- **Varillas de extremos esféricos**. Este tipo de patrón tiene la forma de varillas cilíndricas de 12 mm de diámetro, terminadas por los dos extremos en casquetes esféricos que forman parte de una misma superficie esférica, cuyo centro se encuentra en el eje de la varilla.

  La cota nominal está definida por el diámetro de la esfera de la que forman parte los casquetes de los extremos, cosa que permite una cierta inclinación de la posición de la varilla cuando se emplea para la comprobación de la distancia entre dos superficies planas sin que la medición sea falseada.

  Un juego de estas varillas patrones puede estar compuesto por 10 varillas de medidas escalonadas de diez en diez milímetros desde 100 a 190 mm y dos varillas, una de 200 mm y otra de 300 mm. Suele incluirse en el juego un manguito que permite combinar dos varillas a tope o con interposición de galgas de caras paralelas.

- **Calibres fijos simples y dobles para exteriores**. Tienen la forma de herradura y se emplean en la verificación rápida de dimensiones externas y ejes. Los calibres fijos dobles están dotados por una doble herradura en la que se tiene una boca pasa y otra boca no pasa (marcada en rojo). Para verificar un eje debe pasar la boca pasa a su través y garantizar que el lado no pasa no puede entrar en el eje. Deben cumplirse las dos condiciones.

  Los calibres simples materializan las dimensiones máximas y mínimas en distintos calibres o en la misma boca. En este caso, la primera parte de la boca tiene una dimensión pasa mientras que el segundo lado o lado más profundo tiene la no pasa.

- **Calibres ajustables**. Permiten modificar las dimensiones pasa y no pasa mediante regulación a través de tornillos de reglaje. El operario puede definir las medidas pasa y no pasa del calibre.

- **Calibres para roscas**. Al igual que en la verificación de agujeros o ejes, este tipo de calibre permite verificar roscas exteriores (calibres para roscas) o interiores (calibres macho). En los dos casos, la superficie de referencia son perfiles roscados.

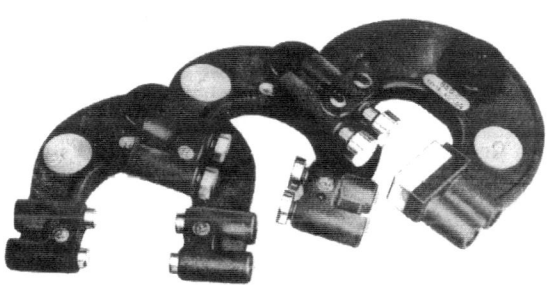

Calibres dobles ajustables

Juego de tampones de roscas

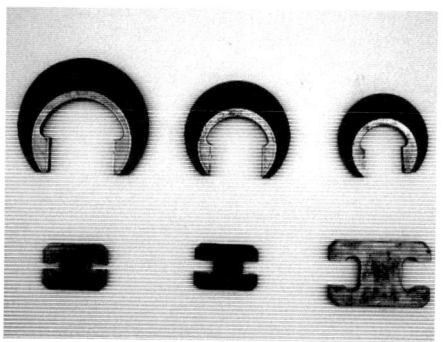

Calibres de herradura simple y calibres planos o laminares.

Tampón de roscas pasa

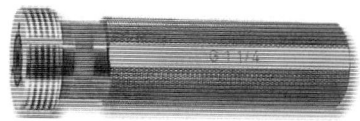

Tampón de roscas no pasa

Figura 1.1.6 Calibres simples, dobles, ajustables y para roscas. Imagen cedida por cortesía de Unceta/Mitutoyo/Holex.

Patrones prismáticos o bloques patrón

Son piezas macizas de acero con forma paralepipédica y sección rectangular templada y finalmente lapeadas, en la que las superficies contrapuestas son paralelas y materializan una longitud determinada con elevada precisión. Los bloques son fabricados en acero o cerámica con tamaños y calidades variables.

Los bloques patrón se agrupan por superposición de modo que la longitud total del grupo queda dentro de los límites de precisión requeridos para su empleo como patrón. Estas agrupaciones pueden abarcar una gama de medidas tan extensa que, generalmente, en ella están incluidas todas las necesidades del taller en cuanto a patrones para comprobación de instrumentos de medición y calibres.

Figura 1.1.7 Patrones prismáticos o calas patrón. Imagen cedida por cortesía de Unceta/Mitutoyo/Holex.

El juego de bloques (C. Johansson) más utilizado está formado por 112 bloques que permiten formar longitudes de 3 a 100 mm con un escalonamiento de 0,5 µm. Para formar una longitud con las calas debe seleccionarse el bloque que defina la cifra más pequeña (0,5 µm) y después las que correspondan a las restantes cifras, siempre de derecha a izquierda. Finalmente se debe seleccionar los bloques que completen la parte entera en milímetros. Empleando un máximo de cuatro bloques puede componerse cualquier longitud nominal entera.

Intervalo	Medidas en mm	Número de piezas
0,0005	1.0005	1
0,001	1.001, 1.002,..., 1.009	9
0,01	1.01,1.02,..., 1.49	49
0,5	0.5, 1.00, ..., 24.50	49
25	25, 50, 75, 100	9

Figura 1.1.8 Patrones prismáticos o calas patrón. Juego de 112 piezas.

Los bloques tienen un acabado superficial tan grande que es importante lubricarlos cuando se realizan montajes. Las caras pulidas pueden adherirse entre ellas y producir una soldadura en frío.

El manejo de los bloques debe realizarse con sumo cuidado. Debe evitar tocar, golpear y rayar las caras de medida, trabajar en ambientes húmedos o corrosivos, forzar el agrupamiento de bloques, o calentarlos.

Ejercicio resuelto 1.1.1

Determinar el número y el tipo de galgas necesarias para adoptar la medida: 39,605.

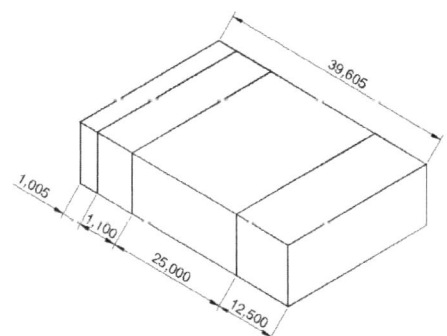

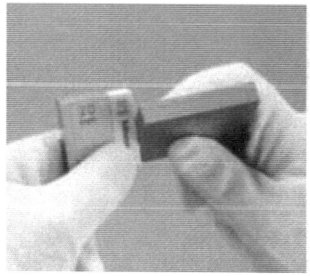

Figura 1.1.8bis Juego de galgas patrón seleccionadas para adoptar la medida 39,605.
Imagen cedida por cortesía de Unceta/Mitutoyo.

Solución

Debe conseguirse una longitud que esté formada por una parte entera y una fraccionaria. Empezando por la fraccionaria buscamos una cala que forme la última cifra decimal: debe recordarse que al hacer una composición se seleccionará el número mínimo de galgas, ya que de esta forma se obtendrá un error mínimo y que los bloques pequeños queden dentro.

Galgas	Mediciones
Galga 1	1,005
Galga 2	1,100
Galga 3	25,000
Galga 4	12,500
	39,606

Con la selección de 4 galgas puede adoptarse la medida de 39,606, sin la necesidad de utilizar más galgas que incrementaría el error.

Ejercicio resuelto 1.1.2

Construir un bloque de calas para obtener la medida de 55,826 mm utilizando el juego de bloques patrón de Mitutoyo.

Solución

Se empieza por el bloque 1 que es el último dígito (derecha), tomando el bloque 1,007 mm. Se continúa por el dígito 2, tomando el bloque 1,32. A continuación para obtener el 8 se toma el bloque 1,5 (5+3=8), y así sucesivamente. Los bloques a tomas son:

Galgas	Mediciones
Galga 1	1,007
Galga 2	1,32
Galga 3	1,5
Galga 4	2
Galga 5	20
Galga 6	30
	55,827

En función de la calidad se distinguen:

- **Calidad I y II**. De elevada precisión. Se emplean en la calibración de instrumentos de metrología.

- **Calidad III**. Precisión media.

- **Calidad IV**. Menos precisos.

Calidad I	Calidad II	Calidad III	Calidad IV
$\Delta L = \pm\left(0{,}2 + \dfrac{L}{200000}\right)\mu m$	$\Delta L = \pm\left(0{,}5 + \dfrac{L}{100000}\right)\mu m$	$\Delta L = \pm\left(1 + \dfrac{L}{50000}\right)\mu m$	$\Delta L = \pm\left(5 + \dfrac{L}{20000}\right)\mu m$

Los bloques patrón más usados son los fabricados en acero aleado. Sin embargo, cada vez se usan más los bloques patrón fabricados en óxido de zirconio (ZrO_2), de gran pureza y con durezas de 1350 HV (casi el doble que el acero). Se distinguen dos calidades: Grado 1, aplicada en salas de medición, y Grado 0, para el control de calas de trabajo o instrumentos de medición. Las ventajas de usar bloques patrón fabricados en óxido de zirconio son múltiples:

- Elevada resistencia a la rotura. Es resistente a golpes. Además alcanza el 70% de la resistencia a la fatiga de los aceros.

- Resistencia al desgaste. 10 veces superior que la del acero. No forma cantos redondeados, rebabas ni marcas por deformación plástica.

- Elevada resistencia a ácidos, bases, aceites y taladrinas. Bajo coeficiente de dilatación, antimagnético. Además, no experimental soldadura en frío.

Plantillas de espesores, radios y ángulos

Las plantillas o galgas de espesores, radios y ángulos son láminas delgadas que materializan un espesor (galgas de espesores), un radio (galgas de radio) y ángulos (galgas de ángulos), entre otras.

- **Galgas de espesores y de radios**. Son hojas o láminas de aceros unidas por un remache y formado por 6, 13 o 20 unidades con distinto espesor o distinto radio.

- **Galgas de ángulo**. Fabricadas con acero, tienen unas muescas de distinto ángulo (45º, 55º,65º, etc.). Se emplean en la verificación de cuchillas de corte en operaciones de torneado y en la verificación de cualquier ángulo.

- **Galgas de cordón de soldadura**. Tienen entallas con las formas de cordones de soldadura.

- **Galgas de rosca**. Permite conocer el paso de rosca (métrica, Whitworth, etc.).

- **Galgas para ejes**. Plantillas de acero endurecido con distintos agujeros de diámetros variables.

- **Galgas para cuchillas de roscar, de corte, brocas, etc**. Tienen precortes con distintos ángulos o pasos para verificar el paso de roscas, el afilado de cuchillas de tornear para el tallado de roscas (métrica 60º, Whitworth 55º, trapecial 30º, rosca en punta 45º, etc.). El calibre de brocas permite verificar el ángulo de 30º y 160º y en el caso de brocas, el de 118º. Fabricados en acero endurecido para que sean resistentes al desgaste.

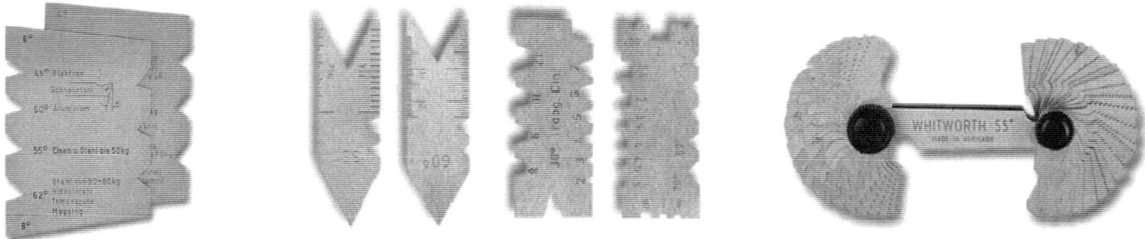

Figura 1.1.9 Plantillas de ángulos, cuchillas y perfiles de rosca.

1.1.2.3 Patrones de ángulo

Se adopta el ángulo recto como unidad de medida. Los patrones de ángulos de taller son de diferentes tipos: patrones de ángulo de 180º (reglas y mármoles), patrones de ángulo recto (90º, escuadras) y los patrones de cualquier ángulo que pueden ser fijos o variables.

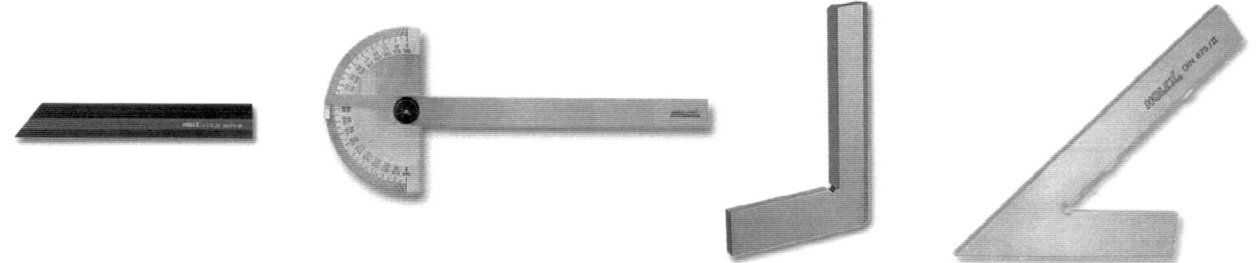

Figura 1.1.10 Patrones de ángulo (regla, transportador de ángulos, escuadra y escuadra de 45º).
Imagen cedida por cortesía de Unceta/Holex.

Mármoles

Son superficies planas de diferentes formas (cuadradas, rectangulares o circulares) utilizadas para materializar un plano, como patrón de planitud o plano ideal en el trazado de piezas y en la verificación de superficies planas.

Los mármoles, cuando se fabrican con fundición, presentan en su parte inferior tres pies de apoyo, y una serie de nervios convenientemente situados cuya finalidad es la de absorber uniformemente la presión ejercida sobre la cara de trabajo para que las deformaciones sean insignificantes. También pueden fabricarse con granito, diabasa y alúmina. Estos últimos se caracterizan por su alta resistencia al desgaste por rozamiento y su nula deformación por dilatación.

(a)

(c)

(b)

Figura 1.1.11 Mármoles. (a) Mármol de fundición para trazado y enderezado.
(b) Mármol de fundición para lapeado y control. (c) Mesa con mármol de granito.

Los mármoles fabricados de fundición gris se cepillan, fresan y rasquetan, pero nunca se rectifican, ya que las partículas de abrasivo podrían quedar retenidas en los poros de la fundición. Para acabar la superficie se realizan lapeados o bruñidos, procedimientos que permiten afinar la superficie reduciendo su rugosidad superficial mediante el uso de abrasivos como el corindón o el carborundo. Los acabados efectuados se clasifican en función de su precisión en Precisión I, II y III.

Calidad I	Calidad II	Calidad III
$\Delta L = \pm\left(5 + \dfrac{L}{200}\right)\mu m$	$\Delta L = \pm\left(10 + \dfrac{L}{100}\right)\mu m$	$\Delta L = \pm\left(20 + \dfrac{L}{50}\right)\mu m$

Reglas

Las reglas son empleadas como patrones de ángulo de 180º. Pueden ser de fundición o acero.

- **Reglas de fundición**. Tienen una o dos caras de verificación planas y su sección es en forma de L. Las más corrientes presentan una sola cara plana y la opuesta es elíptica, construida de manera que no se flexen cuando se apoya sobre dos puntos.

- **Reglas de acero**. Están construidas de acero tratado y estabilizado, con las caras de control rectificadas o lapidadas. Las formas que presentan son variables y entre ellas pueden destacarse las de sección biselada, triangulares, rectangulares y cuadradas.

Escuadras

Son instrumentos que materializan un ángulo fijo de 90º entre dos superficies que se emplean para el control de ángulos y para la comprobación de la perpendicularidad de rectas o superficies. La variedad de las condiciones en que estos controles han de realizarse ha dado lugar a la creación de distintos tipos de escuadras de entre las cuales se destacan:

- **Escuadras de fundición**. Son las indicadas para el trabajo de comprobación en la construcción de máquinas herramientas debido a su gran peso, rigidez y amplia base de sustentación que presenta el lado menor de la escuadra.

- **Escuadras de acero templado y estabilizado**. Existen diferentes tipos. Escuadras simples planas, escuadra de ala de base o escuadra de sombrero, escuadra de lámina y base ancha, escuadra biselada, etc. Los cantos y las caras están rectificados y lapeados.

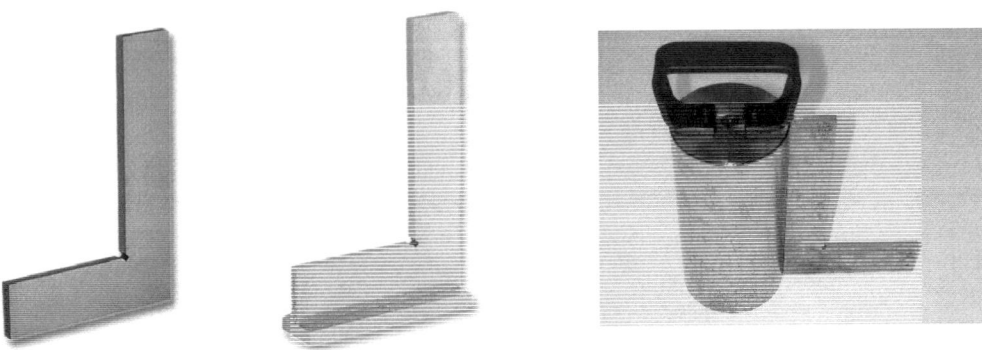

Figura 1.1.12 Escuadras lisa y con tacón. Verificación de escuadras con cilindro patrón.
Imagen cedida por cortesía de Unceta/Holex.

Para verificar el estado de las escuadras se debe realizar un montaje como el indicado en la figura 1.12, donde un cilindro patrón y la escuadra a verificar se disponen sobre el mármol con el lado menor de la escuadra y una de las caras laterales del cilindro apoyado sobre estos, de forma que se toquen el lado mayor de la escuadra y la generatriz del cilindro. Disponiendo un foco de luz en la parte opuesta al observador, la desviación de la perpendicular de la escuadra que se comprueba puede apreciarse por la cura luminosa que se observa entre ella y el cilindro patrón. Por este procedimiento se observan, con seguridad, desviaciones de 0,005 mm. Un operador ejercitado podrá llegar a observar diferencias todavía menores.

Además de las escuadras de 90°, se emplean escuadras en ángulo de 45°, plana de hexágono, con bisectriz, con tope, etc., capaces de verificar ángulos de 135° y 45°.

Patrones fijos para ángulos cualesquiera

Se pueden realizar mediante montajes constituidos por discos patrones y bloques prismáticos. En la figura 1.13 se representa un patrón angular construido con tres discos patrones de igual diámetro, para ángulos de 60° y 120°. Por este se pueden formar infinidad de patrones angulares.

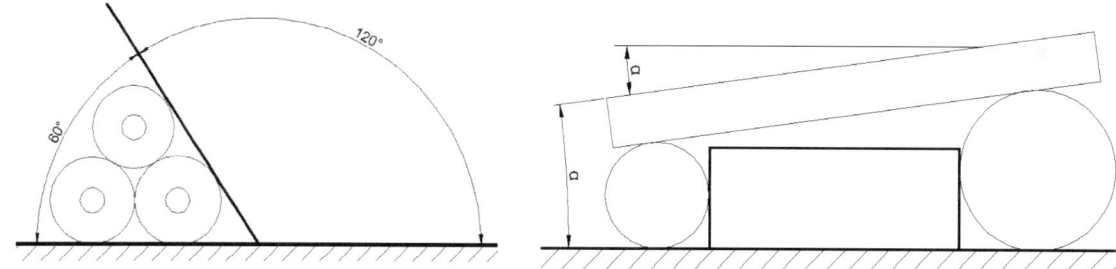

Figura 1.1.13 (a) Patrón angular con tres discos patrones. (b) Patrón angular formado con dos rodillos, galgas patrón y regla.

Regla de senos

Dispositivo muy utilizado para la formación de patrones de un ángulo de cualquier valor. Formado por una regla robusta rectificada y vaciada por taladros pasantes. Cada uno de sus extremos lleva acoplado un cilindro del mismo diámetro, de manera que sus centros corresponden o representan los extremos de la regla de senos. La distancia L entre los centros de los cilindros se toma, para mayor facilidad de cálculo, en 100 o bien 200 mm. Los agujeros que hay en el cuerpo de la regla sirven para fijarla contra una placa o escuadra. Para ángulos muy pequeños, el valor de la medida es tan reducido que no puede combinarse con bloques patrón. En este caso se colocan los bloques debajo de ambos cilindros de manera que la diferencia entre ellos sea igual al valor deseado.

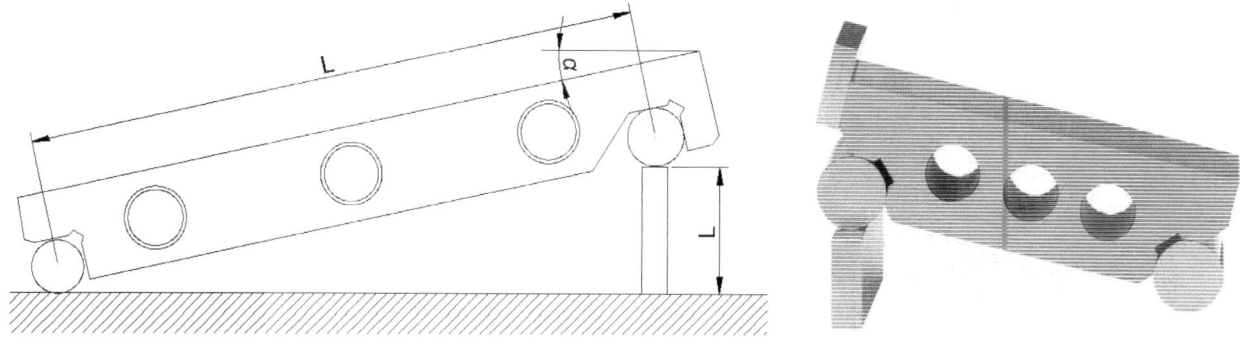

Figura 1.1.14 Reglas de senos fabricada con acero especial, templado, rectificado y lapeado.

$$Sen\alpha = \frac{H-h}{L}$$

H-h: Altura de los bloques patrón

α= Ángulo a obtener

L= Distancia entre centros de los cilindros de la regla

1.1.3 Medición y comprobación de longitudes

1.1.3.1 Introducción

Los medios empleados para este tipo de mediciones son diversos, según la finalidad sea medir la longitud (medida directa) o únicamente comprobar si la longitud está comprendida dentro de unos límites determinados (medidas indirectas), y también según el grado de precisión con que se desee determinar la medida.

Los instrumentos de medida directa incluyen las reglas graduadas, el pie de rey y el micrómetro, mientras que los instrumentos de medida indirecta o por comparación emplean el reloj comparador.

1.1.3.2 Instrumentos de medición directa

Son aquellos instrumentos capaces de dar por lectura directa sobre una escala graduada la medida de una longitud.

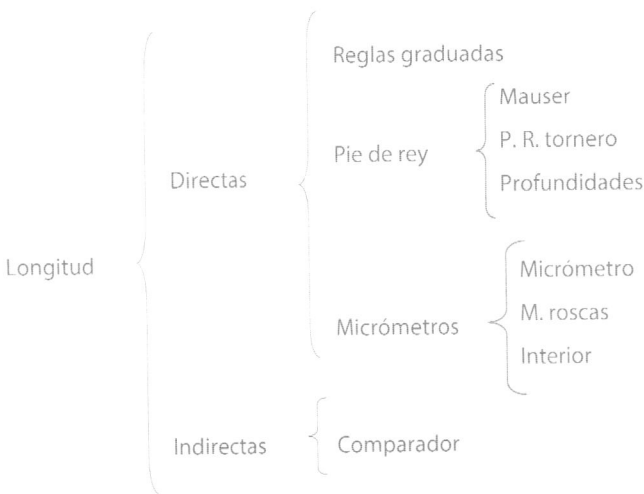

Figura 1.1.15 Instrumentos de medición directa e indirecta de longitudes.

1.1.3.2.1 Reglas graduadas

Son reglas de sección rectangular normalmente de acero, con la escala grabada en uno de sus bordes o en los dos. Pueden ser flexibles o rígidas y se construyen hasta de longitudes de 2500 mm. Para evitar error de paralaje, se construyen reglas biseladas en el borde en que se halla grabada la escala. Las reglas graduadas de calidad suelen ser de acero inoxidable con superficies rectilíneas y cromados mate.

Las reglas corrientes para medición en el taller deben tener una exactitud no inferior a más menos un milímetro por metro, o sea ±0,1%, siendo la exactitud de las mejores no inferior a más menos 0,05 mm por metro, o sea, ±0,05%.

Regla graduada   Regla lisa   Regla biselada

Figura 1.1.16 Regla graduada, lisa y biselada. Imagen cedida por cortesía de Uncela/Holex.

1.1.3.2.2 **Pie de rey**

El pie de rey es una regla graduada de medida directa que es utilizada para realizar mediciones absolutas. Está formado por una regla graduada, uno de cuyos extremos forma una pata fija. Sobre la regla va montado un cuerpo deslizante (el cursor), donde se encuentra la otra pata de medición. Un trazo, el del cero, grabado en este cuerpo deslizante indica, por coincidencia con la correspondiente división de la escala, la distancia existente entre las superficies de contacto de las patas, para cualquier posición de estas.

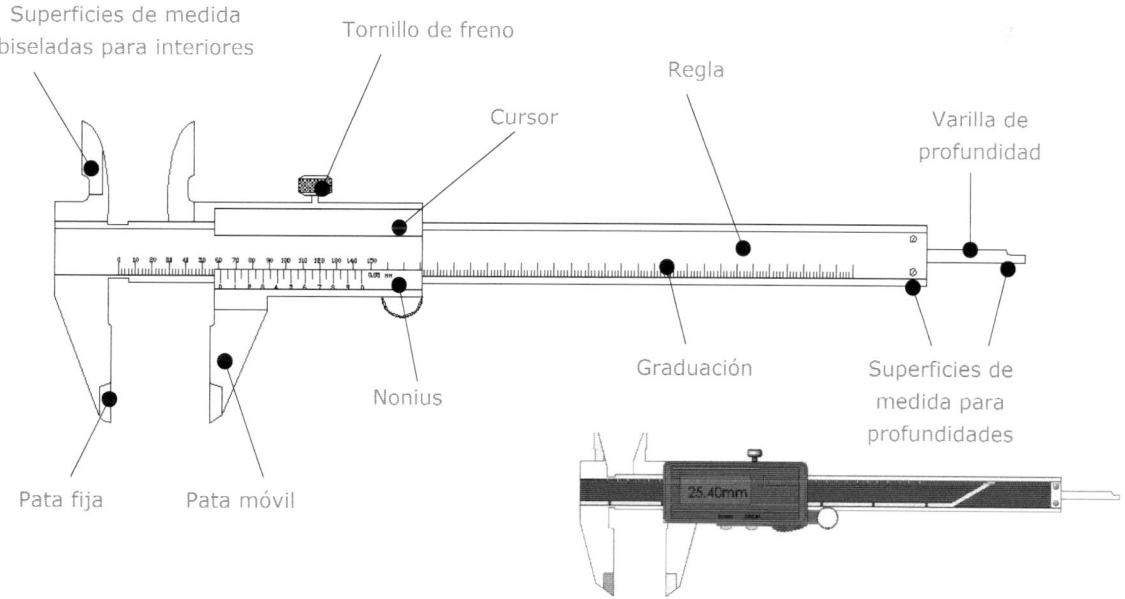

Figura 1.1.17 Pie de rey o calibre de cursor tipo Mauser. Pie de rey digital.

La medición con el pie de rey se efectúa situando la pieza a medir entre las patas y llevando estas a contacto con las superficies o puntos de la pieza (medición de exteriores). La división de la regla en coincidencia con el trazo del cursor nos da directamente la lectura de la medida. También pueden realizarse medidas interiores mediante las patas biseladas para interiores y medida de profundidades con la varilla mirafondos.

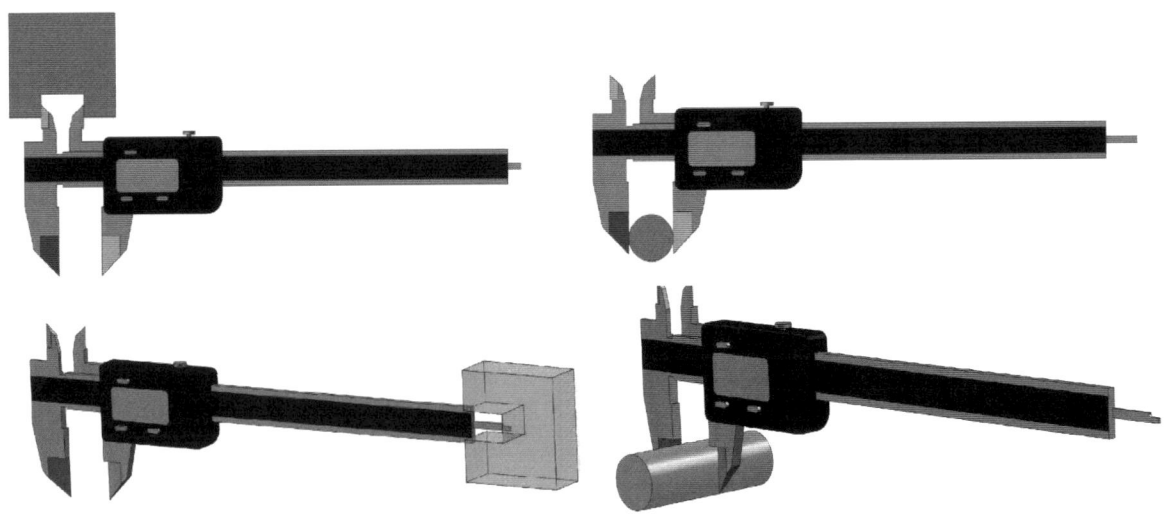

Figura 1.1.18 Diferentes medidas que pueden realizarse con el pie de rey.

Principio del nonius lineal

El nonius es una escala grabada en el cursor del instrumento que tiene la finalidad de aumentar el grado de apreciación del mismo. El inicio coincide con el trazo del cursor y con el 0 de la regla graduada, cuando las superficies de medición de las patas están en contacto.

Su fundamento está basado en subdividir, en el cursor, un número de unidades tomadas de la regla, para de esta forma poder apreciar fracciones de la unidad de medida. Si tomamos dos reglas, una de 10 mm de longitud (regla fija) y otra de 9 mm (regla móvil o nonius), y se realizan 10 divisiones en cada una de ellas, se obtienen las siguientes relaciones:

Regla fija $\dfrac{10mm}{10\,partes}=1\dfrac{mm}{parte}$

Regla móvil $\dfrac{9mm}{10\,partes}=0,9\dfrac{mm}{parte}$

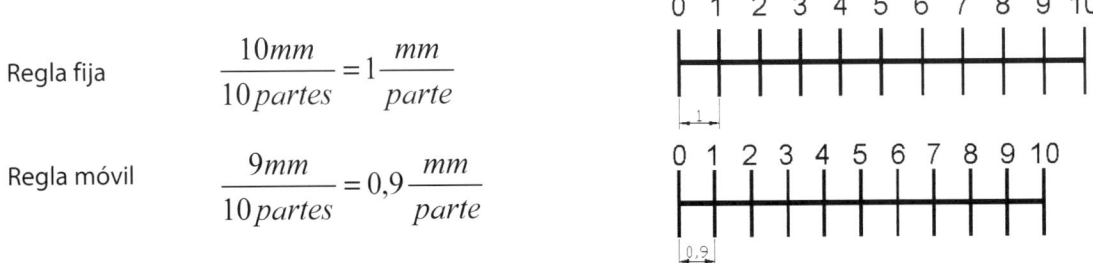

Figura 1.1.19 Principio del nonius lineal. Regla fija y móvil.

Si se superponen ambas reglas haciendo coincidir los ceros se observa que las divisiones de ambas graduaciones están desplazadas 1 décima de milímetro. Para la primera división la separación es de una décima, para la segunda división es de dos décimas, etc.

Se define la apreciación de un pie de rey como la relación entre el valor de la división más pequeña de la regla fija y el número de divisiones de la regla móvil.

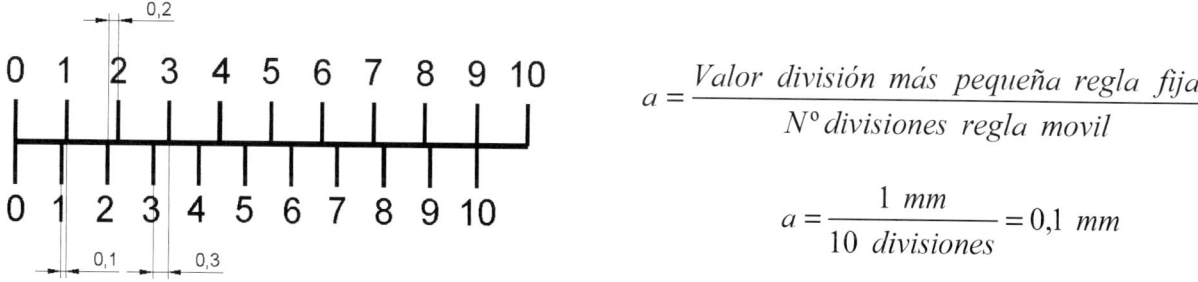

$$a = \frac{Valor\ división\ más\ pequeña\ regla\ fija}{N°\ divisiones\ regla\ movil}$$

$$a = \frac{1\ mm}{10\ divisiones} = 0,1\ mm$$

Figura 1.1.20 Apreciación del pie de rey.

Medición con el pie de rey

Al realizar una lectura con el pie de rey pueden presentarse tres casos:

a) El cero del nonius coincide exactamente con una división de la regla fija. En este caso, la longitud es el número de divisiones a la izquierda del nonius.

b) El cero del nonius se sitúa entre dos divisiones de la regla fija, y uno de los trazos del nonius coincide con uno de dicha regla. La longitud viene dada por el número de divisiones a la izquierda del cero del nonius más la fracción correspondiente al número de orden del trazo del nonius coincidente con uno de la escala.

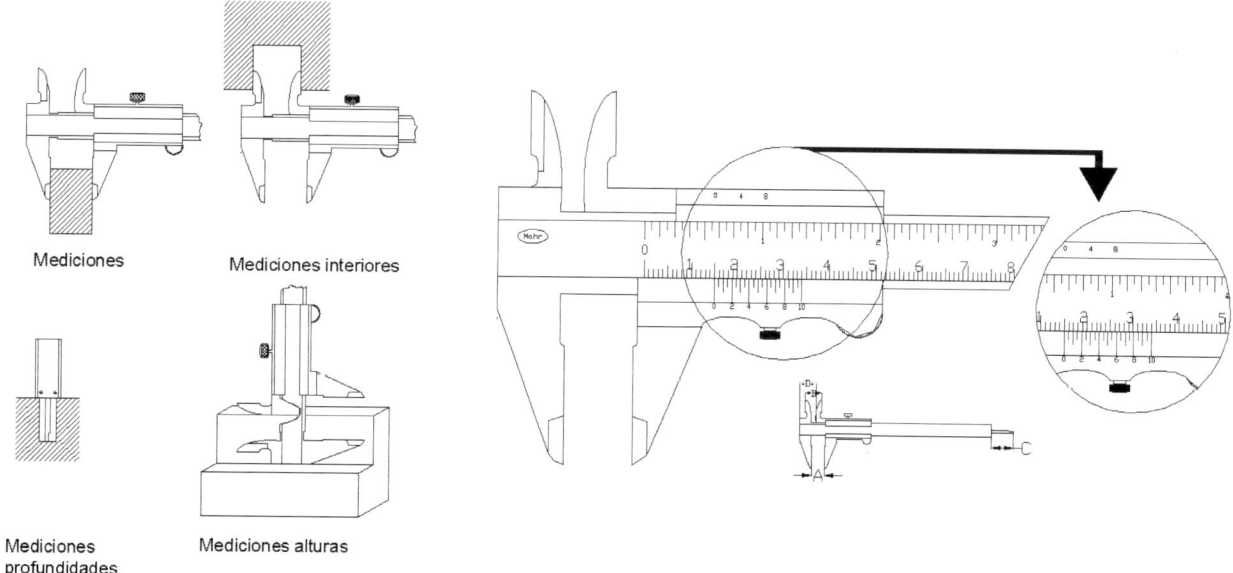

Mediciones

Mediciones interiores

Mediciones profundidades

Mediciones alturas

Figura 1.1.21 Medición con pie de rey.

c) Y el último de los casos que pueden presentarse cuando dos trazos del nonius quedan comprendidos entre dos trazos de la escala fija. En este último caso se da la lectura por defecto o por exceso.

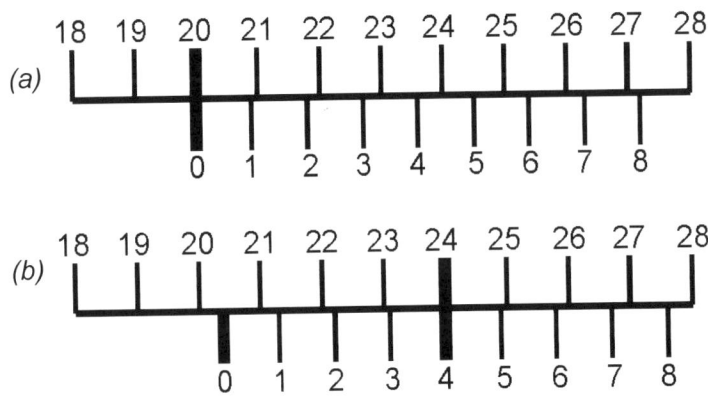

En el caso (a), el cero del nonius coincide con el 20 (número entero de la parte fija). La medida en este caso es de **20,0 mm**.

En el caso (b) el cero de la parte móvil se encuentra entre el 20 y el 21, por lo que se deduce que la parte entera será mayor a 20. Se aprecia que la raya cuarta del nonius coincide con la raya 24 de la regla fija, lo cual nos indica que la medida es **20,4 mm**.

Tipos de pie de rey

Existen una gran variedad de formas adaptadas a sus diversos usos en medición. Los más corrientes son el tipo Mauser y el denominado pie de rey de tornero, aunque existen otras variantes.

- **Tipo Mauser**. Se caracteriza por la disposición doble de las patas y por disponer de una varilla que se desplaza unida a la corredera o cursor, con lo cual se hace más universal su aplicación, pues se pueden medir exteriores, interiores y profundidades. La regla y la corredera se fabrican en acero inoxidable templado.

  Se presentan en diversos tamaños que permiten medir longitudes de 150, 200 y 300 milímetros. Además se tienen variantes con distinta longitud de patas, analógicos y digitales, etc. En todos los casos se comercializan en cajas o estuches.

- **Pie de rey de tornero**. Tiene un solo par de patas de medición, con las que pueden medirse distancias externas e internas. En este último caso debe añadirse a la lectura del nonius una cantidad fija, para tener en cuenta el espesor de las patas, que suelen ser de 10 mm. Este tipo de pie de rey carece de varilla para medir profundidades.

- **Calibre sonda**. O de profundidad. Es empleado en la medición de profundidades o la separación entre dos planos orientados hacia el mismo lado. Otro tipo es el que mide directamente (mediante dos operaciones) distancias entre centros de agujeros. Se fabrican en acero inoxidable, templado, con las superficies de medición rectificadas.

- **Calibre de altura o calibre de trazado**. Consiste en una regla, uno de cuyos extremos se apoya perpendicularmente en un pie que le sirve de base, y sobre ella se desliza la corredera del nonius provista de una punta de trazar. Este instrumento es empleado para la medición y el trazado y se denomina gramil. Los calibres de trazado actuales permiten determinar alturas, diámetros, distancias entre centros, rectitud, perpendicularidad, etc.

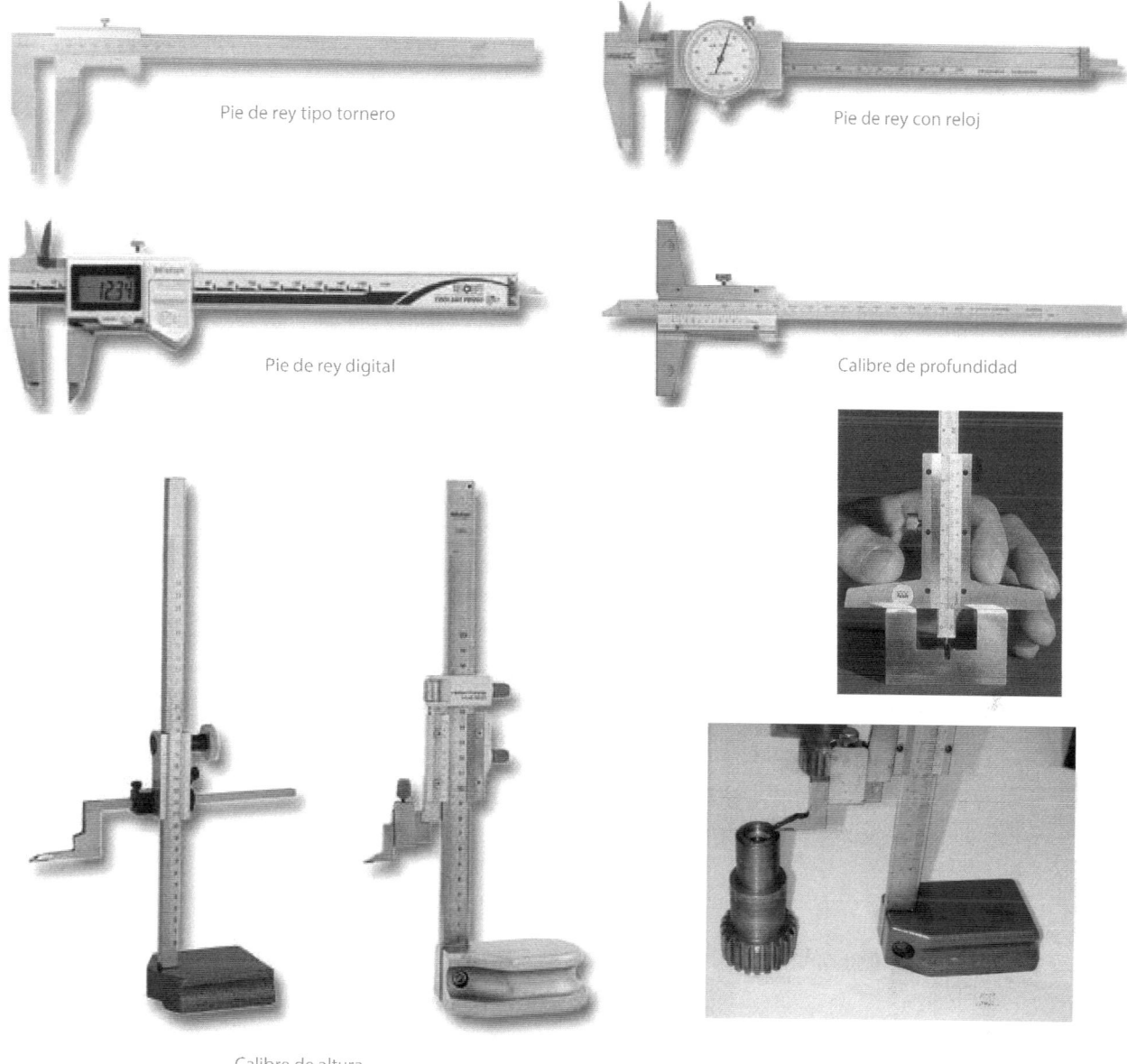

Pie de rey tipo tornero

Pie de rey con reloj

Pie de rey digital

Calibre de profundidad

Calibre de altura

Figura 1.1.22 Pie de rey. Tipo tornero, con reloj, digital, calibre de profundidad y calibre de altura.
Imágenes cedidas por cortesía de Unceta/Mitutoyo/Holex.

Otras variantes de pie de rey permiten medir otras longitudes más específicas como labios de herramientas, ranuras, centros de agujeros, etc.

- **Pie de rey para medir labios de herramientas**. Su uso permite medir herramientas de 3 y 5 labios como son las fresas, los escariadores o las brocas.

- **Pie de rey para medir ranuras**. Las patas de medición están adaptadas para la realización de mediciones internas de ranuras.

- **Pie de rey con puntas cónicas**. Se emplean para medir la distancia entre los centros de los agujeros.

- **Otras variedades**. Pie de rey con patas en escuadra hacia el interior, hacia el exterior, pata fina cilíndrica, desplazables, etc.

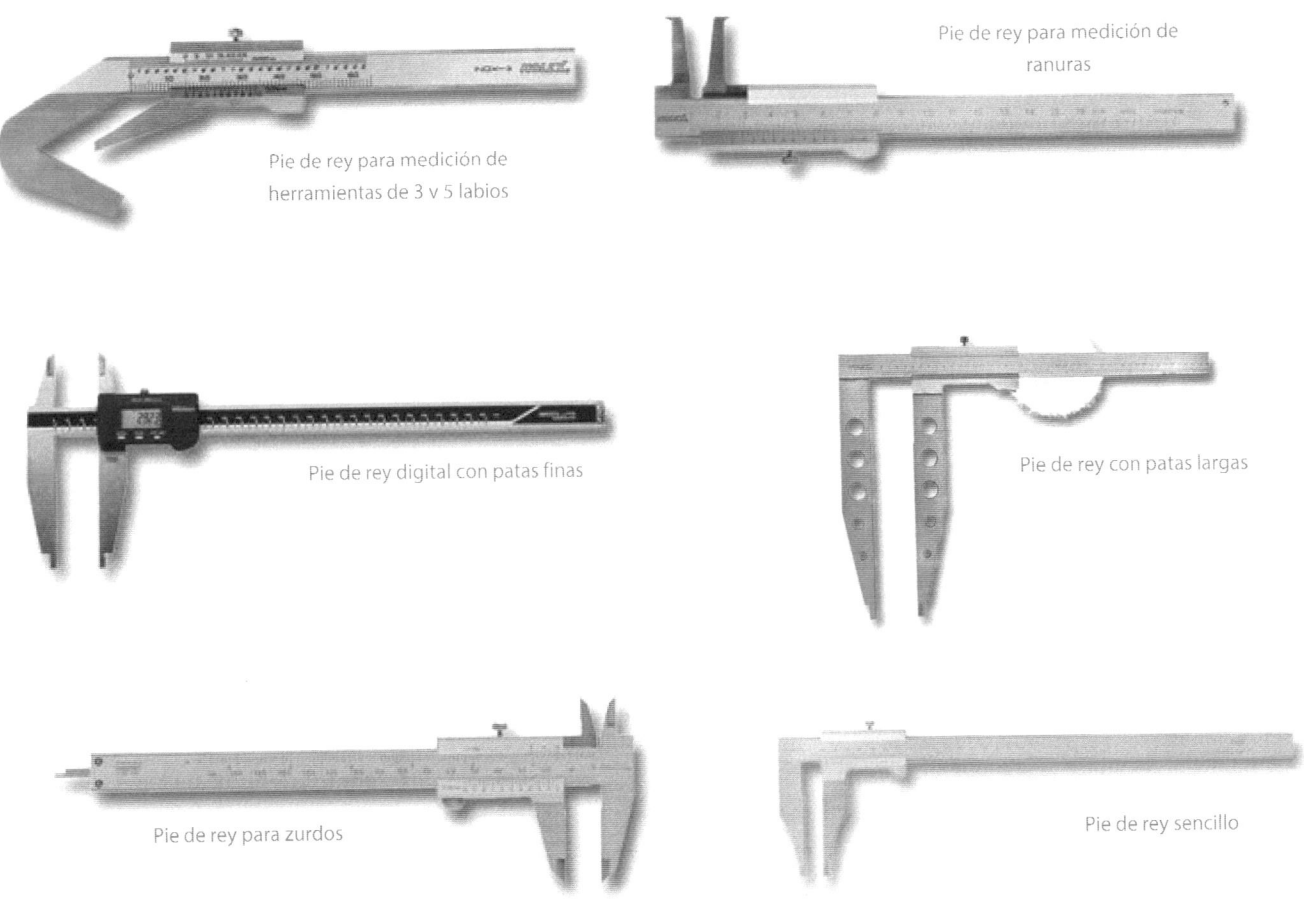

Pie de rey para medición de ranuras

Pie de rey para medición de herramientas de 3 y 5 labios

Pie de rey digital con patas finas

Pie de rey con patas largas

Pie de rey para zurdos

Pie de rey sencillo

Figura 1.1.23 Otras variantes de pie de rey. Imágenes cedidas por cortesía de Unceta/Mitutoyo/Holex.

Normas y recomendaciones de uso

- Evite presionar en exceso durante las mediciones pues el contacto puede falsear la medida. La presión de deslizamiento entre la parte fija y la móvil puede regularse mediante el ajuste del tornillo de freno.

- El contacto en la medición debe realizarse en toda la pata, no solo en la punta.

- El pie de rey debe calibrarse mediante el empleo de calas para evitar errores sistemáticos.

- Debe utilizarse limpio de grasa, virutas o aceites de corte.

- Después de su uso debe guardarse en la funda o caja.

- El mantenimiento debe realizarse en función de las recomendaciones del fabricante.

1.1.3.2.3 Instrumentos de tornillo micrométrico

Su funcionamiento se basa en el mecanismo de transmisión de tornillo tuerca. Se convierte un movimiento giratorio en un desplazamiento lineal. Cuando un tornillo está montado sobre una tuerca fija se hace girar, el desplazamiento longitudinal del tornillo es proporcional al giro. El avance experimentado para una vuelta completa es igual al paso de la rosca. La longitud L recorrida es igual al número R de vueltas por el paso P.

$$L = R \cdot P$$

Si una vuelta completa se divide en un número N entero de partes fraccionarias iguales, el avance experimentado por cada fracción de vuelta vendrá dado por:

$$L = \frac{P}{N}$$

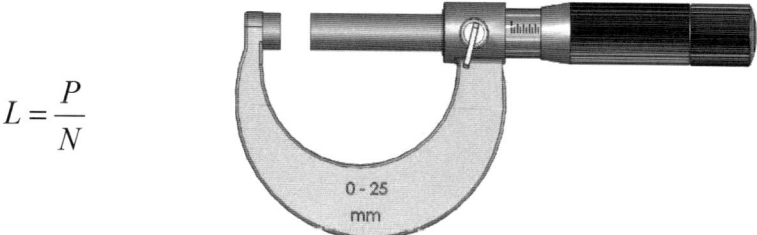

El palmer o micrómetro es un instrumento utilizado para medir con precisión longitudes. Su campo de aplicación generalmente no sobrepasa los 25 mm, aunque existen juegos de micrómetros escalonados en 25 mm (0 a 25, 25 a 50, 50 a 75 y 75 a 100 mm), en incluso medidas mucho mayores.

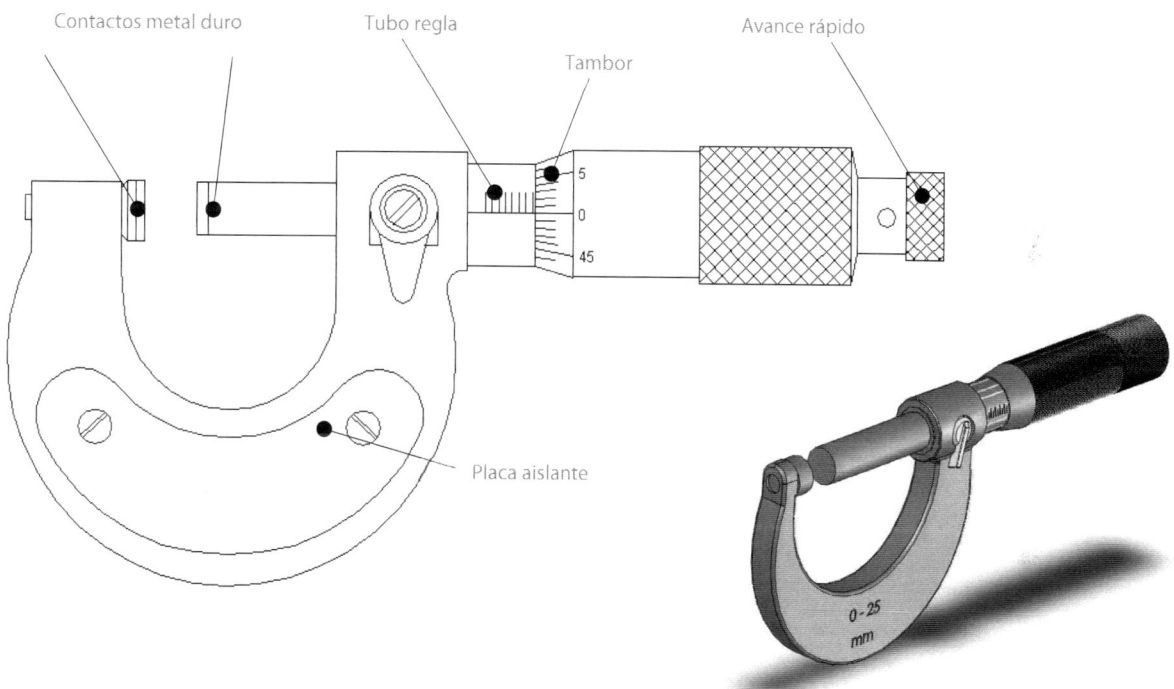

Figura 1.1.24 Partes del micrómetro.

Una forma típica de micrómetro se representa en la figura 1.24. Está formado por un cuerpo en forma de herradura en uno de cuyos extremos hay un tope o patilla de contacto para la medición. En el otro extremo hay un cilindro fijo con escala graduada (sobre una línea longitudinal de referencia) y graduada en medios milímetros. También hay micrómetros de un milímetro. En el interior de este cilindro se acopla de forma fija la tuerca o rosca hembra. El otro tope de medición va fijado sobre el tornillo o rosca macho y por su cabeza está unido al tambor graduado que es hueco.

Al hacer girar el tambor, el tornillo se rosca o desenrosca en la tuerca fija y el tambor avanza o retrocede junto con la patilla de medición. Cuando las dos patillas de medición están en contacto, el tambor cubre completamente la escala y la división "0" del tambor coincide con la línea longitudinal de referencia. A medida que se van separando las patillas de medición se va descubriendo la escala y la distancia entre ellas es igual a la medida descubierta sobre la escala en milímetros más una parte fraccionaria indicada por la división de la graduación del tambor que coincide con la línea longitudinal de referencia.

Dada la gran precisión de los micrómetros, una presión excesiva sobre la pieza que se mide puede falsear el resultado de la medición y además de ocasionar daños en el instrumento y pérdida en la precisión de este. Para evitar este inconveniente, el mando del tornillo se efectúa por medio de un pequeño tambor moleteado que tiene un dispositivo de escape limitador de la presión.

Apreciación y lectura

La apreciación de un micrómetro se define como el cociente entre el paso de la rosca y el número de divisiones del tambor o nonius. Así, por ejemplo, para un paso de 0,5 mm y un tambor con 50 divisiones, por cada vuelta del tambor se avanza 0,5 mm:

$$a = \frac{Paso\ de\ rosca}{N°\ divisiones\ del\ nonius} \qquad a = \frac{0,5\ mm}{50\ divisiones} = 0,01\ mm$$

Para realizar las lecturas se procede según se indica en los siguientes ejemplos:

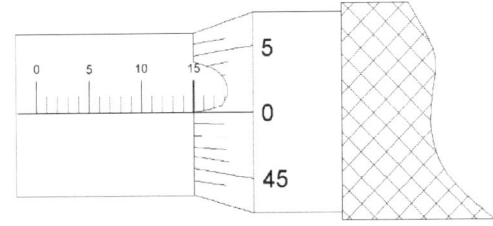

Para realizar la lectura con un micrómetro debe mirarse la arista y ver si coincide con alguna división que se encuentre sobre la línea de referencia. En este caso, el cero del nonius coincide con la línea de referencia del tubo, por lo que la lectura es de 15,00 mm.

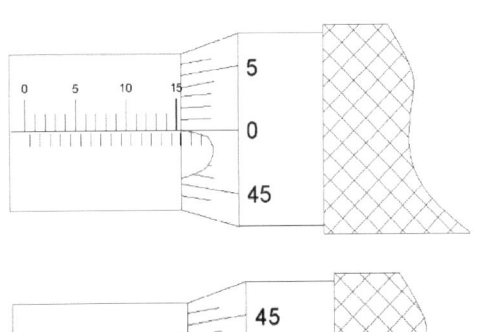

En este segundo caso, la medida se encuentra en la mitad de dos números enteros. La arista del nonius debe coincidir con una división de la línea de referencia del tubo y el cero del nonius coincide con la línea de referencia del tubo. La lectura en este caso es de 15,50 mm.

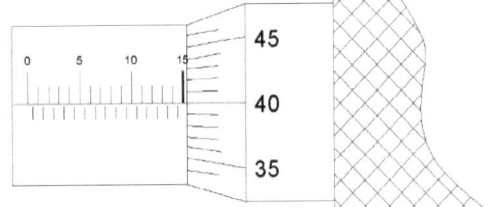

En este tercer caso, la medida se encuentra entre un número entero y su mitad. La arista del nonius se encuentra entre dos posiciones y para poder definir las centésimas debe mirarse la división del nonius del tambor que coincide con la línea de eferencia del tubo. La lectura en este caso es de 15,40 mm.

El cuerpo del micrómetro está constituido de forma que se eviten las deformaciones por flexión. El material empleado es acero tratado y estabilizado.

Ejercicio resuelto 1.1.3

Construir un bloque de calas para obtener la medida de 55,826 mm utilizando el juego de bloques patrón de Mitutoyo.

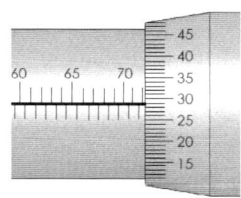 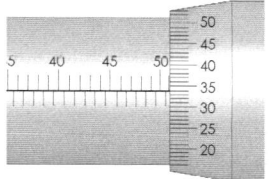

Solución

Debe observar la escala horizontal. En la parte superior se indican los milímetros (60 mm, 65 mm, 70 mm) y en la parte inferior los medios milímetros. La medida efectuada indica que la longitud es de 72 mm. La medida está comprendida entre 72,0 y 72,5 mm. Si se observa el tambor se adivina que se tienen la mitad (50 divisiones). La división 29 coincide con la línea horizontal, por lo que la medida es 72,29.

Características de los micrómetros

Los topes o patillas de medición tienen sus caras de contacto templadas y lapeadas planas. En algunos modelos el tope fijo es reglable para la puesta a cero del instrumento, en otros este ajuste se realiza por un dispositivo entre el tornillo del tope móvil y el tambor de medida. Algunos micrómetros tienen las puntas de los topes de medición de metal duro para evitar el desgaste.

El tornillo micrométrico construido en acero templado y estabilizado tiene la rosca rectificada con una tolerancia en el paso de ± 1 micra. La tuerca del tornillo micrométrico está hendida y tiene una rosca exterior cónica, con lo que por medio de una tuerca montada sobre ella puede recuperarse el juego que se produzca con el uso.

Para hacer mediciones sobre piezas de gran tamaño se construyen micrómetros cuyo cuerpo tiene una abertura de mayor tamaño. Normalmente las casas comerciales venden cajas con varios micrómetros con distinta dimensión del arco para efectuar diferentes mediciones.

En estos micrómetros la capacidad de medida está comprendida entre una dimensión máxima y una mínima, entre las cuales suele haber, como ya se ha dicho, una diferencia de 25 mm; la capacidad máxima puede llegar a ser hasta de 1500 mm. El cuerpo del micrómetro se diseña dándole rigidez y ligereza mediante unos nervios situados convenientemente.

Tipos de micrómetros

Los micrómetros se construyen también en formas diversas adaptadas a las distintas exigencias de su empleo.

-   **Micrómetros para el control de profundidades**. Tienen un cuerpo que forma una regla rectificada que se apoya en los bordes de la pieza a medir. El tope móvil puede tener distintas longitudes, según el campo de medida en que tengan que hacerse las mediciones. En algunos casos, la varilla de este tope es intercambiable para permitir su uso en un campo de medición más amplio y en otros, la longitud de la varilla puede ajustarse a distintos campos de medida.

- **Micrómetros para el control de roscas.** Las patillas de medición son de forma especial y adecuada según el tipo de rosca que se controla e intercambiables en función del paso. Mide directamente el diámetro de flancos de la rosca. La patilla fija de medición es regulable para la puesta a cero del instrumento.

- **Micrómetros de interiores.** Están basados en el mismo principio que los micrómetros normales y se utilizan para la medición de diámetros de agujeros y distancias interiores entre planos.

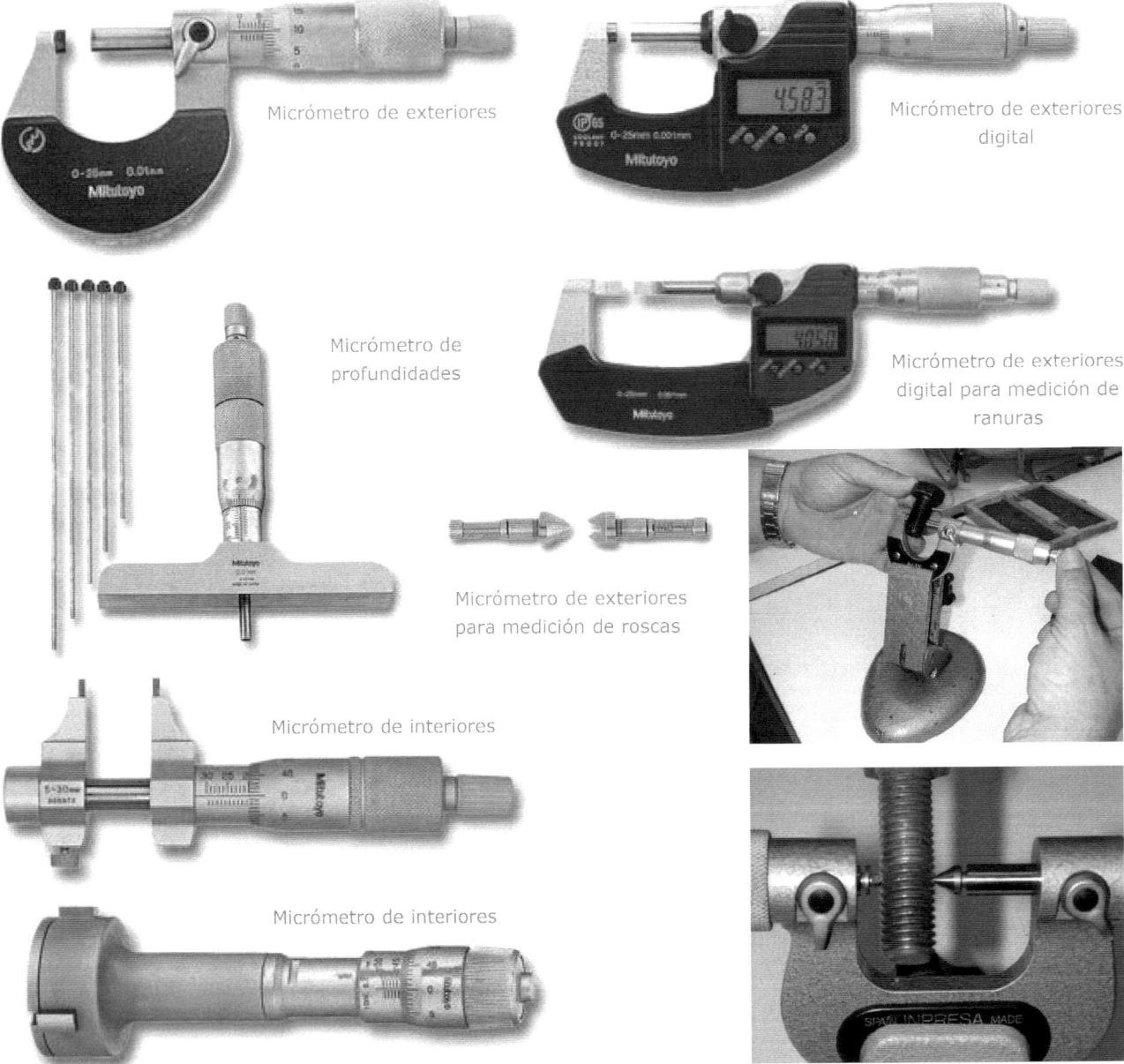

Micrómetro de exteriores

Micrómetro de exteriores digital

Micrómetro de profundidades

Micrómetro de exteriores digital para medición de ranuras

Micrómetro de exteriores para medición de roscas

Micrómetro de interiores

Micrómetro de interiores

Figura 1.1.25 Micrómetros de exteriores, interiores, profundidades y roscas. Imágenes cedidas por Unceta/Mitutoyo/Holex.

Normas y recomendaciones de uso

- Calibre el micrómetro través de la tuerca de reglaje mediante el empleo de bloques patrón. Los micrómetros se suelen comercializar con bloques para su calibrado.

- Conservar en caja o funda y usarlo siempre limpio de grasa, aceites de corte, viruta, etc.

- Seguir las recomendaciones de mantenimiento indicadas por el fabricante.

1.1.4 Control y medidas indirectas

En la medición indirecta se recurre, para determinar la medida de una longitud, a la comparación de esta con la longitud de un patrón de dimensión conocida próxima a la que se trata de medir. La longitud que se mide será entonces igual a la longitud del patrón más o menos la diferencia medida, según la diferencia sea por exceso o por defecto, respectivamente.

La medición por comparación se utiliza para efectuar mediciones con exactitud o cuando las mediciones a efectuar son muchas. También es frecuente el empleo de este sistema de medición en la verificación de las formas geométricas.

Comparador de taller

Los instrumentos empleados para la medición por comparación son los llamados comparadores. Su campo de medición es muy limitado, variando en general de 10 a 0,25 mm, según los tipos y su grado de apreciación, generalmente de 0,01 a 0,001 mm; en algunos modelos se aprecia 0,0001 mm. Par apreciar las dimensiones con tal precisión son necesarios aparatos dotados de sistema de amplificación de la medida, por cuya razón el método es llamado también de medición por ampliación.

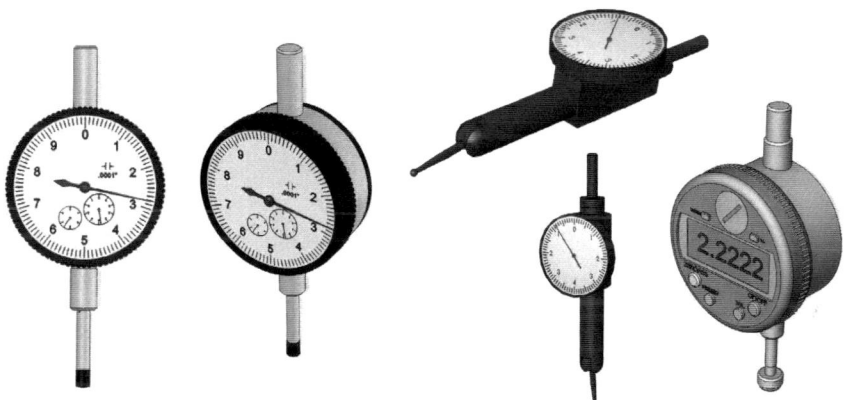

Figura 1.1.26 Comparadores analógicos y digitales.

Los **comparadores** son de tipos muy diversos y se suelen clasificar según el sistema de amplificación utilizado en:

- Comparadores de amplificación mecánica
- Comparadores de amplificación óptica
- Comparadores de amplificación neumática
- Comparadores de amplificación eléctrica

Esta última clase de comparadores prácticamente no se usa en el taller. Se basan en variaciones de capacidad e inducción eléctricas, consiguiéndose amplificaciones de hasta cien mil veces, por lo que pueden apreciarse 0,02 micras.

Los comparadores de amplificación mecánica son los más usados. Los tipos más corrientes son los de amplificación por engranajes y amplificación por palancas. Formados por un cuerpo dotado de una esfera graduada en centésimas de milímetros. Una aguja señala en la esfera los desplazamientos de la punta del palpador. Gracias a un mecanismo interior, los pequeños desplazamientos del palpador son amplificados en desplazamientos mucho mayores de la aguja que se registran en la esfera. Ofrecen apreciaciones de centésimas y milésimas de milímetro.

Para la correcta utilización de los comparadores se emplean distintos tipos de soportes de fijación y que se adaptan a los diversos casos de empleo.

El comparador se sujeta a estos soportes en distintas formas, siendo las más corrientes: la fijación por medio de una oreja situada en la parte trasera del cuerpo y la fijación por el tubo o cañón de salida del palpador; por este motivo, la dimensión de este diámetro está normalizada. Otros sistemas de fijación emplean distintas disposiciones de la tapa posterior, tornillos, cola de milano, etc.

La forma más corriente de soporte se muestra en las figuras siguientes; también son muy usados los soportes de base magnética de los cuales los hay de formas muy variadas según su empleo.

Figura 1.1.27 Diversos montajes de comparadores.

Dada la gran ampliación que se le da a los comparadores, existen montajes especiales para formar verdaderos instrumentos de control. En la figura se muestra un sistema de verificación de medidas interiores y exteriores.

La punta del palpador de los comparadores es corrientemente intercambiable, empleándose puntas de formas diferentes para los distintos casos de medición. Entre los más utilizados pueden distinguirse las puntas esféricas, las de cuchilla, en punta, los palpadores de superficies planas, etc.

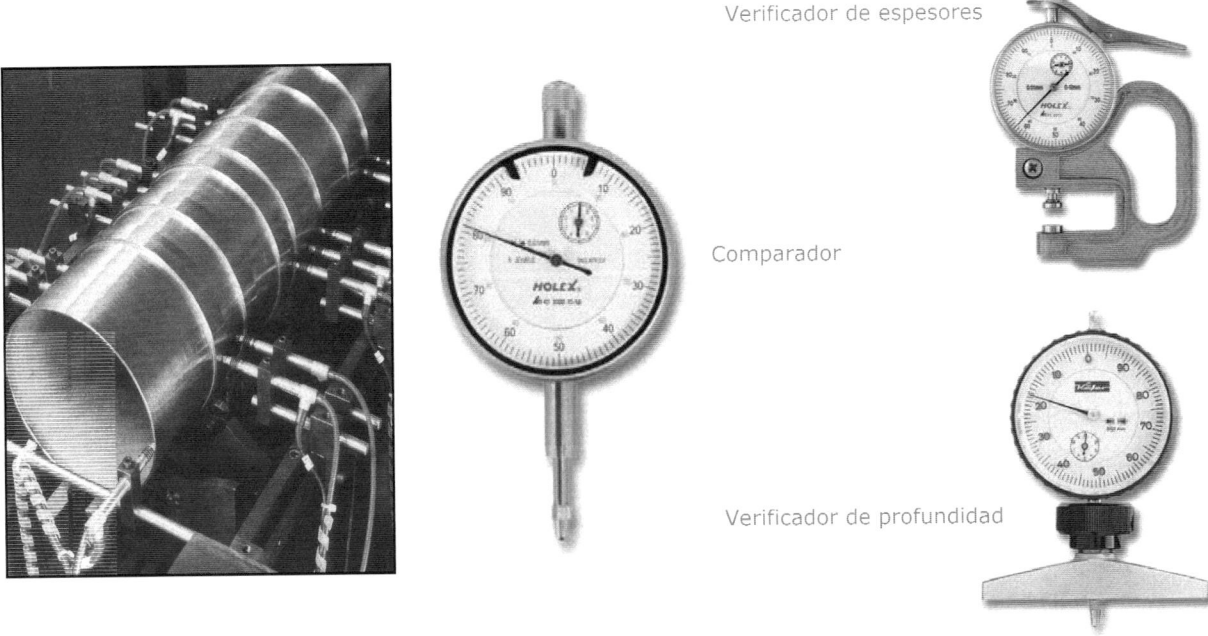

Verificador de espesores

Comparador

Verificador de profundidad

Figura 1.1.28 Comparadores. Montaje de comparadores para verificación de piezas acabadas.

Las exigencias modernas de fabricación en grandes series y el control rápido de las piezas fabricadas han conducido al desarrollo y empleo de los montajes combinados para mediciones simultáneas. Estos montajes están complementados con todos los tipos de comparadores.

Lectura con comparador

Para realizar medidas de comparación son necesarios en muchos casos la utilización de soportes para sujetar y facilitar la aproximación y la alineación del comparador en la dirección de la medida. También es necesario trabajar sobre superficies de referencia (mármol) para asegurar la estabilidad de las piezas y patrones que participan en la operación de comparación.

Para verificar la lectura con comparador deben situarse las piezas y los patrones sobre el mármol y poner el bloque patrón bajo el palpador del comparador y alinear la esfera para hacer coincidir el cero del comparador con la aguja. A continuación se cambia el bloque patrón por la pieza que se desea comparar y se observa la variación de la aguja. La diferencia se materializa por el desplazamiento de la aguja.

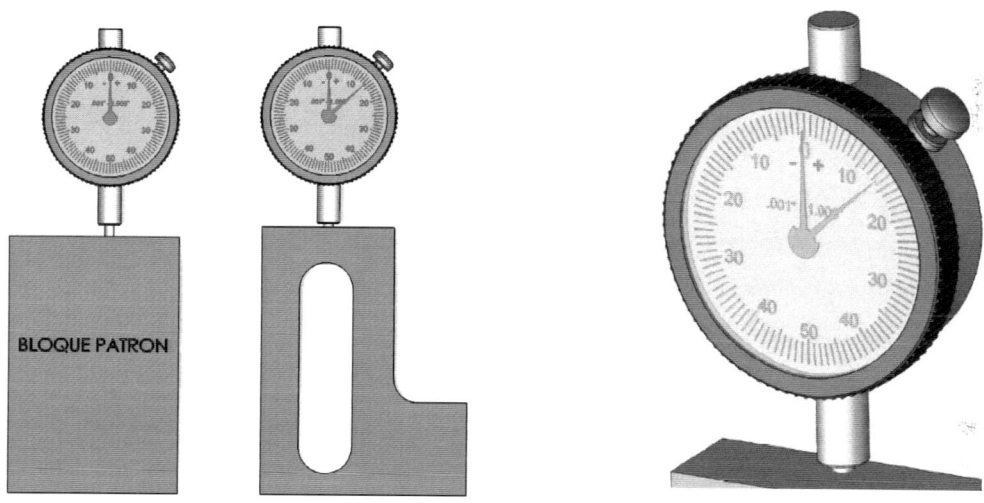

Figura 1.1.29 Lectura con comparador.

 Ejercicio resuelto 1.1.4

Indica las lecturas del comparador.

Solución

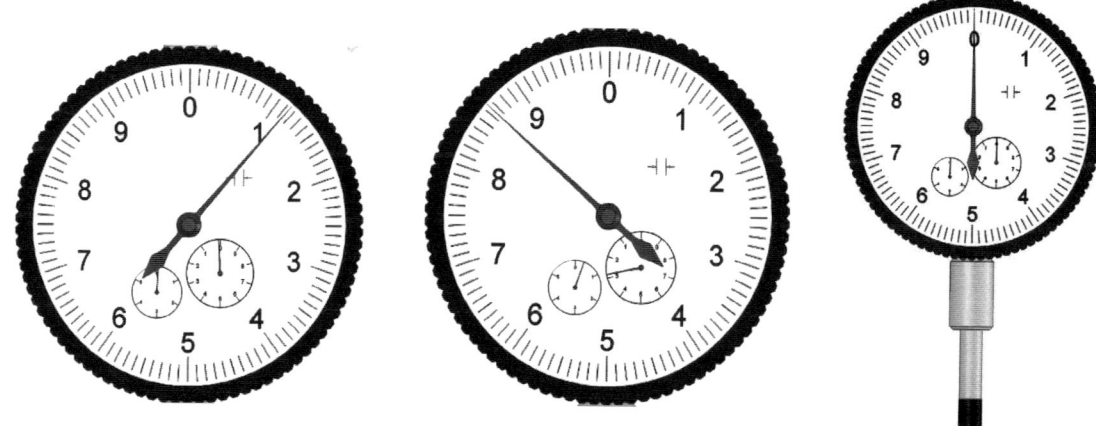

1.1.5 Medición y comprobación de ángulos

1.1.5.1 Introducción

La medición y comprobación de ángulos en talleres de fabricación mecánica es una práctica habitual que suele plantear problemas más o menos complicados según la naturaleza de los elementos geométricos que constituyen el ángulo a medir o comprobar.

Para resolver estos problemas se han desarrollado métodos y aparatos de medición adecuados de cuyo estudio se ocupa el presente capítulo.

De entre todos los métodos de los que dispone el verificador para la medición y comprobación de ángulos, se destacan aquellos que ofrecen una lectura directa del ángulo sin la necesidad de realizar cálculos ni otro tipo de operaciones. A estos métodos se les denomina procedimientos de **medida directa** y se realizan con transportadores de ángulos, goniómetros y otros instrumentos afines.

Sin embargo, no siempre pueden ser aplicados este tipo de medición debido a la naturaleza geométrica de las piezas o a la incapacidad de poder utilizar los instrumentos de medición por hallarse estas en lugares inaccesibles o angostos. En estos casos suele utilizase la denominada **metrología trigonométrica** que es una técnica de verificación de ángulos que utiliza para ello el cálculo trigonométrico.

Los dos métodos nombrados son muy utilizados en las industrias de fabricación mecánica, pero no son los únicos. También se utilizan procedimientos de **medición con patrones**, ya sea de forma **directa** o **indirecta**, y **mediciones por comparación**.

Figura 1.1.30 Esquema de los métodos utilizados en la verificación y comprobación de ángulos en taller.

En general, los ángulos que con más frecuencia se presentan en medición mecánica son:

- **Ángulos diedros**. Formados por dos superficies planas de una pieza o de piezas diferentes.

- **Ángulos formados por un plano y una recta**. La recta suele ser una generatriz de un cuerpo en revolución (cilindro o cono).

- **Ángulos formados por dos rectas**. El caso más típico es el ángulo formado por dos generatrices opuestas de un cono o tronco de cono.

Los métodos de medición y comprobación de ángulos más corrientemente utilizados son los siguientes:

- **Medición directas** del ángulo por medio de aparatos que permiten averiguar el valor del ángulo.

- **Medición trigonométrica**, en la que mediante medición de determinadas longitudes relacionadas con el ángulo puede calcularse el valor de este.

- **Medición indirecta**, mediante la medición de las inclinaciones de los elementos que constituyen el ángulo, con respecto a un plano de referencia o a dos que forman un ángulo conocido.

- **Medición indirecta por comparación**, con un patrón de ángulo.

- **Comprobación directa con un patrón**, de ángulo.

A continuación se pasa a describir cada uno de estos procedimientos de medida teniendo en cuenta las herramientas utilizadas en cada uno de los casos.

1.1.5.2 Medición directa de ángulos

La medición directa de ángulos se realiza mediante instrumentos de trazos, denominados transportadores de ángulos y goniómetros. Mediante la utilización de los mismos, el verificador adquiere medidas directas de los ángulos verificados sin la necesidad de realizar ningún tipo de cálculo.

Transportador universal

La figura siguiente muestra el transportador universal o goniómetro universal. Consta de un cuerpo en forma de escuadra unido a un limbo o círculo graduado y un disco que gira concéntricamente al limbo llevando consigo el brazo en el que se fija una regla deslizante. El limbo está dividido en grados en cuatro cuadrantes de 0 a 90 grados, de manera que la línea de ceros u origen de medida es paralela a uno de los lados y la línea de 90 grados es paralela al otro lado.

Figura 1.1.31 Transportador universal. Detalle de un goniómetro digital. Imagen cedida por Tecmicro.

Montado sobre el disco hay un nonius que permite la lectura directa con precisión de 1/12 de grado (5 minutos); el fundamento y lectura de este nonius es similar al de los pies de rey. Los extremos de la regla están biselados con ángulos de 45 a 60 grados, variando la longitud de la regla entre 150 Y 500 mm, según los aparatos.

La medición con estos goniómetros se realiza situando el ángulo a medir de forma que sus lados coincidan con un lado de la regla y otro de la escuadra, deslizando la regla a uno y otro lado y empleando el lado de la escuadra más cómodo para la medición.

Cuando el lado de la escuadra empleada es el paralelo a la línea de 90 grados del limbo, la medida leída en el limbo es directamente la del ángulo, si este es agudo, o la medida suplementaria, si es obtuso. En caso de emplear el lado de la escuadra paralelo a la línea de 0°, la lectura en el limbo es el complemento del valor del ángulo si este es agudo, obteniéndose el valor del ángulo, cuando es obtuso, sumando 90° a la lectura del limbo.

- **Goniómetro óptico universal**. Una variante de este instrumento es el llamado goniómetro óptico universal, del que se muestra un modelo en la figura. El limbo está graduado igualmente en cuatro cuadrantes de 0 a 90° divididos en doceavos, o sea, que se pueden precisar por lectura directa los 5 minutos por apreciación el minuto de grado. El limbo está encerrado en una caja y la lectura se efectúa por medio de una lente de 30 o 40 aumentos, en cuyo campo de visión quedan la escala y el índice de medición, como se muestra en la figura ampliada.

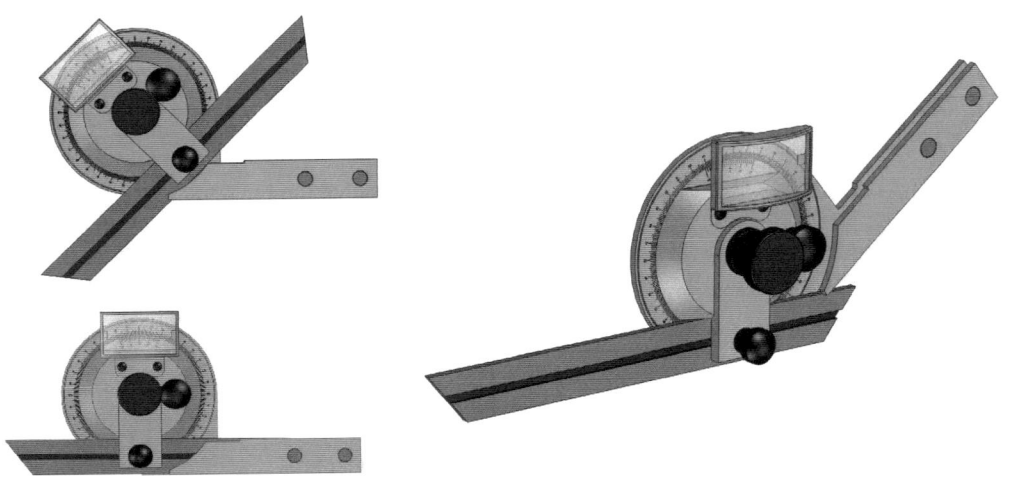

Figura 1.1.32 Goniómetro óptico universal.

Ejercicio resuelto 1.1.5

Indica las lecturas del goniómetro.

Solución

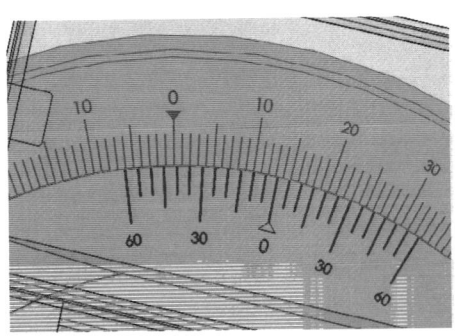 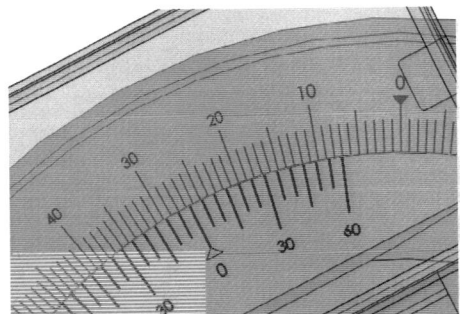

1.1.5.3 **Medición trigonométrica de ángulos**

La medición trigonométrica de ángulos es un sistema de medición indirecta en el que por medición de distancias y mediante el cálculo correspondiente se determina el valor del ángulo desconocido. El cálculo se basa en el empleo de fórmulas sencillas que relacionan los valores de lados y ángulos en un triángulo rectángulo, siendo las empleadas las indicadas en la figura. Para más información consulte el Anexo II.

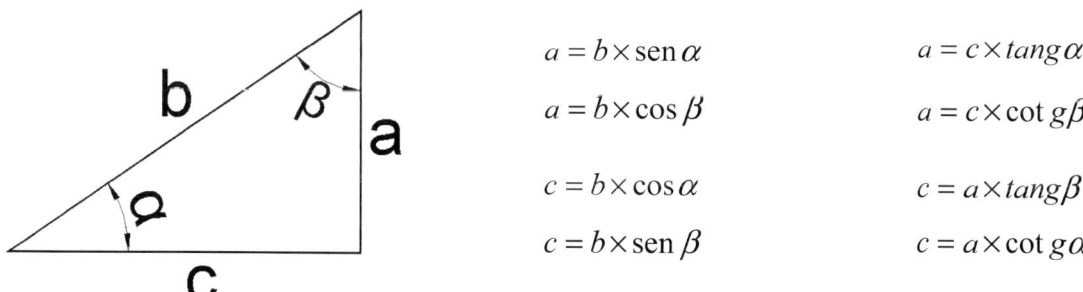

$$a = b \times \operatorname{sen}\alpha \qquad a = c \times tang\,\alpha$$
$$a = b \times \cos\beta \qquad a = c \times \cot g\beta$$
$$c = b \times \cos\alpha \qquad c = a \times tang\beta$$
$$c = b \times \operatorname{sen}\beta \qquad c = a \times \cot g\alpha$$

Figura 1.1.33 Razones trigonométricas de un triángulo rectángulo.

Los métodos que pueden considerarse incluidos como medición trigonométrica emplean dos sistemas de cálculo distinto:

- La medición sobre piezas de apoyo (medición de ángulos y longitudes).

- La medición con instrumentos basados en la regla de senos.

1.1.5.4 **Medición sobre piezas de apoyo (medición de ángulos y longitudes)**

La medición de las longitudes necesarias para el cálculo de los ángulos rara vez puede hacerse directamente sobre las superficies que forman los ángulos. Por tal razón es necesario utilizar piezas de apoyo que se intercalan entre las superficies a medir y los topes de los instrumentos de medida.

Las piezas de apoyo empleadas son bloques patrón, bolas o cilindros. Estas piezas deben ser de dimensiones perfectamente conocidas y calibradas. En la figura se muestran esquemas básicos para la medición de un ángulo entre dos superficies mediante el empleo de dos piezas cilíndricas o esféricas de apoyo.

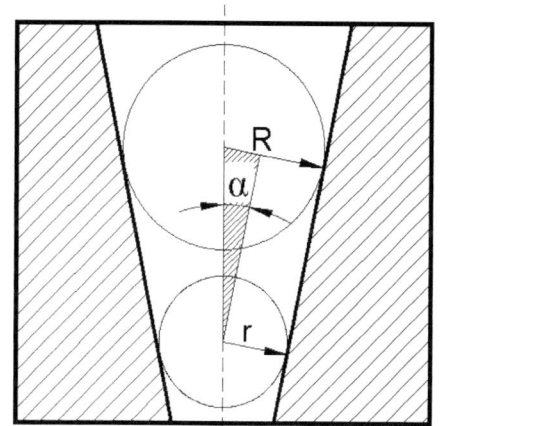
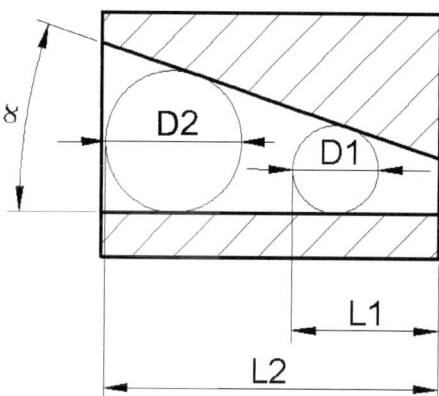

Figura 1.1.34 Disposiciones prácticas para la determinación del ángulo α entre dos superficies mediante el empleo de dos piezas cilíndricas o esféricas de apoyo.

En el esquema se indican los casos más comunes en la medida de ángulos con piezas de apoyo:

Medida de ángulos con piezas de apoyo

a) Piezas donde la bisectriz del ángulo a medir es perpendicular a la cara de referencia de la pieza.

b) Piezas donde uno de los ángulos a medir es perpendicular a la cara de referencia.

c) Pieza donde el ángulo que se desea medir es asimétrico a las caras de la pieza.

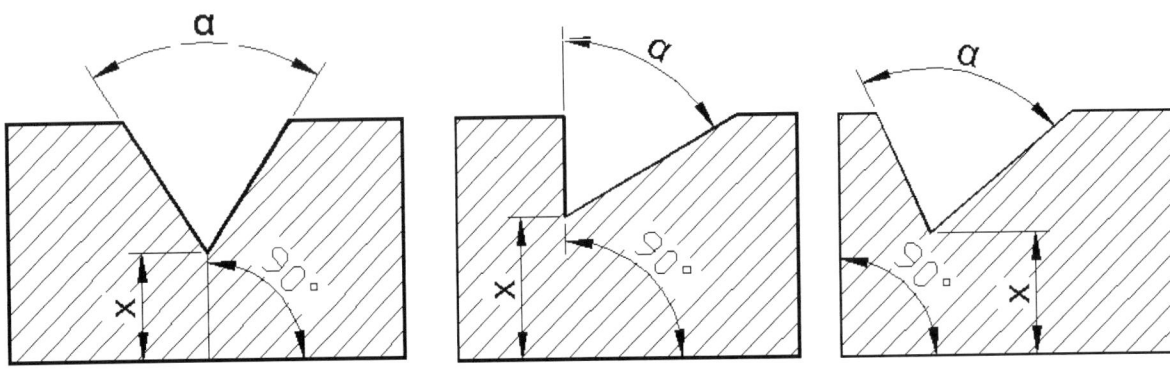

Figura 1.1.35 Medida de ángulos con piezas de apoyo. Casos a, b y c, respectivamente.

La determinación del valor de los ángulos para cada uno de los tres casos enumerados se describe a continuación.

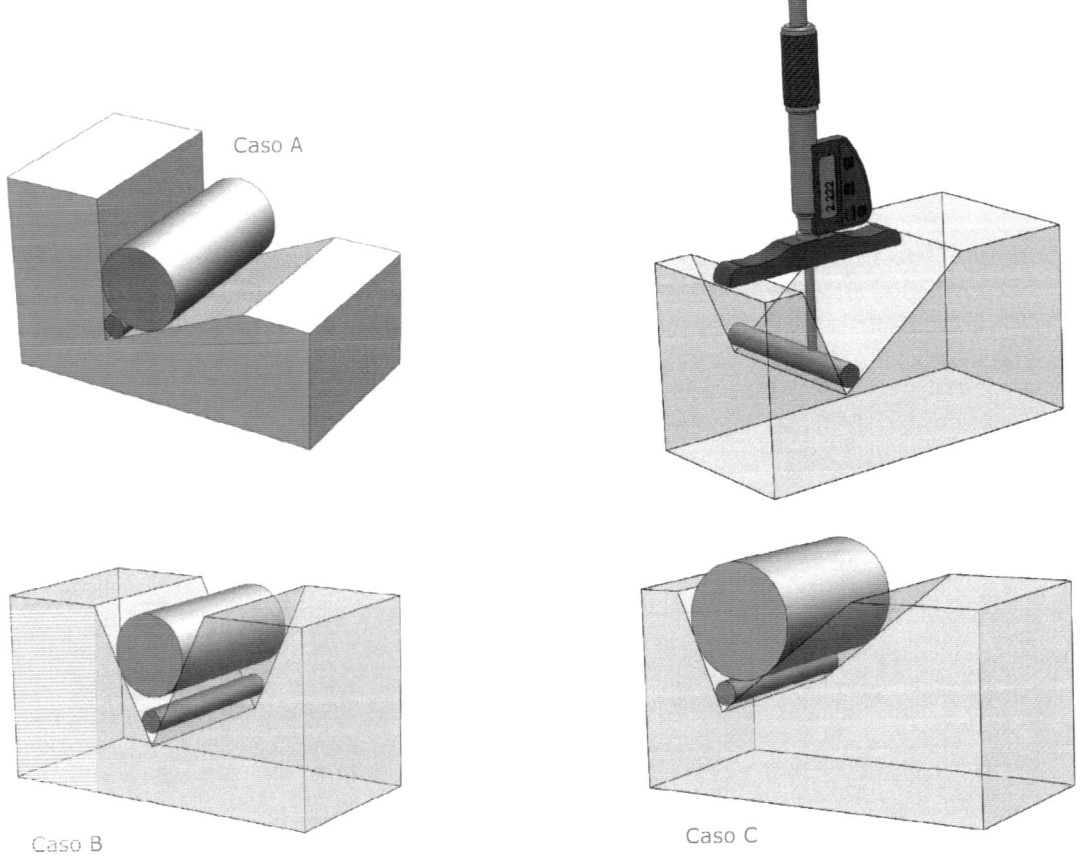

Caso A

Caso B

Caso C

Figura 1.1.36 Determinación del valor de los ángulos para los casos A, B y C.

Caso A

Piezas donde la bisectriz del ángulo a medir es perpendicular a la cara de referencia de la pieza.

Para hallar el ángulo se emplean cilindros calibrados como los representados en la figura. De esta forma puede determinarse la distancia C existente entre los centros de los cilindros de radio R y radio r. El ángulo α puede calcularse de la siguiente forma:

$$C = (Y_2 - R) - (Y_1 - r) = Y_1 - R - Y_2 + r = Y_1 - Y_2 + r - R$$

$$\boxed{\operatorname{sen}\frac{\alpha}{2} = \frac{R-r}{C} = \frac{R-r}{Y_1 - Y_2 + r - R}}$$

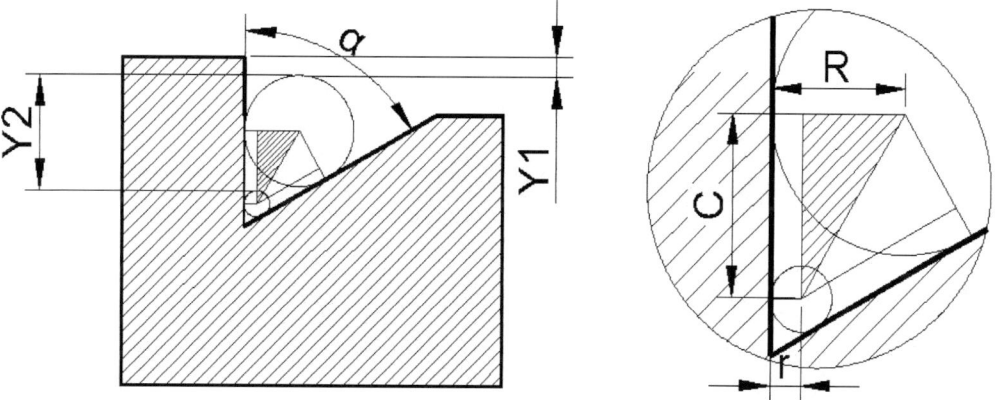

Figura 1.1.37 Mediante la utilización de dos cilindros calibrados de diferente diámetro (R y r) puede determinarse la distancia C que existe entre el centro de los mismos y posteriormente calcular el ángulo formado por las dos superficies.

Caso B

Piezas donde uno de los ángulos a medir es perpendicular a la cara de referencia.

Para hallar el ángulo α se procede de forma similar al caso anterior. Se utilizan dos cilindros calibrados de diferente diámetro y se colocan tal y como se indica en la figura:

$$C = (Y_2 + r) - (Y_1 + R) = Y_2 + r - Y_1 - R = Y_2 - Y_1 + r - R$$

$$\boxed{\operatorname{tg}\frac{\alpha}{2} = \frac{R-r}{C} = \frac{R-r}{Y_2 - Y_1 + r - R}}$$

Figura 1.1.38 Mediante la utilización de dos cilindros calibrados de diferente diámetro (R y r) también puede determinarse la distancia C que existe entre el centro de los mismos y posteriormente calcular el ángulo formado por las dos superficies (siendo una de ellas perpendicular a otra de la pieza).

Cuando el ángulo α es demasiado grande puede utilizarse una cala de altura conocida y montarla según la disposición:

$$C = X_1 - X_2$$

$$\boxed{tg\,\alpha = \frac{H}{C} = \frac{H}{X_1 - X_2}}$$

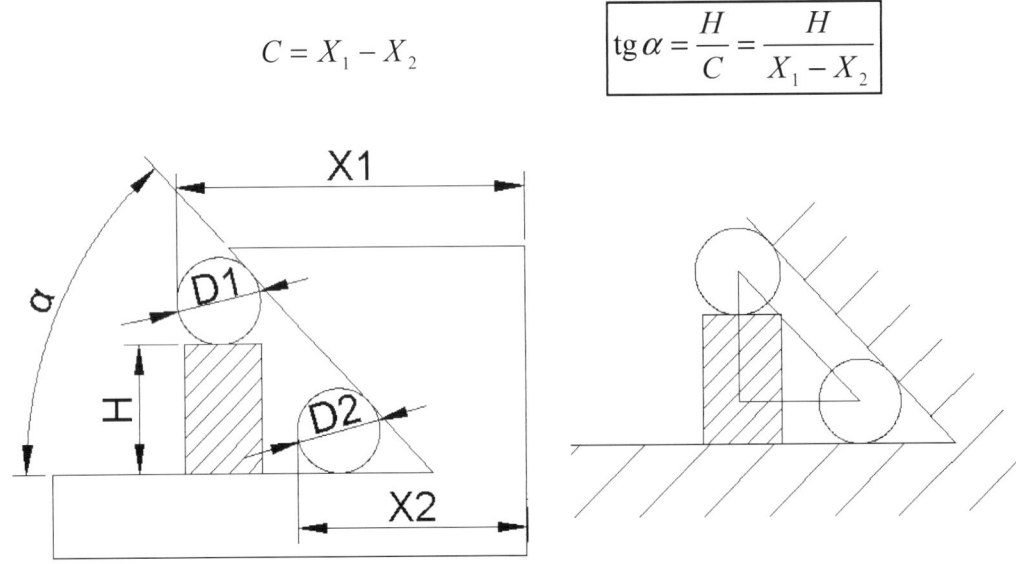

Figura 1.1.39 Medición del ángulo α mediante utilización de cala de altura H conocida.

Caso C

Pieza donde el ángulo que se desea medir es asimétrico a las caras de la pieza.

Para medir el ángulo α se deben utilizar cilindros de diferente diámetro en las posiciones indicadas en la figura. El cálculo del ángulo se realiza de la siguiente forma:

$$a = (X_1 - R) - (X_2 - r) = X_1 - R - X_2 + r = X_1 - X_2 + r - R \qquad a = X_1 - X_2 + r - R$$

$$b = (Y_1 - R) - (Y_2 - r) = Y_1 - R - Y_2 + r = Y_1 - Y_2 + r - R \qquad b = Y_1 - Y_2 + r - R$$

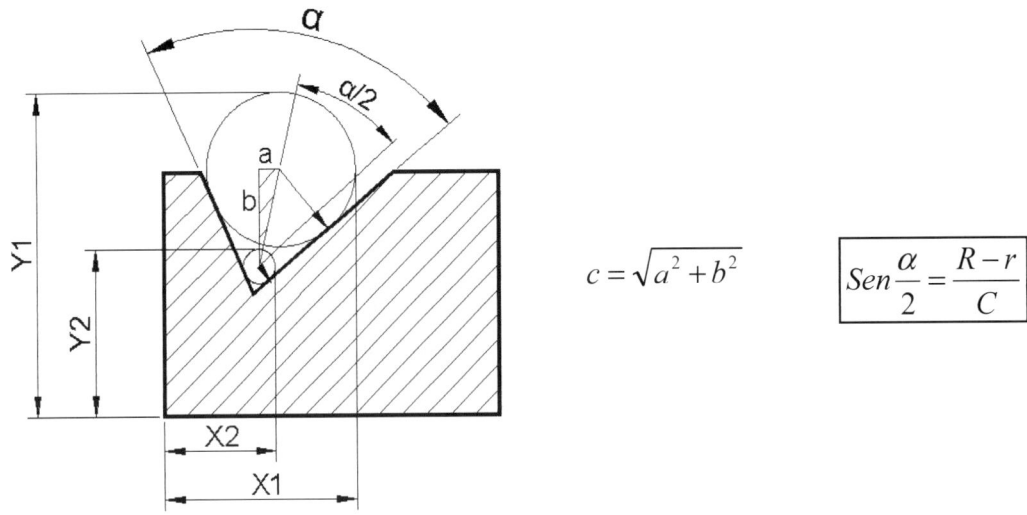

$$c = \sqrt{a^2 + b^2} \qquad \boxed{Sen\,\frac{\alpha}{2} = \frac{R - r}{C}}$$

Figura 1.1.40 Medición del ángulo α en una pieza con un ángulo en posición oblicua y completamente asimétrica con respecto a las superficies de la pieza.

Hasta ahora se han comentado las tres formas de determinar ángulos con piezas de apoyo. A continuación se indican los procedimientos para determinar las longitudes de cada uno de los casos expuestos.

Medida de longitudes con piezas de apoyo

a) Piezas con un ángulo cuya bisectriz es perpendicular a una de las superficies.

b) Pieza con un ángulo con una de sus superficies perpendicular a otra.

c) Pieza con un ángulo en posición oblicua y completamente asimétrica con las superficies de la pieza.

Caso A

Pieza con un ángulo cuya bisectriz es perpendicular a una de las superficies.

La medida se realizará con la ayuda de un cilindro patrón de radio conocido.

$$\operatorname{sen}\frac{\alpha}{2}=\frac{R}{c} \qquad c=\frac{R}{\operatorname{sen}\dfrac{\alpha}{2}}$$

$$Y=Y_1-R-C=Y_1-R-\frac{R}{\operatorname{sen}\alpha/2}=Y_1-R\left(1+\frac{1}{\operatorname{sen}\alpha/2}\right)=Y_1-R\left(1+\cos ec\,\alpha/2\right) \qquad \boxed{Y=Y_1\left(1+\cos ec\frac{\alpha}{2}\right)}$$

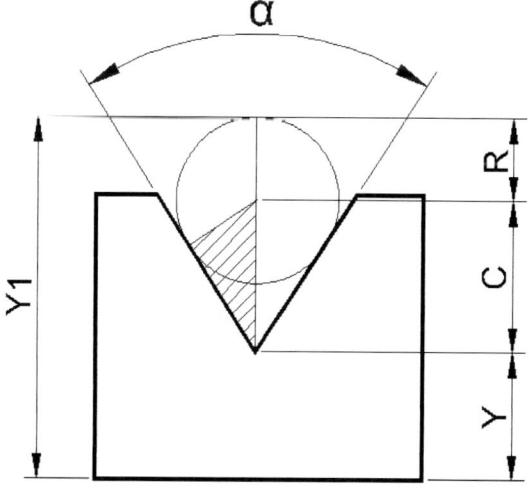
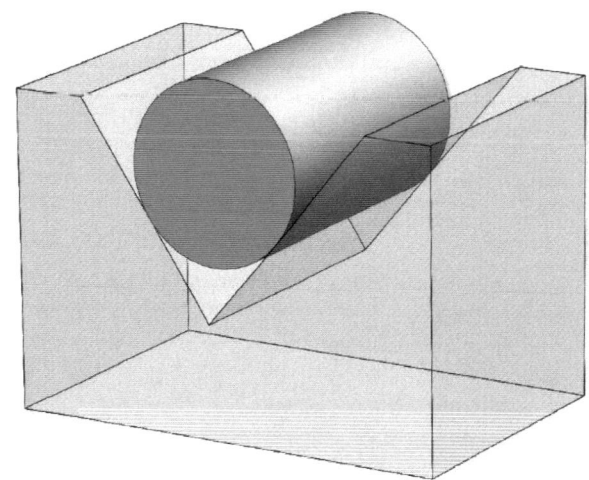

Figura 1.1.41 La medición se realiza con un cilindro de diámetro conocido.

Caso B

Pieza con un ángulo que tiene una superficie perpendicular a otra.

La medida se realiza con un cilindro de radio conocido como en el caso anterior.

$$\operatorname{tg}\frac{\alpha}{2}=\frac{R}{C} \qquad\qquad c=\frac{R}{\operatorname{tg}\alpha/2}=R\cot g\frac{\alpha}{2}$$

$$X=X_1-R-C=X_1-R-R\times\cot g\frac{\alpha}{2}=X_1-R\left(1+\cot g\frac{\alpha}{2}\right) \qquad\qquad X=X_1-R\left(1+\cot g\frac{\alpha}{2}\right)$$

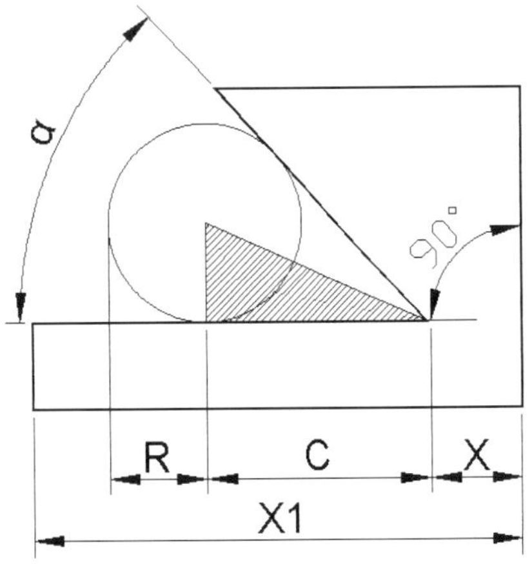

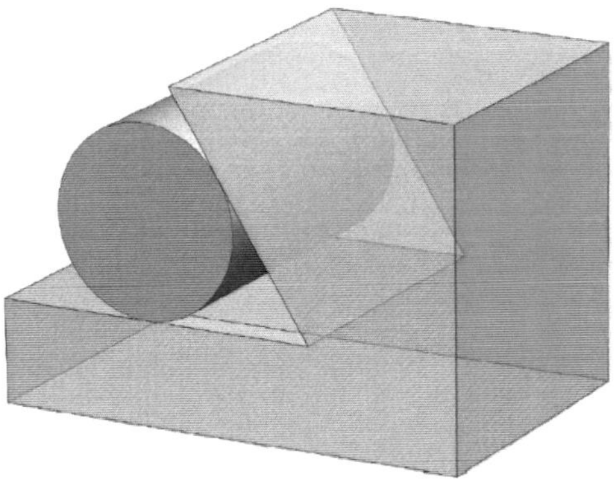

Figura 1.1.42 Pieza con un ángulo que tiene una superficie perpendicular a otra. La medida se realiza con un cilindro de radio conocido como en el caso anterior.

Aparatos fundados en la regla de senos

La regla de senos está formada por una barra prismática robusta apoyada en sus extremos por dos rodillos cilíndricos iguales, de ejes paralelos entre sí y contenidos en un plano paralelo a la superficie superior de la misma. La distancia entre los centros de los rodillos está normalizada y puede ser de 100, 200 y 300 mm, aunque la más utilizada es la primera.

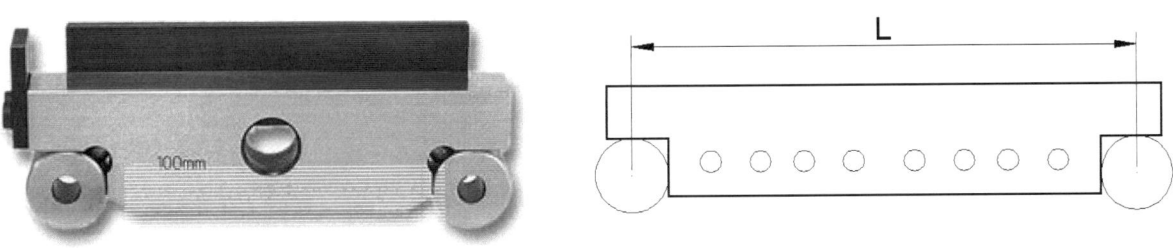

Figura 1.1.43 Regla de senos y montaje de regla de senos. Los agujeros que posee la regla de senos permiten poderla fijar sobre soportes especiales y así facilitar su manejo. Imagen cedida por cortesía de Unceta/Holex.

En la figura 1.44 se ha representado el montaje para verificar la inclinación. Para ello, la regla de senos es colocada sobre unas calas de forma que el plano superior de la regla coincide con la superficie cuya inclinación desea medirse (α).

La regla de senos se fabrica en acero, se templa y rectifica. La precisión entre rodillos puede ser de ± 0,002 mm.

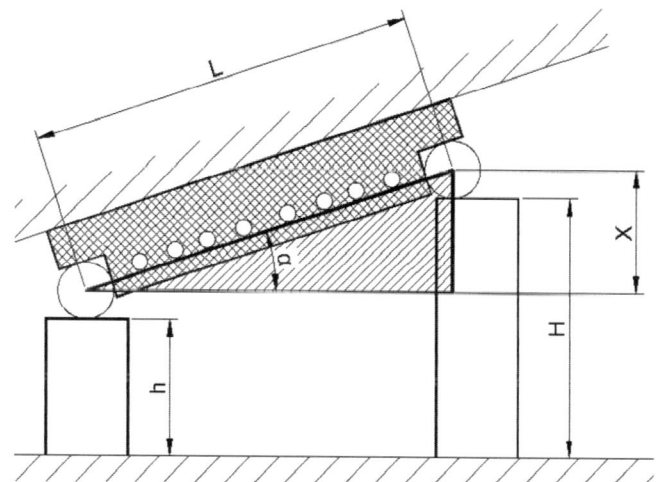

$$X = (H+R)-(h+R) = H-h$$

$$\operatorname{sen}\alpha = \frac{X}{L} = \frac{H-h}{L}$$

Figura 1.1.44 Montaje de regla de senos. Mesa de senos. Imagen cedida por cortesía de Unceta/Mitutoyo.

Una regla de senos montada sobre un soporte conveniente puede utilizarse como instrumento medidor de ángulos en combinación con un plano de referencia tal como la superficie de un mármol. De forma similar puede utilizarse una mesa de senos en combinación con un comparador y un mármol o dotarle de un calzo o de soportes entre puntos para medir piezas de revolución.

La regla de senos solo se utiliza en la formación de ángulos menores de 45° debido a la imprecisión que adquiere al aumentar los valores del ángulo a verificar.

Ejercicio resuelto 1.1.6

Se desea crear un ángulo de 10° con una regla de senos (L=100 mm) y bloques patrón. Determina la combinación de bloques necesaria para ello.

Solución

$$H = L \cdot \operatorname{sen}\alpha = 100 \cdot 10° = 17,365\,mm$$

Siguiendo el mismo procedimiento empleado en el ejercicio 1.1.3, deben seleccionarse las calas para definir la longitud necesaria.

1.1.5.5 Medición indirecta por comparación con un patrón de ángulo

Este sistema de medición es de desarrollo y aplicación reciente. Su fundamento es análogo al de los comparadores para la medición indirecta de longitudes.

Se utilizan comparadores de esfera especiales cuyo palpador está formado por una reglilla que se ajusta a un ángulo determinado con respecto a una superficie de referencia utilizando un patrón de ángulo.

Las desviaciones del ángulo que se mide con respecto al ángulo patrón son señaladas directamente por la aguja sobre la esfera.

1.1.5.6 **Comprobación directa con un patrón de ángulo**

La comprobación de un ángulo para determinar si su valor coincide o no con un valor dado es una operación que se realiza con gran frecuencia y en general en los trabajos de verificación, ajuste y montaje.

El medio más corrientemente utilizado es la comparación directa del ángulo a comprobar con un patrón del valor del ángulo deseado. La operación se realiza por superposición de los lados del ángulo a comprobar con los que materializan el patrón y observación de la coincidencia o falta de la misma.

La comprobación se realiza observando a contraluz la pieza y el patrón puesto en coincidencia frente a un foco luminoso provisto de una pantalla de vidrio deslustrado. Los defectos de coincidencia se acusan por la observación de una línea de luz de anchura variable o por una cuña de luz.

Este sistema de comprobación es de gran sensibilidad y requiere solamente una cierta práctica por parte del operador.

Los patrones empleados son las reglas y escuadras de distintos tipos y falsas escuadras y patrones de ángulos Johansson combinables.

1.1.6 **Calibres de tolerancia**

Los calibres son instrumentos destinados a la ejecución de operaciones determinadas de control, sin que el operario tenga que hacer ninguna lectura. Sirven para verificar un contorno, una forma, un perfil, o una o varias medidas.

En el primer caso se trata de apreciar si el calibre se adapta exactamente al contorno a verificar.

En el segundo caso, el problema es más complejo. Consiste en apreciar si una de las dimensiones de la pieza a verificar es o no igual a la del calibre correspondiente. Para realizar la comparación, se utiliza un calibre de forma inversa a la de la pieza. Por ejemplo, el diámetro interior de un cilindro hueco será comparado con el diámetro exterior de un calibre de forma cilíndrica. Las piezas convexas se controlan con calibres cóncavos y viceversa.

Los calibres límite "Pasa" y "No pasa" están formados generalmente por dos cuerpos o partes distintas, que materializan los límites máximo y mínimo de la tolerancia de la pieza que controlan. Esta gran familia está formada por distintos tipos de calibres; se describen algunos de ellos a continuación.

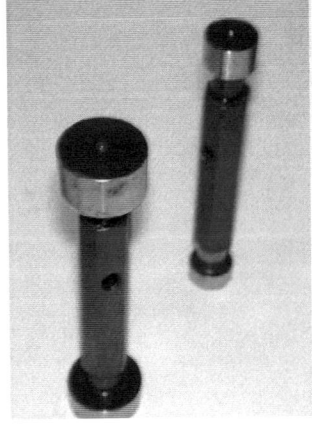

Figura 1.1.45 Calibre tampón para agujeros.

Figura 1.1.46 Calibres de herradura simple y calibres planos o laminares.

- **Anillos y tampones**. Están constituidos por anillos y cilindros cuyos diámetros interior y exterior, respectivamente, materializan las dimensiones de la cota a controlar.

- **Calibres de herradura y calibres planos**. Compuestos por dos superficies de medición planas, unidas entre sí por una armadura en forma de herradura. También se utiliza el calibre de anillo.

- **Calibres planos o laminares**. Son calibres construidos en chapa de acero, con la finalidad de sustituir a los de herradura, tampones, etc., cuando el acceso a la dimensión a controlar es difícil y así lo requiere. Se utilizan en el control de perfiles.

- **Varillas oscilantes**. Su forma es la de una varilla de extremos abombados para contacto puntual, siendo su longitud inferior al diámetro que controla. El valor de la oscilación determina el diámetro del agujero. Se puede también fijar una oscilación máxima y mínima que corresponda con los límites de la cota del agujero.

- **Tampones y tampones especiales**. Los calibres de tampón son calibres de forma cilíndrica utilizados para controlar agujeros. Se llaman calibres de contacto integral porque la totalidad de la superficie de medición está en contacto con la pieza que se mide.

Presentan dos índices de medición, uno corresponde a la máxima medida y el otro a la mínima. Las piezas presentan el ajuste deseado cuando, en el caso de **calibres de agujeros**, se puede introducir el lado de la medida mínima (lado "pasa"), pero no el de la medida máxima (lado "no pasa"). Por el contrario, el **calibre de ejes** debe poder pasar sobre el eje por su propio peso, con la medida máxima (lado "pasa") y solo acuñarse con la medida mínima (lado "no pasa").

Al lado "pasa" se le da una diferencia opuesta al desgaste: positiva a los calibres machos, calibres planos y bloques patrón de extremos esféricos y negativa en los calibres de boca.

Para comprobar los calibres de tolerancias, se emplean calibres de comprobación (calibres patrón). Se comprueba que la superficie de medición sea plana con ayuda de placas de vidrio de caras paralelas.

1.1.7 Máquinas de medición

La necesidad creciente en la industria de fabricación mecánica de efectuar mediciones con gran precisión, principalmente cuando se trata de comprobar los calibres e instrumentos de medida que se utilizan para el control de las fabricaciones, ha dado lugar al desarrollo y construcción de aparatos especiales destinados a realizar tales mediciones.

Estos aparatos que se reúnen bajo la denominación de máquinas de medidas son conjuntos complejos formados por la agrupación de diversos dispositivos de medición ópticos y mecánicos, a los que además pueden generalmente acoplarse gran variedad de accesorios con el fin de adaptarlos a los más diversos casos de medida.

Por regla general, aunque las máquinas de medir son de construcción robusta para que mantengan sus cualidades de precisión, el cuidado con que debe efectuarse su manejo es más grande, si se desea que cumplan la finalidad para la cual están destinadas. Por tal razón su empleo se reserva a los laboratorios de medición o salas de metrología adecuadamente acondicionadas.

Los modelos de máquinas de medir y sus detalles constructivos son muy diversos, por lo que nos limitaremos a la descripción de algunos modelos que podemos considerar como típicos, en el bien entendido de que existen otros muchos que presentan diferencias más o menos notables.

- **Bancos de medir o máquinas de medir longitudes**. Estas máquinas están destinadas, fundamentalmente, a la medición de longitudes, aun cuando mediante accesorios adecuados pueden utilizarse también para mediciones angulares.

  Pueden diferenciarse dos tipos principales:

  - Las que efectúan **medidas por comparación** con un patrón de topes.

  - Las que realizan la **medición absoluta** de longitudes utilizando reglas patrón adecuadas con las que se comparan las longitudes a medir.

  El ajuste y la medida efectúan, en primer lugar, el ajuste aproximado desplazando la cabeza móvil y después el ajuste preciso por medio de la cabeza micrométrica o bien del reloj comparador.

  Al efectuar un control pueden determinarse en el comparador las diferencias que presenta la pieza en relación a sus dimensiones nominales.

  Un par de bridas acopladas al banco permiten emplearlo para el control de medidas de interiores. En la verificación de interiores el sentido de la presión de medida se invierte por medio de una palanca situada en el cabezal fijo.

  Con la máquina universal para mediciones longitudinales pueden efectuarse las siguientes mediciones:

  - Mediciones exteriores en piezas con superficies de medición planas y paralelas, piezas con superficies de medición esféricas, piezas cilíndricas en posición vertical y piezas cilíndricas en posición horizontal.

  - Mediciones interiores en piezas a comprobar con superficies planas y paralelas y diámetros de taladros.

  - Mediciones de roscas. Roscas exteriores e interiores.

- **Microscopios de medición**. Las aplicaciones de estos instrumentos son similares a las de las máquinas de medir, pero su campo de medición es más reducido, empleándose en consecuencia para la medición de piezas relativamente pequeñas, galgas, herramientas, etc.

  Está formado por un microscopio geométrico montado en un soporte y zócalo de gran rigidez; sobre el zócalo lleva una mesa portapiezas dotada de dos movimientos coordenados gobernados por tornillos mierométricos, que permiten la medición de los desplazamientos. Una mesa giratoria montada sobre la anterior provista de limbo graduado y noniu, permite la medición de giros de hasta 360º y con precisión de 3 minutos. Por su parte, el microscopio goniométrico permite la medición de ángulos con precisión de 1 minuto.

  Las observaciones se hacen corrientemente con iluminación diascópica de intensidad variable a voluntad, pero también puede emplearse para realizar observaciones con iluminación episcópica.

  Otro de los dispositivos que puede acoplarse a este aparato es una máquina fotográfica, aunque actualmente van conectadas directamente a un PC.

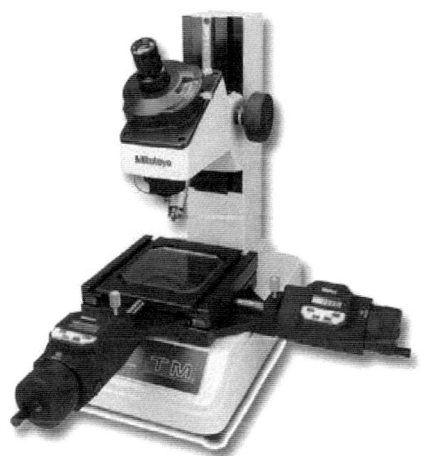

Figura 1.1.47 Microscopio de medición y proyector de perfiles.

- **Proyector de perfiles.** Está indicado especialmente para controlar perfiles de piezas mecánicas. Respecto a los normales microscopios para medición, este presenta la ventaja de permitir la observación directa de la proyección aumentada en vez de la observación a través de un ocular.

El aparato está dotado de una mesa portapiezas con desplazamientos ortogonales realizables con tornillos micrométricos. Ello permite el examen de engranajes y de roscas; ofrece la posibilidad de inclinar tanto la pieza como el haz luminoso a fin de permitir el control relativo al paso, diámetro y forma. Con la aplicación de un transportador de nonius, colocado sobre el plano de proyección donde aparece directamente la imagen aumentada, es posible medir y controlar los ángulos alcanzando una aproximación de 1'.

- **Máquinas de medir tridimensionales (MMC).** Una máquina de medida por coordenadas es un instrumento de medida absoluta de precisión capaz de determinar la dimensión, forma, posición y "actitud" (perpendicularidad, planaridad, etc.) de un objeto midiendo la posición de distintos puntos de su propia superficie mediante la utilización de un palpador que recorre la geometría del objeto a copiar o verificar.

Son utilizadas para realizar el control de la correspondencia entre un objeto físico con sus especificaciones teóricas (expresadas en un dibujo o en un modelo matemático) en términos de dimensiones, forma, posición y actitud. Aunque también puede ser utilizado en la definición de características geométricas dimensionales (dimensiones, forma, posición y actitud) de un objeto, por ejemplo, un molde cuyas características teóricas son desconocidas.

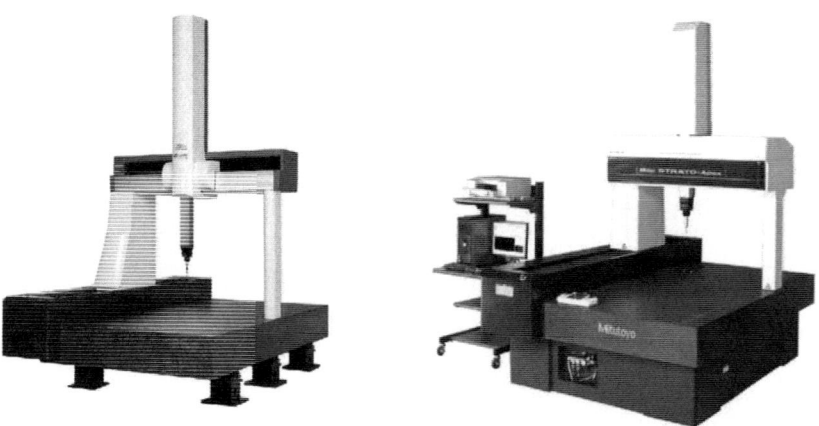

Figura 1.1.48 Máquina de medir coordenadas. Imagen cedida por cortesía de Unceta/Mitutoyo.

Test, cuestiones y problemas propuestos

Test

Responde verdadero o falso.

	V	F

1. La metrología es la ciencia que trata la medición de las diferentes magnitudes, los sistemas de unidades y establece requisitos en la fabricación de los instrumentos de medida

2. El mármol, la escuadra y el calibre herradura son patrones angulares.

3. Un patrón de longitud es aquel que es capaz de reproducir el valor de una longitud determinada de forma que es innecesario recurrir a instrumentos de medida para determinar el valor.

4. En un anillo patrón el diámetro del agujero materializa la cota de referencia.

5. El calibre herradura se emplea para verificar ángulos de forma rápida (pasa y no pasa).

6. Los bloques patrón se agrupan por superposición, de forma que la agrupación define una longitud.

7. Las caras de los bloques patrón pueden adherirse entre ellas y producir una soldadura en frío debido a su excelente acabado superficial.

8. La regla de senos es un dispositivo que permite definir ángulos menores a 45°.

9. El nonius es la escala graduada grabada en el curso de los instrumentos de medida.

10. La apreciación de un pie de rey se puede determinar mediante la relación entre el valor de la división más grande de la regla fija y el número de divisiones de la regla móvil.

11. El pie de rey de tornero solo tiene un par de patas de medición para medidas internas y externas.

12. El pie de rey con puntas cónicas se emplea para medir ranuras internas.

13. La apreciación de un micrómetro se define como el producto entre el paso de la rosca y el número de divisiones del tambor o nonius.

Cuestiones y problemas

1. Realiza un esquema y describe brevemente los medios disponibles para medir y verificar piezas.

2. ¿Qué son los patrones de longitud? Indica dos ejemplos y sus aplicaciones. ¿Deben estar fabricados con algún material determinado? ¿Por qué? Justifica la respuesta.

3. ¿Para qué se emplean los calibres dobles para exteriores? ¿Qué son los calibres ajustables?

4. ¿De qué forma deben manipularse los patrones prismáticos? Justifica la respuesta.

5. Se desea materializar una distancia de 12,098. ¿Qué agrupamiento de patrones debe realizarse?

6. ¿Qué son las plantillas o galgas? Describe los distintos tipos existentes en el mercado y sus principales aplicaciones.

7. ¿Qué tipos de mármol podemos encontrar en el mercado para definir un plano? Indica las ventajas e inconvenientes de cada uno de ellos.

8. ¿De qué forma puede verificarse una escuadra? Describe el procedimiento.

9. ¿De qué forma puede utilizarse la regla de senos para definir un ángulo de 32º?

10. ¿Qué tipos de medidas pueden realizarse con un pie de rey tipo Mauser?

11. ¿Qué es el calibre sonda? ¿Y el calibre de altura o de trazado?

12. Describe las distintas variedades de pie de rey que conozcas. Para cada uno de ellos indica sus aplicaciones.

13. Indica las principales normas de uso que debemos seguir en el empleo y mantenimiento de un pie de rey.

14. ¿Cómo se realiza la lectura en un micrómetro?

15. Realiza una lista con los distintos tipos de micrómetro y sus aplicaciones.

16. Describe el procedimiento para medir piezas con un ángulo en posición oblicua y completamente asimétrica con las superficies de la pieza.

17. ¿Qué es un proyecto de perfiles? ¿Y una MMC?

18. Determina los patrones prismáticos necesarios para obtener las siguientes medidas: 38.702, 15.970 y 10.751.

19. Un bloque de calas patrón con altura de 12,035 mm ¿qué ángulo define cuando se emplea una regla de senos de L=100 mm?

20. Determina el número de patrones prismáticos y sus medidas para calzar una regla de senos y definir un ángulo de 15º.

21. De qué forma pueden verificarse las cotas indicadas en la figura.

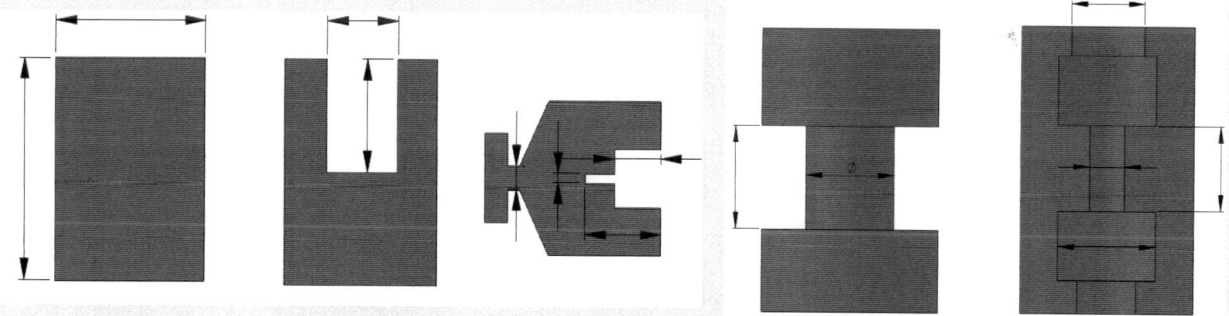

22. Indica las mediciones indicadas en el reloj comparador de la figura.

23. Calcular el valor del ángulo de la incisión conociendo las cotas indicadas en la figura.

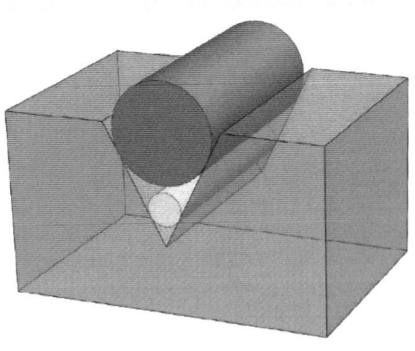
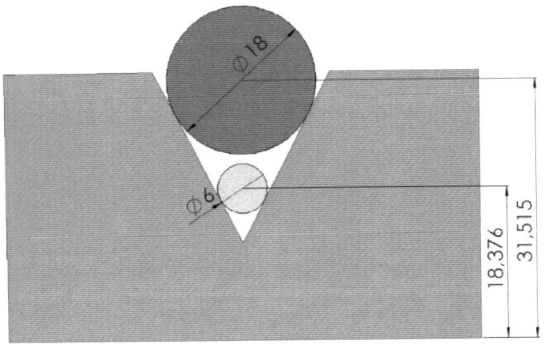

24. Calcular los ángulos que caracterizan la incisión conociendo las cotas indicadas en la figura.

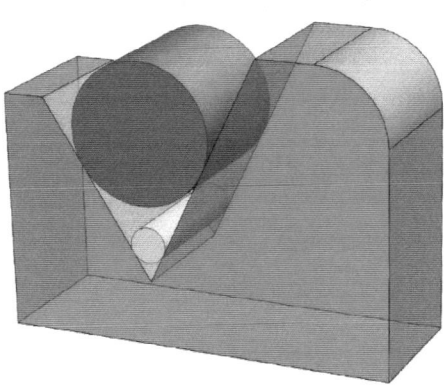
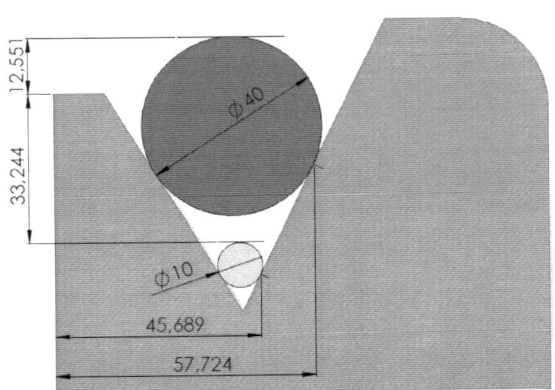

25. Calcular el valor de las cotas indicadas por los valores A y B de la figura.

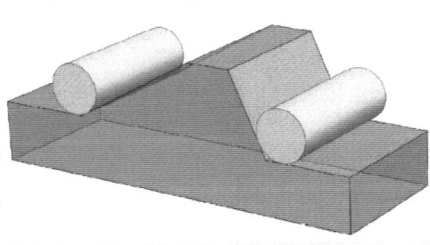
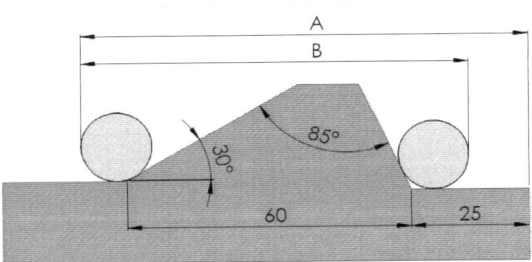

26. Calcular las cotas A y B de la figura conociendo las cotas indicadas.

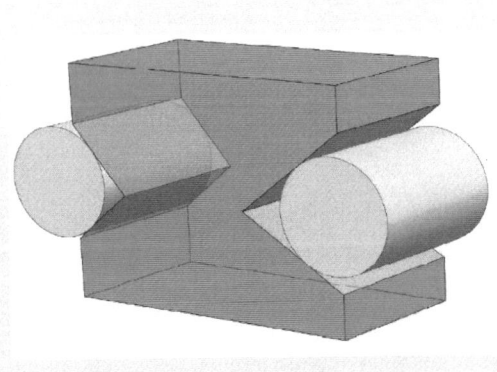
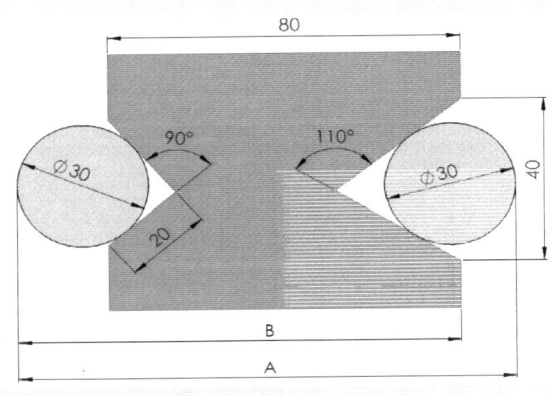

Verificación de formas

Contenidos

Problemas resueltos

Test, cuestiones y problemas propuestos

Objetivos

- Describir los instrumentos y las técnicas empleadas en la verificación de formas planas, rectas, cilíndricas y cónicas.

1.2.1 Introducción

La **metrología** es la ciencia que trata la medición y sabemos que el acto de medir es comparar una magnitud con otra previamente definida. Hasta ahora se han estudiado los patrones lineales y angulares para medición y comprobación de longitudes y ángulos por procedimientos directos o indirectos.

Pero en las empresas y talleres es necesario verificar que las piezas fabricadas cumplen las tolerancias, no solo dimensionales, sino también geométricas. Por ello, es importante conocer las herramientas y los procedimientos para verificar la rectitud, planitud, concentricidades, etc. A esta clase de medición se le denomina **verificación de formas** y comprende la verificación de superficies planas, de revolución, rectitudes, etc.

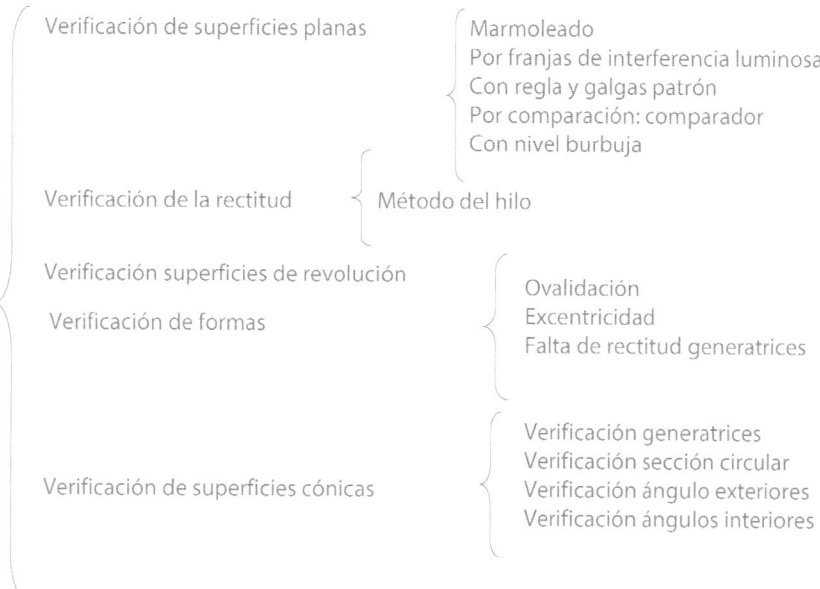

Verificación de superficies planas
- Marmoleado
- Por franjas de interferencia luminosa
- Con regla y galgas patrón
- Por comparación: comparador
- Con nivel burbuja

Verificación de la rectitud
- Método del hilo

Verificación superficies de revolución

Verificación de formas
- Ovalidación
- Excentricidad
- Falta de rectitud generatrices

Verificación de superficies cónicas
- Verificación generatrices
- Verificación sección circular
- Verificación ángulo exteriores
- Verificación ángulos interiores

Figura 1.2.1 Verificación de formas.

1.2.2 Verificación de superficies planas

La planitud o condición de ser plana una superficie se realiza comparándola con un plano de referencia (plano patrón). Este plano puede ser un plano imaginario determinado por tres puntos, por un nivel o por instrumentos ópticos. En función del tipo de plano patrón seleccionado, se definen los diversos procedimientos de verificación.

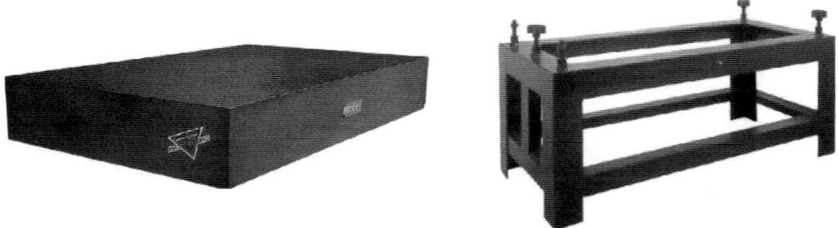

Figura 1.2.2 Mármol y mesa. Imagen cedida por cortesía de Unceta/Mitutoyo.

Entre los primeros métodos de verificación, mediante patrón plano, se suelen utilizar mármoles y vidrios ópticos, que son utilizados en las verificaciones de superficies no muy extensas durante o después de los trabajos de ajuste, mientras que los que utilizan un plano imaginario o ideal son útiles para comprobar grandes superficies.

1.2.2.1 Marmoleado (entintado o coloreado)

Consiste en embadurnar la superficie a estudiar y el mármol (utilizando plano patrón como elemento de referencia) con una fina capa de líquido o pasta coloreada (azul de Prusia de grano fino o minio con aceite, tetróxido de plomo de color rojo). Se hace deslizar una superficie de referencia (SR) sobre la superficie a verificar en distintas direcciones. El colorante es expulsado de las zonas de apoyo o contacto por la mayor presión existente. Al separar las superficies, los puntos de apoyo aparecen brillantes por el frotamiento y rodeados por el colorante empleado. Estos puntos de apoyo son los más altos de la superficie que se comprueba y los que deben reducirse por rasqueado o pulido en la operación de ajuste, para ir aumentando la planitud de la superficie por sucesivas pasadas.

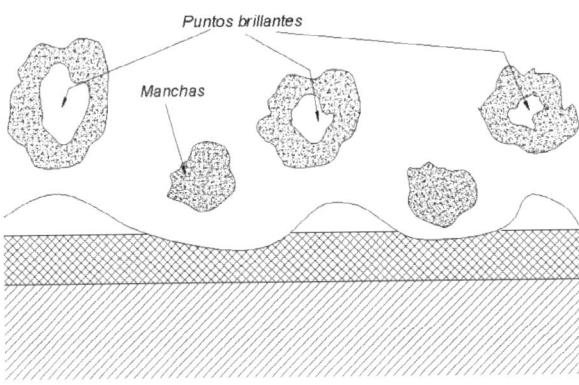

Figura 1.2.3 Procedimiento de marmoleado para la verificación de superficies planas.

El mármol empleado como superficie de referencia debe estar limpio y ser mayor que las superficies a verificar. El colorante debe repartirse de forma homogénea a lo largo de toda la superficie y formando una fina capa inferior a una décima de milímetro. El movimiento debe realizarse en todas las direcciones y sin presionar la pieza. El procedimiento informa de las zonas no planas pero no indica la profundidad de las mismas.

1.2.2.2 Verificación por franjas de interferencia luminosa

Se aplica a pequeñas superficies planas lapidadas que tengan un pulido especular. La superficie a comprobar se pone en contacto con un vidrio perfectamente plano y se ilumina con luz monocromática (luz de lámpara de sodio). Aparecen líneas oscuras alternando con líneas claras, correspondientes a las líneas de la superficie a comprobar que se encuentran a igual distancia de la superficie de referencia del vidrio, es decir, a las distintas líneas de nivel con respecto al plano óptico.

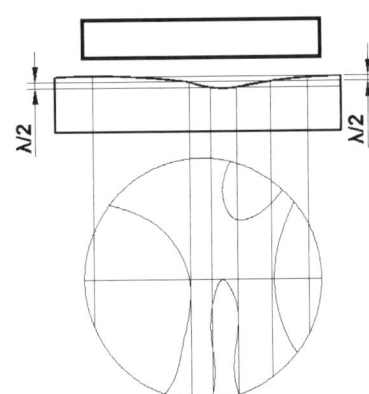

Figura 1.2.4 Se representan las curvas de nivel al poner en contacto la superficie de un vidrio plano sobre la superficie a verificar. Verificación de paralelismo de los contactos de un micrómetro. Imágenes cedidas por cortesía de UNCETA/Mitutoyo.

La forma y disposición de las franjas de interferencia, líneas oscuras, nos da una idea de la forma de la superficie a verificar. Así, si la superficie es plana hay una serie de franjas paralelas y equidistantes, que desaparecen cuando el vidrio se hace coincidir con la superficie.

Este procedimiento permite realizar mediciones cuantitativas de las diferencias de la superficie a comprobar con respecto al plano óptico que se toma como patrón. Las franjas de interferencia corresponden a líneas de nivel de la superficie controlada y las diferencias de nivel entre dos franjas es una longitud determinada, en función de la longitud de onda de la luz empleada (igual a la mitad de la longitud de onda $\lambda/2$).

Una de sus aplicaciones es la verificación de la planitud y el paralelismo de los contactos de medición de micrómetros de exteriores y otros aparatos semejantes.

1.2.2.3 Verificación con regla y galgas patrón

Se aplican a superficies planas de gran extensión y se emplea para comprobar las operaciones de rasqueado o lapidado. Los utillajes utilizados son: una regla de control cuya longitud debe ser la de la diagonal del plano a comprobar, tres galgas patrón de igual altura.

La superficie a controlar se divide por medio de un trazado en una cuadrícula semejante a la que se muestra en la figura 2.5. Se toman tres ángulos de la cuadrícula A, B y C, como puntos que determinarán el plano de referencia y sobre ellos se colocan las tres galgas de igual altura cuyas superficies determinarán un plano de referencia paralelo al primero. Situando la regla sobre las galgas de los puntos A y C, se busca la combinación de galgas que pasa a roce suave bajo la regla en el punto central del mármol D; la medida de esta combinación nos dará la distancia del punto D al plano de referencia construido por la parte superior de las galgas en A, B y C y la parte superior de esta combinación estará situada en este plano de referencia.

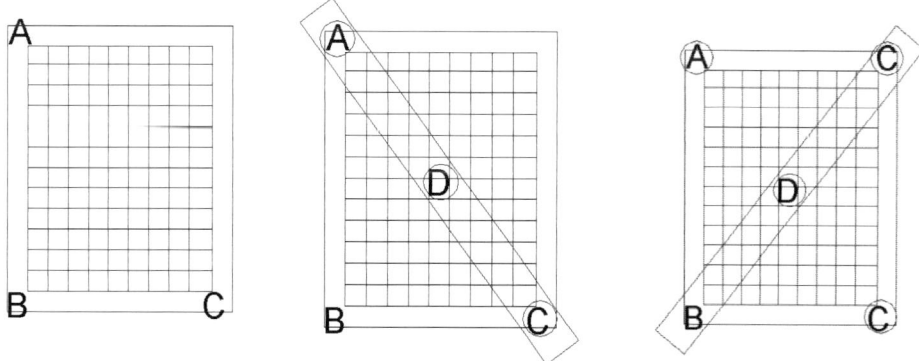

Figura 1.2.5 Verificación con regla y galgas patrón.

Colocando ahora la regla sobre las galgas de los puntos B y D, se determinará la posición del punto E, o cuarto ángulo del mármol con respecto al plano de referencia, con lo cual quedará determinado el alabeo del mármol. El conocimiento del alabeo permite disminuirlo, actuando sobre los soportes del mármol, si estos son regables, con lo que se puede disminuir mucho el trabajo de rasqueado.

Por las diferencias entre las longitudes de las combinaciones de las galgas de los diversos puntos y las longitudes de las galgas A, B y C, se determinan los espesores de metal de los mármoles que hay que quitar cuando se trata de una operación de ajuste de este.

1.2.2.4 **Verificación por comparación y regla**

Este procedimiento deriva del anterior. Se utiliza una regla de caras paralelas y un comparador dispuesto sobre un soporte. (Ver figura 2.6.)

El alabeo del mármol se determina de la misma forma que el método anterior, pero la medición de los distintos puntos intermedios de la cuadrícula se realiza deslizando el comparador a lo largo de la regla. El proceso de verificación es más rápido que con regla y galgas patrón el trabajo. Además, posible determinar las diferencias de nivel de todos los puntos a lo largo de cada una de las líneas.

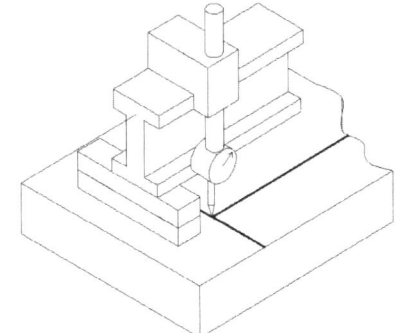

Figura 1.2.6 Verificación por comparación y regla.

La planitud también puede verificarse usando reglas de verificación (acero templado y rectificado). El procedimiento consiste en apoyar sobre la superficie a medir la arista de una regla y verificar que la línea de intersección entre ambas (arista y superficie) no permite el paso de luz. Es recomendable colocar la regla en diversas posiciones de la pieza a verificar (paralelo y perpendicular a las caras principales).

Las reglas se fabrican en aceros de alta resistencia, templado y rectificado de gran dureza, resistencia al desgaste, indeformables y con un bajo coeficiente de dilatación lineal.

1.2.2.5 **Verificación con nivel**

La verificación de la planitud con el nivel burbuja es aplicable al control de superficies planas de cualquier dimensión, siempre que se encuentren en posición sensiblemente horizontal.

También permite verificar simultáneamente la planitud y la nivelación (horizontal) de la superficie que se comprueba. El procedimiento consta de tres fases sucesivas: nivelación general, medición del alabeo y, por último, comprobación de la planitud de la superficie en sus diversos puntos.

- **Nivelación general**. Se apoya la pieza cuya planitud se trata de verificar sobre tres gatos o puntos de altura regulable. Suponemos un mármol rectangular. Los apoyos se distribuyen como se indica en la figura (puntos A, B y C). Se nivela en la dirección AB actuando sobre los apoyos regables de estos puntos y utilizando el nivel burbuja. A continuación se nivela el mármol según la dirección CO perpendicular a la anterior, actuando solo en el apoyo regulable 0, con lo cual no se destruirá la nivelación previa AB. Esta operación tiene como objeto lograr una nivelación aproximada del mármol antes de proceder a la comprobación del alabeo y la planitud del mismo.

- **Medición del alabeo**. Realizada la operación anterior, se procede a la medición del alabeo. Se traza una cuadrícula, se procede a la nivelación de los puntos A y B utilizando una regla de caras paralelas apoyada sobre dos galgas de igual altura situadas en los puntos A y B, el nivel se sitúa en el centro de la regla, con lo que se elimina un posible error debido a la flexión de la regla.

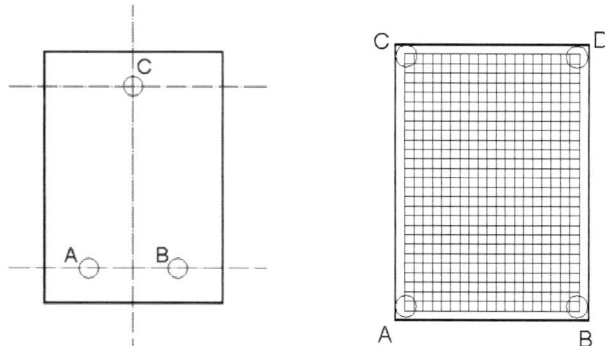

Figura 1.2.7 Verificación con nivel. Nivelación general (izquierda) y medición alabeo (derecha).

Se nivela seguidamente el punto C con respecto al punto B, procediendo de la misma forma que para la nivelación A y B. Con esto se logra la fijación de un plano horizontal de referencia O, determinado por los puntos A, B y C. Posteriormente, midiendo el desnivel entre el punto D y C, se obtiene el valor del alabeo del mármol. Este alabeo puede corregirse por flexión del mármol actuando sobre el gato de apoyo del punto D, especialmente si se trata de un mármol de grandes dimensiones.

- **Comprobación de la planitud de la superficie**. Se realiza, por último, hallando los desniveles de los distintos puntos de la cuadrícula por el método de las pendientes. La verificación de los distintos puntos a lo largo de cada línea tiene el inconveniente de acumular los errores de cada medición, sin embargo, operando en local isotérmico con niveles micrométricos de alta precisión pueden lograrse resultados con errores inferiores a ±0,5 μ por metro y en el taller con errores inferiores a ±1 μ en la misma longitud.

1.2.2.6 **Verificación por métodos ópticos**

Consiste en determinar las diferencias de las distancias de los distintos puntos de la superficie que se comprueba a un plano de referencia que es determinado por la visual de un anteojo que gira alrededor de un eje perpendicular de esta visual.

El método utilizado tiene un anteojo fijo y mira móvil. El eje óptico del anteojo define una recta patrón y por medio de una mira graduada se miden las distancias de estos puntos a la recta de referencia. Este método tiene la ventaja de no acumular los errores de las distintas mediciones pero para distancias grandes de la mira al anteojo la precisión de la lectura disminuye. La precisión media es de 0,1 mm.

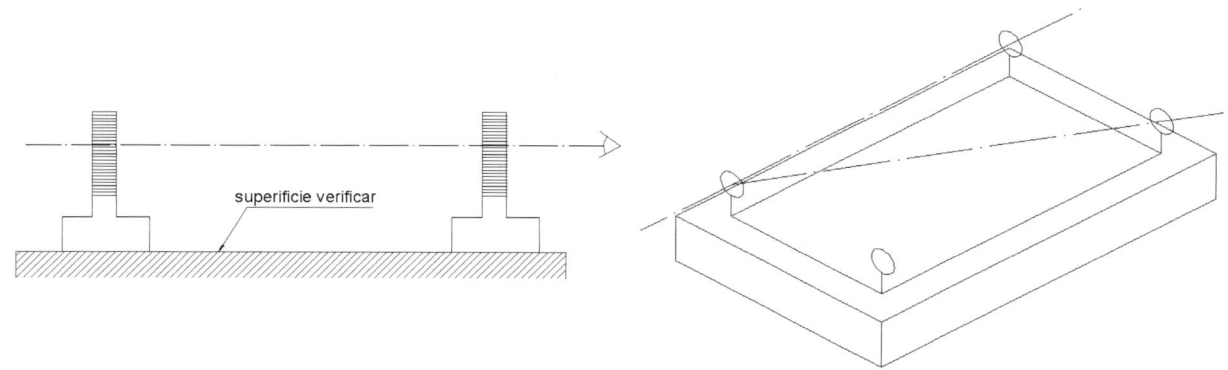

Figura 1.2.8 Verificación con métodos ópticos.

1.2.2.7 **Verificación de superficies planas paralelas o en posición angular**

Para la verificación de **superficies planas** se emplea el compás y el gramil. El **compás** permite determinar el paralelismo entre dos caras (interna y externa). Si la separación de las paras se mantiene constante las superficies son paralelas entre ellas.

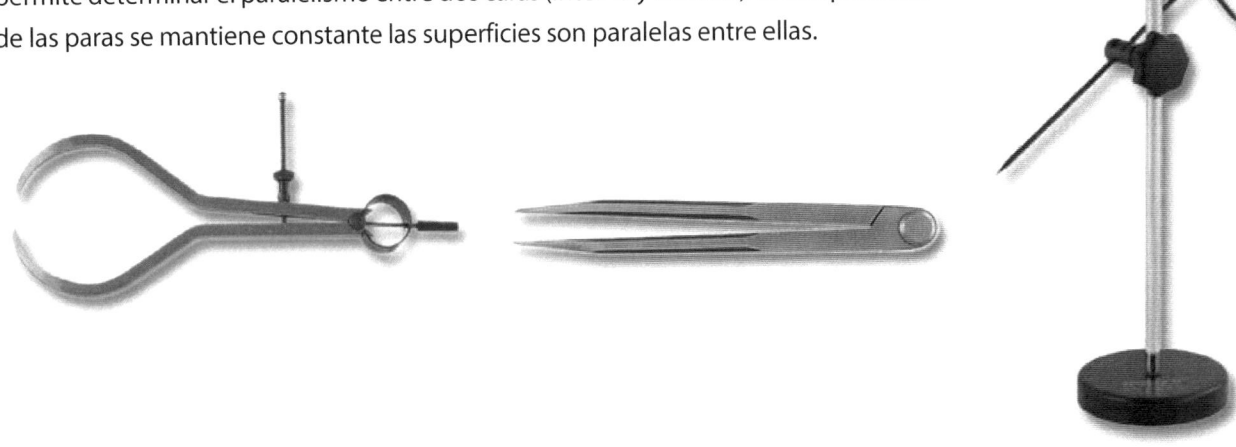

Figura 1.2.9 Compás y gramil. Imágenes cedidas por cortesía de Unceta/Holex.

El **gramil** es un instrumento de trazado que también se utiliza para verificar el paralelismo entre superficies. Se utiliza un mármol de referencia sobre el que se apoya el gramil y se hace rozar sobre la superficie a verificar.

Para verificar **superficies angulares** se pueden emplear los calibres o plantillas de ángulos, las reglas prismáticas y las escuadras.

- **Calibres angulares**. Son plantillas de acero rectificadas que materializan diversos ángulos (30°, 45°, 60°, 120°, etc.). Se comparan por contraluz o interferencia luminosa. Existen también para verificar el ángulo de corte de brocas, roscas y cordones de soldadura.

- **Reglas prismáticas**. Son patrones de ángulos que se utilizan con colorantes de la misma forma que se emplea el mármol. Permiten verificar el ángulo y la planitud de las caras.

- **Escuadra o ángulo recto**. El uso de escuadras de acero templado y rectificado permite determinar el ángulo de 90° por interferencia luminosa.

- **Cilindro patrón o bloque patrón**. Se emplea un cilindro patrón sobre mármol. La generatriz del cilindro materializa una línea recta perpendicular a la base definida por el mármol.

Figura 1.2.10 Regla y escuadras.

1.2.3 **Verificación de la rectitud**

Consiste en realizar la comprobación o medición de las desviaciones de una línea de una pieza con respecto a una línea recta geométrica. Una línea recta en una pieza viene determinada por la intersección de dos caras planas.

Se deduce que la verificación de la rectitud puede resolverse por la comprobación de la planitud de las dos caras que determinan la recta. Se han desarrollado varios métodos especiales para determinar la rectitud, entre ellos destacamos dos, el método del hilo y el método de autocolimación.

- **Verificación por el método del hilo**. Se emplea para verificar la rectitud de las guías de longitud superior a 2 m. Consiste en tensar un hilo, paralelamente a la guía para verificar sobre dos soportes rígidos colocados cada uno en un extremo de la guía. El hilo empleado es una cuerda tensada de 0,2 mm de diámetro.

  Consiste en tensar un hilo, paralelamente a la guía para verificar, sobre dos soportes rígidos colocados cada uno en un extremo de la guía. Una deslizadera apropiada a la forma de la guía a verificar lleva sobre ella un microscopio ajustado, de manera que el eje óptico se halla en el plano vertical que contiene el hilo, y cuya retícula orientable posee dos trazos de encuadre del hilo. El microscopio puede desplazarse en dirección perpendicular al hilo tensado, por medio de un dispositivo de tornillo micrométrico.

  Los soportes del hilo se ajustan en las extremidades de la guía de manera que el hilo se encuentre en ellas a la misma distancia de la guía estando el micrómetro a cero. Después, desplazando el microscopio a todo lo largo de la guía, se miden las variaciones de distancia entre esta y el hilo visto en el plano vertical paralelo a la guía.

  La base de la corredera port-microscopio debe apoyarse sobre una superficie cuya planitud haya sido previamente verificada.

- **Verificación por el método de autocolimación**. Se emplea un aparato como el indicado en la figura. Esta formado por:

  - Anteojo. Provisto de un retículo en cruz e iluminado lateralmente por una lámina de vidrio.

  - Espejo. Espejo plano soportado en una deslizadera móvil provista de topes de apoyo lateral y que se desplaza sobre la guía a verificar.

  Para verificar la rectitud de la guía, la deslizadera portaespejo se desplaza de un punto a otro en una distancia igual a su base. Todo defecto de rectitud se traduce en una inclinación del espejo con respecto al eje óptico del aparato. El haz luminoso paralelo procedente del anteojo se refleja entonces con un ángulo de desviación doble del ángulo de inclinación del espejo.

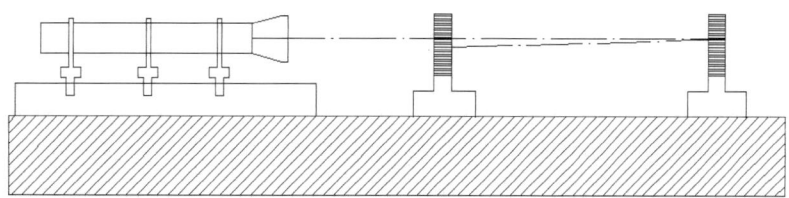

Figura 1.2.11 Verificación mediante el método de autocolimación.

A través del ocular se observa la desviación entre el retículo y su imagen reflejada por el espejo, se puede entonces medir el desplazamiento vertical y horizontal de la imagen con respecto al eje óptico, lo que permite calcular el ángulo de giro del espejo y, en consecuencia, la desviación del apoyo.

1.2.4 Verificación de superficies cilíndricas de revolución

Las superficies cilíndricas de revolución son muy empleadas en construcción mecánica tanto en forma de agujeros como en forma de ejes o partes macho que se ajustan en el agujero o en cojinetes.

Se puede considerar como engendradas por una recta generatriz que se desplaza paralelamente al eje de rotación apoyándose constantemente sobre el circulo director concéntrico y perpendicular al eje.

La verificación de forma tendrá como finalidad asegurar que se cumplan las condiciones:

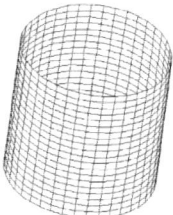

a) Forma circular

b) Constancia de los diámetros

c) Concentricidad al eje

d) Rectitud de la generatriz

También puede verificarse si las superficies cilíndricas de diámetros diferentes son perfectamente coaxiales. Pueden considerarse como operación de verificación de las formas cilíndricas la comprobación de la perpendicularidad al eje y la planitud de las caras planas que limitan por sus extremos las partes cilíndricas de las piezas.

- **Verificación de la forma cilíndrica**. Implica la verificación y comprobación de una serie de propiedades. Los errores más frecuentes que pueden encontrarse en las piezas cilíndricas son:
  - **Ovalidación**. Variación del diámetro formando un triángulo curvilíneo.
  - **Conicidad**. Falta de constancia en el diámetro de las distintas secciones.
  - **Flexado o doblado**. Falta de rectitud de las generatrices.
  - **Excentricidad**. Falta de coincidencia del eje de los centros.
  - **Falta de perpendicularidad entre superficies**.
  - **Falta de planitud entre las caras**.

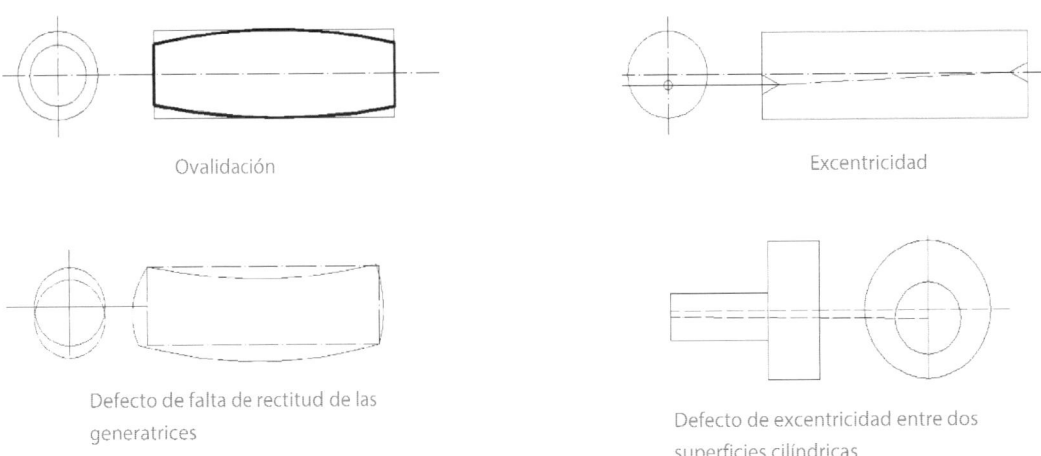

Ovalidación

Excentricidad

Defecto de falta de rectitud de las generatrices

Defecto de excentricidad entre dos superficies cilíndricas

Figura 1.2.12 Defectos en la verificación de formas cilíndricas.

Los métodos de verificación de la forma cilíndrica son diferentes según el tipo de pieza a comprobar. Se pueden diferenciar dos casos, que las **piezas estén provistas de los centros** que han servido para su mecanizado o que las **piezas carezcan de centros**.

- **Piezas provistas de centros.** Pueden montarse entre puntos en un soporte de verificación. Las diferencias de diámetro de una misma sección y de secciones distintas se miden con comparador. Permite detectar defectos de ovalidación, conicidad y excentricidad con respecto al eje de los centros.

- **Piezas que carezcan de centros.** Se apoyan en soportes en V y se comprueba la constancia de los diámetros con comparador. Permite detectar defectos de forma de triángulo curvilíneo.

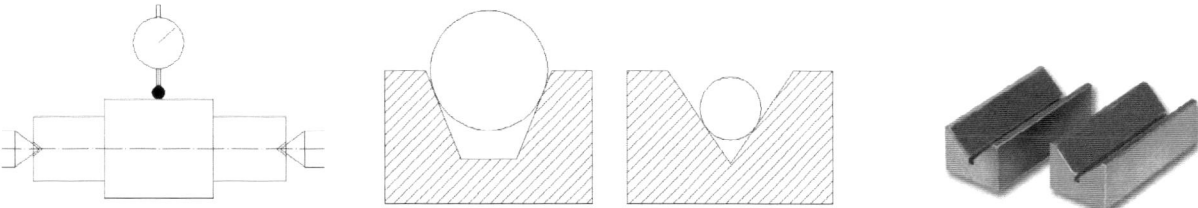

Figura 1.2.13 Soporte de verificación para piezas con centros (imagen derecha) y soportes en V (izquierda).

- **Verificación de la coaxialidad de superficies cilíndricas de diámetros diferentes.** Se supone que los cilindros mecanizados en un mismo montaje entre puntos o al aire son concéntricos, siendo su eje común al eje de rotación de la pieza o el de la herramienta.

  La verificación de la coaxialidad para una pieza verificada entre puntos, según sus centros, se hace palpando los distintos diámetros y comprobando si para cada uno de ellos el comparador se mantiene a cero durante la rotación. De la misma forma se procede a verificar una pieza sobre soportes en V.

- **Verificación de la rectitud de las generatrices.** Los defectos de rectitud de las generatrices pueden provenir de un defecto de las guías de la herramienta de mecanizado, en cuyo caso los diámetros de las distintas secciones son iguales; otro defecto de rectitud es el producido por esta flexado el eje del cilindro y sus generatrices, como consecuencia de un empuje demasiado fuerte de las herramientas durante el mecanizado o variación de las tensiones después de este.

  El primer defecto se pone de manifiesto en la verificación entre puntos o sobre apoyos y también por la medición directa de los diámetros, mientras que el segundo solo se acusa por la verificación entre puntos o sobre apoyos, revelándose como una excentricidad variable de las distintas secciones.

  - **Verificación de la perpendicularidad de una superficie plana con respecto a un eje de giro.** La verificación se realiza montando la pieza de forma que pueda girar sobre el eje de referencia y disponiendo el comparador con el palpador paralelo al eje de rotación. Si la pieza no dispone de centros, puede apoyarse en soportes en V; para evitar el desplazamiento axial se pone un tope con forma de bola.

    Los defectos de perpendicularidad pueden provenir de un defecto de homogeneidad en el material que produce una flexión de la herramienta de corte al seccionar una zona determinada. La falta de perpendicularidad también puede ser debida a un defecto de máquina, alabeo del tipo del husillo en el caso de un torno.

- **Medición y verificación de diámetros**. Pueden distinguirse los **diámetros exteriores** y los **agujeros**.

    - **Diámetros exteriores**. Pueden utilizarse pie de rey o micrómetros de exteriores. También puede realizarse la medición con un comparador previamente ajustado a la cota a medir.

    - **Diámetros de agujeros**. Pueden medirse con pie de rey o micrómetros de interiores. Para agujeros de cierta longitud se utilizan comparadores especiales para interiores.

  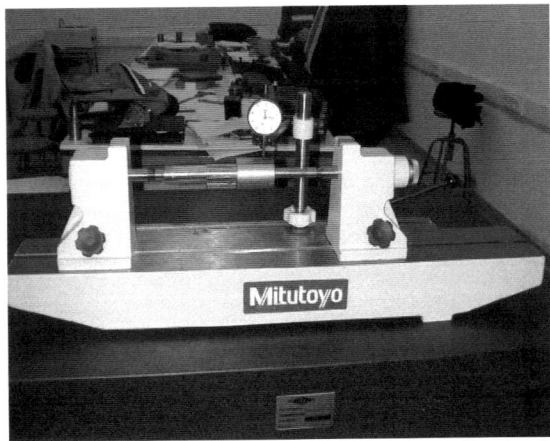

Figura 1.2.14 Las piezas provistas de centros pueden montarse entre puntos en un soporte de verificación como el indicado en la figura. Las diferencias de diámetro de una misma sección y de secciones distintas se miden con comparador. Permite detectar defectos de ovalidación, conicidad y excentricidad con respecto al eje de los centros.

1.2.5 Verificación de superficies cónicas de revolución

En construcción mecánica, las superficies cónicas de revolución son troncos de cono de revolución. Se consideran generados por el giro de un segmento de una recta alrededor del eje de ordenadas formando un ángulo $\alpha/2$.

La verificación de los conos se reduce a comprobar los siguientes aspectos:

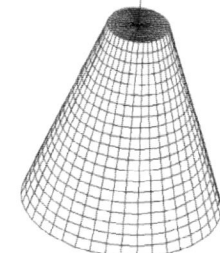

- Que las generatrices sean rectilíneas o corten al eje.
- Que la sección normal al eje sea circular.
- Que el valor del semiángulo $\alpha/2$ es el elegido.

Por otro lado, es más fácil verificar un cono exterior, por lo que corrientemente las comprobaciones de los conos interiores se realizan por verificación de contacto, mediante colorante, con un cono macho verificado con anterioridad.

Antes de describir cada uno de los procedimientos de verificación es conveniente definir términos como conicidad, la inclinación y estudiar la relación entre el ángulo del cono y la conicidad.

- **Conicidad**. Se define como el aumento o disminución del diámetro de un cono por unidad de longitud.

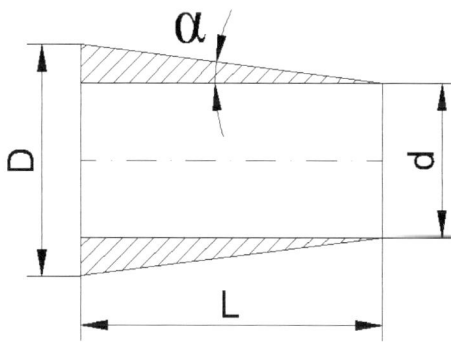

$$c = \frac{D-d}{L} = \frac{1}{\dfrac{L}{D-d}} = K$$

Se define K como la longitud que corresponde a 1 mm de adelgazamiento en el diámetro del cono. También se puede obtener otra expresión de la conicidad:

$$D = d + c \times L \qquad d - D - c \times L \qquad L = \frac{D-d}{c}$$

- **Inclinación**. Es el valor de la disminución del radio del cono por unidad de longitud del mismo. Coincide con la mitad del valor de la conicidad y con la tangente del ángulo del cono.

$$I = \frac{R-r}{L} = \frac{\dfrac{D}{2} - \dfrac{d}{2}}{L} = \frac{D-d}{2L} = tag\,\alpha$$

Existe una relación entre la conicidad (c) y el ángulo del cono (α) que se expresa de la siguiente forma:

$$tag\,\alpha = \frac{D-d}{2L} = \frac{c}{2} \qquad c = 2 \times tag\,\alpha$$

- **Verificación de generatrices**. Para verificar la rectitud de las generatrices se utiliza el procedimiento de la raya luminosa, aplicando la superficie cónica sobre un plano de comprobación. Si existe un defecto de rectitud su cuantía puede estar determinada mediante apilamiento de galgas patrón.

  Esta comprobación asegura que la superficie no es de forma hiperboloide, ya que si lo fuera aparecería una raya luminosa al estar apoyada sobre un plano.

  Otra forma de verificación se realiza por medio de un comparador de precisión y apreciación fina. Se sitúa el cono de forma que la generatriz superior se presente paralela al plano de referencia (mesa de senos o similar), luego se dan pasadas transversales con el comparador.

- **Verificación de la sección circular**. Puede hacerse por medio de un comparador (entre puntos o calzos en V). Se procede a la verificación y medición de un diámetro de una misma sección perpendicular al eje.

- **Verificación del ángulo en el vértice**. Se utilizan diversos procedimientos. Puede utilizarse un aparato de verificación entre puntos montado sobre una base inclinable (mesa de senos), con el empleo de un comparador puede verificarse simultáneamente el ángulo α/2, de la ovalidación del cono, y la rectitud de las generatrices.

  La regla de senos puede utilizarse directamente para verificar el ángulo en el vértice, pero la medición del ángulo es muy delicada, ya que es necesario disponer el eje del cono a verificar en un plano normal a la arista del diedro materializado por la mesa de senos.

- **Medición simultánea del ángulo en el vértice y de los diámetros de las secciones normales**. La determinación del semiángulo α/2 se realiza partiendo de la medición de los diámetros normales a distancias conocidas de la base.

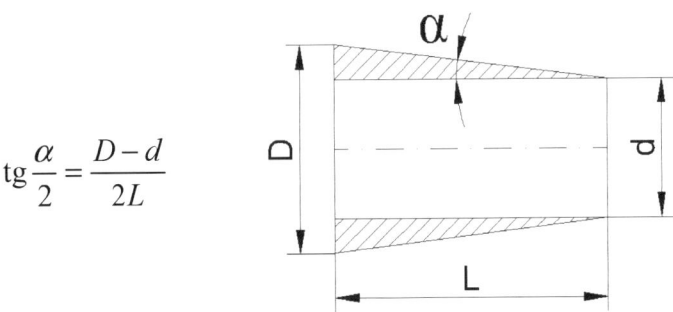

$$tg\frac{\alpha}{2} = \frac{D-d}{2L}$$

Figura 1.2.15 Medición de la conicidad y ángulo α/2 de un cono.

En la práctica pueden seguirse distintos métodos según los medios de medición de que se dispongan. Si se dispone de un mármol, un juego de galgas patrón y un instrumento de medición (micrómetro), la operación se realiza utilizando rodillos o varillas calibradas como piezas de apoyo.

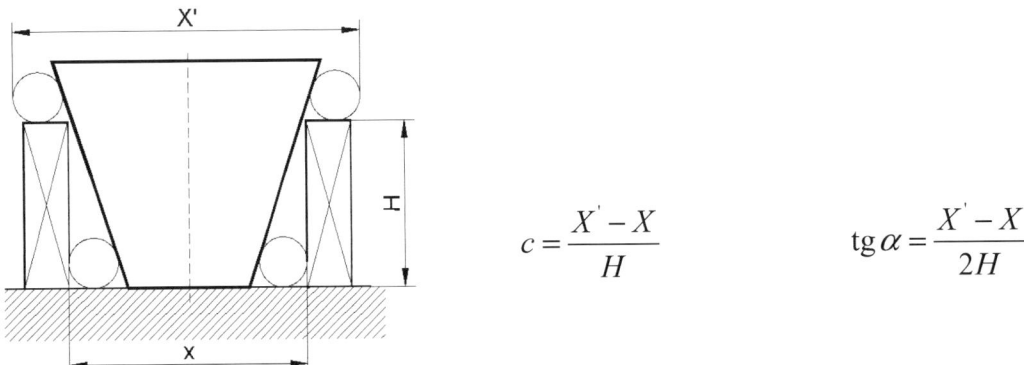

$$c = \frac{X'-X}{H} \qquad tg\,\alpha = \frac{X'-X}{2H}$$

Figura 1.2.16 Medición de la conicidad mediante disposición de patrones cilindros y galgas.

También podría realizarse una verificación entre puntos. Para ello se utiliza un reloj comparador que se apoya sobre el carro principal del torno y que palpa sobre la generatriz horizontal del cono. Conocidas las lecturas A y B del comparador, para las posiciones A y B, respectivamente, y que corresponden a un desplazamiento L del carro principal del torno, el valor del ángulo del cono y de la conicidad será:

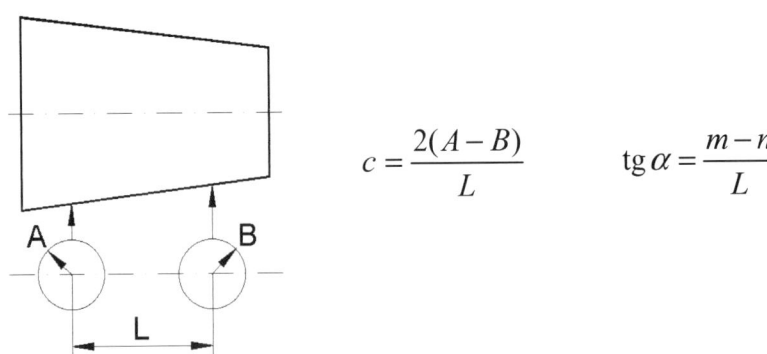

$$c = \frac{2(A-B)}{L} \qquad tg\,\alpha = \frac{m-n}{L}$$

Figura 1.2.17 Medición de la conicidad mediante comparador.

- **Verificación de conos interiores**. Puede realizarse con piezas de apoyo. Calculando como en el caso de conos exteriores, el semiángulo en el vértice y los diámetros a unas determinadas distancias de las bases.

Las disposiciones prácticas que se utilizan son variadas, según las dimensiones de los conos que se someten a medición. En la figura 2.18 se muestran disposiciones utilizando galgas patrón y bolas calibradas como piezas de apoyo.

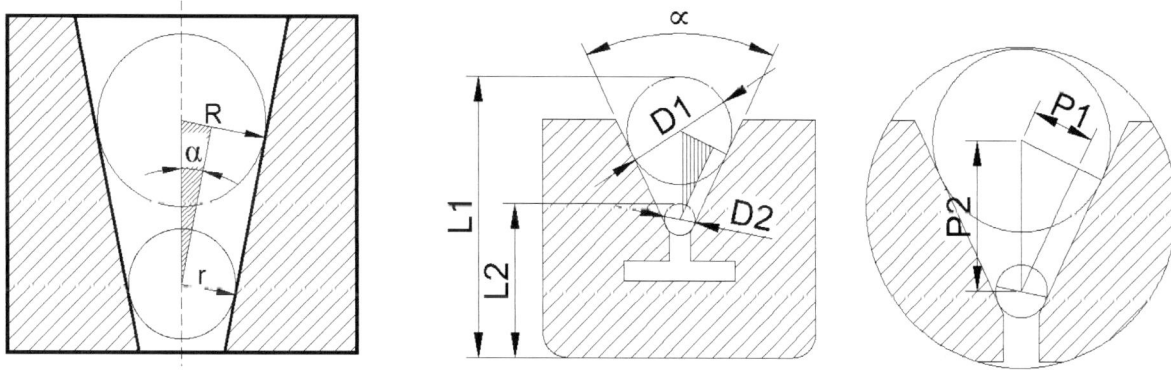

Figura 1.2.18 Medición de conos interiores.

Ejercicio resuelto 1.2.1

Se tiene un cono de diámetro mayor D=48 mm, diámetro menor d=24 mm y longitud L=20 mm. Determinar: la conicidad por unidad, el porcentaje y su inclinación.

Solución

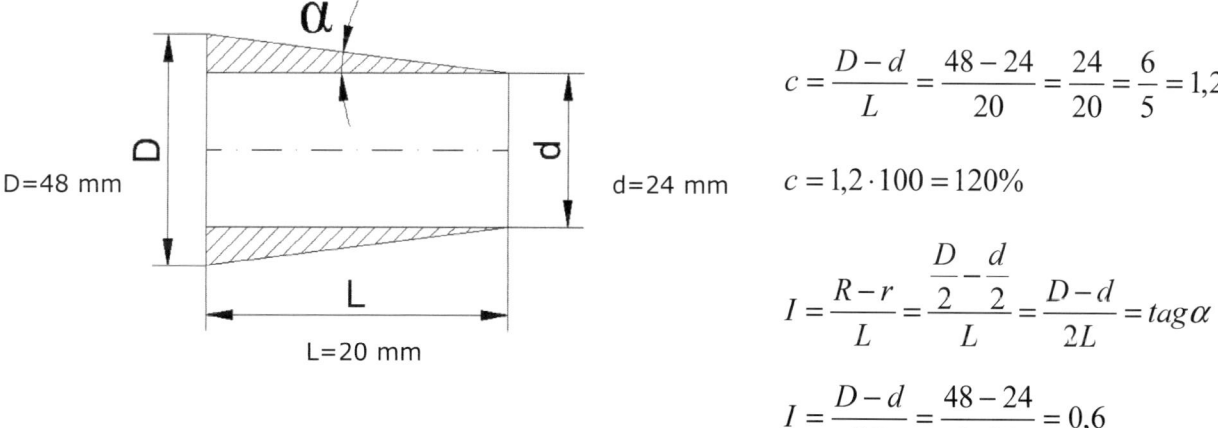

$$c = \frac{D-d}{L} = \frac{48-24}{20} = \frac{24}{20} = \frac{6}{5} = 1,2$$

$$c = 1,2 \cdot 100 = 120\%$$

$$I = \frac{R-r}{L} = \frac{\dfrac{D}{2}-\dfrac{d}{2}}{L} = \frac{D-d}{2L} = tag\,\alpha$$

$$I = \frac{D-d}{2L} = \frac{48-24}{2 \cdot 20} = 0,6$$

Ejercicio resuelto 1.2.2

La conicidad de un cono es de 1/4. El diámetro mayor 52 mm y la longitud 20 mm. Determinar el diámetro menor del cono. ¿Qué longitud debería tener el cono para que el diámetro menor fuera cuatro veces menor que el diámetro mayor?

Solución

Para determinar el diámetro menor del cono:

$$c = \frac{D-d}{L} \qquad \frac{1}{4} = \frac{52-d}{20} \qquad \frac{20}{4} - 52 = -d \qquad d = 47mm$$

Para conocer la longitud del cono si el diámetro menor es cuatro veces menor que el mayor:

$$c = \frac{D-d}{L} \qquad \frac{1}{4} = \frac{52 - \frac{52}{4}}{L} \qquad L = 156mm$$

Ejercicio resuelto 1.2.3

Calcular el ángulo del cono y el ángulo de vértice del cono sabiendo que sus dimensiones son: D=26 mm, d=12 mm y L=60 mm.

Solución

$$tg\alpha = \frac{D-d}{2L} \qquad tg\alpha = \frac{26-12}{2\cdot 60} = 0,1166 \qquad tg\alpha = \frac{26-12}{2\cdot 60} = 0,1166 \qquad \alpha = 6°45'$$

Ejercicio resuelto 1.2.4

Se procede a verificar la conicidad de un cono mediante el uso de un reloj comparador. Las dimensiones del cono son: D=18 mm, d=14 mm y L=50 mm. ¿Qué diferencia de lectura debe indicar el comparador si se desplaza una longitud de 40 mm?

Solución

Con los datos del enunciado se puede calcular la conicidad y el ángulo del cono:

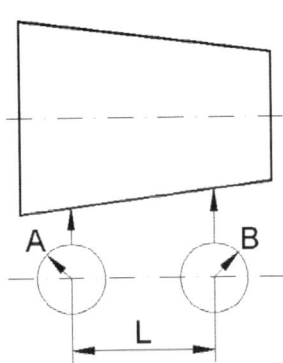

$$c = \frac{D-d}{L} \qquad\qquad tg\alpha = \frac{D-d}{2L} = \frac{c}{2} = 0,04$$

$$c = \frac{18-14}{50} = \frac{1}{12,5} \qquad\qquad \alpha = 2°17'$$

Si se apoya la punta del comparador en el punto B y se desplaza hasta el punto A (desplazamiento de 40 mm). La diferencia de medida que debe indicar el comparador se determina a partir del cateto del triángulo. Si la longitud del desplazamiento del comparador es de 40 mm:

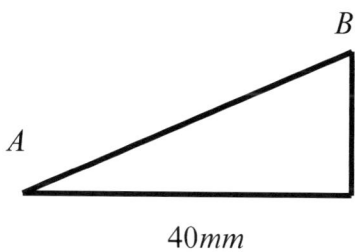

$$tg\,\alpha = \frac{Medida\ del\ comparador}{l}$$

$$tg\,\alpha \cdot l = Medida\ del\ comparador$$

$$0,04 \cdot 40 = 1,6mm = Medida\ del\ comparador$$

Test, cuestiones y problemas propuestos

Test

Responde verdadero o falso.

		V	F
1.	Para verificar la planitud se utiliza el minio o el azul de Prusia en el procedimiento de marmoteado o entintado.		
2.	La verificación por franjas de interferencia luminosa se aplica a grandes y medianas superficies planas.		
3.	El gramil es un instrumento de trazado que también se utiliza para verificar el paralelismo entre superficies.		
4.	Para verificar superficies angulares se pueden emplear los calibres o plantillas de ángulos, las reglas prismáticas y las escuadras.		
5.	La verificación por el método del hilo se emplea para verificar la perpendicularidad entre dos superficies.		
6.	La rectitud puede evaluarse mediante el método de autocolimación.		
7.	La ovalidación es la variación del diámetro formando un triángulo curvilíneo.		
8.	Para evaluar la conicidad en piezas cilíndricas carentes de centros se puede emplear soportes en V y un comparador.		
9.	Se define la inclinación como el valor de la disminución del radio del cono por unidad de longitud del mismo. Coincide con la mitad del valor de la conicidad y con la tangente del ángulo del cono.		
10.	Para verificar la rectitud de una generatriz de un cono se puede emplear el procedimiento de interferencia luminosa.		

Cuestiones y problemas

1. ¿En qué consiste la verificación de formas? Realiza un esquema con los procedimientos e instrumentos usados en la verificación de superficies planas, rectitud, superficies de revolución (rectas y cónicas).

2. ¿En qué consiste el procedimiento de verificación por franjas de interferencia luminosa? ¿En qué casos puede aplicarse? Justifica la respuesta.

3. Describe el procedimiento para verificar la planitud de una superficie plana con reglas y galgas patrón.

4. ¿Qué son los calibres angulares? ¿Cómo se emplean?

5. Describe los principales defectos y los procedimientos para verificar superficies de revolución.

6. ¿De qué forma debe verificarse un cono?

7. Se tiene un cono de diámetro mayor D=28 mm, diámetro menor d=16 mm y longitud L=10 mm. Determinar: la conicidad por unidad, el porcentaje y su inclinación.

8. Calcular el ángulo del cono y el ángulo de vértice del cono sabiendo que sus dimensiones son: D=78 mm, d=60 mm y L=120 mm.

9. Se procede a verificar la conicidad de un cono mediante el uso de un reloj comparador. Las dimensiones del cono son: D=12 mm, d=10 mm y L=40 mm. ¿Qué diferencia de lectura debe indicar el comparador si se desplaza una longitud de 10 mm?

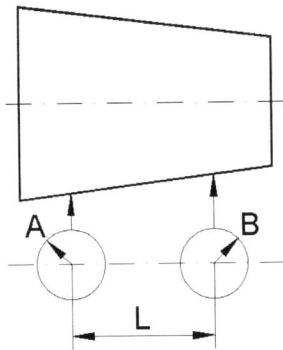

Verificación de roscas

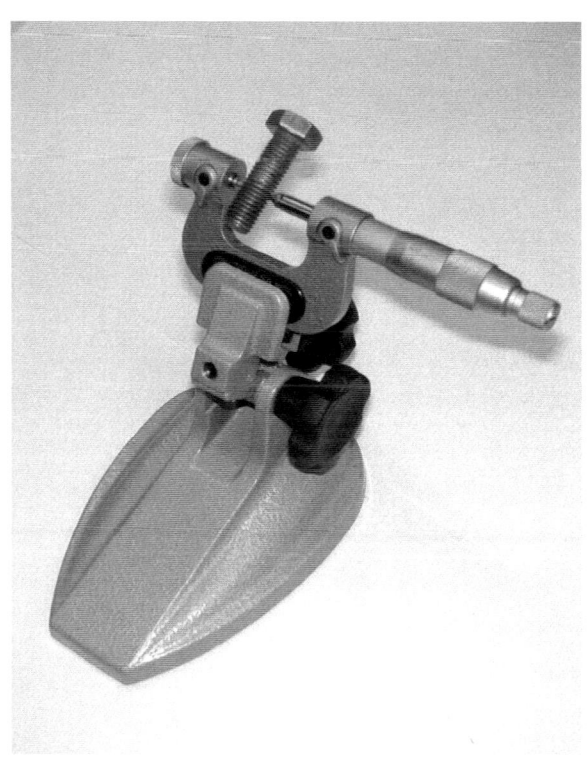

Contenidos

Problemas resueltos

Test, cuestiones y problemas propuestos

Objetivos

- Describir los elementos que definen la rosca, sus tipos y clases.
- Definir la rosca métrica, Whitworth ordinaria (BSW, fina (BSF) y gas (BSP).
- Describir los instrumentos y las técnicas de medición y verificación de roscas mediante calibres fijos y por medición directa.

1.3.1 Introducción

Se define **rosca** como un sólido de revolución formado por el movimiento helicoidal de una figura plana (triángulo isósceles, equilátero, cuadrado, trapecio, etc.) de manera uniforme y continua.

En los tornillos la hélice de revolución está construida sobre el cilindro en su parte exterior mientras que en las tuercas, la hélice se encuentra en la parte interior.

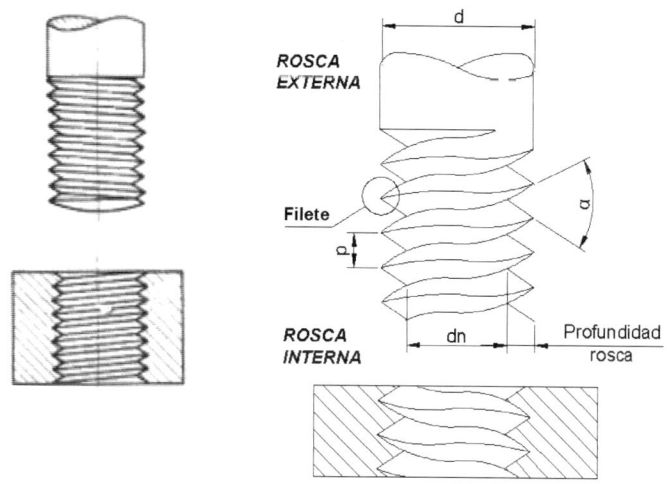

Figura 1.3.1 Elementos de una rosca.

Los elementos que definen una rosca son los siguientes:

- **Paso**. Es la distancia entre dos filetes consecutivos o vértices contiguos de los triángulos generadores del perfil. Distancia que recorre la rosca al girar 360º.

- **Diámetro Exterior (d,D)**. Es la distancia entre las crestas y el diámetro mayor de una rosca. Se representa D para interiores de fondo a fondo y d para los exteriores de cresta a cresta.

- **Diámetro del núcleo (d_n)**. Distancia entre los valles de la rosca.

- **Diámetro medio (d_m)**. Distancia medida a la mitad de la altura del triángulo generador.

- **Ángulo del perfil (α)**. Es el ángulo de los flancos de la rosca medidos en un plano axial a la misma. En las roscas métricas e ISO donde el triángulo generador es equilátero el ángulo es α=60, mientras que en las roscas Whitworth y gas cuyo perfil es isósceles el ángulo es α=55º.

- **Ángulo de la hélice media (β)**. Es el ángulo formado por la tangente a la hélice media con un plano normal al eje de la rosca.

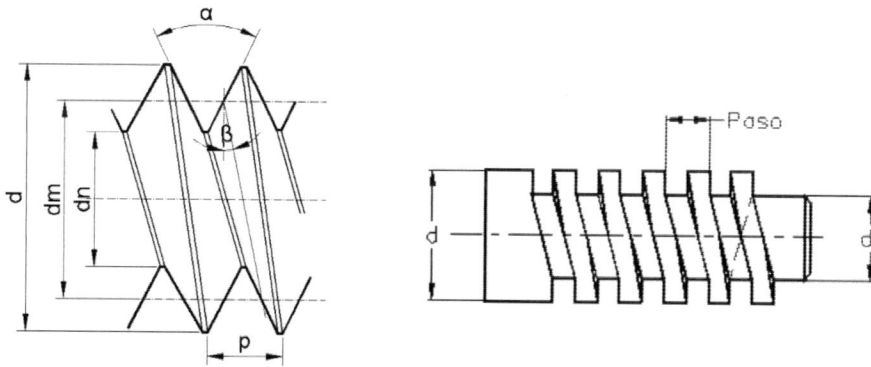

Figura 1.3.2 Elementos de una rosca.

Las roscas se clasifican en función del número de filetes, la forma de la figura plana (rosca), el sentido de giro de la misma y el lugar donde va roscada.

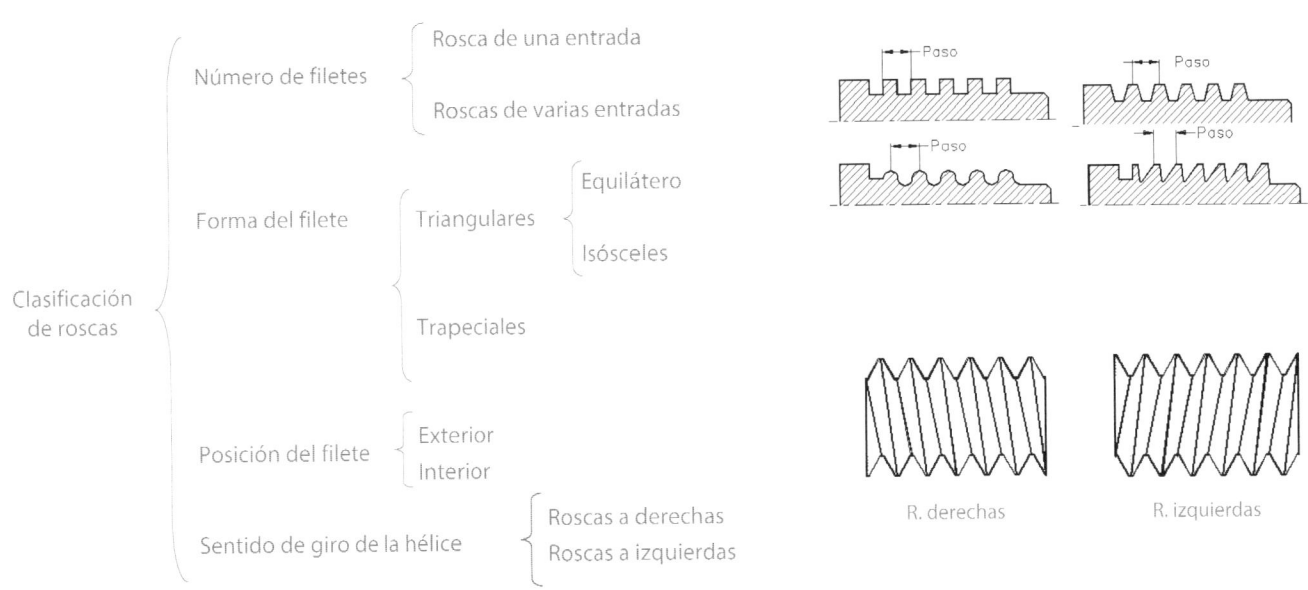

Figura 1.3.3 Clasificación de las roscas.

- **Según el número de filete**. Se clasifican en roscas de una entrada cuando tiene un solo filete y en roscas de varias entradas cuando estas poseen dos o más filetes.

- **Según la forma del filete**. Se diferencian tres tipos:

  - **Triangulares**. Los filetes tienen formas triangulares (triángulos isósceles y equiláteros). Son utilizadas para fijación.

  - **Trapeciales**. Los filetes tienen formas de trapecios isósceles. Son utilizadas en la transmisión de fuerzas o como sistemas de guías.

  - **Redondas**. Los filetes son redondeados y son útiles cuando se prevea el desgaste excesivo de las roscas.

- **Según la posición del filete**. Se diferencian dos tipos:

  - **Exteriores**. Son aquellas que están fabricadas sobre la parte exterior del cilindro. Es lo que conocemos como tornillos.

  - **Interiores**. Son las fabricadas en la parte interna del cilindro. Son las tuercas.

- **Según el sentido de giro de la hélice**. Se diferencian dos tipos: roscas a derechas y roscas a izquierdas.

  - **Roscas a derechas**. Las tuercas avanzan en el sentido de las agujas del reloj: de derecha a izquierda.

  - **Roscas de izquierdas**. Las tuercas avanzan en el sentido contrario a las agujas del reloj: de izquierda a derecha.

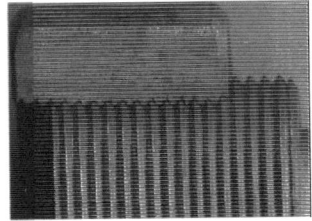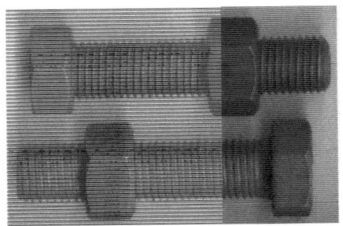

Figura 1.3.4 Elementos roscados.

Si se secciona de forma imaginaria una rosca por un plano axial podemos ver los elementos que componen una rosca. En la siguiente figura se indican las partes principales del perfil.

- **Fondo**. Es la unión de los flancos por la parte interior.

- **Cresta**. Es el espacio vacío entre dos filetes.

- **Vano**. Es el punto geométrico vacío entre dos filetes.

- **Base**. Es la línea imaginaria donde los filetes se apoyan en el núcleo.

- **Núcleo**. Es el volumen ideal sobre el que se encuentra la rosca o cuerpo del elemento roscado.

- **Hilo**. Es la porción de hélice comprendida en una vuelta completa (360º) de la tuerca.

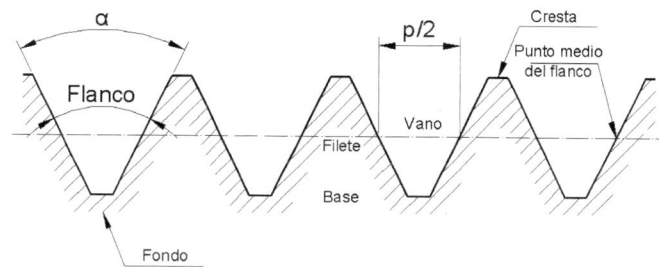

Figura 1.3.5 Elementos que componen una rosca.

1.3.2 **Sistemas de roscas**

Para economizar las fabricaciones y facilitar la intercambiabilidad, los organismos de normalización clasifican y describen las roscas por su forma y aplicaciones.

Se define sistema de roscas a cada uno de los grupos en los que se pueden clasificar las roscas normalizadas en función de sus especificaciones: forma y proporción de los filetes, diámetros, paso correspondiente a cada diámetro y tolerancias en las medidas.

1.3.2.1 **Rosca métrica**

La rosca métrica viene expresada en milímetros y tiene un ángulo α=60º. El perfil de la rosca y las medidas están definidas en la Norma UNE 17.701 que equivale a la ISO/R-724-1968. Para designar una rosca se indican la letra M seguida del valor del diámetro exterior y del paso.

El filete es engendrado por un triángulo equilátero (60º), con trucamiento de H/8 en la cresta del tornillo y H/4 en la cresta del filete de la tuerca, siendo H la altura del triángulo generador.

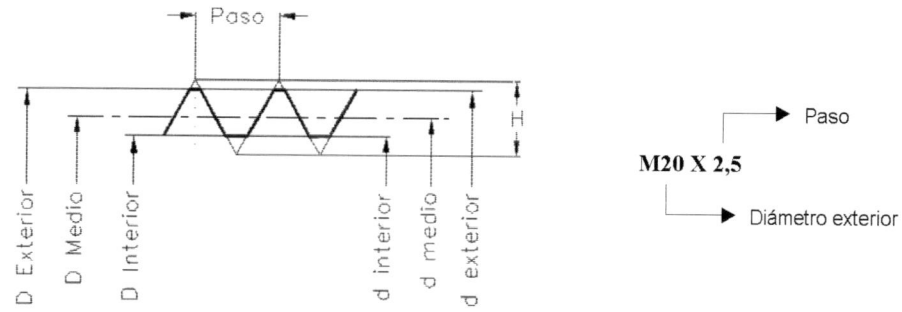

Figura 1.3.6 Designación y representación de la rosca métrica.

Las dimensiones de una rosca triangular ISO se determinan en función del diámetro nominal y del paso mediante las siguientes expresiones:

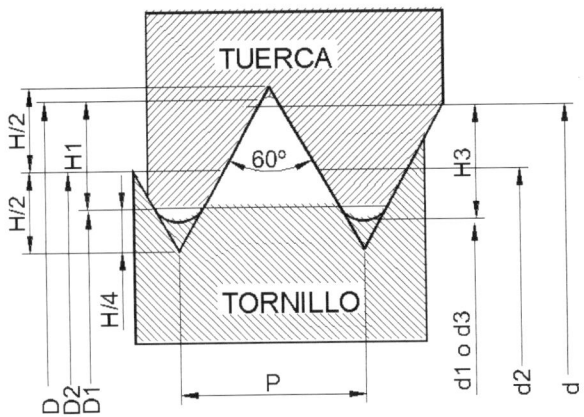

$$H = \frac{P}{2} \times Cos\ 30' = 0,866\ P \qquad \text{Altura del triángulo generador}$$

$$h_3 = 0,61343\ P \qquad \text{Profundidad de rosca exterior (tornillo)}$$

$$H_1 = 0,54127\ P \qquad \text{Profundidad rosca interior (tuerca).}$$

$$r = 0,1443\ P \qquad \text{Radio en el fondo del filete del tornillo}$$

$$D_2 = D - 0,64953\ P \qquad \text{Diámetro medio}$$

$$D_1 = D - 1,08253\ P \qquad \text{Diámetro interior tuerca}$$

$$d_1 = D - 1,22687\ P \qquad \text{Diámetro interior tornillo}$$

En la tabla de la figura 1.3.7 se indican los diámetros y pasos normalizados para la rosca métrica ISO[1] de perfil triangular:

Diámetro	Paso	Diámetro	Paso	Diámetro	Paso
2	0,40	6 7	1	30 33	3,50
2,2 2,5	0,45	8 9	1,25	36 39	5
3	0,50	10 11	1,50	42 455	4,50
3,5	0,60	12	1,75	40 52	5
4	0,70	14 16	2,00	56 60	5,50
4,5	0,75	18 20 22	2,50	64 68	6
5,0 5,5	0,80	24 27	35	73 76	6

Figura 1.3.7 Tabla de diámetros y pasos normalizados para rosca métrica ISO de perfil triangular.

---

[1] Antes de la aparición de esta norma estaba en vigor la norma ISA:

$$D_i = D - 2 \times \frac{3}{4} H \qquad d_i = D - 2 \times \frac{3}{4} H$$

Más tarde entró en vigor el sistema internacional (SI) y el sistema internacional unificado (ISO). La norma que actualmente está en vigor es la Norma ISO/R274.

Roscas UNE (diámetros y pasos)

Diámetro Nominal	Paso	Diámetro Nominal	Paso	Diámetro Nominal	Paso	Diámetro Nominal	Paso	Diámetro Nominal	Paso
1	0,25 / 0,2	4,5	0,75 / 0,5	15	1,5 / 1	27	3 / 2 / 1,5 / 1	40	3 / 2 / 1,5
1,1	0,25 / 0,2	5	0,8 / 0,5	16	2 / 1,5 / 1	28	2 / 1,5 / 1	42	4,5 / 4 / 3 / 2 / 1,5
1,2	0,25 / 0,20	6	1 / 0,75	17	1,5 / 1	30	3,5 / 3 / 2 / 1,5 / 1	45	4,5 / 4 / 3 / 2 / 1,5
1,4	0,3 / 0,2	7	1 / 0,75	18	2,5 / 2 / 1,5 / 1	32	2 / 1,5	48	5 / 4 / 3 / 2 / 1,5
1,6	0,35 / 0,2	8	1,25 / 1 / 0,75	20	2,5 / 2	33	3,5 / 3 / 2 / 1,5	50	3 / 2 / 1,5
1,8	0,35 / 0,2	9	1,25 / 1 / 0,75	22	2,5 / 2 / 1,5 / 1	35	1,5	52	5 / 4 / 3 / 2 / 1,5
2	0,4 / 0,25	10	1,5 / 1,25 / 1 / 0,75	24	3 / 2 / 1,5 / 1	36	4 / 3 / 2 / 1,5	54	4 / 3 / 2 / 1,5
2,2	0,45 / 0,25	11	1.5 / 1 / 1,75	25	2, / 1,5 / 1	38	1,5		
2,5	0,45 / 0,35	12	1,75 / 1,5 / 1,25 / 1	26	1,5	39	4 / 3 / 2 / 1,5		
3	0,5 / 0,35	14	2 / 1,5 / 1,25 / 1						
3,5	0,6 / 0,35								
4	0,7 / 0,5								

Figura 1.3.8 Diámetros y pasos. Rosca métrica.

Diámetro Nominal	Paso		Diámetro Nominal	Paso		Diámetro Nominal	Paso		Diámetro Nominal	Paso		Diámetro Nominal	Paso
58	4 3 2 1,5		70	6 4 3 2 1,5		85	3 2		120	6 4 3 2		155	6 4 3
60	5,5 4 3 2 1,5		72	6 4 3 2 1,5		90	6 4 3 2		125	6 4 3 2		160	6 4 3
62	4 3 2 1,5		75	4 3 2 1,5		95	6 4 3 2		130	6 4 3 2		165	6 4 3
64	6 4 3 2 1,5		76	6 4 3 2 1,5		100	6 4 3 2		135	6 4 3 2		170	6 4 3
65	4 3 2 1,5		78	2		105	6 4 3 2		140	6 4 3 2		175	6 4 3
68	6 4 3 2 1,5		80	6 4 3 2 1,5		110	6 4 3 2		145	6 4 3 2		180	6 4 3
			82	2		115	6 4 3 2		150	6 4 3 2		185	6 4 3
			85	6 4								190	6 4 3
												195	6 4 3

Figura 1.3.9 Diámetros y pasos. Rosca métrica.

Ejercicio resuelto 1.3.1

Calcular las dimensiones de una rosca métrica de diámetro nominal 12 mm y P=1,75.

Solución

Altura del triángulo generador

$$H = \frac{P}{2} \times Cos30' = 0,866P = 0,866 \times 1,75 = 1,5155mm$$

Profundidad de rosca exterior (tornillo)

$$h_3 = 0,61343P = 0,61343 \times 1,75 = 1,07350mm$$

Profundidad rosca interior (tuerca)

$$H_1 = 0,54127P = 0,54127 \times 1,75 = 0,94722mm$$

Radio en el fondo del filete del tornillo

$$r = 0,1443P = 0,1443 \times 1,75 = 0,25252mm$$

Diámetro medio

$$D_2 = D - 0,64953P = 12 - 0,64953 \times 1,75 = 10,8633mm$$

Diámetro interior tuerca

$$D_1 = D - 1,08253P = 12 - 1,08253 \times 1,75 = 10,1055mm$$

Diámetro interior tornillo

$$d_1 = D - 1,22687P = 12 - 1,22687 \times 1,75 = 9,8529mm$$

1.3.2.2 Rosca Whitworth ordinaria (BSW), fina (BSF) y gas (BSP)

El triángulo generador de la rosca Whitworth es un triángulo isósceles de 55°. Las crestas y fondo tienen un truncamiento de H/6. Los juegos en las crestas se definen por tablas de tolerancias. El diámetro nominal y el paso de los hilos se expresa en pulgadas.

El paso se indica expresando el número de hilos que entran en una pulgada. Las medidas fundamentales de la rosca Whitworth pueden calcularse con las siguientes expresiones:

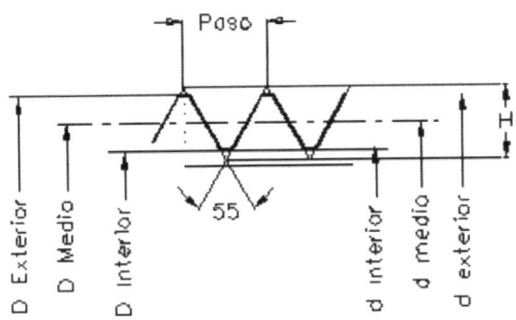

Figura 1.3.10 Rosca Whitworth.

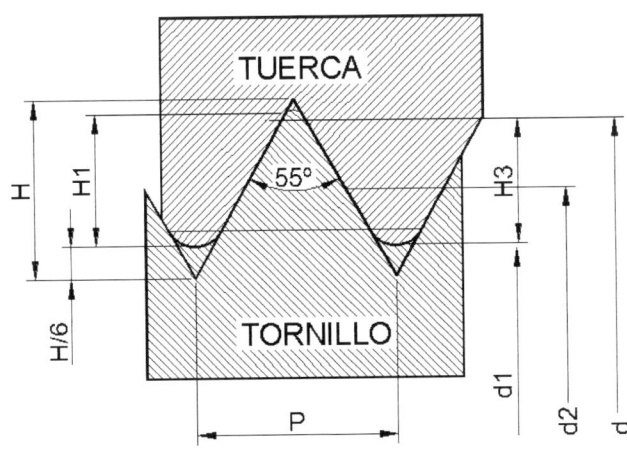

$$H = \frac{P}{2} \times Co\ \mathrm{tg}\ 27°30' = 0{,}9605\ P \qquad \text{Altura del triángulo generador}$$

$$H_1 = 0{,}6403\ P \qquad \text{Profundidad de rosca}$$

$$r = 0{,}137\ P \qquad \text{Radio en las crestas}$$

$$d_2 = d - 2 \times H_1 \qquad \text{Diámetro medio del tornillo y tuerca}$$

$$d_1 = d - H_1 \qquad \text{Diámetro interior tornillo y tuerca}$$

En la tabla de la figura 1.3.11 se presentan los diámetros y pasos normalizados más corrientemente utilizados en roscas Whitworth:

Diámetro	1/8	5/32	3/16	7/32	1/4	5/16	3/8	7/16	
Paso	40	32	24		20	18	16	14	
Diámetro	1/2	9/16	5/8	11/16	3/4	13/16	7/8	5/16	1″
Paso	12		11		10		9		8
Diámetro	1 1/8	1 1/4	1 3/8	1 1/2	1 5/8	1 3/8	1 7/8	2″	
Paso	7		6		5		4 1/2		

Figura 1.3.11 Diámetros y pasos normalizados para roscas Whitworth.

Ejercicio resuelto 1.3.2

Calcular las dimensiones de una rosca Whitworth de 7/16".

Solución

A una rosca de 7/16" le corresponde, según la tabla, 14 hilos por pulgada, por lo que el paso de la rosca será:

$$P = \frac{25,4}{14} = 1,814\, mm \ .$$

El diámetro nominal expresado en milímetros es:

$$d = \frac{7}{16} \times 25,4 = 11,1125\, mm$$

Altura del triángulo generador:

$$H = \frac{P}{2} \times Co\, \text{tg}\, 27°30' = 0,9605\, P = 0,9605 \times 1,814 = 1,7423\, mm$$

Profundidad de rosca:

$$H_1 = 0,64033P = 0,64033 \times 1,814 = 1,1615\, mm$$

Radio en las crestas:

$$r = 0,137\, P = 0,137 \times 1,814 = 0,2485$$

Diámetro medio del tornillo y tuerca:

$$d_2 = d - 2 \times H_1 = 11,1125 - 2 \times 1,1615 = 8,7895\, mm$$

Diámetro interior tornillo y tuerca:

$$d_1 = d - H_1 = 11,1125 - 1,1615 = 9,951\, mm$$

Dimatro exterior	Rosca B.S.W. (ORDI-NARIA)	Dimatro exterior	Rosca B.S.F. (FINA)	Diametro Interior del Tubo	Rosca de GAS (B.S.P.)	Diametro Exterior
1/8	40	7/32	28	R 1/8	28	9,728
3/16	24	1/4	26	R 1/4	19	13,158
1/4	20	9/32	26	R 3/8	19	16,66
5/16	18	5/16	22	R 1/2	14	20,95
3/8	16	3/8	20	R 5/8	14	22,91
7/16	14	7/16	18	R 3/4	14	26,44
1/2	12	1/2	16	R 7/8	14	30,2
5/8	11	9/16	16	R 1"	11	33,25
3/4	10	5/8	14	R 1 1/8	11	37,89
7/8	9	11/16	14	R 1 1/4	11	41,91
1"	8	3/4	12	R 1 3/8	11	44,32
1 1/8	7	13/16	12	R 1 1/2	11	47,80
1 1/4	7	7/8	11	R 1 3/4	11	53,74
1 3/8	6	1"	10	R 2"	11	59,61
1 1/2	6	1 1/8	9	R 2 1/4	11	65,71
1 5/8	5	1 1/4	9	R 2 1/2	11	75,18
1 3/4	5	1 3/8	8	R 2 3/4	11	81,5
1 7/8	4,5	1 1/2	8	R 3"	11	87,88
2"	4,5	1 5/8	8	R 3 1/4	11	93,98
2 1/8	4,5	1 3/4	7	R 3 1/2	11	100,23
2 1/4	4	2"	7	R 3 3/4	11	106,68
2 3/8	4	2 1/4	6	R 4"	11	113,03
2 1/2	4	2 1/2	6	R 4 1/2"	11	125,73
2 5/8	4	2 3/4	6	R 5"	11	138,43
2 3/4	3,5	3"	6	R 5 1/2	11	151,13
2 7/8	3,5	----------	----------	R 6",	11	163,83
3"	3,5	9" GAS	240,03	R 7, 8, 9, 10	10	189,23-214,63
		10" GAS	265,64	R 11,12"	8	290,84-316,24

Figura 1.3.12 Rosca Whitworth ordinaria (BSW), fina (BSF) y gas (BSP).

1.3.3 Rosca métrica ISO/R 261-1969 (DIN 13)

Estudio de roscas según normas ISO R 261-1969 (ver Norma DIN 13 que contiene 12 hojas). Es un resumen que contiene hasta roscas de 90 mm de diámetro. Si se requiere un estudio de roscas de mayor diámetro ver la Norma DIN 13 que contiene 12 hojas y los datos completos de la misma.

Las fórmulas que se indican a continuación son las que se necesitan para el cálculo de fabricación o verificación de roscas, pudiendo estudiar diámetros exteriores, medio y de fondo máximos y mínimos, tanto de tornillos como tuercas. Se adjuntan, además, las tablas necesarias para ello.

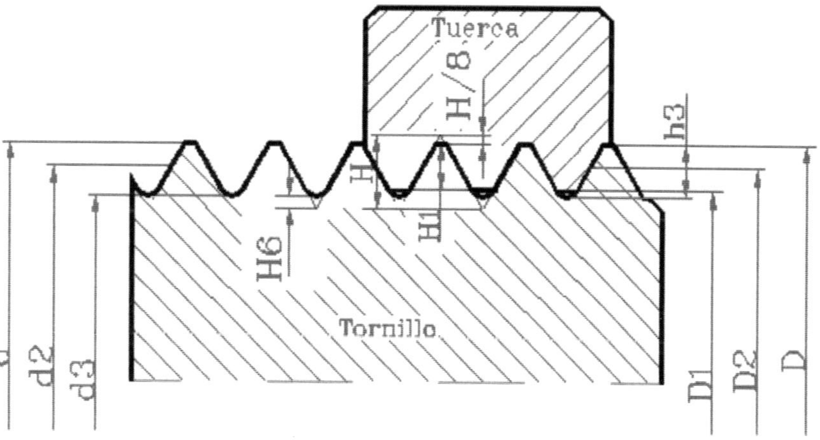

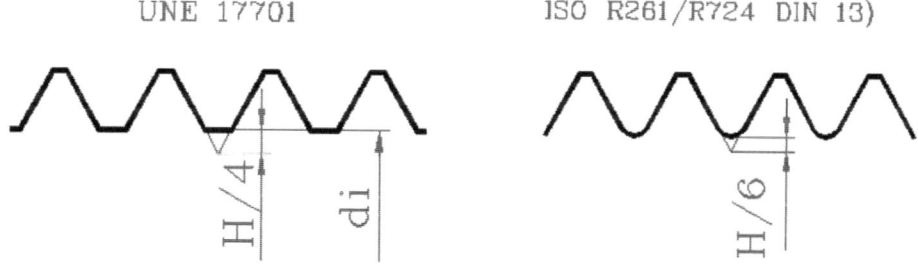

Figura 1.3.13 Rosca métrica ISO/R 261-1969 (DIN 13).

$$D_1 = d - 2 \cdot H_1 \qquad\qquad H = 0{,}86603 \cdot P$$

$$d_2 = D = d - 0{,}64953 \cdot P \qquad H_1 = 0{,}54127 \cdot P \qquad R = \frac{H}{6} = 0{,}14434$$

$$d_3 = d - 1{,}22687 \cdot P \qquad\qquad h_3 = 0{,}61343 \cdot P$$

h_3. Profundidad rosca tornillo

Diferencia entre las roscas UNE e ISO (DIN13)

La altura del filete y radio del fondo en la rosca ISO es distinto que en la UNE 17701.

Figura 1.3.14 Rosca métrica ISO/R 261-1969 (DIN 13) y UNE 17701.

Cálculo de diámetros máximos y mínimos de roscas

Determinación del **diámetro exterior máximo y mínimo, diámetro sobre flancos** y **diámetro del núcleo** según las expresiones:

Cálculo del diámetro exterior

$$d_{máx} = d - A_0 \, (Tabla \ 2) \qquad\qquad d_{mín} = d_{máx} - tolerancia \, (Tabla \ 5)$$

77

Cálculo del diámetro sobre flancos

$$d_2 = d - 0,65 \cdot P \qquad d_2 máx = d_{máx} - 0,65 \cdot P \qquad d_2 mín = d_{máx} - toleranica\ (tabla\ 6)$$

Cálculo del diámetro del núcleo

$$d_3 = d - 1,2268 \cdot P \qquad d_3 máx = d_3 - A_0 \qquad d_3 míx = d_{3máx} - tolerancia\ (tabla\ 7)$$

 Ejercicio resuelto 1.3.3

Calcular el diámetro máximo y mínimo: exterior, medio o sobre flancos y núcleo para una rosca M12 6g

Solución

a)

$$d_{máx} = d - A_0\ (Tabla\ 2) = 12 - 0.034 = 11,966$$

$$d_{mín} = d_{máx} - tolerancia\ (Tabla\ 5) = 11,966 - 0,265 = 11,701$$

b)

$$d_2 máx = d_{máx} - 0,65 \cdot P = 11,966 - 0,65 \cdot 1,75 = 11,966 - 1,1375 = 10,829$$

$$d_2 mín = d_{máx} - toleranica\ (tabla\ 6) = 10,829 - 0,150 = 10,679$$

c)

$$d_3 = d - 1,2268 \cdot P = 12 - 2,147 = 9,853$$

$$d_3 máx = d_3 - A_0 = 9,853 - 0,009,81934 \qquad d_3 míx = d_{3máx} - tolerancia\ (tabla\ 7) = 9,819 - 0,276 = 9,543$$

También se puede calcular:

$$d_{2máx} = d - 0,65 \cdot P - A_0\ (Tabla\ 2) \qquad d_{3máx} = d - 01,22687 \cdot P - A_0$$

D = diámetro exterior nominal. $d_{máx}$ = diámetro exterior máximo. $d_{mín}$ = diámetro exterior mínimo. d_2 = diámetro medio nominal. $d_{2\ máx}$ = diámetro medio o de flancos máximo. $d_{2\ mín}$ = diámetro medio mínimo. d_3 = diámetro núcleo nominal. $d_{3\ máx}$ = diámetro del núcleo máximo. $d_{3\ mín}$ = diámetro del núcleo mínimo.

1.3.4 **Procedimientos de verificación de roscas**

Los controles de verificación que se realizan a las roscas hacen referencia a los diámetros de la rosca (diámetro del núcleo, medio y exterior), al ángulo del filete y al paso. Para verificar cada uno de los elementos que conforman las roscas pueden utilizarse los siguientes elementos de verificación:

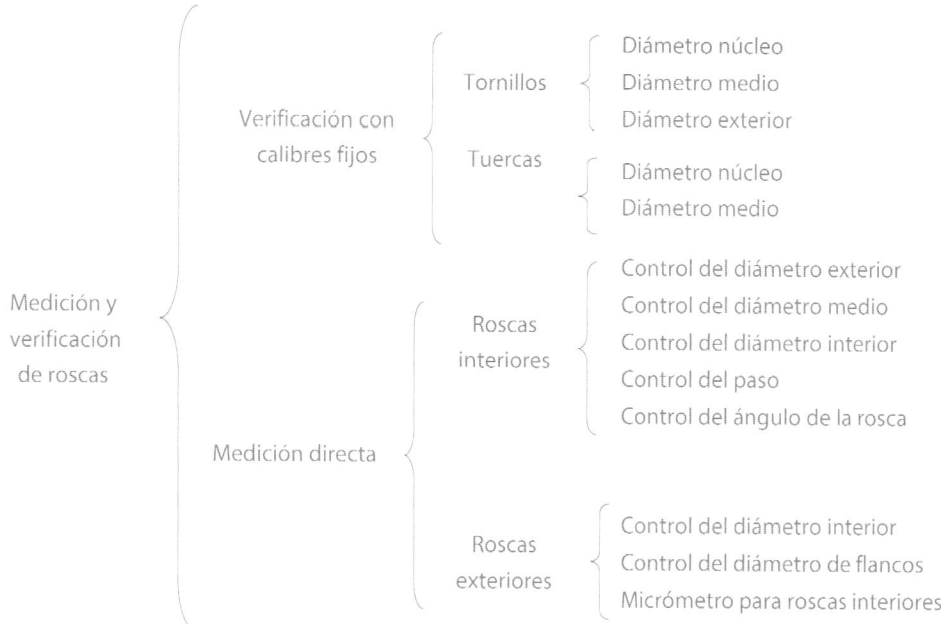

Figura 1.3.15 Procedimientos de verificación de roscas.

1.3.4.1 **Verificación con calibres fijos**

Cuando se desean realizar comprobaciones en taller o en controles de recepción de materiales se utilizan los calibres "pasa" y "no pasa" de herradura para tornillo y tampón para tuercas, pudiéndose determinar con aproximaciones de 0,01 mm el diámetro exterior, el diámetro medio y el diámetro del núcleo.

Para realizar la comprobación de ángulos y pasos se utilizan los peines patrón como el indicado en la figura.

Figura 1.3.16 Calibres fijos "pasa" y "no pasa", peines patrón y plantillas.

- **Verificación de tuercas**. Mediante calibres fijos pueden verificarse el diámetro del núcleo, el diámetro medio y el diámetro exterior.

  - **Diámetro del núcleo**. Se verifican los límites de las tuercas con calibres roscados "pasa - no pasa" que tienen los flancos truncados.

  - **Diámetro medio**. Se verifican los límites máximos y mínimos mediante la utilización de calibres roscados "pasa – no pasa".

  - **Diámetro exterior**. Se verifican los límites máximos y mínimos con calibres lisos "pasa – no pasa".

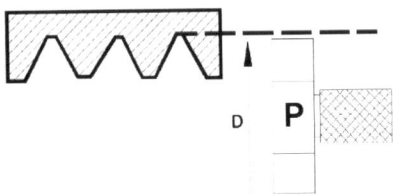

Figura 1.3.17 Calibres roscados para la determinación del diámetro del núcleo.

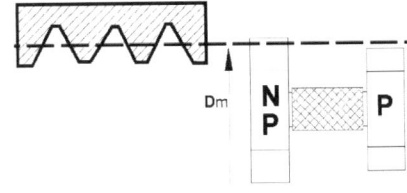

Figura 1.3.18 Calibres roscados para la determinación del diámetro medio. El tampón "no pasa" no debe forzarse e introducirlo más de tres filetes.

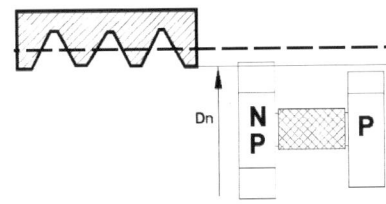

Figura 1.3.19 Calibres roscados para la determinación del diámetro exterior.

- **Verificación de tornillos**. Mediante calibres fijos pueden verificarse el diámetro del núcleo, el diámetro medio y el diámetro exterior.

  - **Diámetro de núcleo**. Mediante calibres "pasa – no pasa" de anillo o herradura roscados se verifican los límites del diámetro de núcleo.

  - **Diámetro medio**. Mediante calibres "pasa – no pasa" de anillo o herradura roscados se verifican los límites del diámetro medio.

  - **Diámetro exterior**. Mediante calibres "pasa – no pasa" de anillo o herradura roscados se verifican los límites del diámetro exterior.

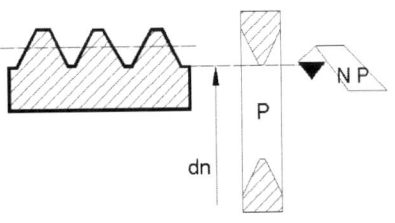

Figura 1.3.20 Calibres de anillo para verificar el diámetro del núcleo.

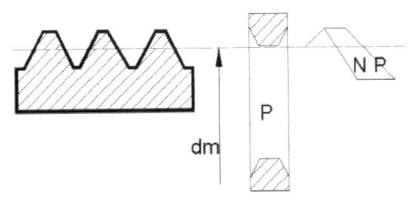

Figura 1.3.21 Calibres de anillo para verificar el diámetro medio.

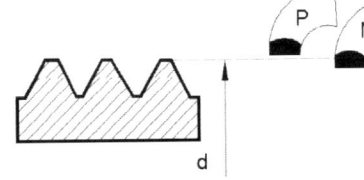

Figura 1.3.22 Calibres de herradura para verificar el diámetro exterior.

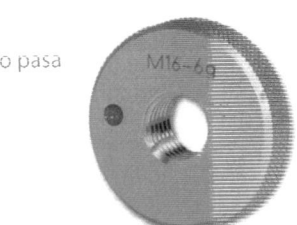
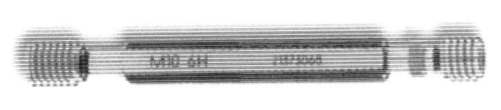

Figura 1.3.23 Calibres anillo y fijos "pasa" y "no pasa".

1.3.4.2 Medición del diámetro exterior

Para la medición del diámetro exterior de una rosca pueden utilizarse, en función de la precisión requerida, pie de rey, micrómetros, comparadores, etc., siempre y cuando las bocas de medida abarquen dos o más lomos de la rosca.

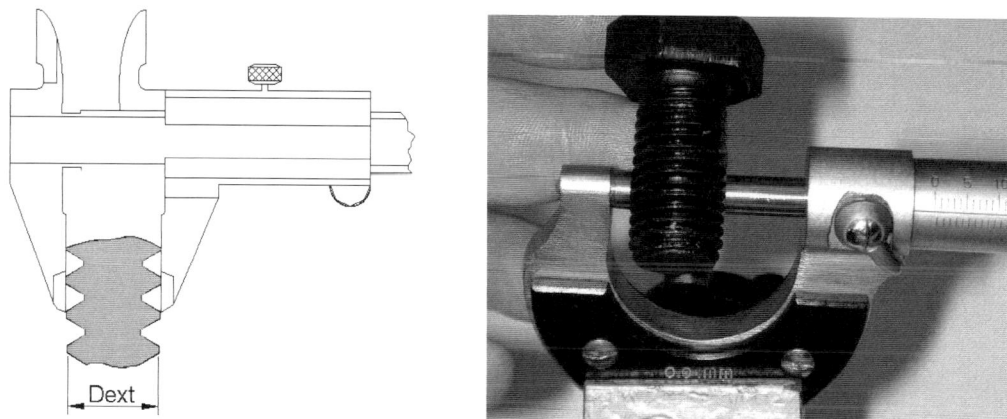

Figura 1.3.24 Medición del diámetro exterior con pie de rey y con micrómetro.

1.3.4.3 Verificación con micrómetro de puntas

Se emplean micrómetros de exteriores pero con puntas especiales para determinar el diámetro medio de los tornillos. Los palpadores son de 60° para la verificación de roscas métricas y de 55° cuando se trate de roscas Whitworth.

La lectura del diámetro medio del tornillo se toma directamente teniendo en cuenta que cuando se toca la sufridera y el yunque la lectura debe ser cero.

El micrómetro de puntas tiene doble mecanismo de bloqueo (palpador móvil y fijo). Es preciso realizar comprobaciones de exactitud con roscas patrón cada vez que se introduce un par nuevo.

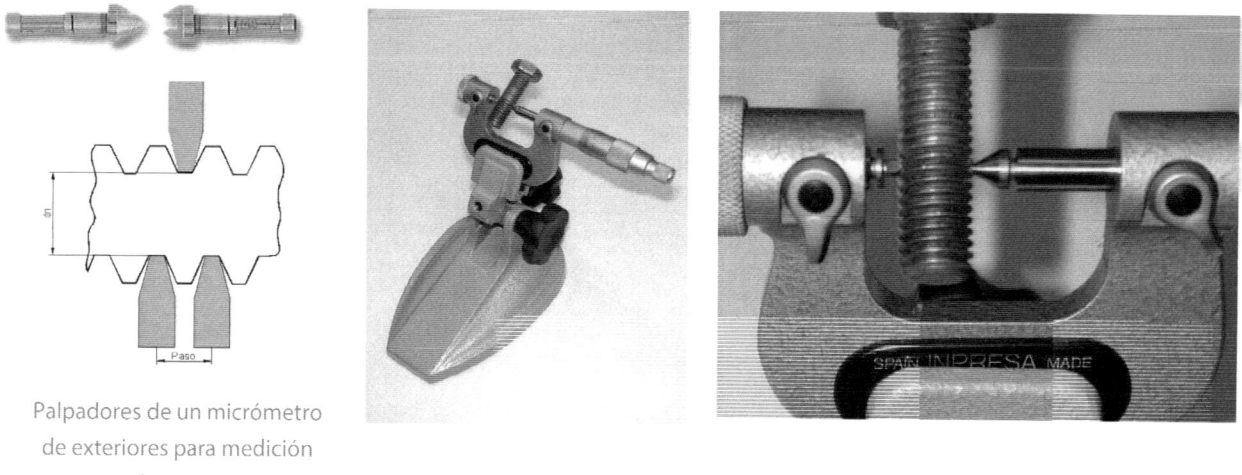

Palpadores de un micrómetro
de exteriores para medición
de roscas

Figura 1.3.25 Verificación del diámetro interior con micrómetro de puntas.

El diámetro interior o diámetro del núcleo puede determinarse mediante la ayuda de topes especiales montados sobre palpadores de una máquina de medir o de un micrómetro.

1.3.4.4 **Verificación con varillas calibradas**

Mediante la utilización de un micrómetro de exteriores al que se le adjunta un conjunto de dos palpadores que soportan tres varillas calibradas idénticas (rodillos) puede verificarse el diámetro medio de una rosca. También puede determinarse el ángulo (α) de la rosca con el micrómetro de exteriores pero utilizando dos varillas calibradas en las ranuras de la rosca.

Verificación del diámetro medio de una rosca

Deben utilizarse tres varillas idénticas y situarlas entre los flancos el filete tal y como se representa en la figura 3.26. La lectura directa del micrómetro nos dará el valor M indicado en la figura 3.26. Para determinar el diámetro medio de la rosca (D_m) deben aplicarse las siguientes fórmulas en función del tipo de rosca a verificar:

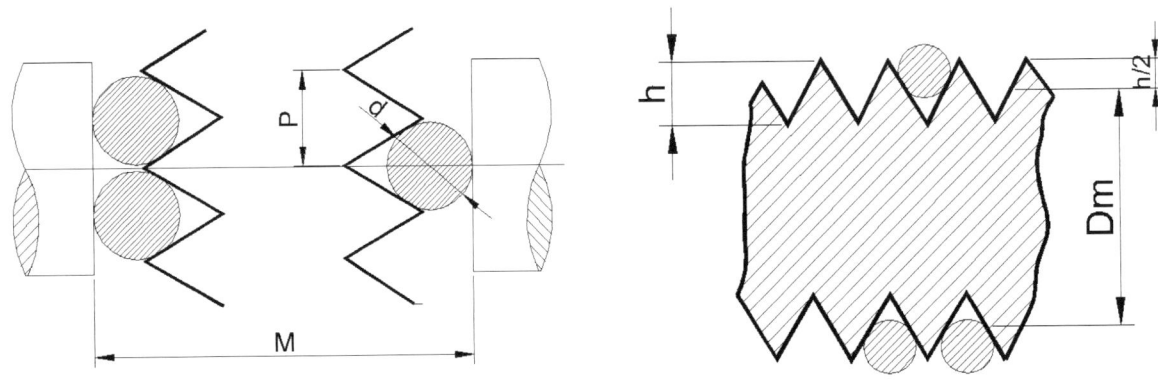

Figura 1.3.26 Calibres de herradura para verificar el diámetro exterior.

$$D_m = M - 3d + 0,866P \qquad \text{Si se trata de una rosca métrica } (\alpha=60°)$$

$$D_m = M - 3,166d + 0,9605P \qquad \text{Si se trata de una rosca Whitworth } (\alpha=55°)$$

Verificación del ángulo (α) de una rosca

Se debe proceder de modo similar al caso anterior pero utilizando dos varillas calibradas y ubicarlas tangente a los flancos de los filetes tal y como se indica en la figura. Primero se procederá a efectuar la lectura M_1 con las varillas calibradas de menor radio (R_1) y posteriormente, utilizando unas varillas ligeramente mayores (R_2), se efectúa la lectura M_2. Normalmente se utilizan micrómetros como en el caso anterior, pero puede utilizarse cualquier otro aparato que pueda medir longitudes.

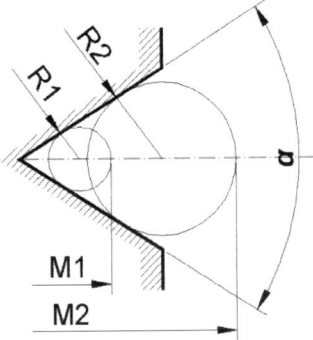

Figura 1.3.27 Verificación del ángulo α de una rosca.

Se aplica la siguiente fórmula:

$$Sen\,\alpha\!\!\Big/_{\!\!2} = \frac{(R_2 - R_1)}{(M_2 - R_2) - (M_1 - R_1)}$$

Donde R_1 y R_2 son los radios de las varillas calibradas y M_1 y M_2 las lecturas realizadas.

1.3.4.5 Verificación con proyector de perfiles

Pueden utilizarse los proyectores de perfiles para la verificación o control de perfiles de roscas. Aprovechando la proyección óptica de contornos (proyección diascópica) sobre una pantalla con un aumento predeterminado y mediante la utilización de plantillas de referencia se controla la medida de las roscas.

Para medir el diámetro medio de una rosca, los proyectores de perfiles tienen incorporado un retículo orientable que puede hacerse coincidir con uno de los flancos de la rosca. Si se desplaza la mesa del proyector en dirección perpendicular al eje hasta hacerla coincidir con el retículo del flanco opuesto, el desplazamiento realizado define, por diferencia de lecturas, el diámetro medio de la rosca.

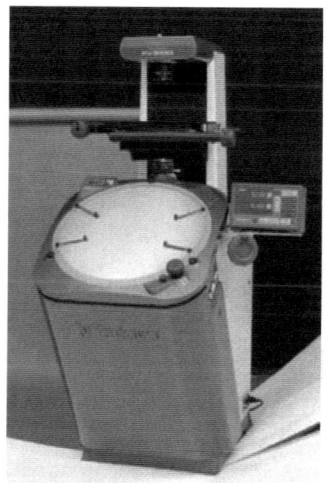  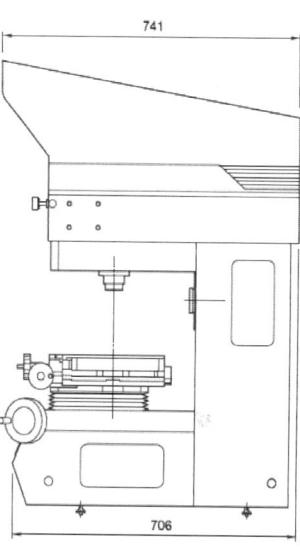

Figura 1.3.28 Proyector de perfiles. Imagen cedida por cortesía de Unceta/Mitutoyo.

1.3.5 Identificación de roscas

Para identificar el tipo de rosca (métrica o Whitworth) existe un procedimiento que consiste en medir el diámetro exterior del tornillo con un pie de rey con escala en milímetros y en pulgadas (teniendo en cuenta que la medida efectiva del tornillo es inferior a la nominal, se redondea, por exceso, a un valor entero de milímetro y a un valor entero de dieciseisavo de pulgada) y se consultan las siguientes tablas (tabla para rosca métrica y tabla para rosca Whitworth).

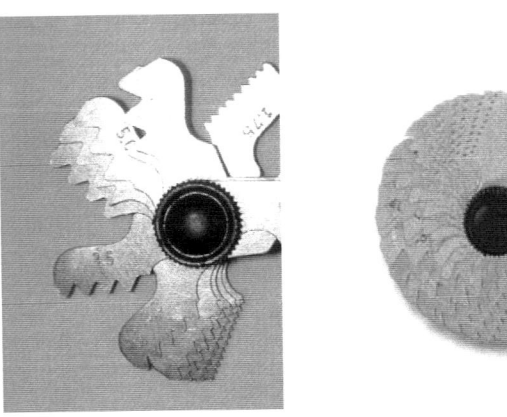

Figura 1.3.29 Peines de rosca para verificar el paso.

Para cada diámetro exterior las tablas indican un paso que debe ser verificado con una galga (peines de rosca). Si coincide, se puede asegurar la rosca en métrica. En el caso de no coincidencia, acoplamiento no correcto de la galga, deben consultarse las tablas de roscas Whitworth que dan el número de hilos por pulgada para cada diámetro exterior.

Tabla de dimensiones de la rosca métrica ISO:

Diámetro nominal	Paso	Diámetro medio	Diámetro interior		Profundidad de rosca		Radio de fondo
$d=D$	p	$d_2=D_2$	Exterior	Interior	Exterior	Interior	r
M1	0.25	0.838	0.693	0.729	0.153	0.135	0.036
M1.1	0.25	0.938	0.793	0.829	0.153	0.135	0.036
M1.2	0.25	1.038	0.893	0.929	0.153	0.135	0.036
M1.4	0.3	1.205	1.032	1.075	0.184	0.162	0.043
M1.6	0.35	1.373	1.171	1.221	0.215	0.189	0.051
M1.8	0.35	1.573	1.370	1.421	0.215	0.189	0.051
M2	0.4	1.740	1.509	1.567	0.245	0.217	0.058
M2.2	0.45	1.908	1.648	1.713	0.276	0.244	0.065
M2.5	0.45	2.208	1.948	2.013	0.276	0.244	0.065
M3	0.5	2.675	2.387	2.459	0.307	0.271	0.065
M3.5	0.6	3.110	2.764	2.850	0.368	0.325	0.087
M4	0.7	3.545	3.141	3.242	0.429	0.379	0.101
M4.5	0.75	4.013	3.580	3.688	0.460	0.406	0.108
M5	0.8	4.480	4.018	4.134	0.491	0.433	0.115
M6	1	5.350	4.773	4.917	0.613	0.541	0.144
M7	1	6.350	5.773	5.917	0.767	0.541	0.144
M8	1.25	7.188	6.466	6.647	0.767	0.677	0.180
M9	1.25	8.188	7.466	7.647	0.920	0.677	0.180
M10	1.5	9.026	8.160	8.376	0.920	0.812	0.217
M11	1.5	10.026	9.160	9.376	1.074	0.812	0.217

Diámetro nominal	Paso	Diámetro medio	Diámetro interior		Profundidad de rosca		Radio de fondo
d=D	p	d₂=D₂	Exterior	Interior	Exterior	Interior	r
M12	1.75	10.863	9.853	10.106	1.227	0.947	0.253
M14	2	12.701	11.546	11.835	1.227	1.083	0.289
M16	2	14.701	13.546	13.835	1.534	1.083	0.289
M18	2.5	16.376	14.933	15.294	1.534	1.353	0.361
M20	2.5	18.376	16.933	17.294	1.534	1.353	0.631
M22	2.5	20.376	18.933	19.294	1.840	1.353	0.361
M24	3	22.051	20.319	20.752	1.840	1.624	0.433
M27	3	25.051	23.319	23.752	2.147	1.624	0.433
M30	3.5	27.727	25.706	26.211	2.147	1.894	0.505
M33	3.5	30.727	28.706	29.211	2.545	1.894	0.505

Figura 1.3.30 Tabla de dimensiones de la rosca métrica ISO.

Tabla de dimensiones nominales de la rosca Whitworth:

Diámetro nominal de la rosca (pulgadas)	Diámetro exterior d=D	Diámetro en los flancos d₂=D₂	Diámetro en el núcleo d₁=D₁	Paso h	Hilos por pulgada z	Redondeado	Profundidad de rosca	Sección en el núcleo
1/4	8.350	5.537	4.721	1.270	20	0.174	0.313	17.5
5/16	7.933	7.034	6.131	1.411	18	0.194	0.904	29.5
3/8	9.525	8.509	7.492	4.538	16	0.218	1.017	44.1
7/16	11.113	9.951	8.789	1.814	14	0.219	1.162	60.7
1/2	12.700	11.345	9.990	2.117	12	0.291	1.55	78.4
5/8	15.837	14.397	12.918	2.309	11	0.317	1.479	131
3/4	19.051	17.424	15.798	2.540	10	0.349	1.627	196
7/8	22.226	20.419	18.611	2.822	9	0.388	1.807	272
1	25.401	23.368	21.335	3.175	8	0.436	2.033	358
1 1/8	28.576	26.253	23.929	3.629	7	0.498	2.324	450
1 1/4	31.751	29.428	27.104	3.629	7	0.498	2.324	577
1 3/8	34.926	32.215	29.505	4.233	6	0.581	2.711	684
1 1/2	38.101	35.391	32.680	4.233	6	0.581	2.711	839
1 5/8	41.277	38.024	34.771	5.080	5	0.598	3.253	950
1 3/4	44.452	41.199	37.946	5.080	5	0.598	3.253	1131
1 7/8	47.627	44.012	40.393	5.645	4 1/2	0.775	3.614	1282
2	50.302	47.137	43.573	5.645	4 1/2	0.872	3.614	1491
2 1/4	57.152	53.086	49.020	6.350	4	0.872	4.066	1887
2 1/2	63.502	59.436	55.370	6.350	4	0.997	4.066	2408
2 3/4	69.353	65.205	60.568	7.257	3 1/2	0.997	4.847	2880
3	76.203	71.556	66.909	7.257	3 1/2	1.072	4.647	3516

Diámetro nominal de la rosca (pulgadas)	Diámetro exterior d=D	Diámetro en los flancos d₂=D₂	Diámetro en el núcleo d₁=D₁	Paso h	Hilos por pulgada z	Redondeado	Profundida d de rosca	Sección en el núcleo
3 1/4	82.553	77.548	72.544	7.816	3 1/4	1.072	5.005	4133
3 1/2	88.903	83.899	78.894	7.816	3 1/4	1.073	5.005	4888
3 3/4	95.254	89.332	84.410	8.467	3	1.163	5.422	5596

Figura 1.3.31 Tabla de dimensiones de la rosca Whitworth.

Test, cuestiones y problemas propuestos

Test

Responde verdadero o falso.

	V	F

1. Ángulo de la hélice media (β) de una rosca es el ángulo formado por la tangente a la hélice media con un plano perpendicular al eje de la rosca.

2. Ángulo del perfil (α) es el ángulo de los flancos de la rosca medidos en un plano axial a la misma. En las roscas métricas e ISO el ángulo es α=55, mientras que en las roscas Whitworth y gas cuyo perfil es isósceles el ángulo es α=60º.

3. El vano de una rosca es el punto geométrico vacío entre dos filetes.

4. La profundidad de rosca interior (tuerca) en una rosca métrica es 0,54127P.

5. Las crestas y fondo tienen de una rosca Whitworth, tiene un truncamiento de H/6.

6. El diámetro medio de una tuerca puede verificarse con los límites máximos y mínimos mediante el empleo de calibres roscados "pasa" y "no pasa".

7. El micrómetro de exteriores con puntas especiales se utiliza para determinar el diámetro medio de los tornillos. Tienen palpadores de 60º para roscas métricas y 55º para Whitworth.

8. El diámetro medio de una rosca puede determinarse con el empleo de dos varillas idénticas situadas entre los flancos del filete.

Cuestiones y problemas

1. Explicar las diferentes clases de roscas.

2. Partes principales de las roscas.

3. Explicar las diferencias entre la rosca métrica, Whitworth y Sellers.

4. Representa y define los siguientes elementos de una rosca: fondo, cresta, vano, base y núcleo.

5. Calcula las dimensiones de una rosca métrica de diámetro nominal 9 mm y paso 1,25.

6. Calcula las dimensiones de una rosca Whitworth de 5/16″.

Diámetro nominal de la rosca (pulgadas)	Diámetro exterior d=D	Diámetro en los flancos $d_2=D_2$	Diámetro en el núcleo $d_1=D_1$	Paso h	Hilos por pulgada z	Redondeado	Profundidad de rosca	Sección en el núcleo
5/16	7.933	7.034	6.131	1.411	18	0.194	0.904	29.5

7. Indica las diferencias entre las roscas UNE e ISO (DIN 13).

8. ¿De qué forma se determinan los diámetros máximos y mínimos de roscas?

9. Realiza un esquema con todos los procedimientos de medición y verificación de roscas.

10. ¿Cómo se utilizan los calibres fijos "pasa" y "no pasa" en la verificación de elementos roscados?

11. ¿De qué forma se verifica el diámetro medio de una rosca con varillas calibradas? Indica las expresiones matemáticas empleadas en su determinación tanto para una rosca métrica como para una Whitworth.

12. ¿De qué forma puede verificarse el ángulo de una rosca con el uso de dos varillas calibradas?

13. Calcular el diámetro de fondo, medio y profundidad de las roscas UNE siguientes: M14X200, M16X100, M20X150, M27X300, M28X400 y M30X350.

14. Calcular el diámetro de fondo, medio y profundidad de las roscas ISO siguientes:

    M14X200, M16X100, M20X150, M27X300, M28X400 y M30X350.

15. Calcular el diámetro de fondo, medio y profundidad de las roscas UNE indicadas en la tabla:

	d3=d-1'0825xP	d2=d-065xP	h3=5/8sen60xP h3=0'54126xP	prof=2h3
M14X200	d3=14-1'0825x2=11'835	d2=14-0'65x2=12'7	h3=1'083	prof=2'17
M16X100	d3=16-1'0825x1=14'918	d2=16-0'65x1=15'35	h3=0'541	prof=1'08
M20X150	d3=20-1'0825x1'5=18'376	d2=20-0'65x1'5=19'025	h3=0'81	prof=1'62
M27X300	d3=27-1'0825x3=23'752	d2=27-0'65x3=25'05	h3=1'623	prof=3'247
M28X400	d3=28-1'0825x4=23'67	d2=28-0'65x4=25'4	h3=2'165	prof=4'33
M30X350	d3=30-1'0825x3.5=26'211	d2=30-0'65x3.5=27'725	h3=1'894	prof=3'788

16. Calcular el diámetro de fondo, medio y profundidad de las roscas ISO indicadas en la tabla:

	d3=d-1'22687xP	d2=d-065xP	h3=17/24sen60xP h3=0'6134346xP	prof=2h3
M14X200	d3=14-1'22687x2=11'546	d2=14-0'65x2=12'7	h3=1'2268	prof=2'45
M16X100	d3=16-1'22687x1=14'77	d2=16-0'65x1=15'35	h3=0'613	prof=1'2268
M20X150	d3=20-1'22687x1'5=18'159	d2=20-0'65x1'5=19'025	h3=0'92	prof=1'84
M27X300	d3=27-1'22687x3=23'32	d2=27-0'65x3=25'05	h3=1'84	prof=3'68
M28X400	d3=28-1'22687x4=23'09	d2=28-0'65x4=25'4	h3=2'4537	prof=4'91
M30X350	d3=30-1'22687x3.5=25'706	d2=30-0'65x3.5=27'725	h3=2'147	prof=4'294

17. Calcular diámetro exterior, de flancos o medio y del núcleo, máximo y mínimo (en los tres diámetros) en un tornillo de rosca M6x100 con tolerancia 6f. Ídem M8x100 con tolerancia 6f. Ídem M8x125 con tolerancia 6f. Ídem M10x100 con tolerancia 6g. Ídem M10x125 con tolerancia 6g. Ídem M10x150 con tolerancia 6g. Ídem M12x100 con tolerancia 6. Ídem M12x125 con tolerancia 6e. Ídem M12x150 con tolerancia 6e. Ídem M12x175 con tolerancia 6e. Ídem M14x150 con tolerancia 6f. Ídem M14x200 con tolerancia 6f. Ídem M16x150 con tolerancia 6g. Ídem M16x200 con tolerancia 4g. Ídem M27x300 con tolerancia 4g.

	d nominal	d mín	d máx	d2 mín	d2 máx	d3 mín	d3 máx
1.-M6x100 6f	6'000	5'780	5'960	5'198	5'310	4'549	4'733
2.- M8x100 6f	8'000	7'780	7'960	7'198	7'310	6'549	6'733
3.- M8x125 6f	8'000	7'746	7'958	7'028	7'146	6'216	6'424
4.-M10x100 6g	10'000	9'794	9'974	9'212	9'324	8'563	8'747
5.- M10x125 6g	10'000	9'760	9'972	9'042	9'160	8'230	8'438
6.-M10x150 6g	10'000	9'732	9'968	8'862	8'994	7'887	8'127
7.-M12x100 6e	12'000	11'760	11'940	11'172	11'290	10'523	10'713
8.-M12x125 6e	12'000	11'725	11'937	10'993	11'125	10'181	10'403
9.-M12x150 6e	12'000	11'697	11'933	10'819	10'959	9'845	10'093
10.-M12x175 6e	12'000	11'664	11'929	10'642	10'792	9'506	9'782
11.-M14x150 6f	14'000	13'719	13'995	12'841	12'981	11'867	12'115
12.-M14x200 6f	14'000	13'668	13'948	12'489	12'649	11'190	11'494

Verificación de engranajes

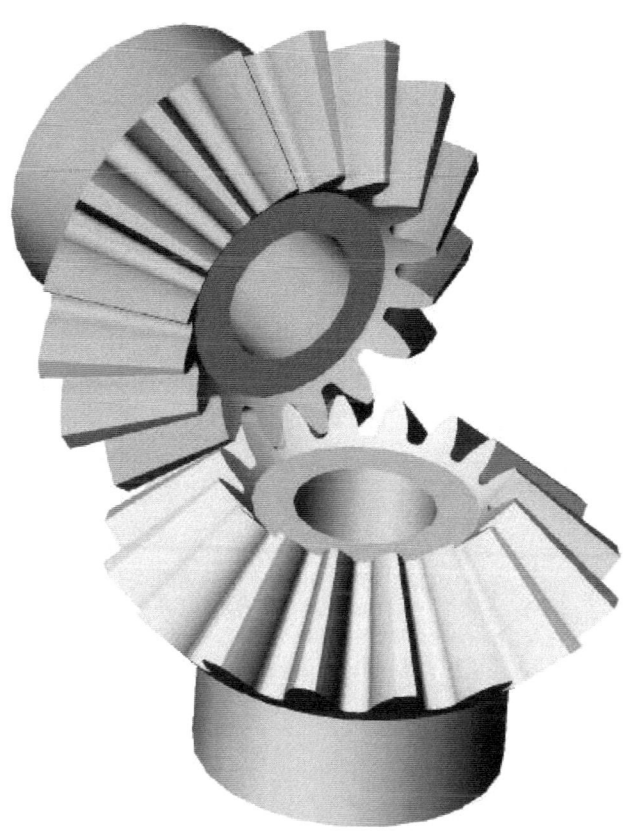

Contenidos

Problemas resueltos

Test, cuestiones y problemas propuestos

Objetivos

- Describir los elementos que definen un engranaje.
- Definir los distintos tipos de engranajes: recto, helicoidal y cónico.
- Describir los instrumentos y las técnicas de medición y verificación de engranajes.

1.4.1 Introducción

Uno de los principales desafíos de la ingeniería mecánica y del diseño de máquinas es la transmisión de movimiento entre un conjunto motor y máquinas conducidas. Desde épocas muy remotas se han utilizado cuerdas y elementos fabricados de madera para solucionar los problemas de transporte, impulsión, elevación y movimiento.

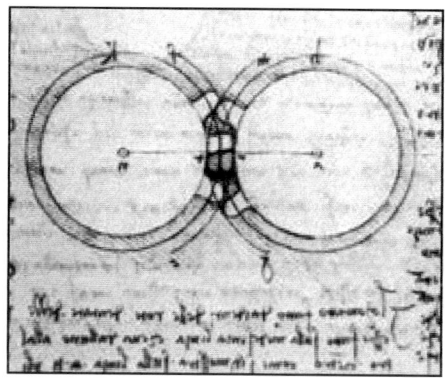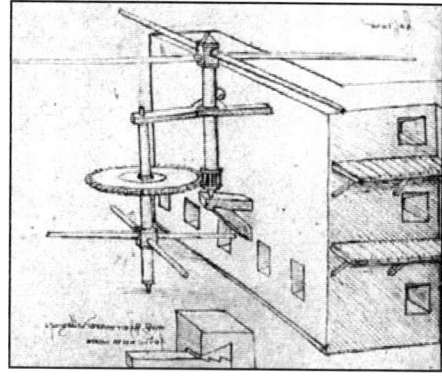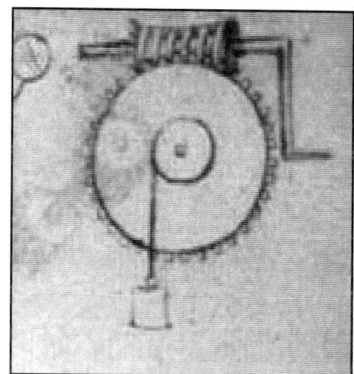

Figura 1.4.1 Engranajes dibujados por Leonardo da Vinci.

Un engranaje es un órgano dentado destinado a mover otro, o a ser movido por él, por la acción de los dientes al venir en contacto sucesivo. El mecanismo elemental es el constituido por dos engranajes, que giran sobre ejes de posición relativa invariable, donde uno arrastra al otro por acción de los dientes al venir en contacto sucesivo. (El **piñón** es aquel de los engranajes de un par que posee menor número de dientes y **rueda** el de mayor número.)

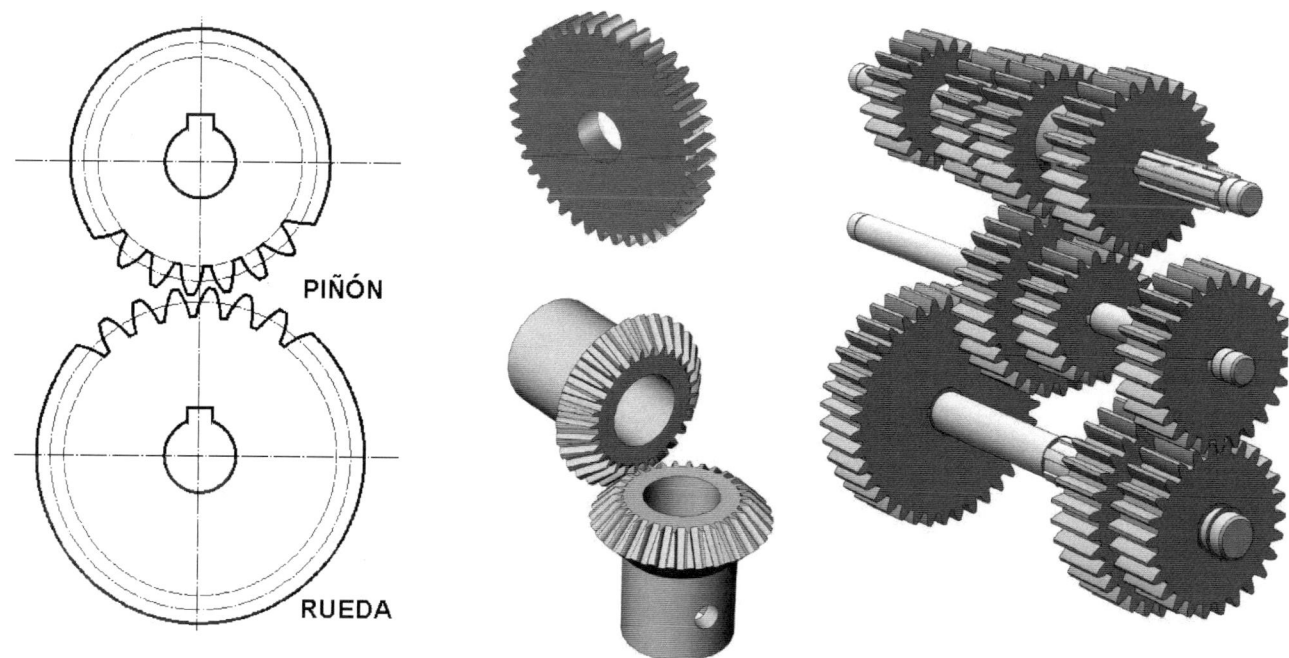

Figura 1.4.2 Piñón y rueda. Engranaje recto. Engranajes cónicos. Conjunto de engranajes.

Los engranajes como elementos de transmisión de movimiento deben tener formas y dimensiones perfectamente definidas para que se asegure el correcto funcionamiento de los mismos y evitar problemas como la vibración, los ruidos, los desgastes anormales y el consumo de energía excesiva por el rozamiento, así como el desperfecto que puede llegar a producir sobre los demás órganos.

En las industrias de fabricación mecánica se definen técnicas de verificación de engranajes para asegurar que la calidad de los mismos es apta para su correcto funcionamiento. Estas técnicas de verificación pretenden determinar la conformidad en elementos como los indicados en el esquema:

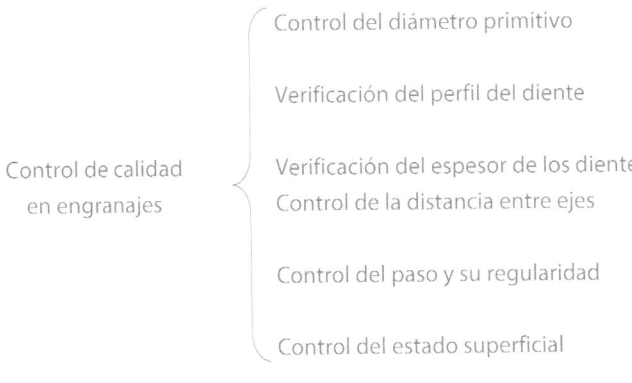

Control de calidad en engranajes
- Control del diámetro primitivo
- Verificación del perfil del diente
- Verificación del espesor de los dientes
- Control de la distancia entre ejes
- Control del paso y su regularidad
- Control del estado superficial

Figura 1.4.3 Control de calidad en engranajes.

1.4.2 Definición y formulario

1.4.2.1 Definiciones

- **Superficie primitiva de referencia**. Superficie convencional que se toma como referencia para definir las dimensiones del dentado de un engranaje considerado aisladamente. Es la superficie primitiva de funcionamiento (superficie geométrica descrita por el eje instantáneo del movimiento relativo) del engranaje al engranar con la cremallera tipo. Para un engranaje cilíndrico, la superficie es cilíndrica y la intersección de un plano perpendicular al eje del engranaje define el círculo primitivo.

- **Superficie de cabeza y pie**. Superficie, coaxial al engranaje, tangente al fondo del hueco entre dientes o a las puntas en cada caso. Para un engranaje cilíndrico, la superficie es cilíndrica y la intersección de un plano perpendicular al eje del engranaje define el círculo de cabeza y pie.

- **Flanco.** Porción de la superficie de un diente comprendida entre la superficie de cabeza y la superficie de pie.

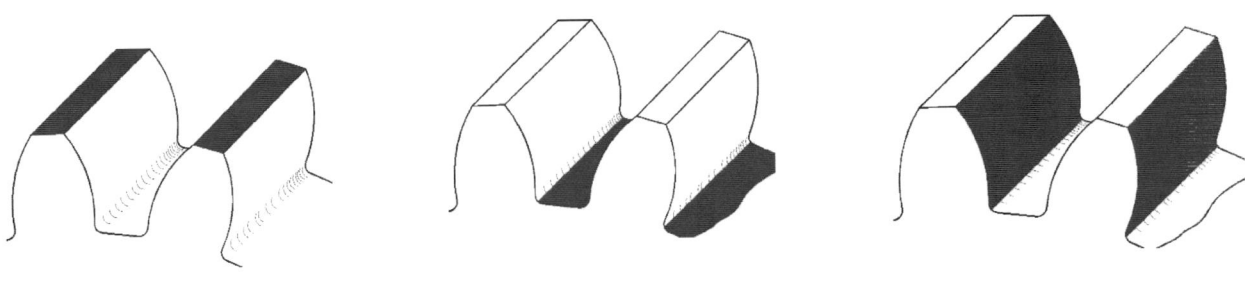

Figura 1.4.4 Superficie de cabeza, superficie de pie y flanco.

- **Perfil normal**. Sección de un flanco por una superficie perpendicular a las líneas de flanco.

- **Evolvente de círculo**. Curva plana descrita por un punto de una recta ("recta generatriz") que rueda sin deslizar sobre un círculo fijo (círculo base).

- **Altura de diente**. Distancia radial entre la circunferencia de cabeza y la circunferencia de pie.

- **Altura de cabeza (*addendum*)**. Distancia radial entre la circunferencia de cabeza y la circunferencia primitiva.

- **Altura de pie (*dedendum*)**. Normal común a dos perfiles conjugados, en su punto de contacto. Línea de contacto es la línea descrita por los puntos de contacto sucesivos de dos perfiles conjugados.

- **Línea de acción**. Normal común a dos perfiles conjugados, en su punto de contacto. Línea de contacto es la línea descrita por los puntos de contacto sucesivos de dos perfiles conjugados.

- **Ángulo de presión**. Ángulo agudo entre el radio que pasa por el punto del perfil que corta a la circunferencia primitiva y la tangente al perfil de ese punto. Ángulo formado por la línea de acción y la línea perpendicular a la que une los centros de las ruedas dentadas en el plano de contacto.

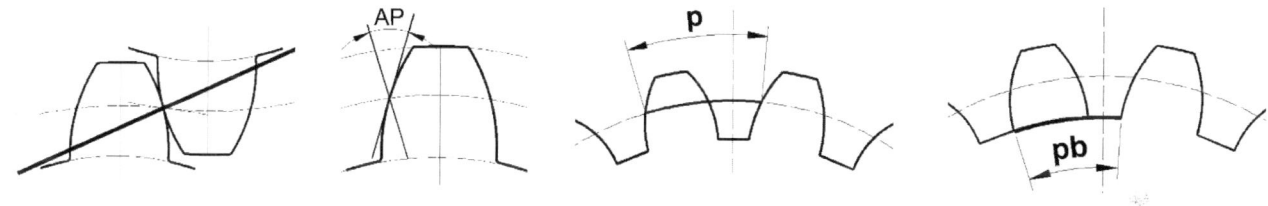

Figura 1.4.5 Línea de acción, ángulo de presión, paso circunferencial, paso base.

- **Paso circunferencial (paso circular)**. Longitud del arco de la circunferencia primitiva comprendida entre dos perfiles homólogos consecutivos.

- **Paso base**. Distancia medida sobre cualquiera de las normales comunes a las evolventes de dos perfiles homólogos consecutivos de un engranaje cilíndrico.

- **Espesor circunferencial (espesor circular)**. Longitud del arco de la circunferencia primitiva comprendido entre los dos perfiles de un diente.

- **Espesor de base**. Longitud del arco de circunferencia de base comprendido entre los puntos de levantamiento de las evolventes de dos perfiles de un diente.

- **Módulo**. Cociente entre el diámetro primitivo en mm por el número de dientes.

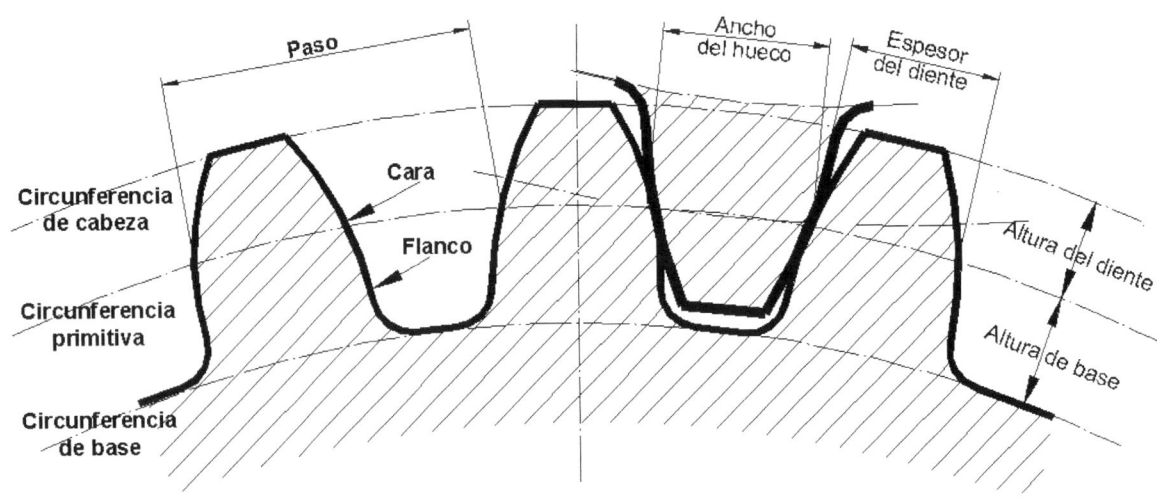

Figura 1.4.6 Perfil de un engranaje recto.

1.4.2.2 Engranajes rectos

Los engranajes rectos son discos cilíndricos con dientes tallados en su periferia, paralelos al eje de rotación del mismo. La Norma UNE 18008 establece los principios fundamentales de los engranajes así como la definición y terminología.

- z_1. **Número de dientes del piñón.**

- z_2. **Número de dientes de la rueda.**

- **Circunferencia primitiva.** Son dos circunferencias de rueda y piñón que, siendo tangentes entre sí, tienen la misma relación de transmisión que el engranaje.

- d_1. **Diámetro primitivo del piñón.** Corresponde a la circunferencia primitiva del piñón.

- d_2. **Diámetro primitivo de la rueda.** Corresponde a la circunferencia que limita el diente exteriormente.

- d_{e1}. **Diámetro exterior del piñón.** Corresponde a la circunferencia que limita el diente exteriormente.

- d_{e2}. **Diámetro exterior de la rueda.** Corresponde a la circunferencia que limita el diente de la rueda exteriormente.

- d_{i1}. **Diámetro interior del piñón.** Corresponde a la circunferencia del fondo del hueco entre dientes del piñón.

- d_{i2}. **Diámetro interior de la rueda.** Corresponde a la circunferencia del fondo del hueco entre dientes de la rueda.

- h_1. **Altura de la cabeza del diente.** Llamada también *addendum*, es la distancia comprendida entre las circunferencias primitiva y exterior.

- **h₂. Altura del pie de diente o *dedendum*.** Es la distancia radial comprendida entre la circunferencia radial comprendida entre la circunferencia primitiva y la circunferencia interior.

- **h. Altura total del diente.** Es la distancia radial comprendida entre las circunferencias exterior e interior.

- **Pₑ. Paso circular.** Es la distancia entre dos puntos homólogos de dos dientes consecutivos y medido sobre la circunferencia primitiva.

- **m. Módulo.** Es la unidad expresada en milímetros que representa el tamaño del diente. Su valor está determinado por la relación que existe entre el paso circular y el número π=3,1416; también coincide con la z-aba parte del valor del diámetro primitivo.

- **e. Espesor del diente.** Es la unidad del valor del paso circular y está también medido sobre la circunferencia primitiva.

- **eₑ. Espesor cordal del diente.** Es la longitud de la cuerda que corresponde al espesor circular.

- **pᵦ. Paso base.** Es la distancia entre perfiles homólogos, medida sobre la circunferencia base o sobre la normal de los perfiles.

- **b. Longitud del diente.** Es el largo del diente medido paralelamente al eje del piñón.

- **C. Espacio libre en el fondo.** Es la distancia que queda entre la circunferencia exterior de la rueda y la circunferencia interior del piñón, cuando ambos engranan.

- **L. Distancia entre centros.** Es la magnitud del segmento que une los centros de la rueda y del piñón cuando engranan.

- **α. Ángulo de presión.** Es el ángulo formado por la línea de engrane o línea de presión y la tangente a las circunferencias primitivas en el punto de contacto entre ambas. Su valor es de 20º.

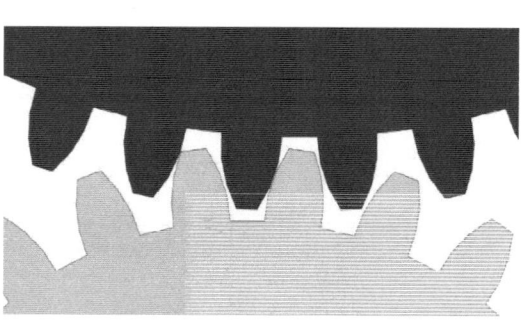

Figura 1.4.7 Engrane de un piñón y rueda.

Formulas relativas a los engranajes rectos

Son las fórmulas que determinan las dimensiones de un piñón o rueda de un engranaje recto, con dentado normal.

Piñón

$h_1=m$	Altura de la cabeza de diente
$h_2=1{,}25m$	Altura del pie de diente
$h=2{,}25m$	Altura total del diente
$p_c=\pi m$	Paso circular
$d_1=m_{z1}$	Diámetro primitivo
$d_{e1}=d_1+2m$	Diámetro exterior
$d_{i1}=d_1-2{,}5m$	Diámetro interior
$b=10m$	Longitud del diente

Rueda

$h_1=m$	Altura de la cabeza de diente
$h_2=1{,}25m$	Altura del pie de diente
$h=2{,}25m$	Altura total del diente
$p_c=\pi m$	Paso circular
$d_2=m_{z2}$	Diámetro primitivo
$d_{e2}=d_2+2m$	Diámetro exterior
$d_{i2}=d_2-2{,}5m$	Diámetro interior
$b=10m$	Longitud del diente

Figura 1.4.8 Fórmulas relativas al piñón y la rueda.

Módulos normalizados

Los módulos establecidos para la mecanización general son los siguientes:

I	1	1,25	1,5	2	2,5	3	4	5	6	8	10	12	16	20
II	1,12	1,37	1,75	2,25	3,5	4,5	5,5	7	9	11	14	18		
III	3,25	3,75	6,5											

Siempre que se pueda se elegirán los módulos de la fila I y se evitará el empleo de los de la fila III.

1.4.2.3 Cremalleras

La cremallera puede ser considerada cono el caso particular de un piñón de dientes rectos que tuviese infinito número de dientes.

El perfil de los dientes es rectilíneo con una inclinación de 70º con relación a la línea primitiva (complemento del ángulo de presión de 20º). Las dimensiones del diente se calculan como los engranajes rectos.

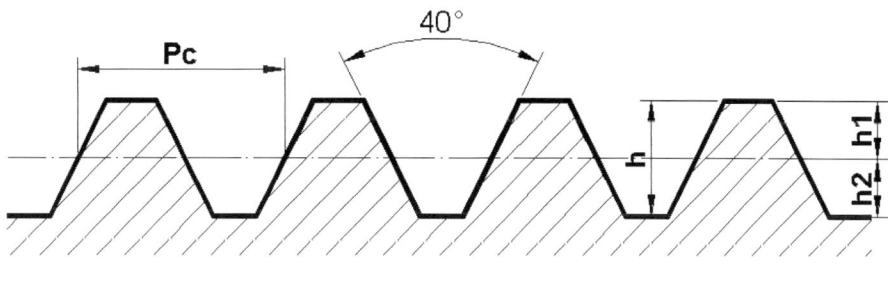

| $h_1=m$ | Altura de la cabeza de diente |
| $p_c=\pi m$ | Paso circular |

Figura 1.4.9 Fórmulas relativas a la cremallera.

 Ejercicio resuelto 1.4.1

Se desea verificar un engranaje recto de módulo m=3 y con una rueda de z_2=38 y piñón z_1=20. Determinar los principales elementos teóricos que definen el engranaje.

Solución

Cálculo de los elementos que definen al piñón:

Cálculo del diámetro primitivo
$$d_1 = m \times z_1 = 3 \times 20 = 60,0 mm$$

Cálculo del diámetro exterior
$$d_{e1} = d_1 + 2 \times m = 60,0 + 2 \times 3 = 66,0 mm$$

Cálculo del diámetro interior
$$d_{i2} = d_1 - 2,5 \times m = 60,0 - 2,5 \times 3 = 52,5 mm$$

De la misma forma se calcula la rueda, donde d_1= 114 mm, d_{e1}= 120 mm y d_{i2}= 106,5 mm. Los demás elementos que deben calcularse son el paso circular, la altura, espesor y longitud del diente y la distancia entre los centros del piñón y la rueda.

Se determina el paso circular, la altura del diente, el espesor del diente, la longitud del diente y por último se calcula la distancia entre los centros:

$$P_c = \pi \times m = 3,14 \times 3 = 9,424 mm$$

$$h = 2,25 \times m = 2,25 \times 3 = 6,75 mm$$

$$e = P_c / 2 = 9,424 / 2 = 4,71 mm \qquad L = \frac{d_1 + d_2}{2} = \frac{m \times z_1 + m \times z_2}{2} = \frac{3 \times 38 + 3 \times 20}{2} = 87 mm$$

$$b = 10 \times m = 10 \times 3 = 30 mm$$

Ejercicio resuelto 1.4.2

Determina el diámetro primitivo, el diámetro exterior y el diámetro interior de un engranaje recto con 14 dientes y módulo 3.

Solución

El diámetro primitivo se determina aplicando la expresión:

$$d_1 = m \times z_1 = 14 \cdot 3 = 42mm$$

A partir del diámetro primitivo se determinar el diámetro exterior (d_e) e interior(d_i).

$$d_e = d_1 + 2 \cdot m = (m \cdot z) + 2 \cdot m = m(z + 2) = 3(14 + 2) = 48mm$$

$$d_i = d_1 - 2,5 \cdot m = (m \cdot z) - 2,5 \cdot m = m(z - 2,5) = 3(14 - 2,5) = 34,5mm$$

 Ejercicio resuelto 1.4.3

A partir del ejercicio anterior calcular el paso circular y las dimensiones del diente.

Solución

El paso circular se obtiene a partir de la expresión:

$$P_c = \pi \times m = 3,14 \times 3 = 9,424mm$$

Las dimensiones del diente:

$$h = 2,25 \times m = 2,25 \times 3 = 6,75mm$$

$$e = P_c / 2 = 9,424 / 2 = 4,71mm \qquad\qquad b = 10 \times m = 10 \times 3 = 30mm$$

 Ejercicio resuelto 1.4.4

Se mide el diámetro exterior de un engranaje recto de 120 mm y se cuenta el número de dientes z=48. Determinar el paso circular y el espesor del diente.

Solución

El diámetro exterior y el interior pueden determinarse a partir de las expresiones:

$$d_1 = m \cdot z$$
$$d_e = d_1 + 2 \cdot m$$

$$d_e = (m \cdot z) + 2 \cdot m = m(z + 2) \qquad\qquad m = \frac{d_e}{(z + 2)} = \frac{120}{48} = 2,5$$

Ejercicio resuelto 1.4.5

Dos engranajes rectos de m=4 engranan con una relación de transmisión de i=1/2. La distancia entre sus centros es de 54 mm. Calcular el número de dientes que deberían tener.

Solución

La longitud entre los centros de los engranajes puede determinarse con la expresión:

$$L = \frac{d_1 + d_2}{2} = \frac{m \cdot z_1 + m \cdot z_2}{2} \qquad z_1 + z_2 = \frac{2 \cdot 54}{4} \qquad z_1 + z_2 = 27$$

Teniendo en cuenta la relación de transmisión i=1/2,

$$z_1 = 2 \cdot z_2 \qquad 2 \cdot z_2 + z_2 = 27 \qquad 3 \cdot z_2 = 27 \qquad 3 \cdot z_2 = 27 \qquad z_2 = \frac{27}{3} = 9 \qquad z_1 = 2 \cdot 9 = 18$$

 Ejercicio resuelto 1.4.6

Se desea verificar una cremallera de módulo 3. Determinar el paso, la altura del diente y la anchura del fondo.

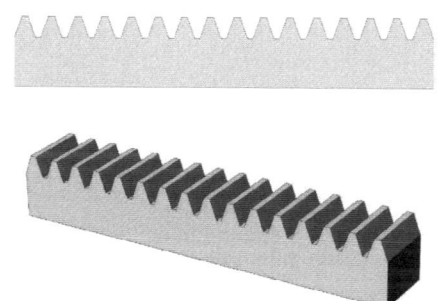

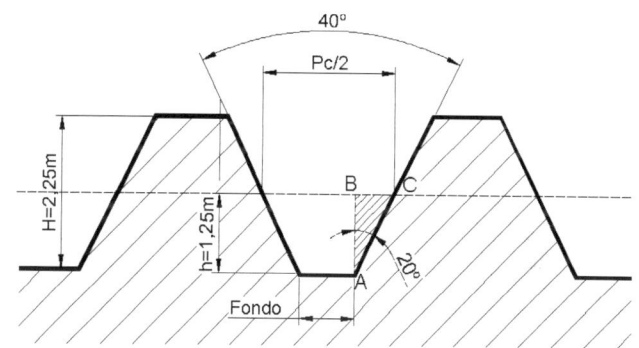

Solución

El paso y la altura del diente se puede calcular a partir de las expresiones:

$$P = \pi \times m = 3,14 \times 3 = 9,42 \, mm \qquad\qquad h = m + 1,25 \times m = 2,25 \times m = 2,25 \times 3 = 6,75 \, mm$$

Cálculo de la anchura en el fondo del hueco:

$$x = b \times tg\, 20° = 1,25 \times m \times tg\, 20° = 1,25 \times 3 \times tg\, 20° = 1,36 \, mm$$

1.4.2.4 **Engranajes helicoidales**

Los engranajes helicoidales son discos cilíndricos con dientes helicoidales tallados en su periferia. Pueden emplearse en ejes paralelos o entre ejes que se cortan.

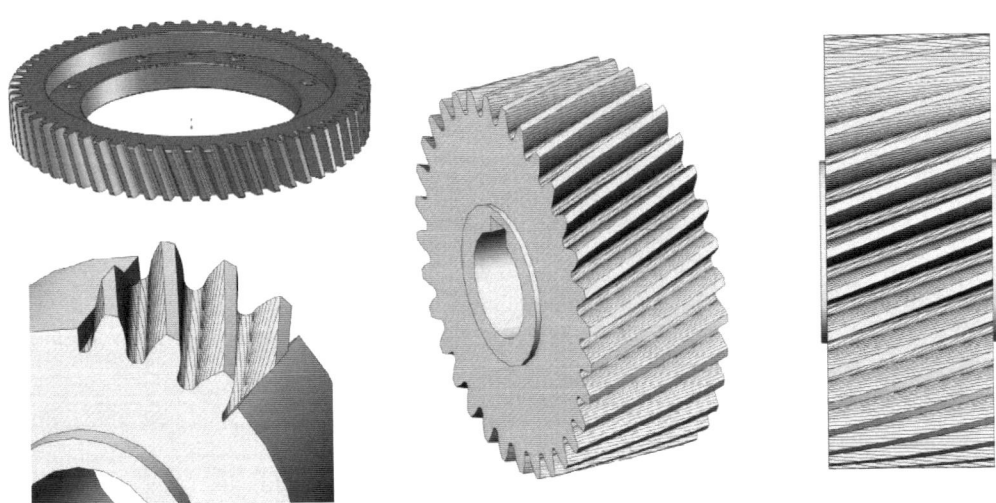

Figura 1.4.10 Engranajes helicoidales.

Para esta clase de engranajes, además de conservar las definiciones establecidas para los engranajes rectos, hay que considerar las que se indican a continuación.

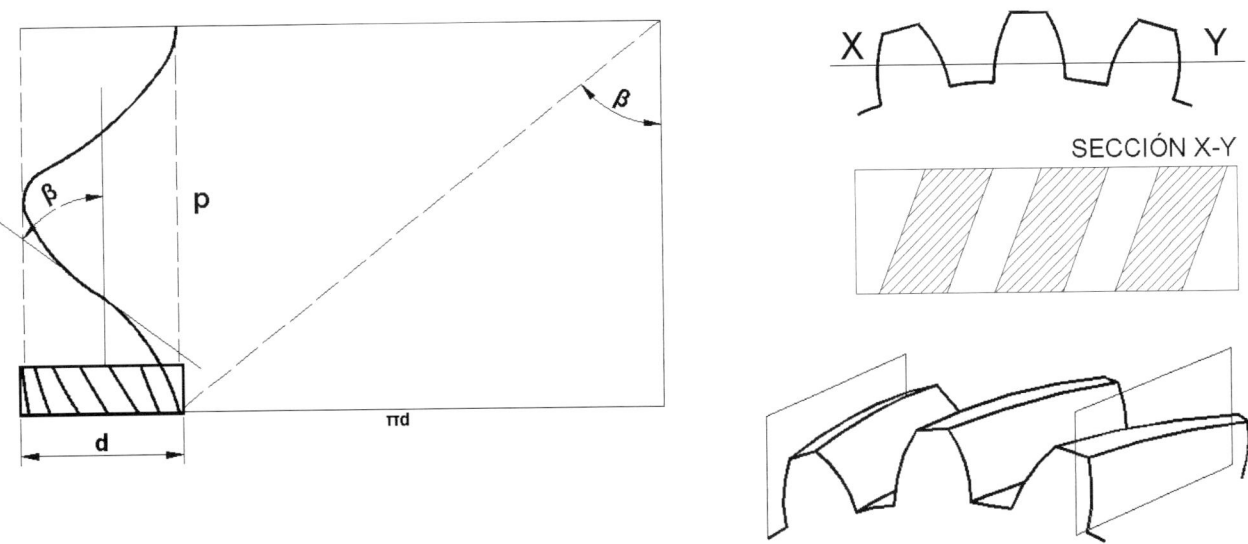

Figura 1.4.11 Definición de un engranaje helicoidal.

- **Hélice primitiva del diente**. Es la hélice formada por el diente sobre el cilindro primitivo, correspondiente a la circunferencia primitiva.

- **Sentido de la hélice**. Puede ser a derechas (+) o a izquierda (-).

- **β. Ángulo de inclinación de la hélice**. Es el ángulo de la hélice, es decir, el ángulo formado por la tangente a la hélice primitiva con la generatriz del cilindro primitivo.

- **P. Paso de la hélice**. Es la distancia entre dos puntos de la hélice primitiva, medida en el sentido axial.

- **P_n. Paso normal**. Es la distancia que hay entre dos dientes consecutivos, medida normalmente a estos y sobre el cilindro primitivo.

- **P_c. Paso circular**. Es la distancia que hay entre flancos homólogos de dos dientes consecutivos, medida sobre la circunferencia primitiva. Al paso circular suele llamarse también paso circunferencial.

- **P_x. Paso axial**. Es la distancia que hay entre flancos homólogos de dos dientes consecutivos, medida sobre el cilindro primitivo y en un plano axial. Pueden distinguirse dos ángulos de presión: ángulo de presión normal, que es el que corresponde a la sección normal del diente normalizado (20º); ángulo de presión circular, que es el que correspondería al perfil del diente según un plano normal al eje del piñón.

$h_1 = m_n$	Altura de la cabeza de diente
$h_2 = 1{,}25 m_n$	Altura del pie de diente
$h = 2{,}25 m_n$	Altura total del diente
$b = 6 m_n$	Largo total del diente
$Pc = \dfrac{\pi m_n}{\cos \beta}$	Paso circular
$P_n = \pi m_n = P_c \cos \beta_1$	Paso normal del piñón
$P_n = \pi m_n = P_c \cos \beta_2$	Paso normal de la rueda
$m_n = m_c \cos \beta_1$	Módulo normal del piñón
$m_n = m_c \cos \beta_2$	Módulo normal de la rueda
$m_c = \dfrac{m_n}{\cos \beta_1}$	Módulo circular del piñón
$m_c = \dfrac{m_n}{\cos \beta_2}$	Módulo circular de la rueda
$d_1 = m_c z_1 = \dfrac{m_n z_1}{\cos \beta_1}$	Diámetro primitivo del piñón
$d_2 = m_c z_2 = \dfrac{m_n z_2}{\cos \beta_2}$	Diámetro primitivo de la rueda
$d_{e1} = d_1 + 2 m_n$	Diámetro exterior del piñón
$d_{e2} = d_2 + 2 m_n$	Diámetro exterior de la rueda

$$d_{i1} = d_1 - 2{,}5m_n \qquad \text{Diámetro interior del piñón}$$

$$d_{i2} = d_2 - 2{,}5m_n \qquad \text{Diámetro exterior de la rueda}$$

$$P_1 = \pi d_1 c \, \mathrm{tg}\, \beta_1 \qquad \text{Paso de la hélice piñón}$$

$$P_2 = \pi d_2 c \, \mathrm{tg}\, \beta_2 \qquad \text{Paso de la hélice rueda}$$

Figura 1.4.12 Fórmulas relativas engranajes helicoidales.

Distancia entre ejes de rueda y piñón. Puede calcularse como lo hacíamos con los engranajes rectos.

$$L = \frac{d_1 + d_2}{2}$$

Llamando γ al valor del ángulo que forman los ejes, se diferencian diversos casos:

Primer caso

Ejes paralelos. Entonces, $\gamma=0$ y $\beta_1=\beta_2$, resultando:

$$L = \frac{m_n}{2}\left(\frac{z_1}{\cos \beta_1} + \frac{z_2}{\cos \beta_2} \right)$$

Segundo caso

Ejes perpendiculares. Por consiguiente, $\gamma=90°$ y $\beta_2=\gamma- \beta_1$., resultando:

$$L = \frac{m_n}{2}\left[\frac{z_1}{\cos \beta_1} + \frac{z_2}{\cos(90 - \beta_1)} \right]$$

Tercer caso

Ejes que se cruzan con un ángulo γ. Para este caso será $\beta_2=\gamma- \beta_1$, resultando:

$$L = \frac{m_n}{2}\left[\frac{z_1}{\cos \beta_1} + \frac{z_2}{\cos(\gamma - \beta_1)} \right]$$

Cremallera de dientes oblicuos

Una cremallera de dientes oblicuos está formada por dientes inclinados un ángulo β con relación a su posición normal. Se distinguen dos tipos de pasos, el normal y el circular.

Paso normal

Medido en el plano normal a los dientes. $P = \pi m$

Paso circular

Medido en el sentido longitudinal de la cremallera. $P_c = \dfrac{\pi m}{\cos \beta}$

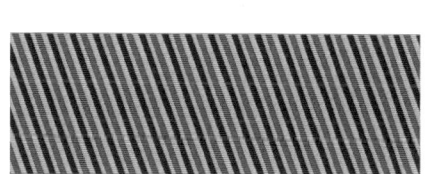 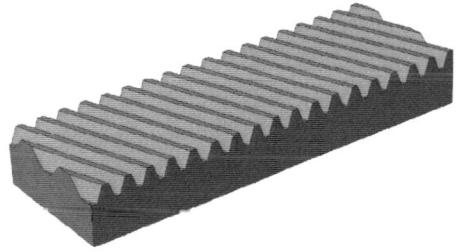

Figura 1.4.13 Cremallera de dientes oblicuos.

 Ejercicio resuelto 1.4.7

Se desea verificar las dimensiones de un engranaje helicoidal de 24 dientes y módulo 4. El ángulo de inclinación del diente es de 18°.

Solución

A partir de los datos puede determinar el diámetro primitivo, el diámetro interior y exterior según:

$$d = \frac{m_n \cdot z}{Cos\beta} = \frac{4 \cdot 24}{Cos18} = 100,94mm$$

$$d_e = d + 2 \cdot m_n = 100,84 + 2 \cdot 4 = 108,94mm$$

$$d_i = d - 2,50 \cdot m_n = 100,94 - 2,50 \cdot 4 = 90,94$$

El cálculo del paso normal (P_n), paso circular (P_c) y altura del diente (h) se realiza aplicando las expresiones:

$$P_n = \pi \cdot m_n = 3,14 \cdot 4 = 12,56mm$$

$$P_c = \pi \cdot m_c = \pi \frac{m_n}{Cos\beta} = 3,14 \frac{4}{\cos18} = 13,20mm$$

$$h = 2,25 \cdot m_n = 2,25 \cdot 4 = 9mm$$

El paso de la hélice se puede determinar según,

$$P = \pi \cdot d \cdot \cot g\beta = 3,14 \cdot 100,94 \cdot \cot g18 = 975,97mm$$

Ejercicio resuelto 1.4.8

Se tiene un engranaje helicoidal con 39 dientes y un diámetro exterior de 220 mm. ¿Qué módulo tiene sabiendo que el ángulo de la hélice es de 60º?

Solución

Los datos que tenemos son:

Z=39

D$_e$=160 mm

β=60º

$$\left. \begin{array}{l} d_e = d + 2 \cdot m_n \\[2ex] d_i = \dfrac{m_n}{\cos \beta} \end{array} \right\} \quad \begin{array}{l} d_e = \dfrac{m_n}{\cos \beta} + 2 \cdot m_n \\[3ex] m_n \left(\dfrac{z}{\cos \beta} + 2 \right) = d_e \end{array}$$

$$m_n = \frac{d_e}{\left(\dfrac{z}{\cos \beta} + 2 \right)} = \frac{160}{\left(\dfrac{39}{\cos 60} + 2 \right)} = 2,0$$

 Ejercicio resuelto 1.4.9

Una cremallera con m=3 y ángulo 15º debe engranar con un piñón helicoidal de z=34 dientes. Calcular el paso circular y el paso normal de la cremallera.

Solución

El paso circular (P$_c$) y el paso normal (P$_n$) se calculan a partir de las expresiones:

$$P_c = \frac{\pi \cdot m}{\cos \beta} = \frac{\pi \cdot 3}{\cos 15} = 9,75 mm \qquad P_n = \pi \cdot m = 3,14 \cdot 3 = 9,42 mm$$

1.4.2.5 Engranajes de tornillo sinfín

Son una variante de los engranajes helicoidales, pero en este caso el piñón puede tener solo uno, dos o tres dientes denominados guías. Se emplean para obtener grandes reducciones entre ejes que se cruzan perpendicularmente.

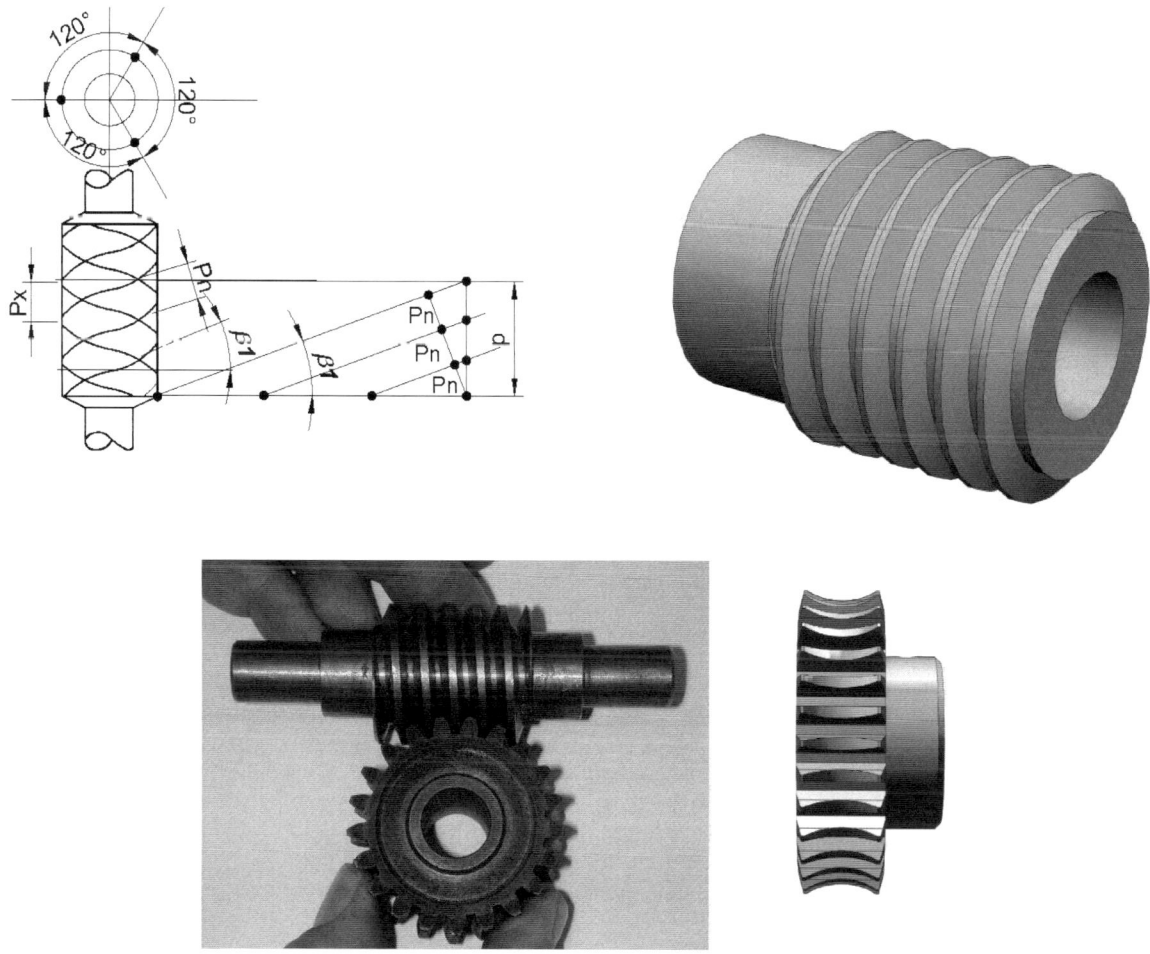

Figura 1.4.14 Engranajes de tornillo sinfín.

Los principales elementos de un **tornillo sinfín**, con filete trapecial, son los siguientes:

- β_1. **Ángulo de la guía**. Es el ángulo formado por la tangente a la hélice de la guía o filete con un plano perpendicular al eje del tornillo sinfín. Actualmente se denomina ángulo de la guía al ángulo β, complementario del β_1.

- **P. Paso de la hélice**. Es la distancia entre dos espiras pertenecientes a un mismo filete, medida en el sentido axial.

- **Px. Paso axial**. Es la distancia entre dos filetes consecutivos, medida en el sentido axial.

- **Pn. Paso normal**. Es la distancia entre dos filetes consecutivos, medida en el sentido de un plano normal al filete.

- **Perfil normal**. Es el perfil que se obtiene al cortar el filete por un plano perpendicular al mismo. El perfil normal "normalizado" es igual que el de una cremallera del mismo módulo y con 20° de ángulo de presión. También se usan con frecuencia los ángulos de 14°30′ y 15° cuando el ángulo de la guía es menor de 10°.

Para β<75º (β₁>15º)

$$h_1 = m_n$$ Altura de la cabeza de diente (*addendum*)

$$h_2 = 1,2m_n$$ Altura del pie del filete (*dedendum*)

$$h = 2,2m_n$$ Altura total del filete

$$\alpha_n = 40º$$ Ángulo de los flancos, en perfil normal

$$\text{tg}\,\frac{\alpha_x}{2} = \text{tg}\,20º \cos\beta_1$$ Ángulo de los flancos, en perfil axial

$$P_n = \pi m_n$$ Paso normal

$$P_x = \frac{P_n}{\cos\beta_1} = \pi m_x$$ Paso axial

$$Sen\,\beta_1 = \frac{m_n z_1}{d_1}$$ Ángulo del filete

Para β<75º (β₁>15º)

$$P = \frac{\pi m_n z_1}{\cos\beta_1}$$ Paso de la hélice del filete

$$L = 6P_x$$ Longitud del sinfín

$$L = \sqrt{8d_2 m_n}$$ Longitud del sinfín II

$$d_1 \approx 15m_n$$ Diámetro primitivo

$$d_{e1} = d_1 + 2m_n$$ Diámetro exterior

$$d_{i1} = d_1 - 2,4m_n$$ Diámetro interior

Figura 1.4.15 Fórmulas relativas a engranajes de tornillo sinfín.

Para β>75° (β₁<15°)

$$h_1 = m_x \qquad \text{Altura de la cabeza de diente (addendum)}$$

$$h_2 = 1{,}2m_x \qquad \text{Altura del pie del filete (dedendum)}$$

$$h = 2{,}2m_x \qquad \text{Altura total del filete}$$

$$\mathrm{tg}\,\frac{\alpha_n}{2} = \mathrm{tg}\,20° \cos\beta_1 \qquad \text{Ángulo de los flancos, en perfil normal}$$

$$\alpha_x = 40° \qquad \text{Ángulo de los flancos, en perfil axial}$$

$$P_n = P_x \cos\beta_1 \qquad \text{Paso normal}$$

$$P_x = numentero = \pi m_x \quad \text{Paso axial}$$

$$Tg\beta_1 = \frac{m_x z_1}{d_1} \qquad \text{Ángulo del filete}$$

Para β>75° (β₁<15°)

$$P = P_x z_1 \qquad \text{Paso de la hélice del filete}$$

$$L = 6P_x \qquad \text{Longitud del sinfín}$$

$$L = \sqrt{8d_2 m_n} \qquad \text{Longitud del sinfín II}$$

$$d_1 \approx 10m_x \qquad \text{Diámetro primitivo}$$

$$d_{e1} = d_1 + 2m_x \qquad \text{Diámetro exterior}$$

$$d_{i1} = d_1 - 2{,}4m_x \qquad \text{Diámetro interior}$$

Figura 1.4.16 Fórmulas relativas a engranajes de tornillo sinfín.

1.4.2.6 Engranajes cónicos

Los principales elementos a distinguir en un engranaje cónico son los siguientes:

- **Conos primitivos**. Son dos conos correspondientes a rueda y piñón, respectivamente, que representan a dos ruedas cónicas tangenciales, que tengan la misma relación de transmisión que el engranaje cónico.

- **Cono exterior**. Es aquel que limita al diente interiormente.

- **Cono interior o de fondo**. Es aquel que limita al diente interiormente.

- **Conos complementarios**. Son dos conos cuyas generatrices son perpendiculares a las del cono primitivo, que limitan el largo de diente.

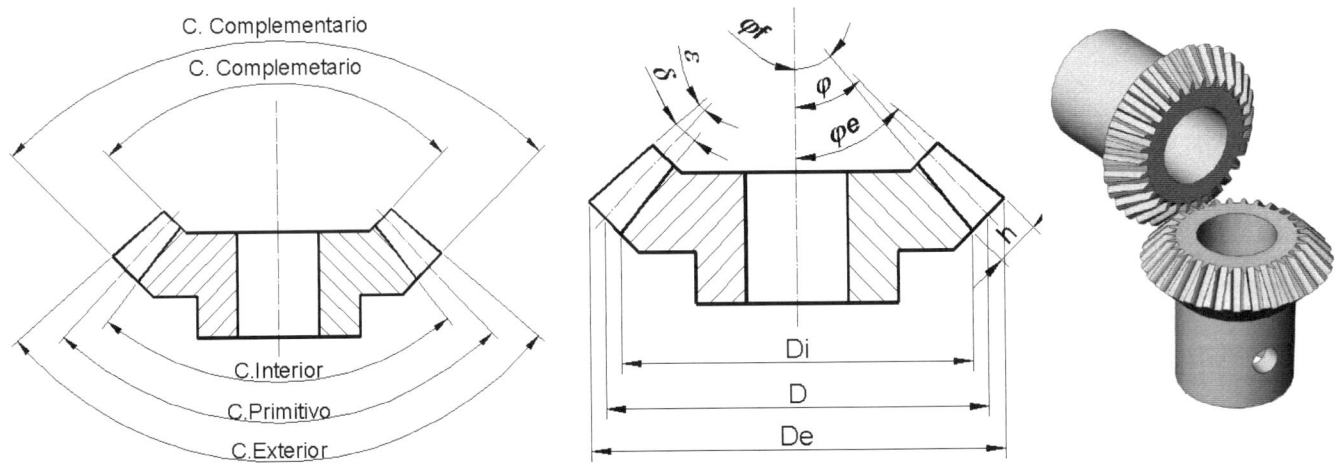

Figura 1.4.17 Engranajes cónicos.

- **Ángulos a considerar en un engranaje cónico**. Son los siguientes:

  φ = Ángulo primitivo

  φ_e = Ángulo exterior

  φ_f = Ángulo de fondo

  ε = Ángulo de la cabeza del diente o ángulo de *addendum*

  δ = Ángulo del pie del diente o ángulo de *dedendum*

- **d. Diámetro primitivo**. Es el diámetro correspondiente a la base mayor del cono primitivo.

- **d_e. Diámetro exterior**. Es el diámetro correspondiente a la base mayor del cono exterior.

- **d_i. Diámetro interior o de fondo**. Es el que corresponde a la base mayor del cono interior.

- **m. Módulo**. El diente de un piñón cónico está formado por infinitos módulos, comprendidos entre la base mayor y menor, pero los cálculos se refieren al módulo correspondiente a la base mayor.

- **G. Generatriz**. Es la hipotenusa del triángulo generatriz del cono primitivo.

Las fórmulas relativas a un piñón (o rueda) cónico recto de z dientes están determinadas en la siguiente tabla:

$$h_1 = m$$ Altura de la cabeza del diente

$$h_2 = 1{,}25m$$ Altura del pie de diente

$$A = 2{,}25m$$ Altura total del diente

$$P_c = \pi m$$ Paso circular

$$d = mz$$ Diámetro primitivo

$$d_e = m(z + 2\cos\varphi)$$ Diámetro exterior

$$d_i = m(z - 2{,}50\cos\varphi)$$ Diámetro interior

$$\operatorname{tg}\varepsilon = \frac{2\operatorname{sen}\varphi}{z}$$ Cálculo del ángulo de *addendum*

$$\operatorname{tg}\delta = \frac{2{,}50\operatorname{sen}\varphi}{z}$$ Cálculo del ángulo de *dedendum*

$$b = 10m$$ Longitud del diente

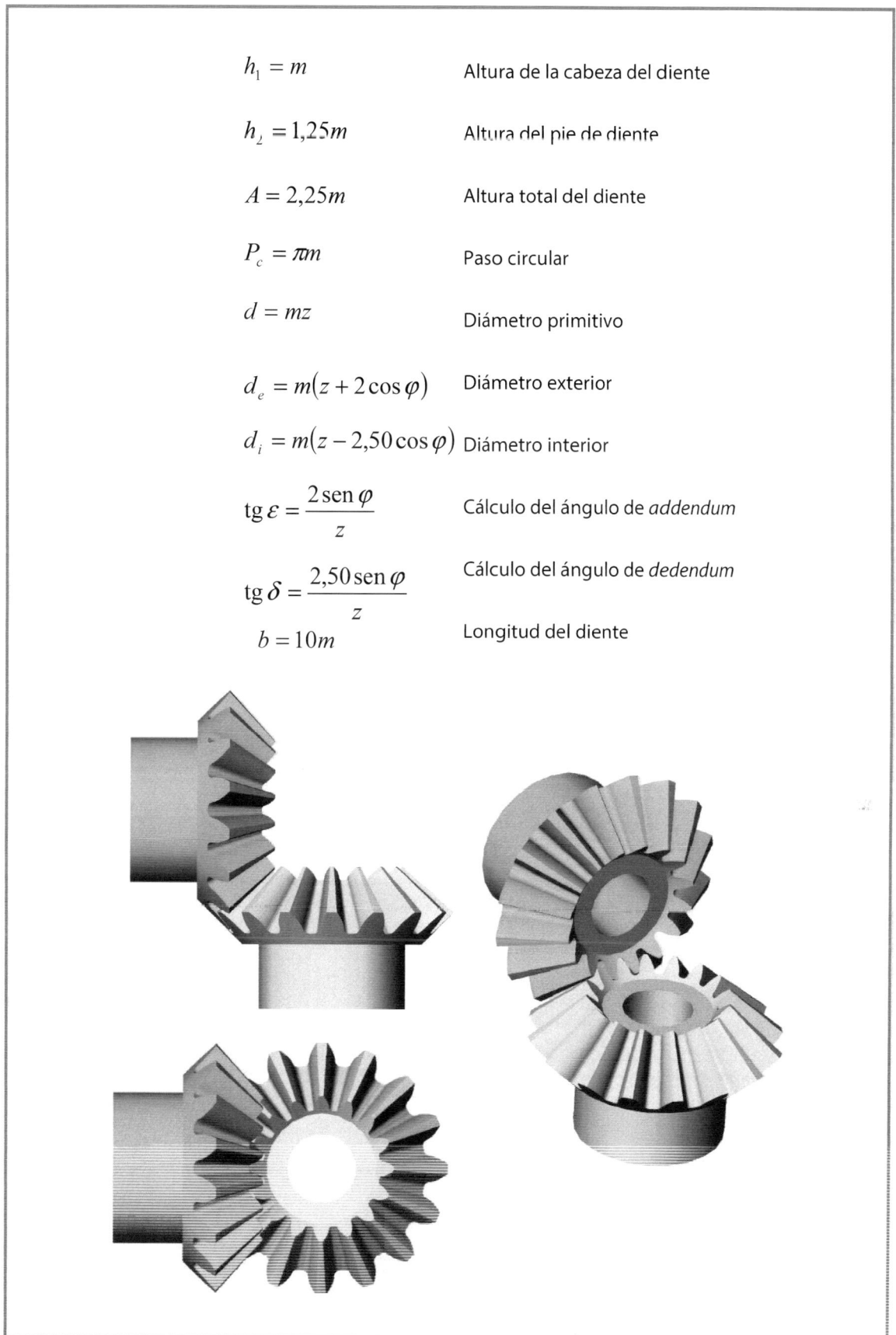

Figura 1.4.18 Ecuaciones para el cálculo de engranajes cónicos.

1.4.3 **Verificación de engranajes**

La verificación de engranajes debe asegurar la correcta transmisión del movimiento sin que se produzcan pérdidas de energía por rozamiento. Para asegurar el correcto funcionamiento de los mismos es conveniente garantizar la forma del perfil del diente, el paso y las dimensiones del diámetro primitivo así como el estado superficial del mismo.

Control de calidad
en engranajes
$\begin{cases}$
Verificación del perfil del diente
Control del diámetro primitivo
Verificación del espesor de los dientes
Control de la distancia entre ejes
Control del paso y su regularidad
Control del estado superficial
$\end{cases}$

Figura 1.4.19 Control de calidad en engranajes.

1.4.3.1 **Verificación del perfil del diente**

El perfil del diente debe corresponder a una evolvente de circunferencia aunque en ciertas ocasiones pueden emplearse perfiles que no corresponden al perfil teórico para mejorar el funcionamiento y la resistencia de los mismos.

Se denomina error del perfil a la diferencia, positiva o negativa, que existe entre el perfil efectivo realizado y el perfil teórico deseado tomándose como cero de origen la intersección del perfil teórico y de la circunferencia primitiva.

Los instrumentos que verifican el perfil se basan en el procedimiento de generación del mismo. Para ello se dispone de un disco, igual al de la circunferencia de base del engranaje, sobre el que se gira sin deslizamiento una regla de canto liso; se coloca un comparador fijo a la regla. Al girar la regla sobre el disco, la punta del comparador describe una evolvente de círculo.

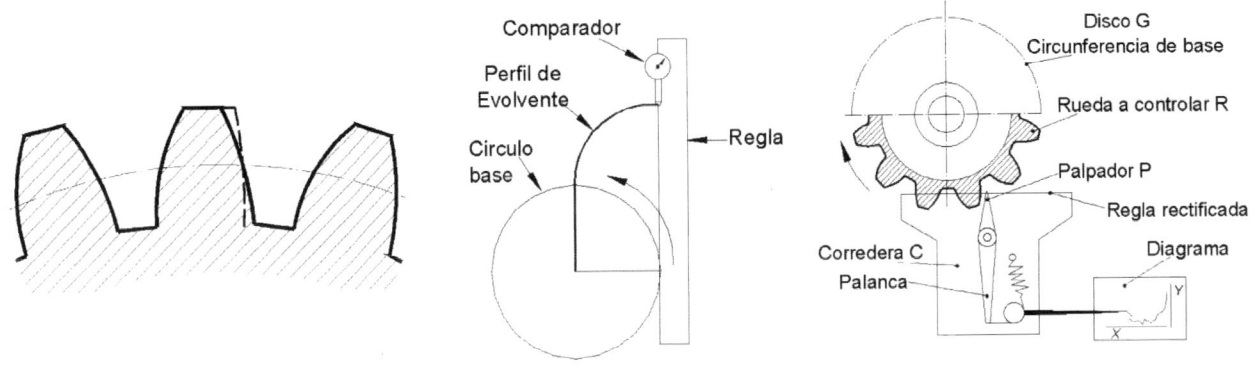

Figura 1.4.20 Verificación del perfil del diente. Aparato MAAG.

La verificación del perfil del diente la podemos efectuar mediante el aparato MAAG. En la figura 4.20 se aprecia el esquema de este aparato basado en el principio anterior.

La rueda R, cuyo perfil se quiere controlar, está perfectamente centrada en un eje que gira sobre bolas y en el que se fija también concéntricamente el disco G, rectificado al diámetro de la circunferencia de base de la evolvente a controlar.

Sobre la guía se desplaza una corredera C que lleva una regla rectificada, paralela a la guía, y sobre la cual se apoya el disco mediante presión de fuertes muelles.

Una palanca montada sobre la corredera lleva en un extremo un palpador P que se apoya sobre el perfil a verificar en el plano de regla rectificada (a fin de que se desplace según una normal a la evolvente). El otro extremo de la palanca actúa sobre una aguja registradora que traza en una banda de papel la gráfica de los errores del perfil.

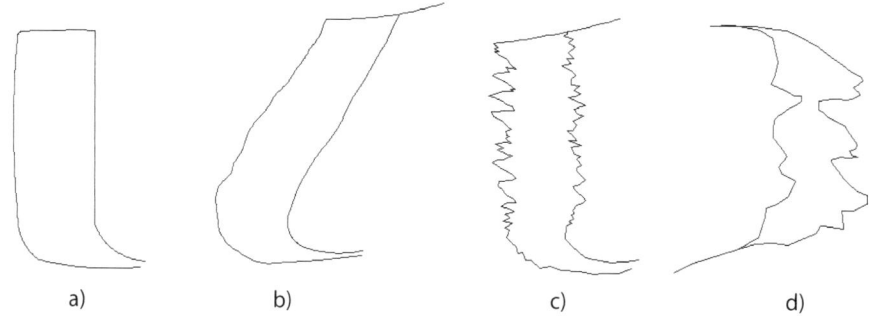

a)   b)   c)   d)

Figura 1.4.21 Gráficas de errores de perfil. a) Engranaje rectificado con perfil real igual al de evolvente teórico. b) Perfil correcto pero ángulo de presión incorrecto. c) Perfil correcto y ángulo de presión correcto, pero se notan las rugosidades del tallado. d) Errores de perfil.

Para efectuar la medición de los errores la corredera se desplaza en el sentido izquierdo mediante un sistema de tornillo y tuerca, accionado a mano, y hace girar la rueda en el sentido f '. Si el perfil a verificar coincide con la evolvente de la circunferencia de base no se produce ninguna oscilación del palpador y la aguja traza una recta paralela a OX en la hoja del diagrama, que permanece fija; si hay una desviación se revela por las oscilaciones de la aguja según OY.

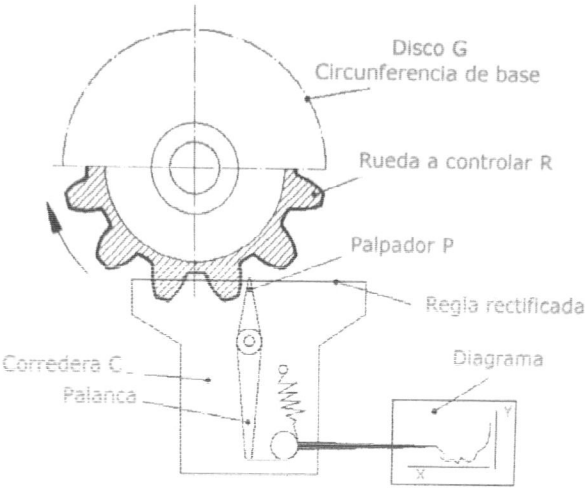

Figura 1.4.22 Verificación del perfil del diente. Aparato MAAG.

1.4.3.2 **Verificación de la división del dentado**

Los engranajes deben poder funcionar en los dos sentidos de giro y el paso conductor debe ser igual al paso conducido. Por ello, es necesario verificar la división del dentado y asegurar la perfecta simetría de los dientes y conseguir un buen rodamiento sin saltos ni ruidos.

Para comprobar la división del dentado puede verificarse el **paso circular** o el **paso base**.

1.4.3.2.1 **Verificación del paso circular**

Se utiliza un plato divisor de una máquina medidora universal dotada con palpador. Con este se hace contacto en un diente y en un punto lo más cercano posible de la circunferencia primitiva (dp=m·z). Se va girando el plato divisor y se anotan los giros para la posición homóloga del palpador, con ello se determina el paso primitivo del engranaje.

La diferencia entre el paso teórico y el efectivo se denomina desfase y puede ser positivo o negativo. La amplitud total de todos los desfases se denomina error total de división. La suma acumulada de estos errores es el error acumulado sobre un determinado sector.

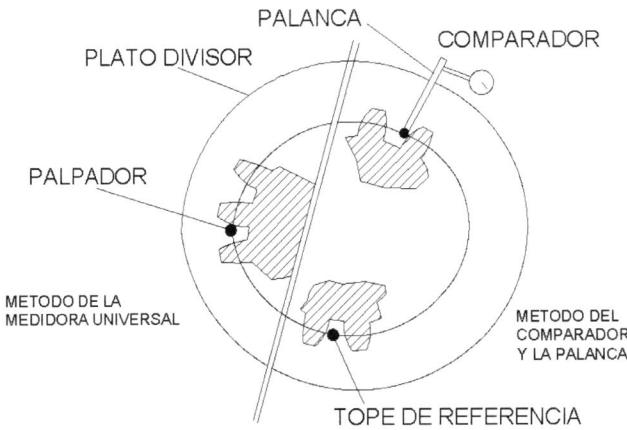

Figura 1.4.23 Verificación del paso circular. Método de la medidora universal y método del comparador y la palanca.

En caso de no disponer de medidora, puede emplear un sistema de comparador y palanca palpadora, junto con un tope fijo de referencia. El sistema ha de permitir retraer el tope fijo y la palanca para cada giro de engranaje. En la figura 4.23 se representa el método de la medidora universal y el método del comparador y la palanca.

1.4.3.2.2 **Paso base**

Se aprovecha una característica de las evolventes de círculo según la cual los segmentos que los perfiles determinan, tangentes a la circunferencia base, representan el desarrollo del arco de dicha circunferencia. Por tanto, el tramo de tangente comprendido entre dos flancos homólogos es el paso de base. Ver figura 4.24.

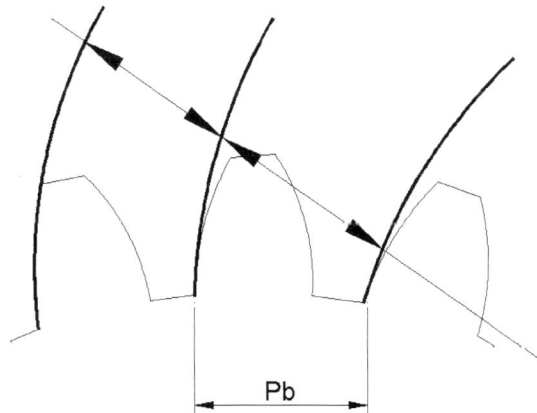

Figura 1.4.24 Verificación del paso base.

1.4.3.3 Verificación de la excentricidad

El error de excentricidad se presenta cuando no coinciden el centro de giro del engranaje y el centro del círculo primitivo. Es un defecto especialmente perjudicial en el sentido que su efecto se deja sentir en el control de los demás elementos (división y perfil) hasta el punto de enmascarar a veces el valor real de estos.

El defecto suele presentarse como consecuencia del mal centraje de la pieza a tallar, de la herramienta de corte o como consecuencia de deformaciones de la pieza debido a calentamientos o tensiones internas en el proceso de mecanizado.

Para verificar la excentricidad se utilizan varios procedimientos de entre los que se destacan el **método del rodillo** y el procedimiento basado en el aparato medidor de la **variación de la distancia entre ejes**.

1.4.3.3.1 Método del rodillo

Consiste en medir mediante un comparador la amplitud obtenida al hacerlo coincidir con un cilindro rectificado colocado en los entredientes del engranaje a verificar y que gira sobre sí mismo. El comparador palpa la generatriz del rodillo e indica las variaciones de la distancia al eje de giro. Las variaciones se anotan en un gráfico como el representado en la figura:

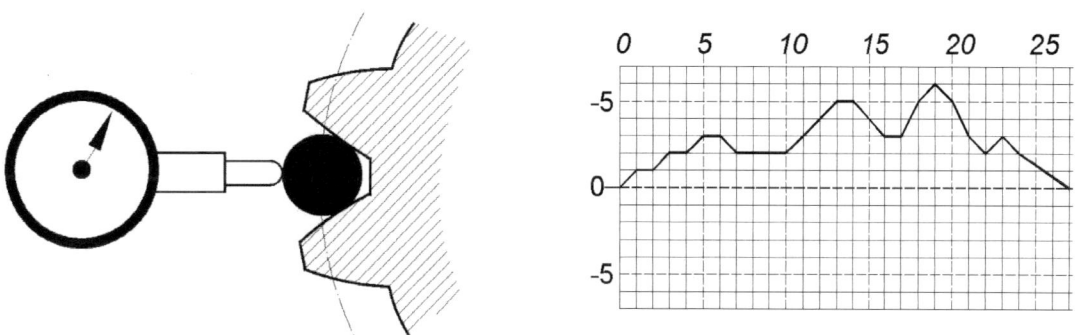

Figura 1.4.25 Método del rodillo en la determinación de la excentricidad. El comparador toma lecturas sobre el rodillo que se le hace girar sobre sí mismo y apoyado en los entredientes del engranaje. Cada una de las variaciones tomadas por el comparador por cada porción del giro es anotada en una gráfica como la indicada.

1.4.3.3.2 **Aparato medidor de la variación de la distancia entre ejes**

Para realizar la verificación de la excentricidad con el aparato medidor de la distancia entre ejes la rueda a controlar se hace engranar con una rueda patrón que va montada sobre un eje fijo que permite su libre rotación. El eje que soporta la rueda a controlar es solidario de un carro montado sobre bolas de manera que tenga una gran suavidad de desplazamiento en la dirección de la línea que une los ejes. La excentricidad de la rueda a controlar provoca las variaciones de distancia de los ejes, las cuales pueden registrarse mediante un comparador ajustado a cero en diagramas rectilíneos o circulares. Este último es el representado en la figura donde se puede ver la variación de distancia entre los centros debida a la excentricidad después de haber trazado dos circunferencias concéntricas sobre los máximos y los mínimos del gráfico. La distancia entre el centro de estas dos circunferencias y el centro de giro define la excentricidad.

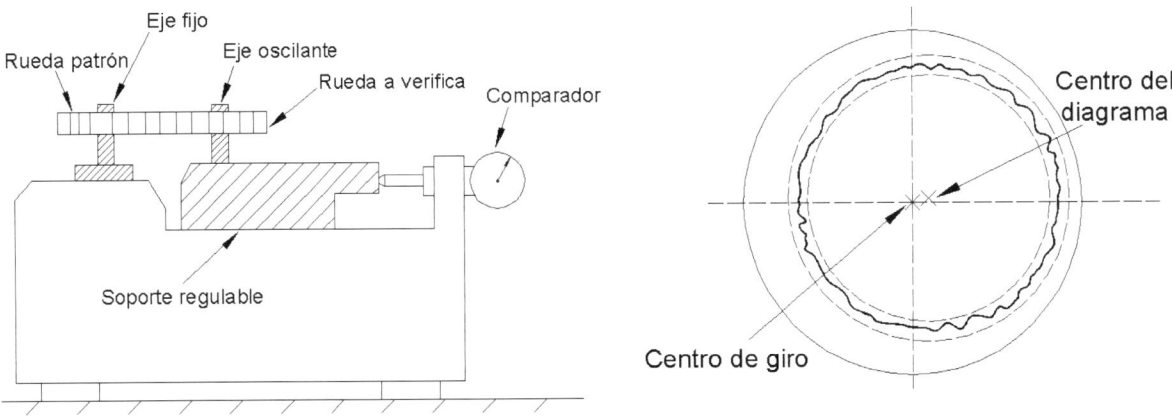

Figura 1.4.26 Aparato medidor de la variación de la distancia entre ejes. Gráfico circular para determinar la excentricidad mediante el cálculo de la distancia entre el centro de giro y el centro de las circunferencias que engloban los máximos y los mínimos de la variación del comparador.

1.4.3.4 **Verificación del espesor y el intervalo entre dientes**

El espesor del diente es la longitud del arco de la circunferencia primitiva comprendida entre dos perfiles de diente. Y el intervalo entre dientes es la longitud del arco de circunferencia primitiva comprendida entre dos flancos de un entrediente.

Teóricamente el espesor del diente y el intervalo entre dientes deben ser iguales según la expresión:

$$Espesor = Intervalo = \frac{Paso\ Primitivo}{2} = \frac{\pi \times m}{2}$$

Figura 1.4.27 Verificación del espesor y del intervalo entre dientes.

En realidad, los valores utilizados son diferentes, puesto que se prevé un pequeño juego en el engranaje siempre manteniendo la relación del paso primitivo ($P = \pi \times m$).

Existen diversos métodos para determinar tanto el espesor como el intervalo de entre los cuales se describen los siguientes:

Verificación del espesor y del intervalo entre dientes
- Pie de rey de módulo.
- Aparato Sykes.
- Verificación del espesor por la medición de la separación de K dientes.
- Verificación del intervalo entre dientes: método de los rodillos.

Figura 1.4.28 Métodos de verificación del espesor y del intervalo entre dientes.

1.4.3.4.1 Pie de rey de doble corredera

Está formado por una regla fija (pie de rey normal) y una regla móvil horizontal dotadas con nonius. La corredera horizontal mide la cuerda correspondiente al espesor (espesor cordal) y la corredera vertical mide la flecha del diente.

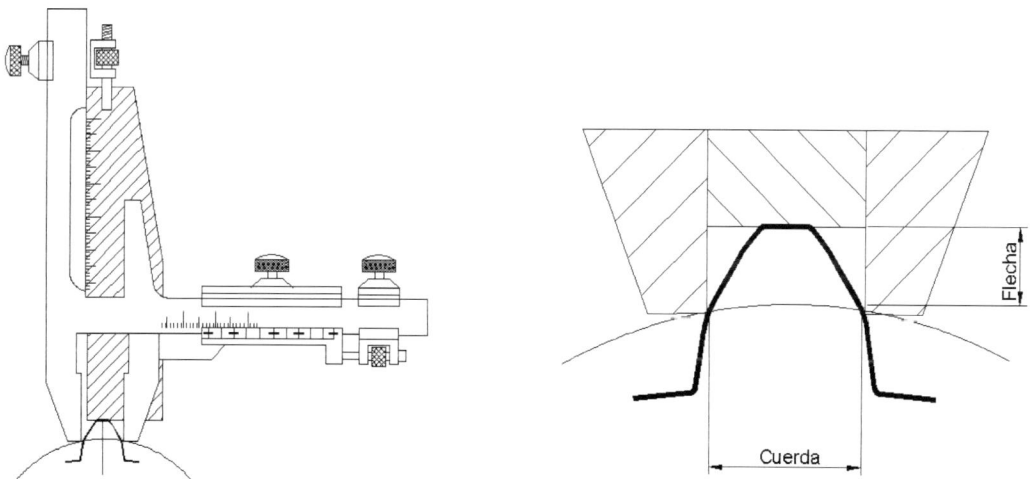

Figura 1.4.29 Medición del espesor cordal y la flecha mediante el pie de rey de doble corredera.

Las ecuaciones que nos permiten determinar la cuerda y la flecha para el caso de los dientes normales sin corregir son:

$$Flecha\,(a_C) = m\left(1 + \frac{z}{2}\left(1 - \cos\frac{\pi}{2 \times z}\right)\right) \qquad Cuerda\ (e) = m \times z \times sen\,\frac{\pi}{2 \times z}$$

Los valores de la flecha y de la cuerda son proporcionales al módulo (m) y al número de dientes. Se puede establecer una hoja de cálculo para determinar cada uno de los valores en función de estos.

Este procedimiento es utilizado en la verificación de dentados bastos y da resultados no muy precisos, por lo que en algunos casos es sustituido por la uve de corredera que da contactos con el diente mucho más íntimos y estables. Es un procedimiento muy parecido al anterior, pero en este caso el contacto se establece por dos caras inclinadas que forman un ángulo de 2α, donde α es el ángulo de presión.

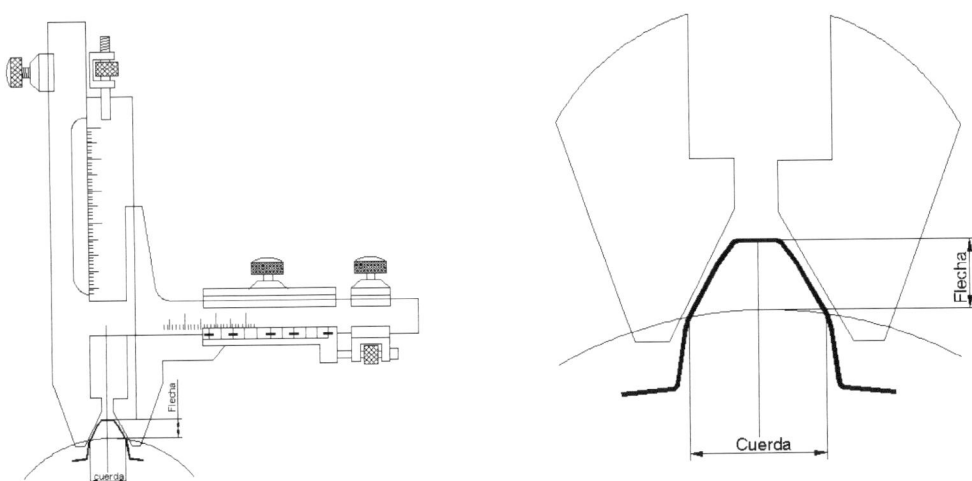

Figura 1.4.30 Pie de rey de doble corredera.

Cálculo del espesor y la altura del diente para su medición con calibre de doble corredera

Para medir el espesor del diente, o espesor cordal del diente se ha de calcular este y el valor teórico de la altura del diente desde la intersección de la circunferencia primitiva con la del espesor cordal del diente y la circunferencia exterior. Para ello:

1. Calcular el ángulo alfa.
2. Calcular el valor de la altura (h) teórica.
3. Colocamos el valor de la altura del diente en el calibre de corredera y a continuación medimos el espesor cordal.

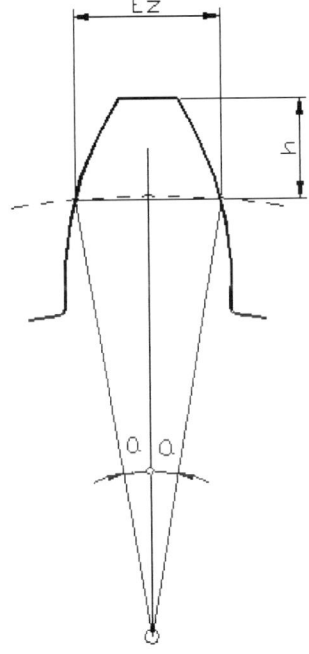

1. **Calcular el ángulo alfa.**

$$\alpha = \frac{90}{z}$$

De donde se deduce que

$$E_z = d_p \cdot sen\,\alpha$$

2. **Calcular el valor de la altura teórica.**

$$h = m + \frac{d_p(1-\cos\alpha)}{2}$$

Una vez calculados estos dos valores, colocamos el valor de la altura del diente en el calibre de corredera y a continuación medimos el espesor cordal.

Ejercicio resuelto 1.4.10

Verificar con un calibre de corredera el espesor cordal de un piñón de 14 dientes y módulo 3.

Solución

1.º) Se calcular el diámetro primitivo:

$$d_p = z \cdot m = 3 \cdot 14 = 42\,mm$$

2.º) Se calcular el valor de h:

$$\alpha = \frac{90}{z} = \frac{90}{14} = 6{,}428$$

3.º) Se calcula el valor del espesor cordal:

$$h = m + \frac{d_p(1 - \cos \alpha)}{2} = 3 + \frac{42(1 - \cos 6{,}428)}{2} = 3{,}13\,mm$$

1.4.3.4.2 **Aparato Sykes**

El aparato Sykes está constituido por un comparador sujeto a un soporte sobre el que dos correderas accionadas por un tornillo de pasos contrarios pueden desplazarse simétricamente respecto al palpador de comparador y pueden bloquearse mediante otros tornillos; las correderas tienen las caras enfrentadas que forman el intervalo de una cremallera de ángulo de presión φ.

El aparato que se aprecia en la figura se puede poner a punto mediante un calibre especial de forma que el reloj comparador se encuentre en cero para las dimensiones de una cremallera que generase el diente en cuestión.

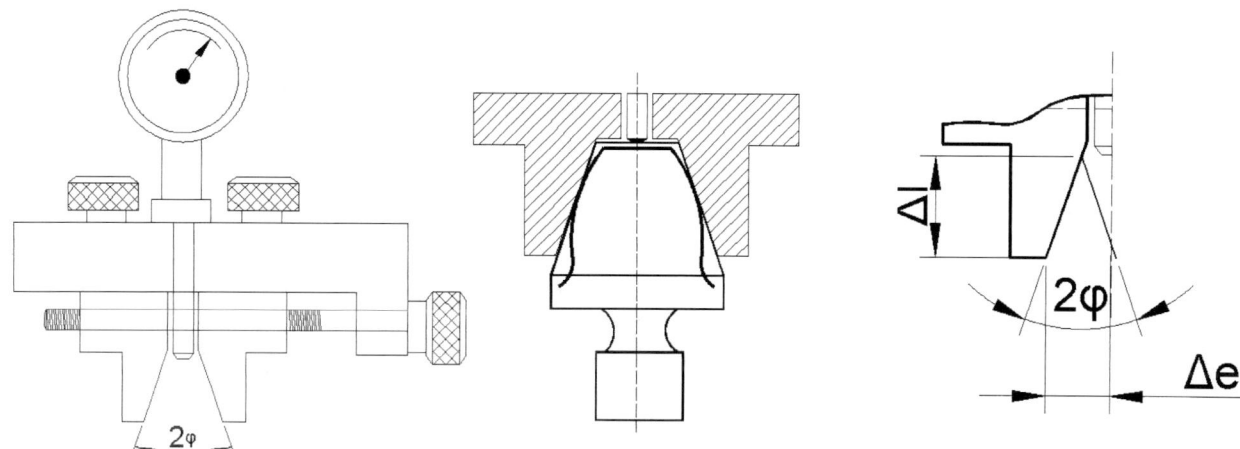

Figura 1.4.31 Aparato Sykes.

La medición del espesor de los dientes se efectúa encajándolos sucesivamente con el aparato así calibrado; si el palpador del comparador desciende, es que el espesor verificado es mayor que el valor deseado, e inversamente.

El descenso del comparador está relacionado con el ángulo de presión y la variación del espesor. La variación de Δl experimentada por el comparador corresponde a una variación del espesor según la expresión:

$$\Delta e = 2 \times \Delta l \times \mathrm{tg}\,\varphi$$

Pudiéndose de esta forma deducir las variaciones del espesor del diente a partir de las lecturas realizadas con el comparador.

1.4.3.4.3 Mediante medición con micrómetro de platillos

La medición del paso cordal se realiza mediante la utilización de un micrómetro cuyos palpadores tienen forma de platillos que pueden abarcar dos o más dientes. En este procedimiento, en lugar de medir el paso sobre la circunferencia primitiva se mide sobre la circunferencia base (paso base p_b) determinando el espesor base e_b permitiendo calcular las restantes características de la rueda dentada.

La verificación suele realizarse por comprobación de la medida "W" sobre un número determinado de dientes "z". Existen tablas en las que se indican los valores de "W", en función de un número de dientes "z" y el ángulo de precisión "α" para m=1.

Figura 1.4.32 Micrómetro de platillo. Imagen cedida por Unceta/Mitutoyo/Holex.

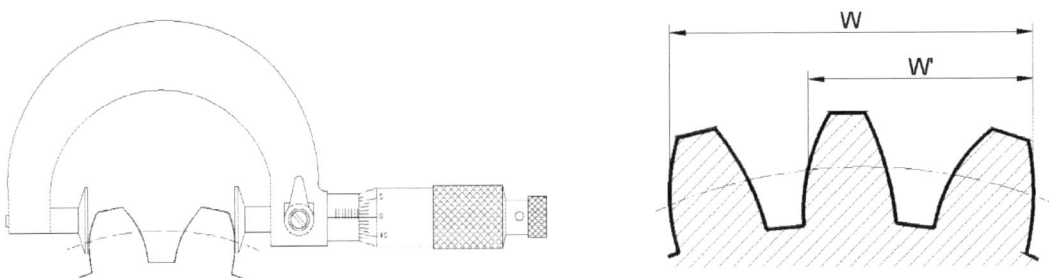

Figura 1.4.33 Medición del paso cordal mediante micrómetro de platillos.

Para módulos diferentes a 1 debe multiplicarse el valor de la tabla por el módulo en cuestión.

$$W_K = K \times P_b + e_b$$

Donde k es el n.º de dientes abarcados y los valores teóricos de p_b y e_b pueden determinarse en función del módulo m, z y ángulo de presión en las tablas apropiadas.

En función del número de dientes del engranaje y de su ángulo de presión se obtiene (mediante la tabla de la figura 4.34) el valor de K y W. Como esta tabla es para el módulo 1, para hallar el valor teórico de W_z de la rueda dentada en cuestión multiplicaremos el valor W obtenido de la tabla por el módulo (m) de nuestra rueda.

$$W_Z = m \times W$$

VALORES DE W PARA MÓDULO 1					
z	α=20°		z	α=20°	
	K	W para m=1		K	W para m=1
4	2	4.4842	14	2	4.6243
5	2	4.4982	15	2	4.6383
6	2	4.5122	16	2	4.6523
7	2	4.5263	17	3	7.6184
8	2	4.5403	18	3	7.6324
9	2	4.5543	19	3	7.6464
10	2	4.5683	20	3	7.6605
11	2	4.5823	21	3	7.6745
12	2	4.5963	22	3	7.6885
13	2	4.6103	23	3	7.7025

Figura 1.4.34 Valores de W para módulo 1.

Estos valores son para el módulo 1 por tanto, habrá que multiplicarlos por el módulo de la rueda dentada en cuestión.

La diferencia entre el valor tabulado y el medido nos dará una idea sobre el error en el paso de base y el espesor de base.

Si queremos saber, de un modo aproximado, cuál es el valor de este paso de base y del espesor de base lo determinaremos como diferencia entre WK (distancia entre un número de dientes K) y WK+1 (distancia entre un número de dientes K+1). Admitiremos, por tanto, que los valores efectivos del paso base y espesor base son:

$$p_b = W_K + 1 - W_K \qquad e_b = W_K - K \times p_b$$

1.4.3.4.4 Medición del intervalo entre dientes por el método de los rodillos

Se efectúa utilizando dos rodillos o (varillas calibradas de acero templado) colocados en dos huecos diametralmente opuestos y se mide la cota L con un pie de rey o micrómetro de precisión.

El cálculo del intervalo entre dientes (arco de circunferencia primitiva entre dos dientes) se realiza en función del tipo de engranaje:

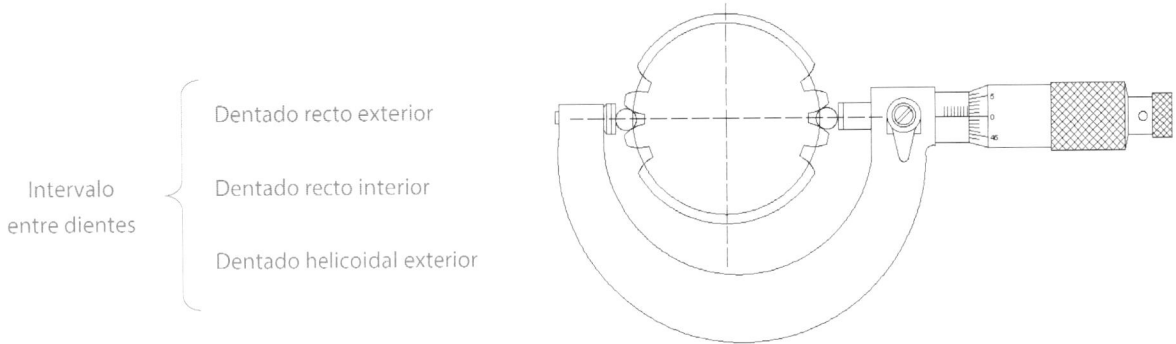

Intervalo entre dientes
- Dentado recto exterior
- Dentado recto interior
- Dentado helicoidal exterior

Figura 1.4.35 Control del intervalo entre dientes mediante micrómetro.

Se indica la forma de calcular el intervalo para cada uno de los tres posibles casos teniendo en cuenta las siguientes expresiones:

- **L_T**. Distancia a verificar entre las varillas.
- **L_I**. Distancia del eje de la rueda al centro de la varilla.
- **D_v**. Diámetro de la varilla.
- **D_p**. Diámetro primitivo.
- **i**. Intervalo entre dientes.
- **α**. Ángulo de precisión.
- **θ**. Ángulo de incidencia.

Caso 1. Engranaje con dentado recto exterior

En función del número de dientes (sea par o impar) las expresiones del cálculo del intervalo de dientes serán diferentes.

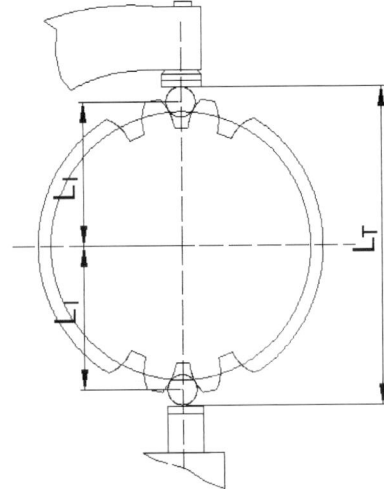

$$L_T = 2 \times L_I + a_1 = \frac{D_p \times \cos \alpha}{\cos \theta} + a_1$$

Figura 1.4.36 Control del intervalo de dientes.

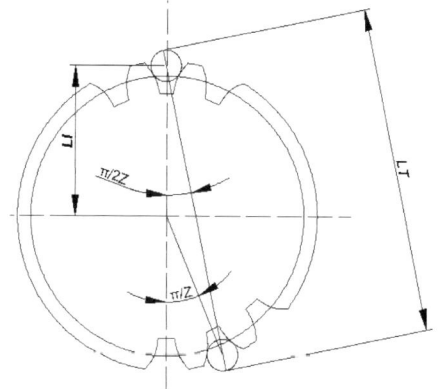

$$L_T = 2 \times L_I \times \cos \frac{\pi}{2 \times z} + a = \frac{D_P \times \cos \alpha}{\cos \theta} + a_2$$

Donde a_1 y a_2 son constantes

Figura 1.4.37 Control del intervalo entre dientes en el dentado exterior para número impar de dientes.

Caso 2. Engranaje con dentado recto interior

El procedimiento es similar al caso anterior pero con la inversión del signo de la constante a_1 y a_2.

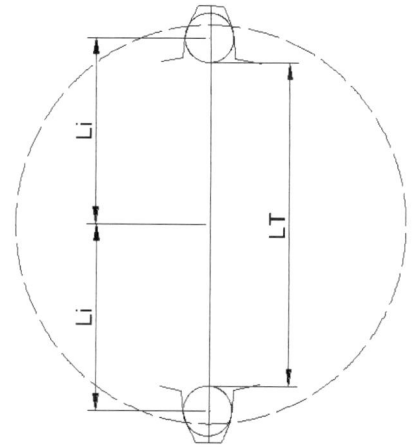

$$L_T = 2 \times L_I - a_1 = \frac{D_P \times \cos \alpha}{\cos \theta} - a_1$$

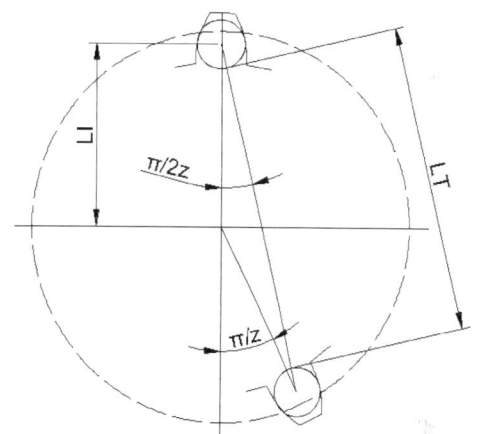

$$L_T = 2 \times L_I \times \cos \frac{\pi}{2 \times z} - a_2 = \frac{D_P \times \cos}{\cos \theta} - a_2$$

Figura 1.4.38 Control del intervalo entre dientes en el dentado interior para número par de dientes.

Figura 1.4.39 Control del intervalo entre dientes en el dentado interior para número impar de dientes.

Caso 3. Engranaje helicoidal exterior

Para este tipo de rueda se definen las siguientes expresiones:

- **Ic**. Intervalo aparente
- **β_b**. Ángulo de la hélice base
- **α_c**. Ángulo de precisión circunferencial o aparente
- **β**. Ángulo de precisión normal
- **an**. Ángulo de precisión normal
- **ac**. Ángulo de precisión circunferencial

$$a = \frac{D_P \, \text{sen} \left(\dfrac{\pi}{2 \times z} \right)}{\cos \alpha_c}$$

Test, cuestiones y problemas propuestos

Test

Responde verdadero o falso.

	V	F

1. El ángulo de presión es el ángulo agudo definido entre el radio que pasa por el punto del perfil que corta a la circunferencia primitiva y la tangente al perfil de ese punto.

2. Paso circunferencial (paso circular) es la distancia medida sobre cualquiera de las normales comunes a las evolventes de dos perfiles homólogos consecutivos de un engranaje cilíndrico.

3. Módulo es el producto entre el diámetro primitivo en mm por el número de dientes.

4. En una cremallera de dientes rectos el perfil de los dientes es rectilíneo con una inclinación de 60º con relación a la línea primitiva (complemento del ángulo de presión de 20º). Las dimensiones del diente se calculan como los engranajes rectos.

5. El paso normal en un engranaje helicoidal es la distancia que hay entre flancos homólogos de dos dientes consecutivos, medida sobre la circunferencia primitiva. Al paso normal suele llamarse también paso circunferencial.

6. En un tornillo sinfín el ángulo β_1 o ángulo de la guía es el ángulo formado por la tangente a la hélice de la guía o filete con un plano perpendicular al eje del tornillo sinfín.

7. El error de excentricidad en un engranaje se presenta cuando no coinciden el centro de giro del engranaje y el centro del círculo primitivo.

8. Para verificar la excentricidad se utilizan el método del rodillo y el procedimiento basado en el aparato medidor de la variación de la distancia entre ejes.

Cuestiones y problemas

1. Define qué es un engranaje.

2. Define las principales partes de un diente de engranaje.

3. Define las principales partes de un piñón o una rueda.

4. Define los engranajes helicoidales y escribe las características principales y los datos fundamentales para su fabricación.

5. Explica las tres formas diferentes de estudios de engranajes helicoidales.

6. Describe los parámetros de definición de una cremallera de dientes oblicuos.

7. Engranajes de tornillo sin fin y corona.

8. Engranajes cónicos. Parámetros que los definen.

9. ¿De qué forma puede determinar el perfil de un diente de un engranaje recto?

10. Describe un procedimiento para verificar el paso circular de un engranaje.

11. ¿Cómo se puede verificar la excentricidad de un engranaje con el método del rodillo? ¿Conoces algún otro procedimiento para ello?

12. Describe el funcionamiento del aparato Sykes.

13. ¿Cómo se determina el espesor y la altura del diente de un engranaje recto a partir de la medición con el calibre de doble corredera?

14. Verificar con un calibre de doble corredera el espesor cordal de un piñón de 12 dientes y módulo 2.

15. ¿Para qué se utiliza el micrómetro de platillos? Describe el procedimiento para la realización de los cálculos.

16. ¿Cómo se puede medir el intervalo entre dientes por el método de los rodillos? Describe el procedimiento.

17. Se desea verificar un engranaje recto que tiene 64 dientes y m=5. Determinar el diámetro primitivo, el diámetro exterior, el interior, el paso circular, la altura total del diente y su espesor.

18. Se desea verificar un segundo engranaje recto que tiene z=8 y diámetro exterior de 40 mm. Determinar el módulo y el paso circular.

19. Se verifica una cremallera de dientes rectos. Determinar sus dimensiones: altura del diente, ancho del fondo y paso. Se conoce el módulo (m=3) y el ángulo de los flancos (40º).

20. Determinar el paso circular y el paso normal de una cremallera de dientes oblicuos con módulo 5 y 12º de inclinación.

21. Calcular los datos necesarios para mecanizar un engranaje recto que tiene el piñón de 20 dientes, la rueda 30 y m=2.

22. Calcular los datos necesarios para mecanizar un engranaje recto que tiene el piñón de 32 dientes, la rueda 44 y m=3.

23. Calcular los datos necesarios para mecanizar un engranaje recto que tiene el piñón de 14 dientes, la rueda 22 y m=4.

24. Calcular los datos necesarios para mecanizar un piñón helicoidal de 28 dientes m=2 y b = 30º.

25. Calcular los datos necesarios para mecanizar un piñón helicoidal de 26 dientes, m=2,5 y b = 30º.

26. Calcular los datos necesarios para mecanizar un engranaje helicoidal de ejes paralelos que tiene el piñón de 22 dientes, la rueda 35 y m=2 y b = 22º.

27. Calcular los datos necesarios para mecanizar un engranaje helicoidal de ejes paralelos que tiene el piñón de 18 dientes, la rueda 22 y m=3 y b = 18º.

28. Calcular los datos necesarios para mecanizar un engranaje helicoidal de ejes paralelos que tiene el piñón de 25 dientes, la rueda 30 y m=2 y b = 20º.

Tolerancias y ajustes

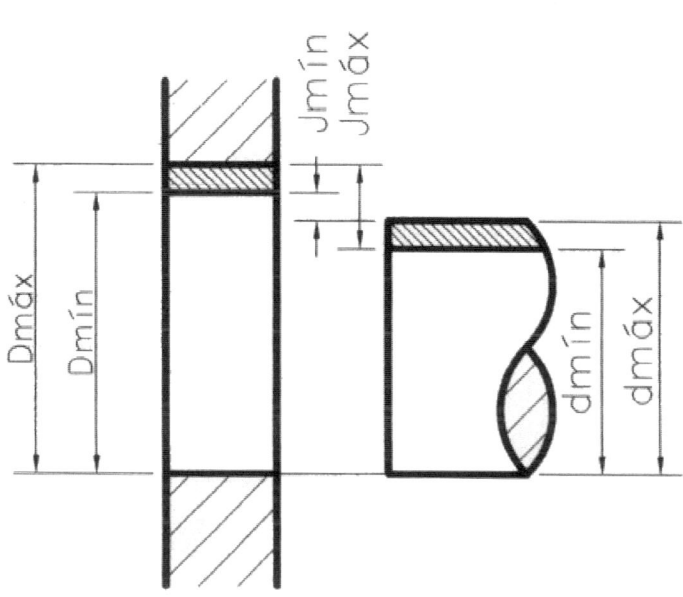

Contenidos

Introducción

Definiciones y formulario

Fundamento del sistema de tolerancias

Sistema de ajustes

Tablas

Problemas resueltos

Test, cuestiones y problemas propuestos

Objetivos

- Definir la terminología relacionada con las tolerancias y los ajustes.
- Describir el sistema de tolerancias ISA y su campo de aplicación.
- Definir la posición de las tolerancias y los sistemas de ajuste.

1.5.1 Introducción

En las industrias actuales de fabricación mecánica se tiende a producir grandes series de piezas en procesos más o menos automatizados. En este tipo de producción es muy difícil obtener piezas totalmente iguales ya sea por el desgaste de las herramientas de corte, las vibraciones de las máquinas, la diferencia de propiedades mecánicas de los materiales utilizados o simplemente por la diferencia de habilidad y experiencia de los operarios en los diferentes turnos de trabajo.

Todos estos factores imposibilitan la obtención de piezas con medidas exactas y por lo tanto siempre se tendrá una distribución de medidas con más o menos dispersión.

Aceptando esa variedad en la distribución de medidas (cierto campo de imprecisión) debe definirse un sistema de medición que indique qué intervalos de medida son aceptables y cuáles no lo son de acuerdo con las condiciones de empleo. Sabemos, por otro lado, que para que una pieza cumpla con su finalidad, es suficiente que quede comprendida entre dos límites admisibles, uno máximo y otro mínimo; cuanto más cercanos, mayor precisión pero más costosa será su fabricación.

Para solventar el problema se define la **tolerancia** como una cantidad dimensional que indica el intervalo de dimensiones entre las cuales debe fabricarse una pieza. Se admiten cierta diversidad de medidas siempre y cuando se encuentren entre un intervalo aceptable (tolerancia máxima y mínima).

En este capítulo se estudian las tolerancias y los sistemas de ajustes como herramientas para garantizar la calidad de las fabricaciones y se hace mención de la forma de indicar esas tolerancias en los planos. Por último se comentan las tolerancias útiles en diversas aplicaciones, así como el coste porcentual de cada una de ellas.

1.5.2 Definiciones

Se define la **tolerancia** como el error admisible dentro de unos límites en la fabricación. En general, estos límites pueden ser referidos a medidas, acabado superficial, formas geométricas, resistencia a la tracción (generalmente en aceros, fundiciones y demás materiales siderúrgicos), compresión (muelles, bancadas, etc.), composición de materiales (tolerancias de los distintos componentes que forman parte en la fabricación de los materiales), dureza (a la penetración, rebote, desgaste); resistencia a la adherencia (por ejemplo, una pintura a un material). En definitiva, todas las características que se puedan efectuar en un control de calidad han de tener una tolerancia de fabricación.

El término **ajuste** se emplea para designar el conjunto de dos piezas acopladas entre sí, una interior (eje) y otra exterior (agujero), atendiendo a las características de juego o apriete del acoplamiento. Antes de definir la posición de las tolerancias, así como los sistemas eje base y agujero base, es necesario aclarar algunos conceptos.

- **Medida nominal (D)**. Es el valor que se indica en planos o especificaciones para una medida (cota) determinada. Esta medida nominal determina la posición de la línea de referencia (LR).

- **Línea de referencia (LR)**. Es la línea que corresponde a la medida nominal.

- **Tolerancia (t)**. Error admitido en la fabricación. Es decir, la diferencia existente entre la medida máxima y la medida mínima dentro de una cota nominal. Ejemplo: 30 ± 0,1. La tolerancia sería la diferencia entre 30,1 y 29,9, es decir, 0,2. Por tanto, el campo de tolerancia, o simplemente tolerancia, es cualquier medida comprendida entre los límites máximo y mínimo.

- **Diferencia superior (d_s para el eje y D_s para el agujero)**. Distancia entre el límite superior de la tolerancia y la línea de referencia.

- **Diferencia inferior (d_i para el eje y D_i para el agujero)**. Distancia entre el límite inferior de la tolerancia y la línea de referencia.

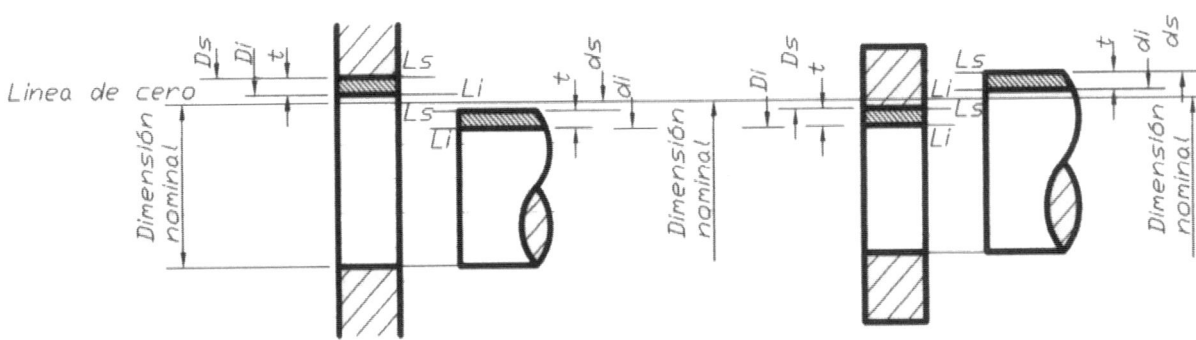

Figura 1.5.1 Diferencias superiores, inferiores y línea de referencia.

- **Diámetro máximo ($d_{máx}$ para el eje y $D_{máx}$ para el agujero)**. El mayor diámetro que puede tener la pieza.

- **Diámetro mínimo ($d_{mín}$ para el eje y $D_{mín}$ para el agujero)**. El menor diámetro que puede tener la pieza.

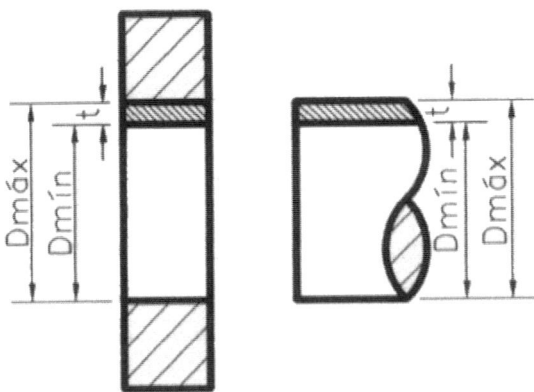

Figura 1.5.2 Diámetros máximos y mínimos.

- **Juego (J)**. Existe juego cuando el eje es menor que el agujero. Pudiendo ser máximo o mínimo.

- **Juego máximo ($J_{máx}$)**. Es la holgura máxima que puede haber entre el eje y el agujero, es decir, la diferencia entre el diámetro máximo del agujero y el diámetro mínimo del eje.

- **Juego mínimo ($J_{mín}$)**. Holgura mínima que puede haber entre el agujero y el eje, es decir, la diferencia entre el diámetro mínimo del agujero y el diámetro máximo del eje.

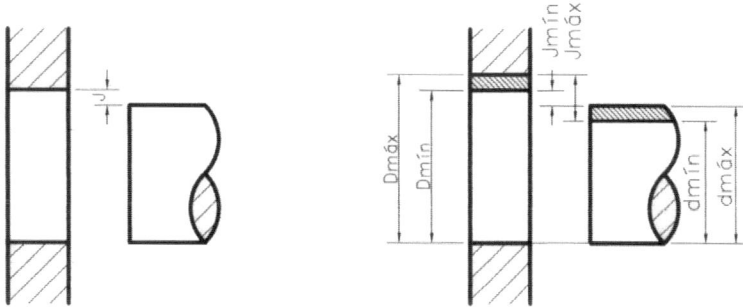

Figura 1.5.3 Juego. Juego máximo y juego mínimo.

- **Aprieto (A)**. Cuando el diámetro del eje es mayor que el diámetro del agujero se produce una "interferencia" de diámetros, a la diferencia de estos diámetros se le llama "aprieto".

- **Aprieto mínimo ($A_{mín}$)**. Es la diferencia entre las medidas del eje mínimo y el agujero máximo.

- **Aprieto máximo ($A_{máx}$)**. Es la diferencia entre las medidas del eje máximo y el agujero mínimo.

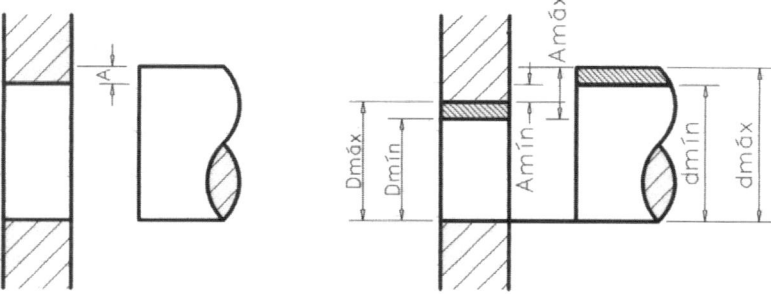

Figura 1.5.4 Aprieto. Aprieto máximo y mínimo.

Ecuaciones fundamentales

De las definiciones anteriores pueden deducirse las siguientes ecuaciones:

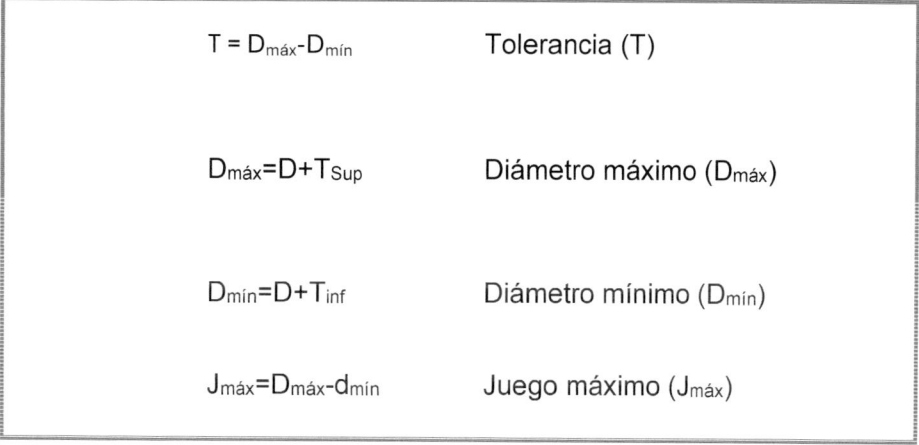

$$T = D_{máx}-D_{mín} \qquad \text{Tolerancia (T)}$$

$$D_{máx}=D+T_{Sup} \qquad \text{Diámetro máximo } (D_{máx})$$

$$D_{mín}=D+T_{inf} \qquad \text{Diámetro mínimo } (D_{mín})$$

$$J_{máx}=D_{máx}-d_{mín} \qquad \text{Juego máximo } (J_{máx})$$

Figura 1.5.5 Ecuaciones fundamentales.

Ejercicio resuelto 1.5.1

En el ajuste de la figura, donde el agujero tiene un diámetro 60^{+45}_{+0} y el eje 60^{-32}_{-74}, calcular: La tolerancia del agujero y del eje. El juego máximo y mínimo del ajuste.

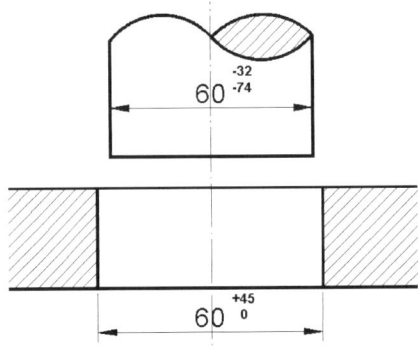

Figura 1.5.6 Ajuste.

Solución

Cálculo de la tolerancia del agujero y del eje:

Tolerancia del eje.

$$D_{max} = 60 + (-0,032) = 59,968mm$$

$$D_{min} = 60 + (-0,074) = 59,926mm$$

$$t = 59,968 - 59,926 = 0,042 = 42\mu \qquad \boxed{t_{EJE} = 42\mu}$$

Tolerancia del agujero.

$$d_{max} = 60 + (0,045) = 60,045mm$$

$$d_{min} = 60 + (0) = 60,000mm$$

$$t = 60,045 - 60,000 = 0,045 = 45\mu \qquad \boxed{t_{AGUJERO} = 45\mu}$$

Para calcular el juego máximo y el juego mínimo entre el agujero y el eje:

$$J_{max} = \phi_{max-Agujero} - \phi_{min-Eje} = 60,045 - 59,926 = 0,119mm$$

$$J_{min} = \phi_{min-Agujero} - \phi_{max-Eje} = 60,000 - 59,968 = 0,032mm$$

1.5.3 **Fundamento del sistema de tolerancias**

El sistema de tolerancias ISA establece un campo entre 1 y 500 mm repartidos entre 16 calidades designadas por las letras IT. La calidad IT-1 corresponde a la máxima calidad o tolerancia más pequeña, y la IT-16 a la calidad más basta o a la máxima tolerancia. Cuanto mayor calidad de elaboración más nos aproximamos a IT-1, más pequeña es la tolerancia admitida y mayor el grado de dificultad en la elaboración de la misma, por lo tanto más costoso es la fabricación.

Las tolerancias para la fabricación de calibres (calidades de alta precisión) son los IT-1 a IT-4 para los ejes y de IT-1 a IT-5 para agujeros. Las tolerancias de IT-5 a IT-11 para ejes y de IT-6 a IT-11 para agujeros se utilizan para la fabricación de piezas que tienen que ir ajustadas entre ellas. Las calidades superiores a IT-11 tanto para ejes como para agujeros están indicadas para calidades muy bastas de poca precisión y aisladas.

Se admite, pues, que la calidad es función del grado de dificultad que representa su obtención o elaboración. De forma que calidades cercanas a IT-1 exigen tolerancias pequeñas mientras que las calidades mayores exigen tolerancias menos restrictivas y, por lo tanto, menor grado de dificultad en su elaboración.

Por otro lado sabemos que la dificultad de elaboración aumenta con el diámetro de la pieza por lo que debe incrementarse la tolerancia admitida al aumentar el diámetro de la misma. Para ello se define la **unidad de tolerancia (i)** como la dependencia entre el diámetro y la tolerancia, según la expresión:

$$i = 0,45\sqrt[3]{D} + 0,001 \times D$$

Calidad	IT5	IT6	IT7	IT8	IT9	IT10	IT11	IT12	IT13	IT14	IT15	IT16
Tolerancia	7i	10i	16i	25i	40i	64i	100i	160i	250i	400i	640i	1000i

Figura 1.5.7 Sistema de tolerancias ISA. Calidad y tolerancia.

De manera que para una calidad de IT6 la tolerancia es 10i o para una calidad de IT11 es de 100i. A partir de la IT6, el valor de cada una de las calidades es igual al anterior multiplicado por 1,6. De manera que el IT7 = IT6 x 1,6; IT8 = IT7 x 1,6, etc.

Ejercicio resuelto 1.5.2

Calcular el valor de la unidad de tolerancia para los siguientes diámetros: 28 y 130 mm.

Solución

Utilizando la ecuación para el cálculo de i, tenemos que:

$$i = 0,45\sqrt[3]{D} + 0,001 \times D = 0,45\sqrt[3]{28} + 0,001 \times 28 = 0,491,39\mu$$

$$i = 0,45\sqrt[3]{D} + 0,001 \times D = 0,45\sqrt[3]{130} + 0,001 \times 130 = 2,41\mu$$

Ejercicio resuelto 1.5.3

Calcular el valor de la unidad de tolerancia para los mismos diámetros anteriores pero teniendo en cuenta la normalización del agrupamiento de diámetros.

Solución

Buscamos en las tablas normalizadas para los diámetros 28 y 130 sobre qué intervalos se encuentran y calculamos el diámetro medio.

$$d_m = \sqrt{18 \times 30} = 23,2 \qquad i = 0,45\sqrt[3]{D} + 0,001 \times D = 0,45\sqrt[3]{23,2} + 0,001 \times 23,2 = 1,30\mu$$

$$d_m = \sqrt{120 \times 180} = 146,9 \qquad i = 0,45\sqrt[3]{D} + 0,001 \times D = 0,45\sqrt[3]{146,9} + 0,001 \times 146,9 = 2,52\mu$$

1.5.4 **Posición de las tolerancias**

Para poder satisfacer todas las necesidades corrientes de los ajustes (juegos y aprietes, pequeños y grandes) ha sido prevista para cada medida nominal toda una gama de diferencias; estas definen la posición de la tolerancia con respecto a la línea cero, mediante una de las diferencias nominales, la superior d_s o D_s o la inferior D_i o d_i, simbolizadas por una letra (a veces dos) mayúsculas para los agujeros y minúsculas para los ejes.

La letra **h** es utilizada para las zonas de tolerancia de los ejes cuyo límite superior de tolerancia se encuentra en la línea cero. La **H**, por el contrario, se utiliza para las zonas de tolerancia de los agujeros cuyo límite superior de tolerancia se encuentra en la línea cero.

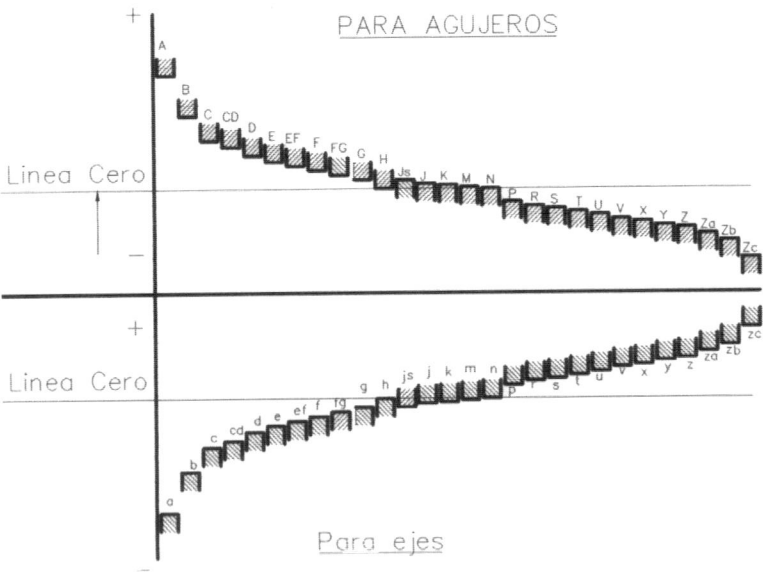

Figura 1.5.8 Posición de las tolerancias para agujeros y ejes.

Los ejes que tengan el límite superior de tolerancia por debajo de la línea cero son marcados con las letras **a**, **b**, **cd**, **e**, **ef**, **f**, **fg**, **g**; y aquellos cuyo límite inferior queda por encima de dicha línea se marcan con las letras **k**, **m**, **n**, **p**, **r**, **s**, **t**, **u**, **v**, **x**, **y**, **z**, **za**, **zb**, **zc**; los ejes **j** tienen posición asimétrica y los ejes **js** posición simétrica.

Los agujeros que tengan el límite inferior de tolerancia por encima de la línea cero son marcados con las letras **A**, **B**, **C**, **CD**, **D**, **E**, **EF**, **F**, **FG**, **G**, y aquellos cuyo límite superior queda por debajo de dicha línea, se marcan con las letras **M**, **N**, **P**, **R**, **S**, **T**, **U**, **V**, **X**, **Y**, **Z**, **ZA**, **ZB**, **ZC**; los agujeros **J** y **K** tienen posición asimétrica, mientras que los **JS** la tienen simétrica.

La distancia de esos límites a la línea cero va disminuyendo, pasando desde la **a** a la **g** para los ejes y de la **A** a la **G** para los agujeros. Asimismo, y en igualdad de calidad, dicha distancia va aumentando desde la **j** a la **zc** para los ejes, y desde la **J** a la **ZC** para los agujeros.

1.5.5 Símbolos y representación

Las medidas de tolerancia quedan definidas por su valor nominal seguido de un "símbolo", formado por una letra (o dos) que indica la posición de la tolerancia y un número que indica la calidad.

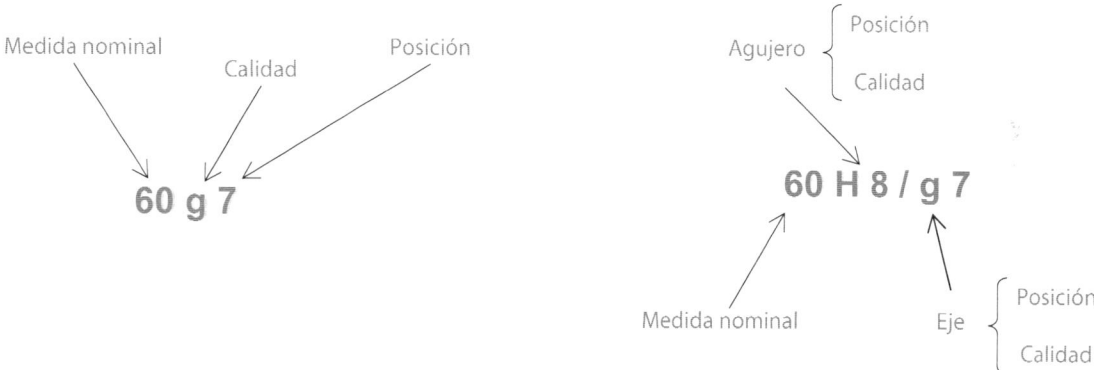

Figura **1.5.9** Designación normalizada de los ajustes.

1.5.6 Sistema de ajustes

Según la posición de la zona de tolerancias con respecto a la del eje, los ajustes pueden ser clasificados en:

a) Ajustes móviles (con juego).

b) Ajustes fijos (con apriete).

c) Ajustes indeterminados (al montar las piezas pueden tener juego o apriete).

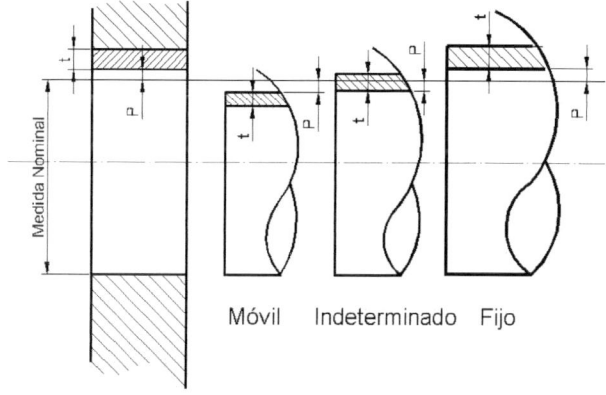

Figura **1.5.10** Sistema de ajustes. Móvil, indeterminado y fijo.

Ajuste móvil. Cuando al utilizar una determinada tolerancia siempre se produce un juego entre el eje y agujero, aunque el eje tenga la dimensión máxima y el agujero la mínima. Ejemplo F7 h6.

Ajuste indeterminado. Cuando estando dentro de tolerancias las dimensiones del eje y del agujero, al escoger en una partida de ejes y agujeros para su ajuste, en unos casos se produzca holgura y en otros aprietos. Ejemplo: H7 k6.

Ajuste fijo. Cuando estando dentro de tolerancias las dimensiones del eje y del agujero, en todos los casos, en su montaje se produce apriete. Ejemplo H8 n7.

Tolerancia en los ajustes. La tolerancia de holgura, indeterminación o apriete de los ajustes es igual a la suma de las tolerancias del eje y del agujero. Así, en un ajuste con juego, la tolerancia del ajuste será igual a la diferencia del juego máximo y juego mínimo. En un ajuste con apriete, la tolerancia del mismo será igual a la diferencia en el apriete máximo y el apriete mínimo. En los ajustes indeterminados, la tolerancia del ajuste será la suma del juego máximo y el apriete máximo.

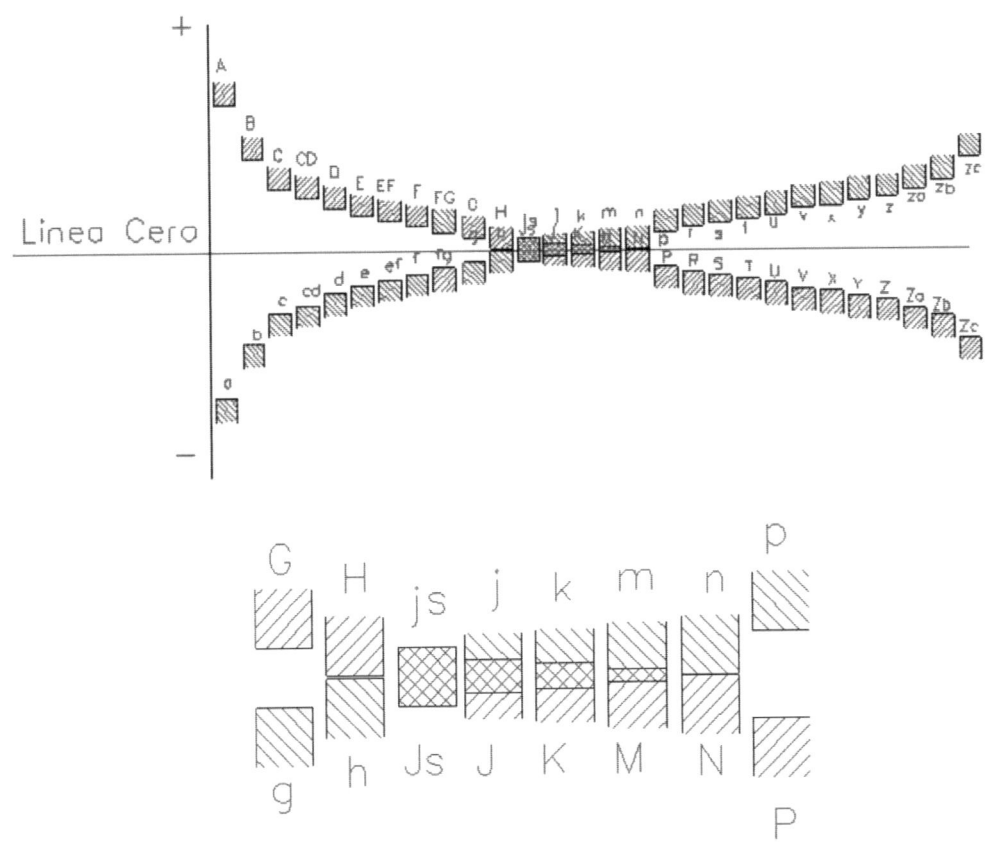

Figura 1.5.11 Sistema de ajustes. Móvil, indeterminado y fijo.

Si deseamos ajustar en un eje una serie de casquillos, unos con apriete y otros con holgura (con juego), lo podemos conseguir de dos formas. Una de ellas, hacer todos los agujeros de una misma medida y variar en el eje los diámetros: este procedimiento se **denomina "sistema de agujero base o agujero único"**. La otra construir un eje de un mismo diámetro y mecanizar los agujeros de diferentes tamaños para que así exista ajuste de juego o apriete: este otro tipo de fabricación se conoce como "**sistema de eje base o eje único**".

El sistema **agujero único** se utiliza generalmente en la fabricación de máquinas, herramientas, automóviles, etc. El sistema de **eje único** se usa en mecánica de precisión o cuando es más fácil hacer el agujero que el eje (pasadores, chavetas, etc., que se compran ya con una determinada medida y es muy costoso retocarlos).

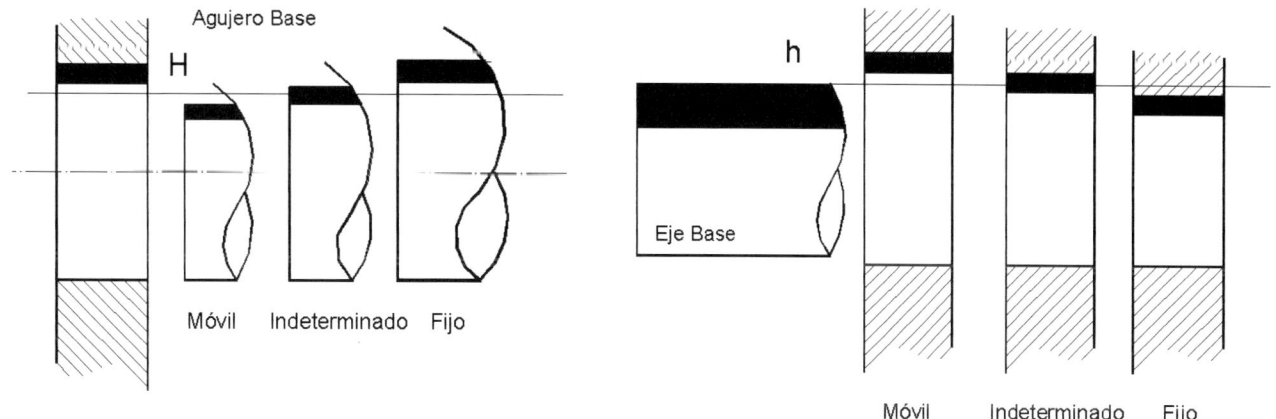

Figura 1.5.12 Sistema de ajustes. Agujero base y eje base.

1.5.6.1 Sistema de ajustes de agujero base

Es un conjunto de ajustes en el que los diferentes juegos o aprietes se obtienen asociando a un agujero con tolerancia constante ejes con diferentes tolerancias. En el sistema ISO, el agujero base es el agujero de diferencia inferior cero. Coincide con la posición **H** (diferencia inferior cero), elemento base en el sistema agujero base.

En este sistema, los diversos ajustes (móviles, deslizantes, indeterminados, estables) se obtienen combinado la posición de la tolerancia del eje y permaneciendo constante la posición de la tolerancia del agujero. La línea CERO es el límite inferior de la tolerancia del agujero base. Es decir, la tolerancia H. La tolerancia H es la base del sistema de agujero nase o agujero único. En este sistema, las posiciones a,b,c,d,e,f,g,h son negativas y las k,m,n,p,r,s,t,u,v,x,y,z son positivas.

Cuando queremos montar un rodamiento sobre un eje, el diámetro del agujero del rodamiento nos viene dado YA por el fabricante, al comprar el rodamiento. El tipo de ajuste que nos interese lo podemos conseguir, en este caso, utilizando un sistema de agujero base y dando al eje, bulón, mangueta, etc., las tolerancias para conseguir el ajuste que nos interese.

AGUJERO H6 O AJUSTE DE PRECISIÓN: con n5 forma un ajuste forzado; con m5 uno de arrastre; con k5 uno de adherencia; con j5 uno de entrada suave; con un h5 un ajuste de deslizamiento, y con un g5 un ajuste de juego libre.

AGUJERO H7 O AJUSTE FINO: con s6 y r6 ajuste a presión; con m6 ajuste de arrastre; con k6 un ajuste de adherencia; con j6 un ajuste de entrada suave; con h6 un ajuste de deslizamiento; con g6 un ajuste de juego libre justo; con f7 un ajuste de juego libre; con e8 un ajuste de juego ligero y con d9 un ajuste de juego fuerte.

AGUJERO H8: AJUSTE CORRIENTE: CON h8 y h9 ajustes de deslizamiento; f8 e9 ajuste con juego libre; d10 ajuste de gran juego libre.

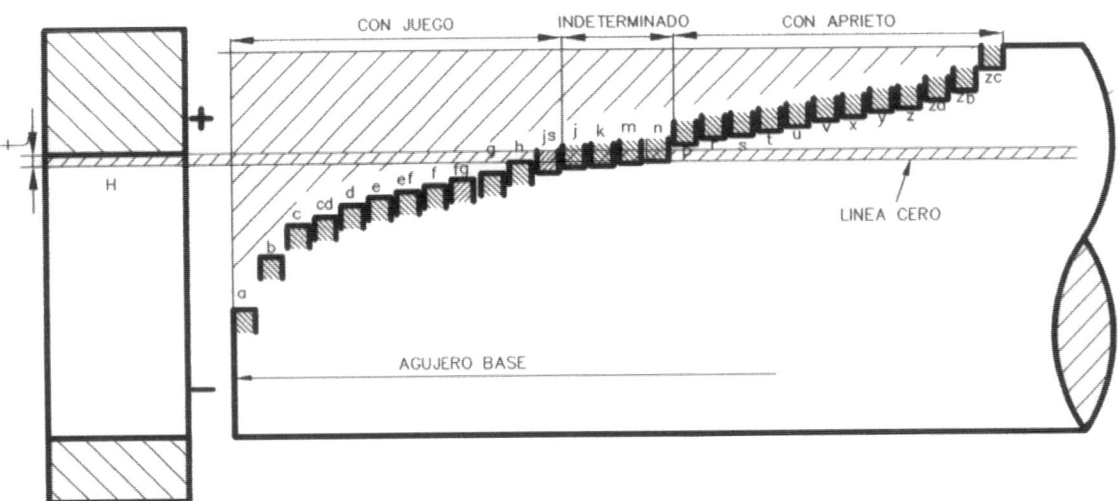

Figura 1.5.13 Sistema de ajustes de agujero base.

1.5.6.2 Sistema de ajuste de eje base

Conjunto de ajustes en el que los diferentes juegos o aprietes se obtienen asociando a un eje con tolerancia constante agujeros con diferentes tolerancias. En el sistema ISO el eje base es el eje de diferencia superior cero. Coincide con la posición **h** (diferencia superior cero), elemento base en el sistema eje base.

En este sistema, los diversos ajustes (móviles, deslizantes, indeterminados, estables) se obtienen cambiando la posición de la tolerancia del agujero y permaneciendo constante la posición de la tolerancia del eje. La línea CERO es el límite superior de la tolerancia del eje base. Es decir, la tolerancia h. La tolerancia h es la base del sistema de eje base o eje único. En este sistema, las posiciones A,B,C,D,E,F,G,H,J,K son positivas y las M,N,P,R,S,T,U,V,X,Y,Z son negativas.

Es decir, al ajustar eje base, h, con agujeros A,B,C,CD,D,E,EF,F,G y H, se obtienen ajustes móviles.

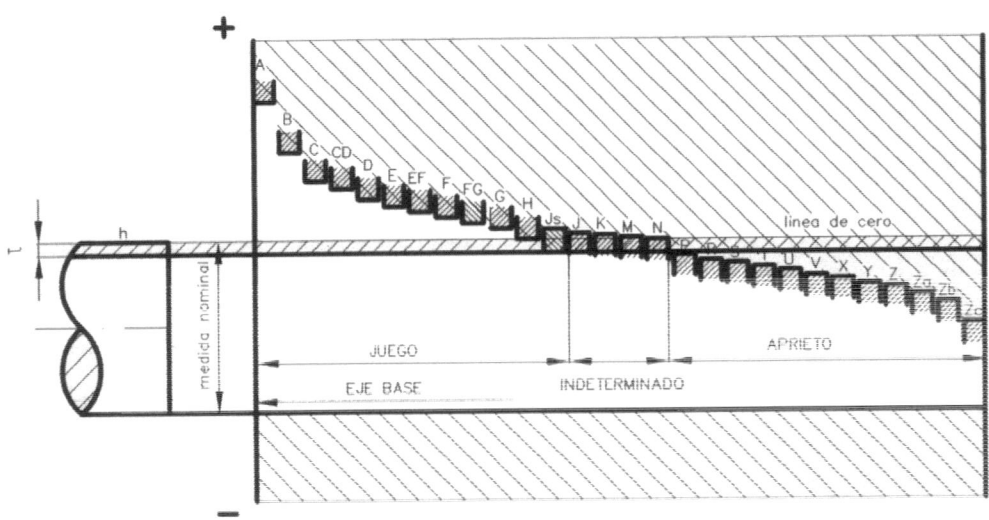

Figura 1.5.14 Sistema de ajustes de eje base.

Del eje base con los agujeros J,K,M y N obtenemos ajustes indeterminados. Y con P,R,S,T,U,V,X,Y,Z,ZA,ZB y ZC, ajustes fijos.

EJE h5 AJUSTE DE PRECISIÓN CON: N6 ajuste forzado; M6 arrastre; K6 adherencia; J6 de entrada suave; H6 G6 de deslizamiento.

EJE h6 AJUSTE FINO CON: S7 R7 a presión; N7 forzado; M7 arrastre; K7 de adherencia; J7 de entrada suave; H7 de deslizamiento; G7 de juego libre justo; F7 de juego libre; E8 juego ligero; D9 juego fuerte.

EJE h8 Y h9: AJUSTE CORRIENTE CON: H8 deslizante; F8 y E9 juego libre; D10 j libre fuerte.
AJE h11 AJUSTE ORDINARIO O BASTO CON: H11, D11, C11, B11, A11.

En general, los agujeros H dan ajustes móviles con a,b,c,d,e,f,g,h. Los ejes, h, con A,B,C,D,E,F,G,H. Indeterminados H, con j,k,m,n. Asimismo, h con J,K,M,N. Fijos o estables H con p,r,s,t,u,v,x,y,z y ejes, h con P,R,S,T,U,V,X,Y,Z.

1.5.6.3 Elección del sistema eje o agujero base

Las piezas normalizadas hay que considerarlas como pieza-base del sistema y ajustar la otra para obtener el ajuste deseado, como sucede en rodamientos, pasadores, en todo el recambio en general. No obstante y de forma muy general, podemos decir que el agujero base se utiliza en la fabricación de maquinaria, motores de aviación, material ferroviario, máquinas herramientas, automóviles y material naval. El eje base se utiliza en maquinaria textil y agrícola, excepcionalmente en automóviles.

- **Ajuste a presión.** Ajuste permanente montado con prensa, generalmente de mucha precisión. Estos ajustes para evitar grandes presiones pueden efectuarse calentando la hembra en horno o aceite, o bien enfriando el macho con nitrógeno líquido. En el desmontaje puede haber deterioro de piezas. H7 con r6, s6, x7: H8 con u7. Eje base: h6 con R7, S7, u7; h7 con U8, X7, Z7.

- **Ajuste forzado.** Este tipo de ajuste se utiliza cuando se han de unir dos piezas sólidamente acopladas, pudiendo acoplarse y desacoplarse únicamente a presión. El movimiento ha de garantizarse por medio de una chanveta, lengüeta o pasador. Ruedas dentadas, poleas. Agujero base: H7 con p6 y r6. Eje base h6 con P7, R7.

- **Ajuste de arrastre.** Acoplamientos fijos que puedan montarse o desmontarse con martillo. Pueden montarse y desmontarse sin deterioro. El movimiento de giro ha de asegurarse a través de chanveta, etc. Rodamientos, poleas, palancas, etc. Agujero base: H7 con m6 y n6. Eje base: h6 con N6 y M6.

- **Ajuste de adherencia.** Ajuste fijo que pueda montarse y desmontarse a golpes de martillo a mano. Se ha de asegurar el movimiento con chaveta, etc. Agujero base: H7 k6. Eje base h6 K7.

- **Ajuste de entrada suave.** Se utiliza en ajustes que puedan acoplarse y desacoplarse con suaves golpes con maza de madera o plástico. Anillos interiores de rodamientos, anillos exteriores de rodamientos. Tapas de soportes de cojinetes, etc. Agujero base: H7 con j6, h6. H8 con h7. H11 con h11. Eje base h6 con H7, J7; h7 con H8; h8 con H8; h11 con H11.

- **Ajuste de deslizamiento**. Para piezas que tengan que, previamente engrasadas, puedan deslizarse, acoplarse y desacoplarse a mano. Ruedas de cambio sobre ejes, columnas de taladros, manubrios y manivelas, etc. Agujero base: H7 con g6. Eje base h6 con G7.

- **Ajuste de juego libre muy justo**. Piezas con muy poca holgura que puedan deslizarse sobre ejes, ejes nervados, etc. Engranajes en cajas de velocidades, cojinetes de fricción de cigüeñales, acoplamientos deslizantes, etc. Agujero base: H7 con e7, f6; H8 con f7, e8. Eje base: h7 con f7, E8; h8 con E9 F9.

- **Ajuste de juego libre**. Se utiliza en montajes que deban tener una holgura bien perceptible. Cojinetes principales de fresadoras, tornos, taladros y máquinas herramientas en general. Agujero base: H8 con d8; H11 con a11, b11, c11, d11. Eje base: h8 con D10; h11 con A11, B11, C11, D11.

- **Ajuste corriente**. Cuando el ajuste no requiera ser ajuste de precisión ni fino. Se aplica solo en ajustes móviles. Acoplamientos, ruedas dentadas, elementos que deban deslizarse por ejes, etc.

- **Ajuste ordinario o basto**. Para ajustes de piezas que tengan amplia holgura y una gran tolerancia de fabricación, como puedan ser piezas expuestas a la oxidación. Material ferroviario y de cubiertas de buques, etc.

Diámetro en mm	>6 a 10	>10 a 18	>18 a 30	>30 a 50	>50 a 80	>80 a 120	>120 a 180	>180 a 250
H6	+ 9 / + 0	+ 11 / + 0	+ 13 / + 0	+ 16 / + 0	+ 19 / + 0	+ 22 / + 0	+ 25 / + 0	+ 29 / + 0
e7	-25 / -40	-32 / -50	-40 / -61	-50 / -75	-60 / -90	-72 / -107	-85 / -125	-100 / -146
f6	-13 / -22	-16 / -27	-20 / -33	-25 / -41	-30 / -49	-36 / -58	-43 / -68	-51 / -79
g5	-5 / -11	-6 / -14	-7 / -16	-9 / -20	-10 / -23	-12 / -27	-14 / -32	-15 / -35
h5	-0 / -6	-0 / -8	-0 / -9	-0 / -11	-0 / -13	-0 / -15	-0 / -18	-0 / -20
j5	+4 / -2	+5 / -3	+5 / -4	+6 / -5	+6 / -7	+6 / -9	+7 / -11	+7 / -13
m5	+12 / +6	+15 / +7	+17 / +8	+20 / +9	+24 / +11	+28 / +13	+33 / +15	+37 / +17
p5	+21 / +15	+26 / +18	+31 / +22	+37 / +26	+45 / +32	+52 / +37	+61 / +43	+69 / +50
H7	+15 / +0	+18 / +0	+21 / +0	+25 / +0	+30 / +0	+35 / +0	+40 / +0	+46 / +0
e8	-25 / -47	-32 / -59	-40 / -73	-50 / -89	-60 / -106	-72 / -126	-85 / -148	-100 / -172
f7	-13 / -28	-16 / -34	-20 / -41	-25 / -50	-30 / -60	-36 / -71	-43 / -83	-50 / -96
g6	-5 / -14	-6 / -17	-7 / -20	-9 / -25	-10 / -29	-12 / -34	-14 / -39	-15 / -44

Diámetro en mm	>6 a 10	>10 a 18	>18 a 30	>30 a 50	>50 a 80	>80 a 120	>120 a 180	>180 a 250
h6	-0 -9	-0 -11	-0 -13	-0 -16	-0 -19	-0 -22	-0 -25	-0 -29
j6	+7 -2	+8 -3	+9 -4	+11 -5	+12 -7	+13 -9	+14 -11	+16 -13
m6	+15 +6	+18 +7	+21 +8	+25 +9	+30 +11	+35 +13	+40 +15	+46 +17
p6	+24 +15	+29 +18	+35 +22	+42 +26	+51 +32	+59 +37	+68 +43	+79 +50

Figura 1.5.15 Calidades y tolerancias.

 Ejercicio resuelto 1.5.4

Utilizando la tabla 11.2 calcular el juego máximo y el mínimo del ajuste $\phi 31^{H7}_{g6}$.

Solución

Tras consultar la tabla 1 pueden determinarse las tolerancias para las calidades H7 y g6 sabiendo que el diámetro está comprendido entre 30 y 50 mm.

Agujero (H7) $\phi = 31^{+25}_{0}$
$$\left\{ \begin{array}{l} \phi_{MAX} = 31 + 0,025 = 31,025mm \\[2mm] \phi_{MIN} = 31 + 0 = 31mm \end{array} \right\} \quad t = 31,025 - 31 = 0,025mm = 25\mu$$

Eje (g6) $\phi = 31^{-9}_{-25}$
$$\left\{ \begin{array}{l} \phi_{MAX} = 31 + (-0,009) = 30,991mm \\[2mm] \phi_{MIN} = 31 + (-0,025) = 30,975mm \end{array} \right\} \quad t = 30,991 - 30,975 = 0,016mm = 16\mu$$

$$J_{max} = \phi_{max-Agujero} - \phi_{min-Eje} = 31,025 - 30,975 = 0,05mm = 50\mu$$

$$J_{min} = \phi_{min-Agujero} - \phi_{max-Eje} = 31 - 30,991 = 0,009mm = 9\mu$$

Ejercicio resuelto 1.5.5

Utilizando la tabla 1.5.15 calcular el aprieto máximo, mínimo y medio del ajuste 50^{H6}_{p5}.

Solución

Operando de forma similar al enunciado 1.5.4 obtenemos el diámetro máximo y mínimo para el agujero y el eje.

<u>Agujero (H6)</u> $\phi = 50^{+16}_{0}$

$$\begin{cases} \phi_{MAX} = 50 + (0,016) = 50,016mm \\ \\ \phi_{MIN} = 50 + (0) = 50mm \end{cases} \quad t = 50,016 - 50 = 0,016mm = 16\mu$$

<u>Eje (p5)</u> $\phi = 50^{+37}_{+26}$

$$\begin{cases} \phi_{MAX} = 50 + (0,037) = 50,037mm \\ \\ \phi_{MIN} = 50 + (0,026) = 50,026mm \end{cases} \quad t = 50,037 - 30,026 = 0,011mm = 11\mu$$

$$A_{MAX} = \phi_{MAX-EJE} - \phi_{MIN-AGUJERO} = 50,037 - 50 = 37\mu$$
$$A_{MIN} = \phi_{MIN-EJE} - \phi_{MAX-AGUJERO} = 50,026 - 50,016 = 10\mu$$

Tablas

POSICIONES DE TOLERANCIAS PARA AGUJEROS - DIFERENCIAS INFERIORES EN MICRAS

POSICIONES COTAS	A 01-16	B 01-16	C 01-16	CD 01-16	D 01-16	E 01-16	EF 01-16	F 01-16	FG 01-16	G 01-16	H 01-16	Js 01-16
Desde 1 hasta 3	+ 270	+ 140	+ 60	+ 34	+ 20	+1 4	+ 10	+ 6	+ 4	+ 2	0	
desde 3 hasta 6	+ 270	+ 140	+ 70	+ 46	+ 30	`+ 20	+ 14	+ 10	+ 6	+ 4	0	
desde 6 hasta 10	+ 280	+ 150	+ 80	+ 56	+ 40	+ 25	+ 18	+ 13	+ 8	+ 5	0	
desde 10 hasta 18	+ 290	+ 150	+ 95	+ 69	+ 50	+ 32	+ 23	+ 16	+ 10	+ 6	0	
desde 18 hasta 30	+ 300	+ 160	+ 110	+ 84	+ 65	+ 40	+ 28	+ 20	+ 12	+ 7	0	
desde 30 hasta 40	+ 310	+ 170	+ 120	-	+ 80	+ 50	+ 35	+ 25		+ 9	0	
desde 40 hasta 50	+ 320	+ 180	+ 130		+ 80	+ 50	+ 35	+ 25		+ 9	0	
desde 50 hasta 65	+ 340	+ 190	+ 140		+ 100	+ 60		+ 30		+ 10	0	
desde 65 hasta 80	+ 360	+ 200	+ 150		+ 100	+ 60		+ 30		+ 10	0	
desde 80 hasta 100	+ 380	+ 220	+ 170		+ 120	+ 72		+ 36		+ 12	0	
Desde 100 hasta 120	+ 410	+ 240	+ 180		+ 120	+ 72		+ 36		+ 12	0	
desde 120 hasta 140	+ 460	+ 260	+ 200		+ 145	+ 85		+ 43		+ 14	0	
desde 140 hasta 160	+ 520	+ 280	+ 210		+ 145	+ 85		+ 43		+ 14	0	
desde 160 hasta 180	+ 580	+ 310	+ 230		+ 145	+ 85		+ 43		+ 14	0	
desde 180 hasta 200	+ 660	+ 340	+ 240		+ 170	+ 100		+ 50		+ 15	0	
desde 200 hasta 225	+ 740	+ 380	+ 260		+ 170	+ 100		+ 50		+ 15	0	
Desde 225 hasta 250	+ 820	+ 429	+ 280		+ 170	+ 100		+ 50		+ 15	0	
desde 250 hasta 280	+ 920	+ 480	+ 300		+ 190	+ 110		+ 56		+ 17	0	
desde 280 hasta 315	+ 1050	+ 540	+ 330		+ 190	+ 110		+ 56		+ 17	0	
desde 315 hasta 355	+ 1200	+ 600	+ 360		+ 210	+ 125		+ 62		+ 18	0	
desde 355 hasta 400	+ 1350	+ 680	+ 400		+ 210	+ 125		+ 62		+ 18	0	
desde 400 hasta 450	+ 1500	+ 760	+ 440		+ 230	+ 135		+ 68		+ 20	0	
desde 450 hasta 500	+ 1650	+ 840	+ 480		+ 230	+ 135		+ 68		+ 20	0	

TOL./2

POSICIONES DE TOLERANCIAS AGUJEROS. DIFERENCIA SUPERIOR

TOLERANCIA	J 6	J 7	J 8	K	M	N	P	R	S	T	U	V	X	Y	Z	ZA	ZB	ZC
Desde 1 hasta 3	+ 2	+ 4	+ 6	0	- 2	- 4	- 6	- 10	- 14	-	- 18	-	- 20	-	- 26	- 32	- 40	- 60
desde 3 hasta 6	+ 5	+ 6	+ 10	- 1	- 4	- 8	- 12	- 15	- 19	-	- 23	-	- 28	-	- 35	- 42	- 50	- 80
desde 6 hasta 10	+ 5	+ 8	+ 12	- 1	- 6	- 10	- 15	- 10	- 23	-	- 28	-	- 34	-	- 42	- 52	- 67	- 97
desde 10 hasta 14	+ 6	+ 10	+ 15	- 1	- 7	- 12	- 18	- 23	- 28	-	- 33	-	- 40	-	- 50	- 64	- 90	- 130
desde 14 hasta 18	+ 6	+ 10	+ 15	- 1	- 7	- 12	- 18	- 23	- 28	-	- 33	- 39	- 45	-	- 60	- 77	- 108	- 150
desde 18 hasta 24	+ 8	+ 12	+ 20	- 2	- 8	- 15	- 22	- 28	- 35	-	- 41	- 47	- 54	- 63	- 73	- 98	- 136	- 188
Desde 24 hasta 30	+ 8	+ 12	+ 20	- 2	- 8	- 15	- 22	- 28	- 35	- 41	- 48	- 55	- 64	- 75	- 88	- 118	- 160	- 218
desde 30 hasta 40	+ 10	+ 14	+ 24	- 2	- 9	- 17	- 26	- 34	- 43	- 48	- 60	- 68	- 80	- 94	- 112	- 148	- 200	- 274
desde 40 hasta 50	+ 10	+ 14	+ 24	- 2	- 9	- 17	- 26	- 34	- 43	- 54	- 70	- 81	- 97	- 114	- 136	- 180	- 242	- 325
desde 50 hasta 65	+ 13	+ 18	+ 28	- 2	- 11	- 20	- 32	- 41	- 53	- 56	- 87	- 102	- 122	- 144	- 172	- 226	- 300	- 405
desde 65 hasta 80	+ 13	+ 18	+ 28	- 2	- 11	- 20	- 32	- 43	- 59	- 75	- 102	- 120	- 146	- 174	- 210	- 274	- 360	- 480
desde 80 hasta 100	+ 16	+ 22	+ 34	- 3	- 13	- 23	- 37	- 51	- 71	- 91	- 124	- 146	- 178	- 214	- 258	- 335	- 445	- 565
Desde 100 hasta 120	+ 16	+ 22	+ 34	- 3	- 13	- 23	- 37	- 54	- 79	- 104	- 144	- 172	- 210	- 254	- 310	- 400	- 525	- 690
desde 120 hasta 140	+ 18	+ 26	+ 41	- 3	- 15	- 27	- 43	- 63	- 92	- 122	- 170	- 202	- 248	- 300	- 365	- 470	- 620	- 800
desde 140 hasta 160	+ 18	+ 26	+ 41	- 3	- 15	- 27	- 43	- 65	- 100	- 134	- 190	- 228	- 280	- 340	- 415	- 535	- 700	- 900
desde 160 hasta 180	+ 18	+ 26	+ 41	- 3	- 15	- 27	- 43	- 68	- 108	- 146	- 210	- 252	- 310	- 380	- 465	- 600	- 780	- 1000
desde 180 hasta 200	+ 22	+ 30	+ 47	- 4	- 17	- 31	- 50	- 77	- 122	- 166	- 236	- 284	- 350	- 425	- 520	- 670	- 880	- 1150
desde 200 hasta 225	+ 22	+ 30	+ 47	- 4	- 17	- 31	- 50	- 80	- 130	- 180	- 258	- 310	- 385	- 470	- 575	- 740	- 960	- 1250
Desde 225 hasta 250	+ 22	+ 30	+ 47	- 4	- 17	- 31	- 50	- 84	- 140	- 196	- 284	- 340	- 425	- 520	- 640	- 820	- 1050	- 1350
desde 250 hasta 280	+ 25	+ 36	+ 55	- 4	- 20	- 34	- 56	- 94	- 158	- 218	- 315	- 385	- 475	- 580	- 710	- 920	- 1200	- 1550
desde 280 hasta 315	+ 25	+ 36	+ 55	- 4	- 20	- 34	- 56	- 98	- 170	- 240	- 350	- 425	- 525	- 650	- 790	- 1000	- 1300	- 1700
desde 315 hasta 355	+ 29	+ 39	+ 60	- 4	- 21	- 37	- 62	- 108	- 190	- 268	- 390	- 475	- 590	- 730	- 900	- 1150	- 1500	- 1900
desde 355 hasta 400	+ 29	+ 39	+ 60	- 4	- 21	- 37	- 62	- 114	- 208	- 294	- 435	- 530	- 660	- 820	- 1000	- 1300	- 1650	- 2100
desde 400 hasta 450	+ 33	+ 43	+ 66	- 5	- 23	- 40	- 68	- 126	- 232	- 330	- 490	- 595	- 740	- 920	- 1100	- 1450	- 1850	- 2400
desde 450 hasta 500	+ 33	+ 43	+ 66	- 5	- 23	- 40	- 68	- 132	- 252	- 360	- 540	- 660	- 820	- 1000	- 1250	- 1600	- 2100	- 600

POSICIONES DE TOLERANCIAS PARA EJES - DIFERENCIAS SUPERIORES EN MICRAS

TOLERANCIA	a 01-16	b 01-16	c 01-16	cd 01-16	d 01-16	e 01-16	ef 01-16	f 01-16	fg 01-16	g 01-16	h 01-16	js 01-16
Desde 1 hasta 3	- 270	- 140	- 60	- 34	- 20	- 14	- 10	- 6	- 4	- 2	0	
desde 3 hasta 6	- 270	- 140	- 70	- 46	- 30	- 20	- 14	- 10	- 6	- 4	0	
desde 6 hasta 10	- 280	- 150	- 80	- 56	- 40	- 25	- 18	- 13	- 8	- 5	0	
desde 10 hasta 18	- 290	- 150	- 95	- 69	- 50	- 32	- 23	- 16	- 10	- 6	0	
desde 18 hasta 30	- 300	- 160	- 110	- 84	- 65	- 40	- 28	- 20	- 12	-7	0	
desde 30 hasta 40	- 310	- 170	- 120	-	- 80	- 50	- 35	- 25		- 9	0	
desde 40 hasta 50	- 320	- 180	- 130	-	- 80	- 50	- 35	- 25		- 9	0	
desde 50 hasta 65	- 340	- 190	- 140	-	- 100	- 60	-	- 30		- 10	0	
desde 65 hasta 80	- 360	- 200	- 150	-	- 100	- 60	-	- 30		- 10	0	
desde 80 hasta 100	- 380	- 220	- 170	-	- 120	- 72	-	- 36		- 12	0	tol/2
Desde 100 hasta 120	- 410	- 240	- 180	-	- 120	- 72	-	- 36		- 12	0	
desde 120 hasta 140	- 460	- 260	- 200	-	- 145	- 85	-	- 43		- 14	0	
desde 140 hasta 160	- 520	- 280	- 210	-	- 145	- 85	-	- 43		- 14	0	
desde 160 hasta 180	- 580	- 310	- 230	-	- 145	- 85	-	- 43		- 14	0	
desde 180 hasta 200	- 660	- 340	- 240	-	- 170	- 100	-	- 50		- 15	0	
desde 200 hasta 225	- 740	- 380	- 260	-	- 170	- 100	-	- 50		- 15	0	
Desde 225 hasta 250	- 820	- 429	- 280	-	- 170	- 100	-	- 50		- 15	0	
desde 250 hasta 280	- 920	- 480	- 300	-	- 190	- 110	-	- 56		- 17	0	
desde 280 hasta 315	- 1050	- 540	- 330	-	- 190	- 110	-	- 56		- 17	0	
desde 315 hasta 355	- 1200	- 600	- 360	-	- 210	- 125	-	- 62		- 18	0	
desde 355 hasta 400	- 1350	- 680	- 400	-	- 210	- 125	-	- 62		- 18	0	
desde 400 hasta 450	- 1500	- 760	- 440	-	-230	- 135	-	- 68		- 20	0	
desde 450 hasta 500	- 1650	- 840	- 480	-	- 230	- 135	-	- 68		- 20	0	

POSICIONES DE TOLERANCIAS EJES. DIFERENCIA INFERIOR

TOLERAN CIA	j 5-6	j 7	k 4-7	m	n	p	r	s	t	u	v	x	y	z	za	zb	zc
									calidades de 01 a 16								
Desde 1 hasta 3	- 2	- 4	0	+ 2	+ 4	+ 6	+ 10	+ 14	-	+ 18	-	+ 20	-	+ 26	+ 32	+ 40	+ 60
desde 3 hasta 6	- 2	- 4	+ 1	+ 4	+ 8	+ 12	+ 15	+ 19	-	+ 23	-	+ 28	-	+ 35	+ 42	+ 50	+ 80
desde 6 hasta 10	- 2	- 5	+ 1	+ 6	+ 10	+ 15	+ 19	+ 23	-	+ 28	-	+ 34	-	+ 42	+ 52	+ 67	+ 97
desde 10 hasta 14	- 3	- 6	+ 1	+ 7	+ 12	+ 18	+ 23	+ 28	-	+ 33	-	+ 40	-	+ 50	+ 64	+ 90	+ 130
desde 14 hasta 18	- 3	- 6	+ 1	+ 7	+ 12	+ 18	+ 23	+ 28	-	+ 33	+ 39	+ 45	-	+ 60	+ 77	+ 108	+ 150
desde 18 hasta 24	- 4	- 8	+2	+ 8	+ 15	+ 22	+ 28	+ 35	-	+ 41	+ 47	+ 54	+ 63	+ 73	+ 98	+ 136	+ 188
Desde 24 hasta 30	- 4	- 8	+ 2	+ 8	+ 15	+ 22	+ 28	+ 35	+ 41	+ 48	+ 55	+ 64	+ 75	+ 88	+ 118	+ 160	+ 218
desde 30 hasta 40	- 5	- 10	+ 2	+ 9	+ 17	+ 26	+ 34	+ 43	+ 48	+ 60	+ 68	+ 80	+ 94	+ 112	+ 148	+ 200	+ 274
desde 40 hasta 50	- 5	- 10	+ 2	+ 9	+ 17	+ 26	+ 34	+ 43	+ 54	+ 70	+ 81	+ 97	+ 114	+ 136	+ 180	+ 242	+ 325
desde 50 hasta 65	- 7	- 12	+ 2	+ 11	+ 20	+ 32	+ 41	+ 53	+ 56	+ 87	+ 102	+ 122	+ 144	+ 172	+ 226	+ 300	+ 405
desde 65 hasta 80	- 7	- 12	+ 2	+ 11	+ 20	+ 32	+ 43	+ 59	+ 75	+ 102	+ 120	+ 146	+ 174	+ 210	+ 274	+ 360	+ 480
desde 80 hasta 100	- 9	- 15	+ 3	+ 13	+ 23	+ 37	+ 51	+ 71	+ 91	+ 124	+ 146	+ 178	+ 214	+ 258	+ 335	+ 445	+ 565
Desde 100 hasta 120	- 9	- 15	+ 3	+ 13	+ 23	+ 37	+ 54	+ 79	+104	+ 144	+ 172	+ 210	+ 254	+ 310	+ 400	+ 525	+ 690
desde 120 hasta 140	- 11	- 18	+ 3	+ 15	+ 27	+ 43	+ 63	+ 92	+ 122	+ 170	+ 202	+ 248	+ 300	+ 365	+ 470	+ 620	+ 800
desde 140 hasta 160	- 11	- 18	+ 3	+ 15	+ 27	+ 43	+ 65	+ 100	+ 134	+ 190	+ 228	+ 280	+ 340	+ 415	+ 535	+ 700	+ 900
desde 160 hasta 180	- 11	- 18	+ 3	+ 15	+ 27	+ 43	+ 68	+ 108	+ 146	+ 210	+ 252	+ 310	+ 380	+ 465	+ 600	+ 780	+1000
desde 180 hasta 200	- 13	- 21	+ 4	+ 17	+ 31	+ 50	+ 77	+ 122	+ 166	+ 236	+ 284	+ 350	+ 425	+ 520	+ 670	+ 880	+1150
desde 200 hasta 225	- 13	- 21	+ 4	+ 17	+ 31	+ 50	+ 80	+ 130	+ 180	+ 258	+ 310	+ 385	+ 470	+ 575	+ 740	+ 960	+1250
Desde 225 hasta 250	- 13	- 21	+ 4	+ 17	+ 31	+ 50	+ 84	+ 140	+ 196	+ 284	+ 340	+ 425	+ 520	+ 640	+ 820	+1050	+1350
desde 250 hasta 280	- 16	- 26	+ 4	+ 20	+ 34	+ 56	+ 94	+ 158	+ 218	+ 315	+ 385	+ 475	+ 580	+ 710	+ 920	+1200	+1550
desde 280 hasta 315	- 16	- 26	+ 4	+ 20	+ 34	+ 56	+ 98	+ 170	+ 240	+ 350	+ 425	+ 525	+ 650	+ 790	+1000	+1300	+1700
desde 315 hasta 355	- 18	- 28	+ 4	+ 21	+ 37	+ 62	+ 108	+ 190	+ 268	+ 390	+ 475	+ 590	+ 730	+ 900	+1150	+1500	+1900
desde 355 hasta 400	- 18	- 28	+ 4	+ 21	+ 37	+ 62	+ 114	+ 208	+ 294	+ 435	+ 530	+ 660	+ 820	+1000	+1300	+1650	+2100
desde 400 hasta 450	- 20	- 32	+ 5	+ 23	+ 40	+ 68	+ 126	+ 232	+ 330	+ 490	+ 595	+ 740	+ 920	+1100	+1450	+1850	+2400
desde 450 hasta 500	- 20	- 32	+ 5	+ 23	+ 40	+ 68	+ 132	+ 252	+ 360	+ 540	+ 660	+ 820	+ 1000	+1250	+1600	+2100	+2600

AJUSTE ISO - AGUJERO BASE O UNICO

TOLERANCIA	H 6	u 5	t 5	s 5	r 5	p 5	n 5	m 5	k 5	k 6	j 5	j 6	h 5	g 5
Desde 1 hasta 3	+6 / 0	+22 / +18	-	+18 / +14	+14 / +10	+10 / +6	+8 / +4	+6 / +2	+4 / 0	+6 / 0	+2 / -2	+4 / -2	0 / -4	-2 / -6
desde 3 hasta 6	+8 / 0	+28 / +23	-	+24 / +19	+20 / +15	+17 / +12	+13 / +8	+9 / +4	+6 / +1	+9 / +1	+3 / -2	+6 / -2	0 / -5	-4 / -9
desde 6 hasta 10	+9 / 0	+34 / +28	-	+29 / +33	+25 / +19	+21 / +15	+16 / +10	+12 / +6	+7 / +1	+10 / +1	+4 / -2	+7 / -2	0 / -6	-5 / -11
desde 10 hasta 14	+11 / 0	+41 / +33	-	+36 / +28	+31 / +23	+26 / +18	+20 / +12	+15 / +7	+9 / +1	+12 / +1	+5 / -3	+8 / -3	0 / -8	-6 / -14
desde 14 hasta 18	+11 / 0	+41 / +33	-	+36 / +28	+31 / +23	+26 / +18	+20 / +12	+15 / +7	+9 / +1	+12 / +1	+5 / -3	+8 / -3	0 / -8	-6 / -14
desde 18 hasta 24	+13 / 0	+50 / +41	-	+44 / +35	+37 / +28	+31 / +22	+24 / +15	+17 / +8	+11 / +2	+15 / +2	+5 / -4	+9 / -4	0 / -9	-7 / -16
Desde 24 hasta 30	+13 / 0	-	+50 / +41	+44 / +35	+37 / +28	+31 / +22	+24 / +15	+17 / +8	+11 / +2	+15 / +2	+5 / -4	+9 / -4	0 / -9	-7 / -16
desde 30 hasta 40	+16 / 0	-	+59 / +48	+54 / +43	+45 / +34	+37 / +26	+28 / +17	+20 / +9	+13 / +2	+18 / +2	+6 / -5	+11 / -5	0 / -11	-9 / -20
desde 40 hasta 50	+16 / 0	-	+65 / +54	+54 / +43	+45 / +34	+37 / +26	+28 / +17	+20 / +9	+13 / +2	+18 / +2	+6 / -5	+11 / -5	0 / -11	-9 / -20
desde 50 hasta 65	+19 / 0	-	+79 / +66	+66 / +53	+54 / +41	+45 / +32	+33 / +20	+24 / +11	+15 / +2	+21 / +2	+6 / -7	+12 / -7	0 / -13	-10 / -23
desde 65 hasta 80	+19 / 0	-	-	+72 / +59	+56 / +43	+45 / +32	+33 / +20	+24 / +11	+15 / +2	+21 / +2	+6 / -7	+12 / -7	0 / -13	-10 / -23
desde 80 hasta 100	+22 / 0	-	-	+86 / +71	+66 / +51	+52 / +37	+38 / +23	+28 / +13	+18 / +3	+25 / +3	+6 / -9	+13 / -9	0 / -15	-12 / -27
Desde 100 hasta 120	+22 / 0	-	-	-	+69 / +54	+52 / +37	+38 / +23	+28 / +13	+18 / +3	+25 / +3	+6 / -9	+13 / -9	0 / -15	-12 / -27
desde 120 hasta 140	+25 / 0	-	-	-	+81 / +63	+61 / +43	+45 / +27	+33 / +15	+21 / +3	+28 / +3	+7 / -11	+14 / -11	0 / -18	-14 / -32
desde 140 hasta 160	+25 / 0	-	-	-	+83 / +65	+61 / +43	+45 / +27	+33 / +15	+21 / +3	+28 / +3	+7 / -11	+14 / -11	0 / -18	-14 / -32
desde 160 hasta 180	+25 / 0	-	-	-	+86 / +68	+61 / +43	+45 / +27	+33 / +15	+21 / +3	+28 / +3	+7 / -11	+14 / -11	0 / -18	-14 / -32
desde 180 hasta 200	+29 / 0	-	-	-	+97 / +77	+70 / +50	+51 / +31	+37 / +17	+24 / +4	+33 / +4	+7 / -13	+16 / -13	0 / -20	-15 / -35
desde 200 hasta 225	+29 / 0	-	-	-	+100 / +80	+70 / +50	+51 / +31	+37 / +17	+24 / +4	+33 / +4	+7 / -13	+16 / -13	0 / -20	-15 / -35
Desde 225 hasta 250	+29 / 0	-	-	-	+104 / +84	+70 / +50	+51 / +31	+37 / +17	+24 / +4	+33 / +4	+7 / -13	+16 / -13	0 / -20	-15 / -35
desde 250 hasta 280	+32 / 0	-	-	-	+117 / +94	+79 / +56	+57 / +34	+43 / +20	+27 / +4	+36 / +4	+7 / -16	+14 / -16	0 / -23	-17 / -40
desde 280 hasta 315	+32 / 0	-	-	-	+121 / +98	+79 / +56	+57 / +34	+43 / +20	+27 / +4	+36 / +4	+7 / -16	+14 / -16	0 / -23	-17 / -40
desde 315 hasta 355	+36 / 0	-	-	-	+133 / +108	+87 / +62	+62 / +37	+46 / +21	+2+ / 49	+40 / +4	+7 / -18	+18 / -18	0 / -25	-18 / -43
desde 355 hasta 400	+36 / 0	-	-	-	+139 / +114	+87 / +62	+62 / +37	+46 / +21	+29 / +4	+40 / +4	+7 / -18	+18 / -18	0 / -25	-18 / -43
desde 400 hasta 450	+40 / 0	-	-	-	+153 / +126	+95 / +68	+67 / +40	+50 / +23	+32 / +5	+45 / +5	+7 / -20	+20 / -20	0 / -27	-20 / -47
desde 450 hasta 500	+40 / 0	-	-	-	+159 / +132	+85 / +68	+67 / +40	+50 / +	+32 / +5	+45 / +5	+7 / -20	+20 / -20	0 / -27	-20 / -47

AJUSTE ISO - AGUJERO BASE O UNICO

TOLERANCIA	H 7	z a 6	z 6	x 6	u 6	t 6	s 6	r 6	p 6	n 6	m 6	k 6	j 6	h 6	g 6	f 6	f 7
Desde 1 hasta 3	+10 / 0	+38 / +32	+32 / +26	+26 / +20	+24 / +18	-	+20 / +14	+16 / +10	+12 / +6	+10 / +4	+8 / +2	+6 / 0	+4 / -2	0 / -6	-2 / -8	-6 / -12	-6 / -16
desde 3 hasta 6	+12 / 0	+50 / +42	+43 / +35	+36 / +28	+31 / +23		+27 / +19	+23 / +15	+20 / +12	+16 / +8	+14 / +4	+9 / +1	+6 / -2	0 / -8	-4 / -12	-10 / -18	-10 / -22
desde 6 hasta 10	+15 / 0	+61 / +52	+51 / +42	+43 / +34	+37 / +28	-	+32 / +23	+28 / +19	+24 / +15	+19 / +10	+15 / +5	+10 / +1	+7 / -2	0 / -9	-5 / -14	-13 / -22	-13 / -28
desde 10 hasta 14	+18 / 0	+75 / +64	+61 / +50	+51 / +40	+44 / +33	-	+39 / +29	+34 / +23	+29 / +18	+23 / +12	+13 / +7	+12 / +1	+8 / -3	0 / -11	-6 / -17	-16 / -27	-16 / -34
desde 14 hasta 18	+18 / 0	+88 / +77	+71 / +60	+56 / +45	+44 / +33	-	+39 / +29	+34 / +23	+29 / +18	+23 / +12	+13 / +7	+12 / +1	+8 / -3	0 / -11	-6 / -17	-16 / -27	-16 / -34
desde 18 hasta 24	+21 / 0	-	+86 / +73	+67 / +54	+54 / +41		+48 / +35	+41 / +28	+35 / +22	+28 / +15	+21 / +8	+15 / +2	+9 / -4	0 / -13	-7 / -20	-20 / -33	-20 / -41
Desde 24 hasta 30	+21 / 0	-	101 / +88	+77 / +64	+61 / +48	+54 / +41	+48 / +35	+41 / +28	+35 / +22	+28 / +15	+21 / +8	+15 / +2	+9 / -4	0 / -13	-7 / -20	-20 / -33	-20 / -41
desde 30 hasta 40	+25 / 0	-	+128 / +112	+96 / +80	+75 / +60	+64 / +43	+59 / +43	+50 / +34	+42 / +26	+33 / +17	+25 / +9	+18 / +2	+11 / -5	0 / -16	-9 / -25	-25 / -41	-25 / -50
desde 40 hasta 50	+25 / 0		-	+113 / +97	+86 / +70	+70 / +54	+59 / +43	+50 / +34	+42 / +26	+33 / +17	+25 / +9	+18 / +2	+11 / -5	0 / -16	-9 / -25	-25 / -41	-25 / -50
desde 50 hasta 65	+30 / 0	-	-	+141 / +122	+106 / +87	+85 / +66	+72 / +53	+60 / +41	+51 / +32	+39 / +20	+30 / +11	+21 / +2	+12 / -7	0 / -19	-10 / -29	-30 / -49	-30 / -60
desde 65 hasta 80	+30 / 0	-	-	-	+121 / +102	+94 / +75	+78 / +59	+62 / +43	+51 / +32	+39 / +20	+30 / +11	+21 / +2	+12 / -7	0 / -19	-10 / -29	-30 / -49	-30 / -60
desde 80 hasta 100	+35 / 0	-	-	-	+146 / +124	+113 / +91	+93 / +71	+73 / +51	+59 / +37	+45 / +23	+35 / +13	+25 / +3	+13 / -9	0 / -22	-12 / -34	-36 / -58	-36 / -71
Desde 100 hasta 120	+35 / 0	-	-	-	+166 / +144	+126 / +104	+101 / +79	+76 / +54	+59 / +37	+45 / +23	+35 / +13	+25 / +3	+13 / -9	0 / -22	-12 / -34	-36 / -58	-36 / -71
desde 120 hasta 140	+40 / 0	-	-	-	+195 / +170	+147 / +122	+117 / +92	+88 / +63	+68 / +43	+52 / +27	+40 / +15	+28 / +3	+14 / -11	0 / -25	-14 / -39	-43 / -68	-43 / -83
desde 140 hasta 160	+40 / 0	-	-	-	-	+159 / +134	+125 / +100	+90 / +65	+68 / +43	+52 / +27	+40 / +15	+28 / +3	+14 / -11	0 / -25	-14 / -39	-43 / -68	-43 / -83
desde 160 hasta 180	+40 / 0	-	-	-	-	+171 / +146	+133 / +108	+93 / +68	+68 / +43	+52 / +27	+40 / +15	+28 / +3	+14 / -11	0 / -25	-14 / -39	-43 / -68	-43 / -83
desde 180 hasta 200	+46 / 0	-	-	-	-	+195 / +166	+151 / +122	+106 / +77	+79 / +50	+60 / +31	+46 / +17	+33 / +4	+16 / -13	0 / -29	-15 / -44	-50 / -79	-50 / -96
desde 200 hasta 225	+46 / 0	-	-	-	-	-	+159 / +130	+109 / +88	+79 / +50	+60 / +31	+46 / +17	+33 / +4	+16 / -13	0 / -29	-15 / -44	-50 / -79	-50 / -96
Desde 225 hasta 250	+46 / 0	-	-	-	-	-	+169 / +140	+113 / +84	+79 / +50	+60 / +31	+46 / +17	+33 / +4	+16 / -13	0 / -29	-15 / -44	-50 / -79	-50 / -96
desde 250 hasta 280	+52 / 0	-	-	-	-	-	+190 / +158	+126 / +94	+88 / +56	+66 / +34	+52 / +20	+36 / +4	+16 / -16	0 / -32	-17 / -49	-56 / -88	-56 / -108
desde 280 hasta 315	+52 / 0	-	-	-	-	-	+202 / +170	+130 / +98	+88 / +56	+66 / +34	+52 / +20	+36 / +4	+16 / -16	0 / -32	-17 / -49	-56 / -88	-56 / -108
desde 315 hasta 355	+57 / 0	-	-	-	-	-	+226 / +190	+144 / +108	+98 / +62	+73 / +37	+57 / +21	+40 / +4	+18 / -18	0 / -36	-18 / -54	-62 / -98	-62 / -119
desde 355 hasta 400	+57 / 0	-	-	-	-	-	+244 / +208	+150 / +114	+98 / +62	+73 / +37	+57 / +21	+40 / +4	+18 / -18	0 / -36	-18 / -54	-62 / -98	-62 / -119
desde 400 hasta 450	+63 / 0	-	-	-	-	-	+272 / +232	+166 / +126	+108 / +68	+80 / +40	+63 / +23	+45 / +5	+20 / -20	0 / -40	-20 / -60	-68 / -108	-68 / -131
desde 450 hasta 500	+63 / 0	-	-	-	-	-	+292 / +252	+172 / +132	+108 / +68	+80 / +40	+63 / +23	+45 / +5	+20 / -20	0 / -40	-20 / -60	-68 / -108	-68 / -131

AJUSTE ISO - AGUJERO BASE O UNICO

TOLERANCIA	H 8	zc 8	zb 8	za 8	z 8	x 8	u 8	t 8	s 8	h 8	h 9	f 7	f 8	e 8	d 9	c 9	b 9
Desde 1 hasta 3	+14 / 0	+74 / +60	+54 / +40	-	+40 / +26	+34 / +29	-	-	+28 / +14	0 / -14	0 / -25	-6 / -16	-6 / -20	-14 / -28	-20 / -45	-60 / -85	-140 / -165
desde 3 hasta 6	+18 / 0	+98 / +80	+68 / +50	-	+53 / +35	+46 / +28	-	-	+37 / +19	0 / -18	0 / -30	-10 / -22	-10 / -28	-20 / -38	-30 / -60	-70 / -100	-140 / -170
desde 6 hasta 10	+22 / 0	+119 / +97	+89 / +67	+74 / +52	+64 / +42	+56 / +34	-	-	+45 / +23	0 / -22	0 / -36	-13 / -28	-13 / -35	-25 / -47	-40 / -76	-80 / -116	-150 / -186
desde 10 hasta 14	+27 / 0	+157 / +130	+117 / +90	+91 / +64	+77 / +50	+67 / +40	-	-	+55 / +28	0 / -27	0 / -43	-16 / -34	-16 / -43	-32 / -59	-50 / -93	-95 / -138	-150 / -193
desde 14 hasta 18	+27 / 0	+177 / +150	+135 / +108	+104 / +77	+87 / +60	+72 / +45	-	-	+55 / +28	0 / -27	0 / -43	-16 / -34	-16 / -43	-32 / -59	-50 / -93	-95 / -138	-150 / -193
desde 18 hasta 24	+33 / 0	+221 / +188	+169 / +136	+131 / +98	+106 / +73	+87 / +54	-	-	+68 / +35	0 / -33	0 / -52	-20 / -41	-20 / -53	-40 / -73	-65 / -117	-110 / -162	-160 / -212
Desde 24 hasta 30	+33 / 0	+251 / +218	+193 / +160	+151 / +118	+121 / +88	+97 / +64	-	+81 / +48	+68 / +35	0 / -33	0 / -52	-20 / -41	-20 / -53	-40 / -73	-65 / -117	-110 / -162	-160 / -212
desde 30 hasta 40	+39 / 0	-	+239 / +200	+272 / +187	+151 / +112	+119 / +80	+99 / +60	-	+82 / +45	0 / -39	0 / -62	-25 / -50	-25 / -64	-50 / -89	-80 / -142	-120 / -182	-170 / -232
desde 40 hasta 50	+39 / 0	-	+281 / +242	+219 / +180	+175 / +136	+136 / +97	+109 / +70	-	+82 / +45	0 / -39	0 / -62	-25 / -50	-25 / -64	-50 / -89	-80 / -142	-130 / -192	-180 / -242
desde 50 hasta 65	+46 / 0	-	+346 / +300	+272 / +226	+218 / +172	+166 / +122	+133 / +97	-	+99 / +53	0 / -46	0 / -74	-30 / -60	-30 / -76	-60 / -106	-100 / -174	-140 / -214	-190 / -264
desde 65 hasta 80	+46 / 0	-	-	+320 / +274	+256 / +210	+192 / +146	+148 / +102	-	+105 / +59	0 / -46	0 / -74	-30 / -60	-30 / -76	-60 / -106	-100 / -174	-150 / -224	-200 / -274
desde 80 hasta 100	+54 / 0	-	-	+389 / +335	+312 / +258	+232 / +178	+178 / +124	-	+125 / +71	0 / -54	0 / -87	-36 / -71	-36 / -90	-72 / -126	-120 / -207	-170 / -257	-220 / -307
Desde 100 hasta 120	+54 / 0	-	-	+ / +	+364 / +310	+264 / +210	+198 / +144	+158 / +104	+133 / +79	0 / -54	0 / -87	-36 / -71	-36 / -90	-72 / -126	-120 / -207	-180 / -267	-240 / -327
desde 120 hasta 140	+63 / 0			-	+428 / +365	+311 / +248	+233 / +170	+185 / +122	+155 / +92	0 / -63	0 / -100	-43 / -83	-43 / -106	-85 / -148	-145 / -245	-200 / -300	-260 / -360
desde 140 hasta 160	+63 / 0			-	+478 / +415	+343 / +280	+253 / +190	+197 / +134	+163 / +100	0 / -63	0 / -100	-43 / -83	-43 / -106	-85 / -148	-145 / -245	-210 / -310	-280 / -380
desde 160 hasta 180	+63 / 0			-	-	+373 / +310	+273 / +210	+209 / +146	+171 / +108	0 / -63	0 / -100	-43 / -83	-43 / -106	-85 / -148	-145 / -245	-230 / -330	-310 / -410
desde 180 hasta 200	+72 / 0			-	-	+422 / +350	+308 / +236	+238 / +166	+194 / +122	0 / -72	0 / -115	-50 / -96	-50 / -122	-100 / -172	-170 / -285	-240 / -355	-340 / -455
desde 200 hasta 225	+72 / 0			-	-	+457 / +385	+330 / +258	+252 / +180	+202 / +130	0 / -72	0 / -115	-50 / -96	-50 / -122	-100 / -172	-170 / -285	-260 / -375	-380 / -495
Desde 225 hasta 250	+72 / 0			-	-	+497 / +425	+356 / +284	+268 / +196	+212 / +140	0 / -72	0 / -115	-50 / -96	-50 / -122	-100 / -172	-170 / -285	-280 / -395	-420 / -535
desde 250 hasta 280	+81 / 0					+556 / +475	+396 / +315	+299 / +218	+239 / +158	0 / -81	0 / -130	-56 / -108	-56 / -137	-110 / -191	-190 / -320	-300 / -430	-480 / -610
desde 280 hasta 315	+81 / 0					+606 / +525	+431 / +350	+321 / +240	+251 / +170	0 / -81	0 / -130	-56 / -108	-56 / -137	-110 / -191	-190 / -320	-330 / -460	-540 / -670
desde 315 hasta 355	+89 / 0					+679 / +590	+479 / +390	+357 / +268	+279 / +190	0 / -89	0 / -140	-62 / -119	-62 / -151	-125 / -214	-210 / -350	-360 / -500	-600 / -740
desde 355 hasta 400	+89 / 0					-	+524 / +435	+383 / +294	+297 / +208	0 / -89	0 / -140	-62 / -119	-62 / -151	-125 / -214	-210 / -350	-400 / -540	-680 / -820
desde 400 hasta 450	+97 / 0						+587 / +490	+427 / +330	+329 / +232	0 / -97	0 / -155	-68 / -131	-68 / -165	-135 / -232	-230 / -385	-440 / -595	-760 / -915
desde 450 hasta 500	+97 / 0						+637 / +540	+457 / +360	+349 / +252	0 / -97	0 / -155	-68 / -131	-68 / -165	-135 / -232	-230 / -385	-480 / -635	-840 / -995

Test, cuestiones y problemas propuestos

Cuestiones y problemas

1. Calcular la unidad de tolerancia para los diámetros comprendidos entre 80 y 120 y entre 10 y 18 milímetros.

2. Representa un diagrama de barras en el que se correlacione la unidad de tolerancia y los siguientes agrupamientos de diámetros: 6 a 10, 10 a 18, 18 a 30 y de 30 a 50.

3. Determina la tolerancia de diámetro 29 milímetros con una calidad IT-5, IT-10 y IT-15.

4. Representa en un diagrama de barras la correlación entre la tolerancia para las calidades IT5, IT6, …, IT-16 para un diámetro 50.

5. Calcular el ajuste para un agujero 50^{+20}_{+9} y un eje 50^{+25}_{+9}

6. Calcular las siguientes tolerancias sin tablas:

   - Calcular la tolerancia de un eje 52 h8.

   - Calcular la tolerancia de un agujero 52 H7.

   - Calcular la holgura o aprieto máx. o mín. de un ajuste 52 H7/h8.

   - Calcular la tolerancia de 35 G8 sabiendo que la diferencia inferior es +9.

   - Calcular la tolerancia de 35 g7 sabiendo que la diferencia superior es -9.

   - Calcular la holgura o aprieto máx. y mín. de un ajuste 35 G8/g7.

   - Calcular la tolerancia de un agujero 82 H7.

   - Calcular la tolerancia de un eje 82 p6 sabiendo que la diferencia inferior es +32.

   - Calcular la holgura o aprieto máx. y mín. de un ajuste 82H7/p6.

7. Calcular la holgura o aprieto máximo y mínimo en un ajuste fino 40 H7/g6, sabiendo que la diferencia (superior o inferior) es de -9 y que 40 está comprendido entre 30 y 50.

8. Queremos fabricar un ajuste de precisión 62 H6/n5 sabiendo que la diferencia es de +20, 62 está comprendido entre 50 y 65 y que IT5 = 7i. y IT6 10i.

9. Calcula las tolerancias de las siguientes tablas:

CALCULAR TOLERANCIES CON TABLAS (AGUJEROS)													
	H5	H6	H7	H8	H9	F7	F8	F9	G7	J7	J8	K7	M7	N7
3·6														
6·10														
10·18														
18·30														
30·50														
50·80														
80·120														
120·180														
180·250														
250·315														

CALCULAR TOLERANCIES CON TABLAS (EJES)													
	h5	h6	h7	h8	h9	f6	f7	f8	g6	j6	j7	k6	m6	n6
3:6														
6:10														
10:18														
18:30														
30:50														
50:80														
80:120														
120:180														
180:250														
250:315														

10. Calcular las tolerancias del cuadro utilizando las diferencias:

	H7	G7	F7	E7	D7	C7	B7	h6	g6	f6	e6	d6	c6	b6
10:18														
18:30														
30:50														
50:80														
80:120														

Sabiendo que las diferencias y las calidades son:

TOLERANCIA	b 01-16	B 01-16	c 01-16	C 01-16	d 01-16	D 01-16	e 01-16	E 01-16	f 01-16	F 01-16	g 01-16	G 01-16	H 01-16	h 01-16
Desde 10 hasta 18	- 150	+ 150	- 95	+ 95	- 50	+ 50	- 32	+ 32	- 16	+ 16	- 6	+ 6	0	0
desde 18 hasta 30	- 160	+ 160	- 110	+ 110	- 65	+ 65	- 40	+ 40	- 20	+ 20	-7	+ 7	0	0
desde 30 hasta 50	- 180	+ 180	- 130	+ 130	- 80	+ 80	- 50	+ 50	- 25	+ 25	- 9	+ 9	0	0
desde 50 hasta 80	- 200	+ 200	- 150	+ 150	- 100	+ 100	- 60	+ 60	- 30	+ 30	- 10	+ 10	0	0
desde 80 hasta 120	- 240	+ 240	- 180	+ 180	- 120	+ 120	- 72	+ 72	- 36	+ 36	- 12	+ 12	0	0

Grupos de Dimens.	IT01	IT0	IT1	IT2	IT3	IT4	IT5	IT6	IT7	IT8	IT9	IT10	IT11	IT12	IT13	IT14	IT15	IT16
de 1:3	0,3	0,5	1,5	2	3	4	5	7	9	14	25	40	60	90	140	250	400	600
3:6	0,4	0,6	1,5	2	3	4	5	8	12	16	30	48	75	120	180	300	480	750
6:10	0,4	0,6	1,5	2	3	4	6	9	15	22	36	58	90	150	220	360	580	900
10:18	0,5	0,8	1,5	2	3	5	8	11	18	27	43	70	110	180	270	430	700	1100
18:30	0,6	1	1,5	2	4	6	9	13	21	33	52	84	130	210	330	520	840	1300
30:50	0,6	1	2	3	4	7	11	16	25	39	62	100	160	250	390	620	1000	1600
50:80	0,8	1,2	2	3	5	8	13	19	30	46	74	120	190	300	460	740	1200	1900
80:120	1	1,5	3	4	5	10	15	22	35	54	87	140	220	350	540	870	1400	2200

Estado superficial

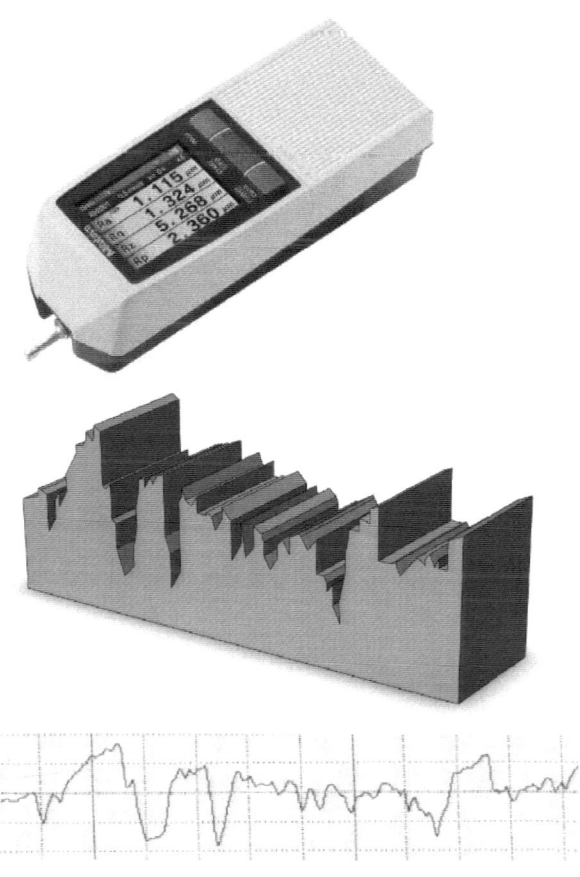

Contenidos

Introducción
Definiciones
Medida de la rugosidad
Aparatos de medida

Problemas resueltos

Test, cuestiones y problemas propuestos

Objetivos

- Definir la terminología relacionada con el estado superficial.

- Describir los parámetros de medida de la rugosidad y su forma de cálculo.

- Definir los equipos empleados en la medición cuantitativa y cualitativa de la rugosidad.

1.6.1 **Introducción**

En la fabricación de cualquier mecanismo o sistema mecánico se tienen gran cantidad de piezas que se encuentran en contacto y en movimiento relativo. Las irregularidades superficiales y su textura son sumamente importantes para evitar fenómenos de fricción y desgaste no deseados, así como roturas prematuras debido a fatiga o corrosión. La tribología se encarga de estudiar la relación entre el desgaste y la fricción de superficies en contacto y destaca la importancia del correcto acabado superficial y la lubricación de las piezas para evitar su degradación prematura.

Se entiende por rugosidad el conjunto de asperezas o irregularidades presente en la superficie de una pieza como consecuencia del proceso de fabricación empleado en su conformado.

La rugosidad se mide mediante el empleo de instrumentos electrónicos denominados rugosímetros y la unidad empleada en su definición es la micra ($\mu m=10^{-6}$ m). Los países anglosajones emplean la micropulgada.

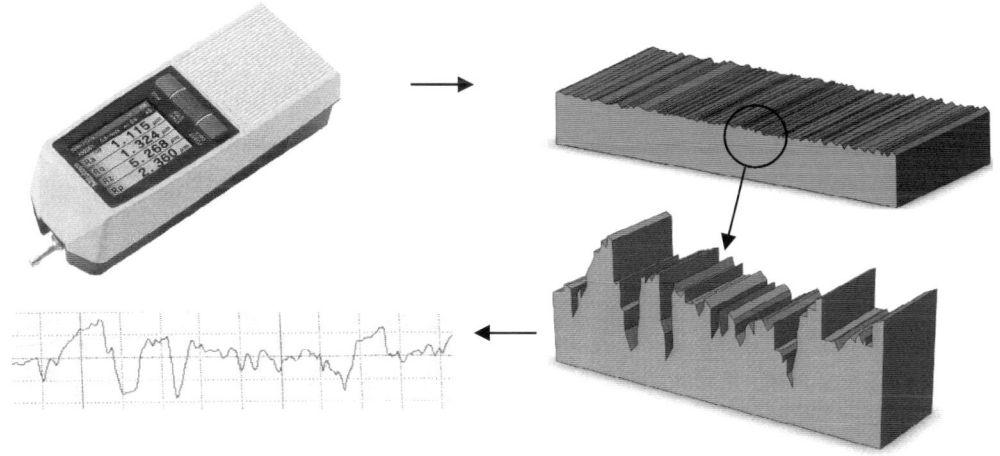

Figura 1.6.1 Rugosímetro Mitutoyo. Imagen cedida por cortesía de Unceta/Mitutoyo.

Durante el proceso de mecanización de una pieza por arranque de viruta, la calidad superficial obtenida varía en función del método de mecanizado utilizado, del tipo y estado de la herramienta de corte y de las condiciones generales del proceso (lubricación, avances, revoluciones, etc.).

El gran número de variables que provocan variaciones en la calidad superficial durante su proceso de fabricación así como la importancia que tiene el tipo de acabado obtenido juega un papel muy importante en la calidad final de la misma. El acabado superficial de las piezas tiene gran importancia en las superficies funcionales debido a que estas forman parte de conjuntos o ensamblajes que se encuentran sometidos a movimientos, rozamientos, desgaste y fatiga.

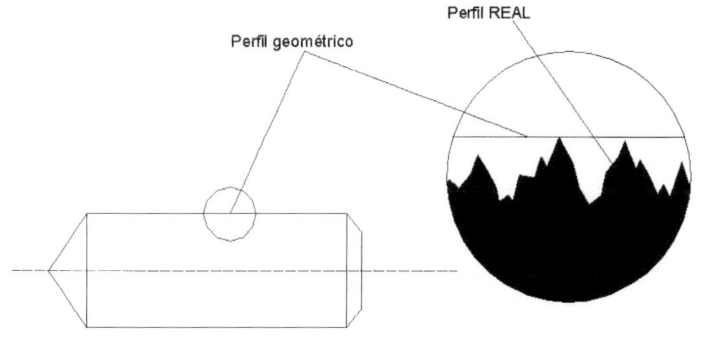

Perfil geométrico

Perfil REAL

Figura 1.6.2 Vista de una pieza seccionada con un plano imaginario. El plano de referencia define el perfil real y el perfil geométrico, este último indicado con una línea de trazo grueso. En la figura de la derecha se diferencia el perfil geométrico del perfil real.

153

Por otro lado, es sabido que practicar elevados grados de acabado (baja rugosidad) en una pieza supone fuertes inversiones económicas (tiempo, maquinaria y verificación), haciendo aumentar con ello el coste de fabricación. Por ello es importante establecer y adoptar métodos precisos para medir el estado superficial y establecer las rugosidades idóneas para cada tipo de pieza.

Por todo lo comentado es necesario establecer las condiciones de mecanizado adecuadas para la obtención de piezas con calidades específicas en función del uso que se le va a dar y definir métodos cuantitativos que puedan determinar y medir esas rugosidades de forma rápida, fiable y precisa.

En este capítulo se estudian las principales herramientas para estimar la rugosidad superficial y los procedimientos para su interpretación. Por último se hace mención de la forma en la que se indican esas mediciones en los planos.

1.6.2 **Definiciones**

Superficies

Se entiende por *superficie* de un objeto como aquella que lo limita y separa del medio circulante. Las superficies que definen a una pieza se clasifican en **superficies funcionales**, **no funcionales** o libres y **superficies de apoyo**. Las primeras son las que definen el funcionamiento del conjunto mecánico o máquina por el contacto o deslizamiento entre ellas. Este tipo de superficie debe tener un buen acabado superficial para evitar la fricción y el desgaste. Las superficies de apoyo suelen estar acabadas con mecanizados de desbaste.

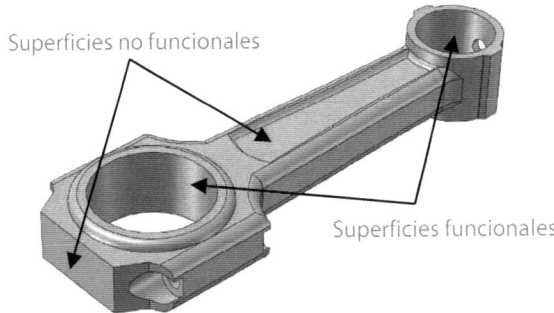

Figura 1.6.3 Superficies funcionales y no funcionales en una biela.

Además, las superficies se clasifican en:

- **Superficie geométrica**. Es la superficie representada en los planos o dibujos. No se tiene en cuenta la rugosidad ni los errores de forma.

- **Superficie real**. Es la que representa la pieza después de ser mecanizada o transformada. Es, por lo tanto, la superficie que deseamos verificar.

- **Superficie efectiva**. Es la superficie que podemos detectar mediante instrumentos de medida microgeométricos. La superficie efectiva será una aproximación más o menos acertada de la superficie real en función de la precisión en la verificación.

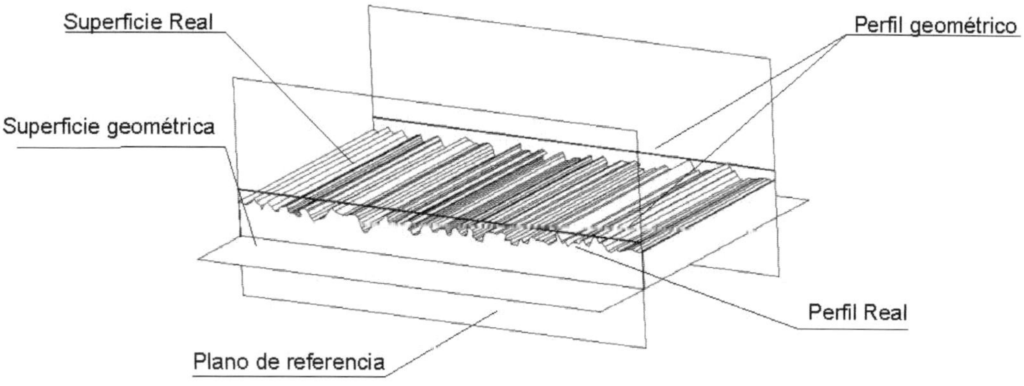

Superficie Real

Perfil geométrico

Superficie geométrica

Perfil Real

Plano de referencia

Figura 1.6.4 Superficies geométrica, real y efectiva en una pieza.

En la mayoría de rugosímetros el elemento que mide la rugosidad es una punta de diamante cónica con un ángulo de entre 60° y 90° y un radio en su punta de unas 2 micras (μm). Cuando las irregularidades de las piezas son inferiores al radio del palpador el rugosímetro no es capaz de detectar las verdaderas irregularidades de la pieza.

Plano de referencia

Es el plano imaginario que secciona la pieza de forma perpendicular a la superficie con el objeto de mostrar su perfil y obtener de esta forma sus características. El plano de referencia define el perfil de la pieza.

Perfil

- **Perfil real**. Es la línea de contorno generada en la intersección de la superficie real de la pieza con el plano de referencia.

- **Perfil geométrico**. Es la línea de contorno formada por la intersección de la superficie geométrica con el plano de referencia. Es el perfil teórico.

- **Perfil efectivo**. Es la línea de contorno formada por la intersección de la superficie efectiva con el plano de referencia.

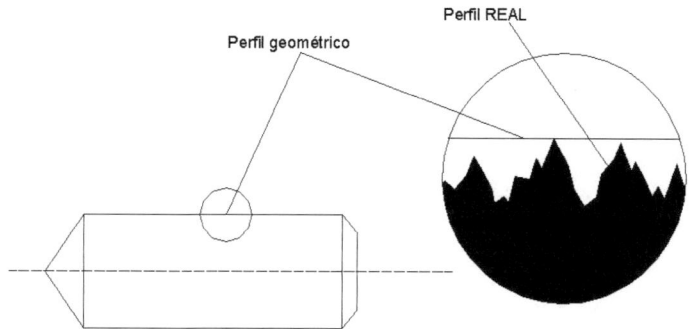

Perfil geométrico

Perfil REAL

Figura 1.6.5 Vista de una pieza seccionada con un plano imaginario. El plano de referencia define el perfil real y el perfil geométrico, este último indicado con una línea de trazo grueso. En la figura de la derecha se diferencia el perfil geométrico del perfil real.

Rugosidad (R)

Se define la rugosidad como el conjunto de irregularidades o estrías producidas en la superficie de una pieza en forma de desviaciones microgeométricas como consecuencia del proceso de fabricación. Son producidas en los procesos de mecanización y/o deformación plástica del metal durante las operaciones de conformado. El acabado superficial varía en función del método de mecanizado, del tipo de herramienta y de las condiciones generales de corte (lubricación, avances, revoluciones, etc.).

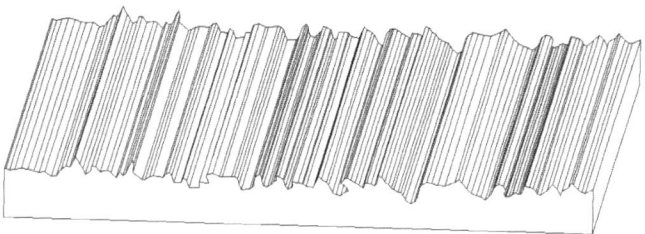

Figura 1.6.6 Perfiles obtenidos en diversos procesos de mecanización por arranque de viruta. Vista en perspectiva de un perfil.

Para obtener un buen acabado superficial (pocas irregularidades en la superficie de la pieza o baja rugosidad) se emplean máquinas herramientas especiales denominadas rectificadoras y operaciones como el pulido o el lapeado. Las rectificadoras emplean unos discos denominados muelas que están fabricados con materiales abrasivos de gran dureza y tamaño de grano pequeño.

En la figura se presentan diferentes perfiles obtenidos en distintos procesos de mecanización (torneado, rectificado, bruñido y lapeado). El pulido, otro procedimiento para obtener superficies con buen acabado superficial, se realiza con máquinas que ejercen cierta presión a una superficie abrasiva animada por un movimiento giratorio. En este procedimiento el material arrancado es prácticamente nulo; sin embargo, consigue eliminar los picos más altos y reducir la rugosidad de la pieza.

Torneado fino

Rectificado normal

Bruñido con piedra

Lapeado

Figura 1.6.7 Distintos acabados superficiales.

Junto con la determinación de la rugosidad se estudia su paso y la orientación.

Paso de la rugosidad. Es la relación entre una longitud determinada del perfil real y el número de crestas obtenidas en el plano de referencia. Su determinación es posible cuando las irregularidades y los surcos se repiten de forma periódica.

Orientación. Es la dirección predominante de los surcos que caracterizan a la rugosidad. El tipo de orientación depende del método de fabricación utilizado en la mecanización. En la siguiente tabla se indican los signos de orientación normalizados.

Signo de orientación	Dirección de la orientación
=	La dirección predominante de los surcos es paralela a la línea de delimitación de la superficie.
⊥	La dirección predominante de los surcos es perpendicular a la línea de delimitación de la superficie.
X	La dirección predominante de los surcos es cruzada con respecto a la línea de delimitación de la superficie.
M	La dirección predominante de los surcos es multidireccional.
C	La dirección predominante de los surcos es prácticamente circular con respecto al centro de la pieza.
R	La dirección predominante de los surcos es prácticamente radial con respecto al centro de la superficie.

Figura 1.6.8 Signos de orientación de los surcos que caracterizan la rugosidad.

Ondulación (W)

Son las irregularidades mayores de la superficie dentro del nivel siguiente a la longitud de exploración. Al ser más espaciadas que la rugosidad, el espaciado entre los picos y las depresiones es mayor y, por lo tanto, la longitud media es mayor que en la rugosidad.

La rugosidad se origina por el corte efectuado por la herramienta de corte durante el proceso de mecanizado, mientras que la ondulación es consecuencia de los errores de forma producidos en el ciclo de mecanizado.

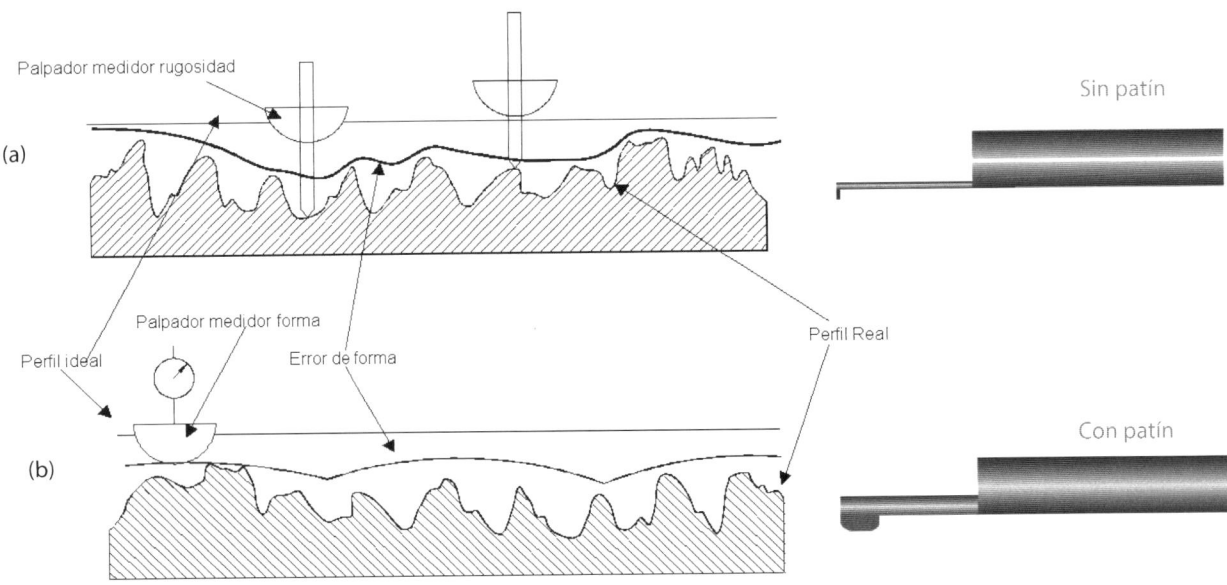

Figura 1.6.9 Representación esquemática de la medición de rugosidad y ondulación. En la figura (a) se representa un palpador medidor de la rugosidad mientras que en la figura (b) se representa un palpador medidor de forma (ondulaciones).

No se debe confundir las ondulaciones con la desviación de la forma actual de la pieza, tales como la rectitud, redondez, planitud, etc. Las irregularidades en la rugosidad están superpuestas en la macrogeometría del perfil de la ondulación.

Pueden ser producidas por flexión de la máquina o de la pieza, por vibraciones, etc. También pueden ser producidas como consecuencia de distorsiones, tensiones, etc., en los tratamientos térmicos. Y se pueden apreciar observando el brillo de la superficie mediante examen luminoso.

Parámetros importantes en su estudio son:

Altura de la ondulación. Es la distancia entre la cresta y el fondo de la onda (salto del palpador de forma o patín). La unidad de medida es la micra (µm).

Paso de la ondulación. Es la relación entre una longitud determinada del perfil real y el número de ondulaciones comprendido en dicha longitud. En la práctica se suele medir el paso como la distancia entre ondas adyacentes. La unidad de medida es el milímetro (mm).

Dirección de la superficie (L)

Es la orientación del patrón superficial que describe la dirección del patrón dominante generado por el método de mecanizado.

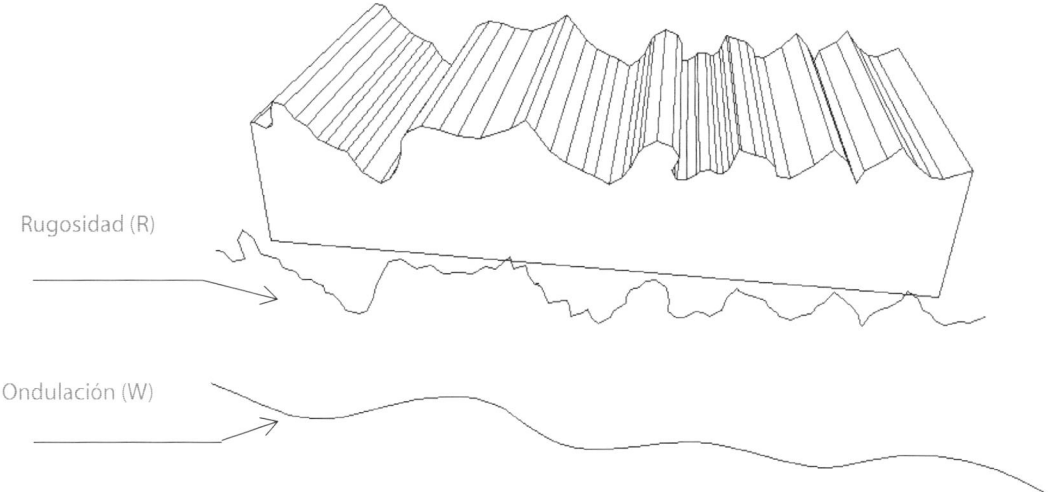

Rugosidad (R)

Ondulación (W)

Figura 1.6.10 Representación esquemática de un perfil a estudiar con los resultados obtenidos de rugosidad (Ra) y ondulación (W).

1.6.3 **Parámetros de medida de la rugosidad**

La rugosidad puede medirse de forma visual o táctil. Sin embargo, estos procedimientos son cualitativos y poco fiables. El empleo de rugosímetros permite determinar la rugosidad y la ondulación de forma rápida y precisa.

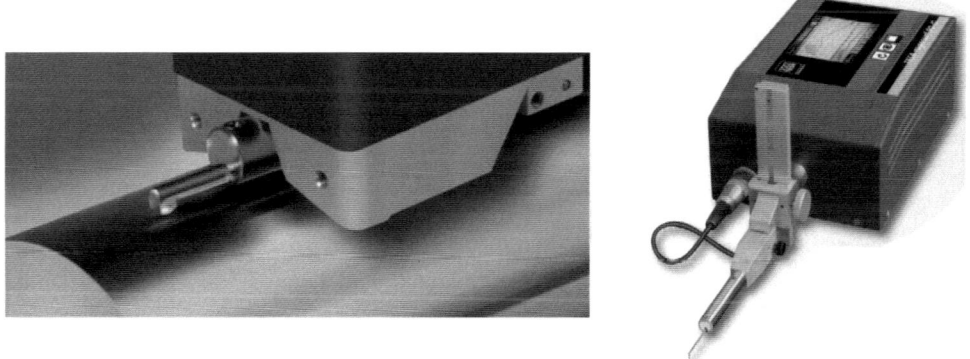

Figura 1.6.11 Rugosímetro Tesa Rugosoft 90. Imagen cedida por cortesía de TESA.

Para conocer mejor la forma de tomar medidas de la rugosidad superficial es conveniente definir los términos que entran en juego en la toma y lectura de la medida.

Longitud de la medición (Lm)

Es la longitud total de exploración de una sección de la superficie elegida para medir la rugosidad, sin que se tengan en cuenta otros tipos de irregularidades. Cuando se realizan las mediciones con un rugosímetro se ve que la longitud de la medida es aquella en que se desplaza el palpador sobre la muestra a verificar. Normalmente, la longitud de medición oscila entre 0,08 y 0,25 milímetros, aunque también pueden tomarse valores de 0,8, 2,5, 8 y 25 milímetros.

Para medir la rugosidad Ra, es recomendable explorar la superficie en una longitud l de las indicadas a continuación:

Ra (µ)	Longitud mínima de medición	
	Serie preferente	Serie unificada
0 a 0,32	0,25	0,25
0,32 a 3,2	0,8	0,8
3,2 a 12,5	2,5	2,5

Figura 1.6.12 En la tabla se indican las series preferentes y unificadas de la longitud mínima de medición en función de la rugosidad (Ra).

En las piezas con peor acabado superficial se recomienda utilizar mayores longitudes de medición. La longitud de medición puede programarse fácilmente en cualquier rugosímetro.

Longitud de perfil desarrollada (L_0)

Longitud obtenida como consecuencia del desarrollo del perfil rugoso en una línea recta. El valor L_0 es mayor cuando la rugosidad medida es grande.

Relación de longitud de perfil (L_r)

Es la relación entre la longitud desarrollada y la longitud básica de medición.

Cresta local del perfil

Parte del perfil comprendido entre dos mínimos adyacentes.

Valle local del perfil

Parte del perfil comprendido entre dos máximos adyacentes.

Densidad de crestas

Es el número de crestas por longitud de medida.

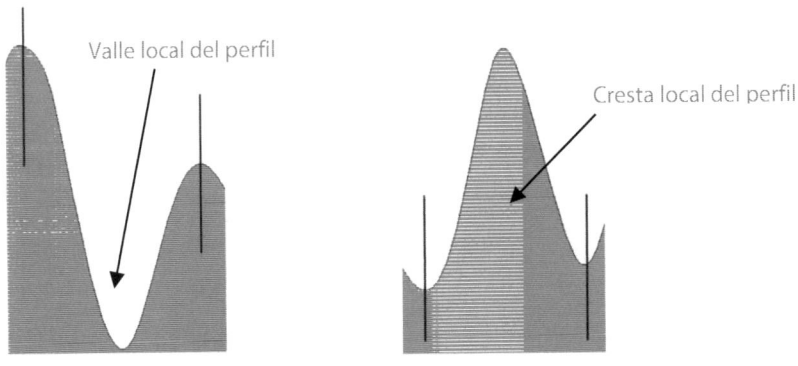

Figura 1.6.13 Cresta local del perfil y valle local del perfil.

Línea media de perfil o de los mínimos cuadrados (Lm)

Es la línea imaginaria que divide al perfil de tal forma que la suma de los cuadrados de las distancias de los puntos del perfil efectivo a la línea media sea mínima. Se cumple que:

$$Y_1^2 + Y_2^2 + \ldots + Y_n^2 = m\acute{\imath}nimo$$

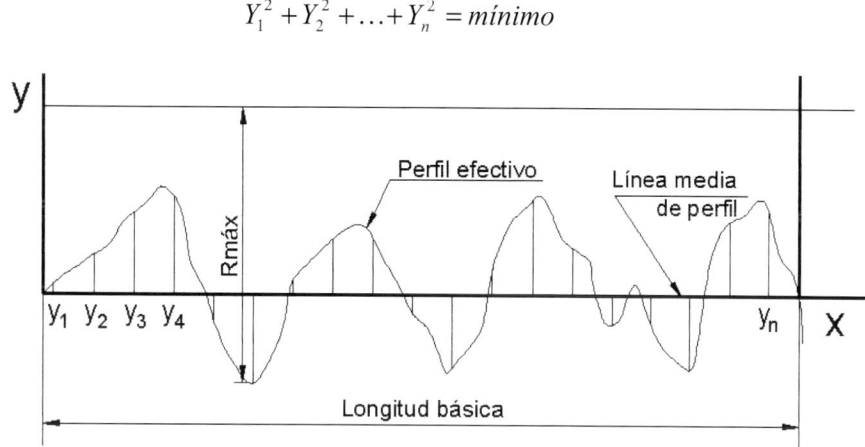

Figura 1.6.14 Representación esquemática para el cálculo de la línea media de perfil.

Cresta del perfil

Parte distal del perfil definida por las crestas y delimitada por la línea media.

Valle del perfil

Parte proximal del perfil (definida por lo valles) y delimitada por la línea media.

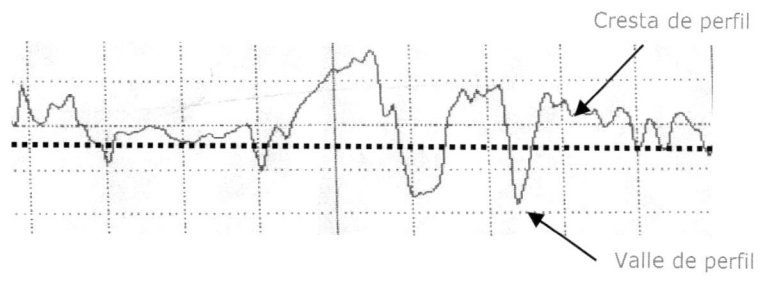

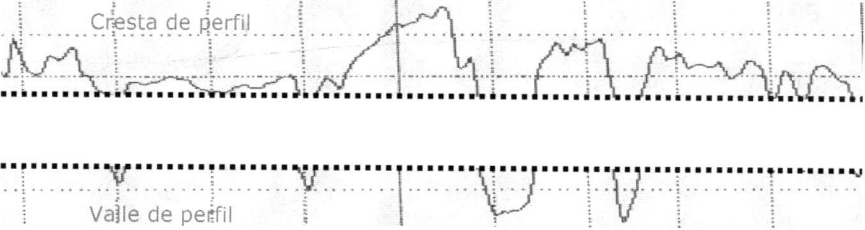

Figura 1.6.15 Cresta y valle del perfil.

Línea media aritmética o línea central (Lc)

Es una línea imaginaria paralela a la dirección general del perfil en toda su longitud de medición, tal que la suma de las áreas comprendidas entre ella y las partes del perfil real situadas en ambos lados (cimas y crestas) son iguales. Debe cumplirse la relación:

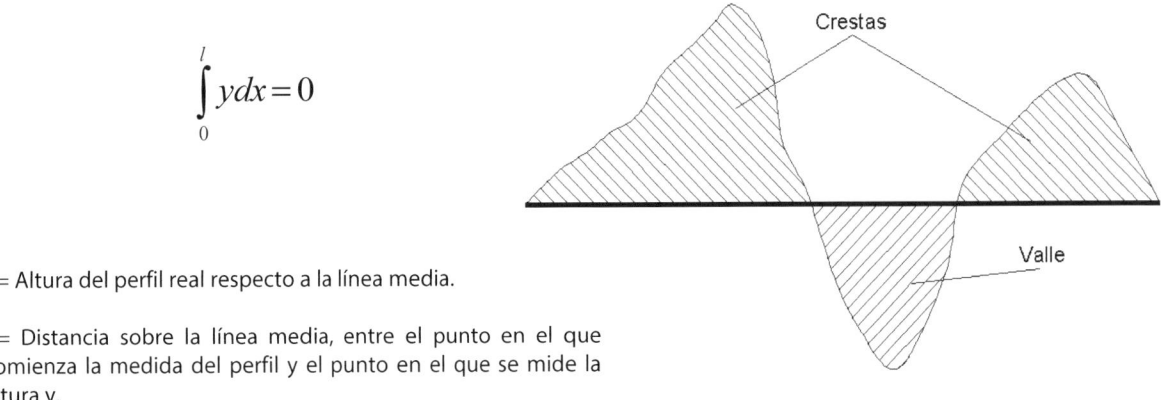

$$\int_0^l y\,dx = 0$$

Y= Altura del perfil real respecto a la línea media.

X= Distancia sobre la línea media, entre el punto en el que comienza la medida del perfil y el punto en el que se mide la altura y.

Figura 1.6.16 Determinación de la línea central (Lc).

Línea envolvente (Le)

Es la línea imaginaria paralela a la línea media y que pasa por los puntos más elevados de las crestas.

Línea de fondo (Lf)

Es la línea imaginaria paralela a la línea media y que pasa por los puntos más bajos de los valles.

Profundidad o aspereza (Rmáx)

Es la altura máxima de las irregularidades desde el punto más alto (cresta) al punto más bajo (valle).

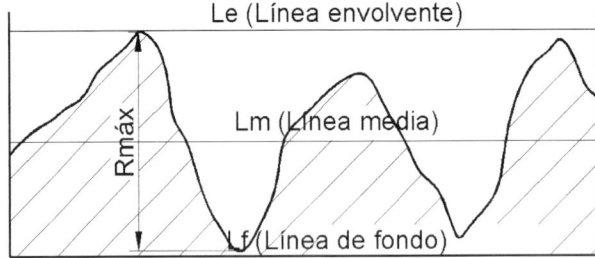

Figura 1.6.17 Representación de la profundidad o aspereza (Rmáx) como la altura máxima de las irregularidades.

Altura de una cresta del perfil (yₚ)

Distancia entre el punto más alto de una cresta y la línea media.

Profundidad de un valle de perfil (y_y)

Distancia entre el punto más bajo de un valle y la línea media.

Altura de una irregularidad

Es la suma de la profundidad de un valle y la altura de una cresta.

Altura máxima de una cresta (Rp)

Es la mayor distancia entre el punto más alto del perfil y la línea media en la longitud básica de medición.

Profundidad máxima de un valle (Rm)

Es la distancia entre el punto más bajo de un valle y la línea media.

Altura máxima del perfil (Rmáx)

Es la distancia máxima entre el valle más bajo (Rm) y la cresta más alta (Rp) en la longitud de medición o la distancia ente la línea envolvente y la línea de fondo.

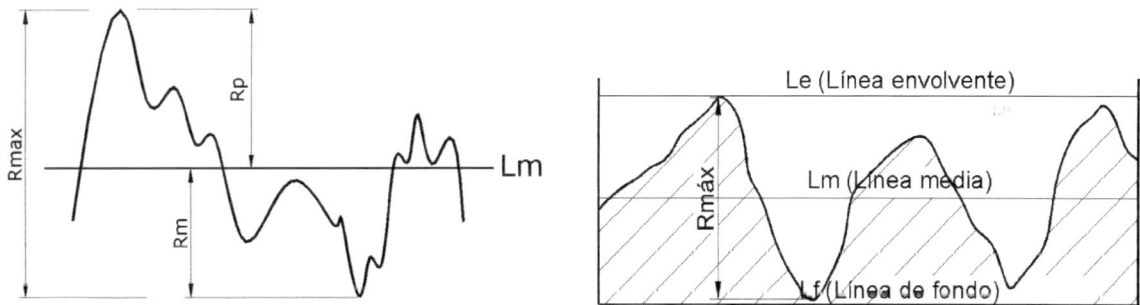

Figura 1.6.18 Altura máxima del perfil (Rmáx).

Rugosidad media aritmética (Ra)

Es el parámetro más reconocido y empleado internacionalmente para medir la rugosidad. El valor se da en micras (µm). Mide el valor medio aritmético de los valores absolutos de las variaciones del perfil dentro de la longitud de medición.

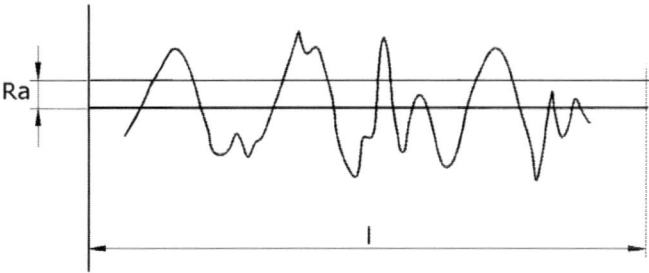

Figura 1.6.19 Altura máxima del perfil (Rmáx).

Es la media aritmética de las diferencias de cada punto de la línea de crestas predominantes a la línea central, tomadas a lo largo de la longitud base y todas ellas en valor absoluto. Este es el valor de la rugosidad que más se suele utilizar para indicar el estado superficial a pesar de que no representa ninguna característica del perfil.

El valor de la rugosidad se da en micras (μm). Una micra es 10^{-6} metros (0,000001 m = 0,001 mm). Matemáticamente se expresa según:

$$R_a = \frac{1}{L_m} \int_0^{L_m} |y(x)dx| \qquad\qquad R_a = \int_0^{L_m} \frac{|y|}{L_m} dx$$

Donde y es la desviación vertical a partir de la línea central y L_m es la longitud de medición.

Para determinar el valor Ra debemos partir de un perfil efectivo de longitud igual a la longitud de medición (Lm). Señalar la línea de fondo (Lf) que coincide con el valle más profundo y calcular el área encerrada entre las crestas, en cuanto a la línea de fondo hay que tener en cuenta la línea de medición.

A continuación, si dividimos el área calculada por la longitud Lm y tendremos la altura de la línea central (Lc). Una vez obtenida la posición de la línea central se calcula Ra mediante la media aritmética de las diferencias de cada punto del perfil efectivo a la línea central, tanto por encima como por debajo de dicha línea, en valor absoluto.

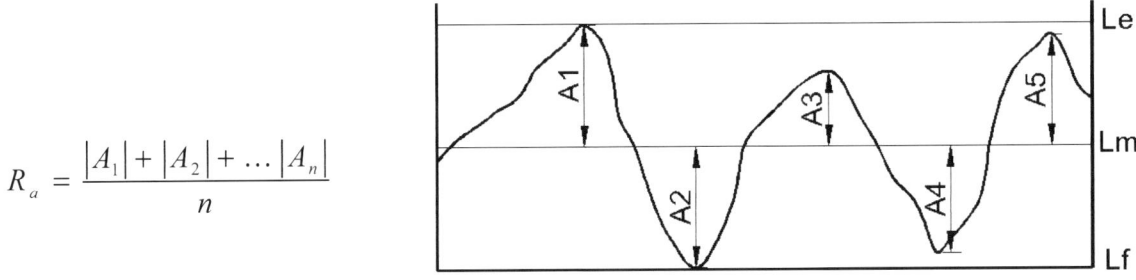

$$R_a = \frac{|A_1| + |A_2| + \dots |A_n|}{n}$$

Figura 1.6.20 Representación esquemática para el cálculo de la rugosidad media aritmética (Ra).

Ejemplos de valores de rugosidad obtenidos en procesos de mecanización por arranque de viruta:

Tipo de mecanizado	Valor de Ra en micras (μ)
Cepillado	
Torneado normal	
Fresado	5-30
Taladrado	
Brochado	0,15-15
Escariado	1-7
Torneado finísimo	0,5-3
Rectificado	
Rectificado finísimo	0,1-0,5
Lapeado	0,05-0,5
Bruñido	0,03-0,5

Figura 1.6.21 Valor de rugosidad obtenido por medio de diferentes tipos de mecanizado.

El grado de rugosidad de una superficie se define como el valor máximo de las rugosidades en puntos diferentes de la superficie.

Para simplificar las indicaciones en los dibujos y permitir la verificación, han sido normalizados los siguientes grados de rugosidad.

Ra (µ)		Ra (µ)		Ra (µ)	
Serie preferente	Serie unificada	Serie preferente	Serie unificada	Serie preferente	Serie unificada
-	0.008	0.40	0.40	12.5	12.5
-	0.010	-	0.50	-	16
-	0.012	-	0.63	-	20
0.025	0.025	0.80	0.80	-	25
-	0.032	-	1.0	-	32
-	0.040	-	1.25	-	40
0.050	0.050	1.6	1.6	-	50
	0.063	-	2	-	63
-	0.080	-	2.5	-	80
0.100	0.100	3.2	3.2	-	100
-	0.125	-	4	-	-
-	0.16	-	5	-	-
0.20	0.20	6.3	6.3	-	-
-	0.25	-	8	-	-
-	0.32	-	10	-	-

Figura 1.6.22 Series normalizadas de grados de rugosidad.

Cuando se prescriba que una superficie debe tener un cierto grado de rugosidad, debe entenderse que la medida de la rugosidad en cualquier punto de la superficie no debe ser mayor que el valor Ra prescrito. Cuando sea necesario prescribir una rugosidad comprendida entre un valor máximo y uno mínimo, se aconseja usar también para estos valores los adoptados en la tabla anterior.

1.6.4 Otros parámetros de medida. Cálculo de Rz y Rs

En la mayoría de los casos, el valor del estado superficial se describe mediante la *rugosidad media aritmética (Ra)*, *calculada en el punto anterior. Sin embargo es posible que en algunos casos se de en función Rz y/o Rs.*

Rz. Altura de las irregularidades sobre 10 puntos

Se define Rz como la distancia media entre los cinco puntos más altos (crestas) y los cinco puntos más bajos (valles) que se encuentran entre los límites de la longitud básica y tomados a partir de una línea cualquiera paralela a la línea media que no corte el perfil.

$$R_Z = \frac{(R_1 + R_3 + R_5 + R_8 + R_{10}) - (R_2 + R_4 + R_6 + R_7 + R_9)}{5}$$

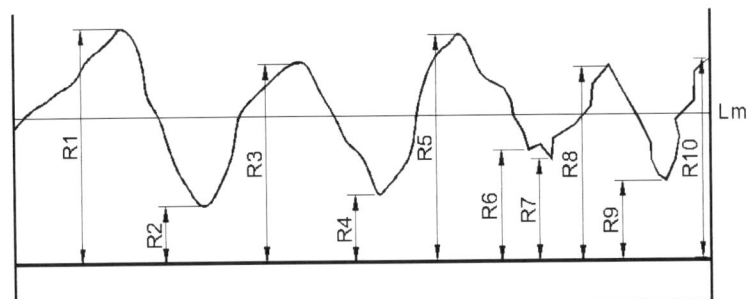

$$R_Z = \frac{\sum_{i=1}^{5}|Y_{pi}| + \sum_{i=1}^{5}|Y_{vi}|}{5}$$

Donde Y_{pi} es la altura de la cresta más alta y Y_{vi} es la altura del valle más bajo.

Figura 1.6.23 Representación esquemática para el cálculo de Rz.

Altura media de las irregularidades del perfil (Rc)

Es la suma de los valores medios de las profundidades de los valles y de las alturas de las crestas en la longitud básica de medición.

$$R_C = \frac{\sum_{i=1}^{n} y_{pi} + \sum_{i=1}^{1}|y_{vi}|}{n}$$

Donde Y_{pi} es la altura de la cresta más alta, Y_{vi} la altura del valle más bajo y n el número de crestas y valles en la longitud de medición.

Valor medio cuadrático (Rs. Root Mean Square)

Es la media geométrica de las diferencias del perfil total por encima y por debajo de la línea media, respecto a dicha línea media, a lo largo de una longitud básica. Su cálculo matemático sería:

$$R_S = RMS = \sqrt{\frac{\sum_{i=1}^{i=n} Y_i^2}{n}}$$

O también:

$$R_S = RMS = \sqrt{\frac{1}{l} \int_0^1 y^2 dx}$$

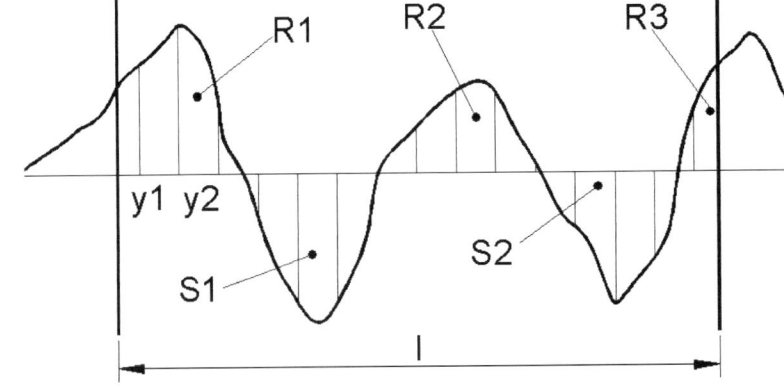

Figura 1.6.24 Representación esquemática para el cálculo de Rs (valor medio cuadrático).

Pc

Número de picos que se proyectan a través de una banda centrada seleccionable en torno a la línea media. Se determina sobre la longitud de evaluación, aunque los resultados se expresan en picos por centímetro.

$$Pc = \frac{N^{\circ}\,pi\cos}{Longitud\quad Evaluación}$$

Densidad de crestas y valles

Es el número de crestas o valles por unidad de longitud, respectivamente.

1.6.5 Elección de la rugosidad

La elección del grado de rugosidad, paso y orientación deben hacerse teniendo en cuenta los siguientes elementos:

- Carga que soporta la superficie durante el funcionamiento.
- Velocidad y dirección del movimiento.
- Naturaleza y características físicas de los cuerpos en contacto.
- Lubricación.
- Aspecto de la superficie, etc.

Por lo tanto, dependerá de la función que ejerza la superficie, teniendo en cuenta las condiciones de trabajo. Además, deberá tenerse presente la disponibilidad de máquinas que sean aptas para reproducir superficies con la rugosidad necesaria.

Indudablemente, el grado de rugosidad más adecuado será el fruto de la experiencia. Como orientación, en la tabla siguiente se indican los grados de rugosidad que diferentes normas aconsejan para determinadas aplicaciones en las que la indicación de la rugosidad es fundamental.

Ra μ	Coste relativo	Aplicación
0,008 0,012	100	Calibres de gran precisión Bloques patrones
0,025	80	Calibres Piezas de micrómetros
0,032 0,040	60	Calibres Ejes de émbolos Rodillos y sus alojamientos

Ra μ	Coste relativo	Aplicación
0,050 0,063	50	Calibres Camisas y cilindros de motores Rodamientos
0,080 0,100	40	Camisas y cilindros de motores Cojinetes lubricados a presión Ejes de émbolos Rodillos para laminadoras
0,125 0,16	35	Ejes de levas y excéntricas de calidad extrafina Ajustes de retención, sin juntas Ejes giratorios de alta velocidad Rodamientos. Camino de rodadura Rodillos de laminadoras
0,20 0,25	30	Ejes de levas y excéntricas de calidad fina Ejes para cojinetes Ejes poco lubricados Rodamientos. Camino de rodadura Cilindros de motores
0,32 0,40	25	Ejes para cojinetes Excéntricas de calidad media Cilindros para émbolos de anillos de cuero o goma Cojinetes de metal antifricción Dientes de tornillo sinfín y su rueda Dientes de engranajes sometidos a fuertes cargas
0,50 0,63	20	Aros para émbolos Ajustes fijos prensados Cojinetes lisos Ejes para cojinetes lisos Dientes de engranajes Rodillos para cojinetes Superficie de freno de tambores
0,8	15	Acabado para piezas endurecidas Alojamiento para aros de émbolo

Ra μ	Coste relativo	Aplicación
1,0		Dientes de engranajes Superficies para ajustes precisos
1,25	13	Ajustes fijos Chavetas y chaveteros Excéntricas
1,6		
2	11	Superficies para juntas blandas no metálicas Superficie de apoyo sin junta Superficie de freno de tambores
2,5		
3,2	9	Superficies sin requisitos especiales mecanizadas Superficies fundidas y estampadas
4		
5	6	
6,3		
8	4	Superficies comunes de piezas mecanizadas Superficies fundidas y estampadas
10		
16	2	Superficies no solicitadas, para las cuales tiene importancia solo las medidas dimensionales
20		
25		
32 a 100		Superficies fundidas

Figura 1.6.25 Relación entre rugosidades y costes de fabricación. Aplicaciones principales.

1.6.6 Indicación de la rugosidad

Cuando en un dibujo se especifique la calidad superficial, el operario o verificador debe asegurar mediante la utilización de rugosímetro que las indicaciones especificadas en los planos se encuentran entre límites aceptables. Por ello, es importante definir de qué forma debe indicarse la rugosidad en los planos.

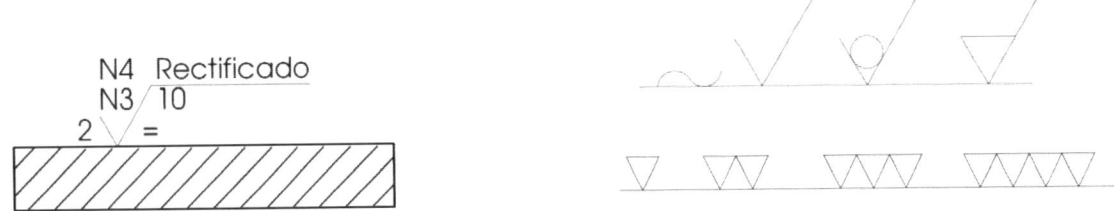

Figura 1.6.26 Representaciones normalizadas del estado superficial.

La simbología normalizada que se utiliza actualmente nos permite indicar el valor de la rugosidad en micras (μm), la altura de la ondulación, la orientación y el paso de la rugosidad, así como la indicación de la máquina herramienta utilizada en su mecanizado.

El símbolo básico empleado es definido mediante dos trazos desiguales que forman entre sí un ángulo de 60°. Este símbolo básico se complementa con pequeñas modificaciones cuando se desee indicar, por ejemplo, que se permite el arranque de viruta por mecanizado o para no permitirlo. La Norma UNE-EM-ISO 1037:1983 especifica la manera de indicar el estado superficial en los planos. Se corresponde con la ISO 1302:1978.

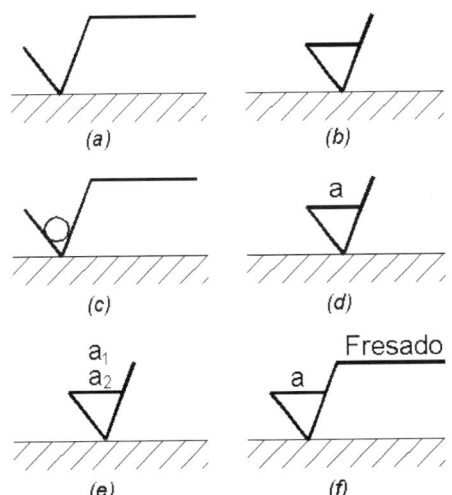

Representaciones normalizadas del estado superficial.

(a). Símbolo base que solo puede utilizarse cuando se exprese mediante una nota.

(b). Símbolo para indicar que la superficie ha sido mecanizada con arranque de viruta.

(c). El símbolo base con una circunferencia como la indicada en la figura c se utiliza para aquellas superficies donde no está permitido el arranque de viruta. También puede utilizarse en los dibujos de fase de mecanizado, para indicar que la superficie debe quedar tal y como se ha obtenido en la fase anterior de mecanización.

(d). Se indica la rugosidad máxima de la superficie en micras (μm).

(e) Indicación de rugosidad máxima y mínima admitida en micras (μm).

(f). Indicación del proceso de fabricación utilizado.

Las especificaciones del estado superficial deben colocarse tal y como se representa en la siguiente figura:

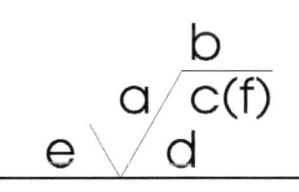

- a = Valor de la rugosidad (Ra) en micras o también se puede indicar el número de la rugosidad (N1 a N12).
- b = Proceso de fabricación, tratamiento o recubrimiento empleado.
- c = Longitud base.
- d = Dirección de las estrías de mecanizado.
- e = Sobremedida del mecanizado.
- f = Otros valores de la rugosidad (entre paréntesis).

A continuación se representa el valor de la rugosidad en (µm), la clase de rugosidad que le corresponde y el signo de mecanizado equivalente.

Rugosidad (Ra)		Clase de rugosidad	Signo de mecanizado (antiguo)
µm	µin		
50	2000	N12	
25	1000	N11	
12.5	500	N10	
6.3	250	N9	
3.2	125	N8	
1.6	63	N7	
0.8	32	N6	
0.4	16	N5	
0.2	8	N4	
0.1	4	N3	
0.05	2	N2	
0.025	1	N1	

Figura 1.6.27 Rugosidad en (µm y µin) en función de la clase N y la simbología antigua.

Procesos	Rugosidad (µm)												
	0,025	0,05	0,1	0,2	0,4	0,8	1,6	3	6	12	16	20	25
Oxicorte								▓	▓	▓	▓	▓	▓
Limado. Torneado y fresado				▓	▓	▓	▓	▓	▓				
Taladrado					▓	▓	▓	▓	▓				
Cepillado				▓	▓	▓	▓	▓	▓				
Brochado				▓	▓	▓	▓	▓					
Pulido		▓	▓	▓	▓	▓							
Rectificado			▓	▓	▓	▓	▓						
Bruñido	▓	▓	▓	▓	▓	▓							
Lapeado	▓	▓	▓	▓	▓								
Laminación en caliente									▓	▓	▓	▓	▓
Moldeo en arena									▓	▓	▓	▓	▓
Forja								▓	▓	▓	▓	▓	
Laminado, estirado y trefilado			▓	▓	▓	▓	▓						

Figura 1.6.28 Procesos de fabricación y rugosidades obtenidas.

En la tabla se indica el posible abanico de rugosidad obtenida en distintos procesos de fabricación.

1.6.7 Instrumentación para medir la rugosidad

Existen distintos tipos de aparatos para el control de la rugosidad, de entre los cuales destacan, preferentemente, los equipos y dispositivos basados en procedimientos electromecánicos (instrumentos electrónicos con palpador). Aunque en el mercado pueden encontrarse instrumentos ópticos y sistemas basados en integradores neumáticos. Otros procedimientos más antiguos y no tan precisos son los comparadores visotáctiles, que permiten conocer la rugosidad de la pieza a evaluar por comparación visual y táctil con patrones.

1.6.7.1 Equipos electromecánicos

El principio de funcionamiento de estos aparatos consiste en un palpador electromecánico que funciona por inducción. Los movimientos del palpador al seguir el perfil de la superficie se transforman en impulsos eléctricos que, después de ser amplificados (de 5 a 10^6 veces), son totalizados y transformados en la señal que produce la desviación del indicador del instrumento, generalmente una aguja sobre una esfera graduada.

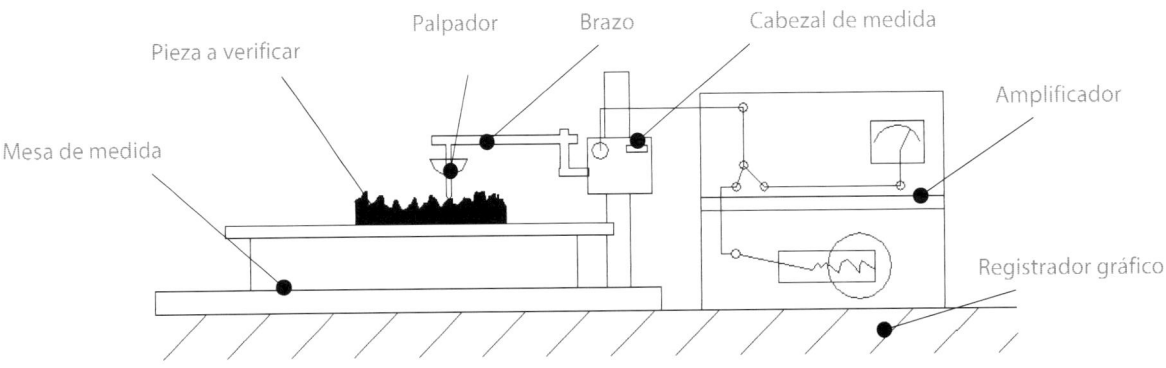

Figura 1.6.29 Representación esquemática del principio de funcionamiento de un rugosímetro.

Existen muchas versiones de estos equipos para medir el estado de superficies, llamados en general "rugosímetros", a los cuales pueden adaptarse distintos juegos de palpadores y responden a todos los casos que puedan presentarse. Muchos de estos equipos permiten acoplarles un registrador electrónico rápido que puede reproducir un gráfico continuo de los valores obtenidos en coordenadas lineales o polares, siguiendo una base de tiempo o en función del desplazamiento del palpador con relación a la pieza controlada.

Acoplando a estos equipos dichos integradores se pueden calcular diferentes parámetros de estado de superficie, como: altura de ondulación, altura máxima de rugosidad, alturas medias de rugosidad, distancia máxima de amplitud de ondulación, media aritmética (Ra o CLA si es la inglesa), media cuadrática (Rs), etc.

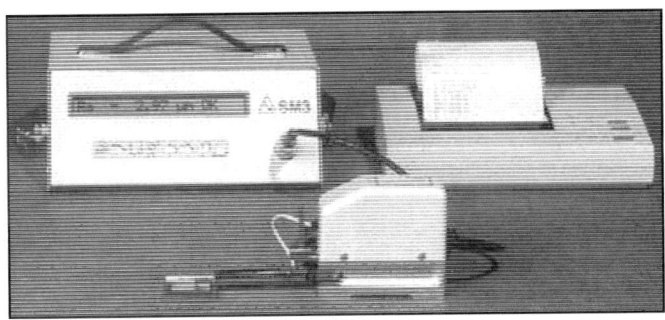
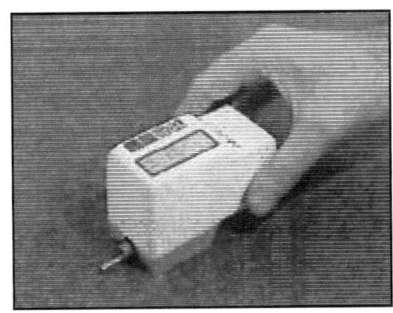

Figura 1.6.30 Rugosímetros portátiles con posibilidad de calcular Ra, Rz y Rmáx. Imágenes cedidas por Tecmicro S.A.

Ejemplo 1

Se ha utilizado el rugosímetro portátil SM-3 y se han obtenido los siguientes resultados.

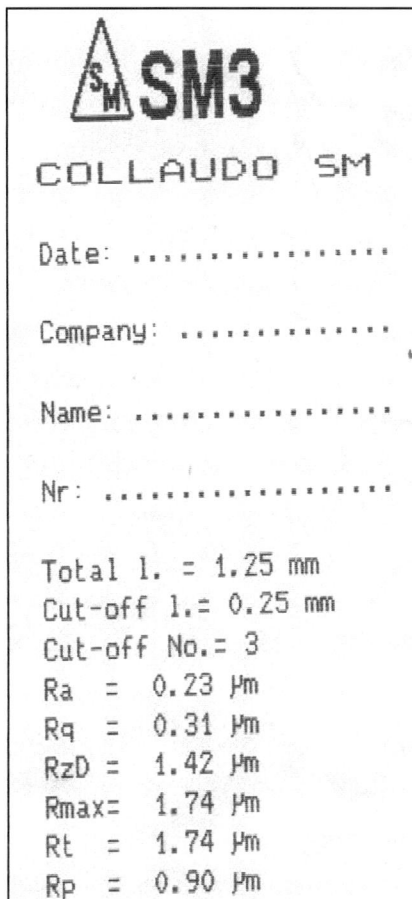

- **Total l.** Es la longitud total de exploración que se ha utilizado en el estudio. La longitud de evaluación debe tener una o más longitudes de la muestra.

- **Cut off.** Determina el punto de corte del filtro, es decir, la longitud de onda del límite de separación entre la rugosidad y la ondulación. La separación no puede ser muy rigurosa.

- **Ra. Rugosidad media aritmética.** Representa el valor absoluto de la media aritmética de las ordenadas del perfil comprendidas en la longitud de evaluación y referidas a la línea media.

- **Rq. Rugosidad media cuadrática.** Es la media cuadrática de todas las ordenadas del perfil comprendidas en la longitud de evaluación.

- **RzD. Profundidad media.** Es la media aritmética de las mayores distancia pico-valle de cada longitud base, dentro de la longitud de evaluación.

- **Rmáx. Profundidad máxima simple.** Es la mayor Rt de todas las existentes en la línea base.

- **Rt. Profundidad máxima total.** Distancia entre la línea tangente al pico más alto y la línea tangente al valle más profundo, considerada en toda la longitud de evaluación.

- **Rp. Altura máxima.** Valor del pico más alto con respecto a la línea media, medido en la longitud base.

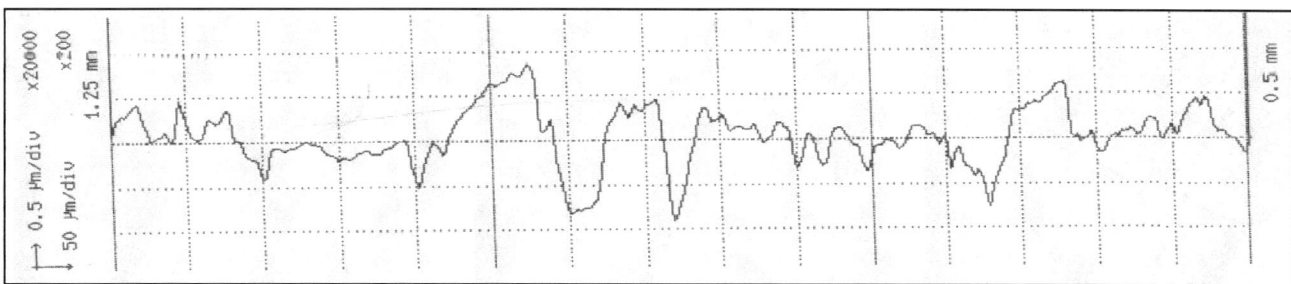

Figura 1.6.31 Impresión del perfil de rugosidad obtenido en la medición.

1.6.7.2 Patrones de estado de superficie

Es muy práctico y simple el empleo en taller de patrones de estado de superficie como los fabricados por la marca TESA. Están construidos de materia plástica especial o metálica y comprenden una serie de superficies normalizadas, elegidas de manera que cubran todos los métodos de mecanización y las profundidades de perfil más corriente. El método de mecanización y la profundidad del perfil están indicados sobre cada patrón.

Estos patrones se utilizan por comparación visual con la pieza a medir o por comparación táctil mediante el dedo, la uña o una pieza de cobre como una moneda. La comparación visual requiere un ángulo de luz determinado y es recomendable emplear lupa de 8 aumentos cuando las superficies a estudiar son pequeñas. Con práctica se consiguen apreciaciones suficientes para determinar entre qué valores está comprendida la rugosidad de la pieza comprobada.

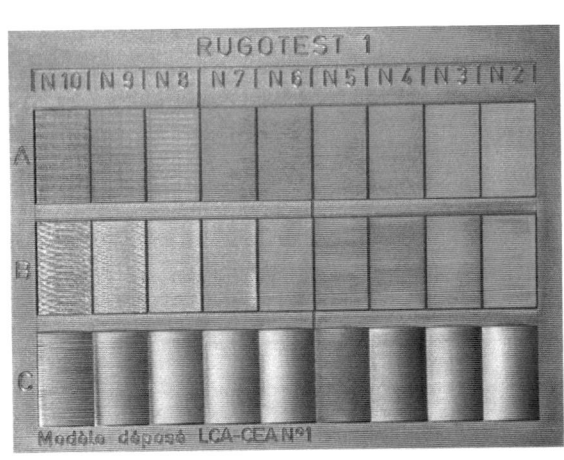
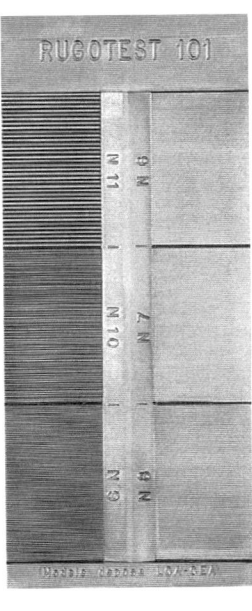
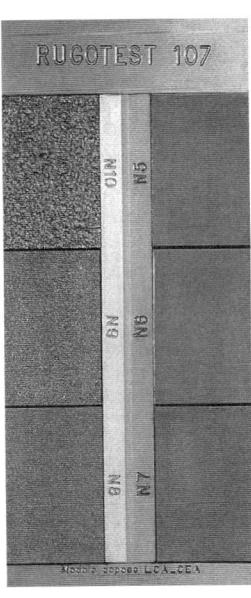

Figura 1.6.32 Rugotest. Comparador táctil de rugosidad. Imagen cedida por cortesía de TESA.

Las placas visotáctiles de la figura están fabricadas en níquel inoxidable y cumplen la Norma DIN 4769. Cada una de los juegos comercializados tiene un número de placas con diferente rugosidad y procedimiento de mecanizado. Así, por ejemplo, el juego Rugotest número 1 contienen 27 placas mecanizadas con rugosidades comprendidas desde N2 a N10. El juego 106 tiene 6 placas obtenidas por cepillado con acabados de N6 a N11. Finalmente, el juego 107, incluido en la figura, contiene 6 placas obtenidas por electroerosión con acabados de entre N5 y N10.

Test, cuestiones y problemas propuestos

Test

Responde verdadero o falso.

	V	F
1. La rugosidad puede medirse en milímetros.		
2. Es recomendable que las superficies funcionales tengan un buen acabado superficial.		
3. La longitud desarrollada (L_0) siempre es mayor que la longitud de medición (Lm).		
4. La línea media aritmética o línea central es la línea imaginaria que divide el perfil de tal forma que la suma de los cuadrados de las distancias de los puntos del perfil efectivo a la línea media es la mínima posible.		

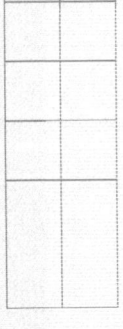

	V	F
5. Para designar la distancia entre el punto más bajo de un valle y la línea media se emplea Rm.		
6. El valor de la Ra es mayor en operaciones como el taladrado y el escariado que con bruñidos.		
7. Rs representa la altura de las irregularidades sobre 10 puntos.		
8. En el signo del acabado superficie puede indicarse el proceso de fabricación empleado en el proceso productivo.		
9. El valor de la rugosidad N12 se emplea para indicar acabados muy finos como las superficies de los bloques patrón.		
10. L representa la longitud total de exploración.		
11. Los patrones visotáctiles permiten conocer de forma cuantitativa la rugosidad Ra de la superficie de la pieza evaluada.		
12. RzD representa la rugosidad media cuadrática.		

Cuestiones

1. Define el concepto de superficie funcional y no funcional. Indica un ejemplo para cada uno de los casos.

2. Indica la diferencia existente entre un perfil geométrico y uno efectivo.

3. ¿Qué es la rugosidad? ¿Por qué es tan importante su medición?

4. ¿Qué tipo de orientación pueden presentar los surcos que caracterizan a la rugosidad? Describe cada uno de ellos e indica un ejemplo.

5. ¿Qué es la ondulación? ¿Cómo puede medirse? ¿Qué parámetros se pueden medir para su caracterización?

6. ¿De qué depende emplear una longitud de medición mayor o menor? Justifica la respuesta.

7. Define los siguientes conceptos: línea media de perfil, línea media aritmética o línea central, profundidad o aspereza (Rmáx).

8. ¿Qué es la Ra? ¿Cómo se determina?

9. Define Rz y Rs.

10. Describe el funcionamiento de un equipo electrónico de medición de rugosidad.

11. ¿Qué información puede obtenerse con un rugosímetro estándar?

12. ¿Qué es un patrón visotáctil? ¿Cómo se utiliza? Indica las ventajas y los inconvenientes de su utilización.

Errores, calibración y trazabilidad

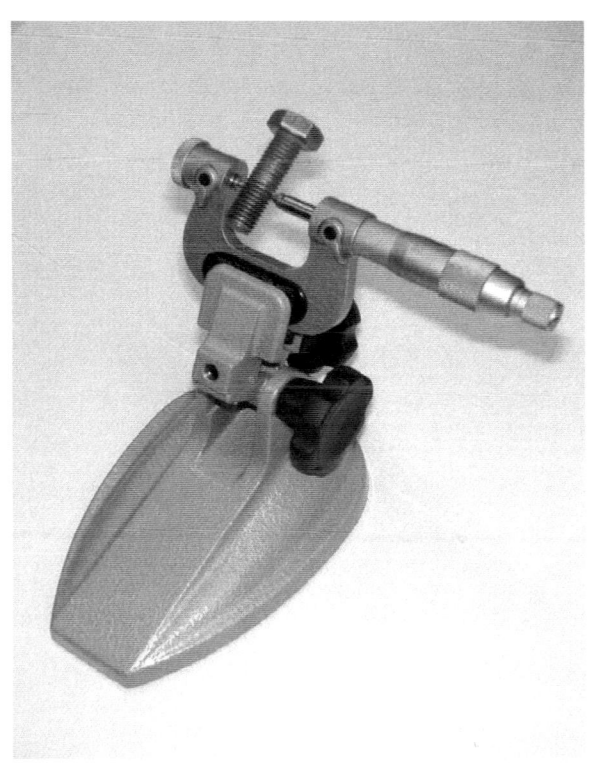

Contenidos

Problemas resueltos

Test, cuestiones y problemas propuestos

Objetivos

- Definir la terminología relacionada con los errores.
- Clasificar los errores en función de su tipo, tratamiento y cualidades.
- Definir los errores absolutos y relativos. Definir conceptos como precisión, sensibilidad y fidelidad.
- Introducir los conceptos de plan de control metrológico y calibración.

1.7.1 Introducción

El objetivo fundamental de la metrología es la obtención de medidas lo más exactas posibles. Sin embargo, durante los procesos de verificación existen factores que provocan errores e inexactitudes en las mediciones. Por muchas precauciones que se tomen, el valor medido nunca coincidirá exactamente con el valor verdadero. Por lo que el valor medido siempre se encontrará afectado por un error cuyo valor dependerá de factores como la apreciación del operario, defectos del método de medición, instrumentos de medición no calibrados, etc.

En este capítulo se pretende definir los errores, sus causas y las metodologías utilizadas en la gestión de los resultados de la verificación para minimizar estos errores.

1.7.2 Errores en la medición

Los errores que puede cometer un verificador son de diversa índole, pudiéndose clasificar en dos grandes familias: los errores sistemáticos y los accidentales. Por otro lado, se diferencian dos tipos de errores, los absolutos y los relativos, y se definen conceptos como exactitud, precisión y apreciación.

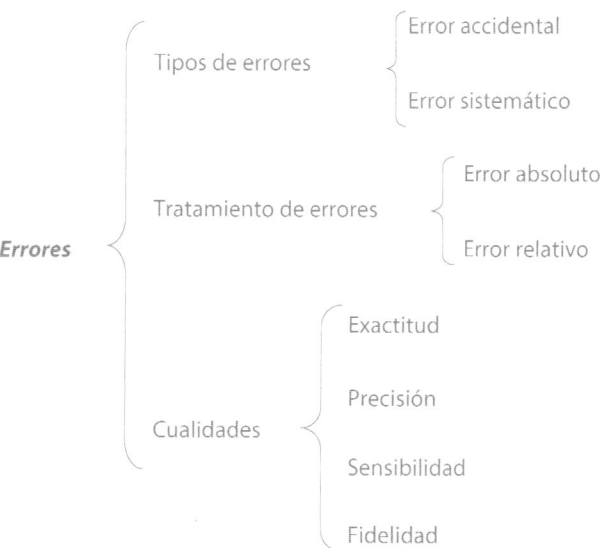

Figura 1.7.1 Clasificación de los errores.

- **Tipos de errores**. Los errores (de causa muy variada) se clasifican en dos grandes grupos, los errores accidentales y los sistemáticos.

  Los **E. accidentales** son los debidos a causas imprevisibles que no se presentan siempre que se realiza una medición. Son errores que no pueden evitarse aunque sí pueden minimizarse o disminuir su aparición con la perfección de las técnicas o la pericia del verificador. Un ejemplo de E. accidental puede ser la utilización de una regla graduada a temperaturas diferentes de las de su uso; se comete un error debido a la elongación de la misma por dilatación. También se consideraría error accidental cuando el verificador da una lectura equivocada de la medida efectuada.

  Los **E. sistemáticos** son los que se presentan siempre que se realiza una medición debido, en la mayoría de los casos, a la utilización de aparatos en mal estado o no calibrados. Se evitan corrigiendo y calibrando los aparatos de medida.

- **Exactitud**. Se define la exactitud de una medida como la mayor o menor aproximación al valor real o nominal de la magnitud medida. Como valor real se toma la media aritmética de las medidas.

- **Precisión**. Es la capacidad que tiene un instrumento de medida de dar los resultados con mucha exactitud.

- **Apreciación**. Es la fracción mínima de unidad de medida que puede leerse en un instrumento de medida.

1.7.3 Errores y medidas directas

Son formas de cuantificar el error cometido en relación con el valor real de una magnitud.

Cuando se toman un conjunto de medidas siempre se tiende al error debido a las imperfecciones del instrumento de medición o a la falta de apreciación del observador. Es por ello necesario expresar el resultado teniendo en cuenta ese error indicando una tolerancia o valores estimados de la variable medida.

Así, si se realiza una medida de la longitud, se establece que la longitud es de 174±2 mm. En este caso, la medida debe estar comprendida entre 172 y 176 mm. Sin embargo, la expresión no indica que la medida deba estar comprendida entre esos límites establecidos. Tan solo indica la probabilidad de que se encuentre entre ellos. Como norma general, se establece que los errores deben expresarse con una única cifra significativa y deben corresponder al mismo orden de magnitud. Algunos ejemplos se indican en la tabla adjunta.

Incorrecto	Correcto
41,71±0,4 mm	41,7±0,4 mm
41,71±3 mm	42±3 mm
41,71±30 mm	40±30 mm

Ejercicio resuelto 1.7.1

Indica si las siguientes expresiones son correctas o incorrectas:

14000±3000 m	354,24±3,13
23564±2878	22,5±0,4
42±0,07	435±4
342,8±2	32,00±0,07

Solución

Correctas	Incorrectas
14000±3000 m	42±0,07
32,00±0,07	23564±2878
22,5±0,4	342,8±2
435±4	354,24±3,13

Cuando se hace la misma medida varias veces pueden obtenerse resultados distintos como consecuencia de la variación de las condiciones ambientales (temperatura, humedad, presión, etc.) o como consecuencia de las variaciones en la apreciación del observador.

En todos los casos, se obtienen un conjunto de medidas que oscilan entre valores más o menos cercanos. Para corregir esa variabilidad (errores aleatorios) en los resultados medidos debe utilizarse la teoría de Gauss de los errores y presentar los resultados teniendo en cuenta los valores medios de las medidas efectuadas. Este valor medio se conoce con el nombre de valor verdadero o medio <x>.

$$< x >= \frac{x_1 + x_2 + \cdots + x_n}{n} = \frac{\sum_{1}^{n} x_i}{n}$$

El valor medio obtenido se acerca cada vez más al valor verdadero cuando el número de medidas realizadas es muy alto. Sin embargo, en la mayoría de casos basta con realizar 10 medidas para obtener ese valor.

La **teoría de Gauss de los errores** debido a las causas aleatorias se define mediante el error cuadrático. El resultado final se expresa según:

$$\Delta x = \sqrt{\frac{\sum_{1}^{n} \left(x_i - < x >\right)^2}{n(n-1)}} \qquad < x > \pm \Delta x$$

La definición del error según la teoría de Gauss solo es válida cuando el error cuadrático es mayor que el error instrumental.

Ejercicio resuelto 1.7.2

Con un aparato de medición cuya cifra significativa más pequeña es de 0,01 mm se toma una lectura de 0,78 mm. Esta lectura se repite varias veces obteniendo valores constantes. ¿Cómo se expresa la medida?

Solución

La medida debe expresarse con el valor de 0,78 que indica el valor medio y 0,01 como el error.

$$0,78 \pm 0,01\,mm$$

Ejercicio resuelto 1.7.3

Con un cronómetro se miden cuatro tiempos (5.4, 5.2, 5.3 y 5.2). El cronómetro permite medir hasta las décimas de segundo. Indica el valor de la lectura del tiempo con su error correspondiente.

Solución

Se calcula el valor medio de las medidas según la expresión:

$$< x >= \frac{x_1 + x_2 + \cdots + x_n}{n} = \frac{5,4 + 5,2 + 5,3 + 5,2}{4} = 5,275\,s$$

El error cuadrático definido según la **teoría de Gauss** es:

$$\Delta x = \sqrt{\frac{\sum_{1}^{n}(x_i - <x>)^2}{n(n-1)}} = \sqrt{\frac{(5,4-5,275)^2 + (5,2-5,275)^2 + (5,3-5,275)^2 + (5,2-5,275)^2}{4(4-1)}} =$$

El error cuadrático obtenido es más pequeño que el error del instrumento de medida (0,1 s) por lo que debe tomarse este como el error de la medida y redondear el valor medio teniendo en cuenta los decimales del error. La medida se expresa:

$$t = 5,3 \pm 0,1 s$$

1.7.4 Error absoluto y error relativo

El error que se ha estado definiendo hasta este momento es el denominado **error absoluto (E_a)**. Se define como la diferencia entre el valor obtenido en la medida (x_i) y el valor real o convencional de la magnitud (x_0) en valor absoluto.

$$E_a = X_i - X_0$$

El **error relativo (E_r)** es un índice que mide la precisión de la medida y se expresa por el cociente entre el error absoluto y el valor convencional de la magnitud.

$$E_r = \frac{E_a}{X_0} = \frac{X_i - X_0}{X_0}$$

Según las definiciones es necesario conocer el valor real de la magnitud medida para calcular el error absoluto y el relativo, lo cual parece un contrasentido. En lugar de utilizar el valor real (X_0) se utiliza una media aritmética de un gran número de mediciones y de esta forma se obtiene un valor que es considerado como tal.

Ejercicio resuelto 1.7.4

Se efectúan 10 mediciones de una longitud y se obtienen los siguientes resultados:

2,325	2,321	2,326	2,323	2,322
2,320	2,326	2,321	2,323	2,322

Calcular el error absoluto y el relativo.

Solución

$$\overline{X} = \frac{2,325 + 2,320 + 2,321 + 2,326 + 2,326 + 2,321 + 2,323 + 2,323 + 2,322 + 2,322}{10} = 2,3229$$

Cálculo del error absoluto y relativo.

Mediciones	Ea	Er
2,325	0,0021	0,00090404
2,320	0,0029	0,00012484
2,321	0,0019	0,00081794
2,326	0,0031	0,00133453
2,326	0,0031	0,00133453
2,321	0,0019	0,00081794
2,323	0,0001	0,00004305
2,323	0,0001	0,00004305
2,322	0,0009	0,00038744
2,322	0,0009	0,00038744

$$E_{a1} = X_i - X_0 = 2,325 - 2,3229 = -0,0021$$

$$E_r = \frac{E_a}{X_0} = \frac{0,0021}{2,3229} = 9,0404 \times 10^{-4}$$

La máxima diferencia aparece con 2,326, cuyo error absoluto es E_a=0,0031 por lo que el resultado final debe expresarse:

$$m = 2,323 \pm 0,003$$

Ejemplo resuelto 1.7.5

La medida nominal de un eje según planos es de $\varnothing_N$=55,4 mm. Se realizan 5 mediciones con pie de rey y se obtienen los siguientes valores:

55,3	55,5	55,3	55,5	55,2

Calcular el error absoluto y el relativo.

Solución

En este caso podríamos tomar como valor real (X_0) el valor nominal o podríamos realizar la media aritmética.

Cálculo del error absoluto y relativo.

Mediciones	E_a	E_r
55,3	0,1	0,001805
55,5	0,1	0,001805
55,3	0,1	0,001805
55,5	0,1	0,001805
55,2	0,2	0,003610

$$E_{a1} = X_i - \phi_N = 55,3 - 55,4 = -0,1$$

$$E_r = \frac{E_a}{\phi_N} = \frac{0,1}{55,4} = 1,805 \times 10^{-3}$$

La máxima diferencia aparece con 55,2, cuyo error absoluto es E_a=0,2, por lo que el resultado final debe expresarse:

$$\phi = 55,4 \pm 0,2 mm$$

1.7.5 **Errores en mediciones indirectas**

Cuando se efectúan operaciones con medidas afectadas por errores los resultados obtenidos no serán exactos. Por ejemplo, una velocidad no es una medida directa, sino que se obtiene por el cociente del espacio recorrido por un móvil y el tiempo que tarda este en recorrerlo. Si las lecturas realizadas del tiempo y la distancia recorrida se encuentran afectadas por errores y cociente de ambas también arrastrará un error. Por ello es necesario saber realizar operaciones matemáticas con valores afectados por errores. Las principales operaciones son la suma, el producto, las potencias y las raíces.

- **Error absoluto de la suma**. El error absoluto de una suma se resuelve con el sumatorio de los errores de los sumandos. Por ejemplo, para sumar A+B el error de la operación será:

$$\Delta S = \Delta A + \Delta B$$

- **Error absoluto del producto**. El error absoluto de un producto entre dos valores con errores es la suma de los errores relativos de cada uno de ellos. Por ejemplo, el producto de A por B:

$$\frac{\Delta P}{P} = \frac{\Delta A}{A} + \frac{\Delta B}{B}$$

Las potencias, raíces y otras operaciones matemáticas simples pueden resolverse reduciéndolas a productos, sumas y restas.

Ejemplo resuelto 1.7.6

Calcular el valor del área y el perímetro del siguiente rectángulo:

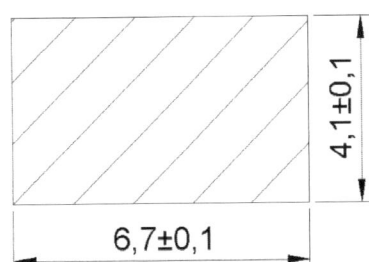

$$Area = 6,70 \times 4,10 = 27,47 mm^2$$

$$Perímetro = (2 \times a) + (2 \times b) = 2 \times 6,7 + 2 \times 4,1 = 21,6 mm$$

Solución

Área del rectángulo

Calculamos el error relativo del área. $E_R = E_{RA} + E_{RB} = \dfrac{0,1}{6,7} + \dfrac{0,1}{4,1} = 3,931 \times 10^{-2}$

El error absoluto es: $E_A = S \times E_R = 27,47 \times 3,931 \times 10^{-2} = 1,08 \ mm^2$

$$S = (27,47 \pm 1,08) mm^2$$

Perímetro del rectángulo

El error absoluto es $\quad E_A = 2\Delta b + 2\Delta a = 2\times0,1 + 2\times01 = 0,4mm$

El error relativo es $\quad E_R = \dfrac{0,4}{21,6} = 1,8518\times10^{-2}$

$$P = (21,6\pm0,4)mm$$

1.7.6 Tipos de errores y causas que lo provocan

Los errores tienen diversos orígenes o causas y se pueden clasificar en 4 grupos.

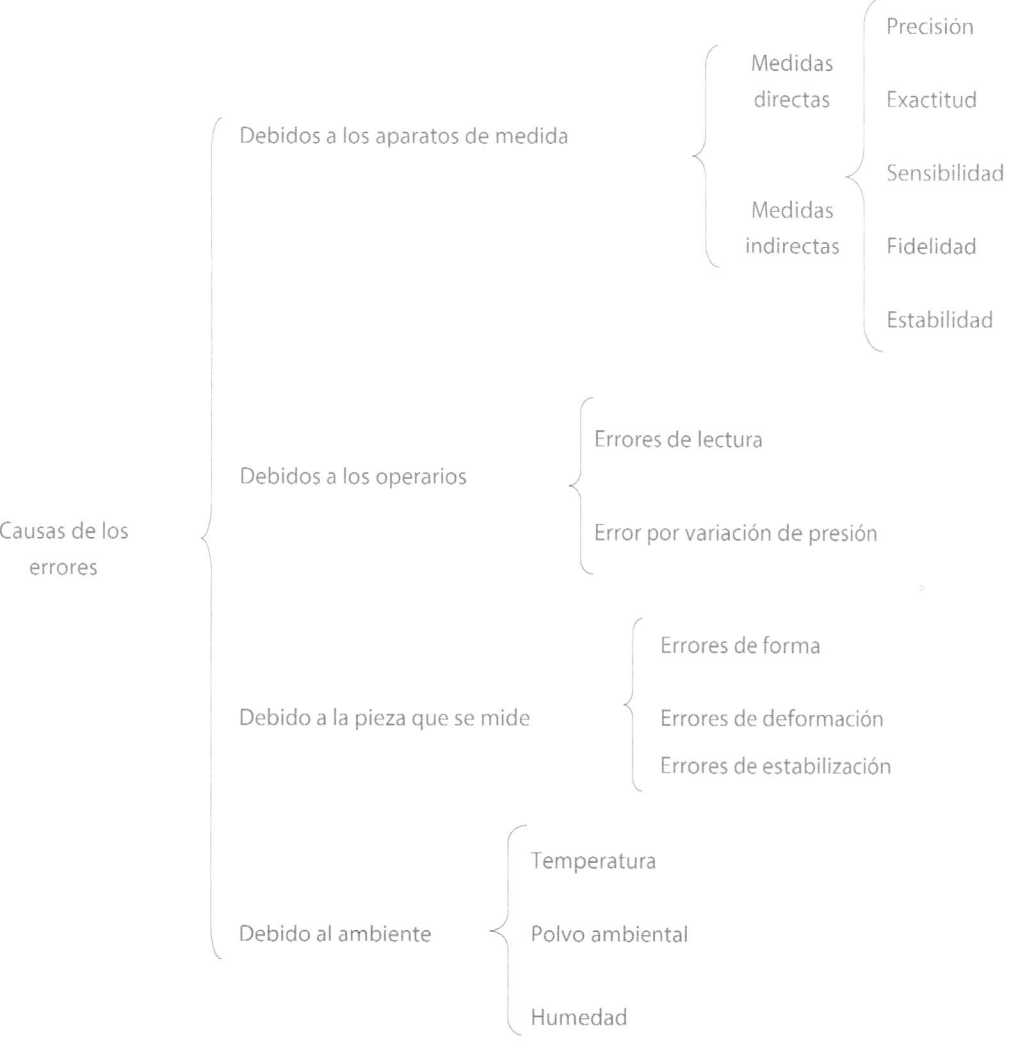

Figura 1.7.2 Principales errores y causas que los originan.

1.7.6.1 Errores debidos a los aparatos de medida

Se pueden tomar medidas de forma directa o indirecta. Se dice que la medición es directa cuando el operario obtiene una lectura directa del aparato. Cuando deben realizarse cálculos con las medidas tomadas se dice que la medición es indirecta.

En cualquiera de los casos, el verificador deberá utilizar aparatos como el pie de rey, el micrómetro, el goniómetro, etc., que reunirán unas cualidades diferentes en función de su precisión, exactitud, sensibilidad y fidelidad.

Los errores debidos a los aparatos de medida se deben a estas cualidades. Para conocer dichas cualidades el verificador deberá conocer las posibles causas que las modifican.

Precisión

Para que un instrumento de medida sea preciso o sea capaz de dar resultados con el mínimo error debe asegurarse el buen estado de la escala de división, pues es uno de los factores que más afecta a la precisión.

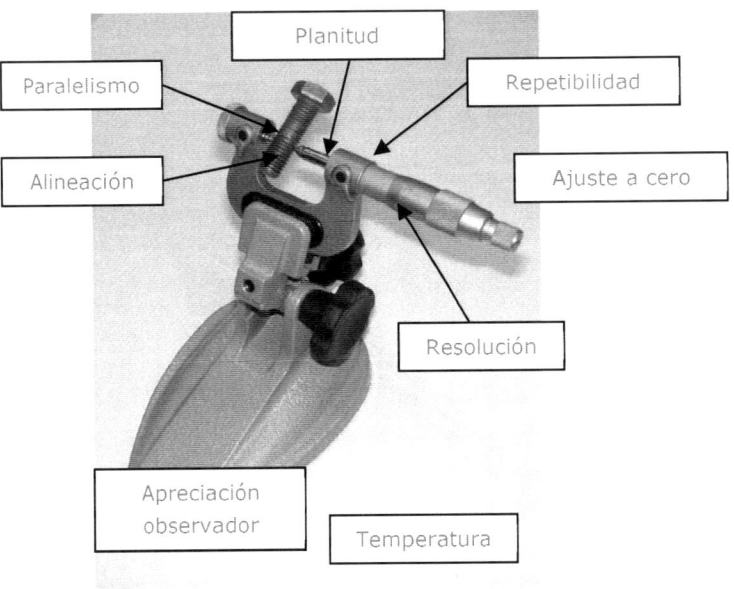

Figura 1.7.3 Errores debido a los aparatos de medida.

Sensibilidad

La sensibilidad es la relación entre los desplazamientos apreciados por el verificador sobre la graduación del aparato y las diferencias reales de las piezas que se miden. Son debidas en la mayoría de los casos a la mala calibración del aparato o a defectos de amplificación.

Fidelidad

La aptitud que tiene un aparato para dar medidas muy cercanas entre sí cuando se mide una misma pieza en intervalos de tiempo breves y en las mismas condiciones son debidas a la ausencia de causas como son las vibraciones, deformaciones elásticas o permanentes del aparato de medida. Pueden corregirse minimizando estas causas.

1.7.6.2 Errores debidos al verificador

Pueden ser debidos a errores en la lectura o debido a la variación de la presión.

Los primeros son los que comete el verificador al leer la medición sobre la graduación del aparato por encontrarse los trazos muy próximos unos a otros o por no mirar el índice de forma perpendicular a la escala de graduación. Se minimiza el problema utilizando amplificadores.

Los errores debidos a la variación de presión se deben al hecho de apretar más o menos la pieza mediante los dados de medición. Este error se solventa utilizando dispositivos de presión.

1.7.6.3 Errores debidos a las piezas que se verifican

Pueden existir errores de forma, deformación o de estabilización. Los primeros se presentan cuando existen distorsiones en la forma de las piezas. Se minimiza el problema tomando diversas mediciones en diferentes posiciones de la pieza.

Las deformaciones no solo se presentan en las piezas a verificar sino también en los instrumentos de medición. Las más habituales son las deformaciones por flexión y torsión.

Los errores de estabilización se deben a la modificación de las dimensiones de una pieza cuando se estabilizan por procesos de tratamientos térmicos.

1.7.6.4 Errores debidos al ambiente

La temperatura, la humedad y el polvo ambiental pueden modificar las medidas tomadas induciendo un error. La temperatura puede provocar dilataciones más o menos importantes tanto en las piezas que se verifican como en los aparatos que se utilizan en la medición. Para minimizar esos efectos se deben verificar las piezas a 20 °C±1 °C.

La humedad puede falsear las mediciones realizadas con los aparatos ópticos por modificar el índice del aire, mientras que el polvo contribuye a alterar el contacto entre la pieza y el instrumento de medición.

Para minimizar las causas de error más frecuentes en un laboratorio de metrología deben adoptarse las siguientes reglas:

a) Seleccionar los aparatos de medida en función de su sensibilidad y fidelidad a las piezas que se desean verificar.

b) Asegurar la presión en los aparatos de medición así como la minimización de los errores de lectura por el correcto adiestramiento del verificador y el correcto marcado de los índices.

c) Realizar las mediciones a 20 °C ±1 °C y equilibrar la temperatura entre la pieza y el aparato de verificación.

d) Minimizar la existencia de polvo en el ambiente mediante extractores y alinear correctamente la pieza y el aparato de medición.

e) Evitar deformaciones en las piezas y en los aparatos.

f) Tomar varias mediciones y tratar los resultados para conocer los errores.

g) Calibrar los aparatos de medida con frecuencia.

1.7.7 Normativa y técnicas de calibración

Toda empresa dedicada a la fabricación mecánica debe disponer de un laboratorio de metrología que le permita realizar el control, la calibración y el mantenimiento de los equipos de medida para demostrar su capacidad de obtener productos conforme a las especificaciones y cumplir al mismo tiempo las exigencias de la Norma ISO 9001: Control de los equipos de inspección, medición y ensayo.

Debe definirse la sistemática a seguir para asegurar que los equipos de inspección, medición y ensayo, así como el personal y los procedimientos son adecuados y se encuentran en condiciones de uso y correctamente calibrados. Para ello se establecen los **planes de control metrológico**, que son todas aquellas actividades necesarias para poder controlar el proceso de medida.

Calibración. Conjunto de operaciones con las que se establece la correspondencia entre los valores indicados en el instrumento, equipo o sistema de medida, y los valores conocidos correspondientes a una magnitud de medida o patrón, con el fin de mantener y verificar el buen funcionamiento de los equipos, responder a los requisitos establecidos en las normas de calidad, garantizar la fiabilidad y trazabilidad de las medidas.

Incertidumbre. Es el parámetro que cuantifica la precisión de un instrumento de medida. La incertidumbre de medida se obtiene tras su calibración y se representa como ±I (indicando el error que puede cometerse al medir con el instrumento).

Fiabilidad. Es la facultad que tiene un instrumento de medida para realizar la medición en condiciones determinadas durante un tiempo.

Trazabilidad. Es la propiedad del resultado de una medida o de un patrón que le permite relacionarlo con referencias determinadas, generalmente nacionales o internacionales, a través de una cadena interrumpida de comparaciones todas ellas con incertidumbres determinadas. (Definición recogida en VIM: *Vocabulario Internacional de Metrología*.)

En todo **plan de control metrológico** deben especificarse los equipos a controlar, los responsables de las operaciones de control, los procedimientos establecidos, las instrucciones que describen cómo deben realizarse las operaciones, la frecuencia de calibración y el mantenimiento de los equipos. Para ello, la norma establece dos requisitos:

- Los equipos de medida deben calibrarse antes de su puesta en servicio y, posteriormente, cuando sea necesario de acuerdo con el programa de calibración establecido, ya que las características de medida de los equipos se degradan con el paso del tiempo y del uso.

- El programa global de calibración de los equipos ha de concebirse y aplicarse de forma que pueda asegurarse la trazabilidad de las medidas con patrones nacionales o internacionales disponibles. Cuando no sea aplicable la trazabilidad en relación con patrones nacionales o internacionales, el laboratorio de ensayos habrá de poner de manifiesto satisfactoriamente la correlación o la exactitud de los resultados de los ensayos.

Todos los procedimientos e instrucciones deben estar documentados, ser revisados y mantenidos al día de forma que queden definidos los siguientes aspectos:

- Datos del equipo de medida. Fabricante, número de identificación, ubicación física del equipo, etc.

- Responsables de calibración. Debe indicarse el responsable de la calibración de los equipos de medida.

- Procedimientos de calibración. Se documentará los procedimientos a seguir en la calibración de un equipo ya sea mediante instrucciones del propio fabricante o en normas y adaptaciones de la propia empresa.

- Condiciones ambientales. Definir temperatura, humedad, corrientes de aire, etc., adecuadas en los procedimientos de calibración de los equipos de medida.

- Patrones de referencia a utilizar.

- Frecuencia de calibración antes de su uso (diario, semanal, mensual).

- Acciones a tomar cuando los resultados de calibración no son los definidos.

- Necesidad de formación del personal destinado a la calibración de los instrumentos de medición.

En la figura 7.4 se indica un plan de control metrológico en el que se describen para cada uno de los equipos las tolerancias requeridas, la incertidumbre de la medida y el tipo de control de calibración a efectuar.

EMPRESA S.A	PLAN DE CONTROL METROLÓGICO					
Balanzas	Tolerancia garantizada	Incertidumbre máxima	Control de los equipos			Método
			Operación	Frecuencia	Personal	
Balanza PS 2	±0,5g	±0,2 g	Cal+incert	Anual	J.G.O.	C-12
Balanza P-20	±10 kg	±2,5 kg	Cal	Semanal	V.G.B.	C-13
Balanza P-22	±1 kg	±200 g	Cal+incert	Mensual	I.G.B.	C-14

Figura 1.7.4 Plan de control metrológico.

Para más información consulte el apartado 1.7.3.

Test, cuestiones y problemas propuestos

1. Indica si las siguientes expresiones son correctas o incorrectas:

2,425±0,132	3,54±0,23
45689±1443	7,80±0,06
234,875±0,35	42200±1500
0,01765±0,0076	0,018±0,005

2. Realiza una clasificación y definición de los distintos tipos de errores.

3. Define los conceptos de exactitud, precisión y apreciación. Indica un ejemplo para cada uno de ellos.

4. Describe la teoría de Gauss de los errores.

5. Con un pie de rey se realizan las mediciones del diámetro nominal de un eje de 50,5 mm. Las mediciones han sido:

50,2	50,5	50,1	50,6	50,5

Calcular el error absoluto y el relativo.

6. Calcular el valor del área y el perímetro del siguiente rectángulo con las medidas 8,3±0,1 y 9,1±0,1.

7. ¿Qué es un plan de control metrológico?

2

Control de características

Resultados de aprendizaje

- Planifica el control de las características y de las propiedades del producto fabricado, relacionando los equipos y máquinas de ensayos destructivos y no destructivos con las características a medir o verificar.

Ensayos mecánicos

2.1

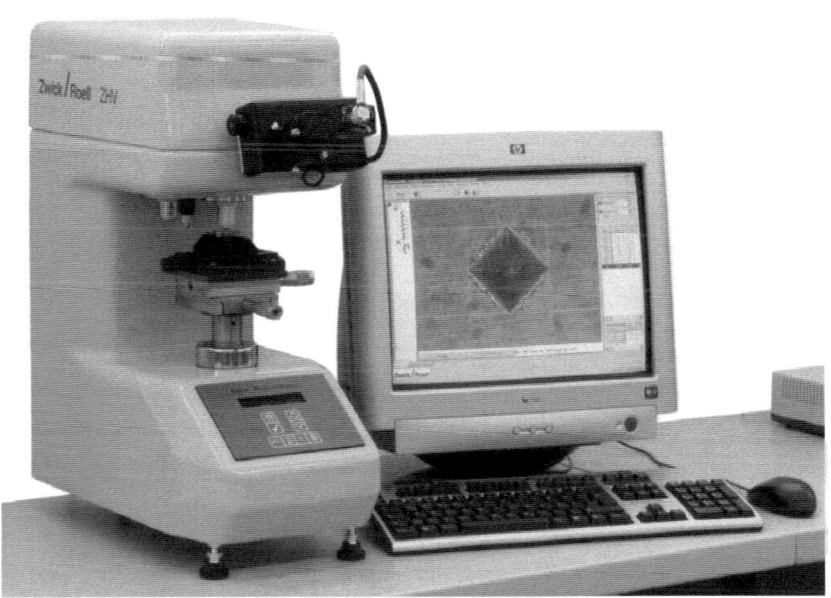

Contenidos

Problemas resueltos

Test, cuestiones y problemas propuestos

Objetivos

- Definir las propiedades físicas, químicas y mecánicas de los materiales.

- Describir los procedimientos normalizados empleados en la determinación de las propiedades mecánicas.

2.1.1 Introducción

El color, la rugosidad y la simple observación pueden dar una visión general y aproximada de un material. Basta observar una pieza para poder decir si se trata de un acero o fundición, de aluminio o aleaciones ligeras; si está niquelada o pintada; si se ha obtenido por elaboración mecánica, por fusión, forja, sinterización, etc.

Pero esta información no es suficiente para conocer las propiedades del material con el que podemos estar trabajando. Para ello es necesario recurrir a procedimientos más complejos que la simple observación; todos ellos constituyen los llamados **ensayos de materiales**.

La importancia del **ensayo de materiales** radica en la información que podemos obtener para poder elegir con seguridad el material o materiales más idóneos para un fin determinado. De esta forma puede llegar a conocerse las características químicas y físicas, la aptitud que poseen para deformarse, su maquinabilidad, resistencia u otras características que satisfagan las exigencias mecánicas teorizadas en el diseño de concepción.

Los **ensayos de materiales** son procedimientos normalizados[1] cuyo objeto es conocer y comprobar las características y propiedades de los materiales o descubrir defectos de las piezas indispensables para garantizar la calidad. Se pueden clasificar en cinco grandes grupos según la información obtenida en cada uno de los casos y el procedimiento de actuación. Pueden diferenciarse:

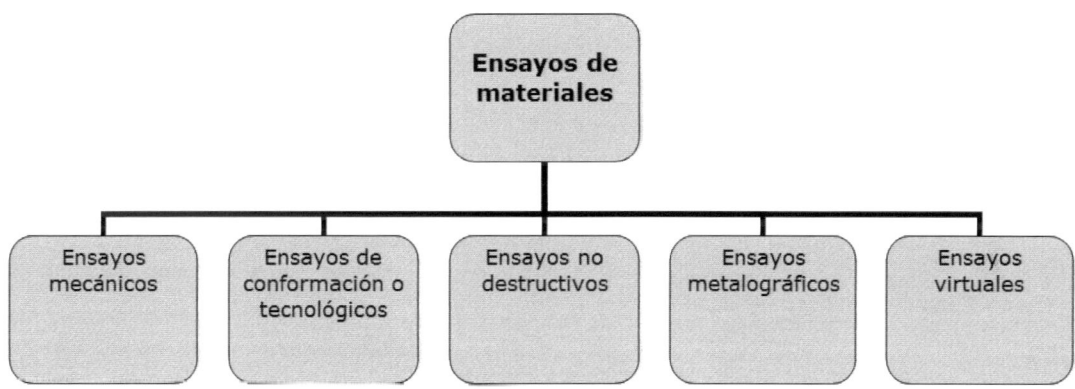

Figura 2.1.1 Esquema de los ensayos de materiales.

Para conocer las características de los metales y aleaciones es necesario realizar ensayos de composición, estructura y análisis térmicos. Todos estos tipos de ensayos son conocidos con el nombre de **ensayos de características**.

Los **ensayos de propiedades mecánicas** nos permiten conocer el comportamiento de los materiales cuando son sometidos a esfuerzos mecánicos. Las principales propiedades mecánicas de interés industrial pueden ser la elasticidad, tenacidad, dureza, torsión, etc. Las propiedades estáticas o dinámicas se clasifican en ensayos mecánicos estáticos o dinámicos.

---

[1] **Procedimientos normalizados**. Es necesario que los laboratorios de ensayo unifiquen los criterios que siguen para realizar los ensayos y garantizar de esta forma la interpretación y comparación de resultados.

Los **ensayos de conformación o tecnológicos** sirven para comprobar la aptitud de materiales antes de someterlos a los procesos de fabricación (embutición, forja, estampado, soldadura, etc.). También se dispone de los **ensayos no destructivos (END)** y de los **ensayos metalográficos**. Los primeros permiten descubrir los defectos internos o subcutáneos como porosidad, rechupes, segregaciones, etc., en las piezas evaluadas. Los ensayos metalográficos muestran la estructura interna de los metales y sus aleaciones.

Por último, podemos nombrar los **ensayos virtuales** que también pueden considerarse como ensayos normalizados útiles para conocer el comportamiento de una pieza bajo unas determinadas condiciones, como pueden ser esfuerzos, campos magnéticos, etc. Se denominan ensayos virtuales ya que se realizan en piezas no reales, es decir, en piezas proyectadas por ordenadores bajo programas informáticos de dibujo asistido por ordenador. Estas técnicas reciben el nombre de análisis por elementos finitos (FEA) y se basan en algoritmos matemáticos de cálculo.

Esquema resumen de los diversos tipos de ensayos de materiales:

Ensayos de características

- Ensayos de composición
- Ensayos de estructuras (cristalina, micrográfica, macrográfica)
- Ensayos de análisis térmico (por temperaturas de fusión y solidificación o por temperaturas de transformación "puntos críticos")
- Ensayos de constitución

Ensayos de propiedades mecánicas (ensayos destructivos)

- Ensayos estáticos
  - Dureza
  - Tracción en frío y en caliente
  - Fluencia
  - Compresión
  - Pandeo
  - Flexión estática
  - Torsión
- Ensayos dinámicos
  - Resistencia al choque
  - Desgaste
  - Fatiga

Ensayos de conformación o tecnológicos

- Doblado

- Embutición

- Forja

- Corte

- Punzonado

- Ensayos de soldabilidad

Ensayos de defectos (ensayos no destructivos, end)

- Ensayos magnéticos

- Ensayos magnetoacústicos

- Ensayos electromagnéticos

- Ensayos sónicos

- Ensayos ultrasónicos

- Ensayos macroscópicos

- Ensayos por rayos X

- Ensayos por rayos gamma

- Ensayos por líquidos penetrantes

- Ensayos por corrientes de Foucolt

- Ensayos por microincrusiones (ensayo FOX)

Ensayos metalográficos

- Método Villeda

- Método Mac-Quaid Eth Ehmm

- Método oxidación

- Determinación del tamaño de grano según A.S.T.M, o Normas UNE

Figura 2.1.2 La simulación numérica por ordenador (CAE) ha supuesto un gran avance puesto que permite verificar el comportamiento físico de un nuevo producto antes de que exista físicamente mediante la realización de "ensayos sobre prototipos virtuales". La simulación permite reducir el Time to Market por la realización de ensayos sobre prototipos virtuales (CAD) en lugar de hacerlos sobre prototipos físicos, reduciendo tiempo y costes. Además disminuye el riesgo en las decisiones tempranas y permite ampliar notablemente el campo de exploración de soluciones posibles.

En la figura se muestra el análisis de fatiga realizado a un eje bajo cargas de torsión y flexión. El estudio se ha realizado mediante la aplicación SIMULATION de SolidWorks.

El trazado representa el porcentaje de vida consumidos por la fatiga en cada una de las zonas. Así, por ejemplo, en las zonas verdes se tiene un daño de 1,782e+002, lo que indica que los sucesos de fatiga consumen el 1,78 % de la vida del modelo. Si observa la parte interior del taladro podemos encontrar daños superiores a los indicados. Es posible que la incubación de la grieta de fatiga se haya realizado en el propio taladro donde el daño es el máximo por ser un gran concentrador de tensiones. La grieta ha podido progresar hasta provocar la fractura sin aparentemente deformación plástica.

Las aplicaciones de simulación por elementos finitos pueden realizar un gran número de análisis. Entre ellos destacan: análisis estáticos, análisis dinámicos, análisis de flexión, caída, fatiga, térmicos, magnéticos, etc.

2.1.2 Propiedades de los materiales

En el diseño y la construcción de cualquier máquina o estructura se necesitan materiales que tengan ciertas propiedades físicas, mecánicas, eléctricas, térmicas, económicas, corrosivas, etc. Dentro de las propiedades mecánicas, la resistencia, la elasticidad y la cohesión son factores clave en el diseño de una pieza.

Las propiedades mencionadas no son las únicas que definen las características de los materiales, otras propiedades muy importantes son la densidad, el peso específico, la conductividad, etc. A continuación se describen las propiedades más importantes agrupadas en distintas categorías: propiedades físicas, químicas, mecánicas, térmicas y eléctricas.

2.1.2.1 Propiedades físicas y químicas

Las propiedades físicas de los materiales dependen de su estructura cristalina y del procesado sufrido en su conformación. Son el color, la conductividad eléctrica o térmica, el magnetismo y el comportamiento óptico, entre otros. Estas propiedades no suelen modificarse cuando sobre el material actúa una fuerza. Se clasifican en propiedades eléctricas, magnéticas y ópticas.

2.1.2.1.1 Densidad

Por densidad de un cuerpo se entiende la masa contenida en la unidad de volumen. Se designa por la letra ρ. Si el cuerpo es homogéneo la densidad será el cociente entre la masa y el volumen. Si no lo es, este cociente representa la densidad media. Depende de la temperatura, y si se trata de una mezcla, también depende de su composición. Se expresa como kg/m³ o g/cm³.

$$\rho = \frac{m}{V} = \left[\frac{Kg}{m^3} \right]$$

Material	Resistencia a la tracción (GPa)	Densidad (g/cm³)	Relación resistencia/peso (cm)
Al (Aluminio puro)	0,05	2,7	0,02
Resina epoxi	0,1	1,1	0,1
Acero inoxidable	1,8	7,74	0,23
Aleación de titanio	1,2	4,43	0,27
Kevlar-epoxi	0,45	1,4	0,32
Carbono-epoxi	0,55	1,4	0,4

En la selección de materiales para el diseño se tiene en cuenta la densidad del material para determinar el coste por kg de la materia prima. También se tiene en cuenta la relación resistencia-peso, es decir, la resistencia a la tracción (GPa) dividida por la densidad (g/cm³). Los materiales con valores elevados en la relación resistencia-peso son materiales resistentes y ligeros (compuestos kevlar-epoxi y compuestos de carbono-epoxi).

La **densidad relativa** (ρ_R) es la relación entre la densidad de un material y la de otro que actúa como patrón. En los sólidos y líquidos, la densidad patrón es la del agua a 1 atmósfera de presión y a 4 °C, teniendo un valor de 1000 kg/m³ o 1 kg/l. En los gases se toma como densidad patrón la del aire a 1 atmósfera y 0 °C.

En los materiales compuestos, la densidad pende de cada uno de los constituyentes y de sus fracciones en volumen. Para su determinación debe emplearse la expresión:

$$\rho_C = \Sigma f_1 \rho_1 = f_1 \rho_1 + f_2 \rho_2 + \cdots + f_n \rho_n$$

donde f representa la fracción en volumen y ρ la densidad de cada uno de los constituyentes.

Ejercicio resuelto 2.1.1

Determinar la densidad de un material compuesto formado por polipropileno reforzado con un 20% de fibra de vidrio. Sabiendo que: $\rho_{(PP)}$=0,91 g/cm³ y $\rho_{(Fibra\ Vidrio)}$=2,55 g/cm³. Calcular la masa contenida en 5 cm³ de cada uno de los constituyentes.

Solución

Los materiales compuestos son materiales formados por dos o más constituyentes con diferente forma y composición química e insolubles entre sí. Esta mezcla de dos o más constituyentes hace que el material resultante posea las mejores propiedades de cada uno de los componentes por separado. La densidad de un material compuesto depende de la densidad de cada uno de sus constituyentes y de sus fracciones en volumen. En su determinación debe aplicarse la expresión:

$$\rho_C = \rho_{PP} V_{PP} + \rho_{Fibra} V_{Fibra} \qquad \rho_C = 0,2 \times 2,55 + 0,8 \times 0,91 = 1,238 \ ^g\!/\!_{cm^3}$$

En 1 cm³ de material compuesto hay 0,2 cm³ de fibra de vidrio y 0,8 cm³ de polipropileno. La masa de fibra y de polímero contenido en 5 cm³ es:

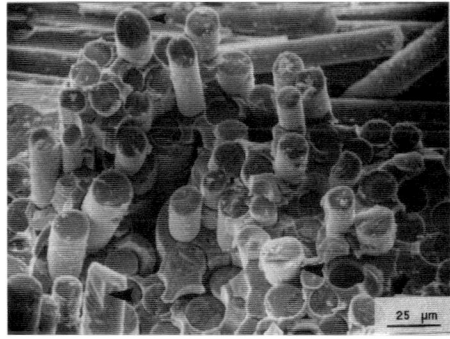

$$0,2cm^3 \times 2,55 \frac{g}{cm^3} = 0,51 \frac{g}{cm^3} \times (5cm^3) = 2,55g \quad fibra$$

$$0,8cm^3 \times 0,91 \frac{g}{cm^3} = 0,51 \frac{g}{cm^3} \times (5cm^3) = 3,64g \quad PP$$

Imagen cedida por cortesía de la Dra. Reyes Elizalde González del Departamento de Ingeniería de Materiales del CEIT y TECNUM (Universidad de Navarra).

2.1.2.1.2 Calor específico

Es la cantidad de calor necesario para elevar un grado la temperatura de una unidad de masa. El calor específico de un cuerpo depende de las condiciones en las que se realiza la medición y del estado del cuerpo. En muchas ocasiones se utiliza la relación existente entre el calor específico del cuerpo en estudio y el calor específico de un patrón que, normalmente, es el agua.

El calor específico (c) al representar la capacidad calorífica por unidad de masa tiene unidades (J/kgK o cal/gK).

$$[c] = \frac{J}{KgK} \qquad [c] = \frac{Cal}{gK}$$

Para su medición se emplean dos métodos diferentes en función de las características del medio. El primero consiste en medir la capacidad calorífica cuando el material mantiene su volumen constante (C_v) y el segundo, manteniendo la presión constante (C_p).

Material	Tipo de material	Calor específico (cal/g-K)
Al (aluminio)	Metal	0,215
Fe (hierro)	Metal	0,106
C (diamante)	Cerámico	0,124
SiC (carburo de silicio)	Cerámico	0,25
PS (poliestireno)	Polímero	0,28
Nylon 6-6	Polímero	0,40
Agua	-	1,00

Figura 2.1.3 Calor específico de diversos materiales.

La **capacidad calorífica (c)** es la magnitud que describe la dificultad que presentan las sustancias para cambiar de temperatura cuando se les suministra calor.

$$c = \frac{Q}{\Delta T}\left[\frac{J}{K}\right]$$

2.1.2.1.3 **Punto de fusión**

Es la temperatura a la cual una sustancia cambia del estado sólido al estado líquido. El paso de líquido a sólido se denomina solidificación. Conociendo el punto de fusión se puede conocer el tipo de enlace, pues hay una relación entre la energía del enlace y la temperatura a la que se debe someter un material para realizar el cambio de estado. En la figura 8.4 se indican las temperaturas de fusión de diversos materiales y el tipo de enlace.

Material	Tipo de enlace	Temperatura de fusión (°C)
H_2O (agua)	Dipolo permanente	0
Hg (mercurio)	Metálico	-38,9
Fe (hierro)	Metálico	1538
C (diamante)	Covalente	3550
NaCl	Iónico	801

Figura 2.1.4 Puntos de fusión de diversos materiales y sus enlaces.

En la mayoría de sustancias la temperatura de solidificación y de fusión es la misma. Sin embargo, en algunos materiales, este fenómeno es distinto. En estos casos se dice que existe histéresis. Es el caso del agar-agar, que al ser enfriado a temperaturas de entre 32 a 45 °C forma un gel y la fusión del gel creado se produce a temperaturas superiores a 85 °C.

En la siguiente figura se aprecian los distintos cambios de estado de una sustancia en función del calentamiento o enfriamiento.

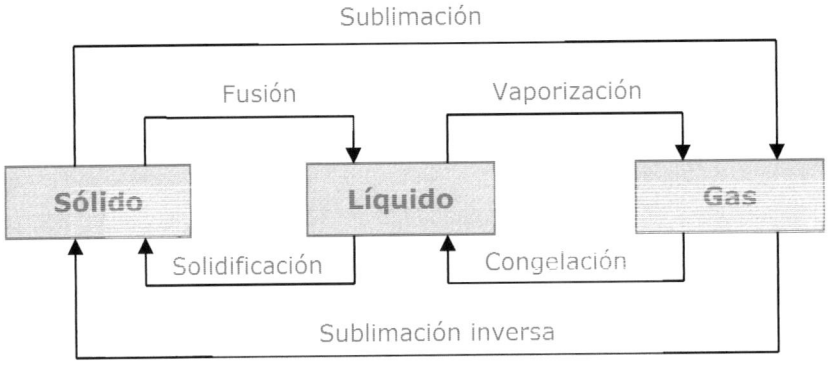

Figura 2.1.5 Cambios de estado de la materia.

El paso de un estado a otro depende de la temperatura y la presión. El incremento térmico y/o disminución de la presión favorece la fusión, vaporización y sublimación, mientras que un aumento de la presión y una disminución de la temperatura favorecen la solidificación, la congelación y la sublimación inversa.

En los metales, las **temperaturas de fusión** y **solidificación** están directamente relacionadas con la estructura cristalina y son parámetros clave para determinar sus propiedades físicas y de procesamiento.

Temperatura de fusión: Es el punto en el cual un metal pasa de estado sólido a líquido al absorber calor. Durante este proceso, las partículas en el metal tienen suficiente energía para superar las fuerzas de enlace que las mantienen en su estructura cristalina ordenada, permitiendo que el material fluya. La temperatura de fusión varía dependiendo del tipo de metal y su estructura cristalina. Los metales con estructura **cúbica centrada en el cuerpo (BCC)**, como el hierro o el cromo, suelen tener temperaturas de fusión más altas que los metales con estructura **hexagonal compacta (HCP)**, como el titanio o el magnesio.

Temperatura de solidificación: Es el proceso inverso, donde el metal pasa de líquido a sólido al perder calor. Durante la solidificación, los átomos comienzan a reorganizarse en un patrón regular que forma la estructura cristalina del metal. La solidificación ocurre normalmente a la misma temperatura que la fusión en los metales puros, pero en aleaciones, la solidificación puede ocurrir en un rango de temperaturas, en lugar de en un punto específico.

La estructura cristalina influye en cómo el metal responde a la fusión y solidificación. Los metales con una estructura de red cúbica centrada en las caras (FCC), como el aluminio y el cobre, tienden a ser más dúctiles y tienen una temperatura de fusión más baja que los metales con estructura BCC. Además, la presencia de impurezas y el tipo de aleación puede alterar significativamente las temperaturas de fusión y solidificación, así como las propiedades mecánicas del metal.

Temperaturas de transformación (puntos críticos)

Las **temperaturas de transformación** (o **puntos críticos**) son los rangos de temperatura en los que los metales y sus aleaciones, en particular los aceros, experimentan cambios en su estructura cristalina o fase. Estos puntos son cruciales en la industria metalúrgica, ya que influyen directamente en las propiedades mecánicas del material, como la dureza, resistencia y ductilidad. Los puntos críticos son esenciales en procesos como el tratamiento térmico y la forja.

Principales puntos críticos en los aceros

1. **Punto A1 (temperatura de eutectoide).** Es la temperatura más baja a la que ocurre la transformación de una fase sólida en otra. Para el acero, este punto es de **727 °C** aproximadamente. En este punto, la austenita se transforma en perlita (una mezcla de ferrita y cementita) durante el enfriamiento.

2. **Punto A3.** Marca la temperatura por encima de la cual el acero es completamente austenítico en composiciones de acero con bajo contenido de carbono. Para aceros hipoeutectoides, este punto está entre **727 °C y 912 °C**, y en esta fase, la ferrita desaparece y el acero se convierte completamente en austenita.

3. **Línea Acm.** En aceros con más del 0,8% de carbono (aceros hipereutectoides), el punto Acm marca la temperatura a la que la cementita (Fe_3C) se disuelve en la austenita. Es generalmente superior al punto A3 y depende de la cantidad de carbono presente en el acero.

4. **Punto A2 (punto Curie).** Es la temperatura a la que el hierro pierde sus propiedades magnéticas. En el hierro puro, el punto Curie ocurre alrededor de **770 °C**. Este punto no implica un cambio de fase estructural, sino de propiedades magnéticas.

Importancia de los puntos críticos en el tratamiento térmico

- **Recocido:** Se calienta el acero por encima de su punto crítico (A3 o Acm, dependiendo de la composición) para permitir la formación de austenita y, posteriormente, se enfría lentamente para alinear las estructuras internas y mejorar la ductilidad.

- **Temple:** El acero se calienta por encima del punto crítico para obtener austenita y luego se enfría rápidamente para formar martensita, aumentando la dureza.

- **Revenido:** Después del temple, se realiza un calentamiento a una temperatura por debajo de los puntos críticos para reducir la fragilidad y mejorar la resistencia.

Temperatura de transición vítrea (Tg) y procedimiento de ensayo

La temperatura de reblandecimiento (Tg), también conocida como temperatura de transición vítrea, es la temperatura a la cual un material amorfo (como ciertos polímeros) pasa de un estado rígido y quebradizo (vítreo) a uno más blando y flexible (como un estado gomoso). Este fenómeno ocurre porque las moléculas del material adquieren suficiente movilidad para deformarse, aunque no llegan a fluir como lo hacen en la fusión. El policarbonato, por ejemplo, tiene una Tg de alrededor de 150 °C, por lo que a temperaturas superiores comienza a reblandecerse sin llegar a fundirse por completo. Se describen brevemente algunos de los procedimientos de ensayo:

- **Calorimetría diferencial de barrido (DSC)**, mide el flujo de calor que un material absorbe o libera mientras se calienta o enfría. Durante la transición vítrea, hay un cambio en la capacidad calorífica del material, lo que se refleja como una desviación en la curva DSC. Es una técnica directa y precisa para detectar la Tg al observar este cambio en la capacidad calorífica.

- **HDT (Heat Deflection Temperature)**, mide la temperatura a la cual un material termoplástico sufre deformación bajo carga. No mide la temperatura de transición vítrea directamente, pero sí la temperatura a la cual el material comienza a deformarse. Para su realización se aplica una carga fija en la muestra a ensayar, generalmente en forma de esfuerzo de flexión. La muestra se calienta de forma controlada (generalmente 2 °C/min). A medida que aumenta la temperatura, el material se deforma bajo la carga aplicada. Se registra la temperatura en la cual el material alcanza una deformación específica (por ejemplo, una deflexión de 0,25 mm). Ejemplo: HDT (1,8 MPa, 2 °C/min) = 80 °C. Indica que el ensayo HDT fue realizado sobre una muestra de un material termoplástico, aplicando una carga de 1,8 MPa (megapascales), y la muestra fue calentada a una tasa de 2 °C por minuto. La temperatura a la que la muestra se deformó alcanzando la deflexión de 0,25 mm fue de **80 °C**.

- **El método Vicat** se utiliza para medir la temperatura de reblandecimiento (Tg) de un material termoplástico. A diferencia de HDT, Vicat mide la temperatura a la cual una aguja penetra una distancia definida en el material, lo que indica su reblandecimiento. Para su realización se corta la muestra con dimensiones $10 \times 10 \times 3$ mm. Una aguja estándar con un área definida (1 mm^2) se coloca sobre la muestra y se aplica una carga de 10 N o 50 N, dependiendo del material. La muestra se calienta a una tasa controlada, normalmente 50 °C/h o 120 °C/h. A medida que la muestra se calienta, la aguja penetra en el material. La temperatura Vicat se registra cuando la aguja penetra 1 mm en el material. Este método se utiliza para determinar la temperatura a la cual los plásticos comienzan a reblandecerse, lo que ayuda a evaluar su comportamiento a temperaturas elevadas. Ejemplo: Vicat (50 N, 50 °C/h) = 100 °C. Indica que se ha aplicado una carga de 50 N con una tasa de calentamiento de 50 °C por hora. La temperatura en la cual la aguja penetra 1 mm en la muestra es de 100 °C.

2.1.2.1.4 Dilatación

Aumento del volumen que experimenta un cuerpo debido a la separación de sus moléculas como consecuencia del incremento de la temperatura. Al aumentar el volumen se disminuye la densidad. La dilatación depende del estado del cuerpo (los gases pueden dilatarse más que los sólidos). En la dilatación de los sólidos se define el coeficiente de dilatación lineal, superficial y cúbica, en función del alargamiento experimentado por el cuerpo en una, dos o tres direcciones.

A nivel atómico puede imaginarse la dilatación térmica como el aumento en la distancia interatómica (separación de átomos) debido al incremento energético por el aporte de calor.

Los materiales aumentan de volumen o se dilatan cuando son calentados y se contraen cuando se enfrían. El cambio de longitud lineal se expresa según:

$$\frac{l_F - l_0}{l_0} = \alpha_L \left(T_F - T_0 \right)$$

Donde l_F y l_0 representan la longitud final e inicial, respectivamente. T_F y T_0 las temperaturas finales e iniciales y α_L es el coeficiente lineal de dilatación térmica que depende del material y cuyas unidades son (°C)$^{-1}$. Para realizar el cálculo de la variación de volumen se emplea la expresión:

$$\frac{\Delta V}{V_0} = \alpha_V \Delta T$$

Donde ΔV y V_0 son el cambio de volumen que experimenta el cuerpo al ser calentado o enfriado y el volumen inicial, respectivamente. Y α_V es una constante que depende del material y que en la mayoría de los casos es anisotrópica. Como simplificación se puede establecer como $3\alpha_L$. En el siguiente cuadro se indican las expresiones para determinar la dilatación lineal, superficial y volumétrica. Observe la relación del coeficiente de dilatación lineal (α_L).

Dilatación lineal	Dilatación superficial	Dilatación volumétrica
$l = l_o \left(1 + \alpha \Delta T \right)$	$S = S_o \left(1 + \beta \Delta T \right)$	$V = V_o \left(1 + \gamma \Delta T \right)$
α	$\beta = 2\alpha$	$\gamma = 3\alpha$

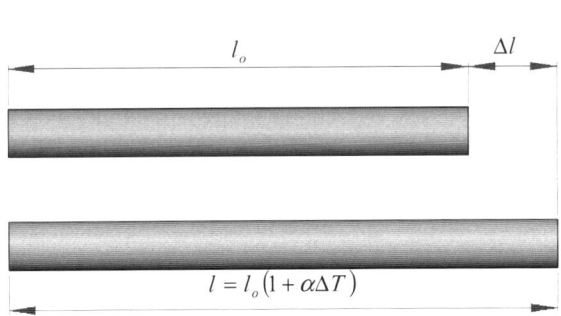
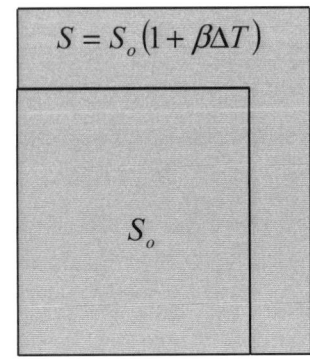

Figura 2.1.6 Dilatación lineal y superficial.

Otro aspecto importante de la variación de la longitud de un material por la temperatura lo representan las contracciones de las piezas moldeadas y la fuerza que se realiza por la dilatación o contracción.

La **contracción lineal** experimentada por un material en un molde o coquilla puede expresarse como la diferencia entre las dimensiones del propio molde y la del cuerpo solidificado en él. Se representa de forma porcentual según la expresión:

$$\lambda = \frac{l - l_c}{l} \times 100$$

Donde λ representa la contracción porcentual de la pieza moldeada, l la longitud del molde frío y l_c la longitud del cuerpo fundido frío.

Material	Coeficiente de dilatación lineal (α)	Coeficiente de contracción (λ)
Aluminio	23×10^{-6}	1,8
Cobre	17×10^{-6}	1,4
Zinc	25×10^{-6}	1,1
Acero	11×10^{-6}	1,8

Figura 2.1.7 Coeficientes de dilatación lineal y contracción de varios metales.

La **fuerza de dilatación** o contracción varía con la temperatura y depende de la sección de la pieza y de su módulo elástico o módulo de Young, según:

$$F = \alpha E A (T - T_0) Kg$$

Donde α es el coeficiente de dilatación lineal, E el módulo de Young o de elasticidad, A la sección, T la temperatura final y T_0 la temperatura inicial.

Ejercicio resuelto 2.1.2

Un lingote de plomo mide 35 cm justo en el momento de solidificar a 325 °C. Determinar la longitud final del mismo si se continúa enfriando hasta los 25 °C. Datos: α_{Pb}=29x10⁻⁶ cm/cm°C.

Solución

$$\Delta l = \alpha \times l_0 (\Delta T) \qquad \Delta l = 29 \times 10^{-6} \, {}^{cm}\!\big/\!_{cm° C} \times 35 cm \times (25 - 300° C) = -0,279 cm$$

$$\Delta l = l_F - l_0 \qquad l_F - 34,721 cm$$

El lingote sufre una contracción al disminuir la temperatura durante su enfriamiento.

Ejercicio resuelto 2.1.3

Se tiene una varilla de hierro de 8 metros de longitud a 5 °C. ¿Determinar su longitud a 20 °C, 25 °C y 30 °C? El coeficiente de dilatación lineal del hierro es de 11,7x10⁻⁶ °C⁻¹.

Solución

Aplicando la expresión:

$$\Delta l = \alpha \times l_0 (\Delta T) \qquad l_f - l_0 = \alpha \times l_0 (T_f - T_0)$$

Sustituyendo los valores conocidos: L_0= 8 m, T^0=5 °C y T_f (20, 25 y 30 °C), se tiene:

$$l_f = \left[11,7 \times 10^{-6} \times 8(20-5)\right] + 8 \qquad l_f = 8,0014 m$$

$$l_f = \left[\alpha \times l_0 (T_f - T_0)\right] + l_0 \qquad l_f = \left[11,7 \times 10^{-6} \times 8(25-5)\right] + 8 \qquad l_f = 8,0018 m$$

$$l_f = \left[11,7 \times 10^{-6} \times 8(30-5)\right] + 8 \qquad l_f = 8,0023 m$$

La varilla se dilata 0,0014, 0,0018 y 0,0023 metros, respectivamente.

Ejercicio resuelto 2.1.4

Determinar la longitud de una varilla de cobre si se enfría hasta los 10 °C desde los 40 °C (a esta temperatura mide 4 metros). El coeficiente de dilatación lineal del cobre es 16,7x10⁻⁶ °C⁻¹.

Solución

Aplicando la expresión y sustituyendo los valores conocidos:

$$\Delta l = \alpha \times l_0 (\Delta T) \qquad l_f = \left[16,7 \times 10^{-6} \times 4(10-40)\right] + 4 \qquad l_f = 3,9979 m$$

La varilla sufre una contracción de 0,0020 metros al enfriarse desde los 40 °C a los 10 °C.

2.1.2.2 **Propiedades eléctricas**

2.1.2.2.1 **Conductividad eléctrica**

Es la capacidad que poseen los materiales de conducir electricidad. Es la inversa de la resistividad y depende del número de portadores de carga, de la carga por portadores y de la movilidad de cada portador. Para definir las propiedades eléctricas de los materiales se utiliza la **conductividad eléctrica** (σ) y representa la facilidad con la que puede conducirse la corriente eléctrica en un sólido. La conductividad es la inversa de la resistividad (ρ).

$$\sigma = \frac{1}{\rho}\left[\frac{mm}{\Omega \cdot mm^2}\right]$$

Los materiales presentan conductividades muy diferentes en función de su naturaleza. Se establecen hasta 27 órdenes de magnitud diferente entre materiales muy conductores y los aislantes o poco conductores. Los metales tienen conductividades de 10^7 $(\Omega m)^{-1}$ mientras que los aislantes eléctricos tienen conductividades de 10^{-10} a 10^{-20} $(\Omega m)^{-1}$. Los materiales metálicos son muy buenos conductores; en cambio, los materiales plásticos, el vidrio y la madera son materiales aislantes. Los materiales superconductores son aquellos que a cierta temperatura (temperatura crítica, Tc) tienen una resistividad nula y se comportan como conductores excelentes. Es el caso de muchos metales y óxidos metálicos como el $YBa_2Cu_3O_7$ (Tc=95ºK).

Material	Conductividad $(\Omega m)^{-1}$
Plata	$6{,}3 \times 10^7$
Cobre	$5{,}8 \times 10^7$
Aluminio	$4{,}2 \times 10^7$
Grafito	$3{,}4 \times 10^7$
Silicio	10^5
Poliestireno (PS)	$4{,}3 \times 10^{-4}$
Diamante	10^{-14}

Figura 2.1.8 Tabla de conductividades.

La **conductividad eléctrica** expresa la relación entre la densidad de corriente y la intensidad de campo eléctrico. Tiene un valor inverso al de la resistividad. Depende de cada material y varía con la temperatura. Las unidades de la conductividad (σ) son Ωm^{-1}. La *ley de Ohm* relaciona el paso de carga por unidad de tiempo o intensidad (I) con la tensión aplicada según la expresión:

$$V = I \times R$$

Las unidades son *V* (voltios, *J/C*), amperios (*C/s*) y ohmios (*V/A*). Donde *R* es la resistencia del material y depende del tamaño, la forma y las propiedades del mismo. La resistencia eléctrica (R, Ω) se opone al desplazamiento de los portadores de carga o electrones y se expresa en Ω.

El valor de la resistencia de un material (R) puede indicarse en función de la resistividad (ρ) o dificultad que opone un material a conducir la electricidad. Se expresa en Ωm y depende de la sección y de la longitud del conductor.

Se define la resistividad (ρ) como:

$$\rho = \frac{R \times A}{l} \left[\frac{\Omega \cdot mm^2}{mm} \right]$$

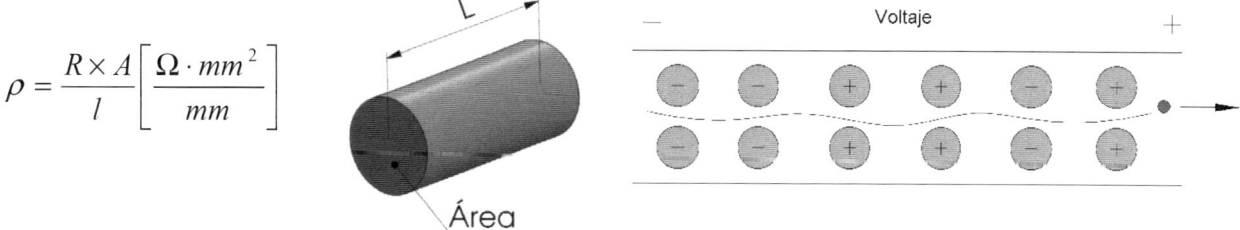

Donde *l* es la longitud del conductor, *A* el área de la sección y *R* la resistencia. Las unidades de la resistividad son Ohmios-metro (Ω-m). Con la *ley de Ohm* y el valor de la resistencia puede obtenerse la expresión:

$$V = I \times R \qquad R = \frac{V}{I} \qquad \rho = \frac{R \times A}{l} \qquad \boxed{\rho = \frac{V \times A}{I \times l}}$$

La **resistividad** (ρ) depende de la temperatura y de las imperfecciones del material. El incremento térmico provoca la vibración de los átomos en la estructura cristalina del metal conductor y dificulta el paso de los portadores de carga disminuyendo la conductividad del mismo. Los defectos cristalinos como las vacantes, las dislocaciones o la adición de impurezas también reducen la conductividad de los metales.

Ejercicio resuelto 2.1.5

¿Qué resistencia presenta un hilo de cobre y otro de aluminio de longitud L=25 m y diámetro R=0,25 mm?

Solución

$$\rho = \frac{R \times A}{l}$$

$$R_{Cu} = \frac{\rho_{Cu} \times l}{A} = \frac{1,72 \times 10^{-8} \times 25}{\pi \left(0,25 \times 10^{-3} \right)^2} = 2,19 \, \Omega$$

$$R_{Al} = \frac{\rho_{Al} \times l}{A} = \frac{2,38 \times 10^{-8} \times 25}{\pi \left(0,25 \times 10^{-3} \right)^2} = 3,03 \, \Omega$$

Ejercicio resuelto 2.1.6

Determinar la conductividad de un hilo de aluminio de diámetro 3 mm y longitud 1,5 m cuando en un circuito como el de la figura circula una intensidad de corriente de 10 A y hay una caída de tensión de 450 mV.

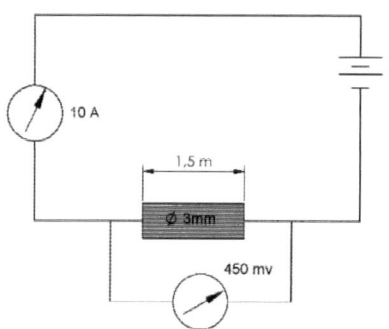

Solución

La resistencia (R) del hilo de aluminio se obtiene aplicando la ley de Ohm (V=IR).

$$R = \frac{V}{I} = \frac{450 \times 10^{-3}\,V}{10\,A} = 0,045\,\Omega \qquad \rho = \frac{R \times A}{l} = \frac{0,045\,\Omega \times \left(\pi \times \left(1,5 \times 10^{-3}\,m\right)^2\right)}{1,5\,m} = 2,11 \times 10^{-7}\,\Omega m$$

$$\sigma = \frac{1}{\rho} = \frac{1}{2,11 \times 10^{-7}\,\Omega m} = 4,7 \times 10^7\,(\Omega m)^{-1}$$

2.1.2.2.2 Conductividad térmica

Es la capacidad que tienen los materiales para transmitir el calor a través de ellos. El calor es transportado desde las zonas de alta temperatura hacia las de baja temperatura. Es una magnitud característica de cada material.

La cantidad de calor (Q, julios) que un sólido puede transmitir depende de su sección (A, mm²), del tiempo transcurrido (t, s), de la temperatura inicial y final (°C) y de la conductividad térmica (λ, w/m°C). Además, depende de la inversa de la distancia (L, mm) entre el lugar donde se aplica el calor y el lugar donde es medido, según la expresión:

$$Q = \lambda \frac{A \cdot t \cdot \Delta T}{L}$$

Materiales con bajo coeficiente de conductividad térmica como el poliestireno, el polietileno, la madera, etc. Son aislantes térmicos mientras que los que tienen valores altos son metales con electrones de elevada movilidad (portadores de carga).

En los metales puros el transporte de calor se realiza por los electrones libres. Cuando se introducen elementos de aleación o impurezas el metal experimenta una reducción en la conducción térmica y en la conductividad eléctrica debido al impedimento que hace que los electrones vean dificultado su movimiento.

Material	Conductividad térmica (λ, w/m°C)
PS (poliestireno)	0,13
PE (polietileno)	0,48
Acero (FeC)	52
Aluminio (Al)	231
Cobre (Cu)	399

Ejercicio resuelto 2.1.7

Determina la temperatura del extremo de la barra de aluminio (Al) y cobre (Cu) después de haber aplicado la fuente térmica durante 10 segundos. Datos: sección (4 cm²), tiempo (10 segundos), Cantidad de calor aplicada (50 julios), distancia extremos de la barra (25 cm).

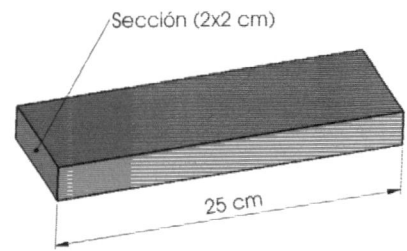

Sección (2x2 cm)

25 cm

Solución

Aplicando la expresión y despejando la variación de la temperatura:

$$Q = \lambda \frac{A \cdot t \cdot \Delta T}{L} \qquad\qquad \Delta T = \frac{Q \cdot L}{\lambda \cdot A \cdot t}$$

Para el aluminio y el cobre:

$$\Delta T_{Alu\,min\,io} = \frac{20J \cdot (0,25)m}{231 \dfrac{w}{m^{\circ}C} \cdot 4 \cdot 10^{-4} m^2 \cdot 10s} = 5,41^{\circ}C \qquad \Delta T_{Cobre} = \frac{20J \cdot (0,25)m}{399 \dfrac{w}{m^{\circ}C} \cdot 4 \cdot 10^{-4} m^2 \cdot 10s} = 3,31^{\circ}C$$

El aluminio presenta mayor temperatura en el extremo de la barra.

2.1.2.2.3 Rigidez dieléctrica y *tracking*

En la selección de materiales duraderos y seguros para aplicaciones eléctricas y electrónicas es esencial conocer los conceptos de rigidez dieléctrica y *tracking*.

Rigidez dieléctrica. Es la capacidad de un material aislante para soportar un campo eléctrico sin sufrir una descarga o rotura. Se mide como la tensión máxima (en voltios) que un material puede resistir por unidad de espesor (en metros o milímetros) antes de fallar, lo que resulta en un valor de voltios por metro (V/m o kV/mm). La rigidez dieléctrica es importante para materiales usados en aplicaciones eléctricas, como cables, condensadores y otros equipos donde se requiere un buen aislamiento. Un material con alta rigidez dieléctrica puede aislar eficazmente componentes eléctricos, incluso bajo tensiones elevadas.

Sustancia	Rotura dieléctrica (MV/m = kV/mm)
Aire	0,4 - 3,0 (depende de la presión)
Alúmina	13,4
Vidrio de ventana	9,8 - 13,8
Polietileno	18,9 - 21,7
Goma de neopreno	15,7 - 27,6
Agua pura	30
Vacío	20 - 40
Papel de cera	40 - 60
Teflón	60
Película delgada de SiO_2	> 1000

***Tracking* (seguimiento eléctrico).** Es un fenómeno de degradación de la superficie de un material aislante. Se produce cuando las corrientes eléctricas superficiales (normalmente bajo la influencia de humedad o contaminación) provocan descargas eléctricas localizadas que dañan de forma gradual el material, formando trayectorias conductivas (o *tracks*). Estas trayectorias pueden provocar fallos eléctricos al crear un camino para la corriente que no debería existir. El índice de *tracking* (CTI, por sus siglas en inglés) se usa para medir la resistencia de un material aislante al seguimiento eléctrico; cuanto más alto es el CTI, mayor es la resistencia del material al *tracking*.

2.1.2.3 **Propiedades mecánicas**

2.1.2.3.1 **Resistencia**

Es la capacidad que tiene un material de soportar un esfuerzo sin llegar a deformarse o romperse. La resistencia obedece a la cohesión que presentan las moléculas del material y que se oponen, más o menos enérgicamente, a su separación.

El concepto de resistencia va ligado al de tenacidad o resistencia que oponen los cuerpos a su rotura cuando están sometidos a la acción de un esfuerzo lento de deformación. Si los esfuerzos vencen a la cohesión, los materiales tienden a deformarse de forma que pueden alargarse (tracción), comprimirse (compresión), doblarse (flexión), cortarse (cizalladura) y torcerse (torsión).

Se definen por lo tanto diferentes tipos de resistencia: a la tracción, a la compresión, a la flexión, a la torsión, a la cizalla, etc.

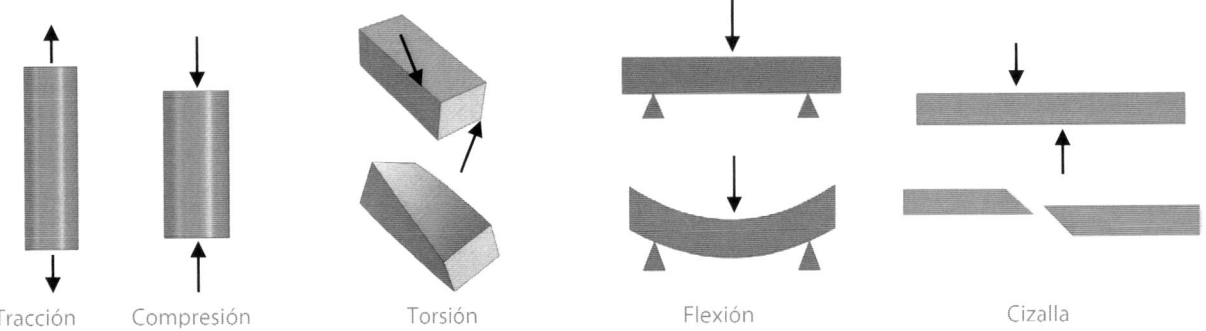

Tracción   Compresión   Torsión   Flexión   Cizalla

Figura 2.1.9 Tipos de cargas aplicadas: tracción, compresión, torsión, flexión y cizalla.

Los cables y las cadenas se encuentran a tracción. Las columnas y los pilares de construcción suelen estar bajo compresión. Las vigas a flexión. Los ejes de los motores a torsión. Y los tornillos y roblones a cizalla.

Resistencia a la tracción

Es el máximo esfuerzo nominal realizado a tracción que una probeta soporta sin romperse. También se conoce como resistencia a la tracción máxima (TS). En el diagrama tensión-deformación nominal es la máxima tensión alcanzada por la curva. Si la tensión máxima aplicada se mantiene la probeta empieza a sufrir una deformación plástica localizada (estricción) que terminará por romper la pieza justo al llegar a la tensión de rotura.

La resistencia a la tracción varía desde 45-55 MPa del aluminio hasta 3000-3100 MPa para algunos aceros de alta resistencia.

Resistencia a la fractura

Es la oposición a la separación de un cuerpo en dos o más partes al aplicar una tensión estática (constante o que cambia muy lentamente con el tiempo) y a temperaturas relativamente bajas (temperaturas cercanas a la de ambiente). Se distinguen dos tipos de fracturas: la fractura dúctil y la frágil.

La **fractura dúctil** se produce después de que el material experimenta cierta deformación plástica con absorción de energía y lenta propagación de la rotura. Observándose estricción en la zona de rotura con un aspecto mate y fibroso. La **fractura frágil** se produce casi sin deformación plástica y por la propagación rápida de la grieta y con una apariencia brillante y granular.

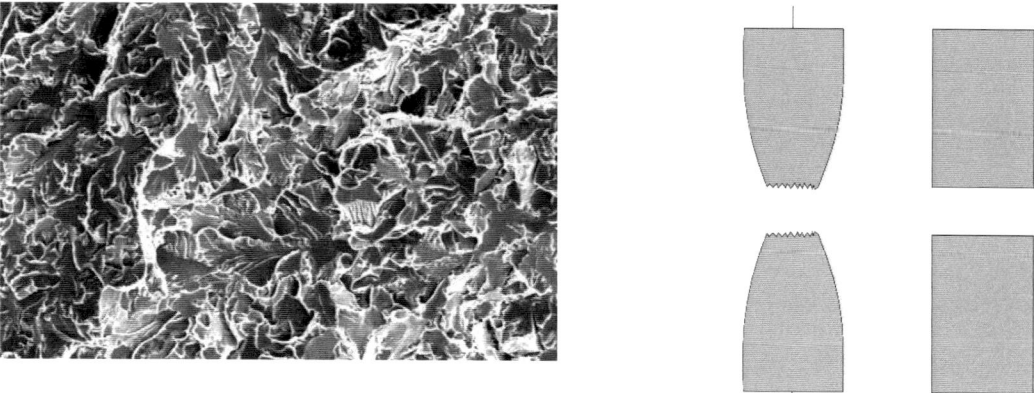

Figura 2.1.10 a) Aspecto microscópico de la fractura frágil. b) Fractura dúctil con deformación plástica y fractura frágil sin deformación plástica.

2.1.2.3.2 **Elasticidad**

Es la propiedad que tienen los cuerpos de recuperar su forma primitiva al descargarlos de una fuerza. Se dice que un cuerpo es perfectamente elástico si recupera su forma original de un modo absoluto cuando resulta descargado. Es parcialmente elástico si la deformación producida por las fuerzas exteriores no desaparece enteramente al descargarlo; en este caso, parte de aquel trabajo se transforma en calor desarrollado en el cuerpo durante la deformación no elástica.

La **ley de Hooke** establece que los cuerpos, al ser sometidos a un esfuerzo, se deforman, pudiendo recuperar, al cesar dicho esfuerzo, su forma primitiva. Para cada material existe una relación constante entre los esfuerzos unitarios aplicados y las deformaciones unitarias producidas (alargamientos y acortamientos) que recibe el nombre de módulo elástico o módulo de Young. En un gráfico de tensión-deformación, el módulo de elasticidad del material ensayado se corresponde con la pendiente de la recta de la zona elástica.

$$E = \frac{\sigma}{\varepsilon}$$

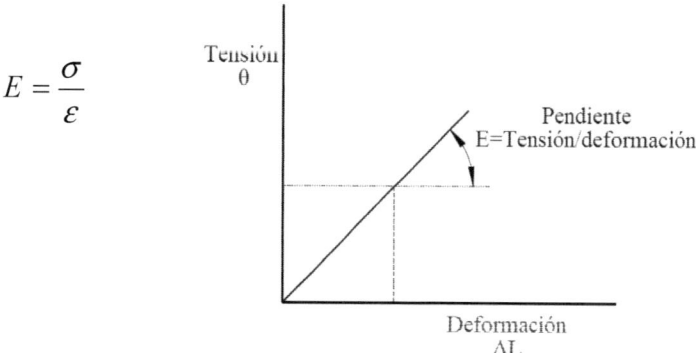

Donde E, módulo de Young o de elasticidad, σ es el esfuerzo unitario (N/mm²) y E es el alargamiento unitario.

Los materiales con gran módulo elástico son rígidos y requieren de grandes esfuerzos para su deformación elástica (tienen mayor pendiente en los diagramas de tracción). Puede relacionarse el módulo de elasticidad con el tipo de enlace del material ensayado. Así, los materiales o sustancias con elevada temperatura de fusión como la alúmina (Al_2O_3) o el wolframio (W) tienen elevado módulo elástico.

Sustancia	Temperatura de fusión °C	Módulo elástico GPa	Densidad g/cm³
Aluminio	660	70	2,71
Hierro	1538	210	7,87
Wolframio	3410	412	19,25
Alúmina	2020 ºC	380 GPa	3,85

Figura 2.1.11 Propiedades de algunos materiales.

Ejercicio resuelto 2.1.8

En la tabla siguiente se especifican las propiedades de dos materiales.

Sustancia	Límite elástico	Resistencia a la rotura	Módulo elástico
A	25 MPa	50 MPa	70 000 MPa
B	150	400 N/mm²	120 000 N/mm²

a. ¿Qué material es más rígido?

b. El material forma parte de una pieza cilíndrica de 15 mm² de sección que debe soportar una carga de 5000 N. ¿Qué material es el más adecuado?

Solución

a. La sustancia B con mayor módulo elástico es la más rígida por tener menor deformación cuando se aplica el esfuerzo.

b. Para determinar el material más adecuado determinamos la tensión para cada uno de ellos partiendo de la fuerza aplicada (5000 N) y la sección de la pieza.

$$\sigma = \frac{F}{A} = \frac{5000N}{15mm^2} = 333,33\frac{N}{mm^2} \cdot \frac{1MPa}{1N/mm^2} = 333,33MPa$$

La elongación para cada una de las sustancias:

$$\varepsilon = \frac{\sigma}{E} \qquad \varepsilon_A = \frac{\sigma}{E} = \frac{333,33MPa}{70000MPa} = 0,005$$

$$\varepsilon_B = \frac{\sigma}{E} = \frac{333,33MPa}{120000MPa} = 0,003$$

La sustancia B al ser más rígida experimenta menor deformación, por lo que es la más adecuada.

2.1.2.3.3 Tenacidad

Capacidad de un material que expresa su resistencia frente a esfuerzos de tracción deformándose y estirándose sin que se produzca la fractura. También puede definirse como la energía absorbida por un material en su deformación y rotura. Los materiales tenaces absorben gran cantidad de energía antes de romperse. Parte de la energía absorbida se consume en la deformación elástica y el resto en la deformación plástica permanente.

Los materiales frágiles como algunos cerámicos cuando son sometidos a choque se rompen sin experimentar deformación plástica. Son poco tenaces. Otros materiales se deforman plásticamente antes de romperse absorbiendo parte de la energía del choque. A mayor deformación, mayor resistencia al choque, menor fragilidad y mayor tenacidad.

2.1.2.3.4 Fragilidad

Expresa la capacidad de un material a romperse sin que se aprecie deformación cuando es sometido a una carga o choque. Expresa falta de plasticidad y, por tanto, de tenacidad. Los materiales frágiles se rompen en el límite elástico, es decir, su rotura se produce espontáneamente al sobrepasar la carga correspondiente al límite elástico. La superficie de fractura no presenta estricción debido a la ausencia de deformación plástica.

2.1.2.3.5 Anaelasticidad

Propiedad que tienen ciertos materiales de deformarse elásticamente de forma retardada en el tiempo. Al aplicar una tensión los materiales anaelásticos, como algunos polímeros, continúan deformándose después de haberse aplicado la carga. Al cesar la carga recuperan su posición original después de un tiempo, no lo hacen de forma instantánea.

2.1.2.3.6 Relación de Poisson(μ)

Es la relación negativa de las deformaciones laterales y axiales que resultan de aplicar un esfuerzo axial en la deformación elástica. Relaciona la deformación elástica longitudinal producida por una tensión de tracción o compresión con la deformación que se produce en la dirección perpendicular a la aplicación de la carga. El coeficiente teórico de Poisson en materiales isotrópicos debe estar comprendida entre 0,25 y 0,5 (no existe cambio de volumen). La mayoría de metales y aleaciones tienen coeficientes de Poisson entre 0,25 y 0,35.

Para su determinación experimental se somete a tracción el material cuyo coeficiente de Poisson se desea conocer y se anota el alargamiento longitudinal y el acortamiento lateral del prisma. El cociente negativo del acortamiento lateral por el alargamiento longitudinal determina la relación de Poisson.

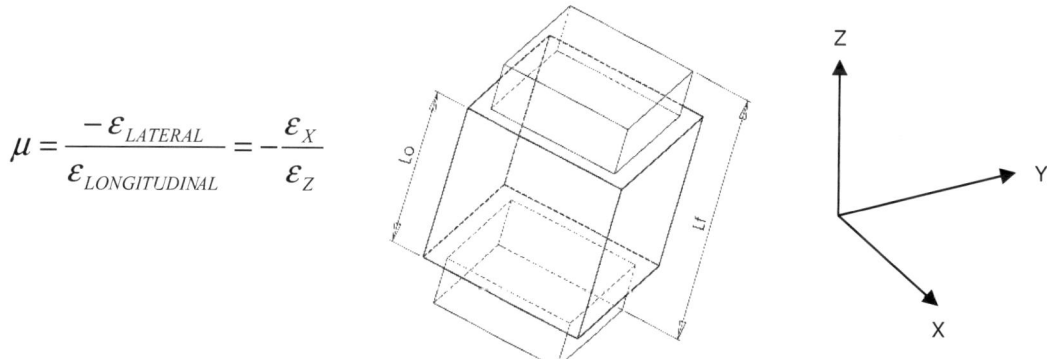

$$\mu = \frac{-\varepsilon_{LATERAL}}{\varepsilon_{LONGITUDINAL}} = -\frac{\varepsilon_X}{\varepsilon_Z}$$

Material	E MPa 10⁴	G MPa	μ (Coeficiente Poisson)
Aluminio (Al)	10,2	2,5	0,33
Cobre (Cu)	16,1	4,8	0,35
Titanio (Ti)	15,7	4,6	0,36
Acero (Fe-C)	30,8	8,5	0,27

Figura 2.1.12 Coeficiente de Poisson para varios metales.

El módulo elástico E y el módulo de cizalla (G) indicados en la siguiente tabla pueden relacionarse según la expresión:

$$E = 2 \cdot G(1 + \mu) \qquad\qquad \varepsilon = \frac{\sigma}{E}$$

En la mayoría de metales:

$$G = 0,4E$$

2.1.2.3.7 Flexión

Es la acción de doblarse que tiene lugar cuando una determinada pieza está cargada por fuerzas transversales perpendiculares a su eje longitudinal y que, además, se hallan contenidas en el plano de simetría de la pieza.

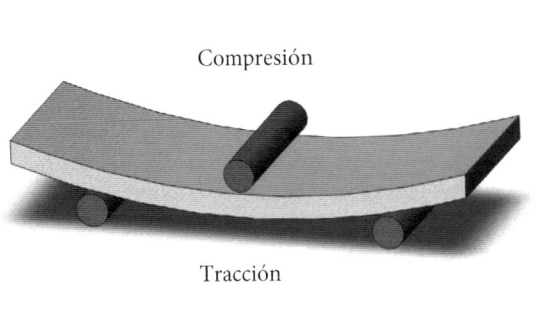

Compresión

Tracción

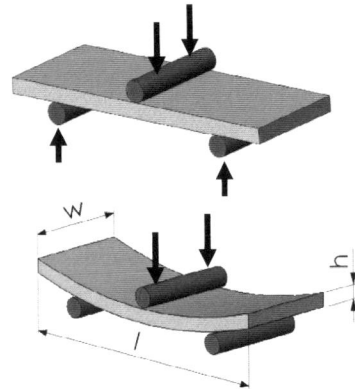

Figura 2.1.13 Flexión de una viga.

En la figura se presenta una viga sometida a un esfuerzo de flexión. Como puede apreciarse, la parte superior de la misma se encuentra a compresión mientras que la inferior se está a tracción. La línea discontinua es la denominada línea neutra. En esa zona, el material no se encuentra sometido ni a tracción ni a compresión.

La intensidad del esfuerzo tanto de compresión como de tracción es desigual en toda la viga y representa valores mayores en las zonas alejadas a la línea neutra.

2.1.2.3.8 Dureza

Es la resistencia que opone un material a ser penetrado por otro. Representa la resistencia que el material opone, cuando solo una pequeña superficie de él sufre una compresión. Los ensayos usados en la medición de la dureza son los de penetración. Se aplica un penetrador de bola, cono o diamante sobre la superficie del metal, con una presión y un tiempo determinados. La magnitud de la huella indica la dureza del material. Los métodos más utilizados son los de *Brinell*, *Rockwell* y *Vickers*.

2.1.2.3.9 Fatiga

Es la rotura que experimenta un material cuando se somete a la acción de cargas periódicas (alternativas o intermitentes), inferiores a su límite elástico. Las cargas son cíclicas y pueden ser de rotación, flexión o vibración.

La rotura por fatiga se produce en tres etapas: **iniciación**, **propagación** y **rotura final**. La rotura se debe a la propagación inicialmente lenta y posteriormente rápida de una grieta engendrada en la superficie de la pieza fracturada. En la etapa de iniciación o incubación se genera la microgrieta en la superficie de la pieza después de un ciclo de carga determinado. El acabado y la dureza superficial son factores que pueden retardar su aparición. En la etapa de propagación, la grieta avanza por la sección transversal de la pieza de forma más o menos rápida hasta que la sección es insuficiente y no puede soportar la tensión aplicada, produciéndose la rotura rápida.

Las máquinas empleadas para su medición son capaces de aplicar tensiones variables en sentido y magnitud a las piezas ensayadas y contar el número de ciclos hasta la rotura.

Para su correcto conocimiento deben ensayarse varias probetas a diferentes tensiones y representar en un diagrama las tensiones frente al número de ciclos necesarios para la rotura final.

Se define el **límite de fatiga** como la tensión por debajo de la cual la pieza soportará infinitos ciclos de fatiga sin llegar a romper con una probabilidad del 50%.

La **resistencia a la fatiga** es la tensión mayor por debajo de la cual no se produce rotura en un número determinado de ciclos (10^7).

La **vida a fatiga** representa el número de ciclos que son necesarios para fracturar una probeta bajo una tensión cíclica determinada. En muchos materiales el límite de fatiga es la mitad que su resistencia a la tracción.

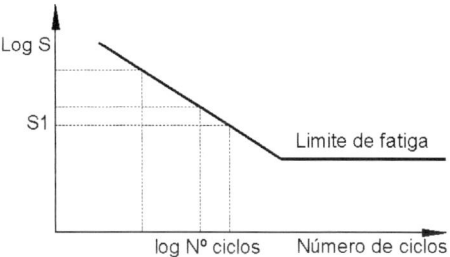

Figura 2.1.14 Diagrama tensiones – número de ciclos en escala logarítmica.

Además de la composición química y otras características intrínsecas del material se tienen otros factores que afectan a la vida a fatiga.

- **Concentración de esfuerzos**. Los cambios bruscos en la sección de las piezas ensayadas (agujeros, cuñas, entallas, etc.) provocan concentradores de tensiones que disminuyen la vida a la fatiga.

- **Tipo de tensión**. La magnitud (tensión) y el sentido de la carga (oscilante, pulsatoria, tracción, compresión, etc.) modifican el número de ciclos a fatiga.

- **Estado superficial**. El mejor acabado superficial en las piezas ensayadas incrementan la vida a la fatiga. Cuando las piezas tienen gran rugosidad se crean concentradores de tensión que disminuyen su vida en servicio.

- **Atmósfera**. El ambiente corrosivo junto con las condiciones cíclicas de fatiga facilitan la propagación de la grieta y disminuyen el número de ciclos a la falla.

Por estas razones en las piezas sometidas a fatiga deben evitarse defectos estructurales como las sopladuras o inclusiones, las discontinuidades bruscas en su superficie por orificios, cambios de sección, mecanizados incorrectos y por el estado superficial de las piezas.

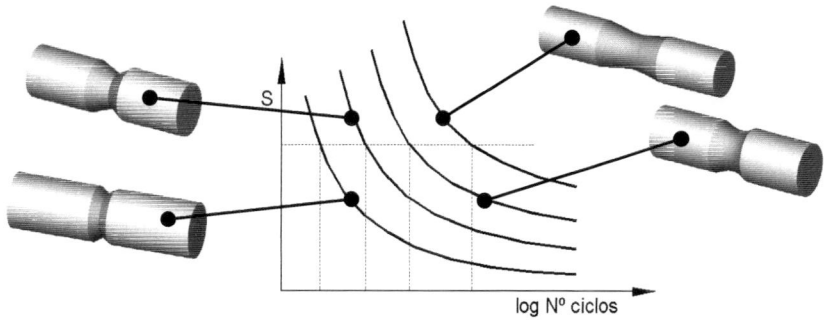

Figura 2.1.15 Curva S-N. Tensión (S) frente al número de ciclos (N) en escala logarítmica. La forma de la entalla ejerce una gran influencia sobre el número de ciclos a fatiga para una misma tensión.

El incremento de vida a fatiga puede realizarse mediante el **shot penning** o micromartilleo de bolas (bombardeo con perdigones) sobre la superficie de la pieza, creando tensiones a compresión que retrasa la iniciación y propagación de la grieta. También los tratamientos termoquímicos como la cementación o la nitruración son capaces de incrementar la vida a fatiga por el incremento de dureza superficial obtenido.

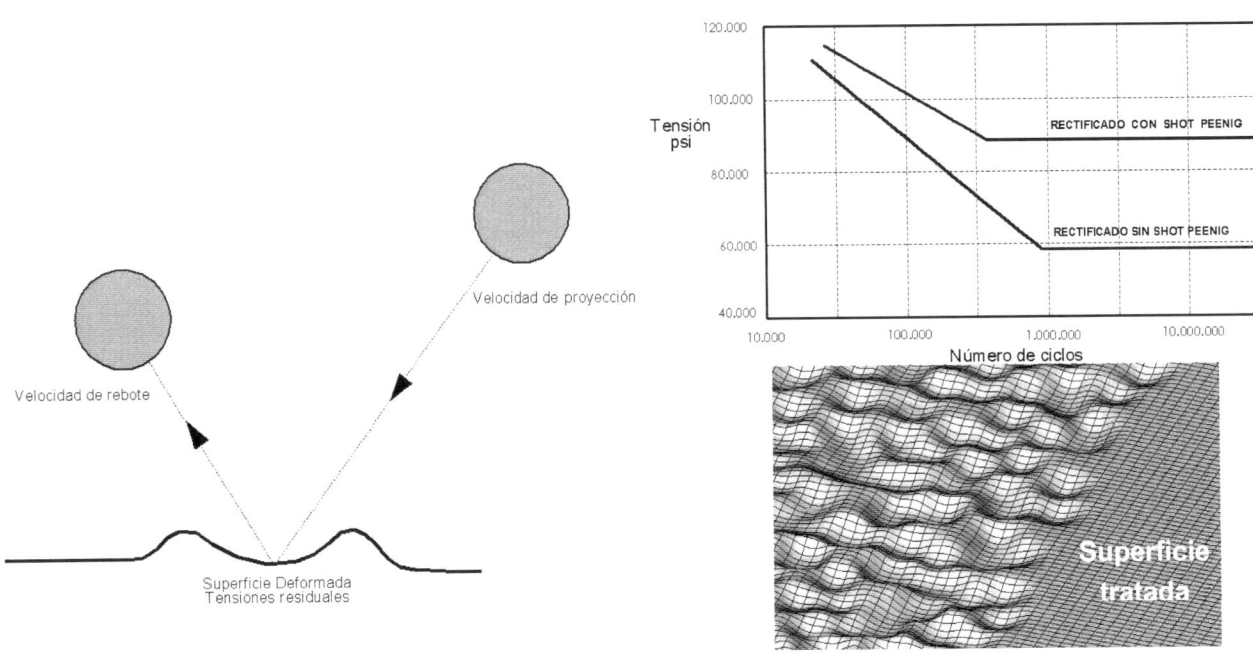

Figura 2.1.16 Efecto del *shot penning* en el comportamiento a fatiga.

Aspecto macroscópicos de la fatiga

Las piezas rotas por fatiga presentan en la superficie de fractura dos zonas fácilmente diferenciables a simple vista. La primera zona tiene aspecto de concha y se origina en un punto o defecto superficial de la pieza. Se caracteriza por tener las denominadas marcas de playa o crestas de forma semicircular que indica cómo se desarrolla el avance de la grieta con el número de ciclos. La segunda zona surge a continuación de la primera, tiene el grano fino con aspecto brillante y es debido a la rotura frágil final de la pieza.

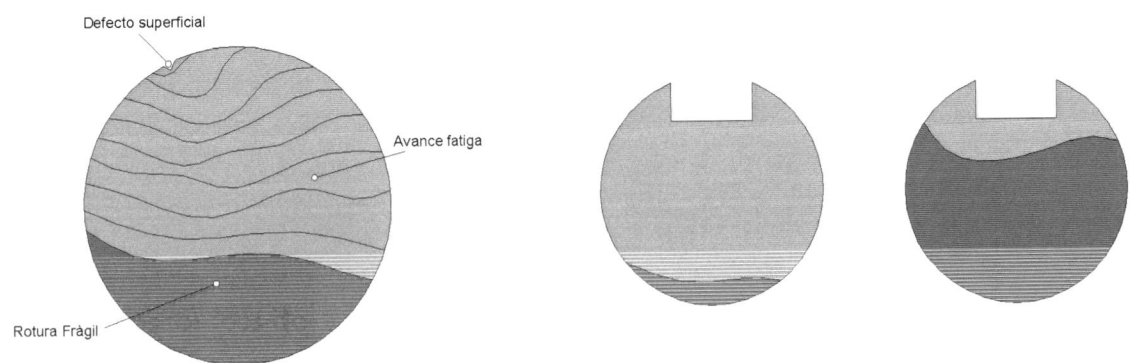

Figura 2.1.17 Aspecto macroscópico de la superficie de fractura por fatiga. Las figuras de la izquierda muestran dos piezas que han soportado diferente número de ciclos a fatiga. La primera de ellas tiene una gran zona de avance de grieta y una zona pequeña de rotura frágil final.

2.1.2.3.10 Ductilidad y maleabilidad

Propiedad que tienen los materiales para extenderse en hilos o láminas (respectivamente) bajo la acción de esfuerzos mecánicos sin llegar a romperse. Informa de la magnitud de la deformación plástica que soporta el material hasta que termina rompiendo. Los materiales que bajo un esfuerzo se deforman muy poco antes de romper son materiales frágiles y por lo tanto muy poco dúctiles.

Metales	Ductilidad Elongación porcentual (%)	Metales	Ductilidad Elongación porcentual (%)	Metales	Ductilidad Elongación porcentual (%)
Aluminio recocido	42	Acero bajo en carbono	35	Níquel recocido	48
Aluminio deformado en frío	10	Acero alto en carbono	12	Aleación de zinc	12
Cobre recocido	50	Acero inoxidable	58	Titanio	22

Figura 2.1.18 Ductilidad y maleabilidad en cobre y aluminio.

Una probeta ensayada a tracción se considera dúctil cuando el cociente entre su alargamiento longitudinal y la reducción de sección es muy grande.

En los diagramas de tensión–deformación pueden distinguirse los comportamientos dúctiles de los frágiles. Los materiales frágiles tienen deformaciones a rotura pequeñas, menores a un 5%. La zona plástica es pequeña por lo que visualmente se verán las probetas con roturas prácticamente rectas sin estricción aparente. Los materiales dúctiles tienen gran deformación plástica, de un 30 a un 45% (elongación).

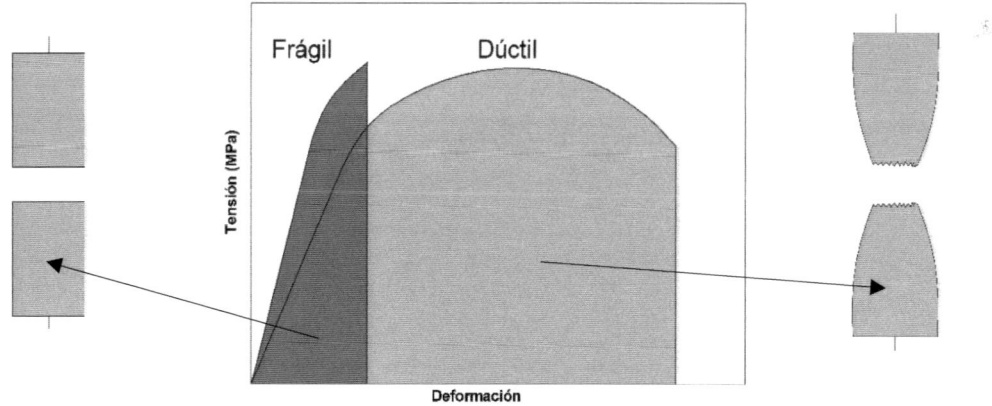

Figura 2.1.19 Diagrama tensión–deformación en la evaluación del comportamiento dúctil.

 Ejercicio resuelto 2.1.9

Determinar la ductilidad como porcentaje de estricción de una probeta cilíndrica que es deformada en frío desde un diámetro inicial de 15 mm hasta un diámetro final de 12 mm.

Solución

La determinación de la ductilidad puede realizarse en función de la reducción de la sección de la probeta según la expresión:

$$\%Estricción = \frac{A_O - A_F}{A_O} \times 100 \qquad \%Estricción = \frac{\pi \times \left(\frac{15}{2}\right)^2 - \pi \times \left(\frac{12}{2}\right)^2}{\pi \times \left(\frac{15}{2}\right)^2} \times 100 = 36\%$$

2.1.2.3.11 Plasticidad

Capacidad de deformación permanente de un metal por la acción de una fuerza externa sin que la deformación producida desaparezca cuando cesa la fuerza que lo ha provocado. La deformación plástica de los metales definen los procesos de fabricación como la laminación, embutición, doblado y corte cuando la temperatura empleada es inferior a la de recristalización (conformado en frío).

Los procesos como la forja emplean temperaturas superiores a la de recristalización y se considera como una conformación en caliente.

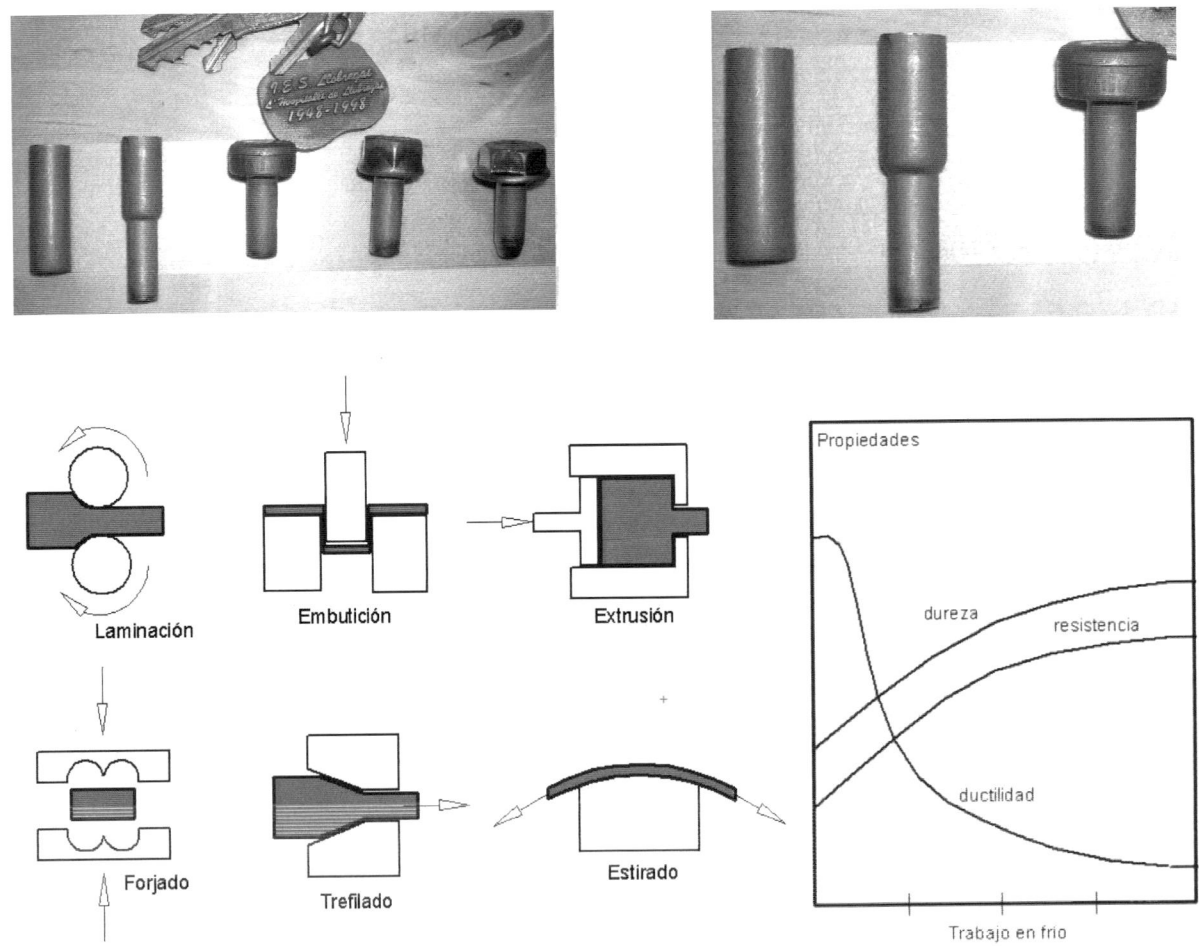

Figura 2.1.20 Etapas en la conformación de un tornillo y procesos de deformación plástica. Variación de las propiedades mecánicas con el trabajo en frío. La ductilidad disminuye con la deformación plástica en frío mientras que la dureza y la resistencia aumentan.

La deformación plástica ya sea en frío o en caliente provoca el endurecimiento del metal tratado por incremento de la densidad de dislocaciones.[2] El tratamiento térmico de recocido permite eliminar o modificar la acritud causada por la deformación plástica y controlar el grado de dureza final del material.

En los procesos de fabricación mecánica en los que se produce la conformación por deformación plástica se controlan las propiedades finales del producto por la combinación de deformación y recocido.

En un ensayo de tracción uniaxial, cuando se sobrepasa el límite elástico y la probeta es descargada acumula cierta deformación plástica permanente además de endurecerse por acritud. Si después de la deformación la probeta vuelve a cargarse uniaxialmente, se observa que el límite elástico y la resistencia a la tracción es más alta y el metal tiene menor ductilidad. Así, los procesos de deformación plástica acumulan dureza y fragilidad al deformar el material.

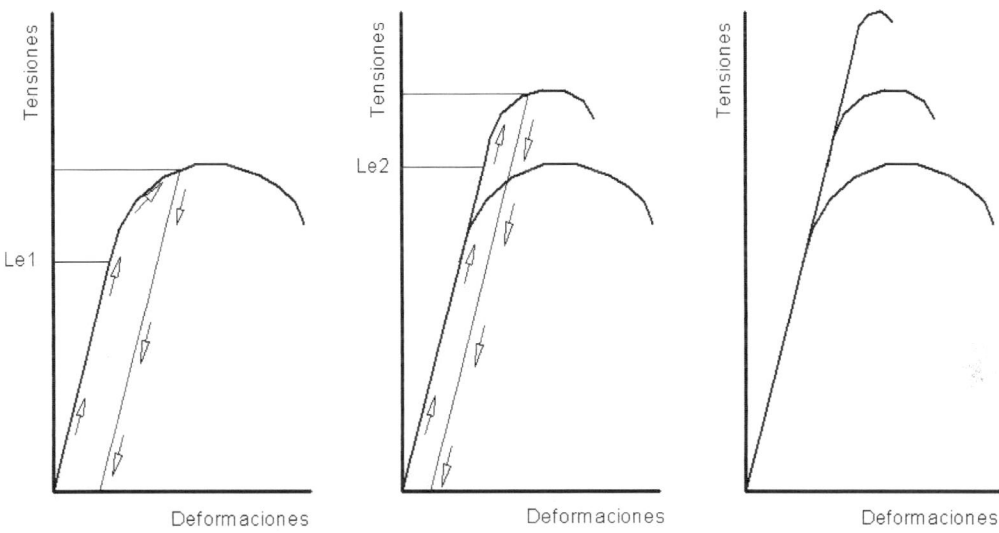

Figura 2.1.21 Endurecimiento por deformación plástica en un ensayo de tracción uniaxial.

La siguiente expresión (*ecuación de Ludwik*) relaciona el endurecimiento de los metales por el *coeficiente de acritud* o de endurecimiento por trabajo en frío (*n*):

$$\theta = K \times \varepsilon^{n}$$

Metal	Estructura	*n*
Titanio	HC	0,05
Molibdeno	BCC	0,13
Cobre	FCC	0,54

Figura 2.1.22 Coeficiente de acritud para diversos metales.

El **coeficiente de acritud** depende de la estructura cristalina por definir el número de planos de fácil deslizamiento de las dislocaciones. Así, los metales con estructura hexagonal compacta (HC) tienen menor coeficiente de acritud, le siguen los metales con estructura cúbica centrada en el cuerpo (BCC) y los mejores son los metales con estructura cúbica centrada en las caras (FCC). Esta es la razón por la que el grado de deformación y de endurecimiento admitido por distintos metales no es igual.

---

[2] Una **dislocación** es un defecto geométrico lineal llamado dislocación atómica tridimensional. Se da en la estructura de los cristales rompiendo la regularidad de su disposición. Puede aparecer durante el crecimiento del cristal (solidificación) y producirse por deformación plástica, tratamiento térmico o por el bombardeo de partículas muy energéticas. Existen tres tipos diferentes: **dislocación de borde**, **helicoidal** y **mixta**. Las dislocaciones son las responsables del endurecimiento por deformación.

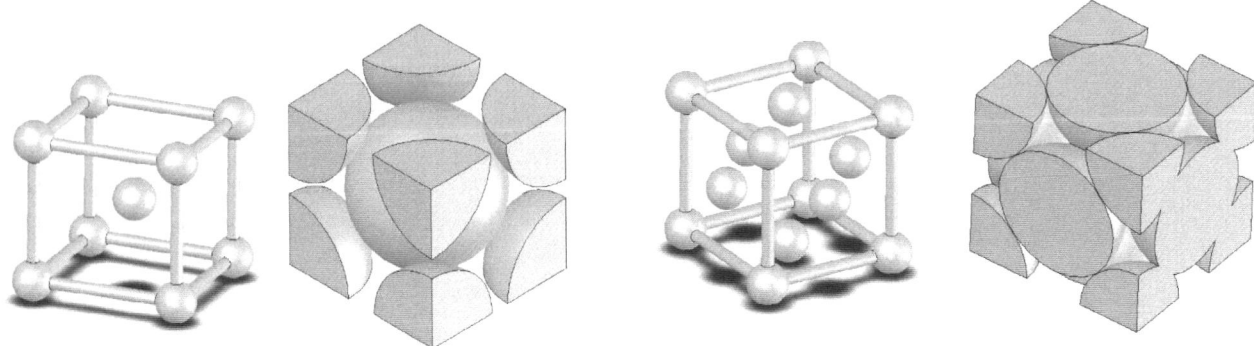

Figura 2.1.23 Estructura cúbica centrada en el cuerpo (BCC) y centrada en las caras (FCC).

El endurecimiento se produce cuando en el material deformado se incrementa el número de dislocaciones por unidad de volumen (densidad de dislocaciones). Las tensiones aplicadas, cuando son mayores al límite elástico (L_{E1}), provocan el deslizamiento de las dislocaciones y la creación de otras nuevas mediante el mecanismo de **Frank-Read**. En la deformación de un metal durante el trabajo en frío, el número de dislocación se incrementa, provocando que el metal se endurezca mientras se conforma.

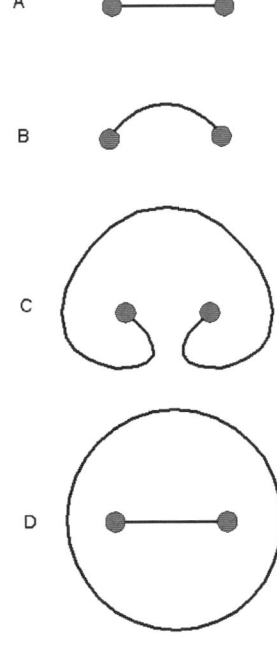

Durante la deformación plástica en frío de un metal se incrementan el número de dislocaciones haciendo que el metal adquiera acritud o endurecimiento durante su conformado. El mecanismo de **Frank-Read** puede explicar el incremento de la densidad de dislocaciones. Al someter al material a un esfuerzo superior al de fluencia, las dislocaciones se desplazan hasta quedar ancladas o atrapadas entre dos puntos, figura A. Si el material sigue siendo deformado la dislocación tiende a seguir desplazándose, pero el anclamiento no lo permite o se arquea, según las figuras B y C. Al cerrarse la dislocación genera una nueva anclada en los dos puntos anteriores e incrementa la acritud del material.

Muchos procedimientos de conformación por deformación plástica son los que se benefician del incremento de la dureza al mismo tiempo que el material es conformado. De entre ellos: laminación, extrusión, trefilado, doblado, entre otros.

El porcentaje de trabajo en frío sufrido en la conformación se determina en función de la relación porcentual de las áreas iniciales y finales de la pieza procesada.

$$\%Trabajo\ en\ Frío = \frac{A_O - A_F}{A_O} \times 100$$

La deformación plástica en frío tiene ventajas muy beneficiosas para las piezas conformadas. Se tienen excelentes acabados superficiales y buenas tolerancias dimensionales al mismo tiempo que el proceso es relativamente económico. Sin embargo, la ductilidad, conductividad y resistencia a la corrosión disminuyen con el trabajo en frío.

El **trabajo en caliente** (*Hot Working*) permite realizar grandes deformaciones plásticas sin fragilizar el material. En este procedimiento se combinan los efectos endurecedores de la deformación y los efectos del ablandamiento por la temperatura (**recristalización dinámica**). El trabajo en caliente se realiza cuando se trabaja a temperatura homóloga (T_H) superior a 0,4-0,5, siendo la T_H el cociente entre la temperatura de trabajo y la temperatura de fusión del metal o aleación.

$$T_H = \frac{T}{T_F} > 0,4 - 0,5$$

Ejercicio resuelto 2.1.10

Determinar las propiedades mecánicas de una barra cilíndrica de aluminio que en una deformación en frío ha sufrido una reducción de diámetro de 15 a 12 milímetros.

Solución

El porcentaje de trabajo en frío sufrido en la conformación se determina en función de la relación porcentual de las áreas iniciales y finales de la pieza de aluminio según:

$$\%Trabajo\ en\ frío = \frac{\pi \times \left(15/2\right)^2 - \pi \times \left(\dfrac{12}{2}\right)^2}{\pi \times \left(\dfrac{15}{2}\right)^2} \times 100 = 36\%$$

En la siguiente gráfica puede determinarse:

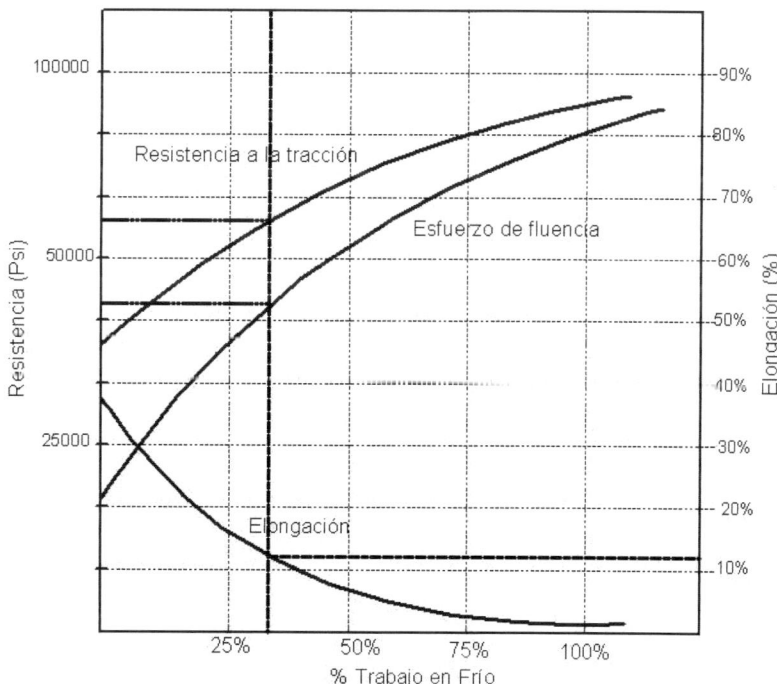

Figura 2.1.24 Diagrama trabajo en frío vs. resistencia y elongación.

La elongación es de un 12%, la resistencia a la tracción de 57 000 Psi y el esfuerzo de fluencia es de 42 000 Psi.

Ejercicio resuelto 2.1.11

Una lámina de aluminio es deformada plásticamente mediante dos laminaciones consecutivas. En la primera se reduce su espesor de 2 cm a 1,25 y en la segunda se llega a un espesor final de 0,45 cm. Calcular el trabajo en frío realizado en la laminación y las propiedades de la misma según el gráfico del ejercicio anterior.

Solución

Se aplica la expresión del trabajo en frío para cada una de las etapas de la laminación.

$$\%Trabajo \ en \ frío = \frac{A_0 - A_f}{A_0} \times 100 = \frac{2 - 1,25}{2} \times 100 = 37,5\%$$

$$\%Trabajo \ en \ frío = \frac{A_0 - A_f}{A_0} \times 100 = \frac{1,25 - 0,45}{1,25} \times 100 = 64,0\%$$

El trabajo en frío total no es la suma de cada una de las laminaciones puesto que se obtendría un porcentaje superior al 100%. Para su determinación debe considerarse el espesor inicial y el final, aunque se hayan obtenido en laminaciones distintas.

$$\%Trabajo \ en \ frío = \frac{A_0 - A_f}{A_0} \times 100 = \frac{2 - 0,45}{2} \times 100 = 77,5\%$$

En el gráfico del ejercicio anterior la elongación de un 77,5% se corresponde con una resistencia a la tracción de 82 000 Psi y un esfuerzo de fluencia de 62 000 Psi. La elongación en el gráfico es de un 80%.

2.1.2.3.12 Superplasticidad

Es la capacidad que tienen algunas aleaciones basadas en titanio y aluminio para poder ser fuertemente deformadas de forma uniforme sin llegar a romper. Pueden llegar a producir elongaciones de hasta el 1000%. Se emplean aleaciones de aplicaciones aeronáuticas de tamaño de grano muy fino (μm) como el Ti 6Al 4V y el Cu 10Al.

En 1945, Bochvar y Sviderskaya fueron los primeros que describieron este tipo de materiales capaces de experimentar alargamientos muy grandes de manera isotrópica sin sufrir fractura y bajo esfuerzos relativamente bajos.

Para producir la deformación de este tipo de aleación debe alcanzarse la mitad de la temperatura de fusión y aplicarse deformaciones con velocidades muy lentas para evitar su fractura.

Algunos materiales con comportamiento superplástico pueden llegar a tener alargamientos máximos de varios cientos a varios miles por ciento. Es el caso de algunas aleaciones de aluminio y bronce que experimentan alargamientos de un 8000%.

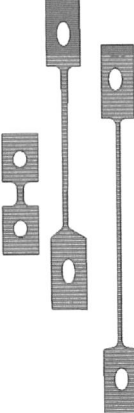

Figura 2.1.25 Elongaciones reales a escala obtenida en una aleación de aluminio a distintas temperaturas.

La superplasticidad se da en materiales policristalinos de tamaño de grano muy fino (inferior a 10 micras) cuando son sometidos a muy bajas velocidades de deformación y temperaturas cercanas a la mitad de la temperatura de fusión, sin llegar a alcanzarla. Actualmente se investiga en materiales metálicos y cerámicos con tamaño de grano nanométrico por sus propiedades superplásticas.

2.1.3 Ensayo de dureza

La dureza mide la capacidad que tiene un material de oponerse a la penetración en el seno de un cuerpo, o sea, representa la resistencia que el material opone, cuando solo una pequeña superficie de él sufre una compresión, es rayado o penetrado por otro.

La dureza de un material puede ser evaluada mediante tres procedimientos distintos:

a. **Dureza mineralógica**. Según la oposición que opone el material cuando es rayado (ensayo Mohs).

b. **Dureza estática o por penetración**. O resistencia que opone un material al ser penetrado por otro. Comprende la mayoría de procedimientos más usados en la industria actual (ensayo Brinell, Rockwell y Vickers).

c. **Dureza dinámica**. Dureza elástica o dureza al rebote. Evalúa la dureza de un material en función de la energía que absorbe por el choque de un pequeño martillo (ensayo Shore).

La dureza puede medirse por cualquiera de los procedimientos indicados; sin embargo, desde el punto de vista industrial, se emplean tan solo cuatro de ellos. Los métodos Brinell, Rockwell y Vickers corresponden a la medición de la dureza según el criterio de resistencia que opone un cuerpo a la penetración. Se determina de forma estática, es decir, ejerciendo una presión progresiva. El procedimiento Shore, en cambio, mide la dureza elástica por rebote y es un ensayo dinámico.

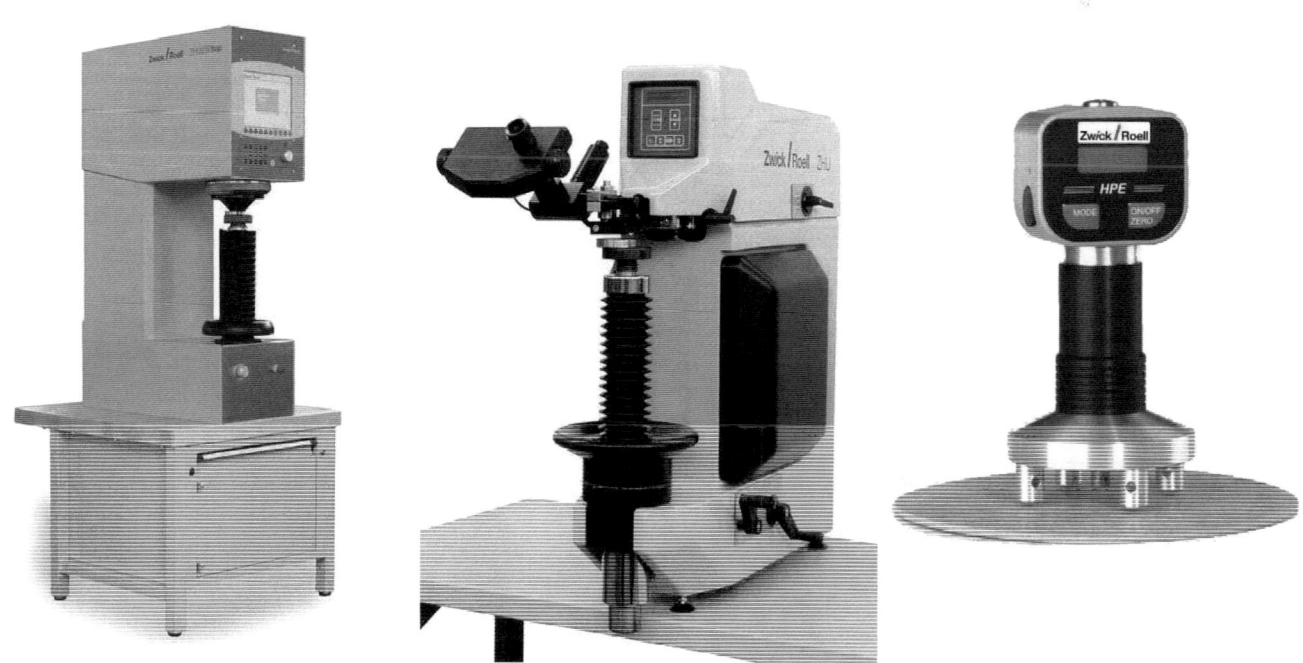

Figura 2.1.26 Durómetros universales de sobremesa y portátiles. Imágenes cedidas por Zwick Ibérica.

La dureza estática de un material se mide forzando con un penetrador su superficie bajo un juego de cargas que lo hacen penetrar dejando huellas. El penetrador, que generalmente es una esfera, pirámide o cono, es fabricado con un material siempre más duro que el material ensayado. Los materiales más usuales utilizados en la fabricación de penetradores es el acero endurecido, el carburo de wolframio y el diamante.

Los ensayos de dureza tienen gran importancia en las empresas de fabricación mecánica debido a toda la información que ofrecen y su relación con otras propiedades mecánicas (resistencia a la tracción, plasticidad, resistencia a la deformación, etc.). Los resultados obtenidos se toman muchas veces como base para la aceptación o rechazo de piezas semiacabadas o terminadas.

Recuerde que la dureza informa sobre la cohesión de los átomos que conforman el material ensayado. En función del tipo de enlace y de su energía (enlace covalente, metálico o iónico), la dureza del material es mayor o menor. El material más duro conocido es el diamante, que está formado por enlaces covalentes con una energía (C-C) de 370 kJ/mol.

2.1.3.1 Escala de dureza Mohs

La escala de dureza de Mohs, propuesta por Friedrich Mohs (1773-1839), fue el primer método de estimación de dureza basado en la propiedad que tienen los materiales de ser rayados por otro de mayor dureza. La escala está formada por diez minerales que tienen la propiedad de ser rayados por el siguiente pero no por el anterior.

La escala Mohs ordena diez minerales del más blando (talco) al más duro (diamante). Considera que los dos primeros minerales (talco y yeso) son blandos, los comprendidos entre 3 y 5 son semiduros y los mayores a 6, en la escala Mohs, son duros (topacio, corindón y diamante).

1	Blando	Talco	$MgH_4(SiO_3)_4$	Silicato de magnesio
2		Yeso	$CaSO_4\ 2H_2O$	Sulfato de cal hidratado
3	Semi duros	Calcita	$CaCO_3$	Carbonato de calcio anhidro
4		Fluorita	CaF_2	Fluoruro de calcio
5		Apatito	$CA_2(PO4)\ (F, Cl, OH)$	Fosfato y fluoruro de calcio
6	Duros	Ortosa	$Si_3O_8Al(K, Na)$	Silicato de alúmina y potasio
7		Cuarzo	SiO_2	Anhídrido silícico
8	Muy duros	Topacio	$Al_2SiO_4(OH,F)_2$	Fluosilicato alumínico
9		Corindón	Al_2O_3	Óxido de alúmina
10		Diamante	C	Carbono puro cristalizado

Figura 2.1.27 La escala de dureza de Mohs está compuesta por diez minerales, cada uno de los cuales puede ser rayado por su superior pero no por su anterior.

Para determinar la dureza de un material se intenta rayar con un material duro (diamante o corindón) y se continúa rayando con el resto de materiales que contiene la tabla, en orden descendiente (materiales cada vez más blandos), hasta encontrar uno que no lo raye.

Ejercicio resuelto 2.1.12

Determinar la dureza de Mohs de un material que se deja rayar por el topacio y el corindón pero no por la ortosa.

Solución

El material tiene una dureza inferior al topacio pero superior a la ortosa. Su dureza es mayor a 6 e inferior a 8. Es conveniente probar con el cuarzo para acotar mejor su dureza.

2.1.3.2 Dureza a la lima

Es un ensayo simple, rápido y aproximado que se realiza mediante una lima y que permite conocer la dureza aproximada del material. Si la lima no entra en el material ensayado su dureza será superior a 60 HRc (Rockwell-C), por el contrario, si la lima entra será inferior a 58 HRc.

Los ensayos comparativos con la lima dependen de tres factores importantes:

1) Tamaño, forma y dureza de la lima.

2) Rapidez, presión y ángulo de incidencia de la lima durante el ensayo.

3) Composición y tratamiento térmico del metal ensayado.

Este ensayo requiere cierta práctica por parte del operario y permite conocer, de forma aproximada, la dureza en piezas templadas o cementadas. Es un ensayo sencillo, rápido y aproximado.

Figura 2.1.28 Lima de diversas durezas. Imagen cedida por UNCETA.

2.1.3.3 Ensayo Martens

El *ensayo Martens* permite determinar la dureza de un material cuando es rayado por una punta de diamante de forma piramidal de base cuadrada con un ángulo en el vértice de 90°. El procedimiento consiste en medir la anchura de la raya que produce el penetrador con forma piramidal cuando es cargado sobre el material a ensayar.

Los materiales blandos se dejarán rayar más que los duros puesto que oponen menos resistencia, por lo que la anchura "*a*" será mayor y la dureza Martens (D_M) será menor según la expresión:

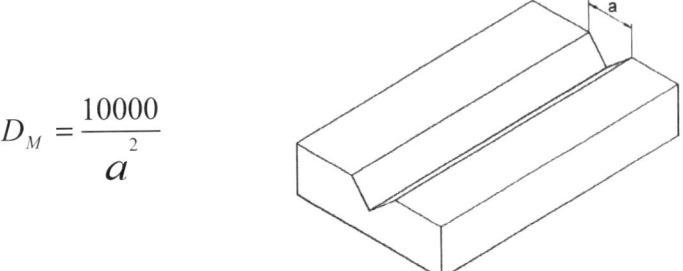

$$D_M = \frac{10000}{a^2}$$

Dureza Martens	
Material	D_M
Plomo	17
Cobre	37
Acero dulce	73
Acero duro	145

Figura 2.1.29 Ensayo de dureza Martens. Estimación del ancho de la raya "a" (µm). Los materiales blandos se dejarán penetrar más con una misma carga, por lo que la raya "a" será mayor y el índice D_M menor.

2.1.3.4 Ensayo Turner

El *ensayo Turner* es una variante del *Martens*. Este ensayo da la dureza en función de los gramos necesarios para que la punta de diamante del *esclerómetro Martens* produzca una raya de anchura constante e igual a 10 micras (0,01 mm).

Ejercicio resuelto 2.1.13

Se realiza un ensayo Martens y se obtiene una raya de anchura a=15,81 µm. Determinar la dureza Martens del material.

Solución

$$D_M = \frac{10000}{15,8^2} = 40$$

El material tiene una dureza ligeramente superior al cobre.

2.1.3.5 Dureza Brinell

El profesor Brinell (1849-1925) estudió a principios del siglo XX la forma de determinar de forma cuantitativa durezas en los metales, basándose en la huella producida por un penetrador de forma esférica y dimensiones determinadas al ser comprimido por una carga estática sobre el material a ensayar.

El ensayo consiste en comprimir una bola de acero templado, de diámetro determinado, sobre el material que se ensaya, por medio de una carga y un tiempo normalizado. Se encuentra la dureza del material según el área de la huella dejada por el penetrador sobre la pieza a ensayar. La huella dejada sobre el material es un casquete semiesférico cuyo diámetro depende de la profundidad de penetración. Los materiales con menor dureza se dejan penetrar más y tienen mayores superficies de huella deformada.

Para realizar el cálculo, se mide el diámetro de la huella (d) dejada por el penetrador (D) y se aplica la ecuación [1.2] que divide la carga aplicada (P, kg) por la superficie dejada por el penetrador sobre la superficie de la pieza a ensayar (S, mm²). La superficie de la huella puede determinarse en función del diámetro de la huella creada según la expresión [1.3]. En la mayoría de los durómetros Brinell actuales la dureza puede leerse directamente desde los displays de la máquina sin necesidad de realizar ningún cálculo.

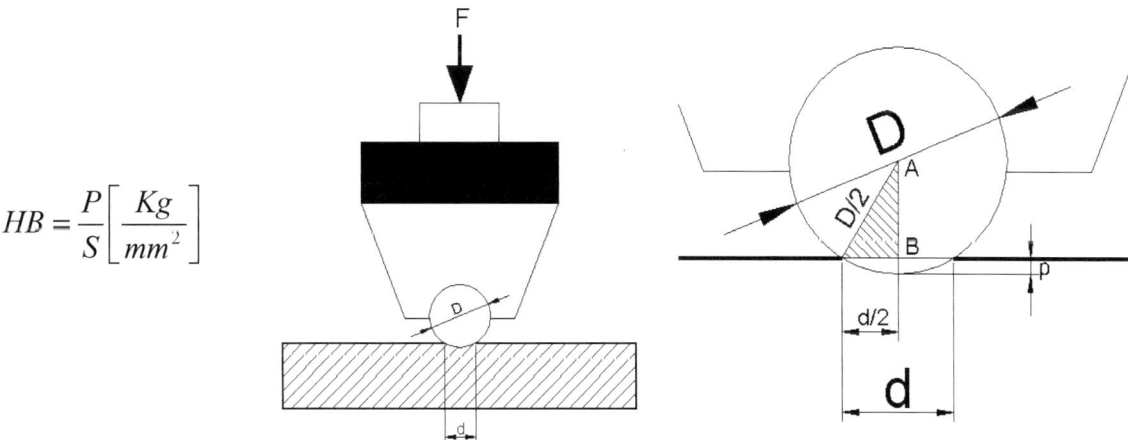

$$HB = \frac{P}{S}\left[\frac{Kg}{mm^2}\right]$$

Figura 2.1.30 Ensayo de dureza Brinell. Penetrador Brinell.

Los penetradores empleados son bolas pulidas, esféricas y sin defectos superficiales con diámetros comprendidos en 10 y 1,25 mm, siendo las de 10 y 5 mm las empleadas en los ensayos tipo, si bien, para casos específicos se emplean de 1,25 y 7 milímetros.

Estos penetradores suelen ser de 3 calidades, cuyo empleo queda justificado por la mayor o menor dureza del material a ensayar.

a) Bolas de acero ordinario con alto contenido de carbono.

b) Bolas de acero al carbono endurecido por tratamiento térmico.

c) Bolas de carburo de wolframio.

Al realizar el ensayo se comprime la bola (penetrador) contra la pieza en examen, por lo que la bola inevitablemente se deforma, siendo esta deformación más acusada cuanto más duro sea el material ensayado. A pesar de realizar el ensayo con las bolas tipo C de carburo de wolframio, cuando la dureza del material ensayado es superior a 600 unidades, las deformaciones de los penetradores hacen inutilizables las lecturas conseguidas, siendo aconsejable recurrir a otro tipo de ensayo.

Las cargas empleadas oscilan entre 3000 y 31,25 kg. Las cargas utilizadas deben guardar cierta relación con los diámetros de los penetradores empleados para que los resultados obtenidos sean comparables.

Figura 2.1.31 Durómetro universal con conexión a ordenador. Imagen cedida por cortesía de Zwick Ibérica.

La Norma UNE[3] especifica que para el hierro y acero se debe emplear la bola de 10 mm de diámetro y carga de 3000 kg, aplicada por lo menos durante diez segundos. Para las aleaciones no férreas prescribe la bola de 10 mm de diámetro y carga de 500 kg, aplicada durante 30 segundos como mínimo, si bien estas especificaciones no pueden ser empleadas cuando las piezas en ensayo tengan poco espesor, pero se podrá obtener el mismo número Brinell si se conserva el coeficiente de proporcionalidad entre carga y D^2 del penetrador.

El coeficiente de proporcionalidad o constante del ensayo (K) permite emplear distintas combinaciones de carga y diámetro de bola según el empleo de la siguiente expresión:

$$K = \frac{P}{D^2} \left(\frac{Kg \cdot f}{mm^2} \right)$$

$$P = 30D^2$$

Para el hierro y el acero (K=30)

$$P = 5D^2$$

Para latón, bronce y aleaciones (K=5)

Donde:

P = Carga aplicada en kg y D = Diámetro del penetrador en milímetros. Los valores de K dependen del material a ensayar, el diámetro de la bola empleada como penetrador (D) y el diámetro de la huella obtenida (d), según:

$$0{,}24 \leq \frac{d}{D} \leq 0{,}6$$

Otros valores de K se indican en la tabla:

Material	K (kg.f/mm²)
Acero	30
Fundición	10 a 30
Cobre y aleaciones	5 a 30
Metales ligeros	1,25 a 15
Plomo y estaño	1 a 1,15

Figura 2.1.32 Tabla con valores de la constante K para diversos materiales.

Las dos ecuaciones anteriores muestran como la dureza Brinell es independiente de la carga y del diámetro de la bola si se mantienen las relaciones señaladas. El valor numérico de dureza Brinell tiene por dimensiones kg/mm^2 y su valor es:

---

[3] **Norma UNE 7-422-85**. Determinación de la dureza en productos de acero por el método Brinell.

$$Hb = \frac{P}{S}$$

donde P = Carga en kg y S = Área de la huella en mm².

La marca dejada por el penetrador en el material a ensayar tiene forma de un casquete semiesférico. Siendo D el diámetro del penetrador y d el diámetro de la huella dejada sobre la pieza a ensayar, el área de la zona esférica comprendida entre el círculo máximo de la bola, paralela a la superficie de la probeta, y el círculo, también paralelo de diámetro d, es igual a:

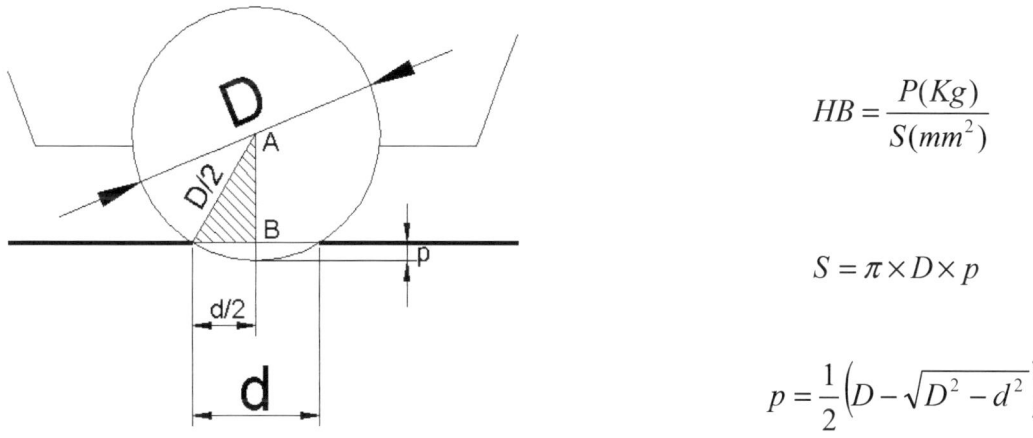

$$HB = \frac{P(Kg)}{S(mm^2)}$$

$$S = \pi \times D \times p$$

$$p = \frac{1}{2}\left(D - \sqrt{D^2 - d^2}\right)$$

Figura 2.1.33 Cálculo matemático para determinar la dureza Brinell.

Incluyendo p en la expresión de la superficie del casquete esférico y sustituyendo en la expresión general de la dureza:

$$p = \frac{1}{2}\left(D - \sqrt{D^2 - d^2}\right) \longrightarrow S = \pi \times D \times p$$

$$S = \frac{\pi D}{2}\left(D - \sqrt{(D^2 - d^2)}\right) \longrightarrow HB = \frac{P(Kg)}{S(mm^2)} \longrightarrow \boxed{HB = \frac{P}{\frac{\pi D}{2}\left(D - \sqrt{(D^2 - d^2)}\right)}}$$

Relación entre la dureza Brinell y la resistencia a la tracción

Para determinar la resistencia a la tracción de los metales en los cuales no se pueda realizar el ensayo destructivo, el número de dureza Brinell es de mucha utilidad, pues multiplicando este por un factor que varía según el material, podemos obtener con bastante aproximación la resistencia a la tracción en kg/mm².

$$R_{TRACCIÓN} = K \times HB$$

Este procedimiento es válido para durezas que no excedan de 400 Brinell. En la siguiente tabla se indican los coeficientes utilizados:

Acero al carbono	0,36
Acero aleado	0,34
Cobre y latón	0,40
Bronce	0,23

Figura 2.1.34 Coeficientes más utilizados para determinar la resistencia a la tracción kg/mm².

Estado de la superficie

La superficie de la probeta a ensayar deberá estar limpia, ser perfectamente plana, normal al eje de aplicación de la carga y lo más homogénea posible.

Se puede obtener una superficie adecuada, en general, desbastando mediante una lima o muela de grano fino. Para este ensayo no es necesario pulir la superficie, pero sí conviene eliminar cualquier cascarilla de óxido en el punto donde haya de realizarse el ensayo. En superficies redondeadas, es necesario rectificar un área de tamaño adecuado, salvo que se pretenda obtener resultados comparativos.

Espesor mínimo de la pieza

El espesor de la pieza que se va a ensayar debe ser tal que al aplicar la carga se deforme únicamente su material, no llegando los efectos a la cara opuesta, que se apoya sobre el yunque de la máquina de ensayo. Por lo tanto, cualquier "*efecto de yunque*" conducirá a resultados erróneos.

Se toma como espesor mínimo de la pieza, entre 8 y 10 veces la profundidad de la huella, debiendo distar 2,5 veces el diámetro de la huella del borde más próximo de la superficie ensayada. Estas distancias de seguridad dependen de las propiedades del material ensayado. Ver tabla:

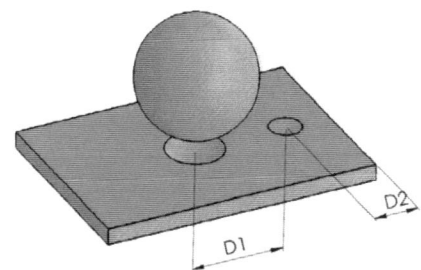

Figura 2.1.35 Distancias de seguridad huella extremos y entre centros de huella.

Designación de la dureza Brinell

La dureza Brinell se indica como **XXHB(D,F,T)**. De donde XX hace referencia al grado de dureza Brinell obtenido (kg/mm²), D es el diámetro de la bola en milímetros, F la carga aplicada y T el tiempo de aplicación de la carga. Se emplea la designación HBS y HBW para indicar que la bola del penetrador es de acero o metal duro, respectivamente.

Un material con la designación 350 HB 5/750/20 nos indica que el valor de la dureza es de 350 kg/mm² y se ha obtenido en un ensayo Brinell mediante la utilización de una bola 5 mm de diámetro aplicando una carga de 750 kg durante 20 segundos.

Ejercicio resuelto 2.1.14

Indica la designación del resultado de los siguientes ensayos de dureza:

    a.   **HB=300. D=10 mm (bola de acero). Tiempo=10 segundos. F=3000 kg.f**

    b.   **HB=370. D=5 mm (bola de metal duro). Tiempo=20 segundos. F=800 kg.f**

Solución:

    a.   HB300/10/3000/10

    b.   HB370/5/800/20

Condiciones ambientales del ensayo

La temperatura del ensayo debe oscilar entre los 10 y los 35 °C, aunque se recomienda la temperatura de 23± 5 °C.

El ensayo Brinell produce una huella grande sobre la superficie de la pieza ensayada, por lo que no es un procedimiento recomendado en piezas de espesor fino. El acabado superficial no afecta tanto a los resultados siempre que pueda medirse el diámetro de la huella. El ensayo es aplicable en metales blandos, donde las bolas de metal duro no se deforman.

Ejercicio resuelto 2.1.15

Se ha realizado un ensayo Brinell con un penetrador de diámetro D=10 mm. Sabiendo que el material ensayado tiene una constante de ensayo K=10 y el diámetro de la huella obtenido es de d=1,78 mm, determinar la dureza Brinell del material. Determinar la profundidad de la huella.

Solución

$$P = K \times D^2 = 10 \times 10^2 \left[Kg \right]$$

$$HB = \frac{K \times D^2}{\frac{\pi D}{2}\left(D - \sqrt{\left(D^2 - d^2\right)}\right)} = \frac{10 \times 10^2}{\frac{3,14 \times 10}{2} \times \left(10 - \sqrt{\left(10^2 - 1,78^2\right)}\right)} \left[\frac{Kg}{mm^2}\right] = 398,64 HB$$

Para determinar la profundidad de la huella dejada por el penetrador sobre la superficie de la pieza a ensayar, se debe aplicar la ecuación:

$$p = \frac{1}{2} \cdot \left(D - \sqrt{D^2 - d^2}\right) \qquad p = \frac{1}{2} \cdot \left(10 - \sqrt{10^2 - 1.78^2}\right) = 0.080 mm$$

Ejercicio resuelto 2.1.16

En un ensayo Brinell se sabe que la profundidad de la huella es de 0,3 mm. ¿Qué diámetro de huella debería obtenerse si el penetrador empleado tiene un diámetro D=6 mm (bola) y una constante K=30? Determinar la dureza del material ensayado.

Solución

$$p = \frac{1}{2} \cdot \left(D - \sqrt{D^2 - d^2} \right) \qquad 0,3 = \frac{1}{2} \cdot \left(5 - \sqrt{5^2 - d^2} \right) \qquad d = 2,375\,mm$$

Para calcular la dureza del material debe aplicarse la ecuación:

$$HB = \frac{P}{S} = \frac{K \cdot D^2}{S} = \frac{30 \cdot 5^2}{\left(\frac{\pi \cdot 5}{2} \cdot \left(5 - \sqrt{5^2 - 2,375} \right) \right)} \left[\frac{Kg}{mm^2} \right] = 159,13\,HB$$

 Ejercicio resuelto 2.1.17

Determinar la dureza Brinell de un material con una constante de ensayo K=30, una bola de diámetro D=3 mm y una huella con una profundidad de p=1,44.

Solución

$$P = K \times D^2 = 30 \times 3^2 = 270 \left[Kg \cdot f \right]$$

$$HB = \frac{P}{\frac{\pi \cdot D}{2} \left(D - \sqrt{(D^2 - d^2)} \right)} = \frac{2 \cdot P}{\pi \cdot D \left(D - \sqrt{D^2 - d^2} \right)} = \frac{2 \cdot 270}{\pi \cdot 3 \left(3 - \sqrt{3^2 - 1.4^2} \right)} = 165.25\,HB$$

 Ejercicio resuelto 2.1.18

Se ha realizado un ensayo Brinell en un acero con una carga de 350 kg y un penetrador de diámetro D=5 mm. La huella obtenida es de d=4,1 mm². Calcular la dureza y comprobar si el tamaño del penetrador y el valor de la carga utilizada son los adecuados según la Norma UNE 7-017-73.

Solución

Para calcular la dureza del acero aplicamos la ecuación:

$$HB = \frac{F}{S} = \frac{350\,Kg}{4,1\,mm^2} = 85,366 \left[\frac{Kg}{mm^2} \right] = 85,36\,HB$$

Para verificar el correcto empleo del penetrador empleado:

$$A = \pi \cdot \frac{d^2}{4}$$

$$d = \sqrt{\frac{4 \cdot d}{\pi}} = \sqrt{\frac{4 \cdot 4,1}{\pi}} = 2,285 mm$$

La Norma UNE establece que el diámetro de la huella obtenido en el ensayo debe estar comprendido entre D/4 y D/2.

$$\frac{D}{4} < d < \frac{D}{2} \qquad\qquad 1,250 < 2,285 < 2,5$$

La carga empleada y el diámetro del penetrador son los adecuados.

2.1.3.6 Ensayo Rockwell

Los ensayos Brinell no son aptos para medir la dureza de los aceros templados debido a las deformaciones que experimentan las bolas, incluso siendo estas de carburo de wolframio. Por ello, el profesor Ludwig realizó un estudio para determinar la dureza de un material midiendo la diferencia de profundidad en la penetración.

El ensayo determina la dureza a partir de la profundidad de la deformación plástica producida por el penetrador.

Este método de ensayo normalizado (Norma UNE 7-053-73) consiste en medir el incremento en la profundidad de la penetración del cuerpo penetrante que se fuerza contra el material, primero con una carga pequeña y luego con una carga final mayor utilizando para ello una máquina que consiste en un soporte rígido sobre el que se coloca la probeta y un dispositivo que aplica las cargas a un penetrador en contacto con la pieza.

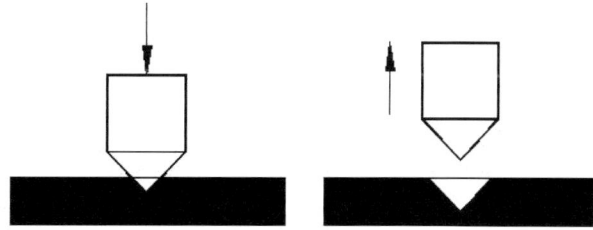

Figura 2.1.36 Esquema del penetrador Rockwell cono.

Penetradores

Pueden utilizarse varios tipos de penetradores, pero los más comunes empleados en las industrias son dos:

- **Diamante en forma cónica**. De 120° con la punta redondeada con un radio de 0,2 milímetros, denominado penetrador para la escala C o penetrador Brale.

- **Penetrador con forma de bola**. 1/16 pulgadas de acero duro, denominado penetrador para la escala B. En este último pueden emplearse, también, bolas de 1/8, ½, ¼".

Figura 2.1.37 Máquinas Rockwell C y B para el cálculo de durezas.

Escalas

En total existen en la actualidad 21 escalas para 21 combinaciones de penetradores y cargas. En la figura 8.38 se señalan estas combinaciones, así como sus aplicaciones. El total de las escalas cubre todas las necesidades del ensayo de cualquier material de construcción.

Cada escala se especifica con una letra, la cual deberá acompañar siempre al resultado del ensayo. Esto se comprende fácilmente, pues es un tanto ambiguo hablar de una dureza Rockwell de 65, por ejemplo, pues así queda indeterminada la escala empleada y se desconocen, por lo tanto, las condiciones del ensayo.

ESCALA	CUERPO PENETRANTE	CARGA	APLICACIONES
A	Cono de diamante	60 kg	Materiales muy duros
B	Bola 1/16´´	100 kg	Materiales dureza media. A. recocidos
C	Cono de diamante	150 kg	Materiales más duros que el HRb
D	Cono de diamante	100 kg	Piezas cementadas
E	Bola 1/8"	100 kg	Materiales blandos, aleaciones
F	Bola 1/16"	60 kg	Para bronce recocido
G	Bola 1/16"	150 kg	Para bronce
H	Bola 1/8"	60 kg	Para materiales blandos
K	Bola 1/8"	150 kg	Para materiales menos blandos que HRb
L	Bola ¼"	60 kg	Metales duros
M	Bola ¼"	100 kg	Metales duros
P	Bola ¼"	150 kg	Metales duros
R	Bola ½"	60 kg	Metales muy blandos
S	Bola ½"	100 kg	Metales muy blandos
V	Bola ½"	150 kg	Metales muy blandos
15-N	Cono de diamante	15 kg	Para materiales duros y delgados
30-N	Cono de diamante	30 kg	Para materiales duros y delgados
45-N	Cono de diamante	45 kg	Para materiales duros y delgados
15-T	Bola 1/16"	15 kg	Para materiales delgados y blandos
30-T	Bola 1/16"	30 kg	Para materiales delgados y blandos
45-T	Bola 1/16"	45 kg	Para materiales delgados y blandos

Figura 2.1.38 Tabla ensayo Rockwell. Se indican cargas, penetradores y aplicaciones de los mismos.

Práctica de los ensayos

El ensayo Rockwell se realiza en tres etapas. En la primera de ellas, la probeta a ensayar se coloca en la parte superior de un tornillo elevador sin aplicar carga. En la segunda etapa se eleva el tornillo elevador y se pone en contacto la probeta y el penetrador continuando al mismo tiempo la subida del tornillo lentamente y aplicando la carga inicial de 10 kg. En la tercera y última etapa del ensayo se aplica la carga máxima de 100 kg durante cinco segundos.

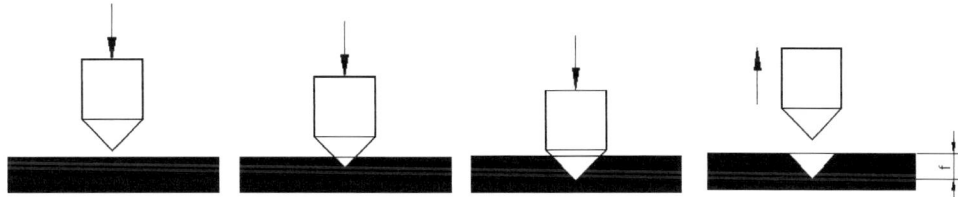

Figura 2.1.39 Práctica del ensayo Rockwell (bola o cono). Aplicación de dos cargas sucesivas para medir posteriormente el aumento remanente de la profundidad de la huella producida.

La carga total se compone de la inicial de 10 kg, más una carga adicional de 90 kg. La bola penetra una profundidad determinada y sin quitar la carga de 10 kg, se retira la de 90 kg, con lo cual la huella recupera elásticamente cierta profundidad. La diferencia obtenida entre la aplicación de la carga máxima y la carga inicial nos indica la dureza Rockwell B a través de los indicadores del durómetro.

La carga inicial y la carga máxima aplicada coinciden para los ensayos realizados con bolas de 1/16". La aplicación gradual de estas cargas se consigue mediante un dispositivo oleohidráulico.

Designación de la dureza Rockwell

Para designar la dureza debe indicar HRX, donde X es la letra que termina la escala. Por ejemplo: HR=50 Rockwell, penetrador cono de diamante, fuerza aplicada de 150 kilogramos. Se designa 50 HRc.

Estado de la superficie, espesor de las piezas y características generales del ensayo

La superficie a ensayar debe tener los mínimos defectos superficiales posibles debido a que estos pueden producir asientos irregulares y llegar a falsear la dureza real, dando valores erróneos.

También debe tenerse en cuenta el espesor mínimo que deben tener las piezas o probetas a ensayar para no obtener lecturas falseadas por deformación. El espesor mínimo de la pieza debe ser 10 veces superior a la penetración del cono o la bola. Si la pieza es cilíndrica, de diámetro inferior a 10 mm, debe introducirse un factor de corrección mediante tablas.

La distancia entre centros de huellas y entre el centro y el borde de la pieza ensayada debe ser superior a 2,5 veces el diámetro de la huella.

Los ensayos deben realizarse a temperaturas comprendidas entre los 10 y los 40 °C.

La huella producida en este tipo de ensayo es más pequeña que la obtenida en el ensayo Brinell, se realiza de forma más rápida y la lectura del valor de dureza se obtiene directamente de la máquina. Además, el ensayo dispone de una gran variedad de escalas para distintos materiales desde los blandos a los duros.

Conversión a cifras Brinell

Las cifras Rockwell, en sus escalas B y C, se pueden convertir en cifras Brinell mediante unas ecuaciones descritas por *U.S Bureau of Standards*.

$$\text{Dureza Brinell} = = \frac{7300}{130 - Dureza - Rockwell - B}$$

$$\text{Dureza Brinell} = \frac{142000}{\left(100 - DurezaRockwellC\right)^2} \, paraRc < 40$$

$$\text{Dureza Brinell} = \frac{25000}{100 - DurezaRockwell} \, paraRc > 40$$

Figura 2.1.40 Conversión de durezas Brinell y Rockwell.

2.1.3.7 Ensayo Rockwell superficial

El ensayo Rockwell para dureza superficial es un procedimiento normalizado para ensayos de piezas que solo permiten huellas muy ligeras. También se emplea este ensayo cuando por cualquier causa se desean aplicar cargas muy pequeñas. La profundidad de las huellas es siempre menor de 0,13 milímetros. Es adecuada esta máquina para la medición de la dureza en chapas muy delgadas, como cuchillas de afeitar, y para superficies de acero descarburadas, cementadas, nitruradas, etc.

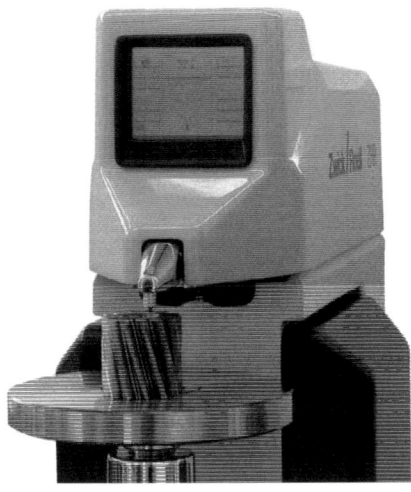

Figura 2.1.41 Durómetro Rockwell superficial. Imagen cedida por cortesía de Zwick Ibérica.

Principio de funcionamiento

La máquina Rockwell superficial tiene un funcionamiento idéntico a la Rockwell normal. Se emplean dos tipos de penetradores.

- ***Bola de acero templada***. De 1/6" de diámetro.

- ***Cono de diamante***. De ángulo en el vértice de 120°, con un redondeado esférico tangencial de radio 0,2 milímetros.

La dureza Rockwell superficial se lee directamente sobre el aparato de medida en unidades Rockwell superficial, correspondientes a una micra (0,001 milímetros), las cuales determinan la diferencia entre la profundidad de la huella producida por el penetrador, por la acción de la carga determinada, 15-30-45 kg, y la inicialmente producida por el mismo penetrador bajo la carga de prueba, actuando sobre el penetrador la carga inicial de 3 kg.

Una sola escala Rockwell sirve para los dos tipos de penetradores y se extiende en 100 unidades Rockwell superficial de 100 a 0, correspondientes a 0 y 100 micras de penetración, respectivamente. Las escalas Rockwell superficiales son seis, señaladas en la figura 8.42.

ESCALA	PENETRADOR	CARGA DE PRUEBA kg
15-N	Cono de diamante	15
30-N	Cono de diamante	30
45-N	Cono de diamante	45
15-T	Esfera de 1/16"	15
30-T	Esfera de 1/16"	30
45-T	Esfera de 1/16"	45

Figura 2.1.42 Ensayo Rockwell. Escalas, penetradores y cargas.

2.1.3.8 Ensayo Vickers

Este ensayo deriva del método Brinell y permite determinar la dureza del material a partir de la medición de una huella. Fue introducido en el año 1925. Actualmente se emplea en la medición de cualquier tipo de pieza aunque se emplea con mejores resultados en piezas delgadas y templadas con espesores de hasta 0,2 milímetros (sin que aparezca el efecto yunque).

El penetrador Vickers es una pirámide cuadrangular de diamante cuyas caras opuestas forman un ángulo de 136°. Este ángulo se eligió para que la bola Brinell quede circunscrita al cono en el borde de la huella, cuyo diámetro, como se sabe, se procurará que sea aproximadamente igual a 0,375 D.

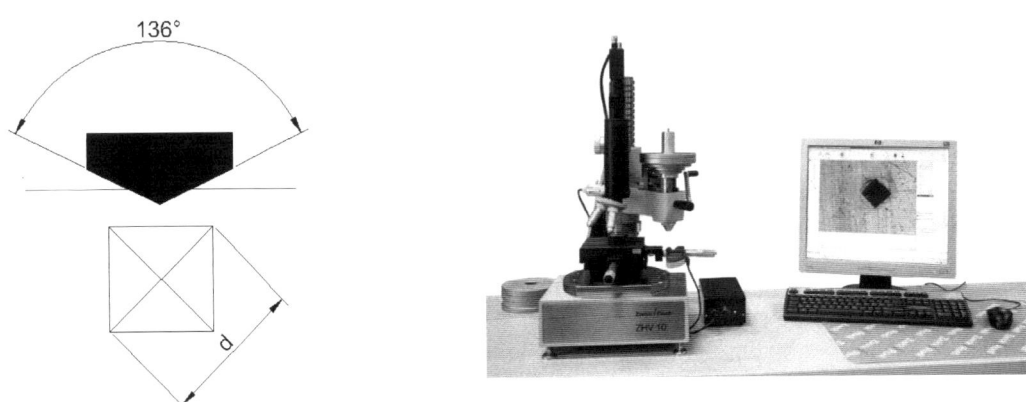

Figura 2.1.43 Esquema del penetrador Vickers. Durómetro Vickers Zwick/ZHV 10. Imagen cedida por cortesía de Zwick Ibérica.

Para realizar el ensayo el penetrador debe estar en contacto con la superficie de la pieza a ensayar antes de aplicar la carga. La carga debe ser aplicada poco a poco y de forma gradual (2 a 10 segundos) manteniéndose entre 10 y 15 segundos.

Los números de dureza Vickers se expresan en la misma escala que los Brinell, si bien, para durezas superiores a 300 unidades Brinell o Vickers, por la deformación de la bola de ensayo Brinell empieza la divergencia entre ambas escalas. La determinación de la dureza Vickers se hace en función de la diagonal de la huella, o más exactamente de la medida de las dos diagonales medidas con un microscopio en milésimas de milímetros (según la Norma UNE 7-423-84/1 y UNE 7-423-84/2).

La máquina Vickers puede aplicar cargas desde unos pocos gramos hasta 120 kg, pasando por las cargas de 1-2,5, 10, 20, 30, 50 y 100 kg. La carga a emplear debe ser la mayor compatible con el espesor de la pieza, dureza del material y finalidad del ensayo. En los ensayos normales suelen emplearse cargas de 30 o 50 kg, pero en el ensayo de la fundición y de algunas aleaciones no férreas conviene emplear cargas mayores, a fin de obtener huellas más grandes que reflejen mejor la dureza media de los diferentes componentes estructurales.

La Norma UNE 7-423-84/1 y UNE 7-423-84/2 definen el valor nominal de la fuerza (N) que puede ser empleada en el ensayo y que está comprendida entre 49,03 N y 980,7 N para la UNE 7-423-84/1 y entre 1,961 y 29,43 N, para la UNE 7-423-84/2.

La temperatura del ensayo debe estar comprendida entre 10 y 35 °C y, siendo deseable temperaturas del tipo 23±5 °C.

Medida de la huella

Para la determinación de la cifra de dureza Vickers es necesario medir las dos diagonales de la huella, calculando su media aritmética y empleando esta en la fórmula que se indica más adelante.

Para la medición de las diagonales se emplea un microscopio micrométrico, normalmente montado en uno de los brazos de la máquina y que puede desplazarse lateralmente para hacerle coincidir sobre la huella. Los microscopios van dotados con oculares de medida que pueden girarse más de 90° alrededor de su eje principal, cosa imprescindible para poder determinar la medida de ambas diagonales. La apreciación de estos microscopios es del orden de 0,001 milímetros.

Algunos modelos de máquinas, en lugar de llevar un microscopio con lectura ocular, tienen un pequeño proyector, que proyecta la huella sobre una pantalla. Este sistema es más rápido aunque la precisión es inferior, por lo que se hace aconsejable cuando se realizan ensayos Vickers de tipo aproximado y con bastante tolerancia.

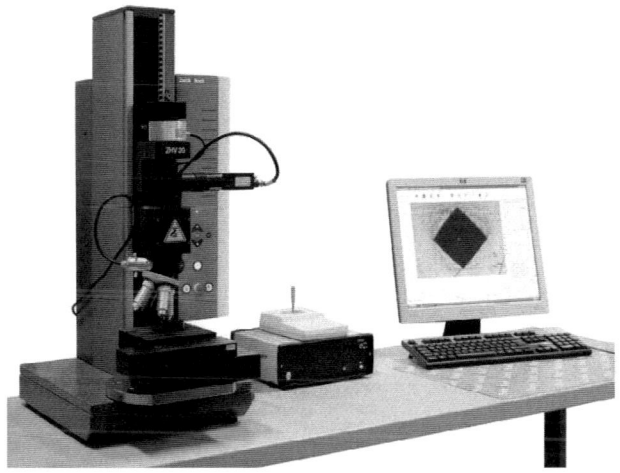

Figura 2.1.44 Durómetro Vickers conectado a ordenador para cálculo automático de las diagonales y de la dureza Vickers. Imagen cedida por cortesía de Zwick Ibérica.

Escala de durezas

El valor numérico de la dureza Vickers viene dado por el cociente entre la carga aplicada y el área de la huella.

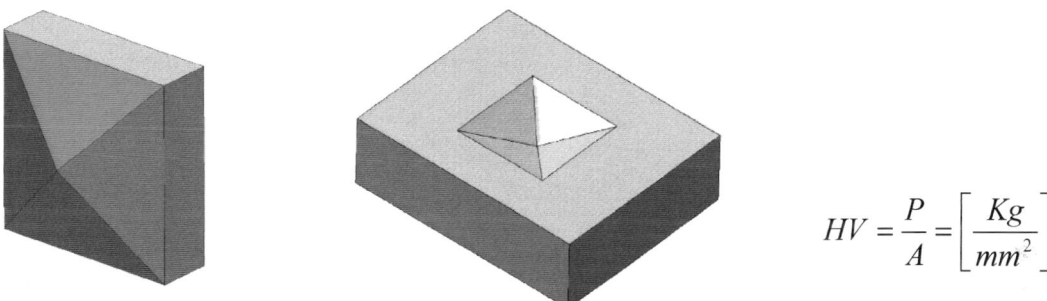

$$HV = \frac{P}{A} = \left[\frac{Kg}{mm^2} \right]$$

La carga P debe expresarse en kg, y el área A en milímetros cuadrados. El área lateral de la impresión es igual al perímetro 4ª de la huella superficial cuadrada multiplicando por la mitad de la altura H de una de las caras triangulares.

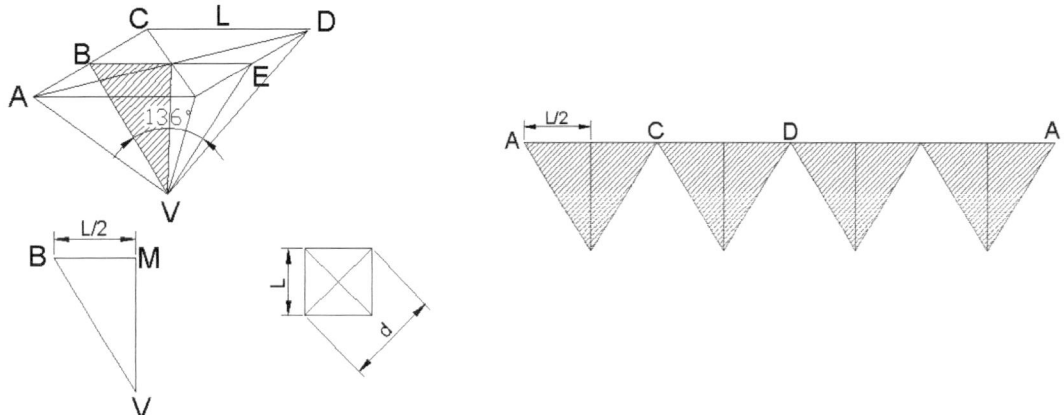

Figura 2.1.45 Determinación matemática de la expresión para el cálculo de la dureza Vickers. El área puede obtenerse mediante el cálculo de cuatro triángulos de los cuales puede obtenerse la altura y la base (L).

El área puede calcularse:

$$A = 4 \times \left(\frac{AC \times VB}{2} \right) = \frac{4 \times L \times VB}{2}$$

$$\frac{l}{2} = VB \times \text{sen } 68°$$ Despejando VB $$VB = \frac{L}{2 \, \text{sen } 68}$$

$$L^2 + L^2 = d^2 \qquad 2L^2 = d^2 \qquad L = \frac{\sqrt{2}}{2} d$$

$$VB = \frac{\sqrt{2}d}{4 \, \text{sen } 68}$$ $$A = \frac{4 \frac{\sqrt{2}d}{2} \times \frac{\sqrt{2}}{2} d}{4 \, \text{sen } 68} = \frac{d^2}{2 \, \text{sen } 68}$$

$$\boxed{\text{Dureza Vickers} = 1,854 \frac{P}{D^2}}$$

Figura 2.1.46 Determinación matemática de la expresión para el cálculo de la dureza Vickers.

El ensayo Vickers se emplea en aquellas aplicaciones en las que se requiere determinar la dureza en capas superficiales muy duras y donde los espesores sean muy pequeños (secciones delgadas, capas cementadas o nitruradas, etc.).

Estado de la superficie

En este tipo de ensayos, las huellas producidas son muy pequeñas, por lo que el estado de la superficie debe ser lo más liso posible, libre de defectos, suciedad, óxidos, lubricantes, etc. Las superficies descarburadas o cementadas deben eliminarse desbastando, ya que los valores de dureza sobre ellas no son representativos de la pieza entera.

Las superficies curvas se pueden ensayar sin dificultad; pero cuando los resultados se deseen con precisión, es conveniente hacer planas las citadas superficies.

Distancias de seguridad

El espesor de la pieza ensayada debe ser como mínimo 1,5 veces la diagonal de la huella producida sin que se aprecie deformación de la pieza. Las distancias mínimas de la huella al borde de la pieza y entre huellas se indica en la siguiente tabla:

Distancias	Acero, fundición y cobre	Plomo, estaño y metales ligeros
Desde el centro de la huella al borde de la pieza	$2,5 \, D_2$	$3 \, D_2$
Entre centros de huellas adyacentes	$3 \, D_1$	$6 \, D_1$

Figura 2.1.47 Distancias de seguridad entre extremos de huella y centros de huella.

Donde D_1 es la distancia entre los centros de las huellas (intersección de diagonales) y D_2 es la distancia del centro de la huella (intersección de diagonales) al borde de la pieza.

Designación de la dureza Vickers

Para su designación se sigue el mismo criterio que el empleado en la dureza Brinell. Primero se indica el valor numérico de la dureza Vickers seguido por la indicación (HV), el valor de la carga aplicada en Newton o kgf y, finalmente, el tiempo de permanencia de la carga en segundos. Así, por ejemplo, una dureza de HV=610, una fuerza aplicada de 32 kgf durante 10 segundos se designa como 610 HV 32/10.

Ejercicio resuelto 2.1.19

Se ha realizado un ensayo Vickers con una carga de 30 kg y se ha obtenido una diagonal de la huella de 0,485 milímetros. Determinar la dureza y la profundidad de la huella.

Solución

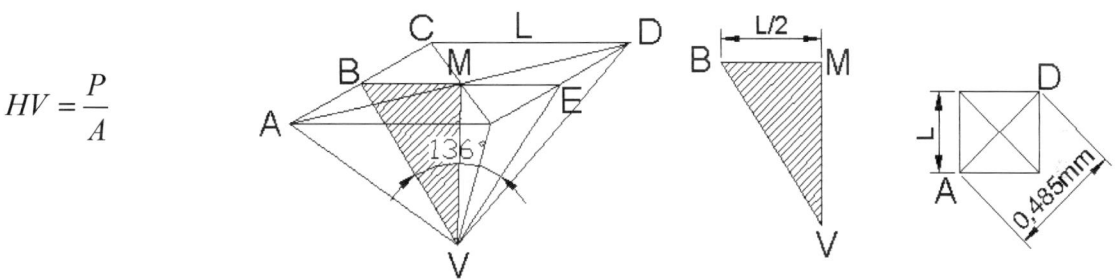

$$HV = \frac{P}{A}$$

El área puede calcularse:

$$A = 4 \times \left(\frac{AC \times VB}{2} \right) = \frac{4 \times L \times VB}{2} = 2 \times L \times VB$$

$$\frac{l}{2} = VB \times \operatorname{sen} 68º \qquad \text{Despejando VB} \qquad VB = \frac{L}{2 \operatorname{sen} 68} \qquad\Bigg\} \qquad VB = \frac{\sqrt{2}d}{4 \operatorname{sen} 68} \qquad A = \frac{4 \frac{\sqrt{2}d}{2} \times \frac{\sqrt{2}}{2}d}{4 \operatorname{sen} 68} = \frac{d^2}{2 \operatorname{sen} 68}$$

$$L^2 + L^2 = d^2 \qquad 2L^2 = d^2 \qquad L = \frac{\sqrt{2}}{2}d$$

$$A = \frac{d^2}{2 \operatorname{sen} 68} = \frac{0,485^2}{2 \operatorname{sen} 68} = 0,1268 mm^2 \qquad HV = \frac{P}{A} = \frac{30 Kg}{0,1268} = 236,6 HV$$

Ejercicio resuelto 2.1.20

Se realiza un ensayo de dureza Vickers en un acero templado con una carga de 10 kg y se obtienen diagonales de 0,140 y 0,142 mm. ¿Qué dureza tiene el material templado?

Solución

$$HV = 1,854 \frac{P}{d^2}$$

$$HV = 1.854 \frac{10}{(0,140)^2} = 945,9 HV$$

$$HV = 1.854 \frac{10}{(0,142)^2} = 919,4 HV$$

$$HV = \frac{945,9 + 919,4}{2} = 932,68 HV$$

Ejercicio resuelto 2.1.21

Se realiza un ensayo de dureza Vickers en un acero de herramienta cementado. Se sabe que la dureza Vickers es de 800 HV, la carga aplicada de 10 kg. ¿Qué diagonal media deberá medirse en el ensayo si se ha realizado correctamente?

Solución

$$HV = 1,854 \frac{P}{d^2}$$

$$800 HV = 1,854 \frac{10}{d^2}$$

$$d^2 = \frac{1,854 \cdot 10}{800}$$

$$d = 0,152 mm$$

2.1.3.9 Ensayo Knoop. Microdurezas

Es un ensayo parecido al Vickers, pero emplea un penetrador con forma piramidal de base rómbica. Las cargas aplicadas son muy pequeñas (0,25 g a 3600 g). Se producen huellas rómbicas con las diagonales en relación 7/1, y cuya profundidad es solo de 1/30 de la diagonal mayor, en lugar de 1/7 del ensayo Vickers.

Es un ensayo empleado en la evaluación de la dureza en piezas muy finas y en materiales muy frágiles que requieren de cargas muy pequeñas para no romperse.

La diagonal mayor se mide con microscopio de retículo graduado. Se utiliza para medir láminas muy delgadas. Se considera un ensayo no destructivo por la pequeña marca dejada. La dureza se obtiene aplicando la expresión:

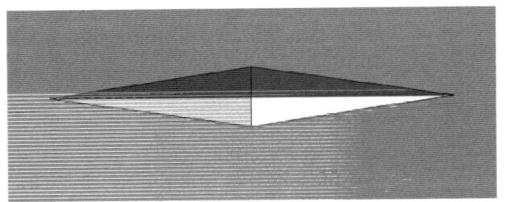

$$H_{KNOOP} = \frac{P}{0,07028 \times d^2} = \left[\frac{Kg}{mm^2} \right]$$

Figura 2.1.48 Distancias de seguridad entre extremos de huella y centros de huella.

Donde F es la carga en kilogramos (kg) y D la diagonal mayor de la marca rómbica en milímetros (mm).

Ejercicio resuelto 2.1.22

Se realiza un ensayo Brinell para evaluar la dureza de una pieza fabricada con carburo de tungsteno (WC). Se observa como la bola del penetrador se deforma durante el ensayo. A continuación se realiza un nuevo ensayo con un esclerómetro de microdurezas Knoop. Se emplea una carga de 350 g y se obtiene una huella de diagonal d=0,051 mm. Determinar la dureza Knoop.

Solución

$$H_{KNOOP} = \frac{P}{0,07028 \times d^2} = \left[\frac{Kg}{mm^2} \right] \qquad\qquad H_{KNOOP} = \frac{14,2 \cdot F}{d^2} = 1910,8 HK$$

La longitud menor de la huella puede calcularse dividiendo por 7 la diagonal principal medida en el ensayo. La profundidad de la huella es casi inapreciable.

2.1.3.10 Ensayo Shore

Mediante este método se determina la dureza en función de la altura que alcanza en el rebote un cuerpo al caer de una altura fija sobre la superficie del material que se ensaya. El aparato empleado se denomina escleroscopio Shore (Guillermo Francis Shore) y está formado por un tubo de cristal de unos 300 milímetros de altura, por cuyo interior cae un martillo, que pesa 1/12 onzas (2,36 g). El martillo es un cilindro de acero con una punta de diamante redondeada de 5 milímetros de diámetro. La altura inicial de caída es de 10″ (254 mm), y está dividida en 140 partes iguales.

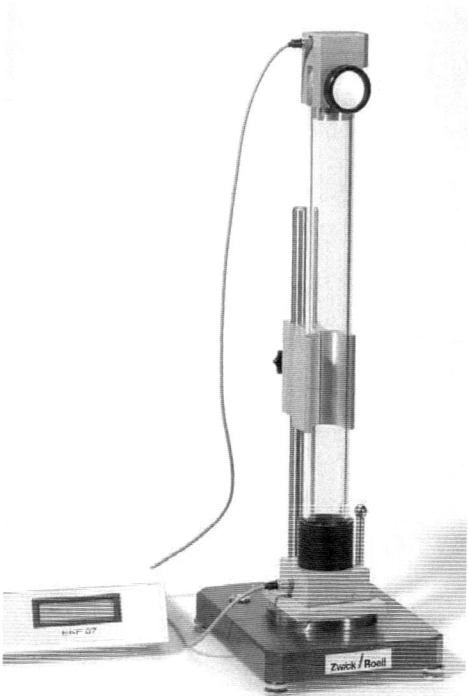

Figura 2.1.49 Durómetro Shore de rebote de bola Zwick 3107 con control microordenador. En este modelo, la bola de acero se libera con gran precisión mediante un imán y cae desde una altura definida sobre la probeta. La electrónica de control determina mediante una triple barrera fotoeléctrica la altura de rebote de la bola y calcula así la elasticidad de rebote. Imagen cortesía de Zwick Ibérica.

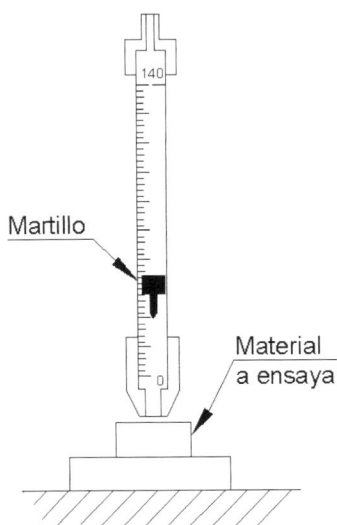

Martillo

Material
a ensayar

Figura 2.1.50 Esclerómetro Shore para el ensayo de dureza al rebote.

La graduación cero coincide con la superficie de la pieza a ensayar y la graduación 140 con la altura de caída inicial del martillo. La división 100 se emplea para validar el esclerómetro, pues es la altura de rebote que debe alcanzar el martillo cuando se mide un calibre patrón. El calibre utilizado tiene la misma dureza que los aceros templados.

El aparato se fija a la pieza que se va a ensayar mediante la base que lleva para este fin. Se aspira el martillo haciendo el vacío con una pequeña pera de succión, quedando este martillo fijo en la parte superior del tubo de cristal. También se puede sujetar por procedimientos magnéticos.
Accionando nuevamente sobre la pera de goma hace que la válvula de aire accione sobre una pequeña pieza, permitiendo que el martillo quede suelto, y caiga por gravedad. La altura alcanzada por el martillo en el rebote se lee en una escala grabada en el interior del tubo, o es registrada por un ordenador, en los esclerómetros más modernos.

La energía cinética adquirida por el martillo en su caída es, en parte, absorbida por la pieza ensayada, produciendo la huella permanente, y, en parte, reflejada en forma de rebote. La energía absorbida será tanto mayor cuanto más blando sea el material y, por lo tanto, menor será la energía disponible para el rebote.

La Norma UNE 7081 establece que las superficies de las probetas a ensayar deben ser planas y estar libres de óxido, grasas o cualquier suciedad que pueda falsear el resultado. Al mismo tiempo establece la forma de designar el ensayo:

80 HS UNE 7081. El martillo rebota hasta 80 unidades

El valor máximo de la dureza Shore es de 140 HS, que coinciden con la división más alta alcanzada en el rebote. Algunos materiales cerámicos y aceros nitrurados pueden llegar a alcanzar valores cercanos a los 140 HS, mientras que metales como el cobre y el plomo tienen valores inferiores a 20 HS.

2.1.3.11 Método dinámico para el ensayo de la dureza al rebote

Procedimiento derivado del Shore consistente en la medida de las velocidades de impulsión y rebote de un cuerpo móvil (martillo) impulsado por un resorte o muelle contra la superficie del material a ensayar. La dureza se calcula teniendo en cuenta la relación entre las dos velocidades, de impulsión y de rebote, multiplicadas por 1000.

$$L = 1000 \left(\frac{v_B}{v_A} \right)$$

El aparato consta de un tubo guía por donde circula el cuerpo móvil, con una bola en su extremo inferior, que es la que choca con el material. El tiempo de cada ensayo no llega a 2 s, y puede realizarse con el durómetro inclinado, horizontal e incluso hacia arriba.

Pueden realizarse medidas *in situ* cuando el material es grande, e incluso pueden realizarse mapas de dureza con medidas en varias zonas de una misma pieza. Los resultados obtenidos son independientes del operador y no es necesaria ninguna operación de regulación ni ajuste.

2.1.3.12 Resumen de los ensayos de dureza

Los ensayos más empleados en la industria de fabricación mecánica son el Brinell, el Rockwell y el Vickers. El Brinell se emplea cuando los materiales no son muy duros y no requieren de penetradores tan exigentes. Se emplean en hierro, aceros normalizados, laminados o recocidos.

Las piezas más duras con tratamientos térmicos y superficiales requieren de penetradores más duros. En estos casos se emplea el método Rockwell.

El Vickers es un procedimiento que permite determinar la dureza en piezas que han sido nitruradas o cementadas. La precisión de la lectura es excelente; sin embargo, requieren superficies casi rectificadas para practicar el ensayo. Casi no deja marcas en su penetración.

Materiales	Rango de Dureza
Aceros	80-650 Brinell 80-940 Vickers 20-68 Rockwell C 38-100 Rockwell B 30-100 Shore
Aleaciones de Aluminio/Fundición	30-380 Brinell
Fundiciones de Hierro (Gris, Nodular)	90-380 Brinell
Latón	40-170 Brinell 13-100 Rockwell B
Aleaciones de Cobre	45-135 Brinell

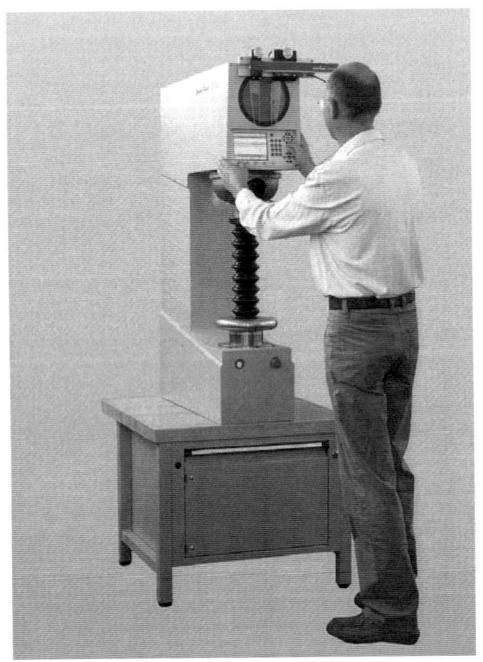
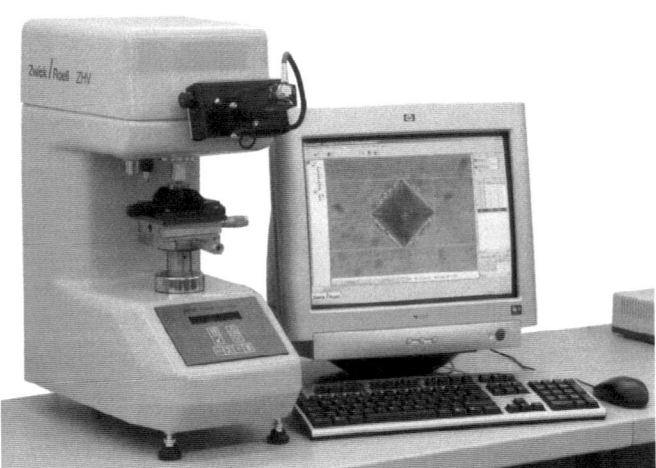

Figura 2.1.51 Durómetro universal de sobremesa y durómetro ZHV1/2 Micro-Vickers con conexión a ordenador. Imagen cortesía de Zwick Ibérica.

Resumen de los ensayos de dureza por penetración

Ensayo Brinell

Penetrador: Esfera de 10 mm de acero o carburo de tungsteno

Carga = P

Fórmula

$$HB = \frac{P}{\frac{\pi D}{2}\left(D - \sqrt{\left(D^2 - d^2\right)}\right)}$$

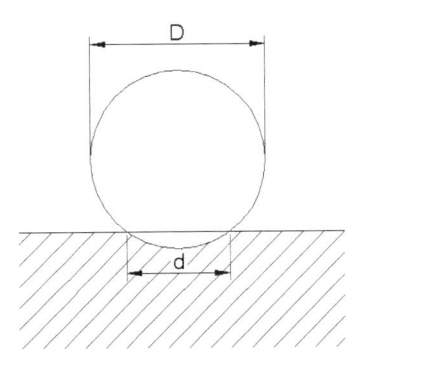

Ensayo Rockwell

Penetradores
- Esfera de acero f = 1/16″ (HRB, HRF, HRG)
- Esfera de acero = 11/8″ (HRE)

Cargas
- P_B = 100 kg
- P_F = 60 kg
- P_G = 150 kg
- P_E = 100 kg

Fórmula: HRB, HRF, HRG, HRE = 130-500t

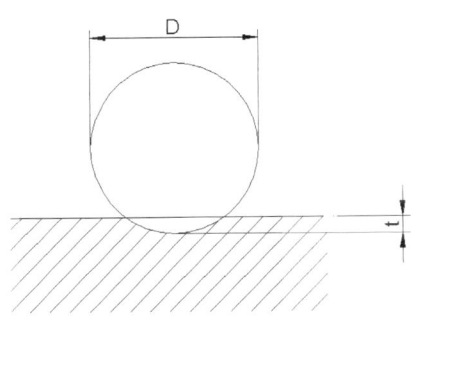

Ensayo Rockwell A, C, D	
Penetrador: Cono de diamante (HRA, HRC, HRD) **Cargas**: P$_D$= 100 kg **Fórmula**: HRA, HRC, HRD =100-500 t	
Ensayo Vickers A, C, D	
Penetrador: Cono de diamante (HRA, HRC, HRD) **Cargas**: P$_D$= 100 kg **Fórmula**: HV= $1,854\dfrac{P}{D^2}$	

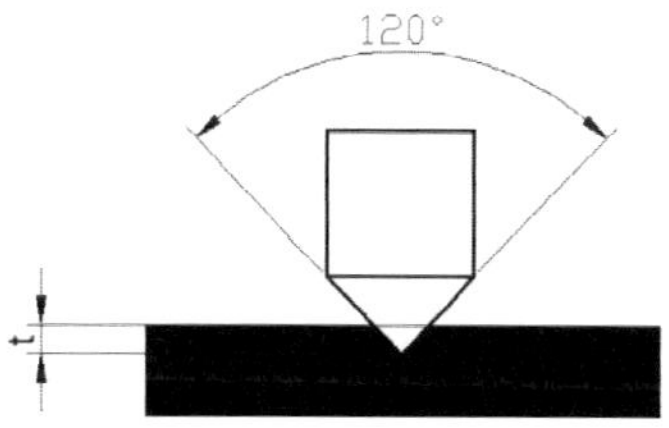

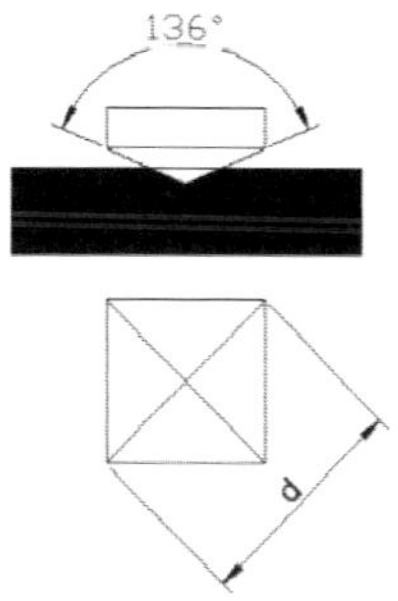

Figura 2.1.52 Resumen de los ensayos de dureza por penetración.

En la tabla de la figura se muestran las equivalencias entre algunos de los números de dureza superficial y se presenta una estimación de la resistencia a la tracción.

Dureza Vickers HV	Dureza Brinell HB	Dureza Rockwell HRB	Dureza Rockwell HRC	Resistencia a la tensión N/mm^2
80	76			255
85	80,7	41		270
90	85,5	48		285
95	90,2	52		305
100	95	56,2		320
105	99,8			335
110	105	52,3		350
115	109			370
120	114	66,7		385
125	119			400
130	124	71,2		415
135	128			430
140	133	75		450
145	138			465
150	143	78,7		480
155	147			495
160	152			510
165	156			530
170	162	85		545
175	166			560
180	171	87,1		575

Dureza Vickers HV	Dureza Brinell HB	Dureza Rockwell HRB	Dureza Rockwell HRC	Resistencia a la tensión N/mm²
185	176			595
190	181	89,5		610
195	185			625
200	190	91,5		640
205	195	92,5		660
210	199	93,5		675
215	204	94		690
220	209	95		705
225	214	96		720
230	219	96,7		740
235	223			755
240	228	98,1	20,3	770
245	233		21,3	785
250	238	99,5	22,2	800
255	242		23,1	820
260	247		24	835
265	252		24,8	850
270	257		25,6	865
275	261		26,4	880

Figura 2.1.53 Tabla de equivalencias entre las durezas Vickers, Brinell, Rockwell y resistencia a la tensión.

2.1.4 Ensayo de tracción

Es uno de los ensayos más empleados en las industrias de fabricación mecánica como procedimiento de verificación de las características de la materia prima y del producto elaborado. Es un ensayo destructivo que consiste en someter una probeta normalizada a esfuerzos progresivos y crecientes de tracción en la dirección de su eje hasta su deformación y rotura final (Norma UNE-36-401-81).

Permite conocer las cargas que pueden soportar los materiales, se efectúan ensayos para medir su comportamiento en distintas situaciones. El ensayo destructivo más importante es el ensayo de tracción, en donde se coloca una probeta en una máquina de ensayo consistente de dos mordazas, una fija y otra móvil. Se procede a medir la carga mientras se aplica el desplazamiento de la mordaza móvil. Un esquema de la máquina de ensayo de tracción se muestra en la figura 8.54.

El ensayo de tracción es un ensayo dinámico donde la aplicación de la carga se produce en condiciones no estáticas pero con velocidades de alargamiento lenta. Se considera un ensayo cuasi estático.

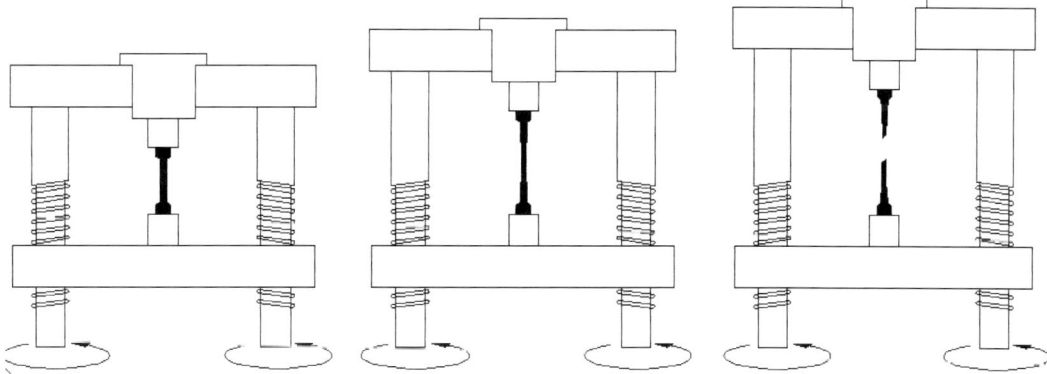

Figura 2.1.54 Esquema de una máquina de ensayo de tracción. En la figura se representan diferentes instantes a lo largo de un ensayo de tracción. La probeta es deformada elásticamente, luego plásticamente y al final rompe.

El ensayo de tracción permite determinar las propiedades a la tracción, es decir: resistencia a la tracción, límite elástico, alargamiento, estricción y módulo elástico, por lo tanto, las características de tenacidad y elasticidad. Esto se consigue estudiando su comportamiento frente a un esfuerzo de tracción, progresivamente creciente, ejecutado por una máquina adecuada, hasta su rotura.

En este ensayo se pretende romper en un periodo de tiempo relativamente corto a una velocidad constante una muestra de material a ensayar. En la figura 2.1.55 se presenta una máquina de tracción moderna equipada con *software* específico que permite realizar los tratamientos estadísticos necesarios para verificar la calidad de las muestras estudiadas.

Figura 2.1.55 Máquina de ensayo de tracción conectada a un ordenador.

La fuerza aplicada sobre la probeta (material a ensayar) es registrada mediante el ordenador, al mismo tiempo se almacenan los datos referentes a la elongación y la estricción que sufre la probeta durante el ensayo.

Los resultados son almacenados y el programa de ordenador representa el diagrama esfuerzo-deformación, indicando en el eje de ordenadas el esfuerzo realizado y en el eje de abscisas la deformación sufrida por la probeta.

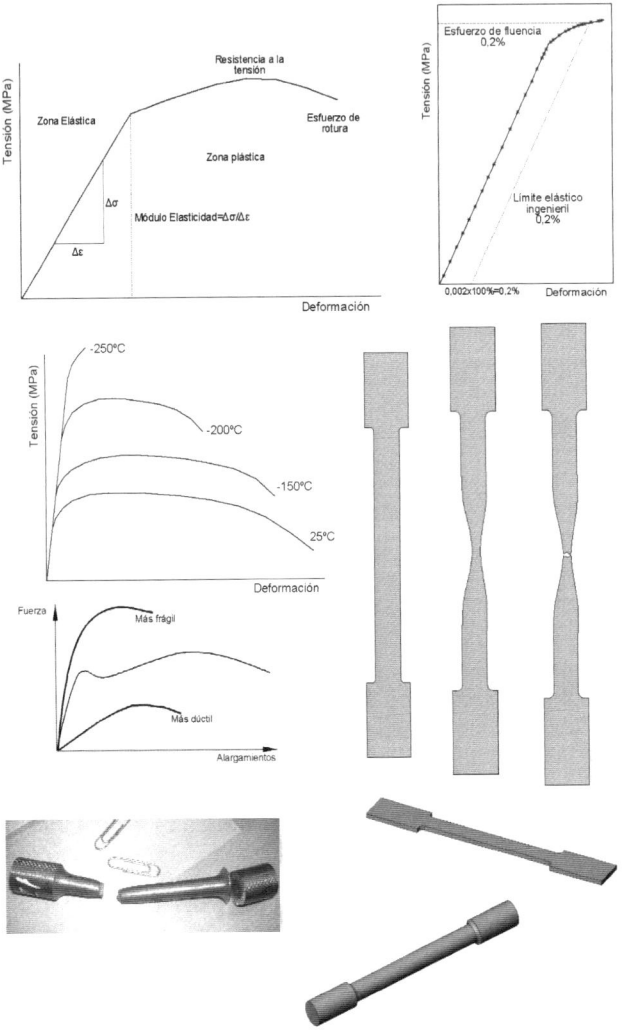

Figura 2.1.56 Gráficos tensión vs. deformación. Probetas de tracción.

2.1.4.1 Fundamentos del ensayo

El ensayo de tracción técnico permite obtener la medida de unas propiedades relacionadas con la resistencia a la tracción y la ductilidad de un material metálico. El primer tipo de propiedades se usa en los diseños ordinarios de estructuras y equipos, mientras que el segundo tipo permite conocer hasta qué punto puede deformarse plásticamente un material sin que se rompa.

En un ensayo de tracción una determinada muestra de material se somete a una fuerza de tracción en dirección axial que provoca su alargamiento normalmente hasta la rotura. Aunque las condiciones del ensayo no son estáticas, se considera que el ensayo de tracción técnico es cuasi estático dado que la velocidad del alargamiento es muy pequeña.

Para entender el fundamento podemos considerar una probeta cilíndrica de longitud L_0 que se somete a tracción aplicando una fuerza F.

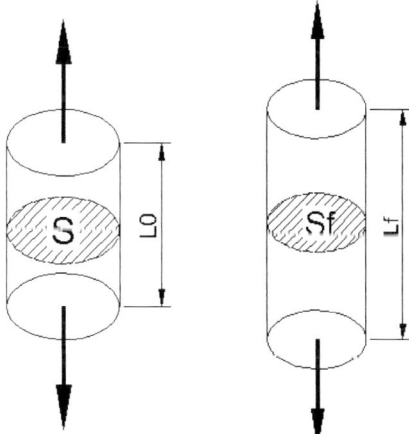

Figura 2.1.57 Elongación sufrida por una probeta después de someterla a esfuerzos axiales de tracción.

Por efecto de la fuerza F, la probeta aumenta su longitud. Se define como alargamiento a la diferencia entre la longitud considerada en cada momento L menos la longitud inicial L_0.

$$\Delta L = L_F - L_0$$

Simultáneamente a la realización del ensayo, se denomina el valor de la fuerza (F) aplicada sobre la muestra (probeta) y el alargamiento longitudinal (ΔL) producido en la misma. Representando estos valores de fuerza en el eje de ordenadas y los correspondientes valores de alargamiento en el eje de abscisas se obtiene el diagrama fuerza-alargamiento o diagrama de máquina (figura 8.58). Estos valores de fuerza y alargamiento longitudinal dependen de las dimensiones de la muestra, por lo que usualmente se normalizan considerando la sección y la longitud inicial de la muestra utilizada en el ensayo.

Dividiendo los distintos valores de fuerza aplicada por la sección inicial (S_0) de la probeta se obtienen los correspondientes valores de tensión (σ). Análogamente, dividiendo los alargamientos instantáneos producidos por la longitud inicial de la probeta (L_0) se obtienen los correspondientes valores de deformación unitaria o deformación lineal (e) que son adimensionales.

$$\sigma = \frac{F}{S_0} = \left[\frac{N}{mm^2} \right] \qquad elongacion = \frac{\Delta L}{l_0}$$

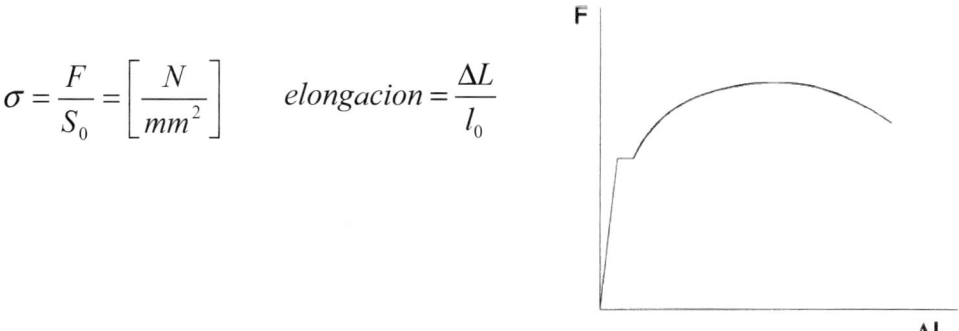

Figura 2.1.58 Diagrama fuerza-alargamiento.

El sistema internacional de unidades emplea el pascal (Pa) como unidad que expresa la tensión aunque en la mayoría de los casos se emplea N/mm². Un pascal es el esfuerzo de 1 N por metro cuadrado. El megapascal (MPa) es un millón de pascales.

$$1\,pascal = \frac{Newton(N)}{m^2} \qquad\qquad 1MPa = 10^6\,Pa$$

Ejercicio resuelto 2.1.23

Determina el esfuerzo unitario al que está sometido una pieza de 50 milímetros de diámetro cargada con una fuerza de 400 kp.

Solución

$$400\,Kp \cdot \frac{9,8N}{1Kp} = 3920\,N \qquad A = \pi \cdot r^2 = \pi \cdot \left(\frac{50}{2}\right)^2 = 1963,5\,mm^2$$

$$\sigma = \frac{F}{A} = \frac{3920\,N}{1963,5\,mm^2} = 2\,\frac{N}{mm^2} \qquad \sigma = 2\,\frac{N}{mm^2} \cdot \frac{1\,Kp/mm^2}{9,8\,N/mm^2} = 0,204\,\frac{Kp}{mm^2}$$

$$\sigma = 2\,\frac{N}{mm^2} \cdot \frac{1\,MPa}{1\,N/mm^2} = 2\,MPa$$

La representación de los valores de tensión en ordenadas y de deformación lineal en abscisas permite obtener el diagrama tensión-deformación lineal o diagrama convencional (figura 2.1.59).

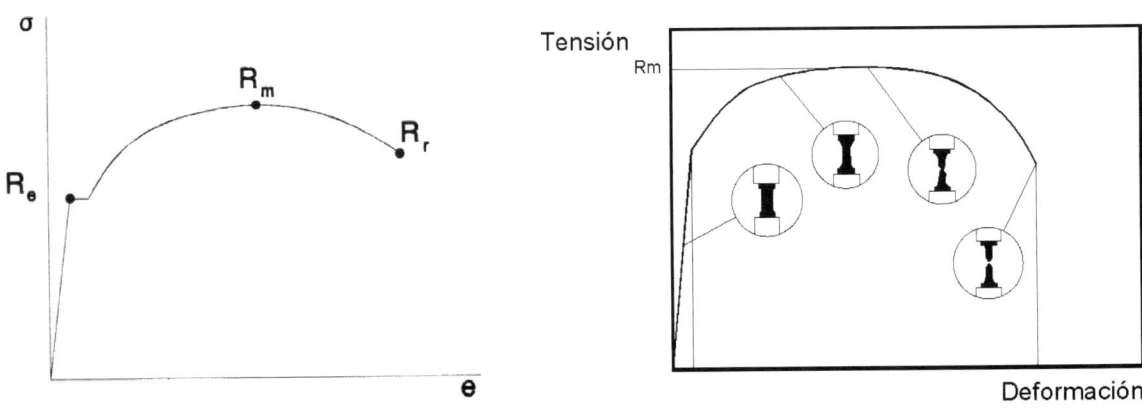

Figura 2.1.59 Diagrama fuerza-alargamiento. Representación de las probetas en cada una de las etapas del ensayo.

El diagrama (σ-e) deriva directamente del diagrama (F-ΔL) y conserva exactamente la misma forma, puesto que se ha obtenido dividiendo los valores de fuerza y alargamiento por constantes (S_0 y L_0), lo que equivale a cambiar las escalas de medida en los ejes de coordenadas de las gráficas.

La forma y magnitud de la curva tensión-deformación depende del metal o aleación, composición química, de la historia previa del material (proceso de fabricación, tratamiento térmico aplicado, deformación plástica) y de la velocidad de deformación durante el ensayo.

2.1.4.2 **Diagrama esfuerzo-deformación**

La curva de tracción obtenida presenta dos trazos destacados. El primero, OA, rectilíneo, representa el periodo de las deformaciones elásticas. La ordenada correspondiente al punto A señala el límite elástico aparente o límite de fluencia, para distinguirlo del límite proporcional indicado por A´. En la región OA´ se cumple la ley de Hooke, el alargamiento experimentado por la probeta (Oa) es proporcional a las cargas aplicadas (Eo) según la pendiente de la recta (OA'). En esta región, los materiales se deforman elásticamente cuando son sometidos a cargas de tracción. Al cesar de aplicar la fuerza, las probetas ensayadas recuperan la longitud inicial.

El comportamiento elástico definido por la ley de Hooke se da hasta el punto A' (Límite de elasticidad), a partir del cual, si se aplican tensiones mayores a la tensión límite elástico, el material se deforma plásticamente y no recupera su longitud inicial al cesar la fuerza.

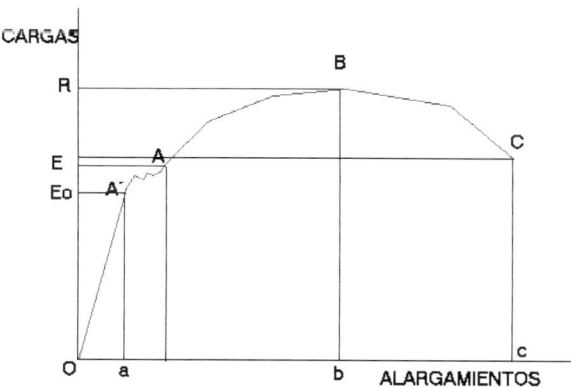

La ley de Hooke (Robert Hooke, 1635-1703) formula que el alargamiento unitario(ε) sufrido por un material elástico es directamente proporcional a la fuerza (F) aplicada sobre el mismo según la expresión [1.2]. Donde δ es el alargamiento longitudinal, L la longitud original, E el módulo de Young o módulo de elasticidad y A la sección de la probeta sometida estirada.

$$\varepsilon = \frac{\delta}{L} = \frac{F}{A \cdot E}$$

La curva ABC corresponde al periodo de las deformaciones permanentes o plásticas. Los alargamientos crecen más rápidamente que las cargas y se produce una disminución de sección en la zona media de la longitud de la probeta, variación que se conoce con el nombre de estricción.

$$\text{Estricción} = \frac{So - S_F}{S_F} \qquad\qquad \text{Alargamiento} = \frac{\left(L_F - Lo\right)}{Lo}$$

S_0 y L_0, sección inicial y longitud inicial y S_F y L_F, sección final y longitud final.

A partir de B el alargamiento aumenta a pesar de disminuir la carga y también aumenta la estricción hasta llegar a la rotura efectiva en C.

El punto B nos determina la carga máxima o de rotura, dada por OR y que representa la máxima carga que produce la rotura. También se conoce por el nombre ya indicado con anterioridad de resistencia a la tracción. Debe distinguirse de la carga última, correspondiente al punto C, que produce la rotura efectiva.

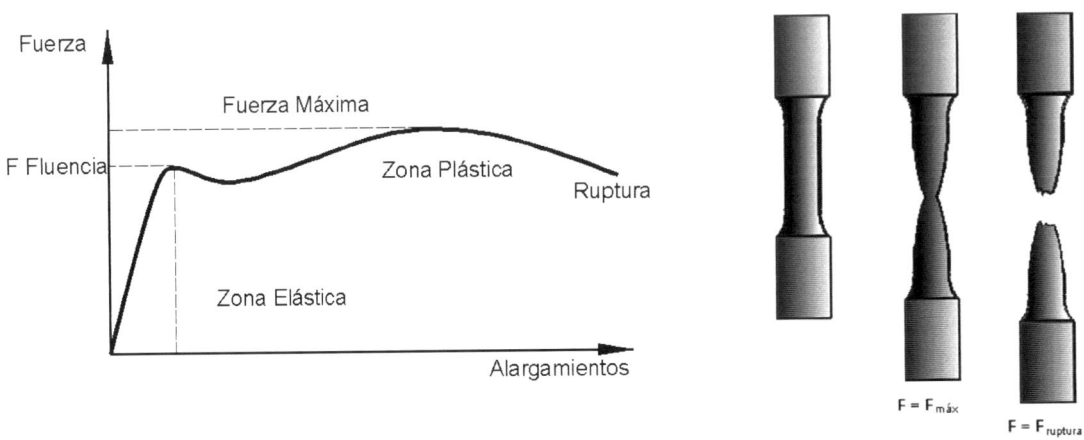

Figura 2.1.60 Diagrama tracción y representación de las probetas antes, durante y después de ensayo.

En los diagramas esfuerzo-deformación se tienen tres puntos críticos que requieren se definidos con detenimiento: **módulo elástico, límite de fluencia** y **resistencia a la tensión**.

Ejercicio resuelto 2.1.24

Una probeta de sección (S=100 mm²) y de longitud (L0=150 mm) al ser traccionada se alarga hasta alcanzar una longitud de 151,2 milímetros. Determinar el alargamiento unitario.

Solución

$$\varepsilon = \frac{S_0 - S_F}{S_F} = \frac{151,2 - 150}{150} = 0,008 \qquad 0,008 \cdot 100 = 0,8\%$$

2.1.4.2.1 **Módulo elástico**

También conocido como módulo de Young. Es la pendiente de la curva del diagrama esfuerzo-deformación de la zona elástica. Cumple la ley de Hooke según la cual la deformación es proporcional a la carga aplicada. Al incrementar la carga aplicada el material aumentará su deformación elástica en función de la pendiente de la recta o módulo elástico E. Observe en los gráficos como para una misma tensión la elongación obtenida depende de la pendiente de la recta.

$$E = \frac{\Delta\sigma}{\Delta l}\left[\frac{N}{mm^2}\right]$$

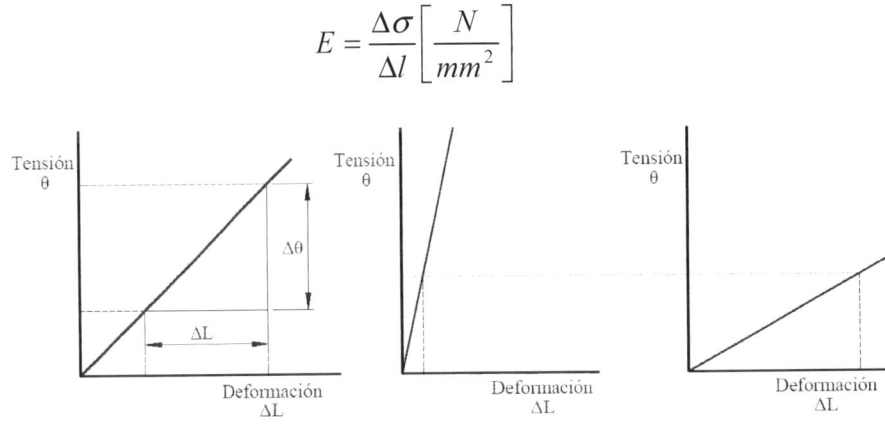

Figura 2.1.61 Módulo de elasticidad. Pendiente de la recta en la zona elástica.

Toda la deformación es elástica y cuando deja de aplicarse la fuerza el material recupera sus dimensiones iniciales. Es por ello que las estructuras metálicas y muchos elementos de máquina se diseñan para que no estén sometidos a tensiones superiores al límite elástico y no se deformen plásticamente.

El módulo de elasticidad E se define en función de la pendiente de la recta en la zona elástica. A mayor pendiente mayor módulo de elasticidad, mayor rigidez y menor deformación elástica producida. En la figura se puede ver que para una misma tensión aplicada el material con mayor pendiente sufre una menor deformación elástica. Se trata de un material rígido con gran módulo de elasticidad.

El valor del módulo elástico nos informa del tipo de material y de su resistencia. Así, por ejemplo, los materiales cerámicos son completamente frágiles y no sufren deformación plástica permanente. Los cerámicos únicamente se deforman de manera elástica y rompen sin sufrir estricción.

Metales	Módulo elasticidad (MPa)	Cerámicos	Módulo elasticidad (MPa)	Polímeros	Módulo elasticidad (MPa)
Aluminio	70×10^3	Alúmina	350×10^3	PELD	$0,2 \times 10^3$
Acero	210×10^3	Diamante	1050×10^3	PEHD	$0,8 \times 10^3$
Plomo	22×10^3	Vidrio	72×10^3	PS	$3,2 \times 10^3$
Magnesio	50×10^3	carburo de silicio	450×10^3	Nailon	$3,3 \times 10^3$
Titanio	120×10^3	Carburo de tungsteno	455×10^3	Fenol formaldehído	$7,2 \times 10^3$

Figura 2.1.62 Valores del módulo de elasticidad para algunos materiales
(1 MPa=Megapascal (N/mm^2)=Meganewton (MN/m^2), 1 GPa=1000 MPa=Gigapascal.

2.1.4.2.2 Límite elástico

Valor de la tensión o carga por encima de la cual el material sufre deformación permanente. Es deseable que algunos elementos de máquinas y estructuras metálicas estén dimensionados de forma que las cargas originadas por las fuerzas aplicadas se encuentren por debajo del límite elástico (LE) y se evite la deformación permanente.

2.1.4.2.3 Límite de fluencia

En muchos materiales, el límite de fluencia (LF) no está claramente definido en la curva tensión/deformación por lo que, para su determinación, se toma el valor de la carga que es capaz de provocar un alargamiento permanente igual al 0,2%.

Cuando la carga aplicada sobrepasa el valor del límite elástico y, posteriormente el límite de fluencia, las deformaciones empiezan a hacerse más evidentes aumentando la pendiente de la curva y provocando que pequeñas tensiones provoquen grandes deformaciones en la probeta.

2.1.4.2.4 **Carga de rotura**

Tensión o carga requerida para que el material rompa (CR). Es la máxima carga soportada por la probeta durante el ensayo (Fm).

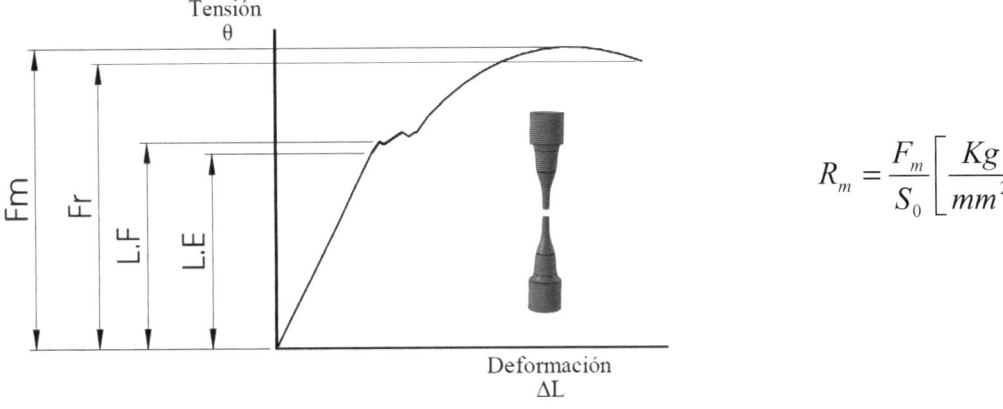

Figura 2.1.63 Curva de tensiones/deformaciones.

2.1.4.2.5 **Factor de seguridad**

Es el diseño de cualquier pieza que vaya a estar sometida a unos esfuerzos estáticos se define el **factor de seguridad** (N), con valores comprendidos entre 1 y 4, que permite sobredimensionar la pieza para evitar la rotura de la misma, mediante la definición de la tensión de seguridad o tensión máxima de trabajo y la tensión límite elástico según la expresión:

$$\sigma_S = \frac{\sigma_{L.E}}{N} [n = 1,2,3,4]$$

Ejemplo

Una pieza debe soportar un esfuerzo de 325 KN (325×10^3N). El material seleccionado tiene un límite elástico o tensión de fluencia de 200 MPa. Sobrepasar esta tensión significa que la pieza se deforma plásticamente. El factor de seguridad (FS) es de 1,8. No debería llegar a deformarse elásticamente más de 0,8 centímetros. Calcular la sección de la pieza sabiendo que la longitud es de 400 centímetros.

Valores altos del factor de seguridad (N) permiten diseñar piezas más seguras, pero también más gruesas y pesadas. Debe buscar un equilibrio entre la geometría de la pieza y su seguridad. El valor de N suele estar comprendido ente 1 y 4, siendo 2 el valor más usado.

2.1.4.3 Forma y dimensiones de las probetas

En este ensayo se utilizan unas probetas normalizadas de sección circular, cuadrada o rectangular, y que, en ciertos casos, pueden adoptar formas especiales. Constan de un cuerpo central y dos cabezas laterales que las sujetan a las mordazas de la máquina.

Si la probeta es circular se da el diámetro Do, y si no lo es se da el valor del círculo, equivalente a la sección SO de que se trate, es decir, Do = 1,13 VSo.

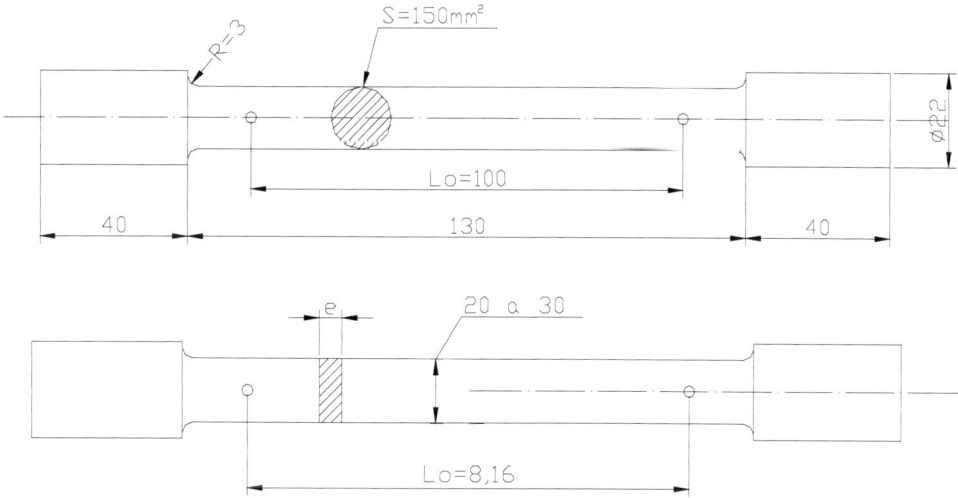

Figura 2.1.64 Representación normalizada de probetas.

Las dimensiones para las probetas normales cilíndricas, en España, Francia y Bélgica, son las siguientes: Do=13,8 mm, y Lo=100 mm, resultando la ley de semejanza K=L_{02}/So = 10000/150 = 66.67, de donde:

$$Lo = \sqrt{66,67 So}$$

En Italia y Alemania se emplean dos probetas tipo: una larga (Lo=200 mm u do=20 mm) y otra corta (Lo=100 mm u do=20 mm), cuyas relaciones de semejanza son, respectivamente:

$$Lo = 11\sqrt{So} \quad y \quad Lo = 5,65\sqrt{So}$$

La figura siguiente ilustra una probeta al inicio del ensayo indicando las medidas iniciales necesarias.

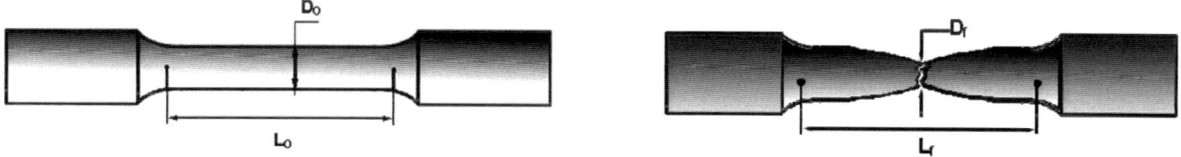

Figura 2.1.65 Probetas cilíndricas de tracción.

Analizando las probetas después de rotas, es posible medir dos parámetros: el alargamiento final L_f y el diámetro final D_f, que nos dará el área final A_f.

Ambos parámetros son las medidas normalizadas que definen la **ductilidad** del material, que es la capacidad para *fluir*, es decir, la capacidad para alcanzar grandes deformaciones sin romperse. La **fragilidad** se define como la negación de la ductilidad. Un material poco dúctil es frágil. La figura 8.66 permite visualizar estos dos conceptos gráficamente.

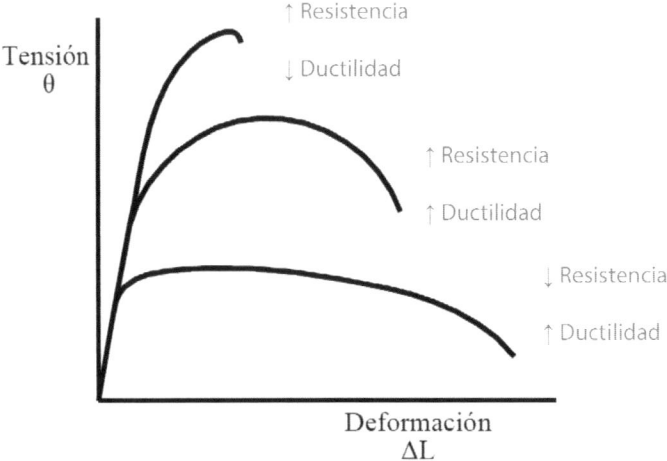

Figura 2.1.66 Representación gráfica de ductilidad vs. fragilidad.

El área bajo la curva fuerza-alargamiento representa la energía disipada durante el ensayo, es decir, la cantidad de energía que la probeta alcanzó a resistir. A mayor energía, el material es más **tenaz**.

A partir de los valores obtenidos en el gráfico fuerza-alargamiento, se puede obtener la curva esfuerzo-deformación σ-ε. El esfuerzo σ, que tiene unidades de fuerza partido por área, ha sido definido anteriormente, la deformación unidimensional. La deformación unidimensional se calcula como la diferencia de la longitud final y la inicial de la probeta dividido por la longitud inicial según la expresión:

$$\varepsilon = \frac{L - L_0}{L_0}$$

En los siguientes ejemplos de curvas σ-ε se pueden observar las características de cada material: el hule muestra una gran ductilidad al alcanzar una gran deformación ante cargas pequeñas; el yeso y el carburo de tungsteno muestran poca ductilidad, ambos no tienen una zona plástica; se rompen con valores bajos de elongación: son materiales frágiles. La única diferencia entre ellos es la resistencia que alcanzan.

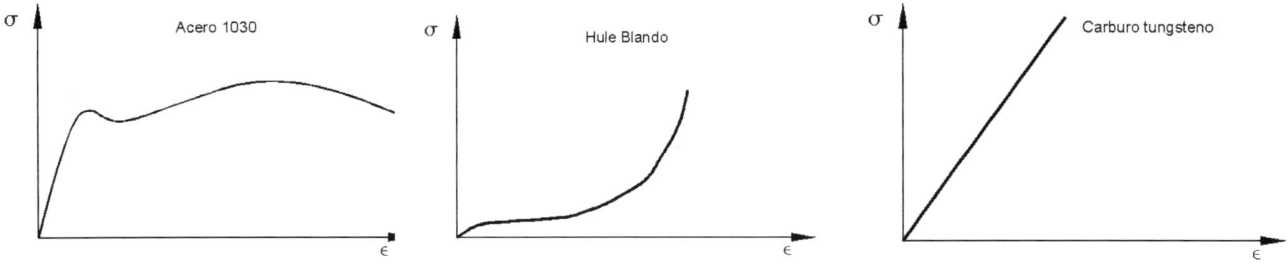

Figura 2.1.67 Diagramas de tracción para acero 1030, hule blando y carburo de tungsteno.

2.1.4.4 Máquinas de tracción

Estas máquinas permiten aplicar una carga continuamente creciente a la probeta, midiendo los esfuerzos, así como los alargamientos resultantes. Pueden ser máquinas mecánicas o hidráulicas, verticales y horizontales.

La figura 8.68 representa una máquina vertical hidráulica tipo Amsler. El esfuerzo de tracción se ejerce según el eje de la probeta, y la magnitud de dicho esfuerzo, que puede aumentar progresivamente, viene indicada por un dinamómetro.

Las deformaciones pueden medirse directamente, bien por medio de un elastecímetro, que va sujeto a dos referencias de la probeta, o bien por medio de la separación que existe entre mordazas. Un mecanismo de registro traza el diagrama correspondiente.

El mecanismo para trazar el diagrama de tracción consiste en un tambor a cuyo eje va acoplada una polea, en la que se arrolla un hilo y uno de cuyos extremos se une a la mordaza móvil a través de una pequeña polea unida a la última. El tambor gira en función del alargamiento y un lápiz que descansa sobre él traza el diagrama. Este lápiz es impulsado por la palanca de un contrapeso.

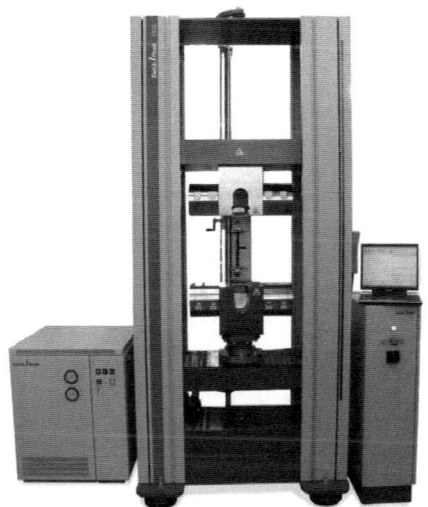 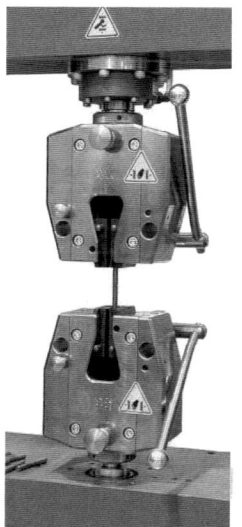 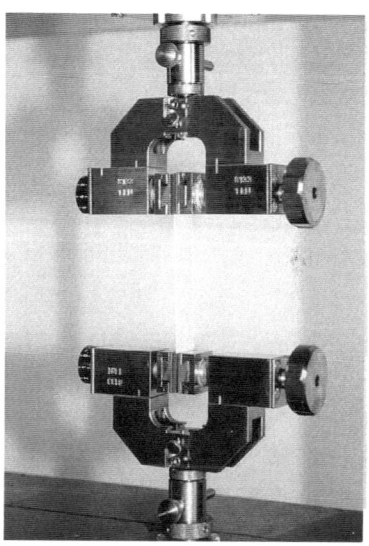

Figura 2.1.68 Máquinas de tracción. Mordazas de cuña son mordazas autotensantes. La tensión inicial se aplica a la probeta mediante un resorte durante el proceso de tensado de la misma. La tensión principal se consigue durante el ensayo mediante el efecto cuña. La tensión de apriete se ajusta con una cuña móvil en relación constante a la fuerza de tracción. Con las mordazas de tornillo se aplica la fuerza de sujeción por el principio de atornillamiento. En dependencia del rango de fuerza, las mordazas de tornillo presentan un principio constructivo diferente. Las mordazas de tornillo son adecuadas para la realización de ensayos de tracción, compresión y cíclicos.

2.1.4.5 Tipos de roturas

Los metales y sus aleaciones ensayadas a tracción presentan dos tipos de roturas en función de sus propiedades: rotura dúctil y rotura frágil.

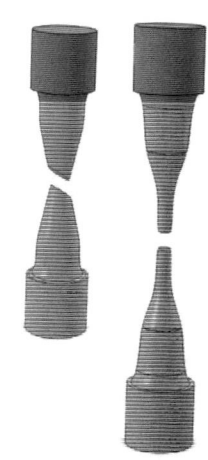

La rotura dúctil se produce en materiales que tienen gran estricción y alargamiento y se caracteriza por tener una superficie de fractura con un ángulo de 45º respecto del eje de aplicación de la carga. En este tipo de rotura se observa que en las curvas tensión/deformación el límite de rotura es muy distinto al límite de fluencia. El aspecto superficial de la fractura es rugoso.

La rotura frágil se produce en materiales que presentan muy poca estricción y alargamiento. La rotura se produce de forma rápida, sin avisar y con cargas inferiores a las de rotura (cargas estáticas). La superficie de fractura tiene un aspecto brillante. El límite de fluencia está muy cerca del límite de rotura.

Los factores que influyen en un tipo u otro de rotura son:

- La **temperatura**. En los aceros aleados la baja temperatura favorece la rotura frágil.

- La **velocidad de deformación** (velocidad de aplicación de la carga). En materiales dúctiles como el cobre o el aluminio al aumentar la velocidad de aplicación de la carga la rotura tiende a comportarse como frágil.

- **Propiedades del material** (composición química y estructura cristalina). El grano grueso favorece la rotura frágil porque facilita la propagación rápida de las grietas. La rotura frágil es favorecida en los aceros cuando se adiciona carbono, silicio e impurezas de azufre y fósforo. En cambio, disminuye la fragilidad cuando se adiciona manganeso y níquel que afinan el grano en el acero.

Ejercicio resuelto 2.1.25

Una barra de 13 mm de diámetro de una aleación de aluminio es estirada hasta rotura en un ensayo de tracción. Si el diámetro final de la barra en la superficie de fractura es de 10,8 mm determinar el porcentaje de estricción que sufre la barra.

Solución

$$Estriccion = \frac{S_0 - S_F}{S_0} \times 100 = \frac{\pi D_0^2 - \pi D_F^2}{\pi D_0^2} \times 100 = \frac{13^2 - 10,8^2}{13^2} \times 100 = 30,98\%$$

Ejercicio resuelto 2.1.26

Una probeta de acero de diámetro D_0=13,8 mm y longitud entre puntos L_0=100 mm se ha sometido a una carga de 70 000 N y con una carga máxima de 145 400 N. El diámetro en el lugar de la rotura es de D_F=10,2 mm y la distancia entre puntos L_F=115 mm al final del ensayo. Calcular la tensión unitaria inicial y máxima así como la elongación y estricción sufrida por la probeta.

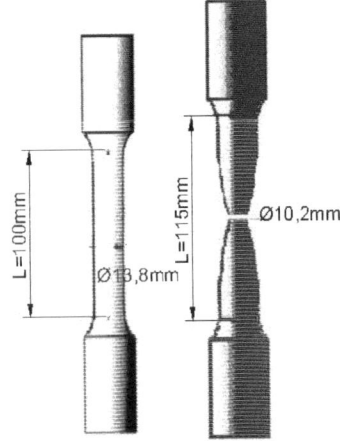

Solución

Cálculo de la tensión inicial y máxima

$$T = \frac{F}{S} = \frac{N}{m^2}$$

$$S_0 = \pi r^2 = \pi \left(\frac{0,0138m}{2} \right)^2 = 0,000149 m^2$$

$$T_I = \frac{70000 N}{1,495 \times 10^{-4}} = 4,68 \times 10^8 \frac{N}{m^2}$$

$$T_R = \frac{145400 N}{1,495 \times 10^{-4}} = 9,75 \times 10^8 \frac{N}{m^2}$$

Cálculo de la elongación y la estricción

$$Estriccion = \frac{S_0 - S_F}{S_0} \times 100 = \frac{\pi D_0^2 - \pi D_F^2}{\pi D_0^2} \times 100 = \frac{13,8^2 - 10,2^2}{13,8^2} \times 100 = 45,36\%$$

$$Elongacion = \frac{L_F - L_0}{L_0} \times 100 = \frac{115 - 100}{115} \times 100 = 15\%$$

 Ejercicio resuelto 2.1.27

Se ha realizado un ensayo de tracción a una probeta de aluminio de D_0=13,8 mm y longitud entre puntos L_0=100. Se han obtenido los siguientes resultados:

F(N)	5000	7500	10 000	12 500	15 000	17 500	20 000
L (mm)	0,041	0,062	0,083	0,103	0,126	0,148	0,169

Calcular el módulo medio del módulo de Young o módulo de elasticidad.

Solución

En la primera parte de un ensayo de tracción la deformación que se produce en un metal es de naturaleza elástica. Si se retira la carga el material adopta su posición original. Existe una relación lineal entre el esfuerzo aplicado (P/S) y la deformación ($\Delta l / l$) en la zona de deformaciones elásticas. A esta relación se le denomina módulo de elasticidad o módulo de Young.

En el enunciado nos piden que calculemos el módulo medio de elasticidad, para ello lo primero que debemos hacer es representar la fuerza en función de los alargamientos sufridos por la probeta en un diagrama de ejes cartesianos, como el indicado en la siguiente figura:

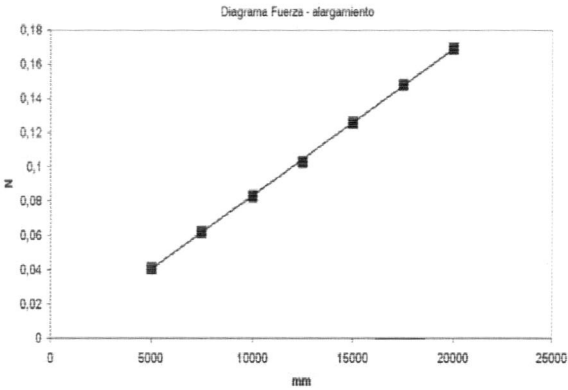

El módulo de Young se expresa:

$$E = \frac{\sigma}{\varepsilon} = \frac{\dfrac{P}{S_0}}{\dfrac{\Delta l}{l_0}} \qquad\qquad E_M = \frac{Em_1 + Em_2 + \ldots + Em_n}{n} = 8{,}02 \times 10^{10}\, \frac{N}{m^2}$$

Ejercicio resuelto 2.1.28

Determinar el alargamiento unitario experimentado por una probeta de 200 mm² de sección y 150 mm de longitud cuando es deformada en un ensayo de tracción. La longitud final medida es de 162 mm.

Solución

El alargamiento unitario es:

$$\varepsilon = \frac{l_f - l_0}{l_0} = \frac{162 - 150}{50} = 0{,}080$$

Ejercicio resuelto 2.1.29

Indica el esfuerzo unitario de una probeta de radio 25 mm cuando se le aplica una fuerza de 200 kp. Indica el resultado en: N/mm², MPa y kp/mm².

Solución

Pasamos el valor de la fuerza a Newtons y determinamos la sección de la probeta ensayada:

$$200\,Kp\,\frac{9{,}8\,N}{1\,Kp} = 1960\,N \qquad\qquad S = \pi r^2 = \pi (25)^2 = 1963\,mm^2$$

La tensión es:

$$\sigma = \frac{F}{S} = \frac{200\,Kp \cdot \dfrac{9{,}8\,N}{1\,Kp}}{\pi \cdot (25)^2} = 0{,}999\, \frac{N}{mm^2}$$

$$0{,}999\, \frac{N}{mm^2} \cdot \frac{1\,MPa}{1\,\dfrac{N}{mm^2}} = 0{,}999\,MPa \qquad\qquad 0{,}999\, \frac{N}{mm^2} \cdot \frac{1\,\dfrac{Kp}{mm^2}}{9{,}8\,\dfrac{N}{mm^2}} = 0{,}102\, \frac{Kp}{mm^2}$$

Ejercicio resuelto 2.1.30

Una probeta de acero de diámetro inicial D_0=10,7 mm y longitud entre puntos L_0=55 mm es sometida a un ensayo de tracción. Los datos obtenidos se indican en la tabla. Calcular:

FUERZA (N)	ALARGAMIENTOS (mm)
4450	0,050
13350	0,105
22250	0,150
26700	0,200
28700	0,220
30260	0,240
30700	0,300
31150	0,426
33800	0,810
40950	2,160
44500	2,920
49800	4,100
51800	5,00
52500	5,480
47500	Rotura

a) Representar el diagrama fuerza/alargamiento e indicar sobre el mismo la zona elástica, zona plástica, tensión máxima y tensión de rotura.

b) Determinar la tensión máxima y la tensión en el momento de rotura e indicar a qué puntos corresponden del diagrama.

c) Calcular la estricción y los alargamientos porcentuales.

d) Determinar el módulo de elasticidad o de Young.

e) Estimar el límite elástico ingenieril que supone una deformación del 0,2%.

Datos:

Diámetro mínimo = 9,65 mm

Alargamiento promedio = 6,8 mm

Solución

Representación del diagrama fuerza–alargamiento:

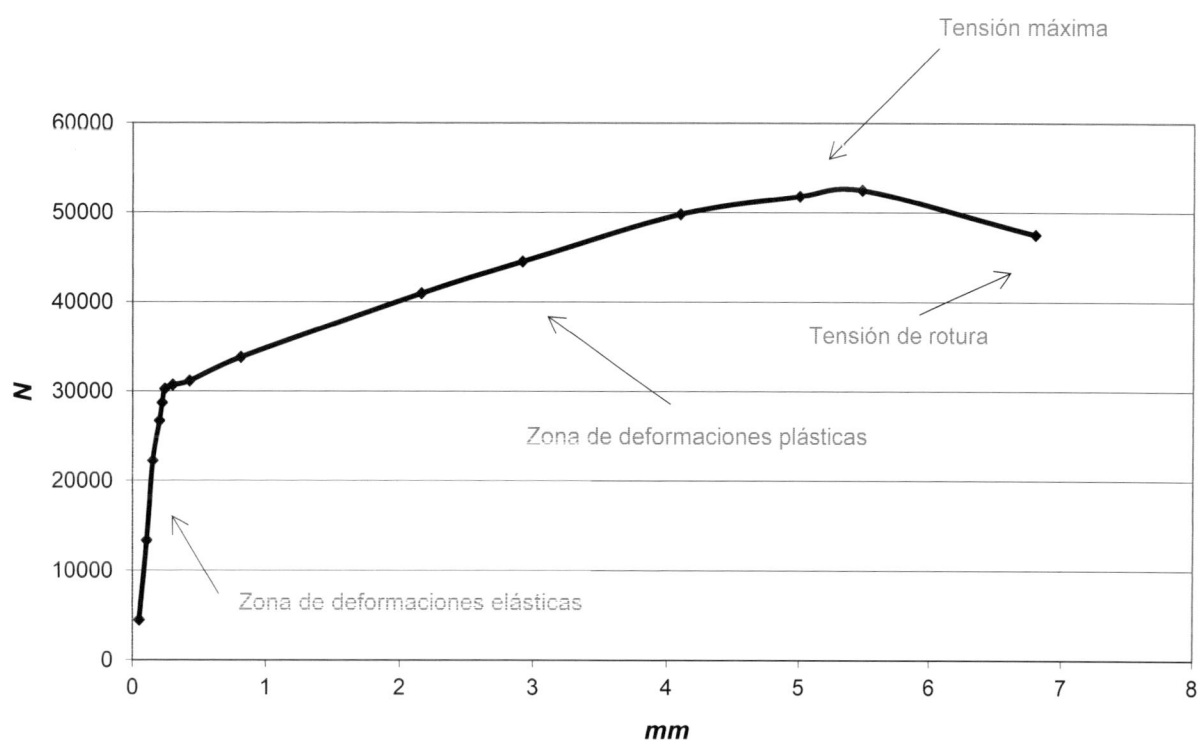

Tensión máxima y la tensión en el momento de rotura:

$$T = \frac{F}{S} = \frac{N}{m^2} \qquad T_{MAX} = \frac{52500N}{\pi(0,0535 \times 10^{-6})} = 5,83 \times 10^6 \frac{N}{m^2}$$

$$T_{ROTURA} = \frac{47500N}{\pi(0,0535 \times 10^{-6})} = 5,28 \times 10^6 \frac{N}{m^2}$$

Estricción y alargamiento porcentuales:

$$Estriccion = \frac{S_0 - S_F}{S_0} \times 100 = \frac{\pi D_0^2 - \pi D_F^2}{\pi D_0^2} \times 100 = \frac{10,7^2 - 9,65^2}{10,7^2} \times 100 = 18,66\%$$

$$Elongacion = \frac{L_F - L_0}{L_0} \times 100 = \frac{61,8 - 55}{55} \times 100 = 12,36\%$$

Módulo de elasticidad o de Young:

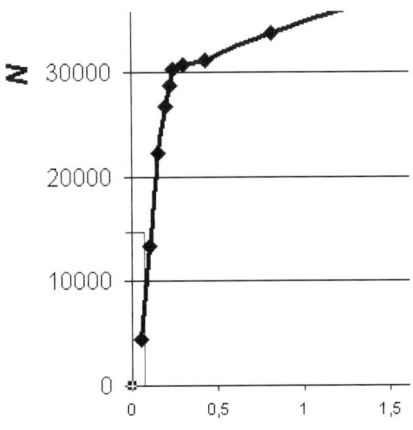

$$E = \frac{\sigma}{\varepsilon} = \frac{\dfrac{P}{S_0}}{\dfrac{\Delta l}{l_0}} = \frac{\dfrac{(26700 - 13350)}{\pi\left(\dfrac{0,0107}{2}\right)^2}}{\dfrac{(0,2 - 0,105)}{55}} = 85953169854,5 \frac{N}{m} = 85,96 Pa$$

Límite elástico ingenieril que supone una deformación del 0,2%:

$$\frac{0,2}{100} \times 55 = 0,11 mm \qquad \text{Consultamos F (N) en la gráfica} \qquad LE = \frac{P}{S} = \frac{13250N}{\pi\left[\dfrac{0,0107}{2}\right]^2} = 14,7 \times 10^7 \frac{N}{m^2}$$

Ejemplo resuelto 2.1.31

Una aleación metálica con un módulo de elasticidad E=110·10⁹N/m² y un límite elástico de θ$_E$=22 531·10⁶ N/m² es cargada por uno de sus extremos con 2000 N mientras que el otro extremo permanece fijo. El cable tiene un radio de R=2,5 mm y una longitud inicial de L=90 mm.

a) **¿El cable podrá recuperar su longitud inicial después de la carga de 2000 N?**

b) **¿Qué alargamiento tendrá el cable?**

c) **Determinar el diámetro mínimo que debe tener el cable para no sufrir deformación permanente al someterlo a una carga de 10 000 N.**

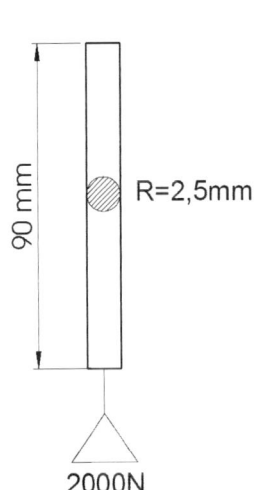

Solución

a. El cable recupera su longitud inicial.

Con el radio de la varilla puede obtenerse el valor el área y con la fuerza aplicada conocer el valor de la tensión.

$$A_0 = \pi \cdot R^2 = (2,5)^2 \cdot \pi = 19,62 mm^2$$

$$\sigma = \frac{F}{A_0} = \frac{F}{\pi \cdot R^2} = \frac{2000\,N}{19,62\,mm^2} = 1,02 \cdot 10^8 \frac{N}{m^2}$$

La tensión que soporta el cable es inferior a la tensión límite elástico (2,25·108 N/m2) por lo que recupera su longitud inicial después de finalizar la carga.

b. Alargamiento del cable.

El alargamiento unitario puede determinarse según la expresión:

$$\varepsilon = \frac{\sigma}{E} = \frac{1,02 \cdot 10^8 \,N/m}{110 \cdot 10^9 \,N/m^2} = \frac{102}{110 \cdot 10^3} = 0,927 \cdot 10^{-3} m$$

El alargamiento total:

$$\Delta l = \varepsilon \cdot l_0 = 0,927 \cdot 10^{-3} \cdot 90 = 0,0834\,mm$$

c. Determinar el diámetro mínimo que debe tener el cable para que no sufra deformación permanente al someterlo a una carga de 10 000 N.

El área mínima:

$$A_{min} = \frac{F}{\sigma_E} = \frac{1 \cdot 10^4 \,N}{2,25 \cdot 10^8 \,N/m^2} = \frac{10000}{2,25} = 0,44 \cdot 10^{-4} m^2$$

El diámetro mínimo para que no sufra deformación:

$$D = \sqrt{\frac{4 \cdot 0,44 \cdot 10^{-4}}{\pi}} = 7,48 \cdot 10^{-3} m = 7,48 mm$$

 Ejemplo resuelto 2.1.32

Un cable se fabrica con acero E=250 GPa y con un límite elástico θ$_E$=400 MPa. La sección del cable es de 15 mm² y tiene una longitud de 70 cm.

a) Si soporta una fuerza de 2500 N desde uno de sus extremos, ¿se deformará de forma plástica permanente o recuperará su longitud inicial?

b) ¿Qué alargamiento unitario experimenta el cable?

c) ¿Qué diámetro mínimo debe tener el cable para que no se deforme plásticamente con una carga de 8000 N?

Solución:

a. La tensión a la que está sometido es:

$$\sigma = \frac{F}{A} = \frac{2500N}{15 \cdot 10^{-6} m^2} = 166 \cdot 10^6 \frac{N}{m^2} = 166 MPa$$

El esfuerzo o la tensión a la que se somete el cable (166 MPa) es inferior al límite elástico (400 MPa) por lo que no sufrirá deformación plástica permanente y recuperará la longitud inicial de 70 cm.

b. El alargamiento unitario:

$$\varepsilon = \frac{\sigma}{E} = \frac{166 \cdot 10^6}{250 \cdot 10^9} = 0,001$$

c. El diámetro mínimo es:

$$A = \frac{8000N}{400 \cdot 10^6 \, N/m^2} = 2,05 \cdot 10^{-5} m^2 \qquad d = \sqrt{\frac{4 \cdot 2,0 \cdot 10^{-5} m^2}{\pi}} = 0,005 m = 5 mm$$

Ejemplo resuelto 2.1.33

Una probeta de D0=13 mm y de longitud L=55 mm es sometida a un ensayo de tracción. Los datos de fuerza/alargamiento indicados por la máquina son:

Fuerza (N)	Alargamiento (mm)
4440	0,048
13 250	0,102
22 300	0,145
25 900	0,205
28 800	0,23
30 250	0,25
30 650	0,302
31 100	0,43
34 100	0,82
41 050	2,105
45 100	2,95
49 700	4,2
52 050	5,04
52 500	5,4
47 300	

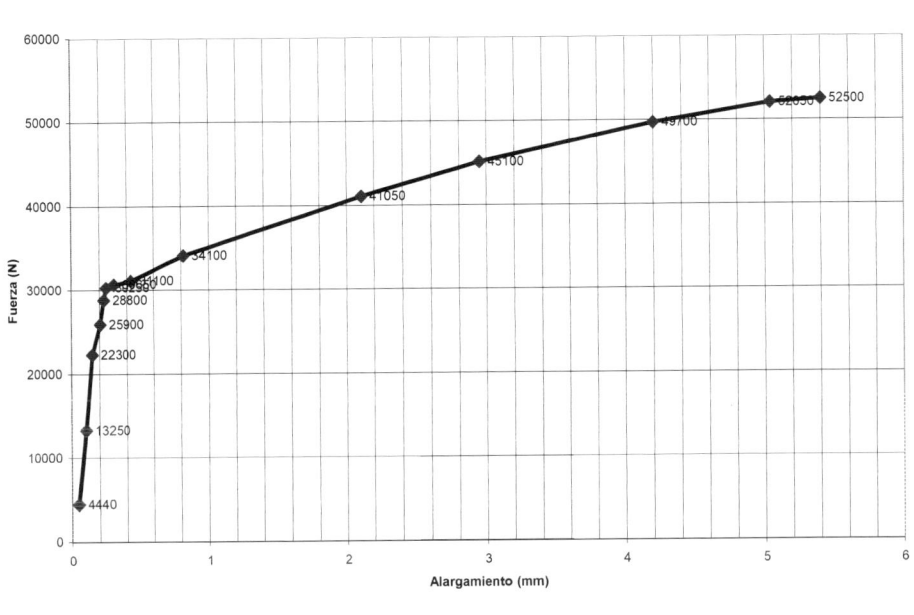

Una vez realizado el ensayo se mide la longitud final y la sección final de la probeta (Lf=60,80 mm Af=)

a. **Determinar la tensión máxima y la tensión en el momento de rotura.**

b. **Calcular la estricción y el alargamiento porcentual.**

c. **Determinar el módulo de elasticidad o de Young.**

d. **Determinar el límite elástico ingenieril que supone una deformación del 0,2%.**

Solución

a. Determina la tensión máxima y la tensión en el momento de rotura.

$$\sigma_{MAX} = \frac{F}{A} = \frac{F}{\frac{\pi \cdot D^2}{4}} = \frac{52500N}{\frac{\pi \cdot (0,013)^2}{4}} = 395,5 MPa \qquad \sigma_{Rotura} = \frac{47300}{\frac{\pi \cdot (0,013)^2 \, 4}{4}} = 356,3 MPa$$

Para calcular el módulo de elasticidad se puede escoger más puntos y realizar la media aritmética.

b. Calcular la estricción y el alargamiento porcentual.

$$A = \frac{L_F - L_0}{L_0} \cdot 100 = \frac{60,8 - 55}{55} \cdot 100 = 10,54\% \qquad S = \frac{D_0^2 - D_F^2}{D_0^2} \cdot 100 = \frac{(13)^2 - (11,8)^2}{(13)^2} \cdot 100 = 17,6\%$$

c. Determinar el módulo de elasticidad o de Young.

$$E = \frac{F/S}{\Delta L/l} = \frac{(28800 - 13250)\Big/\left(\frac{\pi \cdot (0,013)^2}{4}\right)}{(0,23 - 0,102)\Big/55} = 58,57 GPa$$

d. Determinar el límite elástico ingenieril que supone una deformación del 0,2%.

$$\frac{0,2}{100} \cdot 55 = 0,110$$

Ir al diagrama y trazar una recta paralela a la función que pase por la abscisa 0,110. La recta trazada corta a la función un valor de ordenadas de 31 000 N. El límite elástico ingenieril es:

$$\sigma_{L.E} = \frac{31000N}{\frac{\pi \cdot (0,013)^2}{4}} = 233 MPa$$

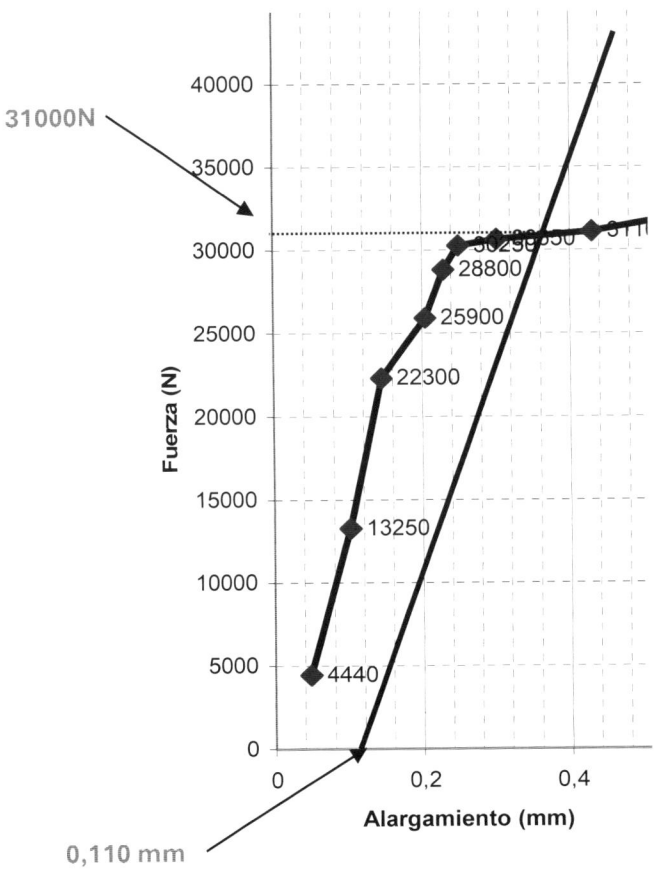

31000N

0,110 mm

 Ejercicio resuelto 2.1.34

Seleccionar el material con el menor peso posible adecuado para una pieza de 200 mm de longitud que debe soportar una carga de 4000 N sin sufrir deformación plástica permanente. Se dispone de dos materiales: acero y aluminio. ¿Cuál de los dos es el más adecuado si además se requiere el mínimo peso?

Material	Límite elástico (MPa)	Densidad (g/cm³)
Acero	650	7,9
Aluminio	280	2,7

Solución

Cálculo de la sección teniendo en cuenta el límite elástico (MPa):

$$A_{ACERO} = \frac{F}{\sigma} = \frac{4KN}{650MPa} = 6,0 \cdot 10^{-6} m^2 \qquad A_{ALUMINIO} = \frac{F}{\sigma} = \frac{4KN}{280MPa} = 1,4 \cdot 10^{-5} m^2$$

La masa para cada uno de ellos es:

$$m_{ACERO} = A \cdot l \cdot \rho = 6,0 \cdot 10^{-6} \cdot 0,2 \cdot 7,9 \cdot 10^6 = 9,480g \qquad m_{ALUMINIO} = A \cdot l \cdot \rho = 1,4 \cdot 10^{-5} \cdot 0,2 \cdot 2,7 \cdot 10^6 = 7,560g$$

El aluminio es el más adecuado.

Ejercicio resuelto 2.1.35

Una aleación metálica tiene un módulo de elasticidad E=12 000 kg·f/mm² y un límite elástico de 22 kg·f/mm².
Calcular:

a. **Tensión unitaria para producir una alargamiento de 0,5 mm en una barra de 500 mm.**

b. **Determinar el diámetro que debe tener una barra fabricada con ese material para que no se deforme plásticamente bajo un esfuerzo de 1000 kg·f.**

Solución

a. El alargamiento unitario es y la tensión unitaria son:

$$\varepsilon = \frac{\Delta l}{l_0} = \frac{0,5}{500} = 0,001 \qquad \sigma = E \cdot \varepsilon \qquad \sigma = \left(12000\,\frac{Kg \cdot f}{mm^2}\right) \cdot (0,001) = 12\,\frac{Kg \cdot f}{mm^2}$$

b. El diámetro que debe tener la barra para que no se deforme es:

$$A = \frac{F}{\sigma_E} = \frac{1000\,Kg \cdot f}{22\,\dfrac{Kg \cdot f}{mm^2}} = 4,545\,mm^2 \qquad D = \sqrt{\frac{4 \cdot A}{\pi}} = \sqrt{\frac{4 \cdot 4,545}{\pi}} = 2,4\,mm$$

Ejercicio resuelto 2.1.36

Determinar la sección y el diámetro de una barra que soporta 1000 kg (1 Tn). Está fabricada en acero y tiene una tensión admisible de 40 kg/mm².

Solución

$$A = \frac{F}{\sigma_E} = \frac{1000\,Kg}{40\,\dfrac{Kg}{mm^2}} = 25\,mm^2 \qquad D = \sqrt{\frac{4 \cdot A}{\pi}} = \sqrt{\frac{4 \cdot 25\,mm^2}{\pi}} = 5,64\,mm$$

Ejercicio resuelto 2.1.37

Una barra (E=22·10⁴ MPa y límite elástico de 200 MPa) tiene una longitud de 3 metros y un diámetro de 2 mm. Calcular la longitud cuando se somete a una tracción de 100, 200 y 300 kg.

Solución:

La sección de la barra es:

$$A = \pi\frac{D^2}{4} = \frac{\pi \cdot 2^2}{4} = 3,14\,mm^2 = 3,14 \cdot 10^{-6}\,m^2$$

$$\sigma = E \cdot \varepsilon \qquad E = \frac{\sigma}{\varepsilon} = \frac{\dfrac{F}{A_0}}{\dfrac{\Delta l}{l_0}} \qquad \Delta l = \frac{F \cdot l_0}{E \cdot A_0} = \frac{100kg \cdot 9,8\dfrac{m}{s^2} \cdot 3m}{22 \cdot 10^{10} \cdot 3,14 \cdot 10^{-6}} = 4,25 \cdot 10^{-5} \cdot 100 = 0,004mm$$

$$\Delta l = \frac{F \cdot l_0}{E \cdot A_0} = \frac{100kg \cdot 9,8\dfrac{m}{s^2} \cdot 3m}{22 \cdot 10^{10} \cdot 3,14 \cdot 10^{-6}} = 4,25 \cdot 10^{-5} \cdot 200 = 0,009mm$$

$$\Delta l = \frac{F \cdot l_0}{E \cdot A_0} = \frac{100kg \cdot 9,8\dfrac{m}{s^2} \cdot 3m}{22 \cdot 10^{10} \cdot 3,14 \cdot 10^{-6}} = 4,25 \cdot 10^{-5} \cdot 300 = 0,013mm$$

La longitud total de la barra cuando está cargada es:

$$\Delta l = l - l_0 \qquad l = \Delta l + l_0 = 3000 + 0,009 = 3000,009mm$$

$$l = \Delta l + l_0 = 3000 + 0,004 = 3000,004mm$$

$$l = \Delta l + l_0 = 3000 + 0,013 = 3000,013mm$$

La tensión a la que está sometida la barra es:

$$\sigma = \frac{F}{A} = \frac{100kg \cdot 9,8\,m/s^2}{3,14 \cdot 10^{-6}\,m^2} = 312,10 \cdot 10^6\,N/m^2 = 312,10\,MPa$$

La tensión aplicada de 312,10 MPa es superior al límite elástico (200 MPa), por lo que sufrirá deformación plástica permanente bajo estas condiciones.

Ejercicio resuelto 2.1.38

Conociendo las dimensiones de una probeta de tracción (L0=60 mm y D0=14 mm) y sabiendo que la elongación es del 28,2% y su estricción del 18,6%, ¿qué longitud y diámetro tendrá la probeta tras su ensayo?

Solución

La elongación de la probeta es:

$$\varepsilon = \frac{L_F - L_0}{L_0} \cdot 100 \qquad 28,2 = \frac{L_F - 60}{60} \cdot 100 \qquad L_F = 79,92mm$$

Y la estricción:

$$S = \frac{D_0^2 - D_F^2}{D_0^2} \cdot 100 \qquad 18,6 = \frac{14^2 - D_F^2}{14^2} \cdot 100 \qquad D_F = 12,63mm$$

Ejercicio resuelto 2.1.39

Una probeta de aluminio con un diámetro inicial de D0=13,8 mm es estirada hasta su rotura final en un ensayo de tracción. El diámetro final de la probeta en su superficie de fractura es de 12,1 mm. Determinar el porcentaje de estricción.

Solución

El porcentaje de estricción de la probeta se calcula aplicando la expresión:

$$S = \frac{D_0^2 - D_F^2}{D_0^2} \cdot 100 \qquad\qquad S = \frac{13,8^2 - 12,1^2}{13,8^2} \cdot 100 = 23,1\%$$

Ejercicio resuelto 2.1.40

Al aplicar una carga de 2500 kg a una varilla de metal A de 0,9·10⁻² metros de radio se obtiene la misma deformación elástica que en una varilla de metal B. Determinar el diámetro de la varilla de metal B si se conocen los siguientes datos (ε_A=180 GN/m² y ε_B=205 GN/m²).

Solución

$$\left(\frac{\Delta l}{l}\right)_A = \left(\frac{\Delta L}{L}\right)_B \qquad \frac{\Delta L}{L} = \frac{f}{S \cdot \varepsilon_M} = \frac{2500 kg \cdot 9,81 \frac{m}{s^2}}{\frac{\pi\left(0,9 \cdot 10^{-2}\right)^2 m^2}{4} \cdot 180 \cdot 10^9 \frac{N}{m^2}} = 1,929 \cdot 10^{-5}$$

$$1,929 \cdot 10^{-5} = \frac{2500 kg \cdot 9,91 \frac{m}{s^2}}{\frac{\pi \cdot D^2}{4} \cdot 205 \cdot 10^9 \frac{N}{m^2}} \qquad D = 0,089 m$$

2.1.4.6 Ensayo de compresión

Este ensayo estudia el comportamiento de un material sometido a un esfuerzo de compresión, progresivamente creciente hasta conseguir su rotura o aplastamiento. La probeta ensayada reduce su altura y aumenta su sesión durante el ensayo. Se suelen utilizar en materiales frágiles (piedras y hormigón) y en todos aquellos materiales que van a trabajar bajo este tipo de esfuerzos.

Suministran menos información y son dificultosos de realizar ya que exige que las caras de las probetas sean perfectamente paralelas a las platinas de la máquina, en caso contrario se producen roturas no representativas del comportamiento del material. El paralelismo entre las bases de las platinas debe tener una tolerancia de 0,02 milímetros y estar rectificado.

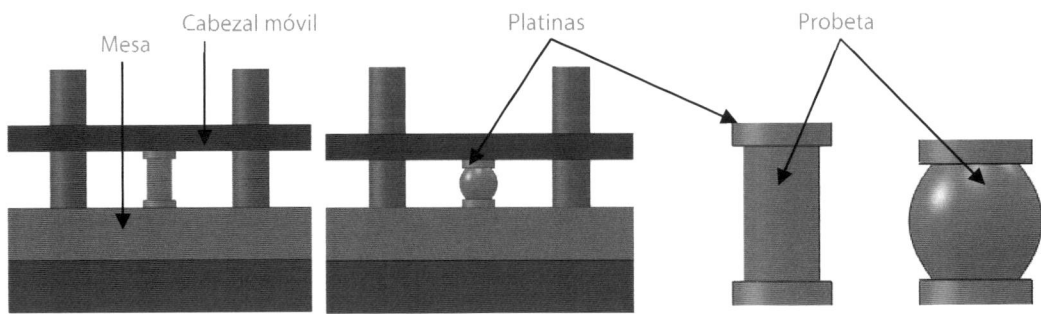

Figura 2.1.69 Ensayo de compresión.

La resistencia a la compresión es mayor que la resistencia a la tracción. En el caso de las fundiciones grises, la resistencia a la compresión es cinco veces superior a la de tracción. Se obtiene de la expresión:

$$\sigma = \frac{F}{S_0}\left[\frac{N}{mm^2}\right]$$

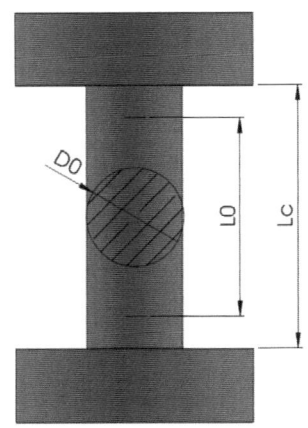

Donde S_0 es la sección inicial de la probeta y F la fuerza aplicada durante el ensayo de compresión. El volumen de la probeta se mantiene invariable durante el ensayo. La sección de la probeta debe incrementarse a medida que se produce la compresión y reducción de la longitud (h_0) de la probeta. La fuerza necesaria para seguir aplastando la probeta aumenta no solo por el endurecimiento por deformación o acritud sino también por el incremento de la sección.

La deformación unitaria producida en la compresión se puede calcular por la diferencia de alturas (h) o áreas (A_0) iniciales y finales (A_f) de la probeta según:

$$e_C = \frac{h_0 - h_f}{h_0} = \frac{A_f - A_0}{A_f}$$

2.1.4.6.1 Diagrama de compresión

El diagrama de compresión es semejante al diagrama de tracción. Los datos que proporciona el diagrama de compresión son similares a los de tracción y de signo contrario. En los materiales elásticos no existe una verdadera carga de rotura por compresión, ya que se aplastan sin romperse, adoptando la forma de tonel. La primera parte de la curva tensión/deformación por aplastamiento es lineal (zona elástica). Va seguida por un periodo de fluencia de deformaciones permanentes que coincide con el incremento de la sección, el acortamiento de la probeta y el aumento rápido de la carga.

2.1.4.6.2 Dimensiones de las probetas

La probeta normal para materiales metálicos es un cilindro cuya altura es igual al diámetro. Para medidas de precisión se usan probetas con forma de cilindro regular, cuya altura es 2,5 a 3 veces el diámetro. En el caso de emplear probetas prismáticas su longitud es el doble del apotema de la base.

$$L_C = 2,5 d_0 \qquad\qquad L_C = 3,5 d_0 \qquad\qquad d_0 > 20mm$$

2.1.4.6.3 Realización del ensayo

Se emplea la máquina universal debidamente acondicionada. La colocación de la pieza es delicada ya que la excentricidad de la carga falsearía los resultados del ensayo. La probeta debe estar perpendicular a las platinas que deben ser perfectamente paralelas entre ellas.

Los materiales plásticos se rompen después de la aparición de grietas superficiales, mientras que los frágiles lo hacen según un plano de 45° de la dirección del esfuerzo, por deslizamiento de las superficies de rotura.

Ejercicio resuelto 2.1.41

Una probeta de diámetro 20 mm y longitud 60 mm es comprimida por una fuerza de 100 000 N. ¿Cuál es la tensión absorbida por la probeta? ¿Y la longitud final? El módulo de elasticidad es de 210 000 MPa.

Solución

La sección y la tensión a la que está sometida la probeta durante el ensayo de compresión se pueden determinar empleando las expresiones:

$$S = \frac{\pi D^2}{4} = \frac{3,14 \cdot (20)^2}{4} = 314 mm^2 \qquad \sigma = \frac{F}{S} = \frac{100.00 N}{314 mm^2} = 318,47 \frac{N}{mm^2} = 318,47 MPa$$

La deformación sufrida por la probeta:

$$\varepsilon = \frac{L_0 - L_F}{L_0} \qquad\qquad \varepsilon = \frac{\sigma}{E} = \frac{318,47 MPa}{210.000 MPa} = 0,001516$$

Para obtener la deformación porcentual se multiplica por 100 y se tiene un 0,1516%. La probeta sufre una deformación de 0,09099 milímetros, por lo que su longitud final es de 59,909 milímetros.

2.1.4.7 Ensayo de resiliencia

Hasta ahora se han estudiado procedimientos de ensayos estáticos; sin embargo, también son muy utilizados los ensayos dinámicos que reproducen las condiciones a las que pueden estar sometidos los materiales (desgaste, fatiga o cargas dinámicas).

El ensayo de resiliencia es un procedimiento normalizado (Norma UNE 36-403-81) que permite evaluar la resistencia del material frente al impacto (o resiliencia). Calcula la energía (N) que logra absorber una probeta al ser golpeada por un pesado péndulo en caída libre, por unidad de sección (mm²). El ensayo entrega valores en joules (N/mm²), y estos pueden diferir fuertemente a diferentes temperaturas. El ensayo determina la tenacidad de los materiales. Un resultado elevado de la resistencia indica que el material ensayo es más tenaz.

El ensayo de resiliencia puede realizarse por dos métodos: **Charpy** e **Izod**. El ensayo Charpy consiste en romper con un solo golpe y con la ayuda de un péndulo cuyo martillo se mueve en una trayectoria pendular una probeta de dimensiones determinadas, con una entalla para facilitar la rotura. La energía consumida en la rotura se denomina resiliencia (ρ o k). La energía absorbida por la probeta por unidad de área permite definir la tenacidad del material ensayado.

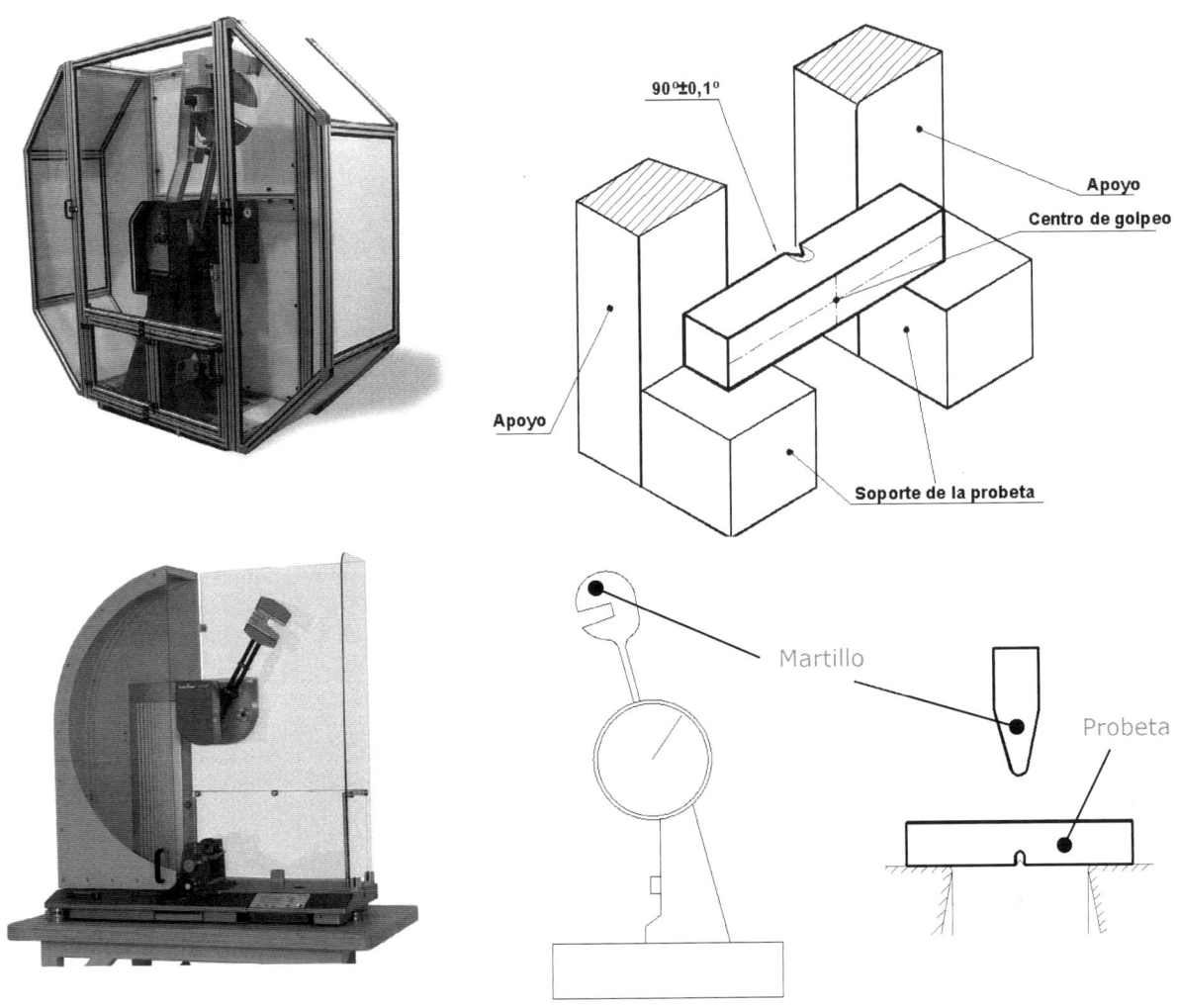

Figura 2.1.70 Ensayo Charpy. Los péndulos van de 50 julios hasta 750 julios. Imagen cedida por cortesía de Zwick Roell.

La *resiliencia* es la característica mecánica contraria a la fragilidad; a mayor resiliencia menor fragilidad. Dicho ensayo se llama también de resistencia al choque y tiene por objeto conocer la resistencia de una probeta para soportar una carga dinámica de choque. Su medida viene dada por la cantidad de trabajo necesario para provocar la rotura de una probeta entallada, por choque y con un solo golpe, expresándose su resultado en kg/mm^2.

2.1.4.7.1 Fundamentos del ensayo

El ensayo de resiliencia consiste en romper una probeta mediante un solo golpe aplicado a una velocidad conocida y medir la energía empleada en la rotura. El modo más sencillo de aplicar un golpe de estas características consiste en emplear un martillo sujeto en un péndulo con movimiento circular. El martillo se deja caer de una altura h1 y sigue la trayectoria circular hasta golpear la probeta a una altura h=0. La energía potencial (mgh$_1$) se transforma en energía cinética. La energía requerida para romper la probeta es absorbida en el choque. La energía no absorbida es la que emplea el martillo para subir una altura h$_2$ después del golpe.

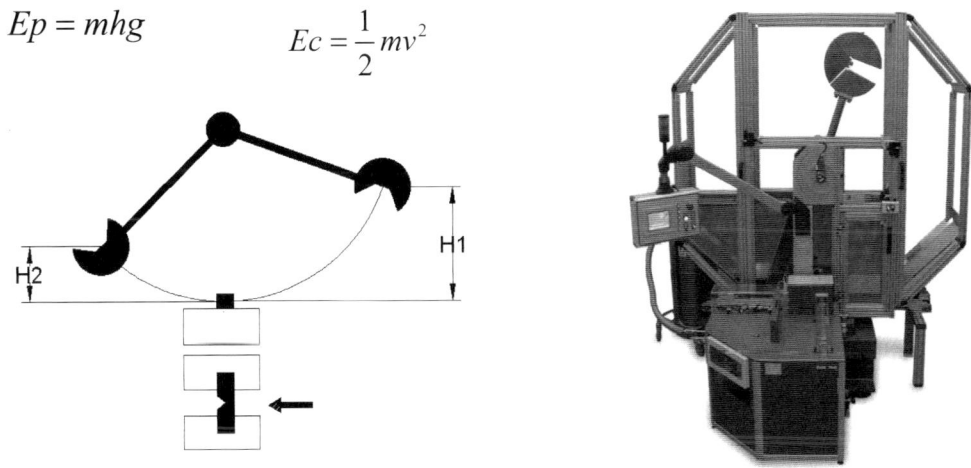

$$Ep = mhg \qquad Ec = \frac{1}{2}mv^2$$

Figura 2.1.71 Fundamento de un ensayo de resiliencia. Imagen cedida por cortesía de Zwick Ibérica.

Donde Ep_1 corresponde a la energía potencial (mgh_1) que posee el péndulo en el punto más alto de su trayectoria antes de dejarlo caer. Esta energía potencial se transforma en energía cinética a medida que el péndulo se acerca a la probeta. Al impactar contra ella, parte de dicha energía se emplea en el proceso de rotura y el resto la utiliza el péndulo en su movimiento de ascenso hasta alcanzar la posición final (instante en el que se detiene para continuar después el movimiento en sentido contrario). En este punto, la energía potencial del péndulo es:

$$Ep_2 = mh_2 g$$

Si se considera nula la energía disipada por rozamientos, la energía absorbida durante la rotura de la probeta será:

$$E = Ep_1 - Ep_2 = mg(h_1 - h_2)$$

$$\rho = \frac{E}{S} = \frac{mg(h_1 - h_2)}{S}$$

Donde S es la sección de la probeta utilizada en el ensayo y que dependerá de su naturaleza (Charpy o Izod) y del tipo (A, B o C). Cada una de ellas tienen secciones normalizadas diferentes.

Figura 2.1.72 Secciones de las probetas Charpy.

La velocidad a la que el péndulo debe golpear la probeta debe estar comprendida entre los 5 y los 5,5 m/s. La velocidad en el momento de impacto puede determinarse según la expresión obtenida al igualarse la energía potencia del péndulo y la cinética en el momento del impacto:

$$mgh = \frac{1}{2}mv^2 \qquad v = \sqrt{2gh}\left[\frac{m}{s}\right]$$

Ejercicio resuelto 2.1.42

Se realiza un ensayo de resiliencia (Charpy) dejando caer una maza de 22 kg desde una altura de 1 m sobre la probeta y, después de romperla, el martillo se eleva hasta una altura de 0,67 m. Calcular la resiliencia y la velocidad que alcanza la maza en el momento del impacto.

Solución

Se realiza un estudio de energías.

En la posición 1. El péndulo tiene una velocidad inicial de salida $V_0=0$ m/s. y se deja caer sin darle ningún impulso, por lo que la componente cinética de la energía en esa posición será nula. La única componente existente es la potencial.

El péndulo desciende con un movimiento circular hasta que golpea con la probeta. La energía inicial que tiene (Ep_1) durante su descenso se transforma en Ec. En el momento del choque, la energía potencial es nula y la energía cinética máxima.

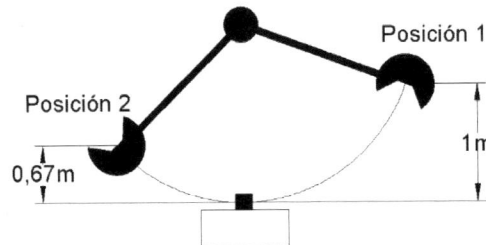

Parte de esta energía la absorbe la probeta para poder romperse (resiliencia), el resto de energía la utiliza para ascender hasta la posición 2.

Posición 1.

$$E_T(Posicion1) = E_C + E_P = \frac{1}{2}m\cancel{v^2} + mgh_1 = mgh_1$$

$$E_T(Posicion2) = E_C + E_P = \frac{1}{2}mv^2 + mgh_2 = mgh_2$$

$$E_T(Posicion1) = E_T(Posición2) + E(Absorbida)$$

$$mgh_1 - mgh_2 = E(Absorbida) \quad mg(h_1 - h_2) = E(Absorbida)$$

$$\rho = \frac{E(Absorbida)}{S}$$

$$\rho = \frac{mg(h_1 - h_2)}{S}$$

$$\rho = \frac{mg(h_1 - h_2)}{S} = \frac{22Kg \times 9,81\dfrac{m}{seg^2} \times (1-0,67)m}{(5 \times 10) \times 10^{-6}m^2} = 1,4339\,N/m^2$$

Velocidad en el momento del impacto.

$$\frac{1}{2}mv^2 = mgh_1 \qquad v^2 = 2gh_1 \qquad v = \sqrt{2gh_1} = \sqrt{2 \times 9,81 \times 1} = 20m/seg$$

2.1.4.7.2 **Forma y dimensiones de las probetas**

Se emplean dos tipos de probetas con dimensiones distintas: la de Mesnager (A) y la de Charpy (B). La probeta empleada en el ensayo Charpy se coloca horizontalmente, mientras que la probeta empleada en el ensayo Izod debe colocarse de forma vertical y sujeta por un extremo para poder recibir el golpe por el extremo libre donde se tiene la entalla.

La función de la entalla en ambos casos es provocar la concentración de tensiones y facilitar la rotura.

2.1.4.7.3 **Ensayo Charpy**

El péndulo está constituido por un martillo de 22 kg, que desarrolla 30 kg en el momento del choque. Posee dos caras inclinadas de 30° (curva de radio de empalme entre las caras de 2 mm). La velocidad en el momento del choque es de unos 7 m/s. Pueden emplearse otros martillos más ligeros que desarrollan menor energía en el choque.

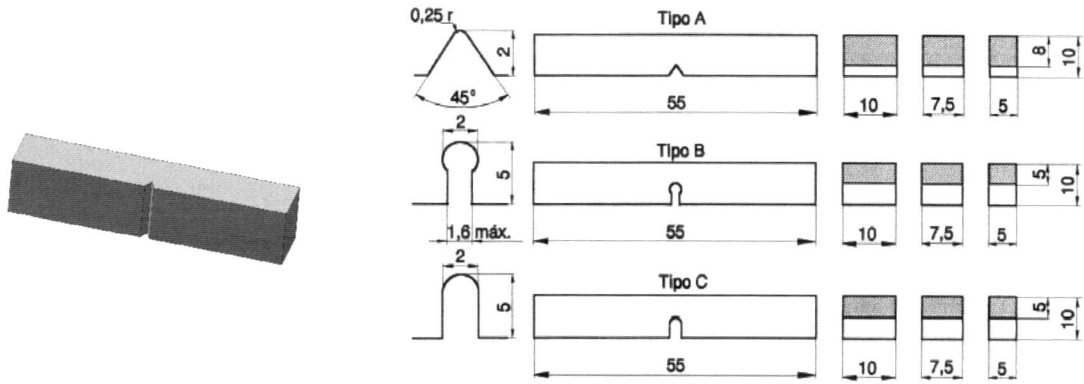

Figura 2.1.73 Probetas normalizadas para en ensayo Charpy.

Las entallas de las probetas se realizan mediante taladro y se abren con sierra, de forma que el agujero del taladro sea perpendicular a las caras de entrada y salida. La Norma UNE 36-403-81 define los tipos de probetas según la forma de la entalla en tres tipos: tipo A (entalla en forma de V), tipo B (entalla con forma de ojo de cerradura) y tipo C (entalla en forma de U). Cada tipo de probeta tiene tres anchos distintos (ver figura). Su elección depende de las propiedades del material a ensayar. Debe seleccionar aquella sección que permita la rotura de la probeta en un solo golpe.

Si la probeta se deforma con el choque, y no se rompe, no se da ningún valor a la resiliencia y se califica "sin romper". Si el péndulo queda retenido sin lograr la rotura de la probeta, como valor de resiliencia se da el máximo de la máquina.

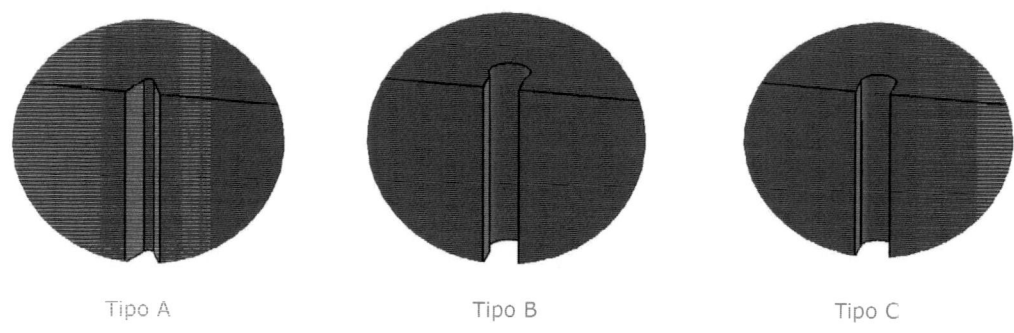

Figura 2.1.74 Tipos de entalla.

2.1.4.7.4 **Ensayo Izod**

Se utiliza el mismo péndulo pero con un martillo de 60 libras (25,25 kg). Su arista de choque es de acero templado y choca contra la probeta a una distancia de 22 mm de la entalla. Las probetas son de 130 mm de longitud y 10×10 mm de sección. Llevan tres entallas de 45° de abertura, 2 mm de profundidad y 0,25 mm de radio de fondo, en tres caras diferentes, dispuestas a 28 mm de distancia unas de otras.

Las probetas se colocan en posición vertical, sujetas por un extremo a un soporte especial y libres por el otro, que recibe el golpe. En el ensayo se rompen las probetas por las tres entallas, girando las caras y colocando la entalla en la posición adecuada. El valor de la resiliencia es la media de las tres lecturas.

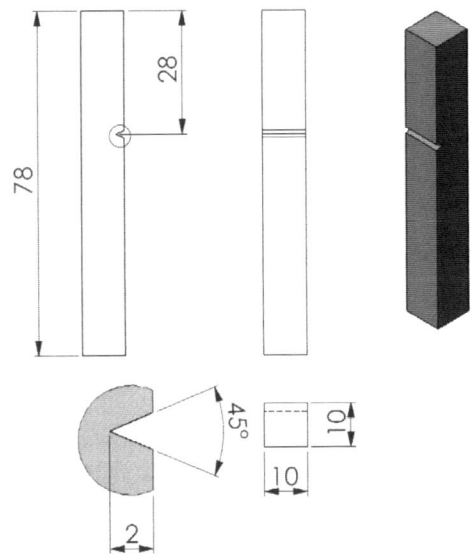

Figura 2.1.75 Probeta normalizada para en ensayo Izod.

2.1.4.7.5 **Realización del ensayo**

Se emplea el péndulo Charpy, que consiste en una masa pendular que oscila alrededor de su eje. La probeta se dispone apoyada por sus extremos sobre dos soportes. Al caer la masa desde una altura h_1 choca contra la probeta y esta se rompe, absorbiendo una cantidad de trabajo que viene dada por la siguiente ecuación:

$$mg(h_1 - h_2) = E(Absorbida)$$

Siendo h_2 la altura alcanzada por el péndulo después del choque. El valor obtenido, dividido por la sección de la probeta, nos da la resiliencia, en joules (N/mm^2).

$$\rho = \frac{mg(h_1 - h_2)}{S}$$

2.1.4.7.6 **Indicación del resultado**

Los resultados obtenidos pueden ser comparables cuando las condiciones del ensayo son las mismas (temperatura, velocidad de impacto y energía aplicada). La energía absorbida por la probeta en su rotura se designa en función del tipo de probeta (B y C se denomina KU y la probeta tipo A, se denomina KV). Las dos se expresan en julios. La energía absorbida se indica según:

$$KCU = \frac{KU}{S_0}\left[\frac{J}{cm^2}\right] \qquad\qquad KCV = \frac{KV}{S_0}\left[\frac{J}{cm^2}\right]$$

En su designación debe indicarse el tipo de probeta, la energía disponible, la temperatura y el ancho de la probeta.

Ejercicio resuelto 2.1.43

Probeta tipo A. Ancho de 7,5 centímetros. Energía potencial Ep=360 J. Energía absorbida en la rotura (150 J). Sección de la probeta 60 mm².

Solución

$$\frac{E}{S_0} = \frac{150}{0,6} = 250 \ ^J\!/_{cm^2} \qquad\qquad KCV(360/7,5) = 250 \, J/cm^2$$

2.1.4.7.7 Transición dúctil-frágil

La resiliencia varía con la temperatura. A bajas temperaturas, el material tiene un comportamiento más frágil y absorbe menos energía en el impacto. Lo contrario ocurre a elevadas temperaturas, donde se absorbe más energía y el comportamiento es más dúctil. Existe un intervalo de temperaturas conocido con el nombre de temperatura de transición dúctil-frágil donde se produce el cambio del comportamiento frágil a dúctil con la temperatura.

La transición dúctil-frágil solo se da en las aleaciones con estructura BCC (cúbica centrada en el cuerpo). Las aleaciones FCC (cúbica centrada en las caras) rompen de forma dúctil y las HCP (hexagonal) de forma frágil sin importar la temperatura a la que se realiza el ensayo.

Durante la Segunda Guerra Mundial, el ejército de Estados Unidos fabricó miles de buques de guerra llamados Liberty. El acero empleado en su fabricación se comportó de forma frágil en contacto con las frías aguas del atlántico de los años 1943-1945 y se acabaron rompiendo. En la siguiente gráfica se representa la energía absorbida en el impacto frente a la temperatura para diversos aceros al carbono.

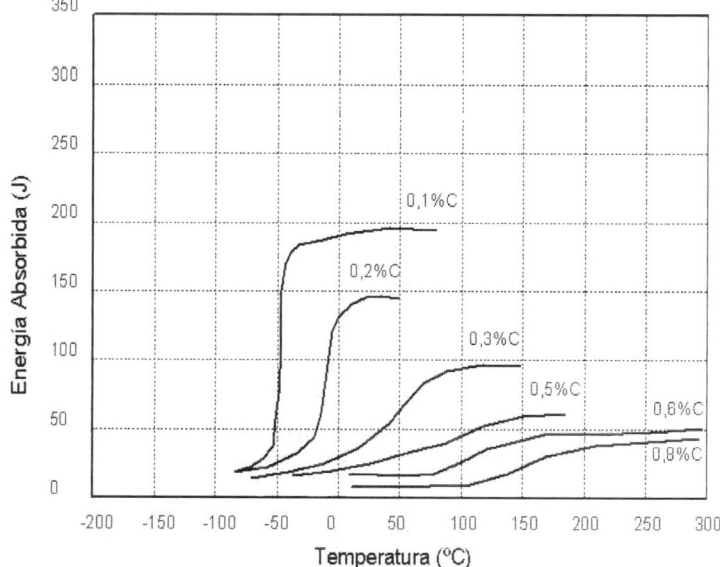

Figura 2.1.76 Curvas de transición dúctil-frágil.

Ejercicio resuelto 2.1.44

Se recomienda usar metales y aleaciones con estructura cristalina FCC (cúbica centrada en las caras) cuando se emplea a bajas temperaturas y se espera que puedan recibir fuertes impactos. ¿Por qué razón?

Solución

Los metales y aleaciones con estructura FCC rompen de forma dúctil y no sufren el fenómeno de transición dúctil-frágil al descender la temperatura, por lo que no cambian de forma tan abrupta su comportamiento.

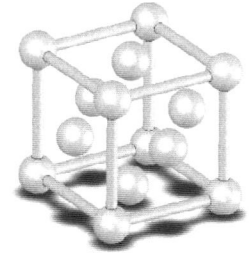 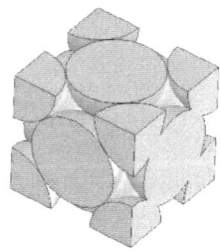

Ejercicio resuelto 2.1.45

Se realiza un ensayo con el péndulo Charpy empleando una probeta de sección cuadrada (10 mm de lado y 2 mm de entalla), según la figura. El martillo empleado pesa 22 kg y se deja caer desde una altura inicial de 100 cm. Tras la rotura asciende hasta los 80 cm.

Determinar:

    a. La energía absorbida por la probeta en el ensayo.

    b. La resiliencia del material.

Solución

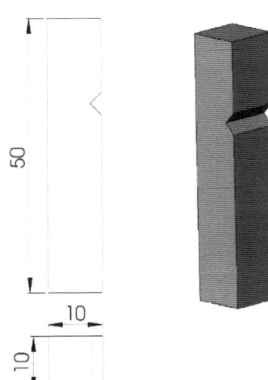

La sección de la probeta teniendo en cuenta la entalla es de 80 mm².

$$A = 10 \cdot 8 = 80 mm^2$$

La energía absorbida por la probeta en su rotura se obtiene por la diferencia de energía potencial inicial y final del martillo.

$$E = m \cdot g (h_2 - h_1)$$

$$E = 22 kg \cdot 9{,}81 \frac{m}{s^2} (1 - 0{,}80) m = 43{,}164 \frac{Kg \cdot m^2}{s^2} = N \cdot m = 43{,}164 J$$

$$\rho = \frac{E}{A_0} = \frac{43{,}164}{0{,}8} = 53{,}9 \frac{J}{cm^2} = \left[\frac{Kg \cdot m}{s^2} \right] = N$$

Ejercicio resuelto 2.1.46

Después de realizar un ensayo Charpa a un acero se conoce su resiliencia ($\rho=10^6$J/m²). La altura de caída del martillo es de 0,9 m y su peso de 22 kg. La profundidad de la entalla es de 5 mm. ¿A qué altura se eleva después del choque?

Solución

A partir de la energía o resiliencia obtenida en el ensayo se determina la altura a la que se eleva el martillo después de romper la probeta.

$$\rho = \frac{E}{A_0} \qquad E = 10^6 \frac{J}{m^2} \cdot 50 \cdot 10^6 \, m^2 = 50J$$

$$E = m \cdot g(h_2 - h_1) \qquad 50J = 22kg \cdot 9,81\frac{m}{s^2}(0,9 - h_1)m$$

$$h_1 = 0,668m$$

Los actuales péndulos permiten llevar a cabo ensayos Charpy, Izod, Brugger, ensayos de tracción por impacto y ensayos por el método de impacto en cuña, acorde a todas las normas comunes DIN, EN, ASTM, ISO y BS. Pueden realizarse ensayos de impacto a temperaturas desde −45°C hasta +85°C y estudiar las transiciones dúctil-frágil de algunos aceros. Imagen cedida por cortesía de Zwick Roell.

2.1.4.8 **Ensayo de flexión**

En un ensayo normalizado empleado para conocer la resistencia de materiales con comportamiento frágil, como es el caso de los materiales cerámicos. Cuando a este tipo de material se les aplica un esfuerzo de tracción uniaxial rompen sin sufrir estricción ni deformación, por lo que no pueden evaluarse sus propiedades con este ensayo. En este caso se observa que el límite elástico, la carga de rotura y la resistencia a la tracción es la misma.

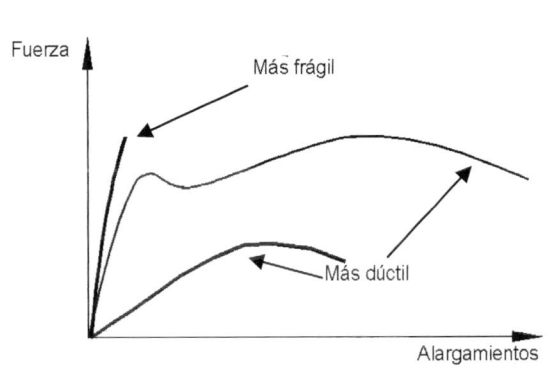

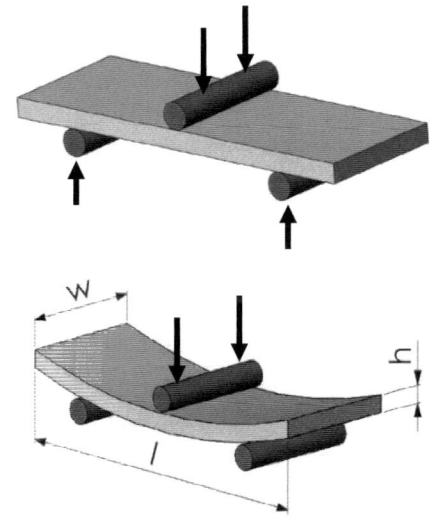

Figura 2.1.77 Ensayo de flexión.

El ensayo de flexión es un procedimiento adecuado para evaluar la resistencia de los materiales frágiles. El procedimiento consiste en aplicar una carga a una probeta con forma de paralepípedo con dimensiones (w, h y l) apoyada sobre dos rodillos alejados una distancia L. Al aplicar la carga, la probeta sufre una flexión de forma que la parte superior, en contacto con el cilindro que aplica la fuerza, sufre una compresión mientras que las zonas opuestas sufren una tracción. La rotura de la probeta se produce desde la zona sometida a tracción. En la zona a compresión, los defectos superficiales como las grietas o marcas de mecanizado se mantienen cerrados y es muy poco probable que causen la rotura de la misma.

La resistencia a la flexión se determina a partir de la expresión:

$$R_f = \frac{M_f}{W} = \frac{F \cdot L}{4 \cdot W}$$

Donde W es el módulo de resistencia que varía según la sección de la probeta a ensayar. Para probetas de sección circular y rectangular los valores de W son:

$$W_C = \frac{\pi \cdot d^3}{32} (Circular) \qquad W_R = \frac{w \cdot h^2}{6} (\mathrm{Re} c \tan gular)$$

d: diámetro de la probeta circular a. W y h (ancho y alto de la probeta rectangular).

Tomando el valor de la sección circular y rectangular y sustituyendo la primera de las expresiones:

$$R_f = \frac{F \cdot L}{4 \cdot W} = \frac{F \cdot L}{\frac{4 \cdot \pi \cdot d^3}{32}} = \frac{8 \cdot F \cdot L}{\pi \cdot d^3} \qquad R_f = \frac{F \cdot L}{4 \cdot W} = \frac{F \cdot L}{\frac{4 \cdot w \cdot h^2}{6}} = \frac{3}{2} \cdot \frac{FL}{w \cdot h^2}$$

La resistencia a flexión de una probeta rectangular es:

$$R_f = \frac{3}{2} \cdot \frac{FL}{w \cdot h^2}$$

Donde F(N) es la carga a la rotura, L (mm) la distancia entre puntos de apoyo, w (mm) el ancho y h (mm) el alto de la probeta. El módulo de flexión o elasticidad en flexión en la zona de deformación elástica es:

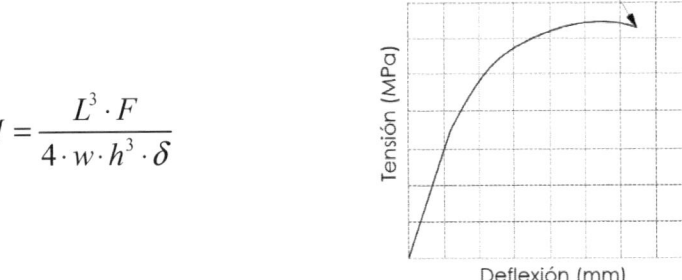

$$M = \frac{L^3 \cdot F}{4 \cdot w \cdot h^3 \cdot \delta}$$

Donde δ es la deflexión de la viga.

Una curva típica en un ensayo de flexión relaciona la deflexión de la probeta δ(mm) con la tensión aplicada (MPa). La forma de la curva es similar a la curva tensión-deformación obtenida en un ensayo de tracción.

Ejercicio resuelto 2.1.47

Calcular la fuerza necesaria para romper una probeta de Al₂O₃ (alúmina) mediante un ensayo de flexión. La resistencia a flexión es de 350 MPa y el módulo de flexión de 140 000 MPa. Las dimensiones de la probeta son (w=1,2 cm, h=3 cm y l=25 cm). La distancia entre puntos de apoyo es de 130 cm. Determinar la deflexión experimentada por la probeta en el momento de rotura.

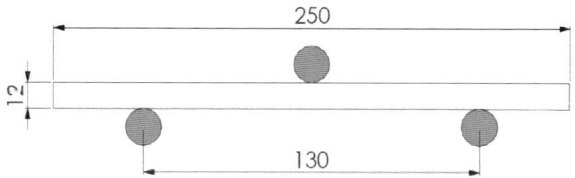

Solución

Para calcular la fuerza aplicada en el ensayo de flexión debe aplicarse la ecuación del cálculo de la resistencia a flexión de una probeta rectangular y despejarse la fuerza F según:

$$R = \frac{3 \cdot F \cdot L}{2 \cdot w \cdot h^2} \qquad 350 = \frac{3 \cdot F \cdot 130}{2 \cdot 30 \cdot (12)^2} \qquad F = \frac{350 \cdot 2 \cdot 30 \cdot (12)^2}{3 \cdot 130} \left[\frac{MPa \cdot mm.(mm)^2}{mm} \right] = 57{,}156 \, N$$

Para determinar la deflexión experimentada por la probeta debe emplearse la ecuación y despejar la deflexión δ (mm) según:

$$M = \frac{L^3 \cdot F}{4 \cdot w \cdot h^3 \cdot \delta} \qquad \delta = \frac{L^3 \cdot F}{M \cdot 4 \cdot w \cdot h^3} = \frac{(130)^3 \cdot 57{,}156}{140000 \cdot 4 \cdot 30 \cdot (12)^3} \left[\frac{(mm)^3 \cdot N}{MPa \cdot mm \cdot (mm)^3} \right] = 0{,}052 \, mm$$

Ejercicio resuelto 2.1.48

Después de realizar un ensayo de flexión a un material compuesto de Burger matriz polimérica y fibra cerámica (poliéster-fibra de vidrio), se observa una deflexión de 1,2 mm en una probeta con dimensiones (w=2 cm, h=1 cm y l=18 cm). La fuerza aplicada en el ensayo es de 2500 N y la distancian entre los apoyos es de 13 cm. Determinar el módulo en flexión y la resistencia a la flexión del material compuesto. Determinar el módulo y la resistencia a la flexión.

Solución

Para conocer el módulo y la resistencia a la flexión deben aplicarse las ecuaciones:

$$R = \frac{3 \cdot F \cdot L}{2 \cdot w \cdot h^2} \qquad\qquad M = \frac{L^3 \cdot F}{4 \cdot w \cdot h^3 \cdot \delta}$$

$$R = \frac{3 \cdot F \cdot L}{2 \cdot w \cdot h^2} = \frac{3 \cdot 2500N \cdot 130mm}{2 \cdot 20mm \cdot (100mm^2)} = 243,75MPa$$

$$M = \frac{L^3 \cdot F}{4 \cdot w \cdot h^3 \cdot \delta} = \frac{(130)^3 \cdot 2500N}{4 \cdot 20 \cdot (10)^3 \cdot 1,2mm} = 57.213,54MPa$$

2.1.4.9 Ensayo de fluencia

Puede definirse la fluencia como la deformación de los materiales debido a la acción de su propio peso mientras que la termofluencia es la deformación plástica que experimenta un material cuando es sometido a una carga a elevada temperatura. Los materiales se deforman muy lentamente aplicándoles cargas muy pequeñas, inferiores al límite elástico. La fluencia aumenta con la temperatura y con la carga. Los metales con elevada temperatura de fusión tienen menos fluencia.

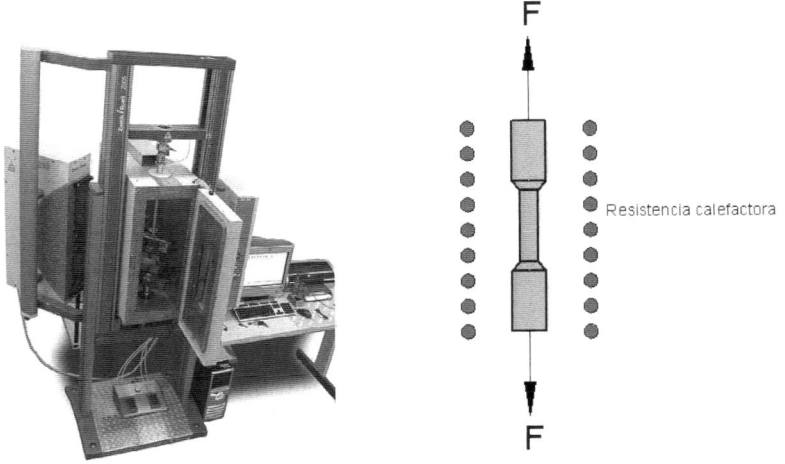

Resistencia calefactora

Figura 2.1.78 Diagrama deformación–tiempo.

La deformación plástica lenta pero continua que sufre un material a elevada temperatura durante periodos largos de tiempo se produce en tres etapas. Se entiende por elevada temperatura (metales T>0,3 a 0,4 T_F y cerámicos T>0,4 a 0,5 T_F), siendo T_F la temperatura de fusión del metal o aleación.

Los materiales con elevada resistencia a la fluencia en caliente son aquellos que poseen elevadas temperaturas de fusión, gran módulo elástico y gran tamaño de grano. Las superaleaciones (aleaciones de cobalto, níquel o hierro) y los materiales refractarios se emplean a elevadas temperaturas con este fin.

Los ensayos de termofluencia consisten en la aplicación de una carga a una probeta a elevada temperatura. La aplicación de la carga provoca una deformación elástica inicial e instantánea que depende del módulo de elasticidad del material ensayado y de la carga aplicada (primera etapa). Si se continúa aplicando la carga con las mismas condiciones pueden representarse las deformaciones en función del tiempo distinguiéndose dos etapas más. En la segunda etapa o etapa secundaria la pendiente de la recta (deformación–tiempo) es una línea recta y la velocidad de deformación es constante. En la última etapa la velocidad de deformación aumenta debido al incremento de la tensión verdadera (misma tensión con menor sección efectiva de la probeta).

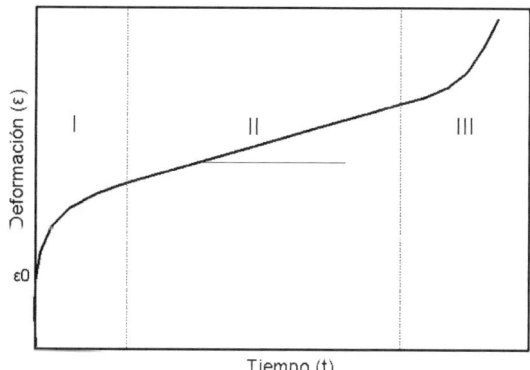

La velocidad de deformación ($\dot{\varepsilon}_{II}$) en la etapa secundaria depende de la tensión aplicada (σ) y de la temperatura (T), según la expresión:

$$\dot{\varepsilon}_{II} = k \times t \qquad k = f(\sigma, T) \qquad \dot{\varepsilon}_{II} = \left.\left|\frac{d\varepsilon}{dt}\right|\right._{\sigma, T}$$

Puede evaluarse cómo varía la velocidad de deformación ($\dot{\varepsilon}_{II}$) a tensión constante (σ) y/o a temperatura constante (T).

2.1.4.9.1 Ensayo de fluencia a T=cte y tensión variable

En la gráfica ε-t se representan tres curvas de fluencia para tres tensiones diferentes ($\sigma_3 > \sigma_2 > \sigma_1$) y una misma temperatura de ensayo. En cada caso se obtiene que la zona primaria empieza para un tiempo (t=0) con una deformación instantánea inicial debido a la deformación elástica. De los gráficos obtenidos puede concluirse:

a) Al incrementar la tensión del ensayo los tiempos de rotura son cada vez menores.

b) La zona secundaria se estrecha con el incremento de la tensión aplicada y la pendiente aumenta (incremento de la velocidad de deformación).

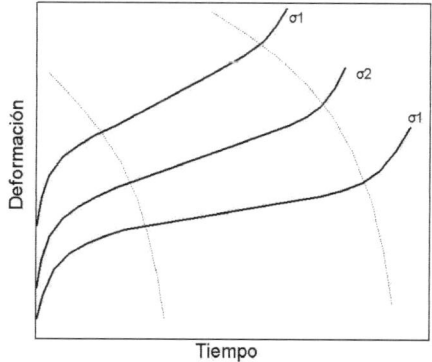
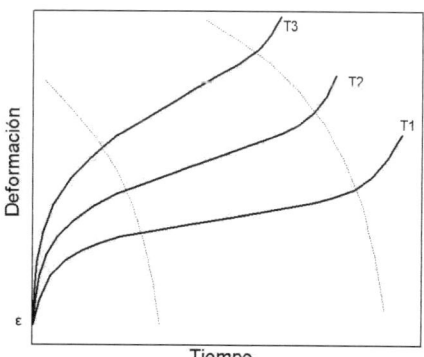

Figura 2.1.79 Diagramas de deformación–tiempo. (a) Ensayo de fluencia a temperatura constante y tensión variable. (b) Ensayo de fluencia a tensión constante y temperatura variable.

2.1.4.9.2 Ensayo de fluencia a σ =cte y temperatura variable

En la gráfica ε-t se representan tres curvas de fluencia para tres temperaturas diferentes ($T_3 > T_2 > T_1$) y una misma tensión de ensayo. A diferencia que en el caso anterior, las tres curvas se inician para la misma deformación elástica inicial (ε). Se pueden concluir:

a) La zona secundaria se estrecha.

b) La velocidad de deformación ($\dot{\varepsilon}_{II}$) aumenta al incrementar la temperatura.

c) El tiempo de rotura disminuye.

En los dos ensayos se aprecia que tanto el incremento de temperatura como el incremento de tensión actúan de la misma forma, aumentando la velocidad de deformación y disminuyendo el tiempo de rotura. Puede obtenerse una expresión matemática que define el comportamiento. La velocidad de deformación depende de la tensión aplicada cuando la temperatura es constante según la expresión:

$$\dot{\varepsilon}_{II} = \left| f(\sigma) \right|_{T=cte} = B \times \sigma^{n}$$

Donde B es una constante que depende de la temperatura y n es el exponente que define el tipo de modelo o comportamiento. Para n =1 se define el modelo denominado viscoso y para n = 3 a 8, el modelo potencial. Si se representa gráficamente el logaritmo de la velocidad de deformación frente al logaritmo de la tensión se obtiene una gráfica en la que se encuentran la pendiente (n) de la expresión.

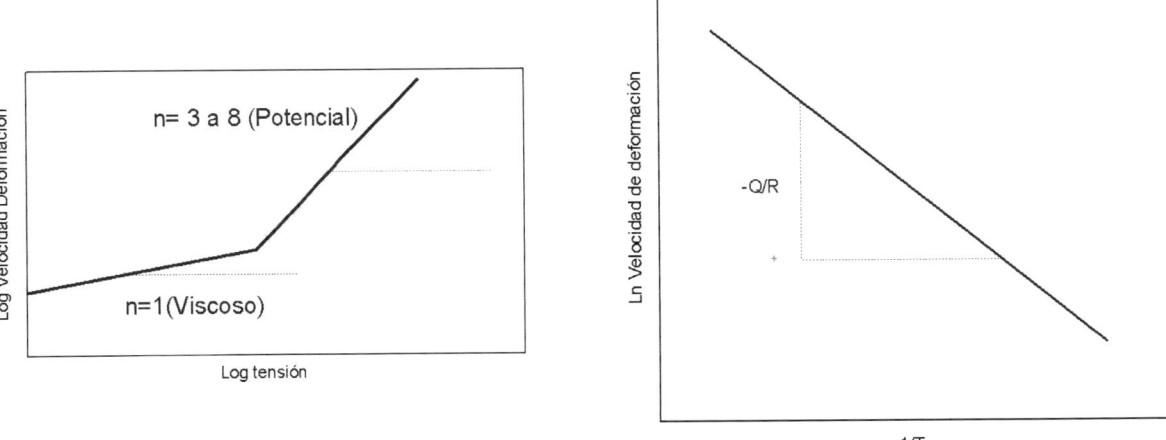

Figura 2.1.80 Modelo viscoso y potencial.

La velocidad de deformación también depende de la temperatura según la ley de Arrhenius:

$$\dot{\varepsilon}_{II} = \left| f(T) \right|_{\sigma=cte} = C \times e^{\left(\frac{-Q}{RT}\right)} \qquad c \propto A \times \sigma^{n}$$

Donde C es una constante que depende de la tensión aplicada. Q es la energía de activación para la fluencia (J/mol) y R=8,31 J/molK. Según la expresión, un incremento de la temperatura provoca un gran aumento en la velocidad de deformación.

Si se representa el ln de la velocidad de deformación respecto a $1/T$, la pendiente de la recta muestra la energía de activación.

La expresión matemática final que define la velocidad de deformación en la etapa secundaria teniendo en cuenta la tensión y la temperatura adquiere la forma:

$$\dot{\varepsilon}_{II} = A \times \sigma^{n} \times e^{\left(\frac{-Q}{RT}\right)}$$

El incremento de la velocidad de deformación en la etapa secundaria debido al incremento de la temperatura y de la tensión aplicada se debe a la facilidad con la que pueden moverse los átomos y dislocaciones en la estructura cristalina del metal. Todos los mecanismos que evitan la movilidad atómica serán útiles para disminuir el tiempo de rotura y disminuir la velocidad de deformación aumentando su resistencia a la fluencia. Los materiales resistentes a fluencia deben reunir las siguientes características:

- Tener elevada temperatura de fusión.
- Impedir el movimiento de las dislocaciones.
- Y deben contener precipitados en los bordes de grano.

Ejercicio resuelto 2.1.49

Después de realizar un ensayo de fluencia (zona secundaria) para un acero a 520 ºC se obtienen los siguientes resultados:

$\dot{\varepsilon}_{II}$ (h^{-1})	σ (MPa)
1,62x10^{-5}	179
3,20x10^{-5}	201
7,53x10^{-5}	241
1,42x10^{-4}	265

Ejercicio resuelto 2.1.50

Comprobar que la zona secundaria sigue la ley potencial y determinar el valor del exponente. Determinar la tensión máxima que puede soportar el acero cuando la velocidad de deformación límite es de 1,60x10^{-4}.

Solución

Representamos el logaritmo de la velocidad de deformación frente al logaritmo de la tensión aplicada para cada uno de los ensayos realizados y obtenemos la ecuación de la recta. La pendiente de la recta representa el tipo de ley.

$\dot{\varepsilon}_{II}$ (h^{-1})	σ (MPa)	Log $\dot{\varepsilon}_{II}$ (h^{-1})	Log σ (MPa)
1,62x10^{-5}	179	-4,790	2,252
3,20x10^{-5}	201	-4,494	2,303
7,53x10^{-5}	241	-4,123	2,382
1,42x10^{-4}	265	-3,847	2,423

$$\dot{\varepsilon}_{II} = \left| f(\sigma) \right|_{T=cte} = A \times \sigma^{n}$$

$$n = \frac{\log\sigma_1 - \log\sigma_2}{\log\dot{\varepsilon}_1 - \log\dot{\varepsilon}_2} = \frac{(-3.847)-(-4.790)}{(2.423-2.252)} = \frac{0.943}{0.171} = 5.514$$

n=5,514. Cumple la ley potencial. Ecuación de la recta (y = 5,3659x – 16,870).

Para determinar la tensión máxima que puede soportar el acero cuando la velocidad de deformación límite es de $1{,}60\times10^{-4}$ aplicamos la ecuación con el exponente de la ley potencial n=5,366.

$$\text{Log } \dot{\varepsilon}_{II} = -3.795$$

$$\log\dot{\varepsilon} = \log A + n \times \log\sigma$$

$$-3.795 = -16.870 + 5.3659 \times \log\sigma$$

$$\log\sigma = \frac{-3.795 + 16.870}{5.366} = 2.437$$

σ = 273,6 MPa

2.1.4.10 Ensayo de pandeo

Se realizan a piezas de gran longitud en relación a su sección. Las probetas son sometidas a esfuerzos de compresión en la dirección de su eje y no se rompen por aplastamiento, sino que se doblan lateralmente y se rompen con cargas muy inferiores a las que correspondería por su sección y resistencia a la compresión.

La resistencia al pandeo depende de las condiciones en que estén fijados los extremos de la barra o columna. La expresión utilizada es:

$$Rp = \frac{\pi^2 \times Em \times I}{(lp)^2}$$

Donde: *Em*= Módulo de elasticidad. *I*= Momento de inercia. *lp*= Longitud de pandeo.

La longitud de pandeo es la distancia entre dos puntos consecutivos de inflexión de la curva producida por la pieza al deformarse.

2.1.4.11 Ensayo de torsión

Los ensayos de torsión son útiles para probar la resistencia de ejes y piezas que trabajan a torsión. No existe normativa sobre el tipo de probetas a utilizar ni sobre las formas de realizar los ensayos. Sin embargo, la ASTM (American Society For Testing Materials) ha publicado algunas recomendaciones para el hierro fundido.

Las máquinas utilizadas constan de un cabezal giratorio con mordaza. Las probetas pueden ser barras de sección circular. La resistencia a la torsión es de 0,60 a 0,80 la de tracción.

2.1.4.12 Ensayo de fatiga

Los ensayos de fatiga pretenden someter a las probetas a esfuerzos de magnitud y sentido variable. En estos casos, las probetas rompen con cargas muy inferiores a su resistencia a la rotura normal para un esfuerzo de tensión constante.

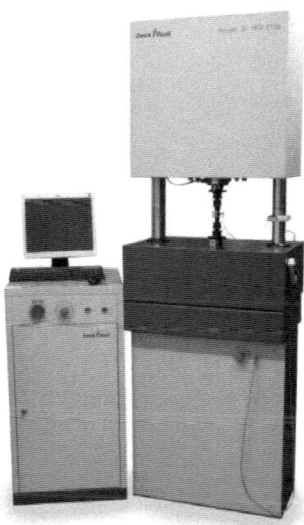

Figura 2.1.81 Vibráfono de la empresa Zwick. Se emplea en la determinación de la resistencia a la fatiga por vibración en el área de la resistencia al servicio continuo de materiales y componentes, como, por ejemplo, en el ensayo de fatiga por vibraciones acorde a DIN 50100 (curva de Wöhler), de tracción, compresión, cargas pulsatorias o alternantes. Su aplicación típica se encuentra en estudios de la mecánica de fractura en probetas CT y SEB, rotura previa de probetas, ensayos de fatiga o de durabilidad de componentes (como tornillos o muelles), controles de producción o calidad de componentes que están sometidos a cargas dinámicas durante su ciclo vital.

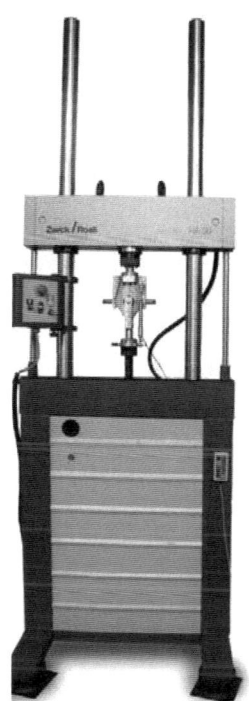

Figura 2.1.82 Las máquinas de ensayo de fatiga servohidráulicas se emplean para ensayos de tracción, compresión y de carga alternante de todo tipo. Son aptas para la simulación de cargas estáticas, periódicas y rápidas. Imagen cedida por cortesía de Zwick.

Las causas de que se produzca la fatiga no son del todo conocidas. Se sabe que en toda rotura se distinguen tres periodos: incubación, fisuración progresiva y rotura.

En la *incubación* se produce una distorsión atómica, promovida por la deformación plástica y progresivamente acumulativa, que al final del periodo llega a iniciar una fisura microscópica. En el segundo periodo, de *fisuración progresiva*, la grieta iniciada se extiende. En el tercero, se produce la rotura, el metal se rompe bruscamente con escasa deformación del mismo.

En el aspecto que presentan las secciones de piezas fracturadas por fatiga se distinguen dos zonas que corresponden a los dos últimos periodos descritos, una de grano fino (que ha ido rompiéndose por fatiga), en el periodo de *fisuración progresiva*, y otra, de grano grueso, de aspecto brillante (sección de rotura instantánea final). En la zona de grano fino se distinguen a veces una serie de líneas que parece como si hubiesen avanzado concéntricamente a partir de un punto de la superficie, que, por tener algún defecto y ser más débil, es donde ha partido la primera fisura.

Si la pieza está ampliamente dimensionada, es decir, si los esfuerzos que resistía eran muy inferiores a su resistencia, la zona de grano fino es muy grande, y la de grano grueso, pequeña. En cambio, si la pieza trabaja casi al límite de su resistencia, en cuanto se debilita al reducirse su sección, por una pequeña zona rota por fatiga, se rompe instantáneamente, siendo la zona de fractura de grano grueso muy grande. La iniciación de la rotura es superficial, por algún punto descarburado, raya producida por el mecanizado o cambios bruscos de sección, progresando la grieta perpendicularmente a las líneas de fuerza.

Viga rotatoria en voladizo

Uno de los métodos más usados para terminar la fatiga es la viga rotatoria en voladizo. Este ensayo consiste en cargar una probeta al mismo tiempo que se somete a una rotación continua. La parte superior de la probeta se encuentra sometida a un esfuerzo de tracción mientras que la parte inferior se encuentra sometida a compresión. De esta forma, cada uno de los puntos de la probeta se halla sometido a cargas alternantes (tracción y compresión) a medida que esta va girando. Se tiene un ciclo senoidal de carga máxima y mínima en función de la rotación de la probeta.

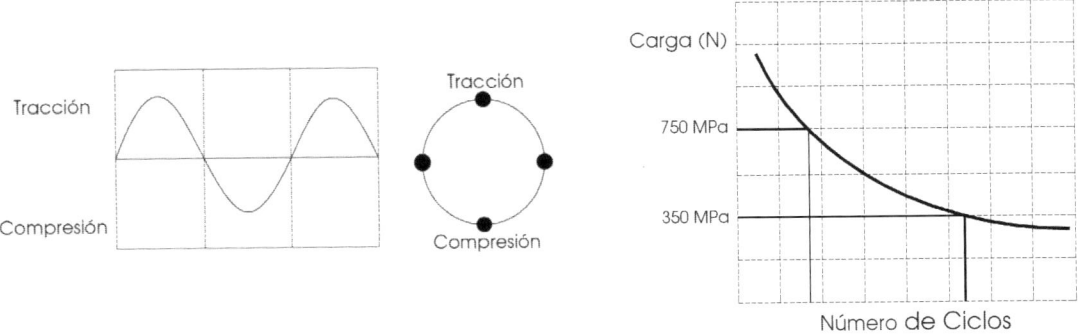

Figura 2.1.83 Esfuerzos alternantes y curva SN.

La tensión máxima que actúa sobre la probeta a ensayar es:

$$\sigma = \frac{10{,}18 \cdot l \cdot F}{d^3}$$

Donde l y d es la longitud y el diámetro de la probeta, respectivamente, y F la carga aplicada.

El ensayo se considera finalizado después de producirse la rotura de la pieza a un número de ciclos determinado. Para crear las curvas de fatiga (curvas SN) se repite el ensayo a diferentes cargas. Para distintos ensayos se obtiene el número de ciclos necesario para la rotura de las probetas a diferentes cargas. Se representa en un gráfico cada uno de los puntos y se observa como a medida que aumenta la carga aplicada disminuye el número de ciclos necesario para que se produzca la rotura de la pieza.

Las curvas SN representan las tensiones alternas (eje de ordenadas) y el número de ciclos hasta la rotura (eje de abscisas) para un material determinado. Para cada una de las tensiones el material soporta un número de ciclos hasta la rotura determinados.

Para la carga de 750 MPa la probeta rompe a los 90 000 ciclos. Para una tensión menor se incrementa el número de ciclos que es capaz de soportar antes de romper. Las gráficas obtenidas permiten conocer el número de ciclos necesario para romper la probeta a una carga máxima determinada.

Se pueden obtener dos tipos de curvas SN. A mayores tensiones se dan menor número de ciclos hasta la rotura. En algunas aleaciones férreas y en aleaciones de titanio, las curvas S-N se hacen horizontales. En estos casos se dice que tienen límite de fatiga y, por lo tanto, una tensión límite por debajo de la cual la rotura por fatiga nunca se dará.

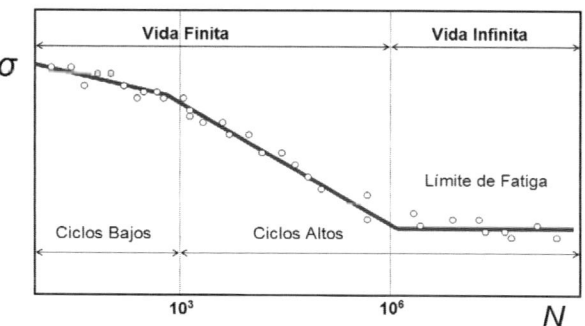

Figura 2.1.84 Curva SN. Fuente. SolidWorks Simulation. Ed. Ra.Ma.

La curva SN representada tiene tres pendientes distintas y está dividida en fatiga de ciclo bajo y alto. La fatiga de ciclo bajo (oligofatiga) se produce cuando se emplean menos de 10 000 ciclos mientras que las de alto número de ciclos se dan para mayores ciclos de carga y descarga.

El resto de aleaciones (aleaciones no férreas, ligeras y ultraligeras), incluyendo las de aluminio, cobre, magnesio, etc., no presentan límite de fatiga. En estos casos, la rotura siempre se dará independientemente de la tensión aplicada. La carga a la que puede estar sometida una pieza suelen ser tensiones **axiales** (tracción y compresión), de **flexión** o de **torsión**. Se clasifican en dos tipos: pulsatorias y oscilantes.

Cargas pulsatorias. La tensión oscila entre dos extremos ($\sigma_{máx}$ y $\sigma_{mín}$) sin cambiar de signo. Son intermitentes cuando una de las tensiones es nula.

Cargas oscilantes. La tensión oscila entre dos extremos de diferente signo. Se denominan alternadas cuando las tensiones extremas son opuestas.

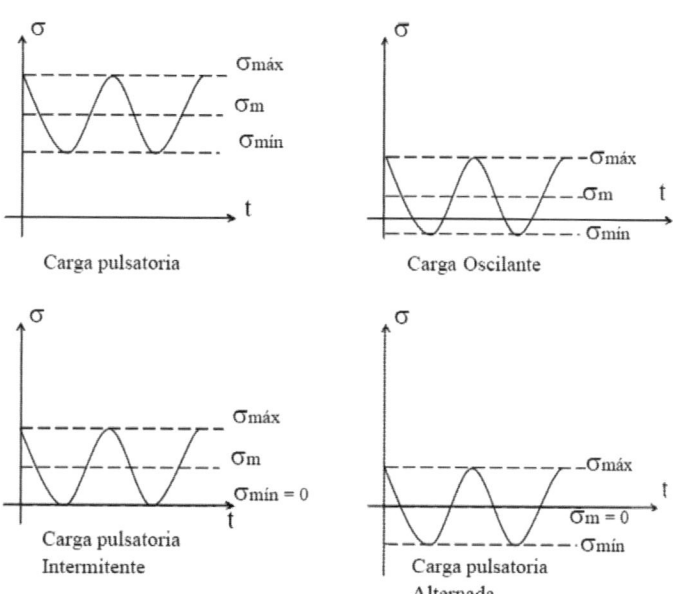

Figura 2.1.85 Tipos de carga (pulsatoria, oscilante, intermitente y alternada). SolidWorks Simulation. Ed. Ra.Ma.

También pueden clasificarse de tres formas principales: **completamente invertida**, de **base cero** y **aleatorio**.

- **Completamente invertida**. La tensión se presenta con forma senoidal en función de tiempo y varían desde un valor máximo a uno mínimo siendo los dos iguales en magnitud pero opuestos en dirección. Es estos casos, las piezas están sometidas a cargas de tracción y compresión de forma intermitente.

- **Base cero**. Los valores máximos y mínimos de la tensión son asimétricos respecto a la tensión cero o nula. **Se denomina ciclo de carga repetida**.

- **Aleatorio**. El nivel de tensión puede variar al azar tanto en amplitud como en frecuencia.

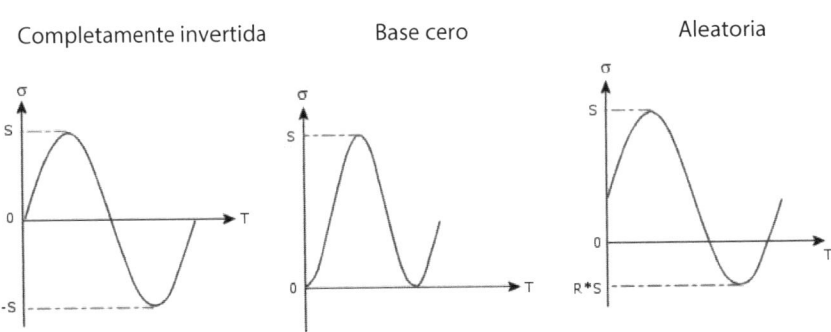

Figura 2.1.86 Ciclos de carga invertido, de base cero y aleatorio. Fuente SolidWorks Simulation. Ed. Ra.Ma.

Tensión máxima = $\sigma_{máx}$

Tensión mínima = $\sigma_{mín}$

Tensión media = $\sigma_m = (\sigma_{máx} + \sigma_{mín})/2$

Tensión variable (o tensión alterna, o amplitud de tensión, σ_r) = $\sigma_{amp} = (\sigma_{máx} - \sigma_{mín})/2$

Rango de tensiones $D\sigma = \sigma_{máx} - \sigma_{mín}$

Factor de tensión o coeficiente de tensión (*stress ratio*) $R = \sigma_{mín} / \sigma_{máx}$

Razón de amplitud $A = \sigma_{amp} / \sigma_{mean}$

El valor de R, coeficiente de tensión o factor de tensión puede tomar diversos valores: R=1, R=-1 (ciclo alterno simétrico) o R=0 (ciclo intermitente). Cualquier carga puede considerarse como el resultado de la superposición de dos tensiones una constante de valor σ_m y otra alternada de amplitud σ_a.

El ensayo de viga en voladizo reproduce situaciones de carga (tracción y compresión) simétricas. La carga de tracción y de compresión son iguales, pero de distinto signo. En otros casos puede darse situaciones distintas en las que las cargas aplicadas son asimétricas o incluso alguna de ellas nula. En otros casos pueden darse cargas alternantes en magnitud y sentido sin ninguna periodicidad.

2.1.4.13 Ensayo de desgaste

El desgaste es un tipo de degradación física de un material producida por la eliminación de material en su superficie. La eliminación se produce como consecuencia de una acción mecánica de rozamiento o rodadura con un material generalmente más duro. Se distinguen varios tipos de desgaste (adhesivo, abrasivo, corrosivo, etc.). A continuación se describen los más comunes.

- **Adhesivo**. Se produce entre dos superficies lisas en contacto íntimo durante el desplazamiento entre ellas. El desgaste se produce cuando parte de los átomos de una de las superficies se adhiere a la superficie del otro material.

- **Abrasivo**. Se produce un desgaste abrasivo cuando una superficie rugosa y dura desliza sobre otra más blanda que se desgasta formando surcos y perdiendo material.

- **Fatiga**. En un tipo de desgaste que se produce por la rodadura continua entre superficies deslizantes. Puede crear grietas superficiales o subcutáneas que rompan la pieza.

- **Desgaste corrosivo**. Se produce un doble desgaste: físico y químico. Este último por el contacto en ambientes propicios. La combinación de desgaste y corrosión facilita la eliminación de las capas pasivas sobre la superficie de las piezas e incrementa la velocidad de corrosión.

Uno de los ensayos de desgaste más empleados consiste en determinar el desgaste por rozamiento entre probetas con forma de discos circulares de 30 a 50 mm de diámetro y 10 mm de espesor. Se montan en dos ejes paralelos. El ensayo admite la aplicación de cargas sobre el disco superior con cargas variables de entre 25 y 200 kg.

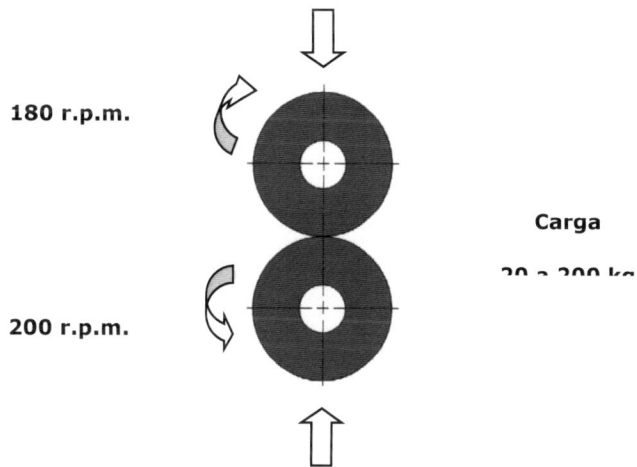

Figura 2.1.87 Ensayo de desgaste por rozamiento entre probetas.

La velocidad normal de rotación es de 20 rpm, aunque también puede inmovilizarse el disco para obtener deslizamiento puro. Si se hacen girar a la misma velocidad y sentido contrario se obtiene un rodamiento puro. También puede hacerse girar a distintas velocidades. El rozamiento producido entre los discos genera el desgaste de material que puede ser cuantificado por pesada, aunque también puede realizarse por diferencia de volúmenes o diferencia de dimensiones lineales, respecto de la pieza original.

Las probetas empleadas son discos que son mecanizados en diámetros de entre 30 y 50 mm y espesores de 10 mm. Se colocan según la disposición de la figura. Las probetas giran a distinta velocidad y se encuentran sometidas a cargas de entre 20 y 200 kg. Los ensayos se realizan en seco, con lubricantes e interponiendo partículas abrasivas entre los discos.

Existen otros procedimientos para determinar el desgaste. El ensayo *roll paper* es un procedimiento que permite determinar el desgaste abrasivo, mientras que el *pin on disc* determina el desgaste adhesivo.

- **Roll paper**. El procedimiento de ensayo consiste en provocar el desgaste de la pieza a evaluar mediante el contacto de la misma bajo carga con un cilindro recubierto de abrasivo (papel) que gira a unas revoluciones predeterminadas.

- **Pin on disc**. Este procedimiento permite determinar el desgaste adhesivo mediante el empleo de una punta de un disco abrasivo sobre el que hacemos rozar la pieza a evaluar. La carga aplicada y las revoluciones del disco, junto con la pérdida de material obtenida por pesada determina la resistencia al desgaste de la pieza ensayada. Las variables del procedimiento consisten en el empleo de probetas con forma de bola (*ball on disk*), punzón (*pin on disk*) o disco (*disk on disk*).

Estimación de la resistencia al desgaste

El desgaste puede determinarse mediante la siguiente expresión. En ella se determina el volumen de material depositado cuando se produce el deslizamiento entre dos superficies.

$$V = \frac{K \cdot P \cdot x}{3 \cdot H}$$

Donde:

V. Volumen de material perdido o arrancado por el proceso de desgaste.

K. Constante adimensional que depende del material y representa la probabilidad de que se forme un fragmento adhesivo. Su valor es mayor en materiales como la alúmina o la circona (materiales duros y con gran resistencia al desgaste).

P. Carga en kilogramos aplicada.

x. Distancia de deslizamiento.

H. Dureza de la superficie desprendida.

2.1.4.14 Ensayos de desgarro

Un ensayo de desgarro es una prueba mecánica que se utiliza para evaluar la resistencia de un material a la propagación de un desgarro o fractura. Se emplea en la evaluación de materiales textiles, polímeros, papel y otros materiales que pueden experimentar un fallo por desgarro bajo carga.

El objetivo del ensayo de desgarro es medir la resistencia y determinar la cantidad de fuerza necesaria para iniciar o propagar un desgarro en el material. Así, puede determinarse si cumple con los estándares de calidad requeridos y puede ser comparado con otros materiales o lores de producción con el fin de seleccionar el más adecuado.

Se diferencian dos tipos de ensayo:

1. **Desgarro en condiciones de tracción:** Donde el material se estira hasta el punto de desgarro.

2. **Desgarro en condiciones de corte:** Se evalúa la resistencia al desgarro lateral en lugar de en la dirección de tracción.

El proceso general de ensayo empieza con la preparación de la muestra. Se corta una muestra del material con dimensiones específicas, según las normas aplicables. La muestra se coloca en un dispositivo de ensayo, como una máquina de pruebas de tracción, que puede medir la fuerza aplicada. Se aplica una fuerza creciente hasta que la muestra se desgarra. Finalmente, se registra la fuerza máxima aplicada al momento del desgarro y se calcula la resistencia al desgarro.

Para su realización se pueden utilizar máquinas de ensayo universales, como las de tracción, a las que se les incluyen mordazas especiales para sujetar las muestras. También se utilizan máquinas específicas de desgarro. Diseñadas específicamente para ensayos de desgarro, como máquinas de desgarro tipo "Elmendorf" o el método de desgarro en "T" (T-tear). Todas las máquinas, ya sean universales o específicas, disponen del sistema de medición que registra la fuerza aplicada hasta que el material se desgarra.

En los ensayos de desgarro, existen varias normas UNE que regulan los procedimientos y requisitos para realizar las pruebas de manera adecuada y precisa. A continuación, algunas de las más relevantes:

1. **UNE-EN ISO 527-3:** Plásticos. Determinación de las propiedades de tracción. Parte 3: Condiciones de ensayo para películas y láminas finas. Esta norma detalla cómo realizar el ensayo de tracción para materiales plásticos, incluyendo filmes o láminas delgadas.

2. **UNE-EN ISO 34-1:** Caucho, vulcanizado o termoplástico. Determinación de la resistencia al desgarro. Parte 1: Métodos de fuerza de desgarro angular, en forma de media luna y pantalón. Esta norma regula cómo realizar ensayos de desgarro específicamente para caucho vulcanizado o termoplástico, usando diferentes formas de probetas.

3. **UNE-EN 14477:** Plásticos. Películas y láminas plásticas. Determinación de la resistencia al desgarro con el método de Elmendorf. Esta norma se aplica a filmes y láminas plásticas y describe el método de Elmendorf para determinar la resistencia al desgarro.

4. **UNE-EN ISO 6383-2:** Plásticos. Películas plásticas. Determinación de la resistencia al desgarro de baja velocidad. Parte 2: Método de desgarro de pantalón. Específica para ensayos de baja velocidad, esta norma regula el método de ensayo para determinar la resistencia al desgarro.

Estas normas establecen los procedimientos, los tipos de probetas, los equipos (como la máquina universal de ensayos), y cómo deben interpretarse los resultados de los ensayos de desgarro.

2.1.4.15 Ensayos de durabilidad

Los **ensayos de durabilidad** evalúan la capacidad de un material para resistir el desgaste, el envejecimiento y las condiciones ambientales a lo largo del tiempo. Simulan las condiciones a las que los materiales estarán sometidos durante su vida útil, como cargas mecánicas cíclicas, exposiciones químicas o cambios en el entorno, como temperatura y humedad. Estos tipos de ensayo son esenciales en sectores como la automoción, la construcción, la industria aeroespacial y la fabricación de productos de consumo, donde la vida útil de los productos es un factor crítico. De entre estos ensayos ya hemos estudiado, en los apartados anteriores, los que afectan a la fatiga y el desgaste, pero hay otros que, además, deben incluir las atmósferas agresivas, de resistencia a la intemperie (UV y ciclos de temperatura/humedad) o resistencia a líquidos y sustancias químicas.

La información obtenida a partir de estos ensayos facilita a los ingenieros y diseñadores mejorar la selección de materiales, predecir la vida útil de los productos y reducir el riesgo de fallos en servicio, lo que resulta en productos más seguros y duraderos para los consumidores.

Atmósferas agresivas

El ensayo de **atmósferas agresivas** se realiza para evaluar la resistencia de los materiales frente a condiciones ambientales extremas y conocer cómo esas condiciones pueden acelerar su deterioro, tales como la exposición a productos químicos, humedad, gases corrosivos, y otros agentes que puedan acelerar el deterioro de los materiales.

Dependiendo del tipo de atmósfera agresiva a simular, las condiciones de exposición pueden incluir:

- **Exposición a niebla salina:** Se somete la muestra a un ambiente de niebla de sal durante un período determinado (p. ej., ensayo de corrosión en ambientes marinos).

- **Exposición a gases corrosivos:** La muestra es expuesta a gases como dióxido de azufre (SO_2), óxidos de nitrógeno (NOx), o cloruro de hidrógeno (HCl), entre otros.

- **Condiciones de humedad y temperatura:** Las muestras pueden ser sometidas a ciclos de humedad y temperatura controlada para evaluar su resistencia en climas tropicales o desérticos.

- **Ciclos térmicos:** Se somete la muestra a ciclos repetidos de calentamiento y enfriamiento para evaluar la resistencia frente a cambios bruscos de temperatura.

Los tiempos de exposición varían según el tipo de ensayo y la normativa específica. Los ciclos pueden durar horas, días o semanas, y suelen repetirse para simular una exposición prolongada al ambiente agresivo. En algunos casos, se pueden realizar evaluaciones intermedias durante el ensayo para registrar el progreso del deterioro del material.

Al finalizar el ensayo, se inspecciona la muestra visualmente y se realizan mediciones para detectar cambios en las propiedades físicas o químicas. Los parámetros evaluados incluyen:

- Aparición de corrosión, manchas o fisuras.

- Cambios en la resistencia mecánica (tracción, flexión, etc.).

- Cambios en la superficie, como brillo, color, o textura.

- Pérdida de masa debido a la corrosión o degradación.

Niebla salina

El ensayo de niebla salina es un método estandarizado utilizado para evaluar la resistencia a la corrosión de materiales, revestimientos, y productos frente a la exposición a ambientes salinos, como los presentes en entornos marinos o industriales. Este ensayo se realiza en cámaras específicas que generan niebla salina, permitiendo evaluar la capacidad del material para resistir la corrosión inducida por sal.

Para la realización de un ensayo de niebla salina debe seleccionar la muestra del material o producto a ensayar, que deben cumplir con las dimensiones indicadas en la norma. Las muestras deben estar limpias, sin residuos o contaminantes que puedan influir en el resultado del ensayo. Si se trata de un material recubierto, no debe haber daños o defectos en la capa superficial.

El ensayo de niebla salina se realiza en una cámara de niebla salina, donde se pulveriza una solución de sal a una concentración del 5% de cloruro de sodio (NaCl) en agua desionizada, lo cual simula un ambiente salino. La temperatura dentro de la cámara se mantiene a $35 \pm 2\,°C$ (según la norma UNE-EN ISO 9227). La solución salina se pulveriza de manera continua o cíclica, creando una atmósfera saturada de partículas salinas que se depositan sobre la muestra.

La exposición puede durar desde 24 horas hasta 1000 horas o más, dependiendo de los requisitos específicos del ensayo y del material a evaluar. La norma UNE-EN ISO 9227 establece diferentes duraciones para las categorías de resistencia, según el tipo de material o aplicación. Durante el ensayo, el depósito de niebla salina se debe mantener a un ritmo constante y se realizan controles periódicos del pH y la temperatura de la cámara.

Durante el ensayo, se pueden realizar inspecciones visuales a intervalos regulares para observar signos iniciales de corrosión, como ampollas, óxido o decoloración. Al finalizar el ensayo, se retiran las muestras de la cámara, se lavan con agua destilada para eliminar los residuos de sal y se secan. Posteriormente, se evalúan los siguientes parámetros:

- **Aparición de corrosión:** Se mide la cantidad de óxido, desprendimiento o deterioro visible del material o recubrimiento.

- **Pérdida de masa:** Se mide el peso perdido debido a la corrosión para cuantificar el daño.

- **Profundidad de la corrosión:** En algunos casos, se determina la profundidad de la corrosión en superficies metálicas.

- **Resistencia del recubrimiento:** Para materiales con revestimientos protectores, se evalúa la integridad y capacidad del recubrimiento para evitar la corrosión.

Los resultados del ensayo se comparan con los criterios de aceptación establecidos por la norma específica del material o el cliente. Esto puede incluir: desde el grado de corrosión aceptable, la cantidad máxima de óxido permitido o la pérdida de masa o grosor del revestimiento dentro de los límites tolerables. El informe del ensayo debe incluir detalles como las condiciones de ensayo, la duración y los resultados cuantitativos de la corrosión observada.

UV

Los ensayos de exposición a rayos UV se realizan para evaluar la resistencia de los materiales a la degradación causada por la radiación ultravioleta, que es común en entornos exteriores.

Para la realización de un UV debe seleccionar la muestra de material que se van a ensayar. Debe asegurarse que estén limpias y libres de contaminantes. Se utiliza una cámara de envejecimiento acelerado con lámparas que emiten radiación UV similar a la del sol. Estas lámparas, como las de tipo UVA o UVB, simulan la radiación ultravioleta a la que el material estaría expuesto en condiciones exteriores. Las normas UNE especifican la duración del ensayo, que puede variar según los requisitos del cliente o del material a evaluar. La exposición puede durar desde unas pocas horas hasta varios días o semanas. Se establece la intensidad de la radiación UV, que normalmente se mide en W/m^2.

El ensayo también puede incluir ciclos de radiación UV alternados con ciclos de humedad, lluvia simulada o temperatura controlada, dependiendo del entorno real al que estará expuesto el material. Esto permite simular condiciones de intemperie más realistas.

Una vez completado el ensayo, se evalúan los cambios en las propiedades del material, como el color, brillo, resistencia mecánica, dureza o cualquier otro parámetro relevante que pueda verse afectado por la exposición a los rayos UV.

Finalmente, se comparan los resultados obtenidos con los estándares establecidos en las normas UNE correspondientes, para determinar si el material cumple con los requisitos de resistencia a los rayos UV.

Las normas UNE aplicables son: **UNE-EN ISO 4892-3:** Exposición a fuentes de luz artificial, especialmente radiación ultravioleta (UV). Esta norma describe los métodos para ensayar la resistencia de los plásticos y otros materiales a la degradación por radiación UV. Y también, **UNE-EN ISO 16474-3:** Métodos de exposición a lámparas fluorescentes UV para ensayos de envejecimiento de materiales no metálicos. Indica cómo evaluar el envejecimiento acelerado causado por la luz UV.

Ejercicio resuelto 2.1.51

Determina qué superficies experimentan mayor desgaste adhesivo cuando se produce un deslizamiento de 8 milímetros entre ellas. Se encuentran bajo una carga de 30 kg.

1. **Cinc sobre cinc.**

2. **Cobre sobre cobre.**

Solución

Aplicando la expresión para los dos deslizamientos:

$$V\frac{Zn}{Zn} = \frac{K \cdot P \cdot x}{3 \cdot H} = \frac{\left(45 \cdot 10^{-3}\right) \cdot \left(30Kg\right) \cdot \left(8mm\right)}{3 \cdot \left(335 \frac{Kg}{mm^2}\right)} = \qquad V\frac{Zn}{Zn} = \frac{K \cdot P \cdot x}{3 \cdot H} = \frac{\left(1,5 \cdot 10^{-3}\right) \cdot \left(30Kg\right) \cdot \left(8mm\right)}{3 \cdot \left(165 \frac{Kg}{mm^2}\right)} =$$

2.1.5 Ensayos de conformación o tecnológicos

El objeto de los ensayos de conformación o tecnológicos es conocer el comportamiento de los materiales cuando se les somete a los mismos procedimientos de conformación que se emplean en las fabricaciones industriales. Se consideran ensayos destructivos.

Pueden agruparse en tres grandes grupos. Los ensayos de conformación por deformación, por arranque de viruta y por soldadura. Los primeros son los más utilizados por informar sobre aptitud de los materiales frente a deformaciones plásticas, ya sea por ensayos de doblado, plegado, embutición, etc. El segundo grupo de ensayos lo forman aquellos procedimientos destinados a conocer el comportamiento de los materiales conformados por arranque de viruta y, por último, los ensayos de conformación por soldadura pretenden conocer la aptitud de los metales para ser unidos.

Los principales tipos de ensayos de conformación se indican en el siguiente esquema:

Conformación por deformación
- Plegado
- Embutición
- Doblado
- Forja

Conformación por arranque de viruta
- Cantidad de viruta arrancada por unidad de tiempo
- Duración de la herramienta
- Estudios de Denis y Taylor

Conformación por soldadura

Figura 2.1.88 Cuadro resumen de los principales ensayos de conformación o tecnológicos.

2.1.5.1 Ensayos de plegado

Son procedimientos o ensayos tecnológicos que consisten en determinar la aptitud de los materiales al someterlos a esfuerzos de deformación mediante plegado simple, doble o alterativo. Este tipo de ensayo destructivo permite conocer el comportamiento del material antes de realizar el proceso de fabricación. La información obtenida consiste en la detección o no de grietas mediante examen macroscópico (se considera satisfactorio si no aparecen grietas), además de dar información sobre el comportamiento a la deformación (maleabilidad y ductilidad). Es aplicable a láminas, tubos y alambres.

2.1.5.1.1 Ensayos de plegado simple

Consiste en someter a una probeta de dimensiones normalizadas a una deformación plástica por un esfuerzo de flexión lento y constante en un único sentido. Para ello se apoya la probeta sobre dos puntos fijos (rodillos) y se ejerce una presión mediante un mandril curvo u otro rodillo, hasta que la probeta se dobla el ángulo deseado. Se evalúa mediante el denominado índice de calidad (a mayor ángulo de deformación mayor calidad del material sin que aparezcan grietas). Las probetas durante su flexión experimentan una deformación plástica a tracción en la parte externa y una compresión en la interna (lugar de aplicación de la carga). Es en la parte externa sometida a tracción donde se evalúa la aparición de grietas.

Las probetas son barras de ancho mayor que el espesor. Las aristas de la cara estirada se redondearán con un radio aproximadamente igual al décimo del espesor. Es indispensable esmerilar las aristas de las probetas, sobre todo en las proximidades del punto en que se han de doblar, para evitar las rebabas, cuya rotura en el ensayo puede inducir a errores.

Si el plegado ha de ser de 180°, se aplican 140° y luego se comprimen las dos ramas hasta conseguir el contacto de las dos caras o hasta que queden paralelas, intercalando entre ellas una cuña.

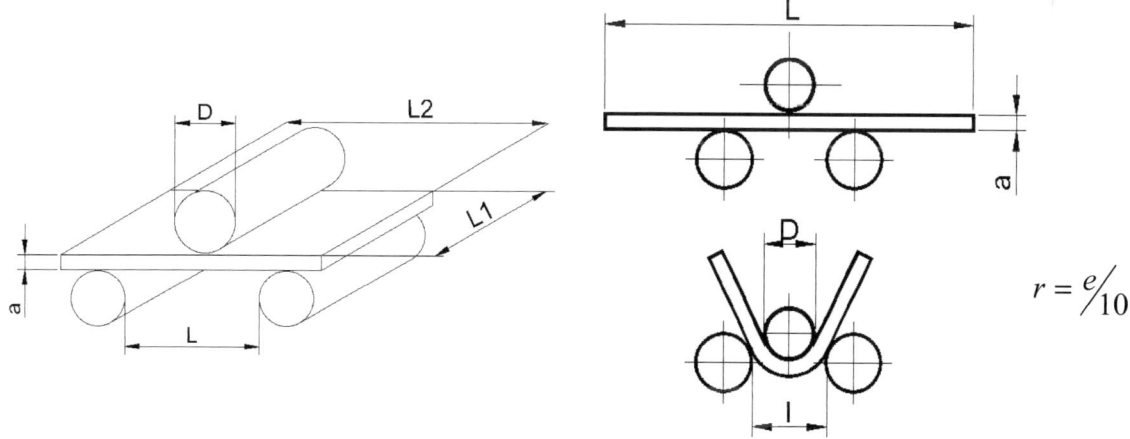

$$r = {^e}\!/_{10}$$

Figura 2.1.89 Ensayo de plegado simple. Donde (a) es el espesor o diámetro de la probeta, (L) la longitud de la probeta y (D) el diámetro del mandril.

Condiciones del ensayo de plegado simple

- Las probetas suelen ser barras con una anchura a>1,5e.

- Las aristas de la cara estirada se redondearán con un radio aproximadamente de r=e/10.

- La distancia entre rodillos de apoyo debe ser L=D+3e; siendo D el diámetro del rodillo o mandril que ejerce la presión.

- La longitud del mandril deberá ser mayor que la anchura de las probetas.

- Si el plegado ha de ser a 180º, se aplica la máquina hasta 140º, y luego se comprimen directamente las 2 ramas hasta conseguir el contacto de las dos caras o hasta que queden paralelas, intercalando entre ellas una cuña.

- Si la pieza a ensayar es de sección circular o poligonal, se puede usar sin preparación previa, si su diámetro o el círculo inscrito es &≤30 mm. Cuando sea &<30 mm, se mecaniza una barra cuadrada o rectangular de a=30 mm.

2.1.5.1.2 Ensayos de plegado doble

Se denominan también ensayo del pañuelo. Se realiza con láminas delgadas de 200×200 mm, a los que también se somete a dos plegados sucesivos en dos direcciones perpendiculares, tal y como se doblan los pañuelos.

2.1.5.1.3 Ensayos de plegado alternativo

Las probetas no llegan a plegarse, sino a doblarse 90° a un lado y a otro hasta que se rompen. Se anota el número de plegados que ha resistido antes de romper. Se aplica a pletinas delgadas y alambres (figura 8.89). La velocidad de doblado debe evitar el calentamiento del material ensayado. Es recomendable no superar un doblado por segundo.

2.1.5.2 Ensayo de aplastamiento de tubos

Consiste en aplastar un trozo de tubo de 500 mm entre dos planchas paralelas sobre las dos generatrices opuestas del tubo a una velocidad de 25 mm/minuto y temperatura mayor a 10°C. Las caras internas del tubo quedan en contacto. Se debe examinar la aparición de grietas (figura 8.90).

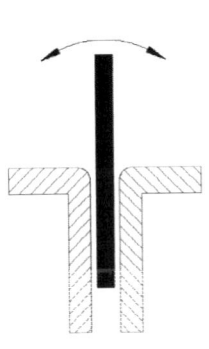

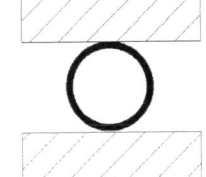

Figura 2.1.90 Plegado alternativo. La pletina es doblada alternativamente hasta la rotura. Se cuenta el número de plegados que ha soportado hasta la rotura.

Figura 2.1.91 Ensayo por aplastamiento de tubos. Es un procedimiento útil para determinar la aptitud a la deformación plástica por aplastamiento de tubos metálicos.

2.1.5.3 **Ensayos de embutición**

Tiene por objeto conocer la aptitud de las chapas o láminas metálicas a ser conformadas por embutición. Para ello se realiza una embutición mediante punzón con punta en forma de casquete esférico. Se realiza en la máquina Erichsen, que sujeta una probeta entre el punzón y la matriz. Se mide la profundidad del avance del punzón desde que toca la chapa hasta que se rompe.

Se practican tres modalidades: Embutición simple, embutición profunda por vasito y embutición con ensanchamiento de agujero. Las chapas deben tener como mínimo una superficie de 70×70 mm.

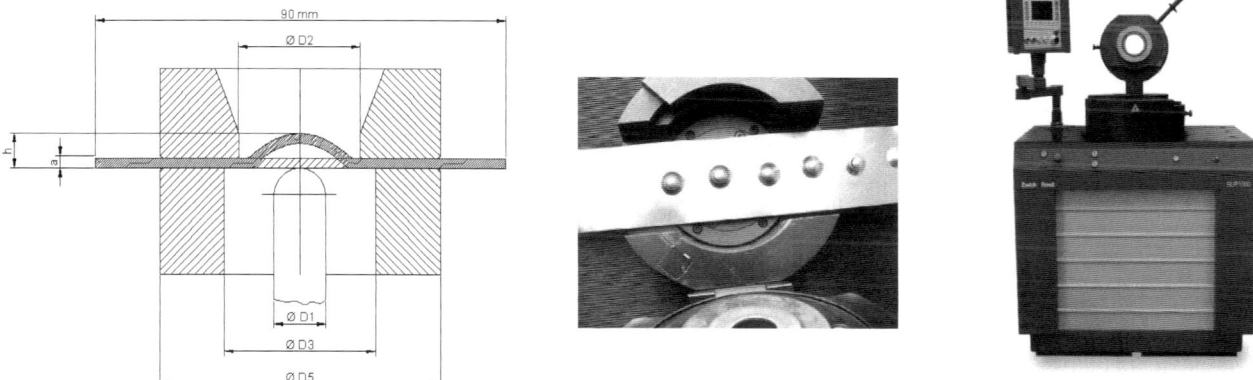

Figura 2.1.92 Ensayo de embutición Erichsen. Máquina de embutición Zwick para determinar la ductilidad de chapas y láminas metálicas. La máquina de la figura llega hasta 1000 KN de fuerza de embutición máxima. Imagen cortesía de Zwick Ibérica.

El índice Erichsen (I_E) determina la aptitud para la embutición de un material a partir de la profundidad de penetración del punzón (P_p) y el grosor de la chapa ensayada (e):

$$I_E = \frac{P_p}{e}$$

Algunos valores de IE son: aceros (12), aluminio (13,8), latón (14,8) y cobre (11,9).

2.1.5.4 **Ensayos de forja**

Los más utilizados son los de platinado, recalcado y mandrinado.

2.1.5.4.1 Ensayo de platinado

Consiste en ensanchar a golpes de plana (martillo de forja) una platina puesta a temperatura de forja, hasta que aparecen grietas en las aristas. Se valora la forjabilidad por un coeficiente obtenido del ensanchamiento antes de agrietarse el material.

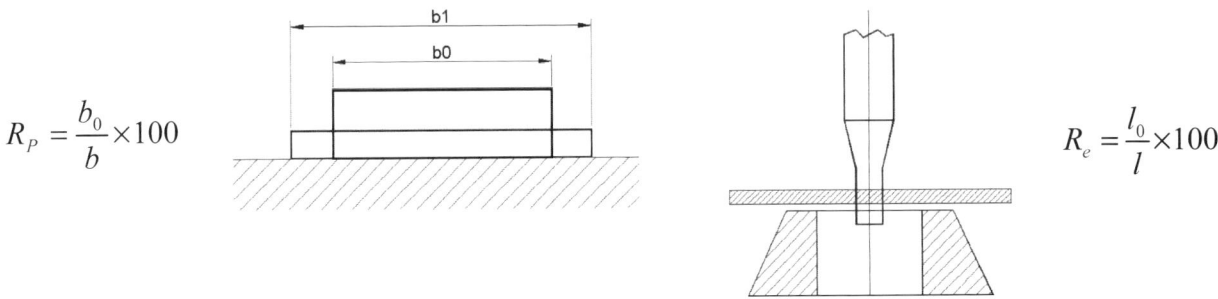

$$R_P = \frac{b_0}{b} \times 100$$

$$R_e = \frac{l_0}{l} \times 100$$

Figura 2.1.93 Ensayo de platinado y de recalcado.

2.1.5.4.2 Ensayo de recalcado

Se someten las probetas cilíndricas de doble longitud que diámetro a una operación de recalcado (acortamiento) a golpes de martillo, puesta la probeta a temperatura de forja. El ensayo termina cuando aparecen las primeras grietas, valorándose la aptitud para el recalcado del material en función del acortamiento por unidad de longitud.

La deformación de las piezas forjadas se determina según la expresión:

$$\varepsilon = \ln\left(\frac{h_0}{h_f}\right)$$

Donde h_0 es la altura inicial de la pieza antes de realizar el recalcado y h_f es la altura final después de realizar la operación. Para determinar la presión (P) ejercida durante el proceso de recalcado y para determinar la tensión de fluencia (σ_F) se emplean las expresiones:

$$P = \sigma_F \left(1 + \frac{\mu \cdot a}{h_f}\right) \qquad\qquad \sigma_F = K \cdot \varepsilon^n$$

Donde P es la presión ejercida durante el proceso de recalcado, σ_F es el límite de fluencia del material, μ el coeficiente de rozamiento, a la longitud del lado de la pieza, h_f la altura alcanzada en la operación de recalcado y n el coeficiente de endurecimiento del material.

2.1.5.4.3 Ensayo de mandrilado

Se utiliza este ensayo para determinar la capacidad de perforación de las láminas. Para realizarlo se calienta a una temperatura de forja la chapa que se desea ensayar y después de perforar con un punzón se valora en función del diámetro alcanzado en el orificio antes de la aparición de las grietas. El resultado del ensayo se valora en función del diámetro en el orificio antes de la aparición de las grietas.

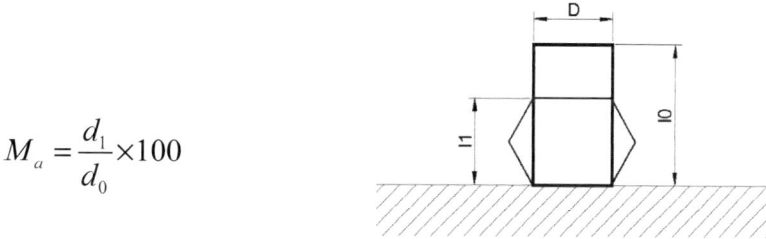

$$M_a = \frac{d_1}{d_0} \times 100$$

Figura 2.1.94 Ensayo de mandrinado.

2.1.5.5 Ensayos de corte o cizallamiento

Los ensayos de corte o cizallamiento se utilizan para determinar la resistencia de los materiales a la separación de dos secciones adyacentes y determinar de esta forma su comportamiento a un esfuerzo cortante creciente. Se da por finalizado el ensayo cuando se produce la rotura por deslizamiento a lo largo de la sección de cizallamiento. La resistencia se determina con la fórmula:

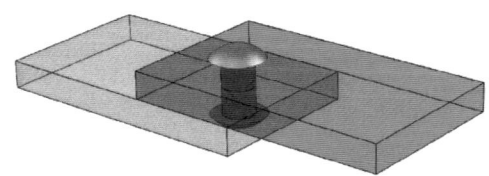
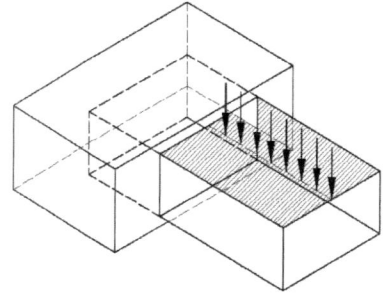

$$\theta_c = \frac{P}{S}$$ donde p es la carga aplicada y S la sección cortada.

Figura 2.1.95 Ensayo de cizallamiento.

2.1.5.6 Ensayos de punzonado

Se realizan para determinar la resistencia al corte de chapas metálicas. Se utiliza un punzón cilíndrico de acero templado (o troncocónico), que punzona la probeta que descansa en una matriz de abertura también troncocónica, siendo su diámetro más pequeño superior al del punzón.

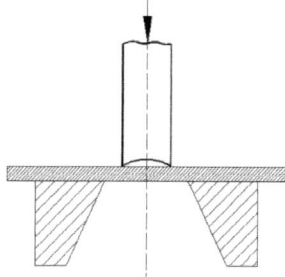

La resistencia al punzonado (σ) se expresa como el cociente entre la carga total necesaria para producir el punzonado y la sección de corte.

$$\sigma = \frac{F}{S_0} = \frac{F}{\pi \cdot d \cdot e}$$

Donde d es el diámetro del punzón y e el espesor de la probeta que se ensaya, F la fuerza aplicada al punzón (N) y σ la resistencia al punzonado (N/mm²).

Para aplicar la ecuación debe conocer la fuerza (N) necesaria para agujerear la chapa, saber el diámetro del punzón y el espesor de la chapa ensayada.

2.1.5.7 Ensayos de soldabilidad

La soldabilidad es la aptitud de los metales para ser unidos por soldadura. Esta aptitud depende de tres condiciones:

- Debe haber posibilidad técnica de realizar la soldadura: *soldabilidad operativa*.
- Debe ser aceptable las modificaciones fisicoquímicas que se producen en la zona afectada por la soldadura: *soldabilidad metalúrgica*.
- Debe tener la soldadura la sensibilidad a la deformación y la resistencia mecánica por lo menos igual a las del metal base: *soldabilidad constructiva*.

Los códigos de fabricación e inspección como el ASME en su sección IX recogen las especificaciones para la realización de las soldaduras (WPS) y los ensayos que deben efectuarse para la homologación de los procedimientos de soldadura.

2.1.6 Otros ensayos

2.1.6.1 Ensayos de inflamabilidad. UL40. V5. Normas de protección antiincendios

Los ensayos de inflamabilidad son fundamentales en la industria, especialmente cuando se trabaja con materiales plásticos o polímeros, que pueden presentar diferentes niveles de riesgo de combustión. Estos ensayos están diseñados para evaluar cómo responden los materiales a la exposición al fuego y cómo contribuyen al desarrollo y propagación de incendios.

Uno de los estándares más comunes para medir la inflamabilidad es la normativa UL (Underwriters Laboratories), utilizada ampliamente a nivel internacional. Dentro de este marco, los ensayos UL40 y V5 son esenciales para determinar el comportamiento de los materiales frente al fuego.

Normativa UL40. Este ensayo está enfocado en la clasificación de los materiales basados en su capacidad de resistir la propagación de las llamas. El UL40 pone a prueba la inflamabilidad de los componentes de productos electrónicos y otros dispositivos que puedan estar en contacto con fuentes de calor o llamas. Se evalúa el tiempo que tarda el material en quemarse y si puede extinguirse por sí solo una vez que se retira la fuente de ignición.

Normativa V5

El estándar UL94, y específicamente la clasificación V5, es otra normativa clave en la evaluación de la inflamabilidad de materiales plásticos. Los materiales se clasifican en función de su capacidad para autosoportar el fuego durante un tiempo determinado. V5 representa una clasificación donde el material puede quemarse con mayor intensidad pero debe extinguirse en un tiempo limitado y sin goteo de materiales inflamables. Este estándar se utiliza ampliamente en la fabricación de componentes electrónicos, eléctricos y otros productos industriales que pueden exponerse al calor.

Normas de protección antiincendios

Estas normativas están destinadas a reducir los riesgos de incendio, no solo en términos de inflamabilidad de los materiales, sino también en cómo se comportan ante una llama o fuente de calor. Las normas UL y V5 proporcionan pautas claras para clasificar los materiales, facilitando la elección de aquellos que son más seguros y menos propensos a propagar el fuego en caso de accidente.

Además de los ensayos normativos, las empresas deben considerar el uso de recubrimientos antiincendios, así como la correcta ventilación y disposición de los materiales para minimizar el riesgo de combustión. El uso de materiales que cumplan con las normativas internacionales, como la UL40 y V5, es esencial para garantizar la seguridad en la fabricación y uso de productos industriales.

2.1.6.2 Ensayos a la llama para determinar las características de los materiales plásticos

Los ensayos a la llama se utilizan para evaluar las características de inflamabilidad y comportamiento frente al fuego de los materiales plásticos. Las pruebas permiten conocer cómo se comportan los plásticos cuando se exponen a una fuente de ignición, y permiten definir la seguridad y el uso adecuado de los plásticos en diferentes aplicaciones, como en la construcción, automoción, aeronáutica y productos electrónicos.

Para la realización del ensayo se prepara una muestra del material plástico, normalmente con dimensiones específicas que pueden variar según la norma (p. ej., UNE, ISO o ASTM). La muestra se expone a una llama controlada durante un tiempo determinado. En este paso, se observa cómo se comporta el material: si arde rápidamente, si se autoextingue, si desprende gases o si se deforma.

La evaluación final de su comportamiento se define según:

- **Inflamabilidad:** Se observa si el material arde y cuánto tiempo tarda en hacerlo.
- **Autoextinción:** Se mide si el material continúa ardiendo después de haber retirado la llama o si se apaga de manera autónoma.
- **Propagación del fuego:** Se determina qué tan rápido se propaga la llama en la superficie del material.
- **Goteo y emisión de humos:** Se evalúa si el material genera goteos incandescentes o emite humos tóxicos durante la combustión.

El registro final requiere anotar los tiempos de ignición, el tiempo que tarda en apagarse tras retirar la llama, y otros parámetros como la cantidad de humo generado o si el material gotea mientras se quema.

Existen varias normas internacionales que regulan los ensayos a la llama, entre ellas la **ISO 11925:** Prueba de inflamabilidad para materiales de construcción y la **UNE-EN ISO 60695:** Series de pruebas de seguridad eléctrica relacionadas con el comportamiento ante el fuego.

En fabricación mecánica los ensayos a la llama se utilizan en la industria automotriz y aeroespacial con el objeto de garantizar que los plásticos utilizados en vehículos y aeronaves cumplen las normativas de seguridad en caso de incendio. También se utiliza en la selección de materiales para los dispositivos electrónicos (evitar sobrecalentamiento y cortocircuito que provoque un incendio) y en construcción (selección de aislantes y revestimientos que cumplan estándares de inflamabilidad).

Ensayo a la llama en química analítica

El **ensayo a la llama** es una técnica sencilla pero efectiva que se utiliza en el ámbito de la química para identificar la presencia de ciertos elementos, en particular, iones metálicos. La base de este ensayo radica en que, al exponer una muestra a una llama, los elementos presentes emiten colores característicos que permiten su identificación. Por ejemplo, el calcio tiñe la llama de rojo, el cobre de verde y el sodio de amarillo intenso. Sin embargo, no todos los elementos producen un cambio visible en el color de la llama; un ejemplo de ello es el berilio, que no genera un color distintivo.

2.1.6.3 Ensayos organolépticos

Los **ensayos organolépticos** son pruebas que se utilizan para evaluar las propiedades sensoriales de un material o producto a través de los sentidos humanos: vista, olfato, tacto, gusto y oído. Este tipo de ensayos se aplica comúnmente en la industria alimentaria, cosmética y farmacéutica para evaluar características como el color, el aroma, el sabor, la textura y, en algunos casos, el sonido de un producto.

En el ámbito industrial, los ensayos organolépticos también pueden emplearse para analizar aspectos como el olor o el tacto de materiales plásticos o textiles. Los resultados de estos ensayos permiten comprobar la calidad y la aceptación de un producto desde una perspectiva sensorial, asegurando que cumpla con los estándares y expectativas del usuario final.

En la **industria de fabricación mecánica** un ejemplo de **ensayo organoléptico** podría ser la evaluación sensorial de la calidad de los **lubricantes industriales** utilizados en máquinas y equipos. Puede observarse el **color** y la **transparencia** del aceite para asegurarse de que no tiene impurezas visibles, además de evaluar el olor para detectar posibles signos de oxidación o contaminación. Estos ensayos permiten identificar posibles defectos en el producto antes de someterlo a pruebas más avanzadas y técnicas, como los ensayos fisicoquímicos o de rendimiento en condiciones controladas.

2.1.6.4 Ensayos espectroscópicos

Los **ensayos espectroscópicos** son una técnica analítica que se utiliza para identificar y cuantificar los componentes químicos de una muestra a través de la interacción de la luz (o radiación electromagnética) con la materia. Estos ensayos son también especialmente útiles en la **industria de fabricación mecánica** para analizar y verificar la composición de metales, aleaciones y otros materiales utilizados en la producción de componentes mecánicos. De entre ellos se destacan:

- **Espectroscopia de emisión atómica (AES).** La muestra a analizar es excitada térmicamente, provocando que sus átomos emitan luz a longitudes de onda específicas. Cada elemento emite luz en un espectro característico, lo que permite identificar qué elementos están presentes en la muestra. Se emplea en el análisis de la composición química de metales y aleaciones en piezas mecánicas, lo que asegura que los materiales cumplan con las especificaciones requeridas.

- **Espectroscopia de absorción atómica (AAS).** Este ensayo mide la cantidad de luz absorbida por los átomos de un elemento específico cuando la muestra se ilumina con una fuente de luz de una longitud de onda precisa. La cantidad de luz absorbida está relacionada con la concentración del elemento en la muestra. Útil en el análisis de la pureza de los metales y determina la presencia de elementos traza o impurezas.

- **Espectroscopia de infrarrojo (FTIR).** Este método utiliza radiación infrarroja para interactuar con las moléculas de la muestra y determinar sus enlaces químicos. Cada tipo de enlace molecular tiene una frecuencia de vibración característica que puede ser detectada, proporcionando información sobre la estructura molecular de la muestra. Utilizado principalmente en la caracterización de plásticos y polímeros, para determinar su composición y asegurarse de que se ajustan a las propiedades mecánicas y químicas requeridas.

- **Espectroscopia de rayos X (XRF).** Esta técnica consiste en exponer una muestra a rayos X para excitar sus átomos. Al volver a su estado base, los átomos emiten rayos X secundarios que son detectados para identificar la composición elemental de la muestra. Es comúnmente utilizada para analizar recubrimientos metálicos o cerámicos, controlando su espesor y composición. También se usa para identificar aleaciones metálicas, lo que permite verificar si los materiales utilizados son los correctos para cada componente.

- **Espectroscopia de masas (MS).** En este ensayo, los iones de la muestra se separan en función de su relación masa-carga. Esto permite identificar los elementos y moléculas presentes en la muestra y sus concentraciones. Aunque poco utilizada en las industrias de fabricación mecánica, la espectrometría de masas se puede utilizar para analizar contaminantes o impurezas en materiales de alta precisión, como los utilizados en componentes aeroespaciales o médicos.

Todos los ensayos espectroscópicos descritos permiten obtener un análisis detallado y preciso de los materiales utilizados en las industrias de fabricación mecánica, asegurando que los componentes fabricados cumplan con los estándares de calidad y rendimiento requeridos.

2.1.7 Ensayos reológicos

La reología se encarga del estudio del flujo y la deformación de los materiales cuando se les aplica una fuerza o tensión. Analiza cómo los líquidos, gases y sólidos blandos (como los geles o pastas) se comportan cuando fluyen, se estiran o se deforman bajo diferentes condiciones.

El campo de estudio de la reología abarca materiales con comportamientos muy variados, desde aquellos que fluyen fácilmente, como el agua (comportamiento newtoniano), hasta otros más complejos, como los polímeros fundidos, que tienen características elásticas y viscosas a la vez (comportamiento no newtoniano). La reología se utiliza para estudiar cómo cambian las propiedades de flujo y deformación de los materiales en función de la temperatura, presión y tiempo.

- **Comportamiento newtoniano:** Un fluido es newtoniano cuando su viscosidad es constante y no cambia independientemente de la velocidad de deformación o cizallamiento aplicada. En otras palabras, la relación entre el esfuerzo de cizallamiento y la velocidad de deformación es lineal y proporcional, de acuerdo con la ley de viscosidad de Newton:

$$\tau = \mu \cdot \frac{du}{dy}$$

Donde:

- o τ es el esfuerzo de cizallamiento (fuerza por unidad de área).

- o μ es la viscosidad dinámica, constante en un fluido newtoniano.

- o   *du/dy* es la velocidad de deformación o gradiente de velocidad (también llamada tasa de cizallamiento).

Ejemplos de líquidos newtonianos: agua, aceites ligeros, alcohol y la gasolina.

- **Comportamiento no newtoniano (pseudoplástico):** Su viscosidad cambia con la velocidad de cizallamiento aplicada. En el caso de los pseudoplásticos, también conocidos como fluidos dilatantes, la viscosidad disminuye a medida que aumenta la velocidad de deformación. Esto significa que estos fluidos se vuelven más fluidos o menos viscosos cuanto más se agitan o someten a esfuerzo. Los pseudoplásticos no tienen una relación lineal entre el esfuerzo de cizallamiento y la velocidad de deformación. A mayor esfuerzo aplicado, su viscosidad disminuye. Algunos ejemplos son: sangre, pasta de dientes, kétchup, pinturas, geles y cremas cosméticas o algunos productos alimentarios como el yogur. En estos casos, su comportamiento se ajusta a modelos matemáticos más complejos, como el modelo de Ostwald de Waele o la ley de potencia, en lugar de la simple ley de Newton.

2.1.7.1 Ensayos reológicos

Los ensayos reológicos son pruebas que se realizan para analizar cómo se comportan los fluidos cuando están sometidos a fuerzas o tensiones, permitiendo medir su fluidez o resistencia a deformarse. Son cruciales para caracterizar materiales como plásticos, fluidos, pastas o polímeros. Se destacan:

MFI (índice de fluidez del fundido: Melt Flow Index)

Este ensayo se utiliza para determinar la fluidez de materiales plásticos cuando se encuentran en estado fundido. El ensayo consiste en medir la cantidad de material fundido que fluye a través de un orificio estándar en un tiempo determinado, bajo condiciones controladas de temperatura y peso. El resultado se expresa en gramos de material que pasan por el orificio en un tiempo determinado (generalmente, 10 minutos).

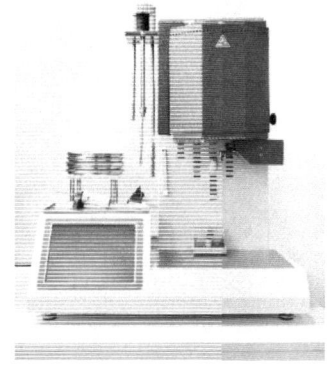

Es utilizado para clasificar y comparar polímeros según su capacidad de fluir cuando están en estado fundido. Un valor alto de MFI indica que el material es más fluido (baja viscosidad), mientras que un valor bajo significa que es más viscoso.

Ejercicio resuelto 2.1.52

Se ha realizado un ensayo MFI para una muestra de polímero fundido (230 °C y una carga de 2,16 kg). Durante el ensayo, se recogieron los siguientes datos:

- **El polímero fluye a través del orificio del equipo durante 10 minutos.**
- **El peso total del polímero recogido al final del ensayo fue de 16,2 g.**

Calcular el índice de fluidez del fundido (MFI) en gramos por cada 10 minutos y determinar si el valor es adecuado para un proceso de moldeo por inyección, considerando que el MFI ideal para este proceso debe estar entre 10 y 20 g/10 min.

Solución

Para calcular el MFI, se utiliza la siguiente fórmula:

$$MFI = \frac{Peso\ del\ polímero\ recogido\ (g)}{Tiempo\ (minutos)}$$

Donde:

- Peso del polímero recogido = 16,2 g
- Tiempo de recogida = 10 min

MFI=16,2 g/10 min. Está dentro del rango ideal de 10 a 20 g/10 min para el proceso de moldeo por inyección. Por lo tanto, el polímero es adecuado para el proceso de moldeo. Ejemplos de materiales con ese rango de fluidez: PP, HDPE, ABS, y PC.

Viscosimetría

La viscosimetría es el método utilizado para medir la viscosidad de los fluidos o su resistencia al flujo. En función de tipo de material a evaluar existen distintos tipos de viscosímetros.

- **Viscosímetros capilares:** Se mide el tiempo que tarda el fluido en pasar por un tubo capilar bajo la acción de la gravedad o presión.
- **Viscosímetros rotacionales:** Un rotor se sumerge en el fluido y se mide la resistencia al movimiento. Es útil para medir líquidos más viscosos como aceites o plásticos fundidos.
- **Viscosímetros de caída de bola:** Se mide la velocidad de una bola que cae a través de un fluido, lo que permite calcular la viscosidad del material.

La viscosimetría es fundamental en la industria de los plásticos, alimentos y cosméticos, ya que determina la fluidez de los productos en diferentes condiciones de uso.

Test, cuestiones y problemas propuestos

Test

Responde verdadero o falso.

	V	F

1. La sublimación inversa es el paso de sólido a gas sin pasar por el estado líquido.

2. El conocimiento del módulo de elasticidad es necesario para calcular la fuerza experimentada por un material durante su dilatación.

3. La resistividad eléctrica depende del área y de la longitud del conductor. Cuanto más largo sea el conductor, mayor será la resistividad eléctrica.

4. Los materiales con gran módulo de Young son rígidos y requieren de grandes esfuerzos para su deformación elástica.

5. La anaelasticidad es la propiedad de deformarse plásticamente de forma retardada en el tiempo.

6. Las piezas con gran rugosidad y con discontinuidades bruscas en su superficie soportan menor número de ciclos de fatiga.

7. El *shot penning* mejora el comportamiento a fatiga de las piezas tratadas, por lo que puede soportar menor número de ciclos de fatiga.

8. La ecuación de Luwik relaciona el endurecimiento de los metales con la temperatura.

9. Un material es frágil cuando se rompe con poca deformación.

10. La ductilidad es la propiedad que tienen ciertos materiales a ser deformados plásticamente para obtener láminas.

11. La tenacidad es la energía que absorbe un material antes de romper.

12. La plasticidad es la propiedad que tienen ciertos materiales de deformarse de forma permanente e irreversible cuando son cargados con tensiones mayores a su límite elástico.

13. La dilatación de los metales es una propiedad química.

14. Un material se encuentra a 281 K y sufre un incremento térmico de 50 K. La temperatura final del material es de 57,85 ºC.

15. Los materiales siguientes se encuentran correctamente ordenados en función de su dureza desde el más blando al más duro. Talco, calcita, corindón y cuarzo.

16. En un ensayo Brinell la dureza se obtiene dividiendo la carga aplicada en kg por el diámetro de la huella.

17. El ensayo Rockwell emplea varios tipos de penetradores todos ellos de forma cónica y con forma de bola.

18. En un ensayo Brinell el penetrador tiene tres calidades y puede ser una bola de acero ordinario, carburo de wolframio o con de diamante.

	V	F

19. En el ensayo Brinell se emplean cargas de entre 31,25 y 3000 kg.

20. En el ensayo Brinell y en el ensayo Rockwell la carga debe aplicarse de forma instantánea.

21. El coeficiente de proporcionalidad del ensayo Brinell permite obtener la equivalencia de dureza en unidades Rockwell.

22. Para designar un ensayo de dureza Brinell que emplea una carga de 350 kg/mm², una bola de 5 mm de diámetro, una carga de 750 kg y un tiempo de aplicación de 20 segundos se utiliza la siguiente codificación: 350 HB 5/750/20.

23. El ensayo Rockwell superficial emplea penetradores de diamante de base piramidal con un ángulo de 136º entre las caras.

24. El esclerómetro Shore mide la dureza de un material en función de la altura alcanzada por un péndulo que choca con él y lo rompe.

25. 1 psi equivale a 0,006895 MPa y 1 libra equivale a 4448 N.

26. Los materiales FCC no experimentan la transición dúctil frágil.

27. El ensayo Rockwell se realiza cargando la pieza con el penetrador de la misma forma que en el ensayo Brinell.

28. La escala 15-T se emplea para materiales muy delgados y blandos.

29. El ensayo Knoop emplea una relación de diagonales de 7/1 en sus penetradores.

30. La carga de rotura es la carga requerida para que el material rompa y es la carga máxima soportada por la probeta durante un ensayo de tracción.

31. Las probetas utilizadas en el ensayo Charpy son las mismas que las empleadas en el ensayo Izod.

32. El método *pin on disc* es un procedimiento para determinar el desgaste abrasivo entre dos superficies rodantes.

Cuestionario

1. ¿De qué forma pueden clasificarse los ensayos de los materiales?

2. ¿En qué consiste un ensayo virtual por ordenador? Indica algún ejemplo.

3. ¿En qué se diferencian los ensayos estáticos de los dinámicos? Indica ejemplos de cada uno de ellos.

4. ¿Por qué en el diseño de piezas aeronáuticas es tan importante la relación resistencia/peso?

5. ¿Qué relación puede establecerse entre la temperatura de fusión y el tipo de enlace? Dibuja un esquema en el que se indique los distintos cambios de estado de una sustancia en función del calentamiento y enfriamiento.

6. La dilatación experimentada por dos materiales distintos puestos en contacto puede provocar tensiones desiguales entre ellos debido a la fuerza inducida por el incremento térmico. ¿Qué aspectos influyen en la fuerza de dilatación?

7. Indica ejemplos de piezas que se encuentren bajo las siguientes cargas: tracción, compresión, flexión, torsión y cizalla. Representa esquemáticamente cada uno de ellos.

8. ¿De qué forma se puede clasificar un material en dúctil o frágil en función del aspecto de su rotura?

9. ¿Qué es el módulo de elasticidad? ¿Qué información ofrece? ¿Cómo puede determinarse experimentalmente?

10. Define los siguientes conceptos: tenacidad, fragilidad y anaelasticidad.

11. Rellena la siguiente tabla:

1 N	0,102 Kgf		
1 kgf	0,454 lb	9,807 N	
1 MPa	1 N/mm²	0,1202 kgf/mm²	
1 kgf/mm²	1422,27 psi	9,807 MPa	9,807 N/mm²

12. ¿Qué indica la relación de Poisson? ¿Qué relación de Poisson tiene un material isotrópico? Justifica la respuesta.

13. ¿Qué factores deben tenerse en cuenta cuando se evalúa la tenacidad de un material?

14. Define: límite de fatiga, resistencia a la fatiga y vida a fatiga. ¿Qué aspectos y propiedades incrementan la vida a la fatiga de una pieza? ¿Por qué es tan importante el acabado superficial en fatiga?

15. ¿De qué forma puede calcularse la resistencia a la tracción de un material sabiendo su dureza?

16. Define los conceptos de ductilidad y maleabilidad.

17. ¿Qué se entiende por superplasticidad? ¿Qué materiales conoces que pueden tener ese comportamiento?

18. ¿Qué indica el exponente n de la ecuación de Ludwik?

19. Define conductividad eléctrica y térmica. Indica y define cada uno de los términos de la expresión matemática que define la resistividad y la conductividad térmica.

20. Define brevemente los ensayos disponibles para medir la dureza de un material. ¿Qué diferencias hay entre los ensayos Martens y Turner con los ensayos de penetración como el Brinell, Rockwell y Vickers?

21. ¿De qué forma debe designarse un ensayo Brinell según normas UNE?

22. ¿Qué es la constante de proporcionalidad o constante de ensayo en un ensayo Brinell?

23. ¿Puede estimarse la resistencia a la tracción de un material mediante la realización de un ensayo Brinell? ¿De qué forma?

24. ¿Qué características debe tener la pieza ensayada para que el ensayo de dureza por penetración sea válido?

25. Describe el ensayo Rockwell, indica los distintos tipos de penetradores usados y las etapas a seguir en su realización.

26. Indica las principales ventajas y aplicaciones del ensayo Rockwell superficial y Vickers.

27. Demuestra la expresión matemática empleada en la estimación de la dureza Vickers.

28. Describe el ensayo Shore o de dureza al rebote. Ventajas e inconvenientes de su uso.

29. Dibuja un diagrama de tracción para un material dúctil y otro frágil. En el mismo diagrama representa en la zona elástica el comportamiento de materiales con distinta rigidez.

30. Si un cuerpo está sometido a una tensión de 12 N/mm^2, ¿a qué unidades de kgf/mm^2 está sometido?

31. Dibuja dos probetas rotas en un ensayo de tracción, una de ellas con rotura frágil y la otra con rotura dúctil. Dibuja, para cada una de ellas, un diagrama de tracción. Comenta los dibujos realizados.

32. Justifica los valores del módulo de elasticidad. Cobre estirado en frío (E=12,7.10^{10} N/m^2) y cobre laminado (E=8,2.10^{10} N/m^2).

33. Del diagrama de tracción indicado en la figura comenta cada una de sus partes y define los puntos marcados (R$_e$, R$_m$ y R$_r$).

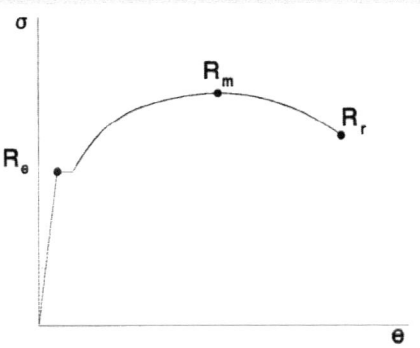

34. ¿Qué material de los representados en la gráfica de tracción de la figura presenta mayor deformación permanente (A, B o C)? Ordena los materiales en función de su fragilidad y tenacidad. Justifica la respuesta.

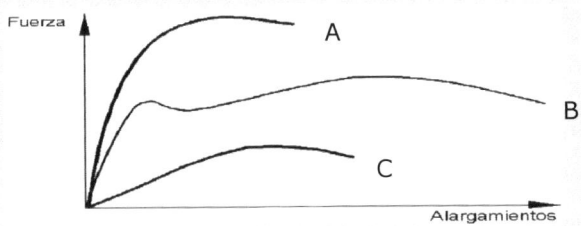

35. ¿De qué forma varía el comportamiento a tracción de un conjunto de probetas metálicas iguales sometidas a ensayo a distinta temperatura? Dibuja un gráfico de tensión/deformación con el comportamiento de cada una de ellas.

36. ¿Qué es el límite elástico ingenieril? ¿Cómo se obtiene?

37. ¿Por qué ciertas piezas son sobredimensionadas con el factor de seguridad?

38. Dibuja una probeta de tracción e indica las medidas normalizadas.

39. ¿Qué función tiene la entalla mecanizada en la probeta Charpy?

40. ¿Qué magnitud se emplea para determinar la resiliencia? ¿Cómo puede obtenerse?

41. ¿En qué consiste la transición dúctil-frágil?

42. ¿Qué expresión determina la resistencia a la flexión de una probeta circular?

43. ¿En qué consiste la termofluencia?

44. Define los distintos tipos de desgaste y los métodos de ensayo para cada uno de los casos.

45. ¿En qué consisten los ensayos tecnológicos?

Problemas propuestos

1. Determina la longitud final de una varilla de hierro de 1 metro de longitud cuando se calienta desde la temperatura ambiente (22 °C) hasta los 50 °C. Se tiene una varilla de hierro de 8 metros de longitud a 5 °C. El coeficiente de dilatación lineal del hierro es de $11,7 \times 10^{-6}$ °C^{-1}. ¿Qué dato es necesario para determinar la fuerza de dilatación de la barra?

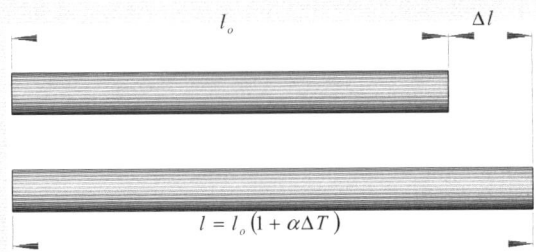

$$l = l_o(1 + \alpha \Delta T)$$

2. Determinar la densidad de un material compuesto formado por resina epoxi reforzada con un 40% de fibra de vidrio. Sabiendo que: $\rho_{(epoxi)}$=1,092 g/cm^3 y $\rho_{(Fibra\ Vidrio)}$=2,55 g/cm^3.

3. Determina la temperatura del extremo de la barra de aluminio (Al) después de haber aplicado la fuente térmica durante 20 segundos. Datos: sección (10 cm^2), Cantidad de calor aplicada (100 julios), distancia extremos de la barra (100 cm).

4. Determinar la estricción sufrida por una pieza cilíndrica que es deformada en frío desde un diámetro inicial de 8,5 mm hasta un diámetro final de 10,3 mm.

5. A partir del gráfico determina las propiedades mecánicas finales de una barra metálica deformada en frío. La probeta inicialmente tiene 10 mm de diámetro. El diámetro final medido es de 8,5 mm.

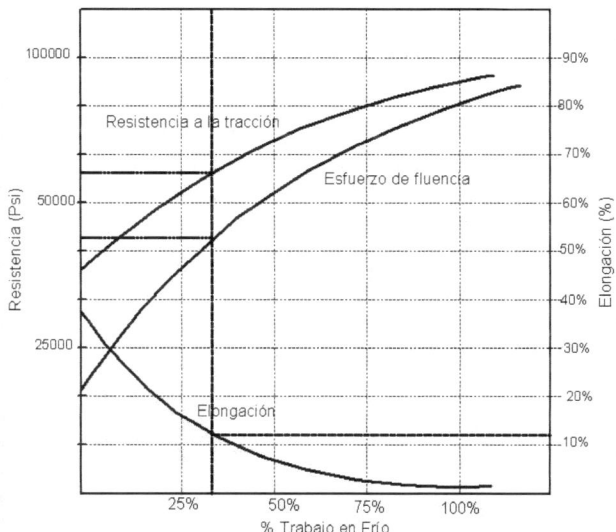

6. Mediante un ensayo Brinell se ensayan dos materiales A y B. En el primero (A) se obtiene una huella de diámetro 1,52 mm mientras que en el segundo (B), la huella obtenida es de 2,02 mm. Determina la dureza Brinell de cada uno de los materiales sabiendo que el diámetro del penetrador utilizado es de D=10 mm y la constante de ensayo es K=5. ¿A qué profundidad penetra la bola en cada uno de los casos?

7. En un ensayo Brinell se emplea una carga de 300 kg y un penetrador de diámetro (D=5 mm), siendo la huella medida de 3,8 mm. Determina la dureza e indica si el tamaño usado del penetrador es adecuado a la carga empleada según la Norma UNE 7-017-73.

8. Demuestra la expresión que define el ensayo de dureza Vickers según la siguiente figura:

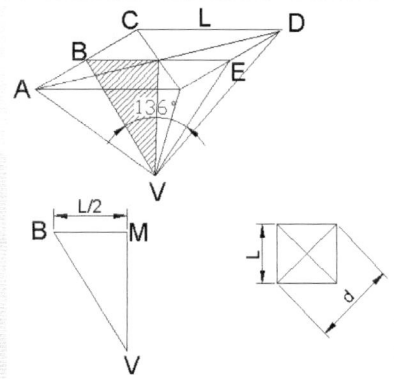
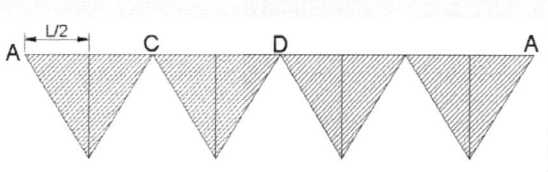

9. En un ensayo Vickers se obtienen dos diagonales de 0,130 y 0,128 milímetros, respectivamente. ¿Qué dureza tiene el material sabiendo que se ha empleado una carga de 15 kg? ¿Qué indica la diferencia de longitud entre las dos diagonales? Justifica la respuesta.

10. Determina la dureza Vickers de un material que deja una huella con una diagonal de D=0,42 mm después de aplicar una carga de 60 kp durante 15 segundos.

11. Una aleación metálica con un módulo de elasticidad E=90·10^{9}N/m^2 y un límite elástico de θ_E=1525·10^6 N/m^2 es cargada por uno de sus extremos con 200 N mientras que el otro extremo permanece fijo. El cable tiene un radio de R=1,5 mm y una longitud inicial de L=30 mm. ¿El cable podrá recuperar su longitud inicial después de la carga de 200 N? ¿Qué alargamiento tendrá el cable?

12. ¿A qué esfuerzo está sometida una pieza de 10 mm de diámetro cuando es cargada con una fuerza de 100 kp? Indica el resultado en: N/mm^2, MPa y kp/mm^2.

13. Una varilla de 2 m de longitud y 20 mm^2 de sección es sometida a una carga de 70 KN en dirección axial. La elongación producida provoca el alargamiento de la varilla hasta 2,092 m. Determinar el esfuerzo, la deformación unitaria y el módulo de Young o de elasticidad.

14. Una varilla de metal X y de 0,90·10^{-2} m recibe una carga de 2000 kg. Se sabe que la misma carga produce la misma deformación elástica en una varilla de metal Y. Determinar el diámetro de la varilla de metal Y. Datos: E_X=180 GN/m^2, E_Y=206GN/m^2.

15. Una barra (E=10·10^{4}MPa y límite elástico de 300 MPa) tiene una longitud de 1,34 m y un diámetro de 1,7 mm. Determinar la longitud cuando se somete a una tracción de 200 y 400 kg.

16. Una probeta de diámetro 9 mm y longitud 42 mm es comprimida por una fuerza de 200 000 N. ¿Cuál es la tensión absorbida por la probeta? ¿Cuál es el módulo de elasticidad? ¿Y la longitud final? El módulo de elasticidad es de 280 000 MPa.

17. En un ensayo Charpy se usa una probeta de sección cuadrada (10 mm de lado y 2 mm de entalla) y un martillo de 22 kg que se deja caer desde una altura inicial de 100 cm. Tras la rotura asciende hasta los 90 cm. Determinar a energía absorbida por la probeta en el ensayo. Y la resiliencia del material. ¿Qué velocidad tiene el martillo en el momento del impacto?

18. Una aleación metálica desconocida tiene una resiliencia de 106 J/m^2. El ensayo Charpa emplea un martillo de 2 kg y se deja caer desde una altura de 1,2 m. La entalla tiene una profundidad de 5 mm. ¿A qué altura asciende el martillo después de romper la probeta?

19. La deflexión de una probeta sometida a un ensayo de flexión es de 0,9 mm. La probeta tiene las dimensiones w=2 cm, h=1 cm y l=18 cm y la fuerza aplicada en el ensayo es de 2000 N. La distancian entre los apoyos es de 12 cm. Determinar el módulo en flexión y la resistencia a la flexión del material compuesto. Determinar el módulo y la resistencia a la flexión.

20. Calcula el módulo de elasticidad (E), la resiliencia (ρ) y la dureza Brinell (HB) de un material sabiendo que:

    a. Al aplicar una carga de 50 KN sufre un alargamiento de 0,080 mm.

    b. El penetrador utilizado tiene un diámetro de 3 milímetros y la fuerza aplicada es de 190 kp durante 18 segundos. La huella obtenida tiene una profundidad de 0,20 mm.

    c. Para determinar la resiliencia (ρ) se emplea un martillo de 20 kg que se deja caer de una altura de 1 m. El martillo asciende hasta 10,5 m después de romper la pieza ensayada.

21. Una barra de aluminio de 50,5 mm de diámetro es sometida a un ensayo de tracción. El diámetro final de la barra después del ensayo es de 40,5 mm. Determinar la estricción sufrida por la barra.

22. De los materiales indicados en la tabla:

    a. Ordena los materiales en función de su ductilidad.

    b. Ordena los materiales en función de su resistencia al rayado.

    c. ¿Ante una tensión de 380 N/m^2 cómo se comportan?

23. En un ensayo de tracción para una probeta de 16 mm de diámetro y longitud 60 mm se obtienen los resultados de carga (KN) y alargamiento (mm) indicados en la tabla. Determina: la tensión máxima, el módulo de elasticidad, el límite elástico con un 0,2% y el porcentaje de deformación sufrido por la probeta durante el ensayo.

Carga (KN)	10	25	30	40	42	62	85	90	100	102	90
Alargamiento (mm)	0,06	0,12	0,16	0,22	0,26	0,32	1,28	2,60	3,78	5,2	6,5

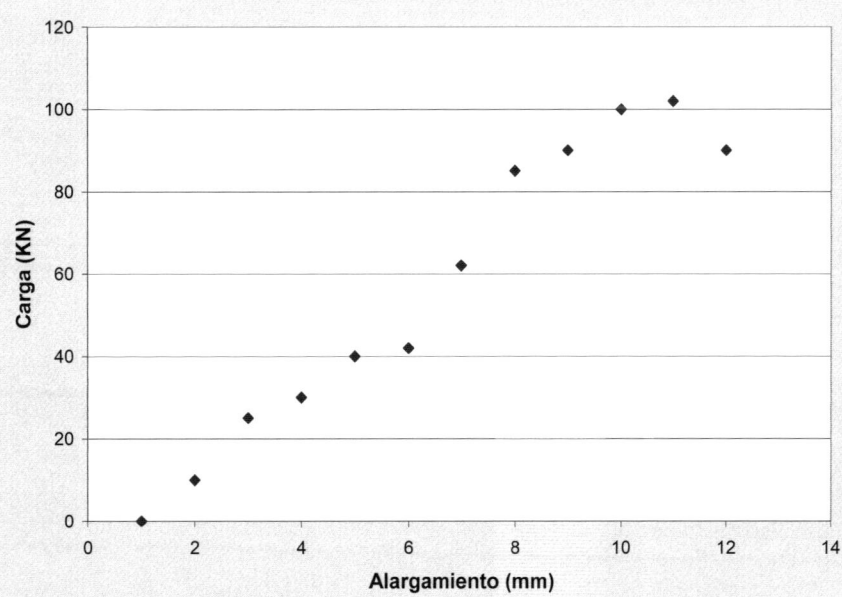

24. Una barra de acero de 14 mm de diámetro y 100 mm de longitud es sometida a una carga de 85 000 N. Sufre una carga máxima de 155 500 N. El diámetro en el lugar de rotura y después de realizar el ensayo es de 10,2 mm y la longitud final 112 mm. Calcular: tensión inicial y tensión máxima, elongación y estricción.

25. En una probeta de sección rectangular con dimensiones 12×6 mm y 60 mm de longitud es sometida a un ensayo de tracción obteniendo los resultados indicados en la tabla. Determinar: la tensión máxima, el módulo de elasticidad y el límite elástico para una deformación del 0,1%.

Carga (KN)	25	45	65	85	90	95	100	105	110	115	110	105
Alargamiento (mm)	0,05	0,11	0,16	0,21	0,26	0,32	0,41	0,51	0,58	0,68	0,70	0,79

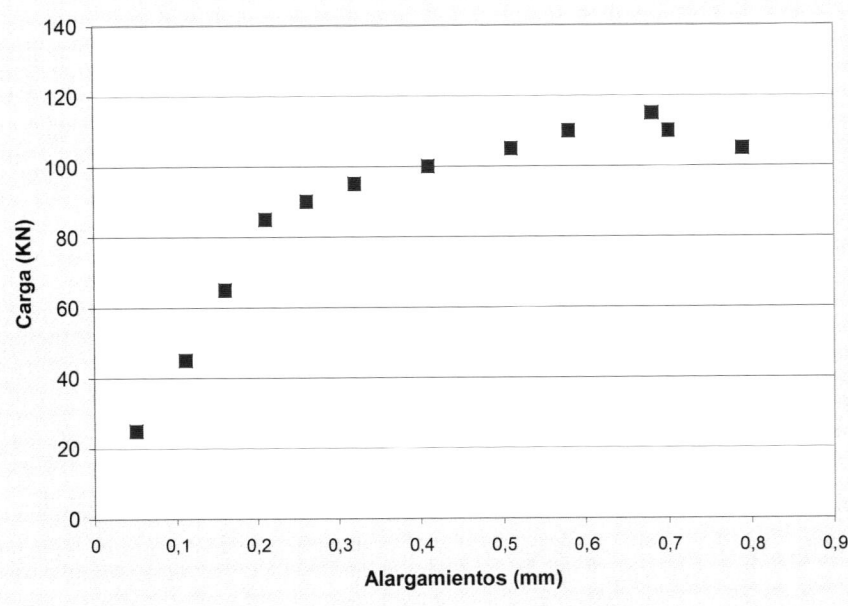

Ensayos no destructivos

Contenidos

Introducción
Defectos en metales y aleaciones
Ensayos macroscópicos por inspección visual
Líquidos penetrantes
Ensayos por corrientes de Foucault
Ensayos magnéticos
Ensayos sónicos y ultrasónicos
Inspección radiológica

Problemas resueltos

Test, cuestiones y problemas propuestos

Objetivos

- Definir los principales defectos cutáneos y subcutáneos presentes en los materiales.
- Describir los procedimientos normalizados definidos para los ensayos no destructivos (END) en función del tipo de defecto.

2.2.1 Introducción

La simple observación de una pieza o probeta nos puede dar una idea aproximada sobre el tipo de material con el que ha sido elaborada, el procedimiento de fabricación empleado, el acabado superficial, así como la localización e algunos defectos superficiales apreciables a simple vista. Pero la inspección visual no es suficiente para descubrir aquellos defectos que por su tamaño o posición (subcutáneos) dejan de estar al alcance de la visión humana y modifican las propiedades mecánicas de los materiales.

Las exigencias de calidad actuales se centran en el aseguramiento total y en la elaboración de piezas con cero defectos, sobre todo en aquellas piezas consideradas como críticas. Por ello, es necesario emplear materiales libres de defectos, que puedan garantizar el funcionamiento óptimo durante su uso.

Los ensayos no destructivos (END o Non Destruction Test, *NDT*) son procedimientos normalizados utilizados para localizar defectos o discontinuidades en las piezas tratadas, sin dañarlos en ningún momento. Los materiales mantienen inalteradas sus propiedades mecánicas, físicas y químicas. Son útiles en operaciones de mantenimiento preventivo sobre todo en piezas en funcionamiento, en piezas en curso de fabricación y como procedimiento de investigación de accidentes o roturas catastróficas.

El aseguramiento de la calidad en muchas fabricaciones (industria aeronáutica, industria naval, industrias nucleares, etc.) depende en gran parte de los ensayos no destructivos, capaces de determinar defectos interiores en piezas que de otra forma sería muy difícil detectar.

Dentro de los ensayos no destructivos, los ensayos de inspección ultrasónica, los rayos X y los métodos de partículas y de inspección por líquidos penetrantes han sido utilizados con gran éxito durante los últimos decenios. Sin embargo, en los últimos años han aparecido nuevas técnicas y mejoras de los procedimientos antes mencionados sobre todo con métodos procesados electrónicamente y registrados y analizados con ordenador.

En este capítulo se estudian los principales métodos de ensayo no destructivo (END) y se describen los usos específicos y operaciones principales de cada uno de ellos.

Figura 2.2.1 Esquema de ensayos no destructivos (END).

Defectos como fisuras, grietas, inclusiones, rechupes y porosidad pueden reducir considerablemente la resistencia mecánica de la pieza y romper de forma catastrófica sin previo aviso.

Los principales ensayos de defectos (no destructivos) son los macroscópicos, magnéticos, sónicos, ultrasónicos y los radiográficos (rayos X y gamma). Los END se clasifican en ensayos no destructivos superficiales y volumétricos, en función de su alcance.

Los primeros ofrecen información sobre el estado superficial de la pieza evaluada mientras que los segundos, además del estado externo, ofrecen información del estado interno o subcutáneo.

- **END superficiales** (inspección visual, líquidos penetrantes, partículas magnéticas y electromagnéticas).
- **END volumétricos** (ultrasonidos y radiología industrial).

2.2.2 Defectos en metales y aleaciones

Los principales defectos que pueden encontrarse en metales y aleaciones pueden ser debidos a los procedimientos utilizados en su obtención (procesos de solidificación en moldes o lingoteras) y los debidos a los procedimientos de conformación (por arranque de viruta, por deformación plástica, etc.). De entre todos los defectos, los más perjudiciales para las propiedades mecánicas son aquellos que interrumpen la continuidad u homogeneidad del material. Las grietas, porosidades, microrrechupes o rechupes internos, las segregaciones y las impurezas, son algunos de ellos. La mayoría son subcutáneos y no pueden ser detectados a simple vista. Además, muchos de los defectos externos son difíciles de ver debido a su pequeño tamaño (grietas, picaduras, etc.).

- **Grietas**. Las grietas se forman en los procedimientos de solidificación como consecuencia del gradiente térmico entre las zonas de mayor y menor espesor. Al solidificar se produce una diferencia de compacidad entre el sólido y el todavía líquido, produciendo tensiones residuales que pueden llegar a iniciar la formación de una grieta interna o externa.

  Las zonas más delgadas solidifican en primer lugar y la contracción por disminución de volumen provoca tensiones de compresión. Por el contrario, en las zonas más gruesas la solidificación se completa más tarde y quedan sometidas a tensiones de tracción.

  También pueden generarse grietas como consecuencia de los esfuerzos a los que están sometidas las piezas durante su funcionamiento o a cambios bruscos de temperaturas durante su uso (choques térmicos).

- **Porosidades**. En los procesos de solidificación tanto en moldes como en lingoteras (moldes abiertos) pueden aparecer poros internos por atrapamiento de gases en la masa sólida, formando pequeñas burbujas que empeoran las propiedades mecánicas.

- **Rechupes**. También son producidos en los procesos de solidificación y es otro tipo de defecto que debe ser detectado. Se produce por la pérdida de volumen al pasar del estado líquido al sólido.

  En los moldes, la extracción de calor se produce por las paredes y el fondo del mismo por estar a temperaturas inferiores a la del metal colado. En este caso se suelen obtener rechupes como el indicado en la figura 9.2. Cuando la extracción de calor se produce también por la superficie libre suele formarse una capa sólida superficial y la variación de volumen se genera en el interior del lingote provocando rechupes internos difíciles de detectar sin romper. En estos casos, las propiedades mecánicas también se ven afectadas y su comportamiento será desconocido.

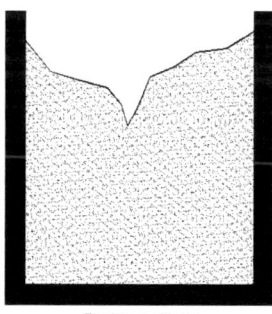
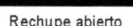
Rechupe abierto

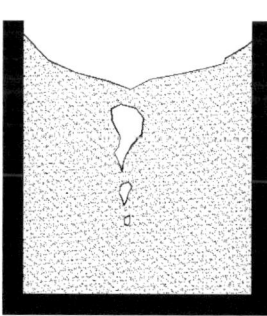
Rechupe interno

Figura 2.2.2. Rechupes abiertos y rechupes internos.

Estos últimos se han creado en el proceso de solidificación por la extracción de calor por la superficie libre.

- **Segregaciones**. La segregación es una heterogeneidad producida por la variación de la composición durante la solidificación de una aleación. En la mayoría de los procesos de solidificación las velocidades de enfriamiento son tan rápidas que el congelamiento de la masa líquida se produce fuera del equilibrio y se produce una distribución no uniforme de la concentración de los elementos de la aleación.

  Al enfriar una aleación binaria con una concentración C_0 y en estado líquido, fuera del equilibrio hasta la temperatura ambiente, la región central de cada grano estará formada por una elevada concentración del elemento de baja temperatura de fusión y aumentará desde el centro al límite exterior del grano tal y como se indica en la figura 9.3.

Este gradiente de concentración no es observable a simple vista por ser subcutáneo, aunque puede ponerse de manifiesto en procesos de mecanizado. La segregación da lugar, al igual que los anteriores defectos, a propiedades inferiores a las óptimas y, por lo tanto, deben ser cuantificadas.

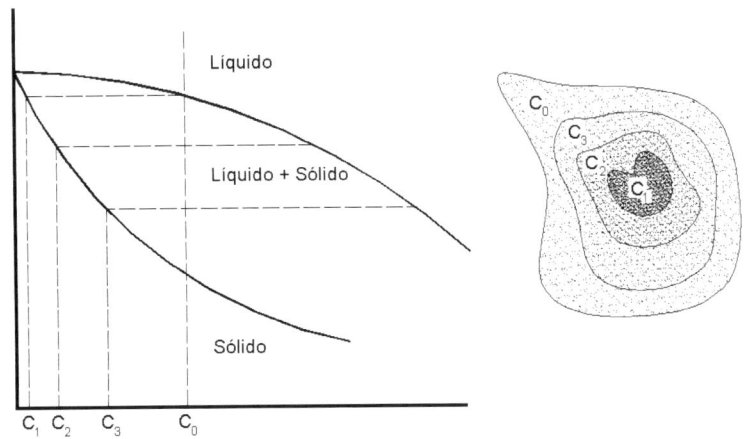

Figura 2.2.3 Segregación como consecuencia de enfriamiento fuera del equilibrio.

En el diagrama de equilibrio podemos apreciar que la primera porción de sólido que precipita lo hace con una concentración c1, rica en el componente A (componente de mayor temperatura de fusión). A medida que la aleación se va enfriando, se van creando gradientes de concentración cada vez más ricas en el componente B. Estos gradientes son los causantes de las heterogeneidades en la composición de los granos y en las propiedades de los mismos.

2.2.3 Ensayos macroscópicos por inspección visual

La inspección visual se realiza mediante la observación a simple vista o mediante lupa de pocos aumentos. Se incluye la observación de puntos o zonas de la pieza inaccesibles a la vista del operario mediante la ayuda de dispositivos ópticos como espejos o anteojos.

El objeto es determinar defectos superficiales macroscópicos en uniones soldadas, recubrimientos metálicos, órganos mecánicos y similares.

Para realizar este tipo de ensayo es necesario preparar las superficies a examinar, sobre todo cuando las piezas se encuentran sucias, con grasa, cascarilla, etc.; en estos casos puede utilizarse cualquier procedimiento de limpieza que no dañe la superficie.

La inspección visual como técnica de determinación cualitativa debe ser realizada por técnicos cualificados, con buena agudeza visual y gran experiencia, en locales perfectamente iluminados. Este ensayo no es individual, sino que debe acompañarse siempre por otros tipos de ensayos no destructivos para garantizar el correcto estado de la pieza.

La inspección visual puede usar ayudas ópticas y emplearse en zonas de la pieza donde otros procedimientos serían impracticables. Los endoscopios son un tipo de instrumental formado por un tubo más o menos largo, flexible, alimentado por luz y que permite visualizar a su través. Es empleado como procedimiento médico y como método de visualización en la inspección visual pues permite llegar a zonas de internas o de difícil acceso.

2.2.4 Ensayos por líquidos penetrantes

Cuando las piezas son trabajadas con aceites y lubricantes, al limpiar y sacar puede observarse a simple vista cómo se produce una exudación que nos indica que en la pieza existen fisuras capaces de atrapar líquidos y expulsarlos posteriormente por incrementos de temperatura.

Los ensayos por líquidos penetrantes son procedimientos normalizados cuyo objeto se fundamenta en la localización de defectos y discontinuidades superficiales de las piezas basándose en esta propiedad. Se considera un ensayo cualitativo pues solo indica los lugares donde se sitúan las grietas, pero en ningún caso cuantifica la profundidad, anchura o volumen de la misma. Es un procedimiento económico, muy fácil de implementar, preciso y de fácil visualización e interpretación.

El procedimiento de ensayo se basa en la capacidad que tienen ciertos líquidos de penetrar por capilaridad en el interior de las grietas y exudar hacia el exterior en un tiempo finito.

Los procedimientos de resalte de grietas o líquidos penetrantes eran conocidos ya a principios del siglo pasado y han ido evolucionando hasta la actualidad mejorando en precisión, rapidez y seguridad. A continuación se describe la evolución histórica del ensayo por líquidos penetrantes.

- ***Procedimiento de resalte de grietas. Años 30***. Este procedimiento consiste en sumergir la pieza a estudiar en petróleo durante unos minutos para este penetre por capilaridad por todas las posibles fisuras de la pieza. A continuación se seca la pieza y se enarena. Por tensión superficial y con el paso del tiempo aparecen manchas siguiendo el trazado de las grietas. Se favorece la exudación del petróleo al golpear la pieza con un martillo de madera. Fue uno de los primeros procedimientos empleados en la detección de fisuras en piezas fabricadas o en curso de fabricación.

- ***Procedimiento de resalte de grietas (mejorado). Años 30-40***. Es muy parecido al anterior, pero en lugar de utilizarse petróleo se utiliza aceite caliente y el tiempo de permanencia de la pieza es de varias horas. Después la pieza es limpiada con gasolina, se seca y se pinta con cal. Con el tiempo pueden revelarse las fisuras. No es un procedimiento válido para pequeñas fisuras.

- ***Mejora con respecto a los procedimientos anteriores***. Se utiliza un líquido impregnador (hidrocarburo líquido) con un material fluorescente en suspensión. Se seca y se pulveriza una sustancia absorbente llamada revelador seco y posteriormente se examina la pieza mediante luz ultravioleta UV. Las etapas son: limpieza inicial de la pieza a estudiar, aplicación del penetrante con material fluorescente, eliminación del exceso de penetrante, aplicación del revelador, examen e interpretación.

- ***Procedimiento al barniz***. Es un procedimiento que permite fijar y conservar el resultado de los ensayos con líquidos fluorescentes o colorantes. Después de hacer el ensayo por cualquier procedimiento de los indicados, se reviste la pieza mediante un barniz especial que, al secarse, queda en forma de película que puede retirarse. Este procedimiento tiene varias ventajas, en primer lugar sirve como revelador y como documento perfectamente fiel ya que describe la forma, posición y magnitud de las grietas. El barniz puede darse con pistola o por inmersión de la pieza.

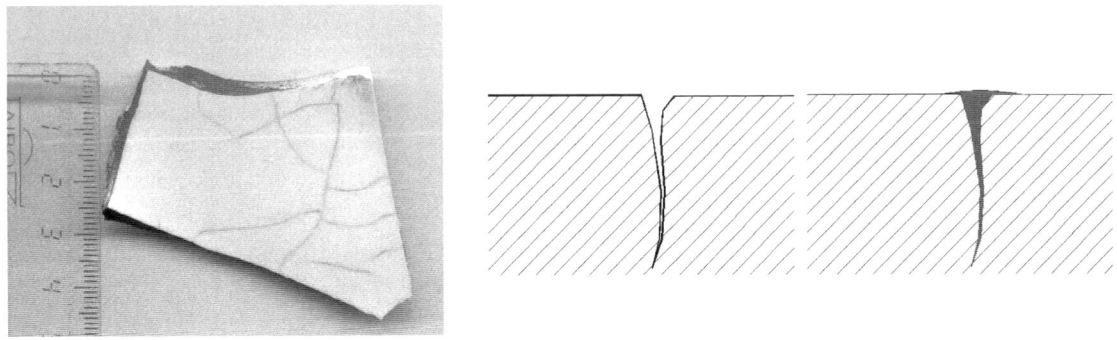

Figura 2.2.4 Grietas en un material cerámico después de haberlo sometido a un choque térmico.

Para realizar un ensayo mediante líquidos penetrantes deben seguirse cinco etapas (Norma UNE-EN 571):

1- Limpieza de la superficie de la pieza

2- Aplicación del líquido penetrante

3- Eliminación del líquido penetrante en exceso

4- Aplicación del revelador

5- Evaluación e interpretación

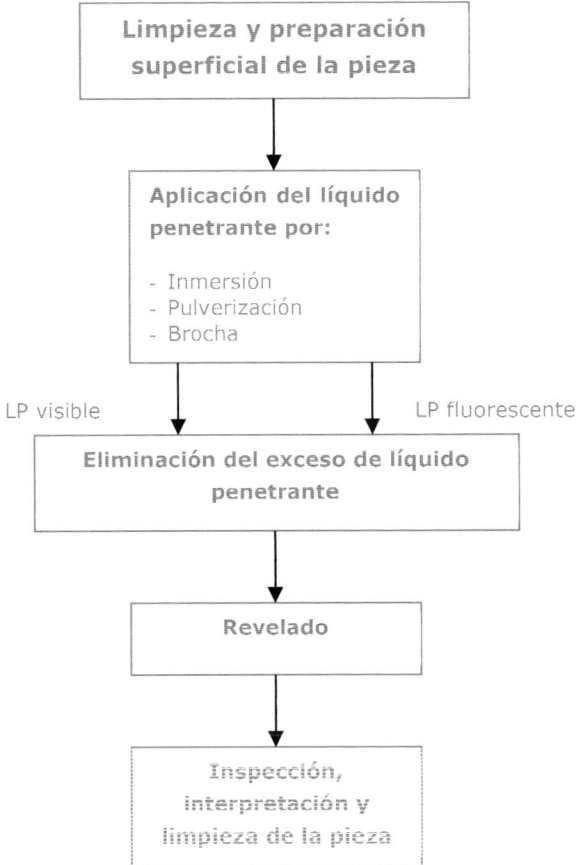

Figura 2.2.5 Etapas en la aplicación del líquido penetrante.

Primera etapa

En la primera de ellas se preparan las superficies de las piezas a verificar para obtener superficies libres de óxido, grasa o cualquier otra sustancia que pueda interferir la acción de penetración de los líquidos. Para la limpieza pueden usarse detergentes, disolventes, vapor desengrasante, ultrasonidos o ataque químico (ácido o alcalino).

Segunda etapa

Una vez limpias, desengrasadas y secas las piezas deben ser recubiertas por los líquidos penetrantes de forma que cubran por completo toda la pieza (segunda etapa). Para ello, se pueden realizar inmersiones, pulverización con pistola o mediante brocha. El tiempo de permanencia oscila entre 15 y 20 minutos (según fabricante) y suelen realizarse a temperaturas de entre 30 y 50 ºC para facilitar la fácil penetración de los líquidos. De entre los procedimientos empleados para recubrir las piezas con el líquido penetrantes se destacan:

- **Recubrimiento por inmersión**. Las piezas a recubrir son sumergidas en un baño de líquido penetrante. Las piezas se dejan durante el tiempo necesario para que penetren en los distintos defectos superficiales. Se emplean cestas metálicas para facilitar la operación de inmersión de varias piezas al mismo tiempo.

- **Pulverización**. Emplea pistolas capaces de proyectar el líquido penetrante de forma pulverizada sobre la superficie de la pieza a evaluar.

- **Brocha**. Es un procedimiento manual que emplea brocha o pincel para extender el líquido penetrante sobre la pieza. A pesar de ser un proceso más lento que los anteriores es muy utilizado porque permite recubrir partes determinadas de las piezas y no todo el conjunto.

El líquido penetrante empleado puede ser **fluorescente** o **visible**. El primero requiere de una lámpara de luz ultravioleta para la detección de los defectos, mientras que el segundo revela las discontinuidades a simple vista. El líquido penetrante utilizado tiene que ser capaz de penetrar en pequeñas grietas, mojar la superficie, mantener su color o fluorescencia, no ser corrosivo ni tóxico y debe ser fácil de dispersar. Es por ello que se buscan líquidos con baja tensión superficial y alto poder humectante (bajo ángulo de contacto de la gota) para tener alta capacidad de mojar la superficie. La viscosidad del líquido debe ser media para que pueda penetrar rápidamente en las grietas sin que se escape de la misma. Además, deben ser poco volátiles para que no se evaporen y pierdan el poder humectante.

Figura 2.2.6 Líquidos penetrantes en forma de espray (El primer espray es el limpiador, el segundo el penetrante y el tercero el revelador.) Equipo de luz ultravioleta con caja de transporte. Imágenes cedidas por cortesía de Tecnoend (http://www.randtplus.com/).

El líquido penetrante debe pulverizarse desde una distancia de unos 30 cm y debe actuar durante 5 o 10 minutos. La aplicación del revelador debe realizarse de la misma forma y manteniendo la misma distancia. El tiempo de espera antes de llevar a cabo la visualización de los defectos va desde 3 a 10 minutos.

Tercera y cuarta etapa

El líquido penetrante en exceso debe ser eliminado y la pieza debe ser calentada para favorecer la exudación. Estas operaciones se corresponden con la tercera etapa. El proceso de exudación es considerado como la tercera de las etapas. La cuarta de las etapas consiste en la aplicación del revelador o polvos absorbentes en alcohol o en agua pudiéndose aplicar pulverizado o espolvoreado. El revelador absorbe el líquido exudado y permite su observación.

Quinta etapa

La quinta y última etapa consiste en la evaluación e interpretación de las marcas obtenidas. Se trata de la evaluación de la superficie transcurridos 5 o 10 minutos después de la aplicación del revelador. Finalmente, la pieza es limpiada para eliminar los restos de líquido penetrante.

Las indicaciones reveladas por este método no tienen por qué coincidir con defectos superficiales reales, por lo que la norma recomienda realizar un examen minucioso y, en los casos más dudosos, una repetición del ensayo.

Los líquidos penetrantes se emplean en la determinación de defectos únicamente superficiales y en materiales que no tengan porosidad superficial. Además, el procedimiento no puede ser empleado en piezas pintadas o con recubrimientos. Se suele usar metales no ferromagnéticos (aluminio, cobre, bronce, latón, etc.), plásticos y vidrio. Los metales ferromagnéticos como el acero y las fundiciones deben ser inspeccionados con partículas magnéticas para obtener mejores resultados.

Como ventajas debe citarse la rapidez, sencillez y economía del ensayo, pues no requiere ni de equipos caros ni de trabajadores expertos en la materia.

2.2.5 Método de localización de segregaciones, rechupes y porosidades

Se emplean disoluciones de HCl al 50% (disolución acuosa), a 70 ºC y durante 10 o 15 minutos. Esta disolución ataca las zonas de las piezas con rechupes, segregaciones o porosidades marcándolas por coloración.

Las zonas descarburadas se pueden ver atacando la pieza con Nital-2 (disolución de ácido nítrico en alcohol al 2%) distinguiéndose por quedar menos atacadas. Atacando con el mismo reactivo una sección de un material cementado se observará cómo resulta más atacada que el resto.

2.2.6 Ensayos por corrientes de Foucault

El ensayo por corrientes inducidas, corrientes de Foucault o Eddy Current Testing (ET) es un procedimiento utilizado para detectar defectos subcutáneos cercanos a la superficie en materiales conductores. Sirve para localizar grietas, su profundidad y su tamaño. También ofrece información sobre la naturaleza, estructura, permeabilidad magnética, conductividad eléctrica del material ensayado, por lo que se emplea en la detección temprana de fenómenos corrosivos.

- **Discontinuidades**. Grietas, erosión y corrosión, daños mecánicos superficiales.

- **Propiedades de los materiales**. Conductividad, permeabilidad, dureza, clasificación de las aleaciones, etc.

- **Mediciones**. Determinación de espesores de piezas finas y revestimientos en piezas.

Es un método de ensayo no destructivo de inducción electromagnética en el que la aplicación de un campo magnético alternante induce corriente sobre la pieza a evaluar. El ensayo no modifica las propiedades del material o pieza evaluada.

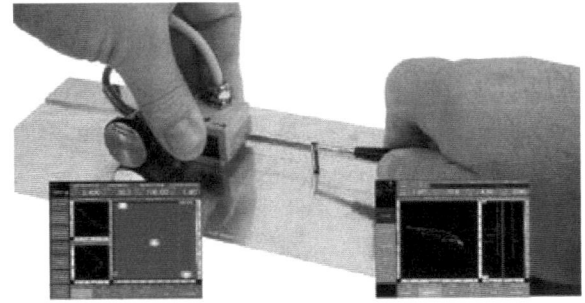

Figura 2.2.7 Equipo Nortec para realizar inspecciones por corrientes de Foucault. Es capaz de medir digitalmente la conductividad y espesores de recubrimientos, entre otras funcionalidades. Imagen cedida por cortesía de Olimpus (http://www.olympus-ims.com).

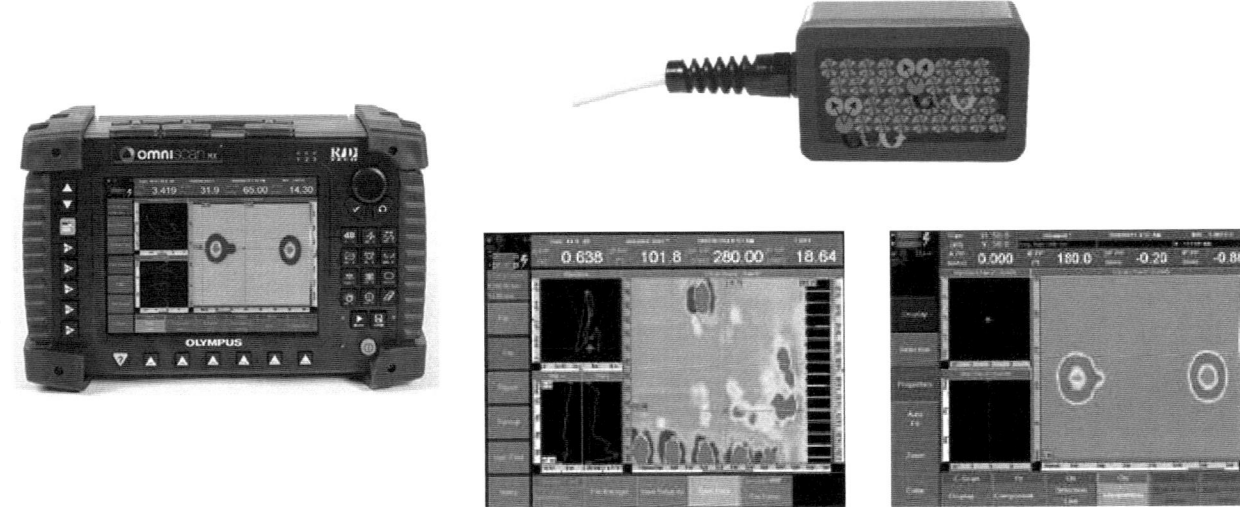

Figura 2.2.8 OmniScan® ECA. Sonda para diferentes aplicaciones (fisuras, picaduras, defectos internos, corrosión, entre otros). Aplicación informática corrientes de Foucault. Imágenes cedidas por cortesía de Olimpus (http://www.olympus-ims.com).

Se utilizan generadores de corriente de alta frecuencia (hasta 5000 Hz) que generan en las piezas a ensayar corrientes inducidas de Foucault. Estas corrientes son afectadas por las características y defectos del material, provocando variaciones de impedancia que pueden detectarse mediante el uso del osciloscopio.

Las interrupciones en el flujo de campo eléctrico (corrientes de Eddy), causadas por las imperfecciones o cambios en la conductividad del material, provocará cambios en el campo magnético inducido. Estos cambios, cuando son correctamente detectados, indican la presencia de una discontinuidad en el objeto. Cuando una corriente alterna circula cerca de la superficie de un material conductor, inducirá las corrientes de Eddy que se han mencionado.

Si hubiera una grieta en la superficie del cuerpo, se reduciría el flujo de corriente inducida. Este es el fundamento de los ensayos con corrientes inducidas, monitorizando la tensión induce en otra bobina de forma que se pueda detectar cambios en el material.

En la actualidad, el desarrollo de los equipos de ensayo por corrientes inducidas se caracteriza por el uso de electrónica avanzada y la aparición de equipos multifrecuencia que ha permitido disponer de una técnica de inspección rápida, segura y reproducible, capaz de resolver gran variedad de problemas:

-   Conductividad eléctrica (para materiales ferromagnéticos)

-   Permeabilidad magnética

-   Tamaño de grano

-   Dureza

Al mismo tiempo permite detectar:

-   Vetas, pliegues, grietas, cavidades

-   Diversos tipos de corrosión

-   Inclusiones y segregaciones

-   Su composición química

-   Su estado de tratamiento térmico o mecánico

Entre las diversas ventajas que este método ofrece respecto a otros métodos de ensayos no destructivos figuran: gran sensibilidad, extraordinaria rapidez de respuesta, no necesidad de algún tipo de contacto ni de agente de acoplamiento entre el generador y la muestra.

2.2.7 Ensayos magnéticos

Los ensayos magnéticos son END capaces de detectar defectos internos en piezas ferromagnéticas (aceros y fundiciones) que tienen permeabilidad magnética relativa mayor a la unidad.

Recuerde que la permeabilidad magnética es la capacidad que tiene un material para hacer pasar a su través los campos magnéticos. Para determinar el grado de magnetización de un material se determina el valor de la permeabilidad absoluta (μ) y se calcula por el cociente entre la inducción magnética o densidad de flujo magnético (B) y la intensidad de campo magnético (H) según la expresión:

$$\mu = \frac{B}{H}$$

En los materiales ferromagnéticos la permeabilidad tiene un valor superior a 1, en los paramagnéticos es prácticamente igual a 1 y en los diamagnéticos es inferior a 1.

La detección de los defectos internos se produce como consecuencia de las variaciones en la permeabilidad del material ensayado cuando es aplicado un campo magnético. El campo magnético genera unas líneas de fuerza sobre la pieza que se desvían cuando encuentran un defecto (variación de la permeabilidad). Cuando la pieza se encuentra libre de defectos la permeabilidad magnética se mantiene constante e invariable en toda su extensión. Para la detección de los cambios de la permeabilidad pueden usarse distintas técnicas diferenciadas en función de la técnica de detección (óptica, acústica o eléctrica):

-   Ensayos magnetoscópicos (detección óptica por partículas magnéticas)

-   Ensayos magnetoacústicos (detección acústica)

-   Ensayos electromagnéticos (detección eléctrica)

2.2.7.1 **Ensayos por partículas magnéticas**

Los ensayos magnéticos o ensayos por inspección de partículas son aplicables a piezas ferromagnéticas obtenidas por cualquier proceso de fabricación e independiente de su forma. El objetivo es detectar posibles discontinuidades tanto superficiales como subcutáneas por medio de partículas magnéticas.

El procedimiento de ensayo se basa en la colocación de la pieza a evaluar formando parte de un circuito magnético. Se induce un campo magnético sobre la pieza y las líneas de campo indican la presencia de defectos cuando se curvan. Para su detección, se pulveriza la superficie de las piezas con aceite y limaduras de hierro y se observa cómo se producen acumulaciones de limaduras en algunas zonas que coinciden con las grietas y fisuras (se sitúan formando un puente magnético para suplir el defecto del material).

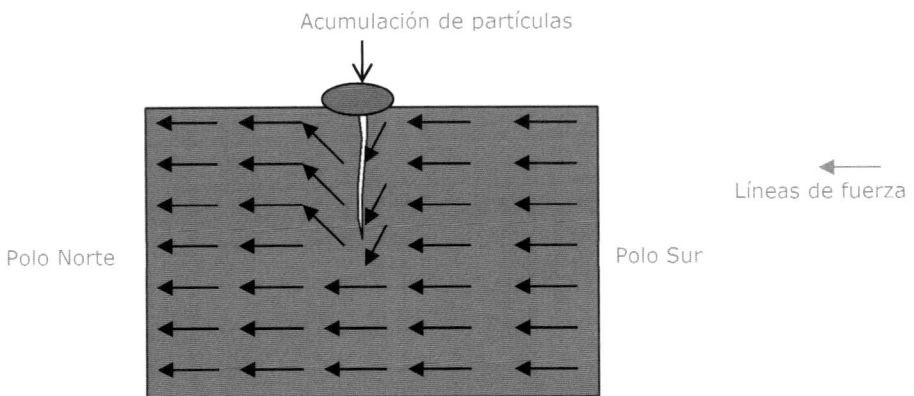

Figura 2.2.9 Equipo localización de defectos por partículas magnéticas.

Es condición indispensable para observar este comportamiento la imantación total de la pieza para que de esta forma se puedan detectar mejor los defectos (la imantación debe ser cercana a la saturación total). Por otro lado, el polvo magnético utilizado y en suspensión en el líquido debe tener un color vistoso para su diferenciación con la pieza. El líquido puede ser fluorescente para ser estudiado mejor mediante lámpara de UV.

Una etapa crítica del proceso es la aplicación de las partículas. Existen dos procedimientos normalizados. El primero de ellos es el **método seco**, mediante el cual las partículas se aplican sobre la superficie a inspeccionar en forma de polvo seco. En el otro procedimiento, **método húmedo**, las partículas magnéticas se hallan en suspensión sobre un líquido (disolución acuosa o parafínica). Este segundo método es más sensible para detectar pequeñas discontinuidades superficiales.

Las partículas magnéticas pueden ser de dos tipos:

- **Fluorescentes**. Tienen la propiedad de emitir luz visible cuando son iluminadas con luz ultravioleta. Poseen malas propiedades magnéticas, pero suplen esta deficiencia por proporcionar alto contraste y buena visibilidad.

- **Coloreantes**. En función del color de la superficie a examinar se emplean partículas coloreantes negras o rojizas.

Los aparatos utilizados constan de un generador de corriente continua de potencia 3 KW y deben constar de un inversor para desmagnetizar las piezas una vez examinadas.

La localización de las grietas solo es posible cuando las líneas de fuerza son perpendiculares o formen un ángulo máximo de 45° con la dirección de la grieta. Si no, se imanta la pieza en dos direcciones perpendiculares. Puede utilizarse para magnetizar las piezas corriente alterna, que genera un campo magnético anular alrededor del eje de las piezas, que revela las grietas longitudinales.

Es recomendable trabajar con piezas cuyas superficies estén perfectamente limpias, secas y exentas de cualquier tipo de contaminante (aceites, cascarilla, óxido, etc.). En el caso de trabajar con conjuntos mecánicos, estos deben ser desmontados e inspeccionados pieza a pieza. Es un ensayo muy sensible e indica defectos muy finos, aunque estén en el interior de las piezas.

Etapas en la realización del ensayo:

1. Limpieza y magnetización de la pieza.

2. Aplicación de las partículas magnéticas por vía húmeda o seca. Las partículas pueden tener forma esférica o alargada con tamaños de entre 1 y 150 micras. Las partículas alargadas experimentan una mejor atracción por el campo magnético pero tienen peor capacidad de deslizamiento.

3. Observación e interpretación.

4. Desmagnetización y limpieza de la pieza.

Para la realización del ensayo se emplean bobinas por las que se hace pasar una intensidad de corriente que genera un campo magnético orientado según la regla de la mano derecha. La dirección de las líneas de campo es perpendicular a la dirección de la corriente. La intensidad de corriente que circula por la bobina se expresa en amperios vuelta según:

$$N \cdot I = \frac{45000}{L/D}$$

Donde I es la intensidad, L y D la longitud y el diámetro de la bobina. Para una relación L/D<4 se emplea la expresión:

$$N \cdot I = \frac{35000}{L/D}$$

 Ejercicio resuelto 2.2.1

Se inspecciona con partículas magnéticas unas grietas debidas a un choque térmico en una pieza de acero de longitud 100 mm y diámetro 25 mm. Definir las variables de magnetización a emplear en el ensayo.

Solución

Debe determinarse el valor de H (N·I), a partir de la intensidad y el número de espiras de la bobina según la expresión:

$$N \cdot I = \frac{45000}{L/D} = \frac{45000}{100/25} = 11250 \, A \cdot vuelta = H$$

2.2.7.2 **Ensayos magnetoacústicos**

Se utiliza un efecto dinámico del magnetismo para localizar los defectos y son presentados mediante un revelador acústico. La pieza a ensayar se coloca en un campo magnético que induce también una bobina conectada a un auricular telefónico o un aparato de medida.

El proceso consiste en recorrer la pieza a ensayar con los dos terminales del campo magnético, y si no existe ninguna fisura, no dará ninguna indicación el detector acústico. En el momento que se encuentre un defecto habrá una variación en el flujo, y por lo tanto, en la corriente de la bobina, produciendo un zumbido en el auricular o variación de la aguja del aparato de medida.

2.2.7.3 **Ensayos electromagnéticos**

Su mayor campo de aplicación se centra en la localización de grietas en los carriles de los ferrocarriles. El aparato y el generador de corriente continua van montados en un coche detector que recorre los carriles en busca de defectos. Para ello se hace pasar por el carril mediante dos escobillas una corriente continua.

El campo magnético generado por esa corriente es cortado por unas bobinas situadas entre las escobillas y muy cerca del carril. Al pasar la corriente por una zona defectuosa, varía su intensidad y el flujo del campo origina una corriente inducida en la bobina, que es amplificada electrónicamente, activando un relé que dispara un chorro de pintura blanca en la zona defectuosa.

2.2.8 **Ensayos sónicos y ultrasónicos**

Si una pieza metálica agrietada es golpeada con la ayuda de un martillo puede escucharse un sonido opaco. Las piezas sanas experimentan un sonido vibrante. Mediante este tipo de ensayo no se obtiene ninguna información sobre la anchura, dimensiones o situación del defecto. Fue un procedimiento utilizado a principios de siglo para verificar el buen estado de los materiales y se consideran ensayos sónicos.

Los ensayos ultrasónicos son END basados en la propagación de una onda de presión de alta frecuencia (normalmente en el rango de 0,5 a 10 MHz) a través del material estudiado. Estas vibraciones, que en el material son propagadas por las propias moléculas, son fácilmente dirigibles y están caracterizadas por una longitud de onda muy pequeña, de forma que es posible localizar y detectar claramente pequeños defectos en la pieza inspeccionada. La penetración de los ultrasonidos es muy alta en la mayoría de los metales comunes y sus aleaciones.

Las inspecciones por ultrasonidos pueden ser de dos tipos (por **transmisión** o por **pulso-eco**, según se utilicen dos o un transductor, respectivamente. El primer tipo consta de un emisor y un receptor, los cambios en la velocidad y la atenuación proporcionan información en cuanto a grietas, oclusiones o falta de homogeneidad. En cambio, en el **pulso-eco**, la señal recibida es un conjunto de ecos originados por la discontinuidad del material. La utilización de una u otra técnica depende tanto de la aplicación en sí como de la cantidad de información que se desee extraer, mayor en el caso **pulso-eco**, pero también a un coste del sistema superior. Así, de la posición del eco puede determinarse la profundidad de un defecto; de su amplitud, una estimación de su tamaño u orientación; de su forma pueden inferirse otras características.

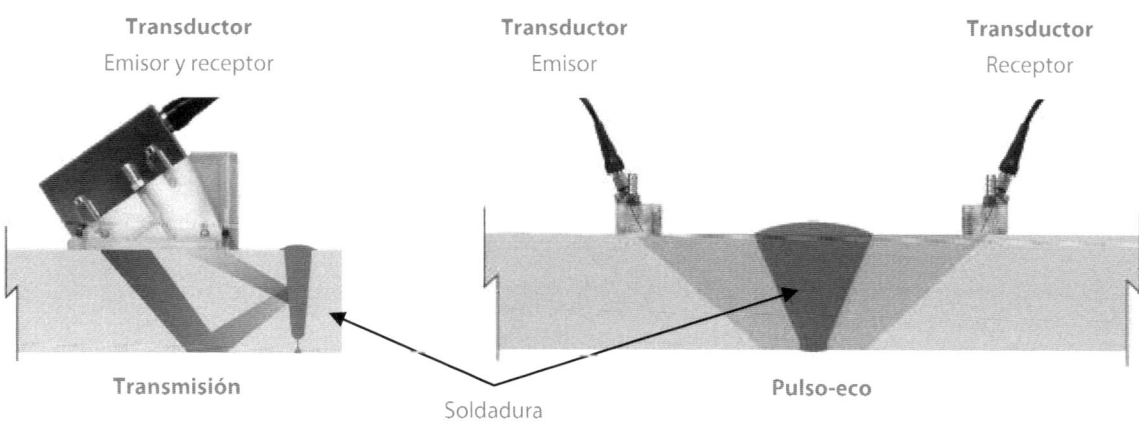

Figura 2.2.10 Inspección de defectos en soldadura por ultrasonidos (transmisión y pulso-eco). Imágenes cedidas por cortesía de Olimpus (http://www.olympus-ims.com).

El campo de utilización de las técnicas de ultrasonidos se extiende, en general, a todos aquellos ámbitos de la actividad industrial en los que la calidad de los productos o la seguridad de estructuras, instalaciones o personas están implicadas. Así, son clásicas las aplicaciones en aeronáutica (revisión en producción y periódica de estructuras aerodinámicas, motores, etc.), centrales nucleares (revisión de elementos críticos, soldaduras, etc.), transportes (en especial ferroviario, detección de grietas en ruedas, soldaduras, etc.), prospección y distribución del petróleo (oleoductos, columnas de perforación, etc.), industria química (tuberías, válvulas, reactores, etc.), siderúrgica (control de calidad de planchas, perfiles, etc.), naval (inspección de estructuras), aeroespacial y todas aquellas en las que se requiera un alto grado de fiabilidad, un seguimiento de defectos críticos o una detección prematura de causas de rotura o avería como consecuencia de la corrosión, fatiga mecánica u otras.

En el campo de la automoción, las inspecciones por ultrasonidos son muy valiosas, pudiéndose aplicar en todo tipo de elementos mecánicos (control de calidad en ejes, pernos, etc.), detectar oclusiones, defectos de fabricación, aparición de grietas, revisión en continuo de puntos de soldadura, etc.

En la construcción también puede ser interesante el estudio mediante ultrasonidos del fraguado del hormigón, pudiendo sustituir a los ensayos destructivos que se realizan en la actualidad.

Existen cuatro tipos de localización de defectos:

Por transparencia. Por la disminución de la intensidad del ultrasonido recibido por el receptor al atravesar una zona defectuosa.

Por la disminución de la intensidad de eco. Disminución de la intensidad de la onda ultrasónica reflejada en el área opuesta de la pieza cuando atraviesa un defecto.

Por la posición del eco. En este sistema se ajusta el palpador del receptor a la distancia que mejor se reciba la emisión reflejada en la cara opuesta de la pieza. Cuando la onda emisora encuentra un defecto, gran parte de esta onda es reflejada en él, y como está más cerca de la superficie que del fondo, hay que acercar más el palpador al emisor. La distancia entre los dos situará el defecto en el espesor de la pieza.

Por la disminución del tiempo invertido por la onda reflejada. Se emplea un oscilógrafo de rayos catódicos, en cuya pantalla aparecen tres imágenes correspondientes a la reflexión de la onda sobre la superficie de la pieza, sobre la cara opuesta y, entre las dos, una imagen de la reflexión sobre el defecto. Se utiliza un solo palpador de dos cabezas, emisor-receptor, formando entre ellas un ángulo fijo para exámenes de fallas de 1,5 a 15 cm, bajo la superficie. Para defectos a profundidades superiores a 15 cm el receptor debe ser de cabezas paralelas.

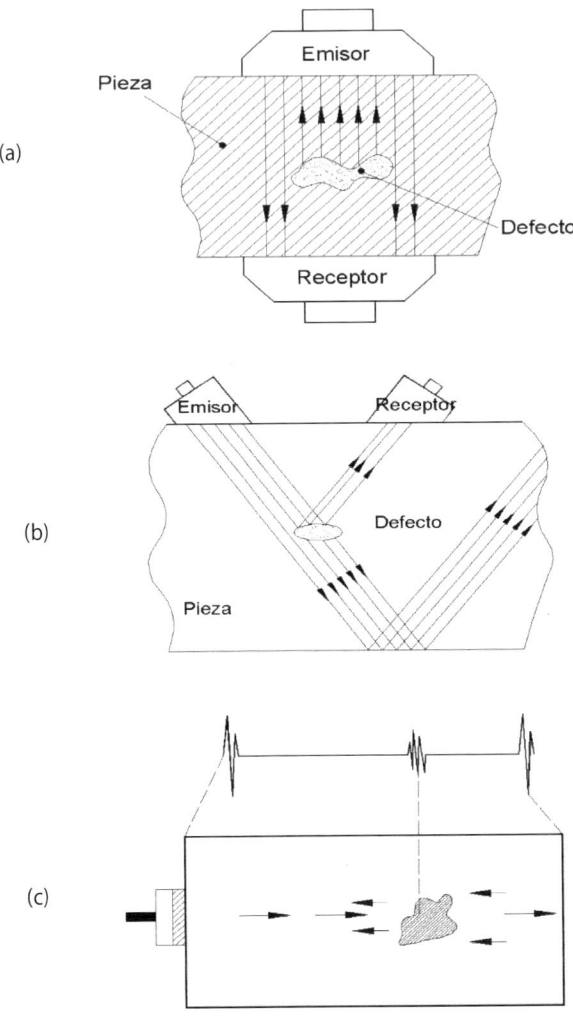

Figura 2.2.11 Ensayos de ultrasonidos. (a) Por transparencia, (b) por posición del eco, (c) por la medida del tiempo invertido por la onda reflejada.

Los aparatos empleados en los ensayos ultrasónicos constan de una unidad emisora de ultrasonidos y otra receptora. Si existe defecto se observan tres oscilaciones: una de entrada A, otra de defecto B, y otra de eco C. Como las posiciones relativas de las oscilaciones son proporcionales a las dimensiones de la pieza, puede calcularse fácilmente la posición del eco (ver sección de problemas).

La unidad emisora consta de un generador electrónico de oscilaciones de alta frecuencia (tensión alterna de frecuencia de un millón de ciclos/segundo). Al actuar sobre un cristal de cuarzo de espesor adecuado a la frecuencia que se emplee (que lleva el palpador), vibra con la misma frecuencia transmitiendo esta vibración a la pieza en contacto con él.

La unidad receptora se compone de un cristal de cuarzo que forma el palpador, que al recibir las vibraciones reflejadas del palpador emisor, convierte esta vibración elástica en oscilaciones eléctricas que se recogen y miden en la unidad receptora (reflejada en la pantalla).

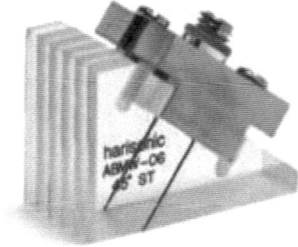

Figura 2.2.12 Transductores. Imágenes cedidas por cortesía de Olimpus (http://www.olympus-ims.com).

Los cristales de cuarzo tienen sus caras perfectamente planas, y como las piezas que se ensayan no tienen las superficies pulimentadas, el contacto entre ellas y el palpador no es bueno. Se evitan utilizando palpadores turgentes que llevan una membrana en forma de bolsa llena de un líquido que protege el cristal de cuarzo; de esta forma se consigue que se adapte perfectamente a la superficie.

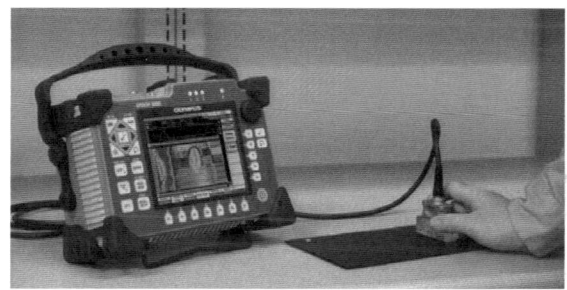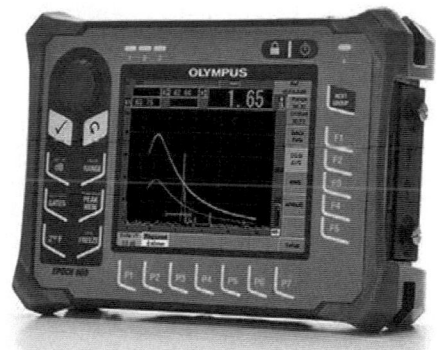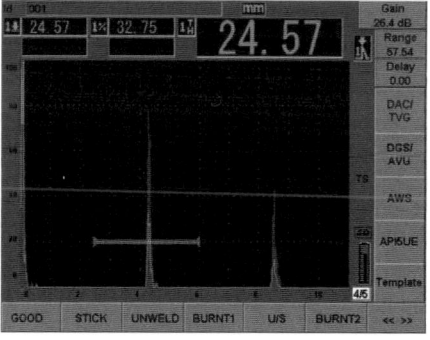

Figura 2.2.13 Equipos de ultrasonidos Olimpus. Imágenes cedidas por cortesía de Olimpus (http://www.olympus-ims.com).

2.2.9 Inspección radiográfica

Los rayos X y gamma (γ) son radiaciones electromagnéticas al igual que la luz visible, pero de longitudes de onda inferiores; por lo tanto, más energéticas y muy utilizadas en la localización de defectos internos en piezas. Se emplea con éxito en piezas que no son ferromagnéticas o piezas en las que las discontinuidades o defectos se localizan a grandes distancias de la superficie.

Una de las grandes aplicaciones de la radiología es verificar la calidad de las uniones soldadas y garantizar la ausencia de grietas internas, poros, inclusiones, falta de fusión o penetración, sobreespesores, etc., en soldaduras longitudinales, circulares a tope y en ángulo. Aunque también se utilizan para detectar otro tipo de efectos alejados de la superficie.

Los rayos X se producen cuando se hace chocar contra un material un haz de electrones a elevada velocidad, mientras que los rayos γ son emitidos por el núcleo de átomos radioactivos (radio, cobalto, cesio, etc.). Ambas radiaciones se caracterizan por desplazarse en línea recta a la velocidad de la luz, no desviarse por campos magnéticos ni eléctricos, no desviarse ni por refracción ni por reflexión y, además, tienen la capacidad de marcar placas fotográficas.

Para realizar un ensayo radiológico primero deben seguirse varios pasos:

1. Conocer las propiedades del material a ensayar para seleccionar el radioisótopo y el voltaje necesario.

2. Cálculo de las distancias entre la fuente emisora de rayos X o γ, la pieza y la placa fotográfica con el fin de obtener la mejor nitidez posible. También debe seleccionarse el tipo de película y colocarla en el portapelícula.

3. Se hace pasar la radiación por la pieza objeto de estudio para obtener el negativo de la fotografía. La fotografía es más oscura cuanto más tiempo de exposición se emplea.

4. Finalmente se interpretan los resultados buscando defectos en la pieza evaluada.

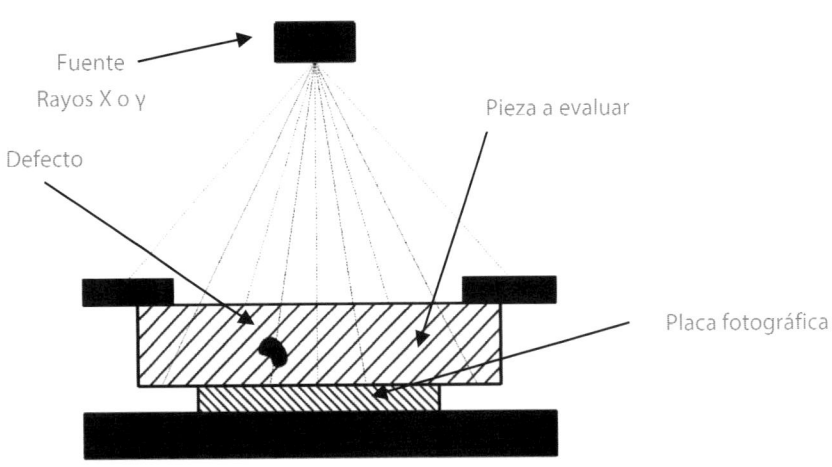

Figura 2.2.14 Esquema de un ensayo radiológico.

Las radiaciones utilizadas son peligrosas para la salud de las personas, por lo que deben seguirse ciertas normas de seguridad y salud en cada una de las etapas descritas. La NTP 304, "Radiaciones ionizantes: Normas de protección", publicada por el Instituto Nacional de Seguridad e Higiene en el trabajo (INSHT) describe los efectos perjudiciales de la exposición a radiaciones X y γ, la penetración e interacción con el organismo y sus efectos biológicos. Para prevenir sus efectos a corto y largo alcance se recomienda reducir el tiempo de exposición, alejarse de la fuente y protegerse con placas de plomo u otros materiales capaces de absorber la radiación.

2.2.9.1 **Ensayos por rayos X**

Los rayos X tienen un gran poder penetrador para detectar defectos. Atraviesan fácilmente espesores de material considerable en casi todos los materiales. Las fallas, grietas, inclusiones, etc., de distinta intensidad, absorben las radiaciones en distinta proporción que el material sano. Estas diferencias se presentan en la película fotográfica en forma de zonas más oscuras o más claras.

La penetración de los rayos X depende de su longitud de onda. Penetran más las radiaciones de longitud de onda corta (llamadas duras) que las radiaciones de longitud de onda larga.

Figura 2.2.15 Ensayos con rayos X en una estructura mediante equipo transportable.

Los aparatos utilizados son de tipo fijo o transportable. Las tensiones utilizadas son de 150 000 a 300 000 voltios, aunque hay mayores. La intensidad de radiación se expresa en mA y depende de la T°C del filamento y de la intensidad de corriente que circule por él, que pueden ser reguladas. Es un procedimiento muy empleado en el ensayo de defectos en soldadura.

2.2.9.2 **Ensayos por rayos gamma**

También son radiaciones electromagnéticas pero de longitud de onda más corta. La principal fuente de rayos γ la constituyen los elementos radioactivos como el radio puro o sus compuestos, bromuro, sulfato, etc. (aunque hoy en día se emplean más los isótopos radioactivos).

El espesor máximo que pueden emplearse en los rayos X es de unos 100 mm. Los R.γ, pueden llegar a los 250 mm. La radiación emitida por el radio equivale a la penetración a la que produciría un tubo de rayos X de unos 2000 millones de voltios.

Las radiografías de los rayos X son más rápidas de obtener (el tiempo de exposición es de varios minutos); sin embargo, para los rayos γ se necesitan exposiciones de varias horas y espesores superiores a 25 mm. En cuanto al coste inicial, el coste de los isótopos es más económico que la adquisición de un equipo de rayos X de potencia equivalente.

De las radiografías no se sacan copias, sino que se utilizan los negativos directamente. Las zonas oscuras son partes de la pieza que ha dejado pasar más radiaciones debido a la existencia de huecos interiores o a la existencia de inclusiones en el material de otros materiales menos densos (escorias). Si se observan manchas más claras es porque los rayos han encontrado materiales más densos que el material base.

Test, cuestiones y problemas propuestos

Test

Responde verdadero o falso:

	V	F

1. Los END pueden evaluar únicamente pequeños defectos subcutáneos que difícilmente pueden ser detectados por otros procedimientos.

2. Los defectos que pueden ser detectados por los END son las grietas, los poros, rechupes y las segregaciones.

3. Las partículas empleadas en los ensayos de líquidos penetrantes tienen diámetros comprendidos entre 1 y 100 micras.

4. Las partículas empleadas en los ensayos de líquidos penetrantes pueden ser esféricas o alargadas. Estas últimas tienen mejor movilidad aunque se magnetizan peor.

5. Los ensayos por corrientes de Foucault permiten determinar además de defectos internos, la conductividad eléctrica, la permeabilidad magnética, el tamaño de grano e incluso la dureza.

6. Los ensayos magnéticos solo pueden aplicarse a piezas no ferromagnéticas.

7. Los valores de permeabilidad mayores a 1 son típicos de materiales paramagnéticos.

8. La imantación total de la pieza es una condición indispensable para realizar el ensayo magnético por partículas magnéticas.

9. La localización de las grietas en un ensayo por partículas magnéticas solo es posible cuando las líneas de fuerza son perpendiculares o forman un ángulo máximo de 45° con la dirección de la grieta.

10. El método de pulso-eco emplea un único transductor que realiza las funciones de emisor y receptor, al mismo tiempo.

11. Los puntos de soldadura no pueden ser evaluados mediante ultrasonidos.

12. Los rayos X emplean película fotográfica.

13. Los rayos gamma pueden evaluar piezas de mayor grosor que las evaluadas por los rayos X.

14. Los rayos X necesitan exposiciones más largas que en los rayos gamma.

Cuestiones y problemas

1. Realiza un esquema con los principales ensayos no destructivos y haz un breve resumen en el que se indiquen las ventajas y los inconvenientes de cada uno de ellos.

2. ¿Qué tipo de defectos pueden ser reconocidos? Describe cada uno de ellos.

3. Indica el ensayo más adecuado para los siguientes casos: eje sometido a torsión, soldadura, tubería de un oleoducto, pieza de aluminio obtenida por moldeo. Justifica la respuesta.

4. Define las etapas necesarias para realizar un ensayo con líquidos penetrantes. ¿Qué características tiene que tener el líquido penetrante? ¿Cómo son las partículas empleadas? ¿Qué procedimientos pueden utilizarse para aplicar el líquido penetrante?

5. ¿De qué otras formas puede determinar segregaciones, rechupes y porosidad? ¿Y superficies descarburadas?

6. Describe el fundamento del ensayo por corrientes de Foucault e indica algunas de sus aplicaciones.

7. Identifica las etapas en un ensayo por partículas magnéticas.

8. Describe la importancia del tamaño y la forma de las partículas. Define las variables del método seco y húmedo.

9. Describe el fundamento de los ensayos por ultrasonidos y describe las técnicas: por transparencia, por la disminución de la intensidad del eco, por la posición del eco y por la disminución del tiempo invertido por la onda reflejada.

10. Describe las características de las radiaciones electromagnéticas (X y gamma).

11. Realiza un esquema y describe el fundamento de un ensayo de rayos X. ¿Qué medidas de prevención y protección deben usarse?

12. Indica las principales diferencias entre un ensayo por rayos X y otro por rayos gamma.

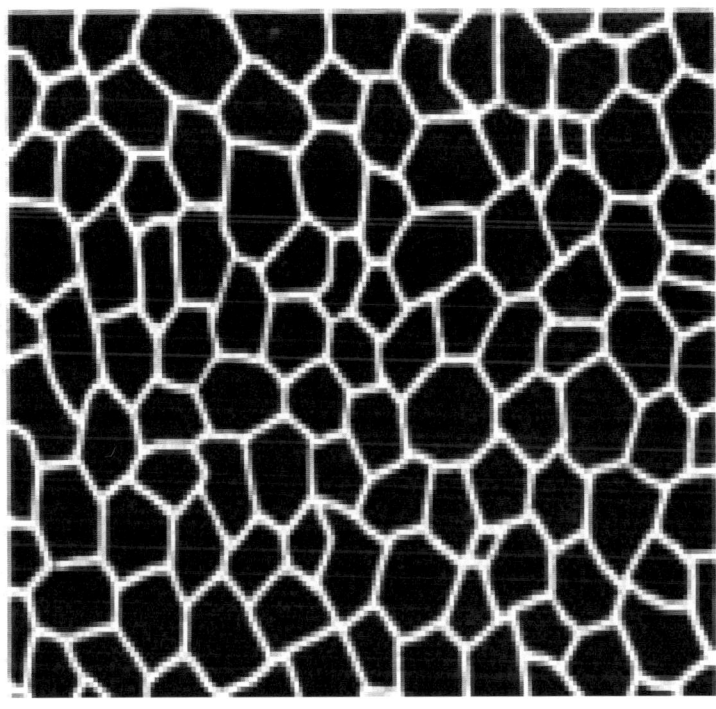

Metalografía

Contenidos

Introducción
Etapas en la preparación metalográfica
Interpretación de las estructuras
Ataque químico para la determinación del tamaño de grano austenítico

Problemas resueltos

Test, cuestiones y problemas propuestos

Objetivos

- Definir las etapas y procedimientos a seguir en la preparación metalográfica de una probeta.
- Describir los procedimientos existentes para determinar el tamaño de grano
- Definir las técnicas más usadas de ataque químico para la determinación del tamaño de grano auténtico.

2.3.1 Introducción

En el diseño y construcción de cualquier máquina o estructura se necesitan materiales que tengan ciertas propiedades mecánicas y económicas. La resistencia, factor clave en el diseño, es función de su microestructura. Un cambio de la microestructura mediante un tratamiento térmico puede mejorar algunas propiedades mecánicas del material o las puede llegar a empeorar.

A pesar de la existencia de catálogos y normas donde se pueden consultar las propiedades mecánicas de cada material sometido a diferentes tratamientos térmicos, debemos conocer las microestructuras más usuales de los materiales metálicos más comunes. Además, debemos ser capaces de predecir cómo afectará a las propiedades mecánicas el cambio de una microestructura a otra (transformación de fase).

Se define la **metalografía** como el proceso de preparación de una muestra y la observación de la microestructura de la misma mediante microscopio óptico. Comprende las etapas de desbaste, pulido, ataque químico y observación con microscopio metalográfico.

Mediante la preparación metalográfica se puede determinar la microestructura del material. La información obtenida puede ser no determinante para la compresión de las propiedades del material, por lo que se debe realizar otro tipo de ensayo (químico, microscopio electrónico, rayos X, análisis térmico diferencial, ensayos destructivos, no destructivos o tecnológicos).

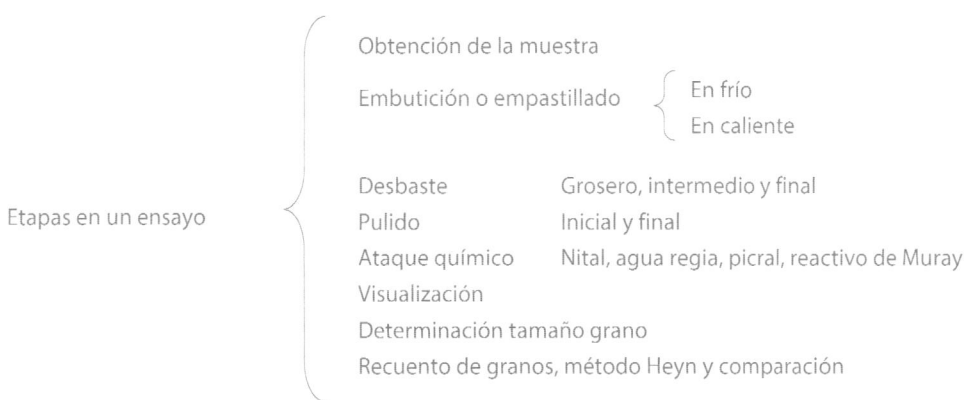

Figura 2.3.1 Etapas en la preparación metalográfica.

Las técnicas metalográficas se han desarrollado para preparar adecuadamente muestras que por observación posterior permitan identificar las fases y/o microestructuras presentes en los materiales. Estas microestructuras generalmente son de tamaño microscópico y es necesario preparar adecuadamente la muestra del material para su observación mediante microscopía óptica o electrónica. Aunque estas técnicas pueden utilizarse en todo tipo de materiales (plásticos, fibras, cementos, etc.), en este caso se estudia la preparación de metales y aleaciones para observación por microscopía óptica.

La superficie metálica a observar debe ser plana y perfectamente pulida. Plana porque la poca profundidad de foco de los sistemas ópticos de observación no permite enfocar simultáneamente dos superficies situadas en planos a distinto nivel. Y perfectamente pulida para que solo se aprecien los detalles de su propia estructura y no otros ajenos que hayan sido producidos durante la preparación metalográfica.

El proceso de preparación metalográfica es generalmente un proceso manual donde la experiencia juega un papel muy importante. La calidad del proceso de preparación dependerá de la observación a efectuar: tipo de material, microestructura, etc.

Actualmente se dispone de equipos automatizados que realizan las operaciones de desbaste y acabado y permiten establecer condiciones de repetibilidad para un mejor control del proceso.

2.3.2 Etapas en la preparación metalográfica

Las etapas que se siguen para realizar un ensayo metalográfico son las siguientes: 1) selección y extracción de la muestra por corte, 2) desbaste y pulido, 3) ataque químico, 5) observación y, por último, 6) interpretación.

2.3.2.1 Selección y extracción de la muestra

Antes de obtener la muestra es necesario conocer el problema que debe estudiarse. Además, se debe definir el número de muestras a tomar y las zonas a examinar. Todo dependerá de la criticidad de las piezas, del proceso de fabricación o del fallo observado en la misma.

Los criterios de selección dependen de cada problema. Así, en algunos casos será necesario obtener una única muestra de un lugar determinado, pero en otros deberán obtenerse varias muestras en distintas posiciones y orientaciones del material. La orientación de la muestra puede jugar un papel decisivo en aquellos casos en que el material presenta anisotropía (laminación, deformación en frío, etc.). Así, probetas obtenidas del mismo material pero de diferentes zonas, por ejemplo en procesos de fundición o laminación, las microestructuras obtenidas difieren completamente. En el caso de fundición en lingoteras o moldes, las microestructuras serán diferentes si son cogidas de la periferia o del centro del lingote. En piezas conformadas por laminación se obtienen diferentes resultados si el examen es realizado en superficies deformadas paralela o perpendicularmente como consecuencia de la diferente forma y orientación de los granos.

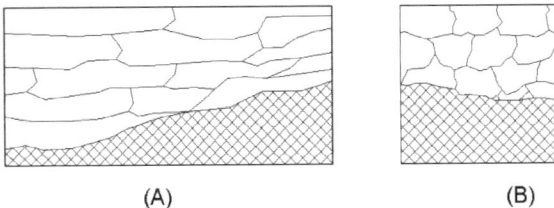

(A)   (B)

Figura 2.3.2 Orientación del grano. (A) Grano alargado obtenido en un proceso de laminación. (B) Grano equiaxial.

El modo de obtención de la muestra tiene como objetivo el mantenimiento de las características originales del material. Así, para materiales blandos y fácilmente maquinables pueden utilizarse sierras (manuales o mecánicas), mientras que para materiales duros (aceros templados, compuestos intermetálicos, metales duros, etc.) suelen emplearse muelas de diamante, carborundo o corindón, con abundante refrigeración para evitar que el calentamiento producido altere la microestructura del material.

Es recomendable utilizar discos de corte especiales para muestras metalográficas. Este empleo para cada familia de materiales (muy duros, duros, blandos, etc.) evitará calentamientos de la superficie cortada que prolongaría las etapas posteriores.

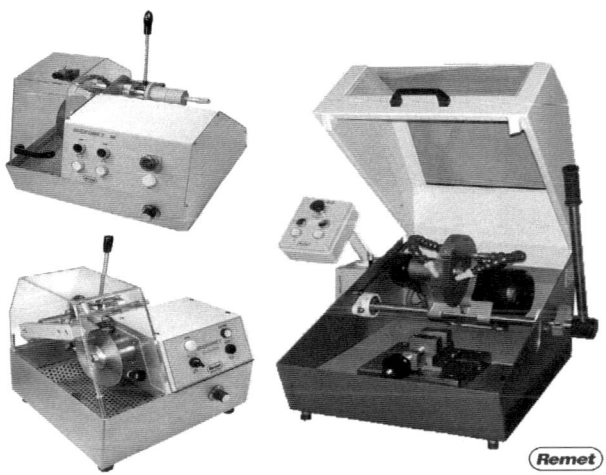

Figura 2.3.3 Cortadora metalográfica. Imagen cedida por cortesía de Tecmicro/Remet.

Cortadora metalográfica empleada para cortes de probetas metalográficas. Las muelas tienen un filo de diamante o corindón. Los discos de corte van desde 150 a 250 mm y llegan hasta 3000 rpm.

2.3.2.2 Embutición

El proceso de embutición o empastillado se realiza cuando el tamaño de la muestra es demasiado reducido como ocurre con alambres finos o láminas delgadas o cuando se desea observar con detalle los bordes de la misma.

El proceso consiste en la embutición de la muestra metálica en una base de material termoplástico o termoendurecibles mediante la ayuda de prensas especiales y adoptando forma de cilindro cuyas dimensiones normalizadas son 12 milímetros de altura por 20-25 milímetros de diámetro. Es una forma útil que permite su mejor manipulación, almacenaje y conservación.

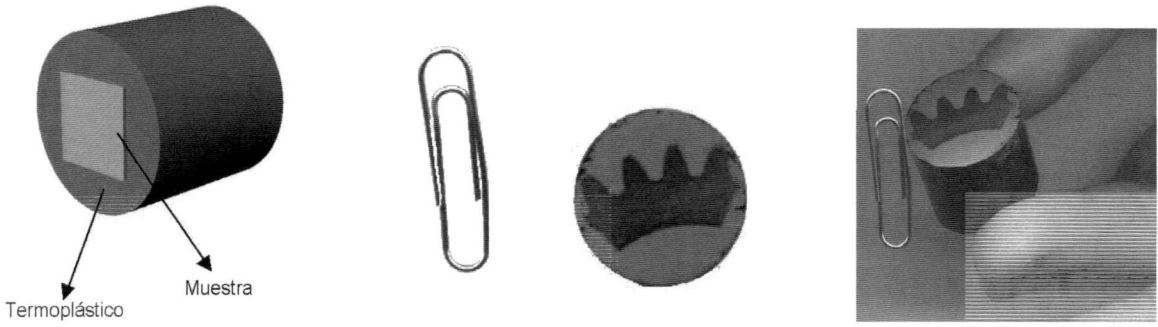

Figura 2.3.4 Embutición o encapsulado de una probeta.

La embutición puede realizarse en **caliente** o en **frío**.

- **Embutición en caliente**. Los polímeros usados más frecuentemente son la baquelita (resina fenólica opaca) y la lucita (termoplástico acrílico transparente). El proceso consiste en colocar la muestra y el polímero en un molde cilíndrico y someter el conjunto a una presión de 12 bar y temperatura de 145° durante un tiempo de 8 minutos aproximadamente. Finalmente se deja enfriar dentro del molde. La probeta sale encapsulada por el endurecimiento de la baquelita.

- **Embutición en frío**. Se utilizan resinas termoestables de polimerización a temperatura ambiente. Este grupo está formado por resinas de tipo epoxi, acrílico (metacrilato) y poliéster. El monómero se presenta en forma de polvo o líquido que, mezclado con un catalizador, produce la reacción de polimerización.

La utilización de uno u otro sistema y el tipo de resina depende de las instalaciones existentes, del tipo de material y del proceso.

Figura 2.3.5 Empastilladora. Imagen cedida por cortesía de Tecmicro/Remet.

Para facilitar el proceso se utilizan empastilladoras como las de la figura. La empastilladora es una máquina que facilita la realización de la embutición de la probeta en frío y en caliente. Dispone de un sistema de calefacción y un manómetro que regula la presión. La mayoría de empastilladoras incluyen un dispositivo automático de refrigeración, preselección de ciclo, tiempo regulable con alarma y cabezal intercambiable para crear encapsulados de distintos diámetros.

2.3.2.3 Desbaste

Tiene por objeto la reducción de la rugosidad superficial de la muestra a observar. Se realiza en tres etapas sucesivas mediante procedimientos manuales o mecánicos. Las fases se denominan **desbaste grosero**, **desbaste intermedio** y **desbaste final**.

- **Desbaste grosero o desbaste inicial**. Se realiza con lima de mano o de cinta teniendo en cuenta siempre el posible incremento de la temperatura. La presión ejercida durante esta etapa debe ser mínima para evitar la distorsión de la superficie y la aparición de rayas. En esta etapa se biselan las aristas o borde de la probeta cuando no requieren ser observados.

- **Desbaste intermedio**. Se realiza sobre papeles de esmeril (papel abrasivo) de buena calidad apoyados en superficies planas (mármol) y realizando presiones suaves. Es conveniente utilizar reglas guía para deslizar la probeta y empezar con abrasivos de mayor tamaño de grano para acabar con abrasivos de tamaño de grano fino. Debe utilizarse un papel para cada probeta, pues los papeles usados en otras probetas pueden causar distorsiones superficiales o incrustaciones con material ajeno.

- **Desbaste final**. Se realiza de la misma forma que el intermedio, pero utilizando abrasivos de grano más pequeño. Se empieza por el abrasivo de mayor tamaño y se termina por el más pequeño. Se tiene que tener en cuenta que al cambiar de papel abrasivo debemos rotar la probeta sobre su eje 90° para que las nuevas rayas producidas por el grano abrasivo sean perpendiculares a las dejadas por la fase anterior, de esta forma se consiguen eliminar.

El procedimiento de desbaste mecánico se realiza con desbastadoras de disco en las que se colocan los papeles de esmeril de diferentes tamaños de grano. El procedimiento es semejante al manual y el procedimiento consiste en frotar la superficie de la probeta contra el abrasivo hasta que solo se aprecien las marcas originadas por el tamaño de grano utilizado. A continuación se repite el proceso girando la probeta 90º, utilizando un tamaño de grano menor, hasta completar las tres etapas.

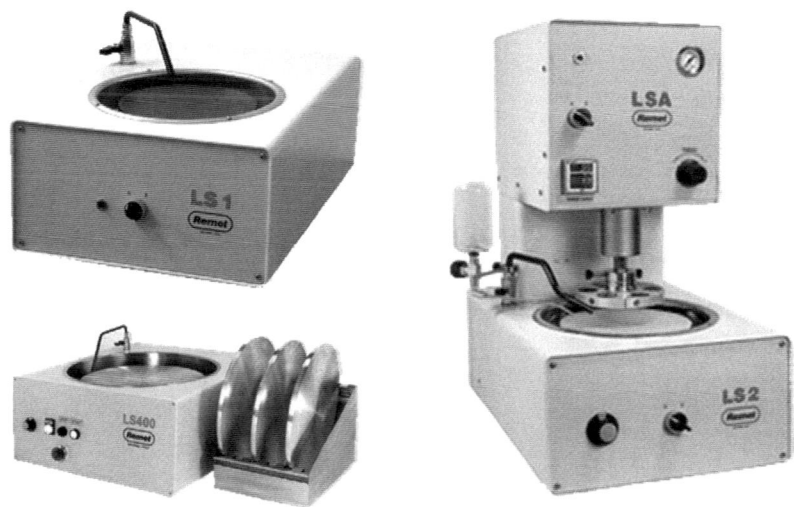

Figura 2.3.6 Pulidora metalográfica manual y automática. Imagen cedida por cortesía de Tecmicro/Remet.

Las probetas se apoyan sobre el plato que contiene el papel abrasivo. El disco con el papel abrasivo se encuentra adherido o pegado al disco metálico rotativo de la máquina mediante el uso de pegamentos o procedimientos magnéticos. La rotación del plato llega hasta las 300 rpm y permite desbastar y pulir intercambiando el papel abrasivo en etapas sucesivas. La refrigeración mantiene la temperatura de la superficie tratada y elimina las partículas arrancadas. La pulidora automática programable de la figura permite preparar hasta 6 muestras al mismo tiempo.

Durante el desbaste, la muestra debe estar refrigerada para evitar su calentamiento. Para ello se emplea agua, que, además de refrigerar, cumple la misión de limpieza por arrastre de granos arrancados y virutas de material de la muestra y soporte plástico. Ello implica que el papel esmeril empleado debe ser resistente al agua.
El abrasivo más utilizado es el carburo de silicio SiC en todas sus variedades de tamaño de grano (240, 320, 400 y 600 grados mesh). La unidad mesh correspondiente al número de hilos por pulgada cuadrada que hay en un cedazo. Por tanto, cuando mayor tamaño de grano, menor índice mesh.

2.3.2.4 **Pulido**

Es la última etapa en la preparación de la superficie de la probeta antes de realizar el ataque químico. Tiene por objeto reducir las marcas originadas en la etapa anterior y minimizar aún más la rugosidad superficial de la probeta. Igual que en el proceso anterior, el pulido se realiza en dos etapas consecutivas y en cada una de ellas se utiliza un abrasivo de tamaño de grano menor que el de la etapa anterior. La primera etapa recibe el nombre de **pulido preliminar** y la segunda de **pulido final**.

- **Pulido preliminar**. Tiene por objeto eliminar las rayas provocadas durante el desbaste. Se realiza con paños de billar o sintéticos y como material abrasivo se utiliza alúmina o pasta de diamante, según el tipo de material. El paño humedecido e impregnado del abrasivo es sujetado sobre un disco animado con movimiento circular. La probeta debe mantenerse sobre el disco y se le da un movimiento que va desde el centro del plato hacia la periferia o viceversa durante unos cinco minutos. Al terminar, la probeta es lavada con abundante agua y humedecida con alcohol etílico. Antes de proceder a realizar el pulido final, se observa en el microscopio a 100 aumentos y se determina el grosor de las rayas.

- **Pulido final**. Es la última de las etapas del tratamiento superficial de las probetas antes de realizar el ataque químico y la posterior observación en el microscopio. Se eliminan las posibles rayas que aún quedan del pulido preliminar. El procedimiento es semejante al del pulido preliminar, pero en este caso se emplean paños de terciopelo o sintéticos y abrasivos de óxido de magnesio, alúmina o pasta de diamante en forma de pasta muy fina. El pulido puede darse por finalizado cuando no se observen rayas a 100 aumentos.

Otros procedimientos que reducen la rugosidad superficial de las probetas son el pulido electrolítico y los abrasivos más usados son el diamante, la alúmina, el óxido de cerio y el óxido de magnesio.

Pulido electrolítico

En lugar de emplear procedimientos mecánicos para realizar el pulido de las probetas puede emplearse el pulido electrolítico de forma que la probeta no quede distorsionada por el frotamiento mecánico. Consiste en someter a las probetas previamente desbastadas a una electrólisis utilizándolas como ánodo. Durante el proceso las rugosidades y aristas de la probeta se disuelven resultando un pulido tan bueno como los que se pueden conseguir mediante procedimientos mecánicos. Se aplica a aleaciones de bronce, latón y aluminio.

Abrasivos utilizados

Los abrasivos más utilizados en los procedimientos de desbaste y pulido son el diamante, alúmina, óxido de cerio y óxido de magnesio.

- **Diamante**. Es el más utilizado. Se suele presentar en forma de polvo o pasta. Se comercializa en tamaños de 6, 3, 1 y 0,25 μm. Debe lubricarse con una mezcla de alcoholes. Sirve para todos los materiales sobre todo para los que son muy duros como carburos de wolframio y de boro.

- **Alúmina (Al_2O_3)**. Se presenta en polvo para mezclar con agua formando una pasta más o menos fluida. Se comercializa en tamaños de 15, 7,5, 3,25, 1 y 0,3 μm. Se emplea en materiales de base hierro y aleaciones de cobre.

- **Óxido de cerio (Ce_2O_3)**. Se comercializa en forma de suspensión y se utiliza para el pulido final de aleaciones de base hierro y aleaciones de cobre.

- **Óxido de magnesio (MgO)**. Se utiliza para el pulido final de metales blandos. Se presenta como una disolución acuosa formando una pasta con la que se impregna el paño.

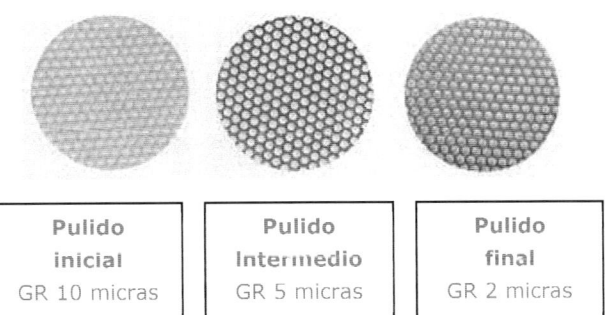

| Pulido inicial GR 10 micras | Pulido Intermedio GR 5 micras | Pulido final GR 2 micras |

Figura 2.3.7 Discos adhesivos abrasivos para pulido inicial, intermedio y final.

El pulido ya sea mediante pulidoras metalográficas o electrolíticas se considera finalizado cuando las probetas sean observadas en el microscopio a 100 aumentos sin ningún tipo de raya. Después del pulido es necesario lavar la muestra con agua y jabón seguido de un enjuagado bajo un chorro de agua abundante para eliminar todos los subproductos de desecho. La mayoría de las veces es necesaria la utilización de etanol y ultrasonidos para que la limpieza sea completa.

Después de la limpieza se seca la superficie de la muestra mediante una corriente de aire caliente que desplaza y elimina la película de agua y el etanol que todavía haya podido quedar. De este modo se tienen las probetas listas para realizar la siguiente operación, el **ataque químico**.

Para conservar la probeta, una vez pulidas deben colocarse en desecadores con cloruro de calcio anhidro para evitar la oxidación y darles una capa de laca o vaselina. Es lo mejor forma para evitar que la superficie a observar se degrade por oxidación.

2.3.2.5 **Ataque micrográfico**

El ataque micrográfico tiene como objeto resaltar en un material los constituyentes que lo forman, el tamaño de grano y las cantidades de cada uno de ellos para poder aceptar o rechazar el material en función de las especificaciones técnicas del mismo.

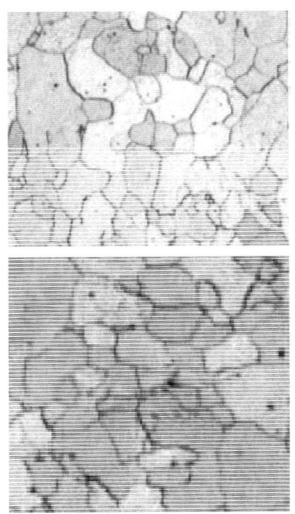
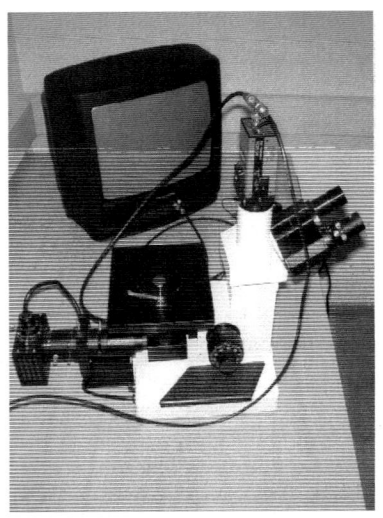

Figura 2.3.8 Micrografías obtenidas después de realizar un ataque químico. Se pueden observar los granos así como las diferentes tonalidades de cada uno de los constituyentes.

Microscopio metalográfico conectado a un equipo de televisión. Tiene un sistema de iluminación basado en el principio de reflexión de onda luminosa. La fracción de luz incidente en la superficie de la probeta es reflejada y ampliada al pasar por las lentes. Los aumentos se definen por el producto de los aumentos del ocular y los del objetivo.

Pueden realizarse diferentes tipos de ataque:

- Ataque químico

- Ataque mecánico (pulido en relieve)

- Ataque mecánico-químico

- Ataque térmico

Ataque químico

Al atacarse una probeta con un reactivo químico se observa que esta adquiere diferentes tonalidades. Este comportamiento es debido a que unos constituyentes son más atacados que otros y cambian de color.

Para realizar el ataque químico primero debe lavarse la probeta con abundante agua, secarse y volverla a lavar, pero con alcohol etílico. Posteriormente se seca de nuevo. Una vez realizadas estas operaciones previas ya puede ser atacada con el reactivo químico. Las probetas se sumergen en el reactivo con la superficie pulida hacia abajo sin que toque el fondo del recipiente y se les da un ligero movimiento para evitar la formación de burbujas sobre la superficie de la misma. Para realizar la inmersión de la probeta es necesario usar pinzas.

En función del tipo de aleación a estudiar y del tipo de constituyente que se desea colorear, el reactivo químico empleado en el ataque deberá ser diferente. El tiempo de ataque depende del tipo de reactivo utilizado y de los aumentos con los que se observará la probeta.

En la tabla de la figura se indican los principales reactivos empleados, la composición de los mismos, la duración del ataque y sus principales aplicaciones.

Nombre del reactivo	Composición química	Duración ataque	Aplicación
Nital	Ácido nítrico (5 cm^3) Alcohol etílico (95 cm^3)	20 a 50 s	Aceros y fundiciones
Agua regia	Ácido nítrico (10 cm^3) Ácido clorhídrico (25 cm^3) Glicerina (25 cm^3)	30 a 120 s	Aceros al Cr, Ni-Cr y austeníticos
Reactivo de Muray	Ferrocianuro de potasio (6 g) Potasa (10 g) Agua (100 g) *Se emplea en caliente*	2 a 10 min.	Aceros al Cr y W. Colorea la ferrita

Nombre del reactivo	Composición química	Duración ataque	Aplicación
Picral	Ácido pícrico (40 g) Alcohol etílico (1 l)	--	Fundiciones. Colorea la perlita y juntas de los granos
Picrato de sosa	Ácido pícrico (2 g) Sosa (25 g) Agua (100 g)	--	Colorea la cementita para diferenciarla de la ferrita
Reactivo Villeda	HF concentrado (20 cm^3) HNO$_3$ (10 cm^3) Glicerina (30 cm^3)	--	Aluminio

Figura 2.3.9 Ataque químico. Composiciones químicas de los principales reactivos.

La aplicación de **nital** en hierro y aceros al carbono provoca el oscurecimiento de la perlina diferenciándola de la martensita y marcando los límites de grano de la ferrita. El **picral** es tan recomendable como el nital para marcar los límites de grano de la ferrita. Y el **ácido clorhídrico** y **pícrico** marca los granos de austenita en los aceros templados y en los templados y revenidos.

Otros procedimientos usados para marcar y distinguir los constituyentes y sus límites de grano son el ataque mecánico, el ataque mecánico-químico y el térmico.

2.3.3 Interpretación de las estructuras

Mediante el examen microscópico pueden estudiarse zonas muy pequeñas del material y obtener información acerca de:

- Constituyentes presentes en cada una de las probetas así como el control de los tratamientos térmicos.
- Tamaño y forma de los granos.
- Defectos microscópicos como porosidades, grietas, microrrechupes, etc.
- Corrosión intergranular (acero quemado, zonas descarburadas, etc.).
- Naturaleza de las microincrusiones no metálicas.
- Capas superficiales cementadas o nitruradas.

La información suministrada debe interpretarse teniendo en cuenta si el comportamiento observado es homogéneo en todas las partes de la misma o si por el contrario es heterogéneo, es decir, cada parte de la probeta tiene estructuras diferentes (capas cementadas, nitruradas, etc.), en estos casos deberán interpretarse los resultados de forma estadística.

Para realizar el examen se disponen de microscopio óptico capaces de general una luz que es reflejada por la superficie de la muestra en función del ataque químico en las diferentes zonas. Las características microestructurales que son más atacadas provocan mayor dispersión de la luz y aparecen como zonas oscuras.

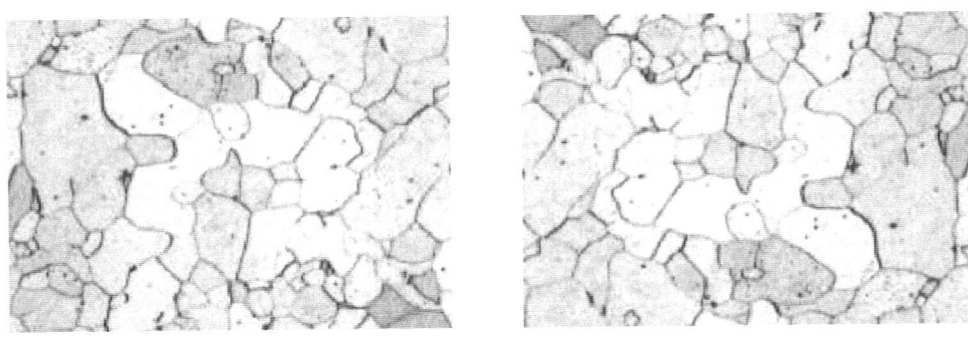

Figura 2.3.10 Microestructuras de aceros.

2.3.3.1 Medida del tamaño de grano

A pesar del aspecto homogéneo que presentan los materiales, a nivel microscópico están formados por pequeños cristales unidos entre sí. Cada uno de estos cristales posee la misma estructura cristalina, pero la orientación que presenta varía de uno a otro. Cada uno de los cristales o granos se formó durante la solidificación del material a partir de un núcleo independiente, que creció con una determinada orientación. Una vez acabado el proceso, la superficie de contacto entre los granos refleja la desorientación entre ellos, creando una zona de menor orden atómico que conocemos como **límite de grano**.

El **límite de grano** es la zona que separa unos granos de otros por lo que es una superficie estrecha en la cual los átomos no se encuentran ordenados correctamente. Se crean zonas de compresión cuando los átomos están muy cerca unos de otros y zonas de tensión cuando están alejados.

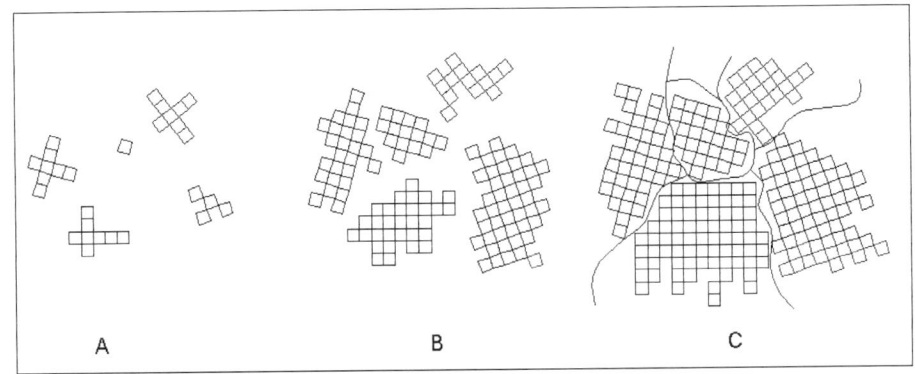

Figura 2.3.11 Esquema de la etapa de solidificación. En los inicios de la solidificación (A) aparecen pequeños cristales aislados e inconexos. Estos pequeños cristales crecen por procedimientos de subenfriamiento con la misma orientación hasta que se produce la interacción con los ordenamientos vecinos. En la imagen (C) se representa la irregularidad cristalina en los límites de grano.

La morfología (tamaño y disposición) del grano varía con los tratamientos térmicos, el trabajo en frío y con la recristalización. Su influencia es crucial en su comportamiento, por lo que es muy importante determinar un procedimiento para poder cuantificar el tamaño de los mismos.

Reduciendo el tamaño de los granos se incrementa el número de los mismos y aumenta la superficie de límite de grano. Cuando un material es sometido a un esfuerzo las dislocaciones[1] de la red se moverán una distancia corta antes de topar con la frontera de grano, incrementando la resistencia del metal.

La ecuación de **Hall-Petch** nos indica la relación que existe entre el tamaño de grano y el límite elástico de un material según:

$$\sigma_y = \sigma_0 + K \times d^{-\frac{1}{2}}$$

Donde:

σ_y: Límite elástico (tensión para la cual se produce deformación permanente).

D: Diámetro medio de los granos.

K y σ_0 son constantes del material.

Cuando el tamaño de grano se reduce las propiedades mecánicas de los mismos se incrementan por la dificultad que tienen las dislocaciones para pasar de un grano a otro. La determinación del tamaño de grano es muy importante para conocer sus propiedades mecánicas.

La Norma UNE 7-280-72 establece los métodos para poner de manifiesto el tamaño de grano en los aceros. La microscopía óptica es un procedimiento útil para conocer las características microestructurales de superficies previamente desbastadas, pulidas de un material y atacadas químicamente.

Se distinguen tres procedimientos normalizados para cuantificar el tamaño de grano:

a) Por **comparación** de las imágenes obtenidas con patrones o imágenes tipo definidas por la Norma UNE 7-280-72 o por las Normas ASTM.

b) Por **recuento** del número de granos por unidad de superficie de la muestra.

c) O por recuento de los granos que son cortados al trazar una línea recta (**método de las intersecciones o de Heyn**).

2.3.3.2 Determinación del tamaño de grano por comparación

El método se basa en comparar las fotografías o imágenes de la muestra con una serie de imágenes patrón de tamaño de grano ya conocido tomadas a 100 aumentos. El patrón que mejor coincida con la imagen indicará

---

[1] **Dislocación**. Imperfección lineal de las redes cristalinas cuyo movimiento ayuda a entender la deformación de los metales. La dificultad en el movimiento de las dislocaciones provoca un incremento del endurecimiento de los metales. Se justifica el endurecimiento por deformación en frío por el anclaje de las dislocaciones.

aproximadamente el tamaño de grano del material. El método es aplicable en aquellos materiales que presentan granos equiaxiales y tamaños homogéneos.

En los casos en los que la imagen obtenida haya sido realizada con un aumento diferente a 100 se define el índice G:

$$G = M + 6,64 \log \frac{g}{100}$$

Aumento de la imagen	Indice de grano del metal (G) para una imagen identificada con la imagen tipo nº							
	1	2	3	4	5	6	7	8
25	-3	-2	-1	0	1	2	3	4
50	-1	0	1	2	3	4	5	6
100	1	2	3	4	5	6	7	8
200	3	4	5	6	7	8	9	10
400	5	6	7	8	9	10	11	12
500	7	8	9	10	11	12	13	14

Figura 2.3.12 Valores de G para distintos aumentos y valores de M. Normas UNE 7-280-73.

2.3.3.3 Determinación del tamaño de grano según el método definido por la ASTM

Junto con el procedimiento definido en las Normas UNE es el método más empleado en la determinación del tamaño de grano. Se cuenta con un microscopio metalográfico a 100 aumentos el número de granos existentes en una pulgada cuadrada (granos/pulg^2), o comparando con las imágenes estándar publicadas por la ASTM (American Society for Testing Materials).

La ASTM establece un total de 8 tamaños de grano distintos, donde el tamaño de grano más pequeño es el ASTM=8 y el más grande ASTM=1. El primero equivale a 1 grano por pulgada cuadrada (1 granos/pulg^2), el segundo equivale a 2 granos por pulgada cuadrada (2 granos/pulg^2), siguiendo la expresión:

$$N_{Granos} = 2^{n-1}$$

Donde N $_{Granos}$ es el número de granos y n el número de tamaño de grano.

Ejercicio resuelto 2.3.1

Determina la superficie de un grano perteneciente a un acero austenítico número 7 ASTM.

Solución

Aplicando la expresión:

$$N_{Granos} = 2^{n-1} \qquad N_{Granos} = 2^{7-1} = 2^6 = 64 \frac{granos}{pu\lg^2} \qquad 1Pu\lg = 25,4mm$$

$$1Pu\lg^2 = 25,4^2 = 645,16mm^2$$

$$64\frac{granos}{pu\lg^{2}}\times\frac{1pu\lg^{2}}{645,16mm^{2}}=9,92\cdot10^{-2}\frac{granos}{mm^{2}}$$

A 100 aumentos. En 100×100 (10 000 aumentos de superficie):

$$9,92\cdot10^{-2}\frac{granos}{mm^{2}}\times10000\,aumentos=992\frac{granos}{mm^{2}}$$

Siendo la superficie igual al producto de los lados.

$$S=\frac{1mm^{2}}{992\,granos}=1,008\cdot10^{-3}\frac{mm^{2}}{grano}$$

Ejercicio resuelto 2.3.2

Cuántos granos existen en un metro cúbico de un acero ASTM=3. Suponer que cada grano tiene una forma cúbica.

Solución:

$$N_{Granos}=2^{3-1}=2^{6}=4\frac{granos}{pu\lg^{2}}\qquad\begin{array}{l}1Pu\lg=25,4mm\\1Pu\lg^{2}=25,4^{2}=645,16mm^{2}\end{array}$$

$$4\frac{granos}{pu\lg^{2}}\times\frac{1pu\lg^{2}}{645,16mm^{2}}=6,20\cdot10^{-3}\frac{granos}{mm^{2}}$$

Para 100 aumentos:

$$6,20\cdot10^{-3}\frac{granos}{mm^{2}}\times100A=620\frac{granos}{mm^{2}}\qquad S=L^{2}\qquad L=\left(6,2\cdot10^{7}\right)^{\frac{1}{2}}=7874,64\frac{granos}{metro}$$

$$V=\left(7874,64\frac{granos}{metro}\right)^{3}=4,882\cdot10^{11}\frac{granos}{m^{3}}$$

Ejercicio resuelto 2.3.3

Se cuentan 700 granos en una pulgada cuadrada a 100 aumentos. ¿Cuál es el índice del tamaño de grano según la ASTM?

Solución

$$N_{Granos} = 2^{n-1} = 700 \qquad (n-1)\log 2 = \log 700 \qquad n-1 = \frac{\log 700}{\log 2} = \frac{2,845}{0,3010} \qquad n = 9,45$$

Ejercicio resuelto 2.3.4

Se cuentan 450 granos en una pulgada cuadrada a 250 aumentos. ¿Cuál es el índice del tamaño de grano según la ASTM?

Solución

$$N = 450 \frac{granos}{pu\lg^2} \times \frac{250}{100} = 1125 \frac{granos}{pu\lg^2} \qquad 2^{n-1} = 1125 \qquad n-1 = \frac{\log 1125}{\log 2} = \frac{3,0511}{0,3010} \qquad n = 11,13$$

2.3.3.4 Determinación del tamaño de grano por recuento directo

El método consiste en contar cada uno de los granos que se encuentran totalmente y parcialmente dentro de una circunferencia de 79,8 mm de diámetro (área=5000 mm²) dibujada sobre una micrografía. Se admite representar también un cuadrado de 70,7 mm de lado y debe tenerse en cuenta que los granos maclados cuentan como un solo grano.

También debemos tener en cuenta que el aumento de la imagen deber ser suficiente para que se puedan visualizar como mínimo 50 granos. Para realizar el cálculo se cuentan cada uno de los granos que se encuentran totalmente dentro de la circunferencia de radio 79,8 mm (ver figura 10.13) a los que llamaremos g_1 y los granos que se encuentran cortados por el perímetro de la circunferencia, llamados g_2.

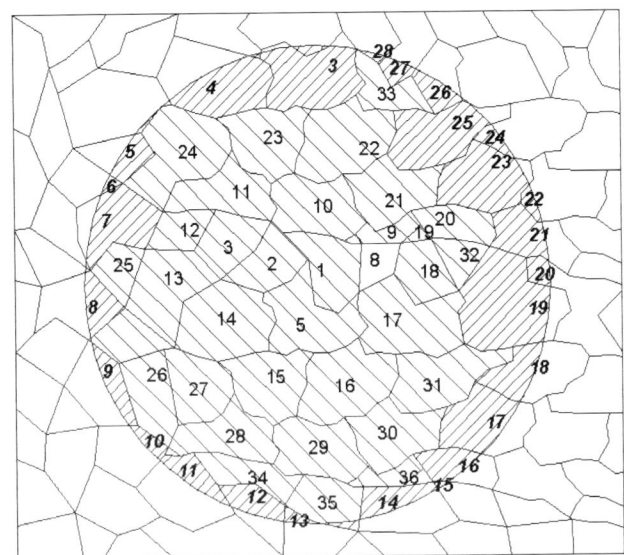

Figura 2.3.13 Recuento de granos.

Se procede a realizar el cálculo del **número total de granos** dentro de la circunferencia tomando los granos g_2 como ½.

$$\sum g = g_1 + \frac{1}{2} \times g_2$$

El **número de granos** (m) por milímetro cuadrado se calcula partiendo de $\sum g$ y de los aumentos (a) empleados según la fórmula:

$$m = g \times \frac{a^2}{5000} = 2 g \times \left(\frac{a}{100}\right)^2$$

El **diámetro medio** en milímetros de un grano(d_m) y el **área media** (a_m), en milímetros cuadrados se expresan según las fórmulas:

$$d_m = \frac{1}{\sqrt{m}} \qquad\qquad a_m = \frac{1}{m}$$

Ejemplo resuelto 2.3.5

Se ha contado en una micrografía realizada a 150 aumentos 35 granos enteros dentro de un círculo de diámetro 79,8 mm y 28 granos cortados por la circunferencia. Determinar el número de granos por milímetro cuadrado, el diámetro medio de un grano y el área media.

Solución

El número de granos por milímetro cuadrado lo podemos calcular con la expresión:

$$m = 2g \times \left(\frac{a}{100}\right)^2 = 2 \times \left(35 + \frac{28}{2}\right) \times \left(\frac{150}{100}\right)^2 = 220,5 \approx 220 \frac{gra\,nos}{mm^2}$$

El diámetro y el área media de un grano:

$$d_m = \frac{1}{\sqrt{m}} = \frac{1}{\sqrt{220}} = 6,742 \times 10^{-2}\,mm \qquad\qquad a_m = \frac{1}{m} = \frac{1}{220} = 4,545 \times 10^{-3}\,mm^2$$

El procedimiento indicado es válido para una micrografía con granos equiaxiales. En el caso de observar granos alargados que no tienen una forma más o menos circular debe realizarse un recuento en tres secciones perpendiculares entre sí, direcciones principales: **longitudinal** (m_L), **transversal** (m_T) y **normal** (m_N) y calcularse el número de granos por mm² en cada una de ellas. Mediante la siguiente expresión se determina el número medio de granos por mm³. En la tabla se determina el valor del índice G y los parámetros de definición principales del grano.

$$m = 0,7\sqrt{m_L \cdot m_T \cdot m_N}$$

Ejemplo resuelto 2.3.6

Se ha obtenido una micrografía donde los granos se muestran alargados debido a una fuerte deformación plástica. Se obtienen las tres secciones longitudinal (m_L=72), transversal (m_T=78) y normal (m_N=131). Determina el índice G y el número de granos por milímetro cuadrado.

Solución

El número de granos por milímetro cúbico lo podemos calcular con la expresión:

$$m = 0,7\sqrt{m_L \cdot m_T \cdot m_N} = 0,7\sqrt{72 \cdot 78 \cdot 131} = 612,7 \approx 613$$

El valor de m es mayor a 512, por lo que le corresponde un valor de G=4 (columna de m=1450).

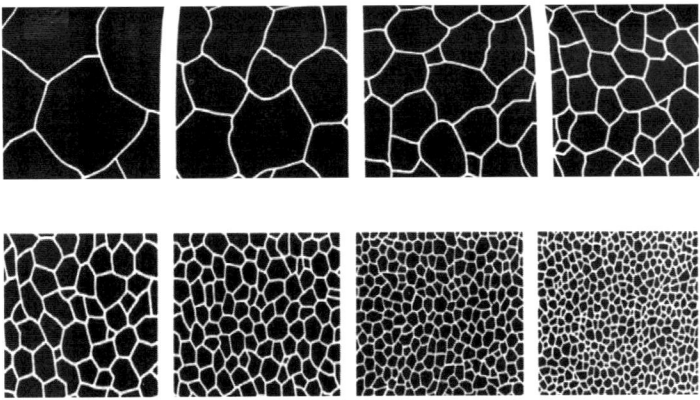

Figura 2.3.14 Tamaños de grano. Imágenes tipo.

2.3.3.5 Determinación del tamaño de grano por el método de las intersecciones

Es conocido como **método de Heyn** y puede utilizarse cuando los granos no tienen forma equiaxial. Sobre una micrografía se cuenta el número de granos cortados por uno o más segmentos rectilíneos, de forma que los granos contados sean más de 50. Los granos que no son cortados por el centro se cuentan como medios granos y, al igual que en el método anterior, los granos maclados se consideran como un solo grano.

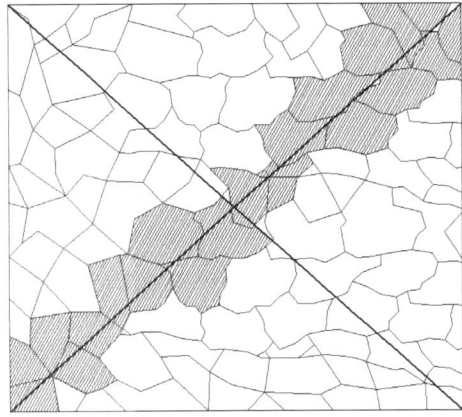

Figura 2.3.15 Método de las intersecciones.

Si l_i es la longitud del segmento trazado sobre la micrografía, a el aumento y n el número de granos que han sido cortados se define la **longitud media de intersección** (l_m) y el **número de granos cortados** por milímetro (m_i) por las fórmulas:

$$l_m = \frac{l_i}{a \times n} \qquad\qquad m_i = \frac{a \times n}{l_i} = \frac{1}{l_m}$$

Ejemplo resuelto 2.3.7

En una micrografía de 100 aumentos se han encontrado 54 granos cortados por un segmento de 71 milímetros de longitud. Determinar la longitud media de intersección y el número de granos cortados por milímetro.

Solución

Aplicando las ecuaciones:

$$l_m = \frac{l_i}{a \times n} = \frac{71}{100 \times 54} = 0,01315 mm \qquad\qquad m_i = \frac{a \times n}{l_i} = \frac{1}{l_m} = \frac{1}{0,001315} = 76,05 \approx 76 \frac{gra\,nos}{mm}$$

El valor de 0,01315 se corresponde con G=9 y 76 granos cortados por mm.

Determinación del tamaño de grano. Imágenes tipo

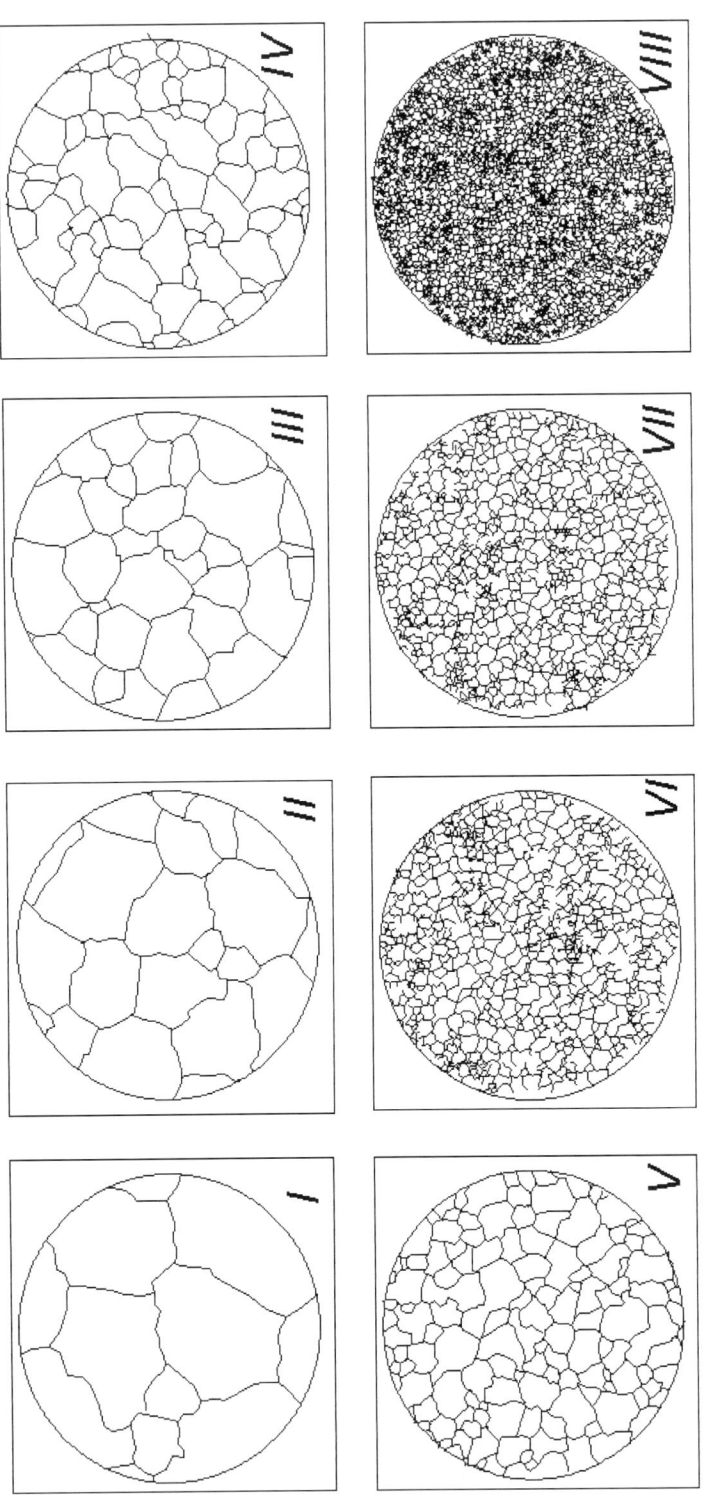

Imagen tipo I

Índice de grano	-3	-1	1	3	5	7
Aumento	25	50	100	200	400	800

Imagen tipo II

Índice de grano	-2	0	2	4	6	8
Aumento	25	50	100	200	400	800

Imagen tipo III

Índice de grano	-1	1	3	5	7	9
Aumento	25	50	100	200	400	800

Imagen tipo IV

Índice de grano	0	2	4	6	8	10
Aumento	25	50	100	200	400	800

Imagen tipo V

Índice de grano	1	3	5	7	9	11
Aumento	25	50	100	200	400	800

Imagen tipo VI

Índice de grano	2	4	6	8	10	12
Aumento	25	50	100	200	400	800

Imagen tipo VII

Índice de grano	3	5	7	9	11	13
Aumento	25	50	100	200	400	800

Imagen tipo VIII

Índice de grano	4	6	8	10	12	14
Aumento	25	50	100	200	400	800

Figura 2.3.16 Imágenes tipo para la determinación del tamaño de grano. Estas figuras no pueden tomarse como patrones para comparación puesto que han sido reducidas. Consultar Norma UNE 7-280-72.

Figura 2.3.17 Correspondencia entre el índice de tamaño de grano y los principales aumentos según UNE 7-280-72.

Valores de los índices de tamaño de grano G	m		
	Valor nominal	Valores límites	
		De (excluido)	Hasta (incluido)
-7	0,0625	0,046	0,092
-6	0,125	0,092	0,185
-5	0,25	0,185	0,37
-4	0,50	0,37	0,75
-3	1	0,75	1,5
-2	2	1,5	3
-1	4	3	6
0	8	6	12
1	16	12	24
2	32	24	48
3	64	48	96
4	128	96	192
5	256	192	384
6	512	384	768
7	1024	768	1536
8	2048	1536	3072
9	4096	3072	6144
10	8192	6144	12288
11	16 384	12 288	24 576
12	32 768	24 576	49 152
13	65 536	49 152	98 304
14	131 072	98 304	196 608
15	262 144	196 608	393 216
16	524 288	393 216	786 432
17	10 485 576	786 432	1 572 864

Valores de los índices de tamaño de grano G	Diámetro medio de un grano (mm)	Área media de un grano (mm$_2$)	Número medio de granos por mm^3	Longitud media de intersección Método Heyn (mm)
-7	4	16	0,016	3,54
-6	2,828	8	0,044	2,51
-5	2	4	0,125	1,78
-4	1,414	2	0,353	1,25
-3	1	1	1,000	0,888
-2	0,707	0,5	2,83	0,627
-1	0,500	0,25	8,00	0,444
0	0,353	0,125	22,7	0,313
1	0,250	0,0625	64,1	0,222
2	0,176	0,0312	183	0,156
3	0,125	0,0156	512	0,111
4	0,0883	0,00781	1450	0,0784
5	0,0612	0,00390	4350	0,0543
6	0,0441	0,00195	11700	0,0391
7	0,0306	0,00098	34800	0,0271
8	0,0224	0,00049	88500	0,0198
9	0,0153	0,000244	279000	0,0135
10	0,0112	0,000122	714000	0,00994
11	0,0076	0,000061	$2,3 \cdot 10^6$	0,0067
12	0,0056	0,000030	$5,7 \cdot 10^6$	0,0049
13	0,0038	0,000015	$18 \cdot 10^6$	0,0033
14	0,0028	0,0000075	$46 \cdot 10^6$	0,0024
15	0,0019	0,0000037	$150 \cdot 10^6$	0,0016
16	0,0014	0,0000019	$370 \cdot 10^6$	0,0012
17	0,0009	0,00000095	$1400 \cdot 10^6$	0,0007

Figura 2.3.18 Valores de los índices de tamaño de grano.

2.3.4 Ataque químico para la determinación del tamaño de grano austenítico

Una parte importante de los ensayos metalográficos es la determinación del tamaño de grano de los aceros austeníticos. La determinación del tamaño de grano de los aceros comprende dos fases:

1) Dar a las probetas la preparación adecuada para poner de manifiesto el grano y poder observarlo fácilmente.

2) Observación y clasificación del tamaño de grano.

Para ello existen tres métodos perfectamente normalizados en la determinación del grano de los aceros austeníticos:

Método de Mac Quaid et Ehm

Consiste en cementar una probeta cuadrada con las caras mecanizadas y limpias (sin trazos de óxido, de 20 mm de lado a 925 ºC y durante 8 horas). El cementante utilizado es sólido (60% de carbón vegetal y 40% de carbonato bárico). La velocidad de calentamiento es de 450 ºC/hora. La cementación debe profundizar 1 mm. Posteriormente se realizará el enfriamiento a una velocidad de 180 ºC/hora. Durante el enfriamiento se irán formando granos de perlita rodeados por una red de cementita. Al terminar, se pule la superficie y se ataca con NITAL-2 (ácido nítrico con un 2% de alcohol etílico). Finalmente se determina el tamaño de según los procedimientos ya descritos.

Método de Vilella

En este método se austenizan las probetas calentándolas a temperaturas apropiadas y se les mantiene la temperatura el tiempo necesario para su transformación. Se templan en agua y se rebajan unos 2 mm por una de las caras. Posteriormente se ataca con el reactivo Vilella (1 g de ácido pícrico + 5 cc de HCl en 100 ml de alcohol etílico). Sobre la cara preparada se mide el tamaño de grano.

Método de oxidación

Se pule la superficie con el n.º 1 de papel de esmeril. Se calienta hasta la temperatura de austenización y se mantiene durante 1 o 2 horas, según temperatura de austenización (más tiempo si es más elevado). Se templa en agua y se pule la cara preparada otra vez con alúmina hasta obtener un perfecto acabado. Se ataca con 0,5 g de ácido pícrico + 10 cc de HCl en 100 de alcohol etílico para marcar los límites de grano. Finalmente se determina el tamaño de grano empleando algunos de los procedimientos ya descritos.

Ejercicio resuelto 2.3.8

Utiliza las tablas de la Norma UNE para determinar las dimensiones normalizadas de una micrografía de un acero que tiene 25 granos enteros dentro del círculo y 20 granos cortados por la circunferencia. La imagen se ha efectuado a 150 aumentos.

Solución

Aplicando la expresión:

$$n = 25 + \frac{20}{2} = 25 + 10 = 35 \qquad m = 2g \times \left(\frac{a}{100}\right)^2 = 2 \times \left(35 + \frac{20}{2}\right) \times \left(\frac{150}{100}\right)^2 = 157{,}5 \approx 158 \frac{granos}{mm^2}$$

En la tabla, n=158 se encuentra comprendido entre 192 y 96 para un valor de G=4. Se determina el diámetro medio del grano, el área media, el número de granos por mm³ y la longitud media de intersección según el método de Heyn, en mm.

2.3.5 Prevención de riesgos en la ejecución de ensayos destructivos y no destructivos en España

La realización de **ensayos destructivos y no destructivos** en el ámbito industrial es crucial para garantizar la calidad, seguridad y durabilidad de los materiales y productos. Sin embargo, estos ensayos implican una serie de **riesgos laborales** y de seguridad que deben gestionarse adecuadamente para proteger tanto a los operadores como a los equipos involucrados. En España, la normativa de **prevención de riesgos laborales** está bien desarrollada y regulada, garantizando que se cumplan estrictos estándares de seguridad.

Este capítulo explora los principales riesgos asociados con la ejecución de **ensayos destructivos** y **no destructivos** (END), así como las medidas preventivas y la normativa aplicable para minimizar dichos riesgos en el entorno laboral, cumpliendo con las regulaciones en materia de seguridad.

2.3.5.1 Ensayos destructivos: Concepto y riesgos

Los **ensayos destructivos** (ED) implican la destrucción total o parcial del material para evaluar sus propiedades mecánicas, físicas y químicas. Estos ensayos son esenciales para obtener datos precisos sobre la resistencia, la dureza, la ductilidad, y otras características críticas del material, pero conllevan riesgos significativos para los operarios y el entorno. Algunos de los ensayos destructivos más comunes realizados en la industria incluyen:

- **Ensayo de tracción**: Para determinar la resistencia y ductilidad del material.
- **Ensayo de impacto (Charpy o Izod)**: Para medir la tenacidad frente a la fractura.
- **Ensayo de dureza**: Evaluar la resistencia del material a la deformación permanente.
- **Ensayo de fatiga**: Determinar el comportamiento del material ante esfuerzos repetidos.

Los ensayos destructivos presentan riesgos inherentes debido a la manipulación de máquinas y equipos, así como a la destrucción de los materiales. Entre los riesgos más comunes se encuentran:

- **Riesgos mecánicos**: Involucran la operación de máquinas de ensayo, como prensas de tracción, que pueden causar atrapamientos, aplastamientos o cortes en los operarios si no se siguen las medidas de seguridad adecuadas.

- **Proyecciones de fragmentos**: Al someter a los materiales a fuerzas extremas, existe el riesgo de que se rompan y proyecten fragmentos, lo que puede causar lesiones graves en ojos, cara o manos.

- **Riesgo de contacto con materiales peligrosos**: Algunos ensayos destructivos requieren el uso de materiales tóxicos, como solventes o productos químicos, que pueden ser perjudiciales en caso de contacto o inhalación.

- **Riesgos eléctricos**: En algunos casos, los equipos de ensayo destructivo, como las máquinas de fatiga, pueden implicar el uso de corriente eléctrica, lo que aumenta el riesgo de electrocución.

Los **ensayos no destructivos** (END) permiten la inspección de materiales y piezas sin dañarlos, lo que los convierte en una herramienta indispensable para la evaluación de la integridad y calidad en sectores como el **aeroespacial**, **automotriz** y la **construcción**. Sin embargo, estos ensayos también presentan riesgos específicos, especialmente cuando se utilizan técnicas avanzadas como los **rayos X**, la **ultrasonografía** o las **corrientes inducidas**.

Entre los ensayos no destructivos más comunes, se incluyen:

- **Radiografía industrial**: Uso de rayos X o rayos gamma para inspeccionar la estructura interna de los materiales.

- **Ultrasonido**: Emplea ondas sonoras de alta frecuencia para detectar defectos o discontinuidades.

- **Partículas magnéticas**: Detecta fisuras superficiales en materiales ferromagnéticos.

- **Líquidos penetrantes**: Para revelar defectos abiertos en la superficie del material.

- **Termografía infrarroja**: Utiliza cámaras térmicas para detectar irregularidades en la distribución de temperatura.

Los riesgos asociados con los **ensayos no destructivos** dependen del tipo de tecnología empleada. Algunos de los riesgos más comunes incluyen:

- **Radiación ionizante**: En los ensayos con radiografía industrial (rayos X o gamma), los operarios están expuestos a radiación ionizante, que puede causar efectos graves en la salud, como quemaduras, daño a los tejidos y riesgo de cáncer si no se protegen adecuadamente.

- **Riesgos acústicos**: Los equipos de ultrasonido pueden generar niveles de ruido altos que, a largo plazo, pueden provocar pérdida auditiva si no se utilizan medidas de protección adecuadas.

- **Riesgos químicos**: Los ensayos con líquidos penetrantes implican el uso de químicos que pueden ser irritantes o tóxicos si entran en contacto con la piel o son inhalados.

- **Riesgos de quemaduras**: En los ensayos de termografía infrarroja, el contacto accidental con superficies calientes o componentes eléctricos puede causar quemaduras.

Normativa española en prevención de riesgos laborales

En España, la Ley **31/1995 de Prevención de Riesgos Laborales (LPRL)** establece los principios básicos para proteger la salud y la seguridad de los trabajadores. Esta normativa se complementa con varios **reglamentos** y **decretos** que regulan los aspectos específicos de la seguridad en el trabajo, incluyendo la **seguridad en los ensayos destructivos y no destructivos**.

2.3.5.1.1 Evaluación de riesgos

La LPRL exige a las empresas realizar una **evaluación de riesgos** antes de llevar a cabo cualquier tipo de ensayo. Esto incluye la identificación de los peligros asociados a los **equipos**, **productos químicos**, **radiación**, y las **condiciones ambientales**.

- **Evaluación en ensayos destructivos**: Identificar los riesgos asociados con los equipos de tracción, impacto o fatiga, asegurando que los operarios estén formados y que las máquinas tengan dispositivos de seguridad adecuados.

- **Evaluación en ensayos no destructivos**: Asegurar que los operarios estén protegidos de la exposición a radiaciones ionizantes, productos químicos y otros peligros asociados con las técnicas de END.

2.3.5.1.2 Formación y capacitación

El **artículo 19 de la LPRL** establece la **obligación de formar y capacitar** a los trabajadores en el uso seguro de los equipos y en las técnicas de ensayo. Esto incluye:

- **Formación en protección radiológica**: Para los operadores de radiografía industrial y otras técnicas que emplean radiación.

- **Capacitación en manipulación de sustancias químicas**: Para aquellos trabajadores que utilicen líquidos penetrantes o productos similares.

- **Uso de equipos de protección individual (EPI)**: Instrucción en el uso adecuado de **EPI**, como guantes, protectores faciales, gafas de seguridad y ropa adecuada.

2.3.5.1.3 Equipos de protección individual (EPI)

Los **EPI** son esenciales para proteger a los trabajadores de los riesgos asociados con los ensayos destructivos y no destructivos. En el ámbito de estos ensayos, algunos de los equipos más importantes incluyen:

- **Protección radiológica**: Los operarios que trabajan con radiografías industriales deben usar chalecos y delantales de plomo, además de dispositivos de monitorización de radiación, como dosímetros.

- **Protección ocular y facial**: Durante los ensayos destructivos, es fundamental el uso de gafas de seguridad y protectores faciales para evitar lesiones por proyección de fragmentos.

- **Protección auditiva**: En ensayos que involucran ultrasonido o maquinaria ruidosa, es esencial que los trabajadores utilicen protectores auditivos adecuados para prevenir la pérdida auditiva.

2.3.5.1.4 Señalización y zonas restringidas

En los laboratorios o áreas donde se realizan **ensayos con riesgo**, es esencial establecer **zonas restringidas** y utilizar **señalización adecuada** para advertir sobre los peligros, como radiación ionizante, proyección de fragmentos o superficies calientes.

- **Ensayos radiológicos**: Las zonas de trabajo con radiografías industriales deben estar claramente señalizadas, y solo el personal autorizado puede acceder a ellas mientras se realizan las pruebas.

2.3.5.2 Medidas preventivas en ensayos destructivos y no destructivos

Para garantizar la seguridad durante la ejecución de ensayos destructivos y no destructivos, las empresas deben implementar una serie de **medidas preventivas** basadas en la evaluación de riesgos y la normativa de seguridad:

2.3.5.2.1 Medidas preventivas en ensayos destructivos

- **Instalación de resguardos en máquinas**: Las máquinas de tracción, impacto y fatiga deben estar equipadas con **resguardos de seguridad** para evitar el contacto accidental con las partes móviles.

- **Sistemas de contención de fragmentos**: En los ensayos destructivos que puedan generar proyección de fragmentos, se deben instalar **pantallas protectoras** o cabinas de ensayo que contengan los materiales fragmentados.

- **Control de acceso**: Limitar el acceso a las zonas donde se realizan los ensayos a personal autorizado y capacitado.

2.3.5.2.2 Medidas preventivas en ensayos no destructivos

- **Protección radiológica estricta**: El personal que realiza ensayos con **radiación ionizante** debe someterse a controles periódicos y utilizar siempre equipos de protección radiológica.

- **Mantenimiento de los equipos**: Asegurar que los equipos de ultrasonido, radiografía y otros END sean inspeccionados y mantenidos regularmente para evitar fallos que puedan poner en riesgo la seguridad.

- **Ventilación adecuada**: En los ensayos con líquidos penetrantes u otros productos químicos, garantizar que las áreas de trabajo estén adecuadamente ventiladas para evitar la acumulación de vapores tóxicos.

2.3.5.3 Ejemplo práctico: Gestión de riesgos en ensayos no destructivos en una planta automotriz

En una planta de fabricación de automóviles, se realizan **ensayos no destructivos** mediante radiografía industrial para inspeccionar las soldaduras de los componentes estructurales. Dado el riesgo de exposición a **radiación ionizante**, la empresa implementa un riguroso sistema de seguridad para minimizar los riesgos.

Medidas implementadas:

1. **Zonas de radiación restringidas**: Se delimitan claramente las zonas de trabajo con barreras físicas y señalización para advertir sobre el riesgo de radiación.

2. **Equipos de protección**: Todos los operarios utilizan delantales de plomo y dosímetros para medir su exposición a la radiación durante las pruebas.

3. **Controles de acceso**: Solo el personal capacitado y autorizado puede acceder a las áreas de radiación durante la ejecución de los ensayos.

4. **Mantenimiento de equipos**: Los equipos de rayos X se someten a revisiones periódicas para garantizar que no haya fugas de radiación y que los sistemas funcionen correctamente.

Resultados

La implementación de estas medidas reduce al mínimo el riesgo de exposición a radiación y garantiza un entorno de trabajo seguro, cumpliendo con la normativa de seguridad laboral y prevención de riesgos en España.

2.3.6 **Espectroscopia de chispa. Determinación de los componentes de un acero u otras aleaciones**

La **espectroscopia de chispa** es una técnica analítica utilizada principalmente para la **determinación de la composición química de metales y aleaciones**. Esta técnica se basa en la generación de una chispa eléctrica entre una muestra metálica y un electrodo, lo que provoca la vaporización de una pequeña cantidad de material de la superficie de la muestra. Los átomos vaporizados se excitan y emiten luz en longitudes de onda específicas, las cuales son características de los elementos presentes en la muestra.

Para su realización la superficie de la muestra debe estar bien pulida y limpia para así garantizar una buena conducción eléctrica y evitar interferencias en la medición. La chispa se genera con un arco eléctrico entre la muestra y un electrodo. La chispa vaporiza una pequeña porción del material y excita los átomos presentes en la muestra. Los átomos excitados emiten luz en longitudes de onda específicas para cada elemento químico. Finalmente, el análisis se realiza con un espectrómetro que es capaz de medir las longitudes de onda de la luz emitida e identificar los elementos presentes en la muestra. Además, la intensidad de las líneas espectrales es proporcional a la concentración de cada elemento.

Su principal aplicación es en el análisis y control de calidad de aleaciones metálicas como el acero, aluminio, cobre, entre otras, asegurando que cumplen con las especificaciones químicas requeridas.

Test, cuestiones y problemas propuestos

Test

		V	F
1.	En la selección de la orientación de las muestras para metalografía se debe tener en cuenta el proceso de fabricación de la pieza por la posibilidad de presentar anisotropía.		
2.	La embutición de las muestras es recomendable en piezas muy pequeñas o finas difíciles de manipular.		
3.	La embutición en frío emplea resinas fenólicas como la baquelita o la lucita.		
4.	La unidad Mesh se corresponde al número de hilos por pulgada que hay en un cedazo. Cuanto mayor tamaño de grano, mayor índice Mesh.		
5.	El objetivo principal del desbaste y del pulido es mejorar la dureza superficial de las probetas para facilitar su posterior visualización.		
6.	El pulido final puede darse por finalizado cuando no se observan rayas a 100 aumentos.		
7.	El pulido electrolítico utiliza las probetas como cátodo y se emplea en bronce, latón y aluminio.		

	V	F

8. La alúmina como abrasivo y en forma de polvo mezclada con agua es recomendable en procesos de desbaste de materiales de base hierro y cobre.

9. El nital cuando se utiliza para atacar aceros al carbono provoca el oscurecimiento de la cementita.

10. El ataque químico permite estudiar el tamaño de grano de las aleaciones con elevado porcentaje de níquel.

11. La relación de Hall-Petch relaciona el tamaño de grano con el límite elástico.

12. El método de las intersecciones o de Heyn compara una micrografía de 100 aumentos con los patrones definidos por la Norma UNE 7-280-73.

13. El método de recuento de granos consiste en contar el número de granos que se encuentran dentro de un área de 5000 mm^2.

14. Los granos maclados no se cuentan en la determinación del tamaño de grano por recuento directo.

15. El tamaño de la ampliación de la micrografía en el proceso de recuento de granos por el método directo debe permitir contar como mínimo 38 granos dentro de la superficie de medición.

Cuestiones y problemas

1. ¿Qué es la metalografía?

2. Describe los pasos que deben seguirse para preparar muestras metalográficas.

3. ¿Qué aplicaciones tiene un estudio metalográfico? ¿Qué tipo de información podemos obtener?

4. ¿Qué características debe tener una probeta metalográfica? Justifica la respuesta.

5. ¿Qué relación existe entre el tamaño de grano y el límite elástico? Describe la expresión de Hall-Petch.

6. Describe el proceso de solidificación de un metal o aleación y la formación de los granos.

7. Describe los distintos procedimientos para embutir o encapsular muestras metalográficas. ¿Qué ventajas tiene el encapsulado de muestras?

8. ¿Por qué deben pulirse las probetas? Indica los abrasivos más usados y las etapas a seguir en el desbaste y pulido de las mismas.

9. ¿Qué aspectos deben cuidarse durante el proceso de corte, embutido, pulido y ataque químico para obtener muestras metalográficas correctas?

10. Describe el método Vilella.

11. Determina la superficie de un grano y el número de granos por pulgada cuadrada para un acero austenítico número 5 ASTM.

12. ¿Cuántos granos podríamos contar en un decímetro cúbico de acero ASTM número 3?

13. ¿Qué índice de tamaño de grano tenemos según la ASTM si contamos 400 granos en una pulgada cuadrada a 100 aumentos? ¿Y a 200?

14. En una micrográfica de un acero se emplea un método de recuento directo. Se cuentan 45 granos enteros dentro del círculo de área de 5000 mm² y 30 cortados por la circunferencia. Determinar el número de granos por milímetro cuadrado, el diámetro medio de un grano y el área media.

15. Debido a una gran deformación plástica se obtiene una micrografía con granos fuertemente alargados. Se cuenta el número de granos en tres secciones distintas obteniendo valores de 78, 130 y 92. Determinar el índice G y el número de granos por milímetro cuadrado.

16. En una micrografía a 200 aumentos se han encontrado 73 granos cortados por un segmento de 50 milímetros de longitud. Determinar la longitud media de intersección y el número de granos cortados por milímetro según el método de Heyn.

Calibración y trazabilidad

Resultados de aprendizaje

- Calibra instrumentos de medición describiendo procedimientos de corrección de errores sistemáticos de los mismos.

3.1 **Calibración**

En la **industria de fabricación mecánica**, la **calibración** y la **trazabilidad** son fundamentales para garantizar la calidad de los productos fabricados. Las empresas que trabajan con procesos de mecanizado de precisión dependen de instrumentos de medición que deben ser extremadamente precisos. La calibración asegura que estos equipos proporcionen lecturas confiables, mientras que la trazabilidad vincula cada medición a un patrón o estándar nacional o internacional, lo que garantiza la coherencia y precisión en todas las etapas de producción.

> **Definición**
>
> La **calibración** es el proceso que consiste en comparar los valores obtenidos por un instrumento de medición con los valores establecidos por un **patrón de referencia trazable**. El objetivo es determinar si el instrumento mide de manera precisa y, en caso de que existan desviaciones, ajustar o corregir el equipo para que vuelva a estar dentro de las tolerancias especificadas.

En fabricación mecánica, donde las piezas a menudo requieren **tolerancias extremadamente estrictas**, un error en la medición puede llevar a la producción de piezas fuera de especificación, lo que genera costes elevados debido al desperdicio de material y de rechazo de lotes. Los **instrumentos de medición**, como micrómetros, pie de rey, relojes comparadores o máquinas de medición por coordenadas, etc., deben calibrarse regularmente (plan de calibración) para mantener la exactitud de la medida y minimizar el riesgo de producir piezas defectuosas.

Los principales objetivos de la calibración son:

- **Asegurar la precisión de las piezas fabricadas**: La precisión de los instrumentos de medición es clave para que las piezas cumplan con las especificaciones. Por ejemplo, un error de 0,02 mm en el diámetro de un eje podría provocar problemas de ensamblaje en un motor, afectando a su rendimiento y longevidad.

- **Cumplir con normas de calidad**: Normas como la **ISO 9001** o la **ISO/TS 16949** en la industria del automóvil, por ejemplo, exigen la calibración periódica de los instrumentos. Un sistema de calibración adecuado asegura que los productos fabricados cumplan con los requisitos establecidos por los clientes y las normativas internacionales.

- **Reducción de costes operativos**: Un programa de calibración efectivo reduce los errores de medición, lo que minimiza la necesidad de reprocesos o el descarte de lotes defectuosos, optimizando así el uso de materiales y tiempo.

3.2 **Trazabilidad en la metrología**

La **trazabilidad** en la metrología se refiere a la capacidad de rastrear las mediciones hasta un **patrón de referencia nacional o internacional**, garantizando que los resultados obtenidos sean comparables y precisos en cualquier parte del mundo. Para lograr esta trazabilidad, cada instrumento de medición debe calibrarse utilizando un patrón que haya sido previamente comparado con un estándar superior, creando así una **cadena ininterrumpida** de comparaciones.

> **Definición**
>
> *La* **trazabilidad según el Vocabulario Internacional de Metrología (VIM)** *se define como las propiedades del resultado de una medida o de un patrón que le permite relacionarlo con referencias determinadas, nacionales o internacionales, a través de una cadena ininterrumpida de comparaciones todas ellas con incertidumbres determinadas.*

En la fabricación mecánica, la trazabilidad asegura que las mediciones realizadas en una planta de producción en un país sean equivalentes a las realizadas en otro, permitiendo que los productos cumplan con las especificaciones globales.

- **Trazabilidad a patrones internacionales**: Los laboratorios de metrología y los fabricantes de instrumentos calibran sus equipos siguiendo patrones trazables a organizaciones como el **Bureau International des Poids et Mesures (BIPM)** o instituciones nacionales como el **Centro Español de Metrología (CEM)**. Esto asegura que las mediciones sean consistentes en todas las fases de producción y en diferentes ubicaciones.

- **Certificados de calibración**: Después de cada calibración, se emite un **certificado de calibración**, que documenta el patrón utilizado, las condiciones ambientales, las mediciones realizadas y la incertidumbre asociada. Este documento es clave para demostrar la trazabilidad en auditorías de calidad.

3.2.1 Cadena de trazabilidad: Desde el estándar nacional hasta la planta de producción

La trazabilidad comienza con los **patrones internacionales** mantenidos por el BIPM y otros organismos, los cuales se utilizan para calibrar los **patrones nacionales** en instituciones de metrología, como el CEM en España. A su vez, estos patrones nacionales se emplean para calibrar los **patrones secundarios** en laboratorios acreditados, los cuales luego son utilizados para calibrar los **instrumentos de trabajo** en las plantas de fabricación.

1. **Estándares internacionales**: Representan el nivel más alto de exactitud y son utilizados para calibrar los patrones nacionales.

2. **Patrones nacionales**: Calibrados con referencia a los patrones internacionales, son los utilizados en laboratorios acreditados para calibrar los instrumentos de las industrias.

3. **Instrumentos en la planta de fabricación**: Los micrómetros, calibres y otras herramientas de medición son calibrados utilizando patrones trazables, lo que asegura que las mediciones realizadas en el taller sean precisas y confiables.

3.2.2 Beneficios de implementar la trazabilidad en la fabricación mecánica

El uso de un sistema de trazabilidad en la calibración garantiza la **precisión**, **coherencia** y **confiabilidad** de las mediciones en todos los procesos de fabricación. Algunos beneficios clave son:

1. **Calidad consistente de los productos**: La trazabilidad asegura que los productos fabricados cumplan con las especificaciones técnicas y las tolerancias establecidas, independientemente de la planta de producción en la que se fabriquen.

2. **Minimización de errores y reducción de costes**: Las mediciones trazables identifican y corrigen errores a tiempo, evitando la fabricación de piezas defectuosas que generan pérdidas económicas.

3. **Cumplimiento normativo**: Las normativas internacionales, como la **ISO 9001** o la **ISO/IEC 17025**, exigen la trazabilidad de las mediciones. Cumplir con estos requisitos es esencial para acceder a mercados internacionales y mantener la certificación de calidad.

4. **Confianza en las auditorías y en los clientes**: Un sistema de trazabilidad bien implementado proporciona a los auditores y clientes la confianza de que las mediciones son precisas y confiables. Esto es especialmente importante en sectores como la **automoción** y la **aeronáutica**, donde la seguridad y precisión son prioritarias.

Certificado de calibración

1.Información del laboratorio de calibración

El certificado debe identificar claramente el laboratorio o empresa que ha realizado la calibración, así como su acreditación, si corresponde.

- **Nombre y dirección** del laboratorio de calibración.
- **Número de acreditación** (si el laboratorio está acreditado por un organismo de metrología, como ENAC en España).
- **Logotipo del organismo de acreditación**, lo que asegura que el laboratorio cumple con los estándares de calidad establecidos por normativas internacionales, como **ISO/IEC 17025**.

2. Identificación del instrumento calibrado

El certificado debe proporcionar detalles precisos del instrumento que ha sido calibrado para garantizar que el documento esté relacionado con el equipo específico.

- **Descripción del instrumento** (por ejemplo, micrómetro, balanza, termómetro, etc.).
- **Marca y modelo** del instrumento.
- **Número de serie** o cualquier otro número identificativo único.
- **Rango de medición** del instrumento.
- **Condiciones de recepción**: Estado del equipo cuando fue recibido para la calibración (si presentaba defectos, daños o irregularidades).

3. Fecha y validez de la calibración

El documento debe especificar las fechas clave asociadas a la calibración.

- **Fecha de la calibración**: El día en que se realizó la calibración.
- **Fecha de emisión del certificado**.
- **Fecha de la próxima calibración** o el **intervalo de recalibración** recomendado (si aplica), aunque en algunos casos este es decidido por el usuario del equipo según sus condiciones de uso.

4. Procedimientos y métodos de calibración

El certificado debe describir brevemente los **procedimientos de calibración** utilizados, de modo que sea posible verificar que se han seguido estándares reconocidos.

- **Normativa o estándar de referencia** utilizado para la calibración (por ejemplo, ISO 17025, ASTM, o normas internas del laboratorio).

- **Métodos y equipos de calibración empleados**: Descripción del equipo de referencia utilizado para la calibración, con detalles sobre su trazabilidad.

5. Resultados de la calibración

Este es uno de los apartados más importantes del certificado, ya que contiene los datos numéricos que muestran el comportamiento del instrumento durante la calibración.

- **Resultados obtenidos**: Lecturas o valores medidos durante la calibración, comparados con los valores de referencia.
- **Errores detectados**: Cualquier desviación entre el valor medido por el instrumento y el valor de referencia.
- **Gráfico o tabla** de las desviaciones detectadas, en caso de que las mediciones se hayan realizado en varios puntos del rango de medición del equipo.
- **Ajustes realizados**: Si el instrumento ha sido ajustado durante la calibración, esto debe estar claramente indicado.

6. Incertidumbre de medición

El certificado debe incluir una **estimación de la incertidumbre** de medición, que indica el margen de error dentro del cual se espera que se encuentren los resultados.

- **Incertidumbre combinada**: Resultado de todas las fuentes de incertidumbre consideradas en la calibración.
- **Nivel de confianza**: Normalmente el **95%** es el más común (correspondiente a un factor de cobertura $k=2$).

7. Declaración de trazabilidad

El certificado debe contener una declaración que asegure que las mediciones realizadas son trazables a **patrones nacionales** o **internacionales**. Esto garantiza que los resultados son comparables a los obtenidos en cualquier laboratorio del mundo.

- **Patrones de referencia utilizados**: Identificación de los patrones que fueron utilizados para la calibración, especificando que son trazables a estándares internacionales, como los mantenidos por el **Centro Español de Metrología (CEM)** o el **Bureau International des Poids et Mesures (BIPM)**.

8. Condiciones ambientales durante la calibración

El entorno donde se realiza la calibración puede afectar a los resultados, por lo que es importante que el certificado indique las **condiciones ambientales** en las que se llevó a cabo el proceso de calibración.

- **Temperatura** (en grados Celsius).
- **Humedad relativa** (en porcentaje).
- **Presión atmosférica**, si es relevante para el tipo de medición.

9. Firma y validación

El certificado debe ser **firmado** por una persona autorizada del laboratorio, validando así los resultados y el procedimiento de calibración.

- **Firma del técnico** responsable de la calibración.
- **Nombre y cargo** del técnico o responsable de calidad que verifica el proceso.

10. Observaciones y comentarios

En algunos casos se pueden incluir comentarios adicionales, como recomendaciones, observaciones sobre el estado del equipo, o información relacionada con el uso del equipo tras la calibración.

- **Recomendaciones para el uso futuro** del instrumento.
- **Advertencias** sobre el estado del equipo o recomendaciones para su recalibración.

3.2.3 Ejemplo práctico: Implementación de un sistema de trazabilidad en una planta de mecanizado

Escenario

En una planta de fabricación de componentes mecánicos de precisión para el sector automotriz, los operarios utilizan **máquinas de medición por coordenadas (CMM)** y **micrómetros** para asegurar que los ejes, engranajes y otras piezas cumplan con las tolerancias especificadas. Para garantizar que estas mediciones sean precisas y trazables a estándares nacionales, la empresa ha implementado un programa de calibración completo. ¿Cuál es el proceso a seguir? ¿Qué resultados pueden esperarse?

Proceso

1. **Selección del patrón de referencia**: Se utiliza un bloque patrón de longitud trazable al CEM para calibrar los micrómetros y las CMM.

2. **Calibración de instrumentos**: Los micrómetros y la CMM se calibran según el programa establecido, utilizando los patrones de referencia calibrados. Los resultados se documentan en un **certificado de calibración**.

3. **Verificación periódica**: Cada seis meses, los instrumentos se recalibran, y los registros de calibración se mantienen para asegurar la trazabilidad.

Resultados

- **Reducción de piezas fuera de tolerancia**: Las mediciones precisas han disminuido el número de piezas defectuosas, reduciendo el desperdicio de material.

- **Mejora en la satisfacción del cliente**: Los clientes del sector automotriz confían en que los componentes entregados cumplen con las especificaciones técnicas.

- **Cumplimiento de auditorías**: Durante auditorías de calidad, la trazabilidad documentada permitió demostrar el control sobre los procesos de medición y la calidad de los productos fabricados.

3.3 Plan de calibración

Para garantizar que las medidas son fiables (trazables), es decir, pueden relacionarse con los patrones nacionales o internacionales, los equipos e instrumentos de medición y ensayo deben ser calibrados periódicamente. Para ello es necesario implementar un **plan de calibración**.

Un **plan de calibración** bien estructurado es esencial en la **industria de fabricación mecánica** para garantizar que todos los instrumentos de medición y equipos utilizados en los procesos de producción funcionen de manera precisa y confiable. Dado que la calidad de los productos depende directamente de la exactitud de las mediciones, un plan de calibración adecuado permite mantener los equipos dentro de sus especificaciones y asegurar que las piezas fabricadas cumplan con las tolerancias requeridas.

Este capítulo detalla cómo implementar un plan de calibración efectivo, desde la identificación de los equipos críticos hasta la planificación y ejecución de las calibraciones, y cómo esto impacta en la calidad y eficiencia en los procesos de mecanizado.

3.3.1 ¿Qué es un plan de calibración?

Un **plan de calibración** es un documento que define el **cronograma**, los **procedimientos** y los **requisitos** para la calibración de los instrumentos de medición y ensayo, así como los equipos críticos utilizados en la fabricación. El objetivo es garantizar que cada instrumento funcione dentro de las tolerancias especificadas, minimizando los errores y optimizando la calidad de las piezas producidas.

El plan incluye:

- **Frecuencia de calibración**: Intervalos de tiempo en los que se debe calibrar cada equipo.

- **Instrumentos a calibrar**: Todos los dispositivos utilizados en los procesos de medición, inspección y ensayo.

- **Procedimientos de calibración**: Descripción detallada del método que se utilizará para calibrar cada instrumento.

- **Registros y trazabilidad**: Documentación que asegura la trazabilidad de las calibraciones realizadas.

La **precisión de las mediciones** es fundamental en la fabricación de piezas mecánicas, donde las tolerancias son estrechas y los errores pueden tener consecuencias significativas en el rendimiento de los productos finales. Un plan de calibración garantiza que los instrumentos de medición y las máquinas herramientas estén ajustados correctamente, lo que ofrece varios beneficios:

1. **Control de calidad**: Mantener los equipos calibrados asegura que las piezas fabricadas se ajusten a las especificaciones exactas, reduciendo el riesgo de defectos.

2. **Reducción de costes**: Un plan de calibración previene la producción de piezas fuera de tolerancia, evitando costosos retrabajos y desperdicio de materiales.

3. **Cumplimiento normativo**: Las normativas de calidad, como **ISO 9001** o **ISO/IEC 17025**, exigen la calibración regular de los instrumentos de medición. Un plan de calibración documentado es esencial para cumplir con estas normativas y pasar las auditorías de calidad.

4. **Seguridad y fiabilidad**: En sectores críticos, como la aeronáutica, una medición imprecisa puede comprometer la seguridad. Asegurar que los equipos estén calibrados correctamente minimiza los riesgos.

3.3.2 Componentes de un plan de calibración

Un **plan de calibración** bien estructurado debe incluir varios elementos esenciales para garantizar la correcta gestión de la calibración de los equipos.

a) Identificación de los instrumentos críticos

El primer paso en el desarrollo de un plan de calibración es identificar todos los **instrumentos de medición** y **máquinas herramientas** que requieren calibración. Se debe priorizar la calibración de los instrumentos **críticos** para el control de calidad de las piezas fabricadas, aquellos cuya medición incorrecta puede afectar significativamente el producto final.

b) Frecuencia de calibración

La **frecuencia de calibración** de cada instrumento depende de varios factores, como la **frecuencia de uso**, la **estabilidad del equipo**, las **tolerancias** requeridas y el **entorno de trabajo**. Los equipos utilizados en ambientes agresivos (temperatura, humedad, vibraciones) pueden requerir calibraciones más frecuentes.

- **Instrumentos críticos**: Los equipos que afectan directamente a las especificaciones de las piezas, como los micrómetros y las CMM, deben calibrarse con mayor frecuencia, generalmente cada seis meses.
- **Equipos menos utilizados**: Los instrumentos que no tienen un impacto directo en la precisión final de las piezas pueden calibrarse de forma anual o según el uso.

c) Procedimientos de calibración

Cada equipo debe ser calibrado siguiendo un **procedimiento estandarizado**, basado en normativas internacionales, como las guías **ISO** o **ASTM**. Los procedimientos de calibración deben incluir:

1. **Patrones de referencia**: Los patrones utilizados para calibrar el equipo deben ser trazables a estándares nacionales o internacionales.
2. **Método de calibración**: Descripción paso a paso de cómo calibrar el instrumento, incluyendo las condiciones ambientales y los ajustes necesarios.
3. **Registro de resultados**: Cada calibración debe documentarse adecuadamente, incluyendo las desviaciones detectadas, los ajustes realizados y la próxima fecha de calibración.

d) Registros y documentación

Es esencial mantener un sistema de **gestión documental** que asegure la trazabilidad de las calibraciones realizadas. Este sistema debe incluir los **certificados de calibración** de cada equipo, la fecha de calibración, los resultados obtenidos y los valores de incertidumbre.

La gestión de registros facilita el acceso a la información necesaria para auditorías internas y externas, asegurando el cumplimiento de las normativas de calidad.

3.3.3 Planificación de las calibraciones

Una parte esencial del plan de calibración es la planificación adecuada del cronograma de calibraciones, de forma que no interfiera con la producción ni cause interrupciones innecesarias en los procesos.

1. **Calibraciones preventivas**: Planificar las calibraciones durante los periodos de **mantenimiento programado** o en momentos de baja demanda de producción minimiza el impacto en la productividad. Esto también evita el uso de equipos fuera de tolerancia.
2. **Calendario de calibración**: El cronograma debe detallar las fechas de calibración de cada equipo, teniendo en cuenta los intervalos recomendados y las prioridades establecidas en función del impacto en el proceso productivo.

3. **Seguimiento y alertas**: El uso de un *software* **de gestión de calibraciones** permite automatizar el seguimiento de los equipos y generar alertas cuando un equipo está próximo a requerir calibración. Esto asegura que ningún equipo se utilice fuera de su ciclo de calibración.

3.3.4 Ejemplo práctico: Implementación de un plan de calibración en un taller de fabricación mecánica

Escenario

En un taller de mecanizado que fabrica componentes de alta precisión para la industria aeroespacial, se implementa un plan de calibración para garantizar que las mediciones de las piezas se realicen con la máxima precisión. Los instrumentos clave incluyen micrómetros, relojes comparadores y una máquina de medición por coordenadas (CMM). Defina el proceso a seguir.

Proceso

1. **Identificación de instrumentos**: Se identifican los instrumentos críticos para la medición de tolerancias estrechas, como los micrómetros, la CMM y los relojes comparadores.

2. **Frecuencia de calibración**: Se establece que los micrómetros y relojes comparadores se calibrarán cada 6 meses, y la CMM, cada 12 meses, debido a su uso continuo.

3. **Establecimiento de procedimientos**: Los procedimientos de calibración se definen según las normativas ISO, utilizando bloques patrón para los micrómetros y patrones de calibración de geometría para la CMM.

4. **Documentación y trazabilidad**: Cada calibración se documenta mediante certificados que garantizan la trazabilidad a los patrones nacionales.

3.4 Normas de calibración

En la **industria de fabricación mecánica**, garantizar la **precisión** y la **calidad** de las piezas producidas es fundamental para mantener la competitividad en los mercados nacionales e internacionales. La **calibración de los instrumentos de medición** y los equipos utilizados en la fabricación debe realizarse conforme a **normas y regulaciones** que aseguren la trazabilidad y la exactitud de las mediciones. En España, existen diversas normativas nacionales e internacionales que definen los **requisitos de calibración** para la industria. Cumplir con estas normativas no solo es crucial para garantizar la calidad del producto, sino también para asegurar el cumplimiento de las regulaciones legales y las exigencias de los clientes.

En este apartado se enumeran las principales **normas de calibración** aplicables en España, su importancia en la industria de fabricación mecánica, y cómo implementarlas para asegurar la fiabilidad de los procesos de medición.

3.4.1 Normas internacionales aplicadas en España: ISO y IEC

En España, las normas de calibración están alineadas con las **normas internacionales** para garantizar la coherencia y comparabilidad de las mediciones a nivel global. Las dos organizaciones clave que establecen las normas más utilizadas son la **Organización Internacional de Normalización (ISO)** y la **Comisión Electrotécnica Internacional (IEC)**.

3.4.1.1 ISO/IEC 17025: Requisitos para la competencia de laboratorios de ensayo y calibración

La **ISO/IEC 17025** es la principal norma internacional que especifica los requisitos para la **competencia técnica** de los laboratorios de ensayo y calibración. En España, los laboratorios que ofrecen servicios de calibración a la industria de fabricación mecánica deben estar **acreditados bajo ISO/IEC 17025** para garantizar la validez y la confiabilidad de sus resultados.

Puntos clave de la norma

- **Competencia técnica**: Los laboratorios deben contar con personal cualificado, procedimientos establecidos y equipos adecuados.

- **Trazabilidad de las mediciones**: Todas las mediciones deben ser trazables a patrones internacionales, generalmente a través del **Centro Español de Metrología (CEM)**, para garantizar su validez.

- **Evaluación de la incertidumbre**: Los laboratorios deben calcular y documentar la **incertidumbre** de sus mediciones, lo que permite entender el margen de variación en los resultados.

En la industria de fabricación mecánica, la **ISO/IEC 17025** asegura que los laboratorios de calibración que verifican los instrumentos de medición, como **micrómetros**, **comparadores** y **máquinas de medición por coordenadas (CMM)**, operen con un alto grado de precisión y confiabilidad.

3.4.1.2 ISO 9001: Requisitos de un sistema de gestión de la calidad

La **ISO 9001** es otra norma internacional ampliamente utilizada que regula los **sistemas de gestión de calidad** en las empresas. Aunque no se centra exclusivamente en la calibración, establece requisitos clave relacionados con el **control de los equipos de medición**.

Aspectos clave de ISO 9001 en la calibración

- **Control de equipos de medición**: La norma exige que los instrumentos de medición que afectan a la conformidad del producto sean calibrados y verificados regularmente para garantizar su precisión.

- **Registros y trazabilidad**: Todos los equipos de medición deben estar sujetos a procedimientos documentados de calibración y sus resultados deben ser trazables a estándares internacionales.

Para la industria de fabricación mecánica, ISO 9001 asegura que las mediciones realizadas en los procesos de producción sean confiables y estén bien documentadas, lo que es crucial para cumplir con los requisitos de calidad de los clientes.

3.4.2 Normas nacionales: Centro Español de Metrología (CEM)

El **Centro Español de Metrología (CEM)** es el organismo encargado de garantizar la **trazabilidad metrológica** en España. Es el responsable de mantener los **patrones nacionales** de las diferentes magnitudes de medición y de proporcionar los servicios de calibración necesarios para que los laboratorios y las industrias en España puedan mantener la exactitud de sus mediciones. El CEM tiene varias funciones clave en el ámbito de la calibración:

- **Calibración de patrones de referencia**: El CEM realiza la calibración de los patrones nacionales, que a su vez son utilizados por los laboratorios acreditados para calibrar los instrumentos empleados en la industria.

- **Servicios de trazabilidad**: Proporciona trazabilidad a patrones nacionales e internacionales, garantizando que las mediciones realizadas en España sean comparables a nivel global.

- **Normativas metrológicas**: Desarrolla normas técnicas y recomendaciones para la calibración y verificación de los instrumentos de medición utilizados en diversos sectores industriales.

La relación entre los laboratorios de calibración acreditados y el CEM asegura que los instrumentos utilizados en la fabricación mecánica estén calibrados conforme a los **más altos estándares de precisión**.

3.4.3 Normas ASTM y su aplicación en la calibración

Las **normas ASTM (American Society for Testing and Materials)** también son ampliamente utilizadas en la calibración de equipos y ensayos en España, especialmente en sectores como la **fabricación mecánica** y la **industria del automóvil**. Estas normas se centran en la **calibración de instrumentos** y la **realización de ensayos** de materiales para asegurar que los productos finales cumplan con las especificaciones de calidad.

3.4.3.1 Normas ASTM relacionadas con la calibración en la fabricación mecánica

- **ASTM E2782**: Proporciona directrices para la **calibración de instrumentos de medición dimensional**, como micrómetros y calibradores. Es esencial para la fabricación mecánica, donde las mediciones de alta precisión son necesarias.

- **ASTM E617**: Especifica los requisitos para la **calibración de patrones de masa**, que se utilizan para calibrar balanzas y otros equipos de medición de peso.

- **ASTM D445**: Define los procedimientos para la calibración de equipos utilizados en la **medición de la viscosidad** de fluidos, relevante en procesos industriales como la lubricación de maquinaria.

La adopción de estas normas ASTM en la industria de fabricación mecánica en España garantiza que los instrumentos utilizados para medir dimensiones, pesos y otras propiedades físicas estén calibrados con precisión, asegurando la **conformidad del producto**.

3.4.4 **Normas EURAMET en la metrología y calibración**

EURAMET es la organización regional europea de metrología, responsable de la cooperación entre los institutos nacionales de metrología en Europa, incluido el **CEM** en España. EURAMET desarrolla **normas y guías** que proporcionan un marco común para la calibración y la metrología en toda Europa.

3.4.4.1 **Guías EURAMET aplicables a la calibración**

- **EURAMET cg-11**: Proporciona directrices para la **calibración de micrómetros** y otros instrumentos de medición dimensional. Estas guías aseguran que las calibraciones se realicen de manera uniforme y trazable en toda Europa.
- **EURAMET cg-18**: Establece directrices para la **calibración de termómetros de resistencia de platino** y otros instrumentos de medición de temperatura, asegurando una alta precisión en las mediciones térmicas.

La implementación de las **guías EURAMET** en España garantiza que las empresas de fabricación mecánica puedan realizar mediciones de alta precisión, con **tolerancias mínimas** y trazabilidad a los patrones nacionales.

3.5 **Incertidumbre en la medida**

La **incertidumbre en la medida** es un concepto clave en metrología y calibración, y es especialmente importante en la **industria de fabricación mecánica**, donde la precisión y la exactitud de las mediciones son fundamentales para garantizar que las piezas producidas cumplan con las especificaciones de diseño. La incertidumbre en una medición representa el grado de **duda** que existe sobre el valor real de la cantidad medida, y proporciona un **rango** dentro del cual es probable que se encuentre el valor verdadero. Entender y gestionar la incertidumbre en los procesos de medición es crucial para mantener la calidad, evitar fallos en los productos y cumplir con las normativas de calidad.

> **Definición**
>
> *La* **incertidumbre en la medida** *se define como un* **parámetro no negativo** *que caracteriza la* **dispersión** *de los valores que podrían razonablemente atribuirse al mensurando (la cantidad que se mide). La incertidumbre refleja la* **variabilidad** *inherente a cualquier proceso de medición, y está influenciada por múltiples factores, tales como: La precisión del instrumento de medición, las condiciones ambientales, las habilidades del operador y los procedimientos de medición.*

Es importante destacar que la incertidumbre no es un **error**, sino una **estimación del margen de duda** asociado a una medición. Mientras el error busca representar la diferencia entre el valor medido y el valor verdadero, la incertidumbre cuantifica el rango dentro del cual se encuentra el valor verdadero con una determinada confianza.

3.5.1 **Tipos de incertidumbre**

Existen dos grandes categorías de incertidumbre que deben tenerse en cuenta en cualquier proceso de medición: la **incertidumbre tipo A** y la **incertidumbre tipo B**. Ambas se combinan para dar lugar a la incertidumbre total o combinada de una medición.

- **Incertidumbre tipo A: Evaluación estadística**

  La **incertidumbre tipo A** se evalúa mediante métodos **estadísticos** y se basa en la **variabilidad de los datos** obtenidos a partir de múltiples mediciones realizadas en las mismas condiciones. Se calcula utilizando la **desviación estándar** de una serie de mediciones repetidas.

  Ejemplo: Un operario mide varias veces el diámetro de un eje utilizando un micrómetro. Las pequeñas diferencias entre las mediciones reflejan la incertidumbre tipo A, que se calcula a partir de la dispersión de los valores medidos.

- **Incertidumbre tipo B: Evaluación no estadística**

  La **incertidumbre tipo B** se evalúa utilizando el **conocimiento previo** del instrumento de medición, las especificaciones del fabricante, los certificados de calibración, y otras fuentes que no implican un análisis estadístico directo.

  Ejemplo: La precisión especificada por el fabricante de un pie de rey (±0,02 mm) o la incertidumbre reportada en un certificado de calibración constituyen fuentes de incertidumbre tipo B.

La **incertidumbre combinada** es el resultado de **combinar** todas las contribuciones de incertidumbre de tipo A y tipo B. Estas contribuciones se suman utilizando la **raíz cuadrada de la suma de los cuadrados** de cada fuente de incertidumbre.

$$u_C = \sqrt{u_A^2 + u_B^2}$$

Donde u_A es la incertidumbre tipo A y u_B la del tipo B.

Ejemplo práctico

Un micrómetro mide el diámetro de un eje con una incertidumbre tipo A de **±0,01 mm** (basada en la repetibilidad de varias mediciones) y una incertidumbre tipo B de **±0,02 mm** (basada en las especificaciones del fabricante). La incertidumbre combinada es:

$$u_C = \sqrt{(0{,}01)_A^2 + (0{,}02)_B^2} = 0{,}0224 \; mm$$

La **incertidumbre expandida** proporciona un **intervalo de confianza** más amplio para el valor medido, y se calcula multiplicando la incertidumbre combinada por un **factor de cobertura** (kkk). Este factor depende del nivel de confianza deseado, normalmente k=2k = 2k=2 para un **95% de confianza**.

$$U = K \cdot u_C$$

Ejemplo práctico

Si la incertidumbre combinada de la medición de un eje es **0,0224 mm** y se desea un nivel de confianza del 95% (k=2k = 2k=2), la incertidumbre expandida será:

$$U=2\cdot0,0224=0,0448 \text{ mm}$$

Esto significa que el valor verdadero del diámetro del eje se encuentra dentro de un rango de **±0,0448 mm** alrededor del valor medido, con un 95% de confianza.

3.5.2 Factores que contribuyen a la incertidumbre en la fabricación mecánica

En la **fabricación mecánica**, varias fuentes contribuyen a la incertidumbre en la medida, y deben gestionarse adecuadamente para garantizar la precisión y fiabilidad de las mediciones. A continuación, se describen algunas de las principales fuentes de incertidumbre en este sector:

- **Instrumentos de medición**

  Los **instrumentos de medición** tienen limitaciones inherentes que generan incertidumbre. Por ejemplo, la resolución del instrumento y los errores sistemáticos del dispositivo contribuyen a la incertidumbre de la medición.

- **Condiciones ambientales**

  Las **condiciones ambientales** como la **temperatura**, la **humedad** y las **vibraciones** pueden afectar significativamente a la precisión de las mediciones. En particular, los cambios de temperatura pueden causar la expansión o contracción de las piezas, afectando las mediciones.

- **Operador**

  La habilidad y experiencia del **operador** que realiza la medición también puede introducir incertidumbre, especialmente en instrumentos manuales. Un mal posicionamiento del instrumento o una interpretación incorrecta de la lectura puede generar variaciones en los resultados.

- **Método de medición**

  Los diferentes **métodos de medición** empleados para verificar una pieza pueden influir en la incertidumbre. Es crucial que los métodos estén bien definidos y sean repetibles para minimizar la variabilidad.

3.5.3 Ejemplo práctico: Cálculo de la incertidumbre en una planta de mecanizado

Se mide el diámetro de un eje con un micrómetro. En total se efectúan 10 mediciones bajo las mismas condiciones, y el operador calcula la desviación estándar de las mediciones para evaluar la incertidumbre tipo A. Además, la incertidumbre tipo B proviene de las especificaciones del fabricante del micrómetro.

Proceso

1. **Mediciones repetidas**: Se obtienen 10 valores de medición con el micrómetro y se calcula una desviación estándar de **0,005 mm** (incertidumbre tipo A).

2. **Especificaciones del fabricante**: Según el fabricante, el micrómetro tiene una precisión de **±0,02 mm** (incertidumbre tipo B).

3. **Incertidumbre combinada**: Utilizando la fórmula de la incertidumbre combinada, se calcula:

$$u_C = \sqrt{(0,005)^2_A + (0,02)^2_B} = 0,0206 \; mm$$

4. **Incertidumbre expandida**: Aplicando un factor de cobertura de k=2k = 2k=2 para un 95% de confianza:

$$U = K \cdot u_C = 2x0,0206 = 0,0412 \; mm$$

Resultado: El diámetro del eje es **50,00 mm ± 0,0412 mm** con un nivel de confianza del 95%.

3.6 Ajuste de instrumentos de medida y ensayo

El **ajuste de los instrumentos de medida y ensayo** es un proceso esencial para asegurar la **precisión** y **confiabilidad** de los datos obtenidos durante la fabricación de piezas mecánicas. A lo largo del tiempo, los instrumentos de medición pueden desviarse de sus parámetros originales debido al desgaste, variaciones en el entorno o por el uso prolongado. El ajuste corrige estas desviaciones, asegurando que los equipos proporcionen **lecturas exactas** dentro de las especificaciones requeridas.

En este apartado se estudia la importancia del ajuste en la **industria de fabricación mecánica**, los **procedimientos comunes** para realizar ajustes, y los efectos de no ajustarlos adecuadamente.

Definición

*El **ajuste** de un instrumento de medida es el **proceso de modificar** sus características o comportamiento para que sus lecturas coincidan lo más posible con los valores de referencia estándar. A diferencia de la **calibración**, que solo compara los resultados de un instrumento con un estándar, el ajuste implica una **intervención activa** para corregir errores y restablecer la exactitud del equipo.*

Este proceso es fundamental cuando se detectan desviaciones que superan los límites aceptables establecidos durante las **calibraciones periódicas** o el uso continuo del equipo. El ajuste permite que los instrumentos mantengan un **alto nivel de precisión**, lo que es esencial en la fabricación mecánica, donde los márgenes de error son muy estrechos.

3.6.1 Importancia del ajuste en la fabricación mecánica

En la **industria de fabricación mecánica**, la exactitud de las mediciones es crucial para garantizar que las piezas fabricadas cumplan con las **tolerancias especificadas** y los requisitos de diseño. Un instrumento de medición que esté fuera de ajuste puede proporcionar datos inexactos, lo que puede llevar a la producción de piezas defectuosas, fallos de calidad y problemas de ensamblaje.

Algunos de los principales beneficios de realizar ajustes periódicos incluyen:

1. **Mejora de la precisión**: El ajuste asegura que los instrumentos de medición proporcionen lecturas precisas, minimizando los errores en la producción.

2. **Reducción de desperdicio**: Evitar la fabricación de piezas fuera de especificación debido a mediciones incorrectas reduce la necesidad de retrabajos, el descarte de materiales y el uso innecesario de recursos.

3. **Prolongación de la vida útil de los equipos**: Ajustar los instrumentos cuando comienzan a mostrar desviaciones ayuda a mantener su rendimiento y evita fallos más graves que podrían requerir reemplazos costosos.

4. **Cumplimiento normativo**: El ajuste garantiza que los instrumentos cumplan con los requisitos de normativas de calidad, como **ISO 9001** o **ISO/IEC 17025**, que exigen que los equipos de medición estén ajustados y calibrados regularmente.

Procedimientos de ajuste de instrumentos de medida

El ajuste de un instrumento de medición debe seguir un procedimiento estructurado para garantizar que las modificaciones sean efectivas y no introduzcan nuevos errores en el equipo. A continuación, se describen los pasos más comunes en el ajuste de instrumentos de medida en la **fabricación mecánica**.

Identificación del instrumento a ajustar

Antes de realizar cualquier ajuste, es necesario **identificar** qué instrumento necesita una intervención. Esto suele ocurrir después de una calibración en la que se detecta que el equipo ha salido de sus tolerancias especificadas, o bien por un mal funcionamiento que afecta la precisión de las mediciones.

Comparación con un patrón de referencia

El siguiente paso es comparar las lecturas del instrumento con un **patrón de referencia trazable** a un estándar nacional o internacional. Esta comparación proporciona la base para determinar el grado de desviación y qué ajustes deben realizarse.

Ajuste del instrumento

El **ajuste físico** del instrumento implica modificar su configuración interna o sus componentes para eliminar las desviaciones detectadas. Este proceso debe realizarse con cuidado, ya que un ajuste incorrecto puede introducir nuevos errores.

Una vez realizado el ajuste, se debe llevar a cabo una **verificación** para asegurar que el instrumento esté funcionando correctamente dentro de los límites aceptables. Esto implica realizar nuevas mediciones con el instrumento ajustado y compararlas de nuevo con los valores del patrón de referencia.

Documentación del ajuste

Es fundamental **documentar** todo el proceso de ajuste, incluyendo las desviaciones detectadas, las acciones realizadas, los patrones utilizados y los resultados obtenidos. Esta documentación garantiza la **trazabilidad** del ajuste y es esencial para auditorías internas y externas.

3.6.2 Consecuencias de no ajustar los instrumentos de medición

No realizar los ajustes necesarios en los instrumentos de medición puede generar graves **consecuencias** en el proceso de fabricación mecánica:

1. **Errores acumulados**: Un instrumento desajustado acumula errores a lo largo del tiempo, lo que afecta a la calidad de las piezas fabricadas.

2. **Producción de piezas defectuosas**: Los errores en las mediciones pueden llevar a la fabricación de piezas fuera de especificación, lo que resulta en altos costes de retrabajo o el rechazo por parte de los clientes.

3. **No conformidad en auditorías**: Si los instrumentos no se ajustan según las normativas de calidad, la empresa puede fallar en las auditorías de calidad y perder certificaciones críticas, como **ISO 9001** o **ISO/IEC 17025**.

4. **Costes adicionales**: Las piezas defectuosas o los fallos en el equipo debido a un ajuste inadecuado pueden generar costes adicionales, retrasos en la producción y la necesidad de reemplazar o reparar los equipos.

3.6.3 Ejemplo práctico: ajuste de un micrómetro en una planta de fabricación

En una planta de fabricación de componentes para la industria del automóvil, se detecta que un **micrómetro** está midiendo sistemáticamente con una desviación de **0,03 mm** fuera de la tolerancia aceptada. Se procede a realizar el ajuste del instrumento.

Proceso

1. **Detección del problema**: Durante una calibración de rutina, se identifica una desviación constante en el micrómetro. La lectura del micrómetro es mayor en comparación con los bloques patrón utilizados.

2. **Ajuste del micrómetro**: El técnico ajusta la posición del tambor del micrómetro y verifica el alineamiento del husillo para corregir la desviación detectada.

3. **Verificación del ajuste**: Tras el ajuste, se verifican las lecturas con un nuevo conjunto de bloques patrón. El micrómetro ahora proporciona lecturas dentro de las tolerancias especificadas.

4. **Documentación**: Se emite un informe que documenta el ajuste, incluyendo las desviaciones detectadas, los patrones utilizados y los resultados después del ajuste.

Resultado

El micrómetro ajustado permite medir con precisión las piezas fabricadas, lo que evita la producción de piezas fuera de tolerancia y mantiene la calidad en el proceso de fabricación.

Test, cuestiones y problemas propuestos

Test

		V	F

1. La **calibración** es el proceso que consiste en comparar los valores obtenidos por un instrumento de medición con los valores establecidos por un **patrón de referencia trazable**.

2. El principal objetivo de la calibración es asegurar la precisión de las piezas.

3. El patrón de referencia no es necesario tenerlo en cuenta en la trazabilidad.

4. El plan de calibración debe incluir la frecuencia en la que deben calibrarse los instrumentos.

5. La incertidumbre de tipo A se evalúa utilizando el conocimiento previo del instrumento de medición.

Cuestiones y problemas

1. ¿Qué debe incluir un certificado de calibración?

2. ¿Qué se entiende por cadena de trazabilidad? ¿Qué beneficios reporta la trazabilidad en una empresa?

3. Enumera los aspectos a incluir en un plan de calibración.

4. ¿Qué es la incertidumbre en la medida? Describe los tipos y su cálculo.

5. Si la incertidumbre combinada de la medición de un espesor es de 0,0212 y se desea un nivel de confianza del 95% ($k=2k = 2k=2$), ¿cuál será la incertidumbre expandida? Explicar su significado.

Técnicas estadísticas de control de calidad

Contenidos básicos

Conceptos estadísticos

Distribuciones de probabilidad y variabilidad de los procesos

Gráficos de control

Control por variables y por atributos

Estudio de capacidad

Capacidad de proceso y de máquina

1. Herramientas básicas de gestión de la calidad

2. Fundamentos de estadística

3. Fundamentos de probabilidad

4. Distribución normal

5. Diagrama de dispersión. Regresión y correlación

6. Gráficos de control por variables y por atributos

7. Técnicas estadísticas de muestreo

Resultados de aprendizaje

- Determina el aseguramiento de la calidad del producto y de la estabilidad del proceso calculando datos estadísticos de control del producto y del proceso.

Herramientas básicas de gestión de calidad

4.1

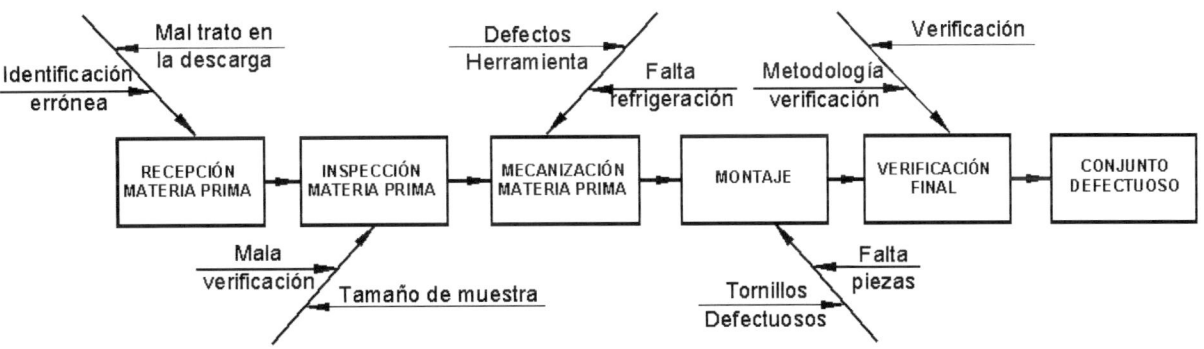

Contenidos

Diagramas o gráficos de gestión

Diagrama poligonal

Diagrama de barras

Diagrama de sectores

Diagrama de Pareto

Diagrama causa-efecto o de Ishikawa

Problemas resueltos

Test, cuestiones y problemas propuestos

Objetivos

- Definir las herramientas básicas de gestión de la calidad: diagramas y gráficos de gestión.

- Describir el diagrama de Pareto, causa-efecto y el AMFEC.

4.1.1 **Introducción**

Los sistemas de producción basados en el taylorismo y la teoría X se centraban en la producción como medio de subsistencia y éxito de las empresas. El trabajo era considerado como un castigo para el hombre y este debía trabajar físicamente y no mentalmente. Años más tarde, la teoría Y tenía como objetivo la motivación del hombre pues se empezaba a considerar que un trabajador motivado era capaz de aumentar la producción y la calidad de la misma. Superada la teoría Y, apareció la teoría Z, que engloba ambas teorías, centrando su objetivo tanto en la producción como en la motivación del trabajador.

Hoy en día, estamos inmersos en la teoría Z y en la calidad total como camino para garantizar y asegurar la producción y la calidad de las industrias.

La crisis del petróleo de principios de los años 70 marcó un punto y aparte en la forma en cómo competían las empresas para ganar cuota de mercado. El consumidor se ha ido volviendo más exigente con los productos que consume exigiendo productos de calidad y un buen servicio posventa, cualidad nueva, ya que algunos años anteriores las cuotas de mercado se ganaban con precios bajos y con el efecto de renta sustitución.

Para analizar la productividad y la calidad actualmente se utilizan un gran número de útiles de gestión, todos y cada uno de ellos aplicados al estudio y resolución de diversos problemas. Todas las técnicas se engloban en dos grandes grupos: las **herramientas básicas de gestión de la calidad** y las **teorías estadísticas**.

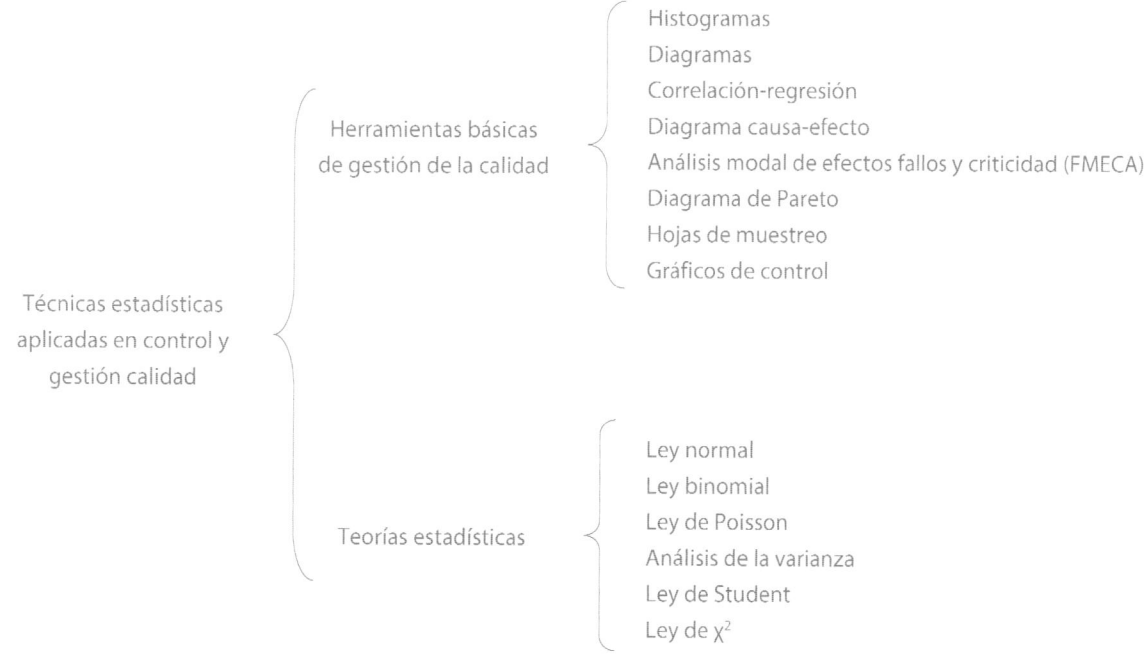

Figura 4.1.1 Clasificación de las técnicas y herramientas aplicadas en el control y gestión de la calidad.

De los dos grandes grupos, las **herramientas básicas de gestión de la calidad** son procedimientos aplicados al estudio y resolución de problemas relacionados con la producción o la gestión de la calidad que se caracterizan por su simplicidad, rapidez y facilidad de uso e interpretación de resultados. Estas técnicas fueron definidas por Ishikawa[1] como las "7 herramientas" o los "7 útiles" de la gestión de la calidad.

---

[1] Dr. Ishikawa. Profesor de la Universidad de Tokio que ideó en la década de los 40 el diagrama causa-efecto y contribuyó al despliegue de la gestión de la calidad en las industrias japonesas.

4.1.2 Diagramas o gráficos de gestión

Son representaciones gráficas en un sistema de ejes cartesiano[2] que nos permite ver la evolución o tendencia de los valores representados en función, generalmente del tiempo. Ofrecen clara visión del problema a estudiar.

Hay una gran variedad de tipos entre los que destacan los diagramas poligonales, los de barras, sectores y los polares.

4.1.2.1 Diagrama poligonal

Es un diagrama donde la variable a estudiar se indica por una línea poligonal que va uniendo cada uno de los datos en un sistema de coordenadas cartesiano. La forma habitual de trabajo es partir de una tabla en la que se indican los valores de las dos variables que quieren relacionarse, por ejemplo la velocidad de enfriamiento en un temple y la dureza obtenida en el mismo.

En el ejemplo anterior partimos de un par de variables que nos interesa relacionar y ver qué tipo de comportamiento tienen entre ellas. Otro ejemplo podría relacionar los meses del año y los beneficios netos obtenidos en cada uno de ellos. En este caso podríamos ver, por ejemplo, cómo una industria de servicios (bar o restaurante) obtiene pendientes de rectas creciente en los meses estivales.

Los pasos a seguir en la construcción de un diagrama poligonal son los siguientes:

1. Trazar los ejes de coordenadas (eje de abscisas y eje de ordenadas).
2. Indicar en cada uno de los ejes la variable a la que hace referencia. Por ejemplo, en el eje X podríamos indicar el tiempo y en el eje Y, las frecuencias absolutas, relativas o incrementales de la variable a estudiar.
3. Se unen cada uno de los puntos y se obtiene la línea poligonal.
4. Interpretación de la misma.

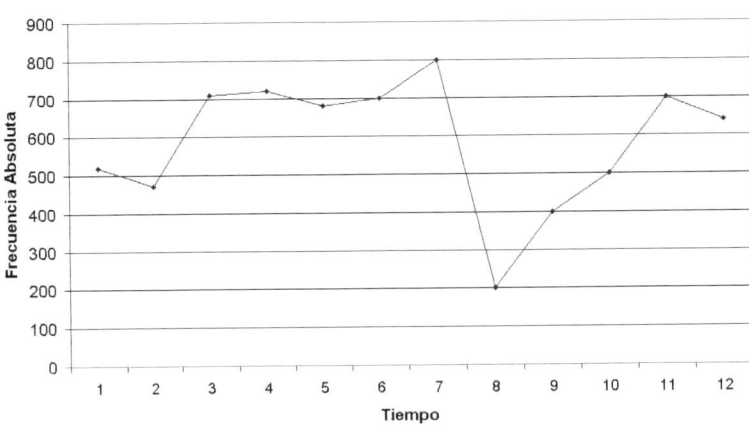

Figura 4.1.2 Representación de un diagrama poligonal. En el diagrama se han representado los beneficios obtenidos durante un periodo de un año.

---

[2] El sistema de coordenadas cartesiano está formado por un plano dividido en cuatro cuadrantes, resultantes de hallar la intersección entre dos rectas o ejes perpendiculares entre sí y que se cortan. Cada uno de estos ejes se denominan ejes de ordenadas (o eje Y), y eje de abscisas (o eje X). El punto de intersección de ambos define el punto origen o punto 0,0. Del origen de coordenadas a la derecha o hacia arriba los valores se consideran positivos (+), y a la izquierda o hacia abajo se consideran negativos (-).

Las variables representadas en el eje de ordenadas pueden ser absolutas, relativas o acumuladas.

- **Frecuencias absolutas**. Indican los datos reales obtenidos (cantidades). La producción de piezas de plástico durante el mes de julio fue de 1523 piezas. La frecuencia absoluta en este caso es de 1523 piezas.

- **Frecuencias relativas**. Representan los datos absolutos en función de un porcentaje, de ahí el nombre de frecuencias relativas. Se suelen utilizar cuando en un mismo gráfico se comparan diferentes producciones y unas son mucho mayores que otras (saldrían fuera del gráfico). Utilizando las frecuencias relativas pueden estudiarse y compararse tendencias poligonales.

- **Frecuencias acumuladas**. O incrementales. Son sumativas y tienen en cuenta la frecuencia absoluta anterior, de forma que van sumándose. Se utilizan para ver, por ejemplo, las ventas de una empresa en función del tiempo (frecuencia absoluta), en el mes de febrero se indicaría las ventas de ese mes más las ventas del mes anterior. Este tipo de representación poligonal es creciente y el último punto representado (mes) indica el valor total (100% de las ventas realizadas durante todo el año).

Ejercicio resuelto 4.1.1

Representar un diagrama poligonal con los datos incluidos en la tabla siguiente.

	Enero	Feb.	Marzo	Abril	Mayo	Jun.	Jul.	Ag.	Sept.	Octu.	Nov.	Dic.
Producción	570	560	498	640	620	600	375	200	480	590	600	612
No aptas	30	28	12	28	29	30	15	24	18	16	21	20
Recuperadas	15	16	10	18	19	20	10	21	18	15	18	19
No Recuperadas	15	12	2	10	10	10	5	3	0	1	3	1

Figura 4.1.3 Se representa la producción de piezas que realiza en una empresa durante un periodo de un año. Junto con el volumen de producción se indica el número de piezas que no cumplen los requisitos de calidad (piezas no aptas) así como las que han podido ser recuperadas.

Solución

Utilizando hojas de cálculo pueden representarse los diagramas poligonales para cada una de las variables estudiadas:

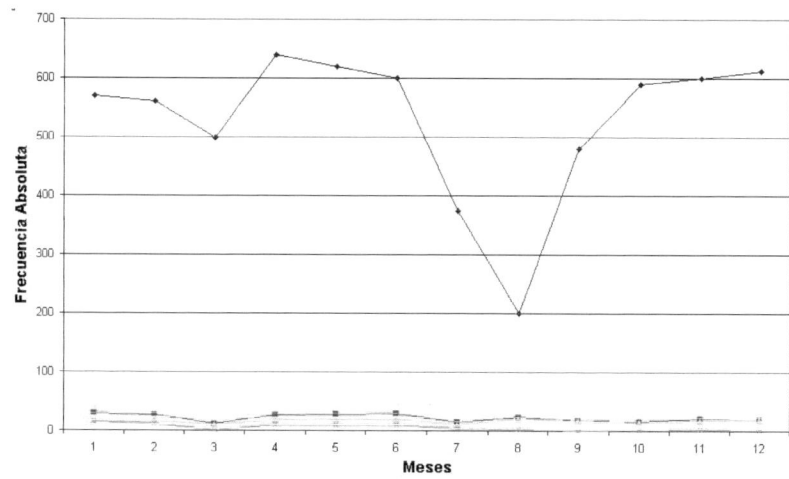

En la representación no se aprecia con claridad la evolución de las piezas no aptas, las recuperadas y las no recuperadas por tener frecuencias absolutas pequeñas en comparación con las frecuencias de la producción.

En estos casos es conveniente indicarlos en frecuencias relativas, por ejemplo, en función del porcentaje de la producción, agregando una segunda numeración en el eje de ordenadas de la derecha.

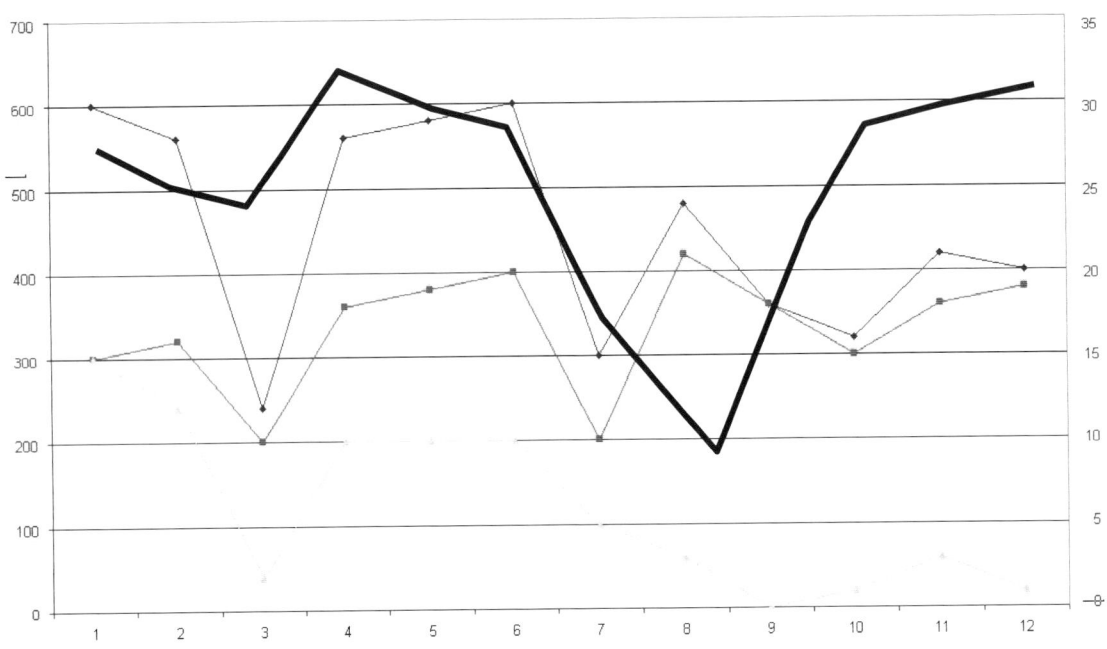

En los diagramas en los que se realicen diferentes representaciones estas deben indicarse mediante trazos diferentes o bien mediante diferente color. En el ejemplo anterior, la *línea continua gruesa* representa la cantidad de piezas producidas (en valor absoluto; se corresponde con el eje de ordenadas de la izquierda), las líneas finas representan las piezas defectuosas, las piezas recuperadas y las inutilizadas (se corresponde con el eje de ordenadas de la derecha).

Los diagramas poligonales nos permiten ver de una forma sencilla, clara y concisa una serie de conceptos de gran importancia en los procesos de aseguramiento de la calidad. Entre ellos destacamos:

a) **La variabilidad de los valores**. Podemos apreciar cómo van variando los valores en función de otra variables que en muchos casos podría ser el tiempo.

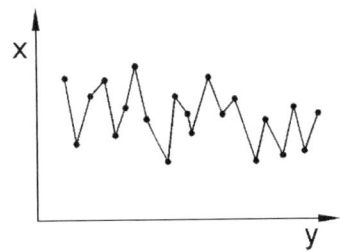

Figura 4.1.4 Evolución de la variación de los valores.

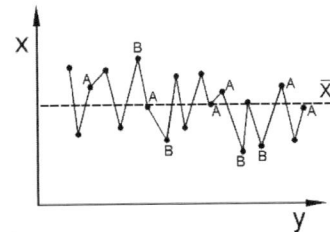

Figura 4.1.5 Concentración de valores alrededor de la media.

b) **Su concentración alrededor de una media**. Los valores desviados aleatoriamente (A) y los valores anormalmente desviados (B). Estos últimos sería necesario estudiarlos de forma inmediata. En la figura podemos ver la media de los valores y la representación de cada uno de los puntos del diagrama poligonal. Los puntos A están más cerca de la media que los puntos marcados como B.

c) **Dispersión de los valores alrededor de la media**. En la figura podemos ver la media de los valores y la desviación superior e inferior de los mismos (que corresponden con las desviaciones máximas y mínimas del conjunto de datos representados).

d) **Tendencia o deriva, ascendente o descendente.** Importante en los procesos de fabricación continuos. En la siguiente figura se representa la tendencia observada de los diámetros de piezas fabricadas mediante tornos automáticos y en fabricaciones diarias. Podemos observar cómo los diámetros de las piezas obtenidas son cada vez mayores en función del tiempo pasado. Los diámetros obtenidos al final de la jornada de trabajo son mucho mayores que los logrados a primera hora de la mañana. La tendencia o deriva en los diagramas poligonales no indican, por ejemplo, que las herramientas de corte se están desgastando a medida que se van fabricando más piezas.

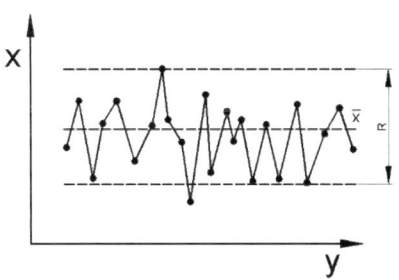

Figura 4.1.6 Dispersión alrededor de una media.

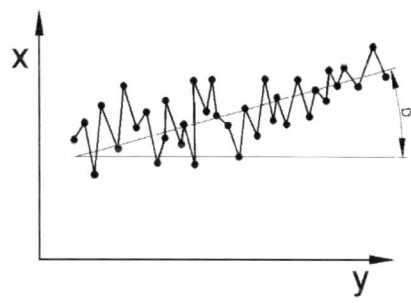

Figura 4.1.7 Deriva ascendente.

4.1.2.2 Diagrama de barras

Es una representación clásica y familiar que indica mediante barras verticales más o menos largas la cuantía del valor estudiado.

La representación es igual que en el caso del diagrama poligonal, pero en la cuarta etapa, en lugar de unir los puntos entre sí, se levantan líneas verticales desde el eje de abscisas. Para ello, se colocan en abscisas los distintos valores de la variable y sobre cada uno de ellos se levanta una línea perpendicular, cuya altura es la frecuencia (absoluta o relativa). De esta forma se obtienen un conjunto de barras verticales cuya suma de longitudes debe ser N o 1, dependiendo de si las frecuencias representadas son absolutas o relativas.

 Ejercicio resuelto 4.1.2

Representar mediante un diagrama de barras la frecuencia absoluta y relativa de las notas que obtuvieron los 50 alumnos de un ciclo formativo de grado superior durante el curso 2012-2013.

5	4	9	4	4	6	5	7	9	3
10	5	5	7	7	1	2	6	6	5
7	6	4	6	5	10	6	3	5	7
3	2	5	5	5	4	7	8	6	8
8	8	3	3	4	9	1	4	5	10

Nota obtenida	Alumnos recuento	Frecuencia absoluta	Frecuencia acumulada
1	I I	2	2
2	I I	2	4
3	I I I I I	5	9

Nota obtenida	Alumnos recuento	Frecuencia absoluta	Frecuencia acumulada
4	IIIIIII	7	16
5	IIIIIIIIIII	11	27
6	IIIIIII	7	34
7	IIIIII	6	40
8	IIII	4	44
9	III	3	47
10	III	3	50

Figura 4.1.8 Tabla correspondiente al ejercicio 14.2.

Solución

De los 50 alumnos matriculados realizamos el recuento de alumnos que obtuvieron un 1, los que obtuvieron un 2, y así sucesivamente, hasta los alumnos de obtuvieron un 10. Cada uno de los alumnos representa la frecuencia absoluta y podemos representar también la frecuencia acumulada.

A continuación se trazan los ejes de ordenadas y de abscisas. En el eje de abscisas se indica las notas de 1 a 10, ambas inclusive. En el eje de ordenadas se indican la frecuencia absoluta (número de alumnos que han obtenido 1, un 2, un 3, etc.) y la frecuencia acumulada, que nos indicará, por ejemplo, el número de alumnos que han sacado más de un 3 o el número de alumnos que han aprobado.

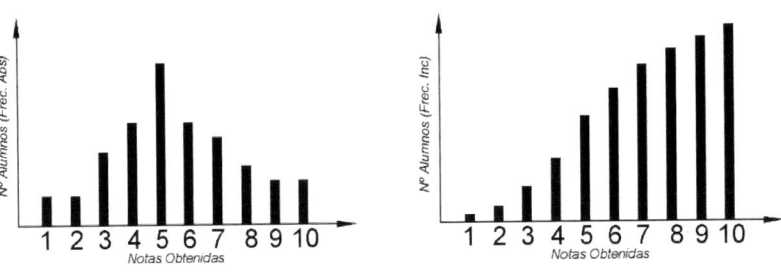

Figura 4.1.9 Frecuencia absoluta e incremental.

4.1.2.3 Perfil radial

También conocido como diagrama de tela de araña. En este diagrama se utilizan los cuatro cuadrantes y no se trazan los ejes de abscisas y ordenadas, sino que se parte de un origen o polo y se trazan tantos radios de partición como magnitudes tenga la variable. La longitud de cada radio (ángulo) es el valor de la frecuencia.

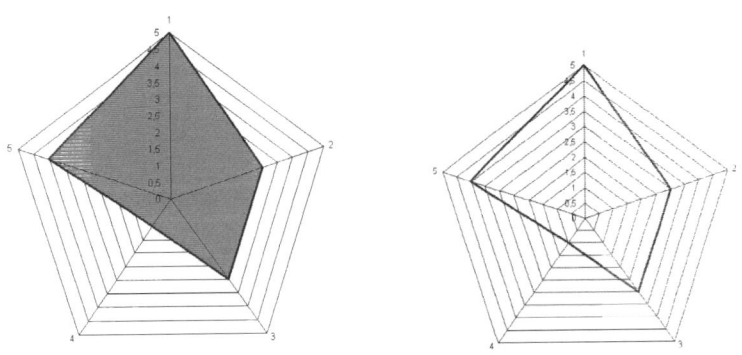

Figura 4.1.10 Perfil radial.

Para su construcción se toma un punto de partida y se trazan sobre él tantos radios como modalidades a estudiar, todos ellos con misma amplitud. Sobre estos radios se toma una distancia al centro proporcional a la frecuencia de cada modalidad y uniendo los puntos extremos se obtiene un polígono cerrado, que es el denominado perfil radial.

4.1.2.4 Diagrama de sectores

En este tipo de diagrama se utiliza también todo el plano y se parte del origen, pero, en este caso, el diagrama se delimita con un círculo dividiendo el área de este en sectores directamente proporcionales a los valores de la variable. Para ello debe corresponder los 360° del círculo a la suma de todas y cada una de las frecuencias de los caracteres.

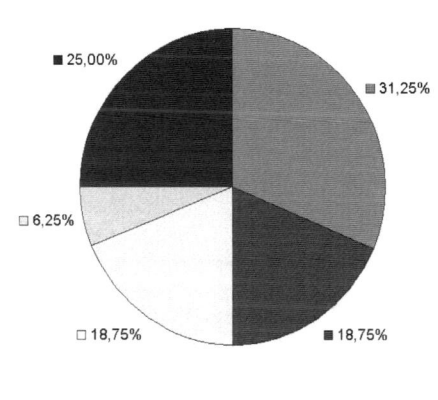

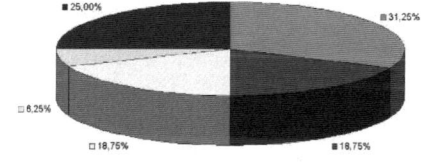

Máquinas	Número de máquinas	Porcentaje	Amplitud círculo
Fresadoras	5	$\dfrac{5}{16} = 31,25\%$	$\dfrac{5 \times 360}{16} = 112,5°$
Tornos	3	$\dfrac{3}{16} = 18,75\%$	$\dfrac{3 \times 360}{16} = 67,5°$
Cepilladoras	1	$\dfrac{1}{16} = 6,25\%$	$\dfrac{1 \times 360}{16} = 22,5°$
Rectificadoras	3	$\dfrac{3}{16} = 18,75\%$	$\dfrac{3 \times 360}{16} = 67,5°$
Taladradoras	4	$\dfrac{4}{16} = 25\%$	$\dfrac{4 \times 360}{16} = 90°$
Total máquinas	16	100%	360°

Figura 4.1.11 Diagrama de sectores o tarta.

4.1.2.5 Ventajas en la utilización de los diagramas de gestión

- Son representaciones gráficas informativas e intuitivas.
- Ordenan los datos de forma que dan pistas para su solución.

- La información que podemos obtener es objetiva en el contenido y es el punto de partida en el diagnóstico de un problema.

- Se puede aplicar en cualquier departamento y en todo tipo de análisis y problemas.

- Son rápidos, claros, concisos y fáciles de interpretar.

Ejercicio resuelto 4.1.3

En la tabla adjunta se indican la edad de 30 alumnos de clase. Dibuja:

a) **Un diagrama de barras.**

b) **Un gráfico de sectores.**

c) **Un polígono de frecuencias.**

18	19	19	20	21	21	18	21
21	20	20	20	21	21	20	20
18	21	19	18	20	21	20	21
20	21	19	19	20	18	19	20
18	21	20	20	20	19	18	20

Solución

Para la realización del diagrama de barras y el diagrama poligonal de frecuencias es recomendable crear una tabla con las edades y sus frecuencias.

Edades	f_i	Grados	%
18	7	(360)7/40=63°	(7/40)100=17,5
19	7	(360)7/40=63°	(7/40)100=17,5
20	15	(360)15/40=135°	(15/40)100=37,5
21	11	(360)11/40=99°	(11/40)100=27,5
Total	40 alumnos	360°	100%

Para dibujar el diagrama de barras es necesario representar cada una de las frecuencias absolutas o número de alumnos para cada una de las edades.

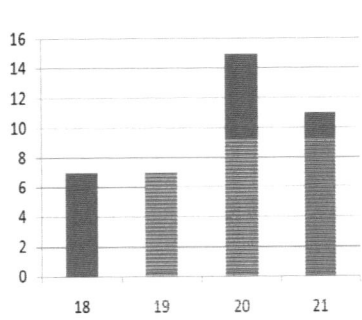
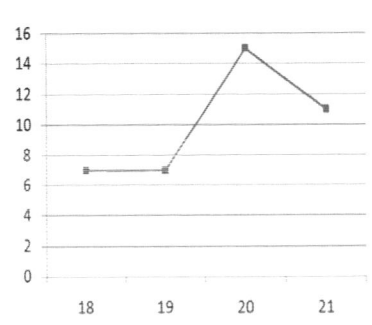
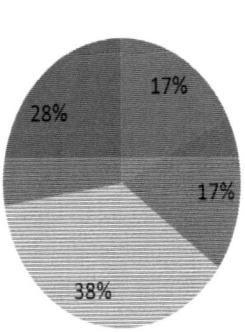

Tabla 4.1.12 Diagrama de barras, poligonal y de sectores.

Ejercicio resuelto 4.1.4

Representa un histograma y un diagrama de sectores con los datos incluidos en la tabla adjunta. La longitud de cada uno de los intervalos es de 0,05.

Intervalo	Frecuencia (F_i)
0-0,05	3
0,05-0,1	8
0,1-0,15	12
0,15-0,2	8
0,2-0,25	4

Solución

Creamos la tabla con las columnas de grados y porcentaje:

Intervalo	Frecuencia (F_i)	Grados	Porcentaje (%)
0-0,05	3	(3/35)360°=30,85°	(3/35)100=8,57%
0,05-0,1	8	(8/35)360°=82,28°	(8/35)100=22,85%
0,1-0,15	12	(12/35)360°=123,42°	(12/35)100=34,28%
0,15-0,2	8	(8/35)360°=82,28°	(8/35)100=22,85%
0,2-0,25	4	(4/35)360°=41,14	(4/35)100=11,42%
Total	35	360°	100%

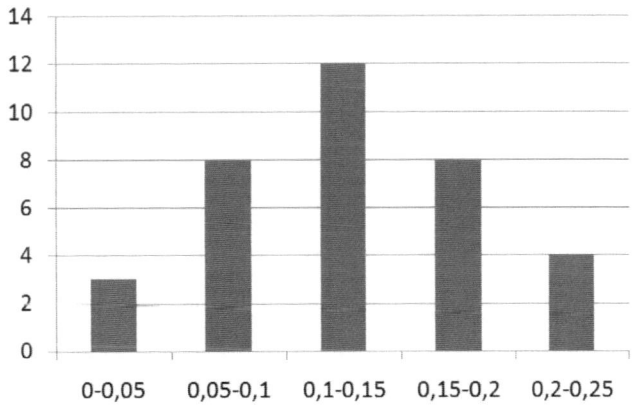

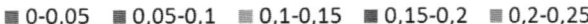

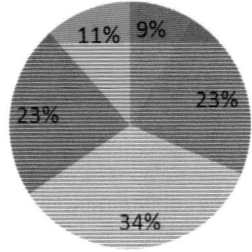

Figura 4.1.13 Diagrama de barras y de sectores.

4.1.3 **Diagrama de Pareto**

El diagrama de Pareto es un método gráfico de análisis (diagrama de barras) que permite ver de forma cualitativa y cuantitativa los factores que intervienen en un problema, puestos en orden decreciente. Se representa en frecuencia acumulada como suma progresiva de valores unitarios.

También es conocido como diagrama ABC puesto que es capaz de ordenar las causas que inciden en un problema en tres grupos (A, B y C). El primero de los grupos representa el 80% de las incidencias que son provocadas por el 20% de los elementos que intervienen en producirlos (distingue las causas poco triviales o secundarias de las causas triviales o principales), al igual que se hace en la gestión de almacenes.

Una de las principales aplicaciones de este diagrama es la capacidad que tiene para mostrar las causas que inciden en un problema e indicar por qué causas es recomendable empezar a solucionar el problema. Al mismo tiempo cuantifica los progresos que se realizan en la solución de dicha causa. De entre las aplicaciones más usuales puede destacarse el estudio de fallos de una máquina en servicio, las paradas involuntarias de las máquinas, así como aquellos costes de no calidad que se caracterizan por tener unas pocas causas de fallos y que, sin embargo, pueden producir gran cantidad de fallos.

En su representación se emplea un sistema de ejes coordenados donde en el eje horizontal o de abscisas se indican los conceptos a estudiar o las causas que inciden en un problema y en el eje vertical o de ordenadas, las frecuencias de las causas citadas (frecuencias absolutas y frecuencias acumuladas).

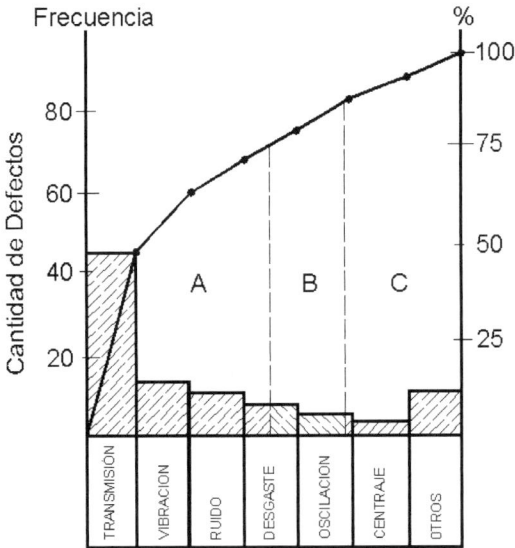

Figura 4.1.14 Diagrama de Pareto sobre las quejas recibidas por clientes que han adquirido máquinas recientemente. Como puede observarse la mayoría de los clientes se quejan de los problemas de transmisión (43% de las quejas), vibraciones y ruido (17 y 16%, respectivamente). Otras causas son el desgaste, la oscilación y el centraje con porcentajes de demandas menores. También se incida otra causa llamada "varios" que hace referencia a causas de naturaleza variada.

Todas estas causas se representan mediante barras en frecuencia absoluta y en orden decreciente, excepto "otros", que siempre se indica en último lugar.

Por otro lado se representa la frecuencia acumulada de cada una de las causas mediante un diagrama poligonal.

Con una simple hojeada pude determinarse las causas que más inciden en un problema (causas vitales) así como las causas menos incidentes (poco vitales o triviales).

4.1.3.1 **Construcción del diagrama de Pareto**

Para comenzar su construcción es necesario hacer acopio de cada una de las causas que inciden en un problema así como su frecuencia absoluta (número de veces que aparece el problema). Supongamos, por ejemplo, que deseamos realizar un diagrama de Pareto sobre las quejas recibidas por clientes a los que les hemos vendido una máquina-herramienta con el fin de tomar las medidas oportunas para reducir estas al mínimo.

Los pasos a seguir son:

1) Analizar las reclamaciones y agruparlas en función de su naturaleza. Aquellas de difícil agrupación o de menor frecuencia se agrupan en la familia de "otros varios".

2) Calcular el % unitario para cada grupo. Para ello dividimos la frecuencia absoluta unitaria de fallos de cada grupo por la frecuencia absoluta de todos los grupos.

3) Después de obtener los % unitarios, se dibuja la gráfica de barras (ordenadas de mayor a menor frecuencia absoluta). Y se representa la frecuencia acumulada.

4) Por último se anota la información necesaria en el diagrama (fecha, periodo, muestra, procedencia, método de inspección, etc.).

5) La última etapa consiste en la interpretación de resultados y en la propuesta de mejora a realizar.

 Ejemplo resuelto 4.1.5

Una empresa de fabricación de máquinas herramientas ha vendido en el ejercicio 2001-2002 un total de 5500 máquinas, recibiendo 300 reclamaciones, las cuales se han agrupado en 7 familias:

Agrupación de reclamaciones	Número
Transmisión de movimiento	89
Vibración de elementos	74
Ruido	49
Desgaste excesivo de elementos	30
Oscilaciones	27
Problemas de centraje	13
Otros varios	18
TOTAL	**300**

Construir el diagrama de Pareto e interpretarlo.

Solución

Una vez agrupadas las reclamaciones y cuantificadas en número se procede a estimar el porcentaje unitario de cada uno de los grupos:

$$\%UNITARIO = \frac{FRECUENCIA - ABSOLUTA(unitaria)}{FRECUENCIA - ABSOLUTA(Total)} \times 100$$

$$\%UNITARIO = \frac{Núm - reclamaciones - Transmisión}{Núm - Total - reclamaciones} \times 100 = \frac{89}{300} \times 100 = 29,66\%$$

Agrupación de reclamaciones	Número	% Unitario	% Acumulado
Transmisión de movimiento	89	29,66	29,66
Vibración de elementos	74	24,66	54,32
Ruido	49	16,33	70,65
Desgaste excesivo de elementos	30	10	80,65
Oscilaciones	27	9	89,65
Problemas de centraje	13	4,33	94
Otros varios	18	6	100
TOTAL	**300**	**100**	**100**

A continuación, se representa en un diagrama el porcentaje unitario de cada una de las familias mediante barras en función de su porcentaje, teniendo como escala el eje de ordenadas izquierdo. Y posteriormente se representa el diagrama poligonal con el porcentaje acumulado utilizando el eje de ordenadas derecho.

4.1.3.2 Interpretación del diagrama de Pareto

Con un simple vistazo al diagrama de Pareto construido (figura 11.15) pueden determinarse las causas que más inciden en las reclamaciones, así como cuánto incide cada una de las causas por separado o varias de ellas juntas (acumuladas), respecto al total.

De la figura se deduce que las cuatro primeras causas (CAUSAS VITALES) representan algo más del 80% del total de las reclamaciones, por lo que nos indica que estas son las reclamaciones que deben resolverse en primer lugar.

Por último, también nos indica cómo quedarían los porcentajes si son eliminadas algunas de las causas vitales y de esta forma estudiar cómo varía el porcentaje total y comparar resultados. Para ello deberíamos rehacer el diagrama y los cálculos, sin tener en cuenta las reclamaciones solucionadas.

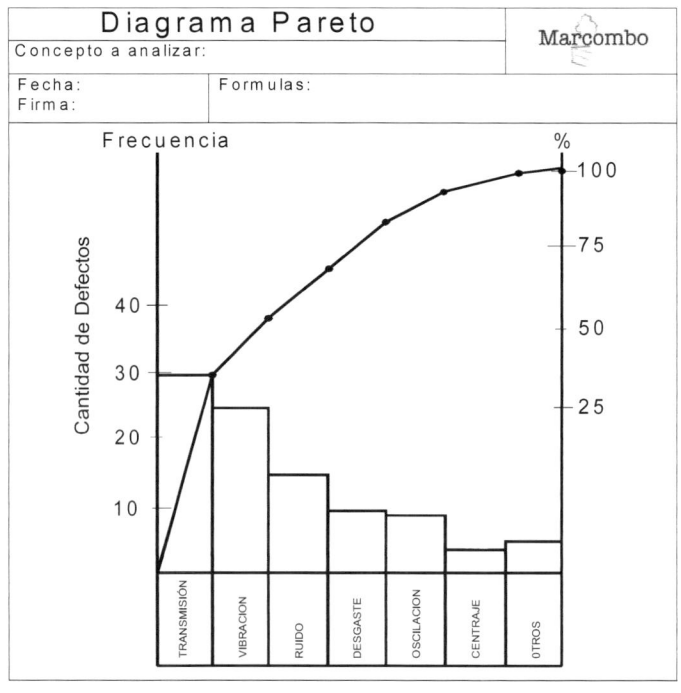

Figura 4.1.15 Diagrama de Pareto para el ejemplo 1.2.

4.1.4 **Diagrama causa-efecto o de Ishikawa**

Es un método gráfico de análisis ideado por el doctor Ishikawa que permite obtener un cuadro detallado, sencillo y de fácil visión de las posibles causas que inciden en un problema. También es conocido como la "espina de pescado" o diagrama causa–efecto.

En el diagrama se representa la relación existente entre un efecto, por ejemplo, la falta de constancia de diámetros obtenido en una máquina herramienta automática durante una producción de 8 horas, y las posibles causas que lo producen, como por ejemplo: desgaste prematuro de la herramienta, flexión de la pieza, mala selección del método, etc.

El método es aplicable en aquellos casos en los que se desea buscar la causa o causas que provocan un efecto no deseado en los procesos productivos. Es un procedimiento de análisis que suele realizarse mejor mediante grupos de mejora que por medio de tormenta de ideas.[3]

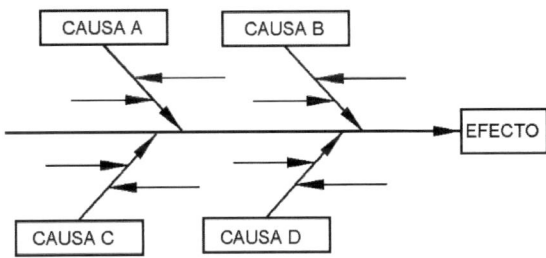

Figura 4.1.16 Diagrama de Ishikawa.

Es una forma sencilla y práctica de representar las posibles causas que pueden intervenir en un problema, así como la interdependencia entre ellas y el efecto que producen.

El primer paso que debe realizarse antes de empezar a construir el diagrama es definir correctamente el efecto a estudiar y seguidamente deben enumerarse las posibles causas que pueden intervenir en el efecto o problema. Normalmente se cuantifican por familias o categorías: MATERIALES, MANO DE OBRA, MÉTODO, MEDIOS, MEDIO AMBIENTE (son las denominadas "cinco emes").

Cada una de esas FAMILIAS o CAUSAS, llamadas PRINCIPALES, tienen otras que concurren en ellas y que se les llama SECUNDARIAS. Estas a su vez, tienen otras y así sucesivamente.

Es un buen útil de trabajo para el análisis y resolución de problemas ya que fomenta la reflexión, el trabajo en grupo y permite seleccionar y ordenar las causas que provocan un problema.

4.1.4.1 **Construcción de un diagrama CAUSA-EFECTO**

Las etapas a seguir para su construcción son cinco:

---

[3] **Tormenta de ideas o *brainstorming*.** Técnica de grupo utilizada para determinar las posibles causas que provocan un efecto o problema o para encontrar posibles soluciones mediante la libre participación de cada uno de los integrantes que forman el grupo.

1) La primera etapa consiste en definir el problema a resolver. A este problema se le denomina EFECTO. Para empezar a representar el diagrama se traza un segmento como el representado en la figura y sobre el recuadro se indica el efecto.

2) La segunda etapa corresponde a la enumeración de las posibles causas que provocan el efecto. Para ello se crea una lista mediante tormenta de ideas, discusión en grupo, reflexión individual, etc. De esta lista se determinan las causas principales, las secundarias, terciarias, etc. Las causas principales se inscriben dentro de un rectángulo y se conecta con la línea central mediante un trazo continuo terminado en flecha.

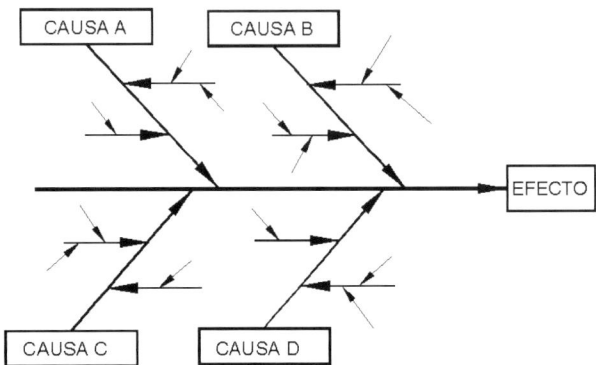

Figura 4.1.17 Diagrama de Ishikawa. Se han indicado cuatro causas principales enmarcadas en rectángulos. A estas causas principales se les asocian las causas secundarias o menores que suelen ser las causas reales del efecto. Que también pueden tener asociadas a ellas otras causas menores, las terciarias, representadas en la figura como flechas de menor tamaño. Se deben buscar el mayor número de causas sin descartar ninguna hasta no ser analizadas.

3) La tercera y última de las etapas consiste en realizar un análisis completo de todas las causas que se han indicado en el diagrama. Para ello se debe contestar el cuestionario QQDCCCP. Realizamos preguntas anteponiendo las palabras quién, qué, donde, cuándo, cómo, cuánto y por qué.

Las preguntas pueden ser: *¿Por qué hay defectos durante la producción?* ¿Quién es el encargado de realizar la operación? ¿Qué método de trabajo se sigue durante la operación de mecanizado? ¿Qué herramientas se utilizan? ¿Cuándo se realiza el mecanizado? ¿Cómo se hace la operación de desbaste? ¿Por qué se hace de esta forma y no de otra?

De este análisis surgen las causas reales del problema después de haber analizado todas las posibles causas, haber desestimado aquellas que no provocan el efecto y haber clasificado aquellas que sí lo provocan por orden de importancia.

Una vez definida la causa o causas reales deben proponerse procedimientos de mejora y estudiar de nuevo el proceso para verificar la efectividad de las mismas.

4.1.4.2 Métodos para la construcción del diagrama CAUSA-EFECTO

Existen varios métodos para realizar la construcción del diagrama de los que se destacan dos; por clasificación de las operaciones del proceso de producción o por enumeración de posibles causas.

- **Mediante clasificación del proceso**. Donde las causas principales son cada una de etapas del proceso productivo. Se analizan cada una de estas etapas productivas y se indican qué causas han podido provocar el efecto. Es conveniente la participación de los trabajadores de cada una de las áreas participantes.

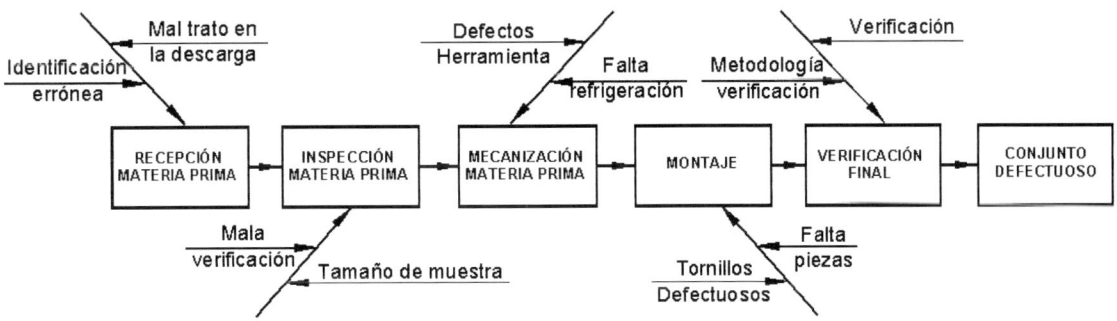

Figura 4.1.18 Diagrama causa–efecto por clasificación del proceso.

- **Mediante enumeración de causas**. Es el procedimiento clásico que emplea la tormenta de ideas o *brainstorming*. De todas las causas enumeradas se eligen las principales y se plasman en un diagrama, para ser analizadas una a una y buscar las reales.

4.1.5 **AMFEC**

El AMFEC[4] es un técnica de análisis basada en la participación y el trabajo en equipo cuyo propósito es valorar por anticipado la probabilidad de que se origine un fallo tanto en el diseño como en el proceso y cuantificar las consecuencias del mismo.

- **AMFEC de diseño**. Analiza el producto y todo lo relacionado con la definición del mismo durante su etapa de diseño. Para ello se analiza la selección del material, las dimensiones y formas, las tolerancias y los posibles problemas de realización teniendo en cuenta experiencias pasadas y consideraciones teóricas. Se pretende establecer los fallos que puede presentar el producto y estudiar en cada caso su repercusión, la probabilidad de que ocurra y la posibilidad de ser detectado después de su ocurrencia.

- **AMFEC de proceso**. Analiza los posibles fallos que pueden ocurrir durante del proceso (materiales, mano de obra, métodos de trabajo, herramientas, etc.) y cómo influyen en el producto. En este caso, el objeto del AMFEC es asegurar que las características del producto fabricado son acordes a las especificaciones técnicas previstas.

El AMFEC como herramienta de análisis se empezó a utilizar durante la década de los 60 en industrias aeronáuticas y nucleares donde es más rentable prevenir fallos que corregirlos. Actualmente muchos fabricantes de industrias automovilísticas lo exigen como requisito técnico.

El AMFEC se basa en estudiar los posibles fallos de un producto o proceso valorando para ello la probabilidad de ocurrencia, su gravedad y la probabilidad de no detectarlos para poder disminuir el riesgo de fallo o poderlos detectar a tiempo.

---

[4] ANFEC. Análisis del modo de fallos, sus efectos y criticidad. Método aplicado por la NASA en la década de los 60 para el proyecto Apolo.

4.1.5.1 **Realización del AMFEC**

Los pasos a seguir en la realización de un AMFEC son:

1) Creación de un *staff* o grupo de trabajo de entre 6 a 10 personas expertas en el tema a estudiar y de cada una de las áreas afectadas.

2) Identificar cada conjunto, componente, pieza u operación del proceso a estudiar.

3) Estudiar para cada apartado el modo de fallo, el efecto y la causa potencial de fallo.

4) Calcular el valor del **ÍNDICE DE CRITICIDAD** (C), el cual es función de la valoración de los conceptos del apartado anterior (3).

   - ***Probabilidad (P).*** Probabilidad de que se presente el fallo en el producto o proceso.
   - ***Gravedad (G).*** Importancia del fallo en cuanto a las consecuencias del mismo en caso de producirse.
   - ***Probabilidad de no detección (D).*** Probabilidad de no detectar el fallo antes de que se produzca.

   Aplicar la ecuación que determinará el ***índice de criticidad (C)*** o valoración global del fallo. Este índice nos indicará si deben tomarse o no acciones correctoras, así como la prioridad con que deben aplicarse. Viene dado por el producto de los tres conceptos definidos:

$$C = P \times G \times D$$

5) Poner en marcha la acciones correctoras de acuerdo con los criterios que se establezcan para los valores de "C", tanto en el diseño como en el proceso.

6) Realizar una nueva valoración con las acciones tomadas y volver a calcular y el nuevo "**índice de criticidad**" para comprobar que está dentro de los valores considerados aceptables.

El AMFEC se realiza en un impreso normalizado como el indicado en la figura. Cada una de las columnas corresponden a:

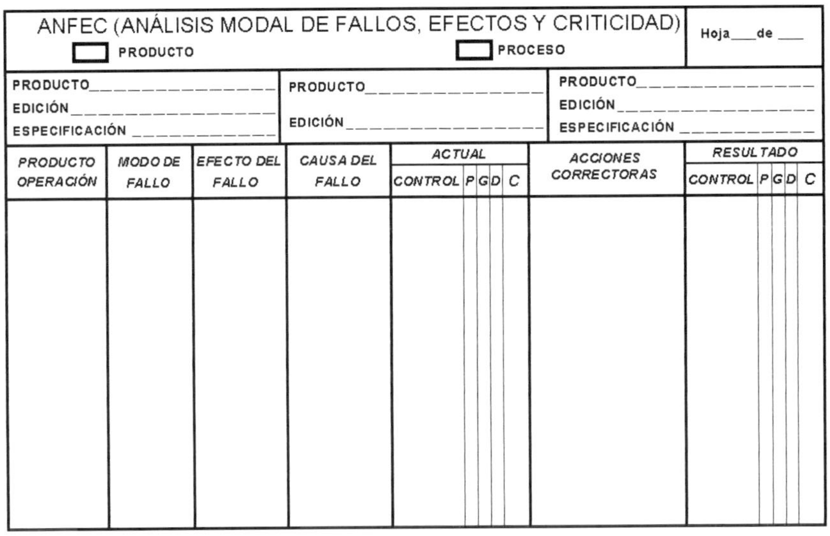
ANFEC (ANÁLISIS MODAL DE FALLOS, EFECTOS Y CRITICIDAD)
☐ PRODUCTO ☐ PROCESO
Hoja___de ___

PRODUCTO_______________ EDICIÓN_______________ ESPECIFICACIÓN_______________
PRODUCTO_______________ EDICIÓN_______________
PRODUCTO_______________ EDICIÓN_______________ ESPECIFICACIÓN_______________

PRODUCTO OPERACIÓN	MODO DE FALLO	EFECTO DEL FALLO	CAUSA DEL FALLO	ACTUAL CONTROL	P	G	D	C	ACCIONES CORRECTORAS	RESULTADO CONTROL	P	G	D	C

Figura 4.1.19 AMFEC. Análisis modal de fallo, efectos y criticidad.

- **Producto u operación**. En esta columna se indica la característica o función a analizar (pieza o conjunto), en el caso de que se trate de análisis del diseño o las operaciones cuando se trate del proceso. Como ejemplo: materia prima, pieza, fase, etc.

- **Modo potencial de fallo**. Es la forma cómo se presenta el fallo tanto en el producto como en la operación. Son los defectos que se detectan en las verificaciones. Ejemplo: defectos de material, defectos de dimensiones, averías, etc.

- **Efecto potencial del fallo**. Es el efecto que se produciría en el caso de presentarse el fallo. Ejemplo: riesgo de rotura, falta de material en la fase siguiente, incendio, etc.

- **Causa potencial de fallo**. En esta columna se describen los motivos que han dado lugar al fallo. Pueden ser motivadas por factores internos o externos al producto o proceso. Ejemplo: Proceso fuera de control, mal reglaje de herramienta, falta de formación, mal mantenimiento, etc.

4.1.5.2 Valoración de los fallos

- *Probabilidad de ocurrencia (P).* Probabilidad de que se presente el fallo en el uso o en el proceso de elaboración. Puede determinarse mediante la expresión:

$$P = \frac{P_C \times P_F}{c}$$

Donde P_c es la probabilidad de que se presente una determinada causa de fallo y P_f/c es la probabilidad condicional de que, aparecida la causa de fallo, se produzca el fallo.

O consultarse en la tabla en la que se establecen las puntuaciones del 1 al 10 para determinar la probabilidad de ocurrencia (P). La puntuación 1 significa que es poco probable que ocurra mientras que la puntuación 10 establece la máxima probabilidad.

- *Gravedad (G).* Importancia o trascendencia que tiene el fallo en la satisfacción del cliente (AMFEC de diseño) o con la perturbación de los sistemas productivos (AMFEC proceso). Los criterios que valoran este factor están en función de la trascendencia del fallo en el grado de satisfacción del próximo cliente, externo (producto) o interno (proceso).

En el primer caso afectaría a la imagen de la empresa y al coste de las garantías, y en el segundo, al ritmo y coste de la producción.

En la tabla se indica algunos ejemplos en la tabulación del factor G como referencia para cumplimentar el AMFEC.

- *Índice de no detección del fallo (D).* Es el valor que se da a la probabilidad de no detectar el fallo antes de que llegue el producto al próximo cliente (AMFEC de diseño) o en el curso de fabricación (AMFEC de proceso).

En la tabla se incluyen algunos ejemplos que pueden servir como referencia para valorar el índice de no detección de fallo. La puntuación igual a 1 significa que el fallo podrá detectarse mientras que la puntuación máxima igual a 10 indica que el fallo no será detectado en el caso de que se produzca.

- ***Índice de criticidad de fallo (C)***. Es la valoración global del fallo; indica si se deben tomar o no acciones correctoras, así como la prioridad con que deben aplicarse. Viene dado por el producto de los tres índices (P, G y D).

- ***Recomendaciones***. En función del índice de criticidad obtenido el grupo de mejora establecerá las recomendaciones pertinentes para minimizar el problema.

Después de establecer las recomendaciones se vuelve a valorar cada uno de los tres índices P, G y D para asegurarse que el *índice de criticidad de fallo* es el adecuado.

Puntuación	Probabilidad de ocurrencia
2	Fiabilidad determinada en diseños precedentes
4	Fiabilidad determinada en diseños precedentes para condiciones no iguales.
6	Diseño cuya fiabilidad no ha sido demostrada
8	Con problema de diseño y fabricación
10	Con fallo sistemático

Puntuación	Gravedad
2	Fallo perceptible por el cliente pero poco molesto
4	Predisposición negativa del cliente
6	Exigencia de cambio o reparación por el cliente
8	Con degradación del producto
10	Afecta a la seguridad sin previo aviso

Puntuación	Probabilidad de no detección
2	Menor del 10%
4	Entre el 10 y el 20 %
6	Entre el 40 y el 50 %
8	Entre el 60 y el 70 %
10	Entre el 80 y el 100%

Tabla 4.1.20 Probabilidad de ocurrencia, gravedad y probabilidad de no detección.

ANFEC (ANÁLISIS MODAL DE FALLOS, EFECTOS Y CRITICIDAD)									Hoja___de___					
☐ PRODUCTO				☐ PROCESO										
PRODUCTO_____ EDICIÓN_____ ESPECIFICACIÓN _____				PRODUCTO_____ EDICIÓN_____					PRODUCTO_____ EDICIÓN_____ ESPECIFICACIÓN _____					
PRODUCTO OPERACIÓN	MODO DE FALLO	EFECTO DEL FALLO	CAUSA DEL FALLO	ACTUAL					ACCIONES CORRECTORAS	RESULTADO				
				CONTROL	P	G	D	C		CONTROL	P	G	D	C

ANFEC (ANÁLISIS MODAL DE FALLOS, EFECTOS Y CRITICIDAD)

☐ PRODUCTO ☐ PROCESO Hoja ___ de ___

PRODUCTO _____
EDICIÓN _____
ESPECIFICACIÓN _____

PRODUCTO _____
EDICIÓN _____
ESPECIFICACIÓN _____

PRODUCTO _____
EDICIÓN _____
ESPECIFICACIÓN _____

PRODUCTO OPERACIÓN	MODO DE FALLO	EFECTO DEL FALLO	CAUSA DEL FALLO	ACTUAL					ACCIONES CORRECTORAS	RESULTADO				
				CONTROL	P	G	D	C		CONTROL	P	G	D	C

Ejercicio resuelto 4.1.6

Dada la tabla con una longitud de algunos ríos de España, representa un diagrama de barras y un diagrama de tarta con los datos adjuntos.

Río	Longitud km
Miño	310
Segura	325
Guadalquivir	337
Júcar	498
Guadalquivir	657
Guadiana	818
Duero	895
Ebro	910
Tajo	1007

Solución

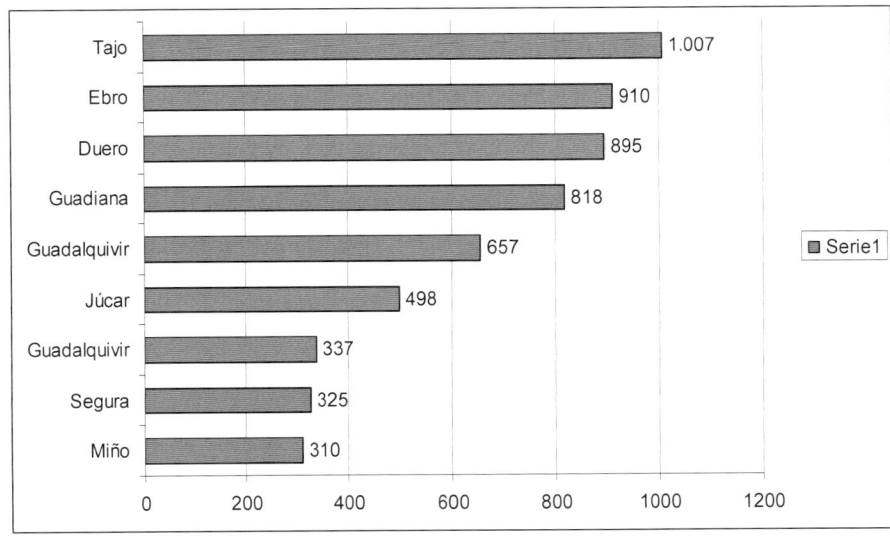

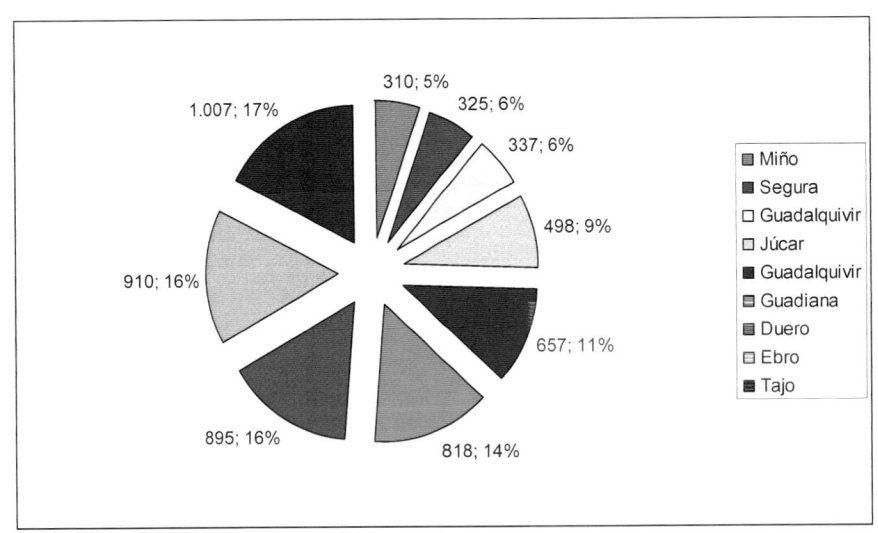

Ejercicio resuelto 4.1.7

En la siguiente tabla se representan los miles de unidades vendidas por dos empresas A y B desde el año 2000 hasta el año 2010. Representa los datos de la tabla adjunta en un diagrama poligonal y de barras.

Año	2000	2001	2002	2003	2004	2005	2006	2007	2008	2009	2010
Empresa A	310	350	360	380	390	450	490	570	520	300	210
Empresa B	325	375	400	420	390	470	495	590	600	290	150

Solución

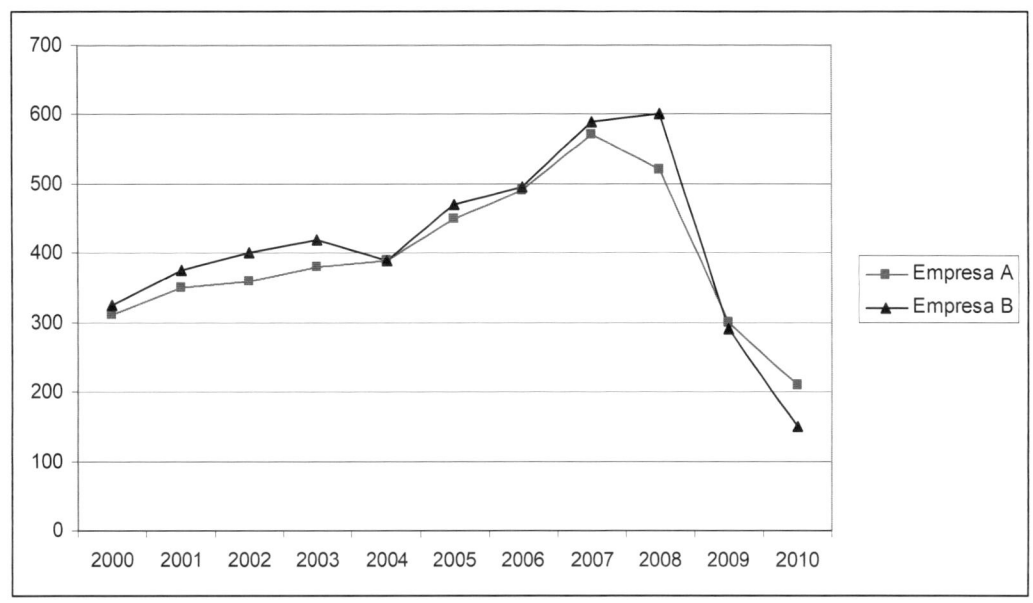

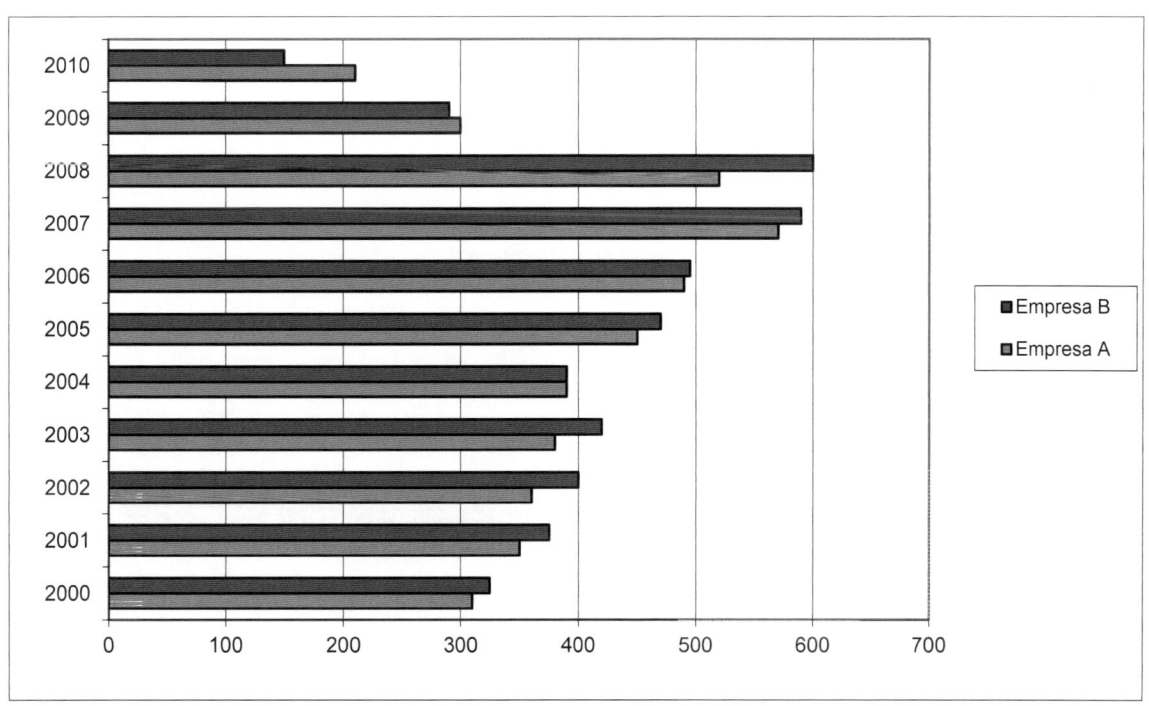

Test, cuestiones y problemas propuestos

Test

Responde verdadero o falso:

	V	F

1. La muestra sistemática debe ser extraída el proceso productivo y examinada al instante.

2. Se define población como el conjunto total de datos que se pretenden estudiar.

3. Se dice que una muestra es aleatoria cuando cada unidad de la población tiene la misma probabilidad de ser escogida.

4. La longitud de un intervalo de frecuencias es la diferencia entre la marca de clase y el intervalo inferior.

5. La marca de clase es el punto medio del intervalo.

6. La frecuencia absoluta acumulada se obtiene de dividir la frecuencia absoluta de un intervalo por el número de datos del experimento.

7. Los parámetros de tendencia central más usados son la desviación típica y el recorrido.

8. La relación entre la media geométrica (G), la armónica (H) y la media aritmética (X) es: G>H>X.

Cuestiones

1. ¿Qué representan los diagramas de gestión? Indica algunas de sus aplicaciones.

2. Indica los pasos para construir un diagrama poligonal:
   a. Frecuencias absolutas.
   b. Frecuencias relativas.
   c. Frecuencias acumuladas.

3. ¿Qué conceptos nos permiten interpretar los diagramas de gestión?

4. ¿En qué aplicaciones es recomendable emplear el perfil radial? Justifica la respuesta.

5. ¿Qué es un diagrama de Pareto? Indica algún ejemplo de aplicación.

6. Describe las etapas en la construcción de un diagrama de Pareto.

7. ¿Qué son las causas vitales?

8. ¿Qué es un diagrama causa-efecto? ¿Qué otros nombres tiene?

9. ¿Qué son las causas principales? ¿Qué otras causas existen?

10. Indica el procedimiento para la realización de un diagrama causa-efecto.

11. ¿Qué indican los diagramas causa-efecto con muchas causas terciarias? ¿Cómo se debe actuar en esos casos?

12. ¿Qué es una tormenta de ideas?

13. En el caso de que un diagrama causa-efecto sea muy pobre y tan solo se tengan causas principales, ¿qué debe hacer? ¿Qué nos indica un diagrama de esa forma?

14. ¿Qué es un AMFEC? ¿Qué tipos de AMFEC conoces?

15. ¿Cuándo crees que es importante su uso? ¿Por qué?

16. ¿De qué forma se calcula el índice de criticidad (C)? ¿Qué valora?

17. Define los siguientes conceptos: modo potencial de fallo, efecto potencial de fallo y causa potencial de fallo.

18. Una vez calculado el índice de criticidad y aplicar las medidas o acciones correctoras, ¿qué debe hacerse?

19. ¿Cómo podemos calcular el tercer cuartel de una serie de valores?

Problemas

1. Dibuja la evolución del IBEX en los años 1998-2001 mediante el uso de un diagrama poligonal y un perfil radial.

	CAPITALIZACIÓN IBEX 35	NIVEL del IBEX 35		CAPITALIZACIÓN IBEX 35	NIVEL del IBEX 35		CAPITALIZACIÓN IBEX 35	NIVEL del IBEX 35
1/98	184.719	7.958,99	2/99	236.054	9.997,30	3/00	353.480	11.935,00
2/98	206.547	8.900,09	3/99	230.276	9.740,70	4/00	340.698	11.467,90
3/98	237.985	10.209,10	4/99	236.948	9.975,40	5/00	321.064	10.688,50
4/98	234.283	10.025,68	5/99	239.098	10.072,32	6/00	318.279	10.581,30
5/98	233.816	10.005,72	6/99	247.020	10.218,60	7/00	339.946	10.531,60
6/98	237.032	10.146,40	7/99	234.536	9.391,90	8/00	357.160	10.884,70
7/98	244.128	10.493,70	8/99	244.879	9.806,10	9/00	354.106	10.950,00
8/98	192.272	8.264,70	9/99	237.879	9.525,40	10/00	338.188	10.363,10
9/98	178.589	7676,5	10/99	243.278	9.741,50	11/00	308.873	9.214,50
10/98	204.706	8.800,00	11/99	273.662	10.958,10	12/00	306.949	9.109,80
11/98	224.374	9.645,50	12/99	293.034	11.641,40	1/01	346.003	10.116,00
12/98	228.735	9.836,60	1/00	317.803	10.835,10	2/01	326.710	9.551,40
1/99	233.261	9.878,80	2/00	369.026	12.585,80	3/01	319.140	9.308,30

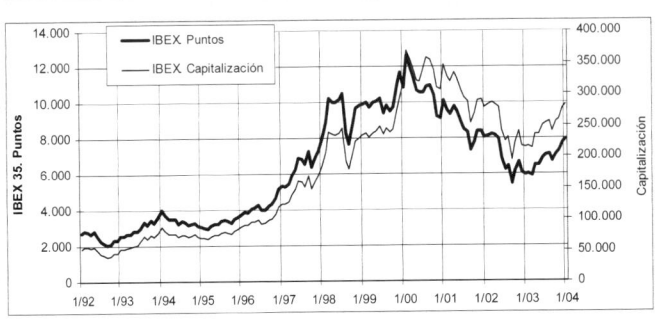

2. El uso de la energía nuclear en algunos países de la Comunidad Europea se indica en la tabla adjunta:

Región	2000	2001	2002	2003	2004	2005	2006	2007
Francia	394,40	400,02	414,92	419,02	425,83	428,95	427,68	417,74
Alemania	161,13	162,74	156,60	156,81	158,71	154,90	158,91	133,51
España	59,10	60,52	59,87	58,78	60,43	54,66	57,12	52,35
Reino Unido	80,81	85,38	83,64	84,25	76,00	77,54	71,68	59,27
Europa	**914,94**	**944,07**	**953,74**	**957,00**	**968,93**	**959,82**	**958,05**	**904,59**

a. Dibuja un diagrama poligonal con la evolución el uso de la energía nuclear de todos los países desde el año 2000 al 2007 respecto al total de la Comunidad Europea.

b. Representa un diagrama de sectores con el porcentaje de uso de la energía nuclear en el año 2007 por los países miembros indicados en la tabla.

c. Dibuja un diagrama de perfil radial del uso de la energía nuclear en España desde el año 2000 al 2007.

3. El uso de las diferentes fuentes de energía en España se indican en la tabla. Las unidades son kW/hora.

	Hidráulica	Térmica	Eólica	Solar	Nuclear	Total
2000	14500	8500	2500	1500	15500	
2002	15500	9500	3000	2000	16500	
2004	16400	10500	5500	5500	16400	
2006	17100	9500	7500	7500	17500	
2008	14300	7500	8500	12500	16300	
2010	12400	7500	9500	13500	18200	
Total						

a. Representa mediante un diagrama poligonal la evolución del uso de todas las energías en los últimos años.

b. Representa en un diagrama de barras la evolución anual de uso total de la energía en España.

c. Representa la producción de energía eólica mediante un diagrama tela de araña en el año 2010.

d. Representa la evolución del uso de la energía térmica en un diagrama de tarta.

e. Representa en un diagrama de barras el uso de todas las energías en el año 2010.

4. Una empresa dedicada a la fabricación de automóviles subcontrata los servicios de otra para el suministro de manetas y retrovisores. Tras dos años de relación contractual la empresa automovilística se queja de los retrasos en la entrega del producto fabricado por la empresa subcontratada. Esta última, para evitar la extinción del contrato, realiza un estudio de las causas que provocan el retraso en la entrega de las manetas y retrovisores. Confeccionan la siguiente lista:

		Retrasos
1	Problemas de calidad de los materiales	31
2	Problemas en la producción	51
3	Problemas de verificación/recepción	30
4	Accidentes laborales	13
5	Falta de personal en turnos nocturnos	3
6	Mala planificación de las vacaciones	8
7	Problemas de transporte	2

El número total de piezas suministradas es de 100 000.

a. Representa los datos en un diagrama de Pareto.

b. Si la empresa subcontratada actúa y propone mejoras en la primera causa (problemas de producción) y consigue reducir en un 65% los retrasos en las entregas, ¿cómo mejora el conjunto?

c. Si se elimina por completo la primera causa de retraso, ¿de qué forma se reduce el problema global? ¿Cuál pasaría a ser la causa principal?

d. Indica 3 combinaciones de causas y sus porcentajes de éxito para reducir los retrasos en un 80%.

5. En la siguiente tabla se presentan las causas de reclamaciones/avería que ha causado un modelo de teléfono móvil vendido en una tienda de Barcelona. Cada una de las reclamaciones se han agrupado en distintas clases de defecto (A, B, C...) y se ha asignado el coste medio de reparación.

	CLASE DE DEFECTO	Reclamaciones	Coste reclamación euros
A	Las llamadas se cortan	15	10,5
B	El teclado no funciona	150	3,5
C	No tiene cobertura en la montaña	15	5
D	No puede aumentarse el volumen	72	1
E	No pueden enviarse mensajes	50	2,5
F	El conector de auricular no funciona	470	3,5
G	La batería no recarga bien	12	7
H	No admite el número PIN	210	8
I	No identifica otras tarjetas PUK	35	12
J	La función de vibración no funciona	10	15
K	El teléfono no se enciende	10	12

Para cada una de las clases de defecto, rellenar la tabla adjunta indicando el concepto (defecto), la cantidad de reclamaciones realizadas, el coste, el porcentaje parcial y el acumulado.

Concepto	Cantidad	Coste (euros)	% parcial	% acumulado

a. Con los datos adjuntos representar el diagrama de Pareto.

b. Volver a recalcular los datos si se consigue reducir un 30% la causa principal y un 60% la secundaria.

6. Realizar un diagrama causa-efecto para mejorar el proceso productivo o cualquier otro problema en su lugar de trabajo. Se puede emplear cualquier método explicado.

   a. Construir el diagrama definiendo el efecto y sus causas primarias.

   b. Identificar cada una de las causas secundarias y terciarias.

   c. Determinar la causa o causas reales e identificar la posible solución.

Fundamentos de estadística

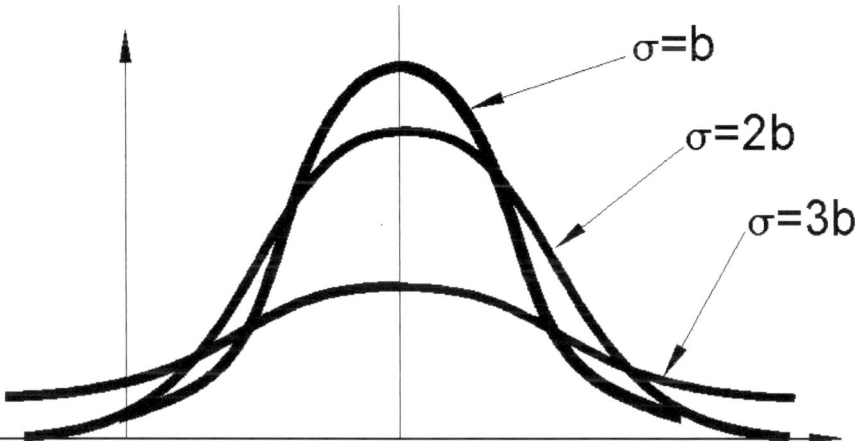

$\sigma=b$

$\sigma=2b$

$\sigma=3b$

Contenidos

Introducción a la estadística

Definiciones

Representación gráfica de frecuencias

Distribución de frecuencias

Parámetros de tendencia central

Parámetros de variabilidad o dispersión

Otros coeficientes de variación

Problemas resueltos

Test, cuestiones y problemas propuestos

Objetivos

- Describir los conceptos estadísticos asociados a la representación de gráficos de frecuencia.
- Definir los parámetros de tendencia central y variabilidad.

4.2.1 Introducción

La fabricación de grandes series en las industrias de fabricación mecánica requiere la aplicación de la estadística como instrumento capaz de garantizar la calidad sin necesidad de realizar un control 100% de los productos, pues elevaría su coste y reduciría la competencia.

La estadística es una ciencia que establece los métodos y procedimientos de análisis con el fin de conocer el comportamiento de un colectivo o conjunto de datos. La importancia de su aplicación es debida a que puede conocerse las características de un lote de fabricación sin necesidad de medir las características de cada una de las piezas que lo componen, solo basta medir una pequeña muestra y estimar el valor de todo el colectivo, adaptando un riesgo en función del tamaño de la misma.

También, en aquellos procesos de verificación y ensayo que requieren la realización de ensayos destructivos, la aplicación de la estadística es de gran ayuda sobre todo para minimizar costes de ensayo y de producto destruido.

En este capítulo se estudian conceptos y definiciones básicas de estadística necesarias para realizar distribuciones de frecuencias, estudios de tendencia central, así como análisis de dispersión y representación de distribuciones normales o de Gauss.

4.2.2 Definiciones

- **Población**. Conjunto total de datos que se pretenden estudiar. En una empresa de fabricación de engranajes la población debe ser el número total de piezas fabricadas durante un tiempo determinado.

- **Muestra**. Porción mayor o menor de una población homogénea tomada de forma aleatoria. Las muestras obtenidas en una muestra deben representar el comportamiento de la población, por ello es necesario:

    - *Homogeneidad de la población*. Todas las unidades que conforman la población deben ser obtenidas en condiciones semejantes: mismo turno de trabajo, mismos empleados, misma materia prima, mismas herramientas, etc. Con poblaciones heterogéneas se obtendrán muestras no representativas y la imposibilidad de conocer el comportamiento del proceso.

    - *Aleatoriedad*. Las extracciones de cada uno de los componentes que forman la muestra deben ser extraídos de forma aleatoria, es decir, cada unidad de la población debe tener la misma probabilidad de ser escogida.

    - *Tamaño de la muestra*. Es el número de unidades que componen la muestra extraída de la población. Tamaños de muestra mayores garantizan riesgos menores y por lo tanto mayor fiabilidad, pero al mismo tiempo costes de verificación y ensayos más elevados.

- **Muestra consecutiva**. Cada una de las unidades que forman la muestra y que son extraídas del proceso productivo y examinadas al instante.

- **Muestra sistemática**. Se extraen las unidades cada cierto número de unidades producidas, hasta llegar a acumular un número concreto de ellas, seguidamente se verifican o se ensayan.

- **Muestra estratificada**. Muestra formada por dos o más estratos obtenidos en una misma población. Cada uno de los estratos presentan una distribución de resultados homogénea pero distinta al resto de los estratos. Las muestras estratificadas pueden obtenerse cuando en un sistema de fabricación se produce una única pieza con dos o más máquinas distintas. Las piezas obtenidas por cada máquina representan estratos distintos.

- **Serie**. Es la ordenación de mayor a menor de los datos de una muestra y el agrupamiento de las mismas en grupos o pequeños intervalos de igual magnitud.

- **Intervalos de clase**. Son las partes en las que se dividen el campo de variación de los datos, con el objetivo de poder estudiar mejor la variación de los mismos.

- **Longitud del intervalo**. Es la diferencia entre los valores superior e inferior del intervalo.

- **Marca de clase**. Es el valor del punto medio del intervalo. A efectos de cálculo se considera que todas las unidades comprendidas en un determinado intervalo miden lo mismo y su valor es la marca de clase de dicho intervalo.

- **Serie estadística**. Ordenación de los valores de una muestra de menor a mayor y agrupación de los mismos en distintos intervalos de clase de igual magnitud.

Para definir los intervalos de clase debe calcular el recorrido o margen máximo de variación de la variable a estudiar (valor máximo menos el valor mínimo obtenido) y dividirlo por el número de intervalos que desea tener. Después de haber definido el número y la longitud de cada intervalo debe definir la forma en la que se van a agrupar en cada uno de los intervalos. Normalmente se representan cada uno de los datos en los distintos intervalos. En función del criterio empleado se distingue la distribución por frecuencia absoluta, relativa o acumulada. En la siguiente tabla se presentan las alturas de los jugadores de un equipo de baloncesto.

Alturas							
1,70-1,75							
1,75-1,80							
1,80-1,85							
1,85-1,90							
1,90-1,95							
1,95-2,00							
2,00-2,05							
2,05-2,10							
2,10-2,15							

Alturas	Frecuencia	Marca de clase	Frecuencia relativa	Frecuencia acumulada
1,70-1,75	1	1,725	1/27	1/27
1,75-1,80	3	1,775	3/27	1/27+3/27
1,80-1,85	4	1,825	4/27	8/27
1,85-1,90	5	1,875	5/27	13/27
1,90-1,95	6	1,925	6/27	19/27
1,95-2,00	4	1,975	4/27	23/27
2,00-2,05	2	2,025	2/27	25/27
2,05-2,10	1	2,075	1/27	26/27
2,10-2,15	1	2,125	1/27	27/27

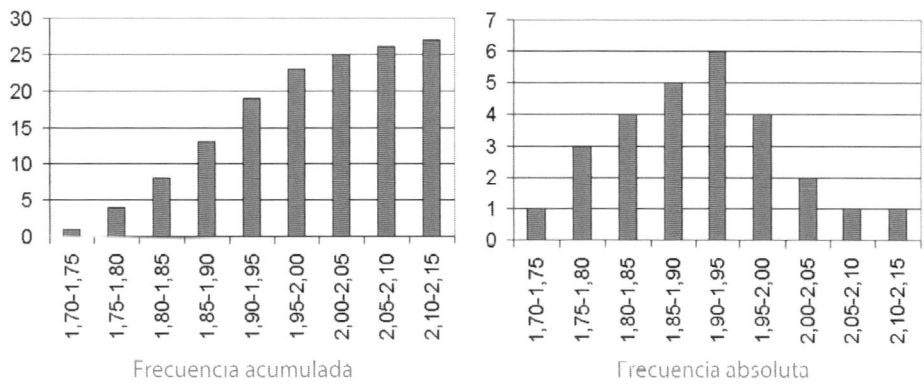

Figura 4.2.1 Distribución de frecuencias acumulada y absoluta.

Ejercicio resuelto 4.2.1

En un proceso de fabricación de ejes se obtienen las medidas de los diámetros (mm) indicados en la tabla adjunta.

41,0	39,5	43,2
40,5	42,3	44,5
38,5	42,5	40,3
46,3	45,6	44,2
40,1	43,5	40,2
42,7	45,0	45,2
46,7	39,4	41,0
39	39,6	43
42,8	47,9	46,5

Figura 4.2.2 Diámetros de los ejes obtenidos.

Solución

Estos datos constituyen la muestra a examinar. Cada una de las medidas de los diámetros ha sido obtenida de forma aleatoria de una población homogénea (mismo torno, mismo operario, desgaste mínimo de la herramienta, etc.). Los datos aquí representados no nos dan mucha información. Podemos ver el diámetro mínimo (D_{min}=38,5 mm) y el máximo ($D_{máx}$=47,9 mm), pero desconocemos la distribución de los mismos.

Para obtener mayor información se establecen las series ordenando cada medida de menor a mayor y agrupándolos en intervalos de clase (ver figura).

1	38,5	10	41	19	44,2		
2	39	11	41	20	44,5		
3	39,4	12	42,3	21	45		
4	39,5	13	42,5	22	45,2		
5	39,6	14	42,7	23	45,6		
6	40,1	15	42,8	24	46,3		
7	40,2	16	43	25	46,5		
8	40,3	17	43,2	26	46,7		
9	40,5	18	43,5	27	47,9		

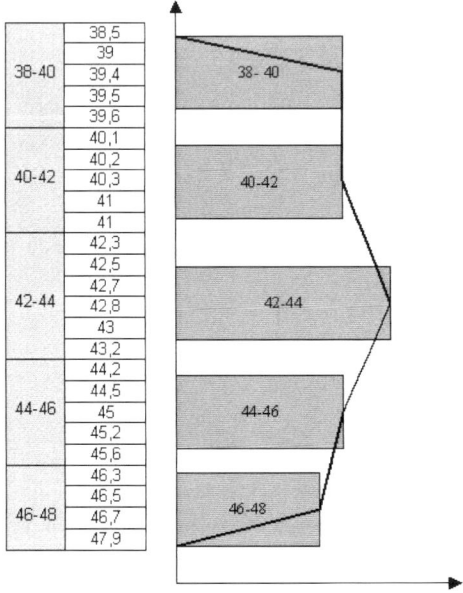

Longitud del intervalo. En este ejemplo, todos los intervalos tienen la misma longitud (2 mm).

Marca de clase. Se suma el intervalo superior e inferior y se divide por dos:

$$= \frac{38+40}{2} = 39$$

Frecuencia absoluta. Es el número de datos que forman parte de un mismo intervalo. En el ejemplo anterior, la frecuencia absoluta del primer intervalo, 38-40 mm: (38,5 – 39 – 39,5 – 39,6), es igual al $F_a=5$.

Frecuencia relativa. Es la división de la frecuencia absoluta de un intervalo por el número de datos del experimento. En el ejemplo 1, para el primer intervalo, la frecuencia absoluta es 5 y el número total de verificaciones es de 27. La frecuencia relativa nos indica la proporción de datos que hay en un intervalo con relación al total de datos, por lo que la suma de todas las frecuencias relativas debe ser igual a 1.

$$F_R = \frac{5}{27} = 0,185$$

Frecuencia relativa acumulada. Representa, para cada uno de los intervalos, el total de los datos acumulados hasta el momento. Para calcularlo, se suma a la frecuencia acumulada al principio del mismo la frecuencia correspondiente a dicho intervalo. La frecuencia relativa acumulada en el último intervalo es siempre 1.

4.2.3 Representación gráfica de frecuencias

Los resultados obtenidos al realizar las distribuciones de frecuencias (absolutas, relativas o acumuladas) son más intuitivos cuando son representadas gráficamente.

Las representaciones se realizan generalmente en un sistema de ejes cartesianos (primer cuadrante) escogiendo el eje de ordenadas como indicador de frecuencias y el eje de abscisas como intervalos de clase. Las variedades de representación son elevadas, sobre todo si se dispone de una hoja de cálculo por ordenador. En las siguientes líneas se indican las utilizadas con más frecuencia en las industrias.

- **Diagrama de barras**. Es válida para las frecuencias de una variable discreta. Se colocan en abscisas los distintos valores de la variable y sobre cada uno de ellos se levanta una línea perpendicular, cuya altura es la frecuencia (absoluta o relativa). De esta forma se obtienen un conjunto de barras verticales cuya suma de longitudes debe ser N o 1, dependiendo de si las frecuencias representadas son absolutas o relativas.

- **Histograma**. Es aplicable a las variables estadísticas agrupadas en intervalos de clase. Las frecuencias se representan mediante áreas. Para ello, se levanta sobre cada uno de los intervalos de clase un rectángulo cuya área es igual a la frecuencia del mismo. La altura correspondiente a cada rectángulo es el cociente entre el área y la base del mismo.

- **Polígono de frecuencias**. Puede representarse de dos formas en función del tipo de variable. Si la variable es discreta, el polígono de frecuencias se obtiene uniendo los extremos superiores de las barras en el diagrama de barras. Pero si la variable está agrupada en intervalos de frecuencia, el polígono se obtiene uniendo los puntos medios de las bases superiores de cada rectángulo.

- **Diagrama de frecuencias acumuladas**. También se denomina diagrama de barras acumulativo. Es específico de variables discretas. Para representarlo en el eje de abscisas se indican los valores de la variable a estudiar y se levanta sobre cada uno de ellos una recta perpendicular cuya longitud coincide con la frecuencia (absoluta o relativa) acumulada correspondiente a ese valor. Aparecerá un diagrama de barras creciente.

- **Polígono de frecuencias acumuladas**. Válido para variables estadísticas agrupadas en intervalos. En abscisas se representan los intervalos de clase. Sobre cada intervalo se levanta una línea vertical cuya longitud equivale a la frecuencia (absoluta o relativa) acumulada del mismo. De esta forma se obtiene un diagrama de barras creciente que uniendo cada uno de los extremos da lugar al polígono de frecuencias acumuladas. Si se representan frecuencias acumuladas absolutas se alcanzará la máxima altura en el último intervalo. Si por el contrario se representan las frecuencias acumuladas relativas, la máxima altura coincidirá con la unidad.

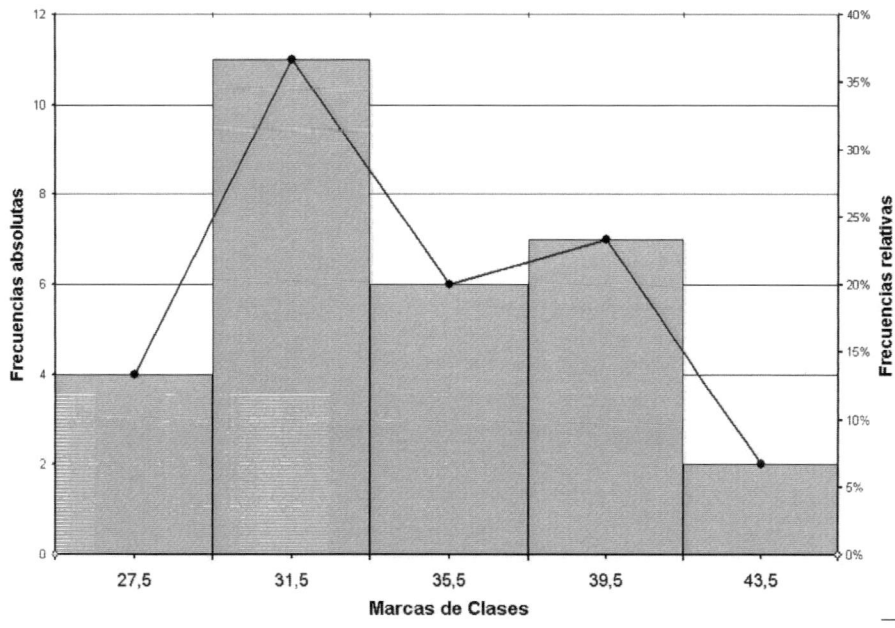

Figura 4.2.3 Diagrama de frecuencias.

4.2.4 **Distribución de frecuencias**

Después de calcular los intervalos de clase y de realizar las distribuciones de frecuencias se observa que cada una de estas distribuciones tienen configuraciones propias que las distinguen las demás. Por ejemplo, en las siguientes figuras se han representado diferentes distribuciones con comportamientos totalmente distintos.

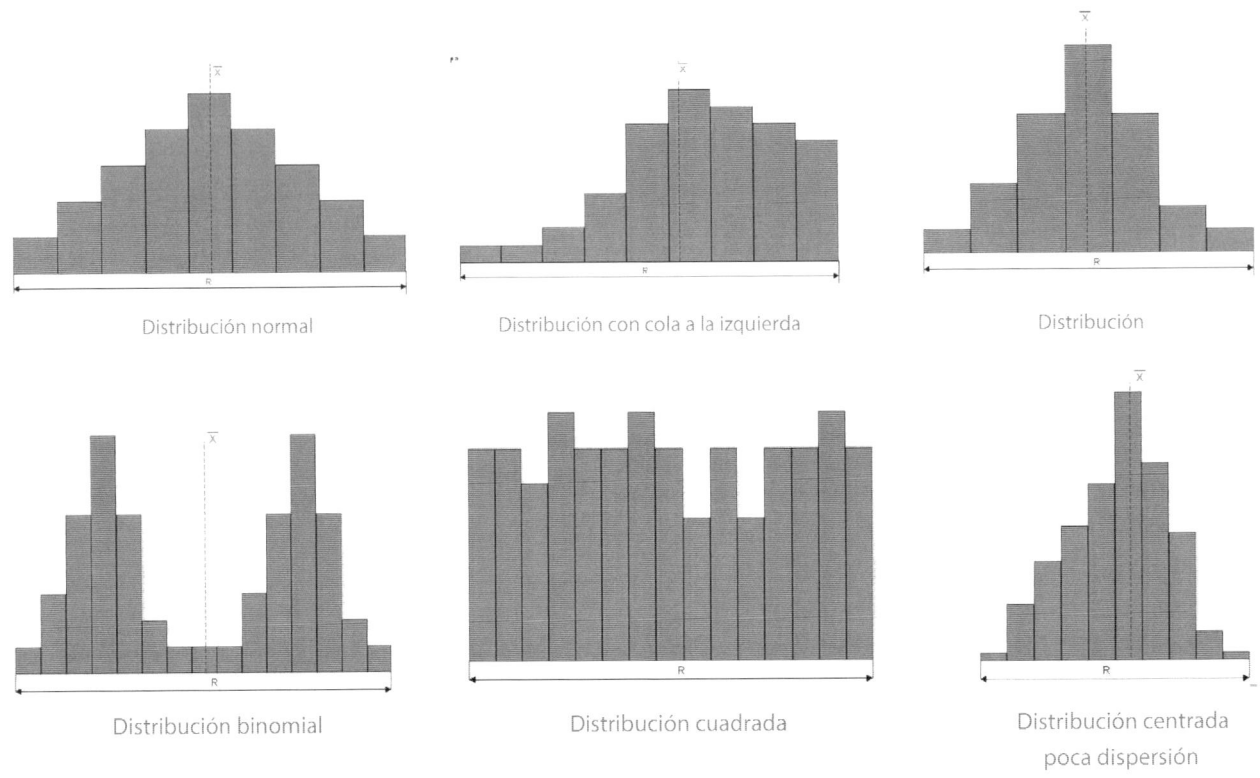

Figura 4.2.4 Tipos de distribuciones de frecuencia.

De estos ejemplos pueden deducirse dos propiedades de las distribuciones de frecuencia que nos serán útiles para identificarlas y cuantificarlas. Para ello deben definirse parámetros de tendencia central y de dispersión o variabilidad.

- **Tendencia central**. Estos parámetros nos indicaran los valores alrededor de los cuales se agrupan todos los datos (media, moda, mediana, etc.).

- **Dispersión o variabilidad**. Indica el grado de concentración alrededor de un punto central definiendo a las distribuciones de frecuencias como aplastadas (gran dispersión de datos) o concentradas (pequeña dispersión de datos). Los parámetros más utilizados son el recorrido y la desviación típica.

4.2.4.1 Parámetros de tendencia central

Los parámetros más utilizados son la media, moda y la mediana, aunque también suelen utilizarse las medias geométricas, cuadráticas, armónicas, los cuartiles, deciles, etc.

Media (media aritmética, X)

Se obtiene sumando todos los valores y dividiendo su resultado por el número de ellos.

$$\overline{X} = \frac{X_1 + X_2 + X_3 + ... + X_n}{n}$$

Donde X_1, X_2 .... X_n son los valores de cada uno de los datos.

Ejercicio resuelto 4.2.2

Obtener la media aritmética de los siguientes valores: 1.95, 1.85, 1.78, 1.79, 1.90, 1.80, 1.74.

Solución

$$\overline{X} = \frac{X_1 + X_2 + X_3 + ... + X_n}{n} = \frac{1.95 + 1.85 + 1.78 + 1.79 + 1.90 + 1.80 + 1.74}{7} = 1.83$$

Cuando los datos se presentan en tablas de frecuencia, el cálculo de la media se realiza teniendo en cuenta las marcas de clase de cada uno de los intervalos y las frecuencias de cada uno de ellos.

$$\overline{X} = \frac{x_1 f_1 + x_2 f_2 + x_3 f_3 + ... + x_n f_n}{f_1 + f_2 + f_3 + ... + f_n}$$

Donde x_1, x_2 .... x_n son la marca de clase de cada uno de los intervalos y f_1, f_2...f_3 son las frecuencias.

Ejercicio resuelto 4.2.3

El examen final de la asignatura de resistencia de materiales cuenta tres veces más que las dos evaluaciones parciales. La nota de las evaluaciones parciales es de 7,2 y 9,2. La nota del examen final es de 8,5. Calcula la nota final.

Solución

$$\overline{X} = \frac{x_1 f_1 + x_2 f_2 + x_3 f_3}{f_1 + f_2 + f_3} = \frac{(7,2)(1) + (9,2)(1) + (8,5)(3)}{1 + 1 + 3} = 8,38$$

Ejercicio resuelto 4.2.4

Si 5, 10, 15 y 20 ocurren con las frecuencias 1, 2, 5 y 3, calcula la media aritmética.

Solución

$$\overline{X} = \frac{x_1 f_1 + x_2 f_2 + x_3 f_3}{f_1 + f_2 + f_3} = \frac{(5)(1) + (10)(2) + (15)(5) + (20)(3)}{1 + 2 + 5 + 3} = 14,54$$

Ejercicio resuelto 4.2.5

Se han medido los diámetros de 38 ejes fabricados en un torno semiautomático, con los siguientes resultados indicados en la tabla. Calcular la media aritmética.

Intervalo	Marca de clase (x)	Frecuencia (f)	Sumas parciales (fx)
1,98-1,99	1,985	5	(1,985X5) = 9,925
1,99-2,00	1,995	8	15,960
2,00-2,01	2,005	12	24,06
2,01-2,02	2,015	7	14,105
2,02-2,03	2,025	6	12,15
Total		38	76,2

Solución

$$\overline{X} = \frac{x_1 f_1 + x_2 f_2 + x_3 f_3 + ... + x_n f_n}{f_1 + f_2 + f_3 + ... + f_n} = \frac{9,925 + 15,960 + 24,06 + 14,105 + 12,15}{5 + 8 + 12 + 7 + 6} = \frac{76,2}{38} = 2,0052$$

Debe tenerse en cuenta que en este ejercicio se ha tomado la marca de clase como valor representativo del intervalo de frecuencia como medio de simplificación del ejercicio. El error cometido por realizar esta simplificación es prácticamente despreciable y agiliza mucho los cálculos.

Ejercicio resuelto 4.2.6

Calcula la media del peso de los 20 alumnos indicados en la tabla adjunta:

37	69	48	40	36	44	58	48	75	68
36	50	62	64	58	46	48	42	49	71
36	73	71	68	51	53	75	74	68	39

Solución

Creamos la tabla adjunta con intervalo de 10 kilogramos. Tomamos el peso más bajo y el más alto (35 y 75, respectivamente). Se establece una longitud de intervalo de 10 kilogramos.

Intervalo	Marca de clase	Frecuencia (f_i)	x_i f_i
35-45	40	7	(7)(40)=280
45-55	50	5	(5)(50)=250
55-65	60	5	(5)(60)=300
65-75	70	13	(13)(70)=910
Total	30	1740	

$$\overline{x} = \frac{1740}{30} = 58$$

Ejercicio resuelto 4.2.7

Las edades de un grupo de estudiantes de primero son:

18	19	19	20	21	21	18	21
21	20	20	20	21	21	20	20
18	21	19	18	20	21	20	21

Determina la edad media del grupo.

Solución

X_i	f_i	$x_i f_i$
18	4	(18)(4)=72
19	3	(19)(3)=57
20	8	(20)(8)=160
21	9	(21)(9)=189
	24	478

$$\bar{x} = \frac{478}{24} = 19,9$$

Media geométrica (G)

Se calcula mediante la expresión:

$$X_G = \sqrt{x_{1^1}^n \times x_{2^2}^n \times x_{3^3}^n \times ... \times x_{k^k}^n}$$

De la expresión descrita pueden obtenerse logaritmos:

$$X_G = \left(x_{1^1}^n \times x_{2^2}^n \times ... \times x_{k^k}^n\right)^{1/N} \implies \log X_G = \log\left(x_{1^1}^n \times x_{2^2}^n \times ... \times x_{k^k}^n\right)^{1/N}$$

$$\log X_G = \frac{1}{N}\left[\log(x_1)^{n_1} + ... + \log(x_k)^{n_k}\right] = \frac{1}{N}\sum_{1}^{k} n_i \log x_i$$

Tomando antilogaritmos:

$$X_G = anti\log \frac{\displaystyle\sum_{i=1}^{k} n_i \log x_i}{N}$$

Esta forma de determinar tendencias centrales tiene la dificultad de que solo con uno o dos valores de la variable nulos (cero), la media geométrica sería cero por lo que no representaría el comportamiento idóneo. Sin embargo, en los demás casos es una medida de la tendencia central muy útil.

Ejercicio resuelto 4.2.8

Determina la media geométrica de los valores: 2, 5, 7.

Solución

$$G = \sqrt[3]{(2)(5)(7)} = 4,12$$

Media armónica (H)

La media armónica de un conjunto de números es el recíproco de la media aritmética de los recíprocos de dichos números.

$$H = \frac{1}{\frac{1}{N}\sum_{i=1}^{N}\frac{1}{x_i}} = \frac{N}{\sum\frac{1}{x}}$$

La inversa de la media armónica (1/H) es la media aritmética de los inversos de los valores de la variable. Se emplea en el promedio de tiempos y rendimientos por ser, en algunos casos, más representativo que la media aritmética.

Ejercicio resuelto 4.2.9

Determinar la media armónica de los valores 2, 5 y 10.

Solución

$$H = \frac{1}{\frac{1}{N}\sum_{i=1}^{N}\frac{1}{x_i}} = \frac{N}{\sum\frac{1}{x}} = \frac{3}{\frac{1}{2}+\frac{1}{5}+\frac{1}{10}} = 3,75$$

Ejercicio resuelto 4.2.10

Determina la media armónica de los valores 9 y 15.

Solución

$$H = \frac{2}{\frac{1}{9}+\frac{1}{15}} = 11,25$$

Relación entre la media aritmética, la geométrica y la armónica

Cuando los valores son iguales, la media aritmética de un conjunto de valores es mayor que la media geométrica y esta es mayor que la armónica. Se consideran iguales cuando los valores tratados son idénticos.

$$\overline{X} \geq G \geq H$$

Ejercicio resuelto 4.2.11

Comprueba que la relación indicada es correcta en el promedio de un mismo tipo de valores (5, 7 y 8).

Solución

Cálculo de la media aritmética, geométrica y armónica.

$$\bar{x} = \frac{5+7+8}{3} = 6{,}667 \qquad G = \sqrt[3]{(5)(7)(8)} = 6{,}54 \qquad H = \frac{3}{\dfrac{1}{5} + \dfrac{1}{7} + \dfrac{1}{8}} = 6{,}412$$

Se cumple la relación.

Media cuadrática

Es la raíz cuadrada de la media aritmética de los cuadrados de los valores.

$$MC = \sqrt{\overline{X^2}} = \sqrt{\frac{\displaystyle\sum_{i=1}^{N} x_i^2}{N}} = \sqrt{\frac{\sum X^2}{N}}$$

Ejercicio resuelto 4.2.12

Determina la media cuadrática (MC) de los valores 1, 5, 9 y 15.

Solución

$$MC = \sqrt{\frac{\sum X^2}{N}} = \sqrt{\frac{1^2 + 5^2 + 9^2 + 15^2}{4}} = 9{,}11$$

Moda

La moda es el valor de la variable que tiene máxima frecuencia o que más se repite. No tiene que ser única; así, si hay dos modas, las distribuciones se denominan bimodal, si tienen tres, trimodal, etc.

Si las variables están agrupadas en intervalos de clases, se denomina intervalo modal a aquel que tiene mayor área por unidad de base (intervalo de mayor frecuencia).

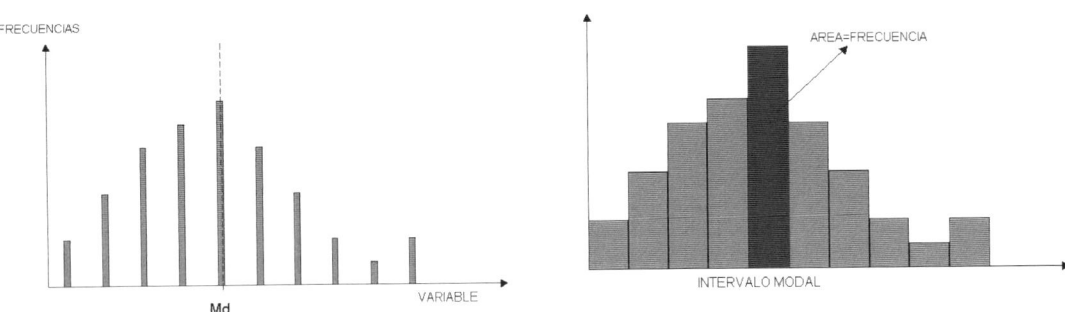

Figura 4.2.5 Representación del intervalo modal.

 Ejercicio resuelto 4.2.13

Calcular la moda de los siguientes valores: 12, 17, 18, 20, 21, 21, 23, 27, 32, 35, 35, 39, 40.

Solución

En este ejemplo encontrados dos modas, pues los valores que más se repiten son el 21 y el 35 (se repiten dos veces). Se trata de una distribución bimodal.

 Ejercicio resuelto 4.2.14

Determina el valor de la moda para el siguiente conjunto de valores: 2, 5, 5, 13, 14, 15, 15, 21.

Solución

Se tienen dos modas, el 5 y el 15. Se trata de un conjunto de valores bimodal.

 Ejercicio resuelto 4.2.15

Se han medido los tiempos que tardan 175 operarios en montar unas piezas. Calcular la moda.

Intervalo (minutos)	Marca de clase (x)	Frecuencia (f) número de operarios	Sumas parciales (fx)
20-22	21	10	(1,985X5) = 9,925
22-23	22	35	15,960
23-24	23	50	24,06
25-26	24	42	
26-27	25	30	14,105
27-28	26	8	12,15
Total		175	76,2

Solución

La moda es la variable que tiene máxima frecuencia o que más se repite. En este caso la frecuencia mayor es la de 50, es decir, hay 50 operarios que tardan entre 23 y 24 minutos en montar el conjunto.

Mediana

La mediana es una medida de tendencia central que se obtiene al ordenar una serie de valores por orden de magnitud. El valor central que divide la ordenación de datos en dos grupos es la mediana.

Ejercicio resuelto 4.2.16

Determina la media de los siguientes datos: 2, 4, 5, 8, 9, 9, 10, 11,15.

Solución

Ordenando la serie de valores de menor a mayor y buscando el valor central que divide la ordenación de datos en dos grupos. La mediana es 9.

Ejercicio resuelto 4.2.17

Determina la mediana de los siguientes números: 5, 7, 10, 13, 19, 21, 28, 32, 45, 50.

Solución

Los valores centrales que dividen la ordenación de números en dos grupos son el 19 y el 21. La media aritmética de ellos es la mediana.

$$\overline{X} = \frac{19 + 21}{2} = 20$$

Relación entre la media, la mediana y la moda

Los valores de tendencia central estudiados en el caso de presentarse en distribuciones de frecuencia unimodales y con ligero sesgo o asimetría se obtienen de la relación:

$$\overline{X} - (\text{mod}\,a) = 3(\overline{X} - mediana)$$

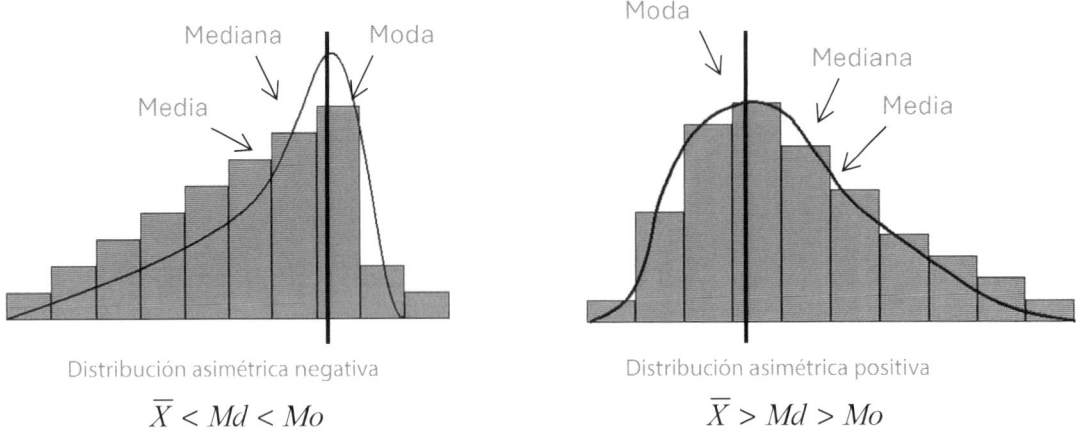

$$\overline{X} < Md < Mo \qquad\qquad \overline{X} > Md > Mo$$

Figura 4.2.6 Relación entre la media, la moda y la mediana.

En distribuciones asimétricas negativas o con colas a la izquierda el valor de la media es superior a la mediana y a la moda. En el caso de distribuciones asimétricas positivas o con colas a la derecha, la media es menor que la mediana y esta a su vez que la moda.

Ejercicio resuelto 4.2.18

Determina la media, la mediana y la moda de los siguientes valores:

    a)   3, 5, 4, 2, 1, 2 y 7

    b)   3, 1, 9, 12, 8, 7, 7 y 1

Solución

a) 3, 5, 4, 2, 1, 2 y 7

$$\overline{X} = \frac{3+5+4+2(2)+1+7}{7} = 3,42$$

Moda. Unimodal (2)

Mediana=3. Después de ordenar los datos: 1, 2, 2, **3**, 4, 5, 7.

b) 3, 1, 9, 12, 8, 7, 7 y 1

$$\overline{X} = \frac{7(2)+1(2)+3+9+12+8}{8} = 6,0$$

Moda. Bimodal (7 y 1).

Mediana. 7. Después de ordenador los datos: 1, 1, 3, **7**, **7**, 8, 9, 12. La media aritmética de los dos es 7.

Ejercicio resuelto 4.2.19

Calcula la media geométrica, aritmética y cuadrática de los valores 1, 8, 9 y 15.

Solución

El cálculo de la media aritmética, geométrica y cuadrática es:

$$\overline{X} = \frac{1+8+9+15}{4} = 8,25 \qquad G = \sqrt[4]{1 \cdot 8 \cdot 9 \cdot 15} = \sqrt[4]{1080} - 5,73 \qquad MC = \sqrt{\frac{1^2 + 8^2 + 9^2 + 15^2}{4}} = 9,61$$

Ejercicio resuelto 4.2.20

Calcula la media armónica de los siguientes valores: 3, 9, 12 y 15.

Solución

Aplicando la expresión:

$$\frac{1}{H} = \frac{1}{N}\sum\frac{1}{X} = \frac{1}{4}\cdot\left(\frac{1}{3}+\frac{1}{9}+\frac{1}{12}+\frac{1}{15}\right) = 0,15$$

Cuartiles

Se definen los cuartiles como tres valores de la variable que dividen las observaciones en cuatro partes iguales.

- **Primer cuartil ($P_{1/4}$).** Es el valor de la variable que deja la cuarta parte de las observaciones menores o iguales a él y las tres cuartas partes superiores a él. Para realizar su cálculo se deben seguir los mismos pasos que en el cálculo de la mediana, pero en lugar de tomar el número de observaciones N y hallar su mitad se busca la cuarta parte.

- **Segundo cuartil ($P_{2/4}$).** Es el valor de la variable que deja inferiores o iguales a él las dos cuartas partes (la mitad) de las observaciones. Es la mediana.

- **Tercer cuartil ($P_{3/4}$).** Es el valor de la variable que deja inferiores o iguales a él las tres cuartas partes de las observaciones y la cuarta parte de estas superiores a él. Su cálculo se realiza de la misma forma que en el caso de la mediana, pero hallando las tres cuartas partes de N.

Ejercicio resuelto 4.2.21

Determinar el primer ($P_{1/4}$), segundo ($P_{2/4}$) y tercer cuartil ($P_{3/4}$) de la siguiente variable.

X_i	n_i	N_i
1	3	3
4	4	4+3=7
6	6	13
8	7	20
10	8	28
13	11	39

Solución

Primer cuartil ($P_{1/4}$):

$$\frac{N}{4} = \frac{39}{4} = 9{,}75 \longrightarrow \quad 7<9{,}75<13. \text{ De donde se obtiene que } P_{1/4} = 6$$

Segundo cuartil ($P_{2/4}$):

$$\frac{N}{2} = \frac{39}{2} = 19{,}5 \longrightarrow \quad 13<19{,}5<20. \text{ Se obtiene que } P_{2/4} = 8.$$

Tercer cuartil ($P_{3/4}$):

$$\frac{3 \times N}{4} = \frac{3 \times 39}{4} = 29{,}25 \longrightarrow \quad 28<29{,}25<39. \text{ Se obtiene que } P_{3/4} = 13.$$

Deciles

Se define el decil k-ésimo como el valor de la variable que deja inferiores o iguales a él las K/10 partes de las observaciones, es decir, el 10 x K por 100, donde K=1, 2, 4 ..., 9.

La técnica empleada para su cálculo es la misma que se sigue para la mediana o los cuartiles. Se escribe D_K.

Centiles o percentiles

Se define el percentil K-ésimo como el valor de la variable que deja inferiores o iguales a él las K/100 partes de las observaciones, es decir, el K por 100, donde K toma valores desde 1 a 99. Su cálculo es análogo al de los deciles, cuartiles y mediana. Se escribe P_K.

4.2.4.2 **Medidas de variabilidad o dispersión**

En el apartado anterior se comentaron las principales herramientas estadísticas para determinar las tendencias centrales. Con ellas conseguíamos reducir todo un conjunto de información a un solo valor que nos indica el comportamiento general de la muestra, como hacíamos, por ejemplo, con la media, la moda o la mediana.

Sin embargo, en algunos casos el estudio de las tendencias centrales no es suficiente para conocer el comportamiento de una muestra. Por ejemplo, supongamos que tenemos las variables X e Y indicadas en las tablas:

X_i	n_i
0	1
50	1
1000	1

X_i	n_i
49	1
51	1

Podemos obtener la media aritmética para cada uno de los casos. Observamos que las medias son iguales; sin embargo, sabemos que la variable x está mucho más dispersada en el primer caso que en el segundo.

$$X = \frac{0+50+1000}{3} = 50 \qquad\qquad X = \frac{49+51}{2} = 50$$

Las medidas de variabilidad o dispersión nos van a indicar cómo se encuentran representados esos valores, si tenemos baja o alta concentración. Es importante usar las herramientas de tendencia central junto con las de variabilidad o dispersión para conocer mejor cómo se encuentran los valores a estudiar.

Las principales medidas de variabilidad son el recorrido y la desviación típica o estándar, aunque también pueden utilizarse otras como son la varianza, la desviación media, el coeficiente de variación de Pearson y los momentos respecto a la media.

Recorrido

Se define el recorrido de una variable estadística como la diferencia que existe entre el valor máximo y el valor mínimo.

$$R = max(x) - min(x)$$

Se define el recorrido intercuartílico y el semiintercuartílico como:

$$R_I = P_{3/4} - P_{1/4}$$

Recorrido intercuartílico

$$R_{SI} = \frac{P_{3/4} - P_{1/4}}{2} = \frac{R_I}{2}$$

Recorrido semiintercuartílico

En la figura 13.7 se indican los recorridos en dos distribuciones de frecuencia. Se observa que en grandes recorridos se tienen grandes dispersiones de valores (a); sin embargo, en la representación (b) se obtiene un recorrido pequeño y, por lo tanto, menos dispersión de datos.

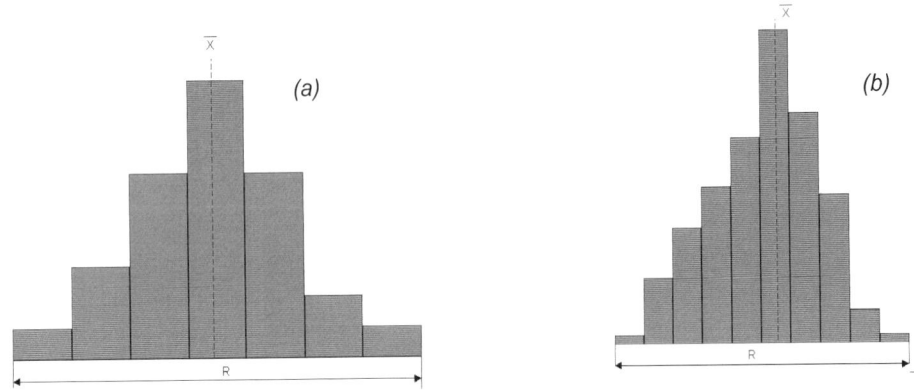

Figura 4.2.7 Representación del recorrido para dos distribuciones (a) y (b).

Varianza

Se define la varianza como la media aritmética del cuadrado de las desviaciones respecto a la media en una distribución estadística. Se representa:

$$\sigma^2 = \frac{(x_1 - \overline{x})^2 + (x_2 - \overline{x})^2 + ... + (x_n - \overline{x})^2}{N} \qquad \sigma^2 = \frac{\sum_{i=1}^{k}(x_i - \overline{x})^2}{N}$$

Se emplea S^2 para definir la varianza de una muestra y σ^2 (letra griega) para una población.

Al ser una suma de cuadrados siempre se obtendrán valores positivos. Cuando σ^2 es nulo todos los valores de xi coincidirán con la media aritmética, es decir, todas las observaciones estarán concentradas en un mismo punto, por lo que la dispersión será nula y existe una máxima concentración.

Para determinar la varianza en un grupo de datos agrupados se emplean las expresiones:

$$\sigma^2 = \frac{(x_1 - \overline{x})^2 f_1 + (x_2 - \overline{x})^2 f_2 + ... + (x_n - \overline{x})^2 f_n}{N} \qquad \sigma^2 = \frac{\sum_{i=1}^{n}(x_i - \overline{x})^2 \times f_i}{N}$$

Simplificando las expresiones anteriores:

$$\sigma^2 = \frac{x_1^2 + x_2^2 + ... + x_n^2}{N} - \overline{x}^2 \qquad \sigma^2 = \sum_{i=1}^{n} \frac{x_i^2}{N} - \overline{x}^2$$

Y para datos agrupados:

$$\sigma^2 = \frac{x_1^2 f_1 + x_2^2 f_2 + \ldots + x_n^2 f_n}{N} - \bar{x}^2 \qquad\qquad \sigma^2 = \sum_{i=1}^{n} \frac{x_i^2 f_i}{N} - \bar{x}^2$$

Algunas características de la varianza son:

1. La varianza siempre debe ser un valor positivo. Puede ser cero cuando las puntuaciones son iguales.

2. La varianza no varía cuando a todos los valores de la variable se les suma un mismo número.

3. Cuando a los valores de la variable son multiplicados por un mismo número la varianza queda multiplicada por el cuadrado de dicho número.

4. La varianza es muy sensible a puntuaciones muy desiguales y nunca se expresa en las mismas unidades que los datos. La varianza se expresa al cuadrado.

Ejercicio resuelto 4.2.22

Determina la varianza de los siguientes valores:

4	8	10	9	11

Solución

Primero debe determinarse la media aritmética y posteriormente aplicar la ecuación.

$$\bar{x} = \frac{4 + 8 + 10 + 9 + 11}{5} = 8,40$$

$$\sigma^2 = \frac{(4 - 8,40)^2 + (8 - 8,40)^2 + (10 - 8,40)^2 + (9 - 8,40)^2 + (11 - 8,40)^2}{5} = 5,84$$

Ejercicio resuelto 4.2.23

Determinar la varianza de la distribución de la tabla adjunta.

Intervalo	Frecuencia absoluta (f)
0-10	2
10-20	4
20-30	8
30-40	7
40-50	5

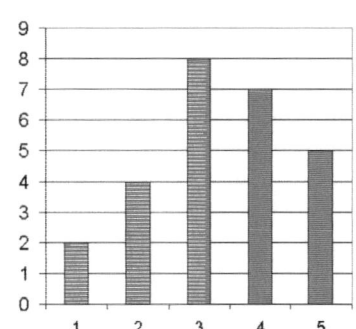

$$\sigma^2 = \sum_{i=1}^{n} \frac{x_i^2 f_i}{N} - \bar{x}^2$$

Solución

Para su determinación debe aplicarse la expresión indicada en la figura. Es recomendable crear una tabla en la que se indique la marca de clase (x_i), la frecuencia (f) y la diferencia entre cada una de las marcas de clase con la media aritmética según:

Intervalo	Frecuencia absoluta (f)	Marca de clase (x_i)	f.x_i	x_i^2	x_i^2.f
0-10	2	5	10	50	50
10-20	4	15	60	225	900
20-30	8	25	200	625	5000
30-40	7	35	245	1225	8575
40-50	5	45	225	2025	10 125
	26	-	740	4125	24 650

El problema se puede resolver determinando la media aritmética de los valores mediante el empleo de la marca de clase (valor representativo de cada uno de los intervalos de frecuencia) y la frecuencia. Después debe aplicarse la expresión:

$$\sigma^2 = \sum_{i=1}^{n} \frac{x_i^2 f_i}{N} - \overline{x}^2$$

$$\overline{x} = \frac{740}{26} = 28,46$$

$$\sigma^2 = \frac{24650}{26} - 28,44^2 = 139,24$$

Desviación típica

La desviación típica se define como la raíz cuadrada positiva de la varianza (σ^2), es decir, la raíz cuadrada del cociente entre la suma de los cuadrados de las distancias de cada valor a la media y el número de valores o datos.

$$\sigma = +\sqrt{\sigma^2} = \sqrt{\frac{\sum_i (x_i - \overline{x})^2 \times n_i}{N}} = \sqrt{\frac{(x_1 - \overline{x})^2 + (x_2 - \overline{x})^2 + \ldots + (x_n - \overline{x})^2}{N}}$$

La desviación típica muestra el grado de correlación o acercamiento de cada una de las variables de una distribución frente a un valor medio. En las distribuciones de frecuencia un valor pequeño de la desviación típica presenta distribuciones concentradas y cercanas a la media.

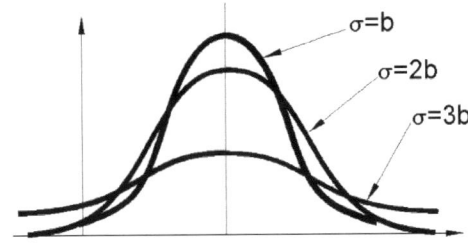

Figura 4.2.8 Distintos valores de desviación típica.

En el caso de tener datos agrupados, la desviación típica se define según la expresión:

$$\sigma = \sqrt{\frac{(x_1 - \bar{x})^2 f_1 + (x_2 - \bar{x})^2 f_2 + ... + (x_n - \bar{x})^2 f_n}{N}}$$

$$\sigma = \sqrt{\frac{\sum_{i=1}^{n} (x_i - \bar{x})^2 f_i}{N}}$$

Simplificando las dos expresiones indicadas:

$$\sigma = \sqrt{\frac{x_1^2 + x_2^2 + ... + x_n^2}{N} - \bar{x}^2}$$

$$\sigma = \sqrt{\sum_{i=1}^{n} \frac{x_i^2}{N} - \bar{x}^2}$$

Algunas características de la desviación típica:

1- Siempre será un valor positivo o igual a cero. En este último caso se da cuando las variables son iguales.

2- La desviación típica es muy sensible a variables muy desiguales.

3- Desviaciones típicas pequeñas indican que los valores estudiados están muy concentrados o son muy parecidos a la media. El buen grado de concentración alrededor de la media define las distribuciones con forma leptocúrtica. Consulte el coeficiente de curtosis. Cuando la variable se presenta con valores grandes en la desviación típica presenta distribuciones platicúrticas. Las distribuciones con concentraciones normales son las mesocúrticas.

4- La desviación típica no varía cuando a todos los valores de la variable se les suma un mismo número.

5- Cuando se multiplican todos los valores de la variable por un mismo número, la desviación típica queda multiplicada por ese número.

 Ejercicio resuelto 4.2.24

Calcular la desviación típica del valor del diámetro obtenido en un conjunto de piezas mecanizadas en el mismo torno.

Piezas	Diámetro (mm)
Pieza 1	50,2
Pieza 2	48,3
Pieza 3	52,1
Pieza 4	50,8
Pieza 5	49,9

$$\sigma = \sqrt{\frac{\sum_{i} (x_i - \bar{x})^2 \times n_i}{N}}$$

Solución

Para conocer la desviación típica debe aplicar la expresión indicada en la figura. Antes debe calcular la media aritmética de las 5 piezas torneadas. Para facilitar la operación de cálculo puede crear una tabla.

Piezas	Diámetro (mm) x_i	$(x_i - \bar{x})$	$(x_i - \bar{x})^2$
Pieza 1	50,2	-0,06	0,0036
Pieza 2	48,3	-1,96	3,8416
Pieza 3	52,1	1,84	3,3856
Pieza 4	50,8	0,54	0,2916
Pieza 5	49,9	-0,36	0,1296
Suma	**251,3**	-	**7,652**

$$\bar{x} = \frac{251,3}{5} = 50,26$$

$$\sigma = \sqrt{\frac{\sum_i (x_i - \bar{x})^2 \times n_i}{N}} = \sqrt{\frac{(x_1 - \bar{x})^2 + (x_2 - \bar{x})^2 + ... + (x_n - \bar{x})^2}{N}}$$

$$\sigma = \sqrt{\frac{7,652}{5}} = 1,23$$

Ejercicio resuelto 4.2.25

Calcular la desviación típica de los valores indicados en la tabla.

Marca de clase	Frecuencia f	$x_i \cdot f$	$(x_i - \bar{x})$	$(x_i - \bar{x})^2$	$f \cdot (x_i - \bar{x})^2$
20	2	40	-2,9	8,41	16,82
21	5	105	-1,9	3,61	18,05
22	15	330	-0,9	0,81	12,15
23	29	667	0,1	0,01	0,29
24	12	288	1,1	1,21	14,52
25	6	150	2,1	4,41	26,46
Sumatorio	69	1580	-	-	88,29

Solución

Para calcular la media aritmética:

$$\bar{x} = \frac{x_1 f_1 + x_2 f_2 + ... + x_n f_n}{f_1 + f_2 + ... + f_n} = \frac{1580}{69} = 22,9$$

$$\sigma = \sqrt{\frac{\sum_{i=1}^{n} (x_i - \bar{x})^2 f_i}{N}} = \sqrt{\frac{88,29}{69}} = 4,39$$

Ejercicio resuelto 4.2.26

Calcula la desviación típica de los datos indicados en la tabla adjunta.

12	13	14	14	14	12	10	10	11	12

Solución

x_i	f_i	$x_i \cdot f$	$(x_i - \bar{x})$	$f \cdot (x_i - \bar{x})^2$
10	2	20	10-12,2=2,2	9,68
11	1	11	1,2	1,44
12	3	36	0,2	0,12
13	1	13	1,2	1,44
14	3	42	2,2	14,52
	10	122		27,2

$$\bar{x} = \frac{122}{10} = 12,2 \qquad \sigma^2 = \frac{27,2}{10} = 2,72 \qquad \sigma = \sqrt{2,72} = 1,65$$

Ejercicio resuelto 4.2.27

Determina la desviación típica de los valores:

a) 12, 6, 2, 8 y 2

b) 10, 1, 7, 10 y 2

Solución

Recuerde que, según el problema resuelto, la media aritmética para las dos series de datos es de 6,0 y que la primera de ellas tiene una desviación media menor que la segunda.

$$\bar{X}_A = \frac{12 + 6 + 2 + 8 + 2}{5} = 6,0 \qquad\qquad \bar{X}_B = \frac{10 + 1 + 7 + 10 + 2}{5} = 6,0$$

$$DM_A = \frac{|12 - 6| + |6 - 6| + |2 - 6| + |8 - 6| + |2 - 6|}{5} = 3,2 \qquad DM_B = \frac{|10 - 6| + |1 - 6| + |7 - 6| + |10 - 6| + |2 - 6|}{5} = 3,6$$

Para determinar la desviación típica:

$$S_A = \sqrt{\frac{(x_1 - \bar{x})^2 + (x_2 - \bar{x})^2 + \ldots + (x_n - \bar{x})^2}{N}} = \sqrt{\frac{(12 - 6)^2 + (6 - 6)^2 + (5 - 6)^2 + (8 - 6)^2 + (1 - 6)^2}{5}} = 3,63$$

$$S_B = \sqrt{\frac{(x_1 - \bar{x})^2 + (x_2 - \bar{x})^2 + \ldots + (x_n - \bar{x})^2}{N}} = \sqrt{\frac{(10 - 6)^2 + (1 - 6)^2 + (7 - 6)^2 + (10 - 6)^2 + (2 - 6)^2}{5}} = 14,80$$

La desviación típica del conjunto de valores presenta menor dispersión. Los valores extremos afectan mucho más a la desviación media (DM).

Ejercicio resuelto 4.2.28

Calcula el recorrido o rango de los pesos de los estudiantes:

72	56	90	67	56	76	68	92
65	54	78	67	89	98	76	49

Solución

El valor más pequeño es 49 y el mayor 98. El rango es 98-48=50.

Desviación media

También denominada desviación promedio. Se define como la desviación media respecto a un promedio p que puede ser la media aritmética o la mediana. Su expresión es la siguiente:

$$D_{Mp} = \frac{\sum_i |x_i - p| \times n_i}{N}$$

Sustituyendo el término p por la media y la mediana obtenemos las expresiones para el cálculo de la desviación media respecto al promedio media aritmética y respecto al promedio mediana, en valor absoluto.

$$D_{M\bar{X}} = \frac{\sum_{i=1}^{N} |x_i - \bar{x}| \times n_i}{N} \qquad D_{MMe} = \frac{\sum_{i=1}^{N} |x_i - M_e| \times n_i}{N}$$

Relación entre la desviación media (DM) y la desviación estándar (S)

Se da la relación:

$$DM = \frac{4}{5}(S)$$

Ejercicio resuelto 4.2.29

Determinar la desviación media (DM) de los valores: 2, 3, 6 y 8.

Solución

Determinamos inicialmente la media y aplicamos la expresión para calcular la DM.

$$\bar{X} = \frac{2+4+6+8}{4} = 5,0 \qquad DM = \frac{|2-5|+|4-5|+|6-5|+|8-5|}{4} = 2,0$$

Ejercicio resuelto 4.2.30

Calcula la desviación media de los valores e indica cuál de las dos series tiene menor dispersión.

    a) 12, 6, 2, 8 y 2

    b) 10, 1, 7, 10 y 2

Solución

a) Cálculo de la media aritmética y la desviación media:

$$\overline{X} = \frac{12+6+2+8+2}{5} = 6,0 \qquad DM = \frac{|12-6|+|6-6|+|2-6|+|8-6|+|2-6|}{5} = 3,2$$

b) Cálculo de la media aritmética y la desviación media:

$$\overline{X} = \frac{10+1+7+10+2}{5} = 6,0 \qquad DM = \frac{|10-6|+|1-6|+|7-6|+|10-6|+|2-6|}{5} = 3,6$$

A pesar de tener la misma media aritmética el primer conjunto de valores presenta menor dispersión.

Ejercicio resuelto 4.2.31

En la tabla siguiente se indican los pesos de 30 estudiantes de un grupo. Determina la desviación media del conjunto de datos.

70	64	71	78	82	63	53	58	67	64
74	84	81	83	69	62	49	54	51	69
90	83	49	70	72	68	63	64	68	72

Solución

Para determina la desviación media del conjunto de valores representamos la tabla con los intervalos de frecuencias indicados:

Intervalo	x_i (Marca de clase)	f_i	$x_i \cdot f$	$(x_i - \overline{x})$	$(x_i - \overline{x}) \cdot f_i$
45-55	50	5	250	|50-67,33|=17,3	(17,33)5=86,65
55-65	60	7	420	7,33	51,31
65-75	70	10	700	2,67	26,30
75-85	80	7	560	12,67	88,69
85-95	90	1	90	22,67	22,67
		30	2020		275,62

$$\overline{x} = \frac{2020}{30} = 67,33 \qquad DM = \frac{275,62}{30} = 9,18$$

Ejercicio resuelto 4.2.32

En la tabla siguiente se indican las edades de 10 alumnos de un grupo. Determina la desviación media del conjunto de datos.

22	21	18	18	19	23	22	18	19	20
18	19	19	21	18	20	20	18	22	21

Solución

Para determina la desviación media del conjunto de valores representamos la tabla adjunta.

x_i	f	$x_i \cdot f$	$(x_i - \overline{x})$	$f \cdot (x_i - \overline{x})$
18	6	108	|18-18,65|=0,65	(6)(0,65)=3,90
19	4	76	0,35	1,40
20	3	60	1,35	4,05
21	3	63	2,35	7,05
22	3	66	3,35	10,05
23	1	23	4,35	4,35
	20	373		30,8

$$\overline{x} = \frac{373}{20} = 18,65 \qquad DM = \frac{30,8}{20} = 1,54$$

4.2.4.3 Otros coeficientes de variación

Todas las expresiones vistas en los puntos anteriores son utilizadas cuando deseamos establecer una comparación entre las dispersiones de dos muestras con las mismas unidades. Por ejemplo, si verificamos los diámetros exteriores de piezas fabricadas en serie podemos comparar las dispersiones que tienen los lotes fabricados en diferentes turnos de trabajo. Sin embargo, no son expresiones útiles para comparar las dispersiones que pueden existir entre dos muestras expresadas en diferentes unidades. Para ello es necesario recurrir a diferentes herramientas de medida de la dispersión como en el caso, por ejemplo, del coeficiente de variación (CV) o el coeficiente de variación media (CVM).

Coeficiente de variación

Se define como el cociente entre la desviación típica y la media según la expresión:

$$C.V = \frac{\sigma}{\overline{x}} \qquad\qquad C.V = \frac{\sigma}{\overline{x}} \cdot 100$$

Se emplea para comparar las dispersiones de dos distribuciones distintas (deben tener las medias positivas). La distribución con mayor dispersión es aquella que tiene mayor coeficiente de variación. No tiene unidades y no es útil cuando la media se acerca a cero. También puede expresar el coeficiente de variación en forma de porcentaje.

Ejercicio resuelto 4.2.33

Determina el coeficiente de variación para los siguientes datos:

13	14	11	14	12	14	13	11	12
12	13	14	14	12	13	13	14	12

Solución

x_i	f_i	$f_i \cdot x_i$	$\lvert x_i - \overline{x} \rvert$	$f_i \cdot \left(\lvert x_i - \overline{x} \rvert\right)^2$
11	2	22	$\lvert 11\text{-}12{,}83 \rvert = 1{,}83$	$2 \cdot (1{,}83)^2 = 6{,}69$
12	5	60	$\lvert 12\text{-}12{,}83 \rvert = 0{,}83$	$5 \cdot (0{,}83)^2 = 3{,}44$
13	5	65	$\lvert 13\text{-}12{,}83 \rvert = 0{,}17$	$5 \cdot (0{,}17)^2 = 0{,}14$
14	6	84	$\lvert 14\text{-}12{,}83 \rvert = 1{,}17$	$6 \cdot (1{,}17)^2 = 8{,}21$
	18	231		18,48

$$\overline{x} = \frac{231}{18} = 12{,}83 \qquad \sigma^2 = \frac{18{,}48}{18} = 1{,}02 \qquad \sigma = \sqrt{1{,}02} = 1{,}01$$

Ejercicio resuelto 4.2.34

¿Cuál de las dos distribuciones tiene mayor dispersión?

	Distribución 1	Distribución 2
Media	120	135
Desviación típica	25,22	24,50

Solución

Aplicamos el coeficiente de variación para cada una de las distribuciones.

$$C.V_1 = \frac{\sigma}{\overline{x}} = \frac{25{,}22}{120} \cdot 100 = 21\% \qquad\qquad C.V_2 = \frac{\sigma}{\overline{x}} = \frac{24{,}50}{135} \cdot 100 = 18\%$$

La primera distribución presenta mayor dispersión.

Coeficiente de variación media

Se define el coeficiente de variación media respecto al promedio p de la forma:

$$C.V.M_P = \frac{D_{MP}}{\lvert p \rvert} \qquad \textit{Coeficiente de variación media.}$$

Donde p puede ser igual a la media aritmética y a la mediana. De esta forma se obtienen dos expresiones, el coeficiente de variación respecto a la media y el coeficiente de variación respecto a la mediana.

$$C.V.M_{\bar{x}} = \frac{D_{M\bar{X}}}{|\bar{x}|} \qquad\qquad C.V.M_{Me} = \frac{D_{MMe}}{|Me|}$$

Puntuaciones típicas y diferenciales

Las puntuaciones diferenciales (x) se obtienen por la resta entre las puntuaciones directas y la media aritmética según:

$$x = x_i - \bar{x}$$

Mientras que las puntuaciones típicas (z) se obtienen de la misma forma, pero dividiendo la puntuación típica por la desviación típica según la expresión:

$$z = \frac{x_i - \bar{x}}{\sigma}$$

La media aritmética de las puntuaciones típicas es 0. Es un valor adimensional y se emplea en la comparación de resultados de distribuciones distintas.

Ejercicio resuelto 4.2.35

En un grupo de clase hay 18 alumnos y 22 alumnas. El peso medio de los chicos es de 75,5 kg. Mientras que el de las chicas es de 64,1 kg. La desviación típica observada para cada uno de los grupos es de 3,5 kg y de 6,7 kg, respectivamente. El delegado del grupo pesa 76 kg y la delegada 65 kg. Determinar quién de los dos es más delgado respecto a su grupo.

Solución:

Aplicamos la expresión de la puntuación típica (x) para el delegado y para la delegada del grupo.

$$z = \frac{x_i - \bar{x}}{\sigma} \qquad z_{Chico} = \frac{76 - 75,5}{3,5} = 0,143 \qquad z_{Chica} = \frac{65 - 64,1}{6,7} = 0,134$$

La delegada es más delgada respecto a su grupo que el delegado.

4.2.4.4 Medidas de asimetría y apuntalamiento

Se dijo que las distribuciones podían ser simétricas, asimétricas, rectangulares, dispersas, concentradas, etc. En puntos anteriores hemos aprendido a calcular las tendencias centrales y la dispersión mediante diferentes herramientas estadísticas.

Sin embargo, todavía no sabemos cómo determinar el grado de asimetría adoptado por una distribución de frecuencias. Para ello se estudiarán las características de las distribuciones simétricas y asimétricas, así como la forma de cuantificar el grado de simetría mediante el llamado coeficiente de asimetría de Pearson.

También es importante determinar el grado de apuntalamiento o curtosis, es decir, cuantificar de alguna forma cómo se encuentra de aplastada la distribución de frecuencias.

Cuando las distribuciones están muy concentradas se les denominan distribuciones leptocúrticas y en estos casos el aplastamiento es mínimo. Por el contrario, cuando las distribuciones tienen bajo apuntamiento se les llama platicúrtica y la concentración es mínima.

Distribuciones asimétricas

Se dice que una distribución es asimétrica cuando no se encuentran las variables distribuidas de forma simétrica alrededor de un valor medio. La asimetría puede presentarse a derechas o a izquierdas.

- **Asimetría a derechas**. Se denominan positivas y se obtienen cuando en una gráfica se observan colas que descienden más lentamente por la derecha que por la izquierda. Se verifica que $\bar{x} \geq M_e \geq M_O$.

- **Asimetría a izquierdas**. Se denominan negativas y se obtienen cuando en una gráfica se observan colas que descienden más lentamente por la izquierda que por la derecha. Se verifica que $\bar{x} \leq M_e \leq M_O$.

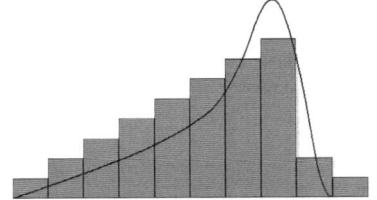
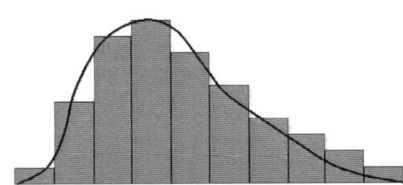

Figura 4.2.9 Distribuciones asimétricas con cola a derecha e izquierdas.

Cuando la distribución es simétrica, la media, la moda y la mediana coinciden en un mismo valor. Para calcular el grado de asimetría en una distribución puede determinarse en función de la distancia entre la media y la moda según las expresiones:

$$Asimetría = \frac{\overline{X} - Mo}{S}$$

$$Asimetría = \frac{3 \cdot (\overline{X} - Mo)}{S}$$

Las expresiones indicadas son el primer y el segundo coeficiente de asimetría de Pearson.

Otros coeficientes de asimetría

Pueden utilizarse dos coeficientes, coeficiente de asimetría de *Pearson* y de *Fisher*, para poder cuantificar el grado de asimetría de una distribución sin tener que representarlas gráficamente.

- ***Coeficiente de asimetría de Pearson***. Determina el grado de simetría o sesgo de una distribución mediante la expresión:

$$A_p = \frac{\bar{x} - M_d}{\sigma}$$

$A_p > 0$ Asimetría a la derecha o positiva

$A_p = 0$ Distribución simétrica

$A_p < 0$ Asimetría a la izquierda o negativa

- **Coeficiente de asimetría de Fisher**. Determina el grado de simetría o sesgo de una distribución con el coeficiente de Fisher. Emplea el tercer momento con respecto a la media.

$$A_F = \frac{m_3}{\sigma^3} = \frac{\dfrac{\sum(x_i - \bar{x})^3 \cdot f_i}{n}}{\sigma^3}$$

$A_F > 0$ Asimetría a la derecha o positiva

$A_F = 0$ Distribución simétrica

$A_F < 0$ Asimetría a la izquierda o negativa

$$A_F = \frac{m_3}{\sigma^3} = \frac{m_3}{\left(\sqrt{m_2}\right)^3} = \frac{m_3}{\sqrt{m_2^3}}$$

Momentos

Se define el enésimo momento respecto a la media como:

$$m_n = \frac{\sum_{i=1}^{N}(x - \bar{x})^n}{N} = \frac{\sum(x - \bar{x})^n}{N} = \overline{(x - \bar{x})^n}$$

Cuando:

- $n=1$ $m_1=0$
- $n=2$ $m_2=S$. Es la varianza.

Ejercicio resuelto 4.2.36

Calcular los cuatro primeros momentos para el siguiente conjunto de datos: 2, 4, 7, 8 y 12.

Solución

Primer momento o media aritmética:

$$\bar{x} = \frac{\sum X}{N} = \frac{2+4+7+8+12}{5} = 6{,}60$$

El segundo, tercer y cuarto momento:

$$\overline{x^2} = \frac{\sum x^2}{N} = \frac{2^2+4^2+7^2+8^2+12^2}{5} = 55{,}44 \qquad \overline{x^3} = \frac{\sum x^3}{N} = \frac{2^3+4^3+7^3+8^3+12^3}{5} = 531{,}0$$

$$\overline{x^4} = \frac{\sum x^4}{N} = \frac{2^4+4^4+7^4+8^4+12^4}{5} = 5501{,}0$$

Ejercicio resuelto 4.2.37

Calcular los cuatro primeros momentos con respecto a la media para el conjunto de datos: del ejercicio anterior: 2, 4, 7, 8 y 12.

Solución

La media aritmética es:

$$\bar{x} = \frac{\sum X}{N} = \frac{2+4+7+8+12}{5} = 6{,}60$$

Los momentos:

$$m_1 = \overline{(x-\bar{x})} = \frac{\sum (x-\bar{x})}{N} = \frac{(2-66)+(4-6{,}6)+(7-6{,}6)+(8-6{,}6)+(12-6{,}6)}{5} =$$

$$m_2 = \overline{(x-\bar{x})}^2 = \frac{\sum (x-\bar{x})^2}{N} = \frac{(2-6{,}6)^2+(4-6{,}6)^2+(7-6{,}6)^2+(8-6{,}6)^2+(12-6{,}6)^2}{5} = 11{,}84$$

$$m_3 = \overline{(x-\bar{x})}^3 = \frac{\sum (x-\bar{x})^3}{N} = \frac{(2-6{,}6)^3+(4-6{,}6)^3+(7-6{,}6)^3+(8-6{,}6)^3+(12-6{,}6)^3}{5} = 9{,}07$$

$$m_4 = \overline{(x-\bar{x})}^4 = \frac{\sum (x-\bar{x})^4}{N} = \frac{(2-6{,}6)^4+(4-6{,}6)^4+(7-6{,}6)^4+(8-6{,}6)^4+(12-6{,}6)^4}{5} = 269{,}52$$

Coeficiente de apuntamiento o curtosis

Define lo puntiagudo que es una distribución de frecuencias. Da idea sobre la dispersión de la muestra de valores. Cuando una distribución es muy puntiaguda, su dispersión es pequeña y la mayoría de valores están cerca del valor medio.

En función de cómo se encuentren distribuidas las frecuencias podemos definir tres tipos diferentes de apuntamiento o curtosis. Cada uno de estos comportamientos son consecuencia de distribuciones con más o menos aplastamiento o apuntamiento. En la figura 13.10 se ha representado el comportamiento leptocúrtico, mesocúrtico y platicúrtico.

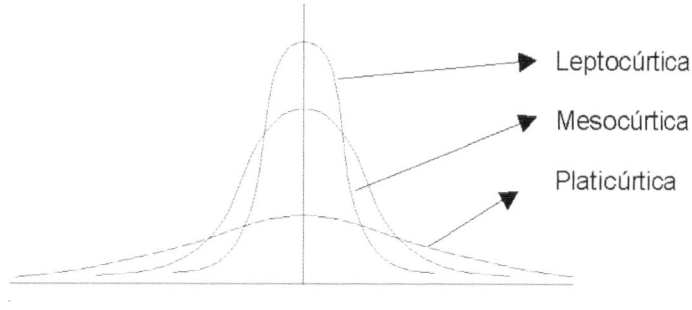

Figura 4.2.10 Apuntalamiento o curtosis.

El **coeficiente de curtosis** nos indica el apuntamiento que adopta la distribución comparándola con la distribución normal o de Gauss. La expresión es:

$$g_2 = \frac{m_4}{\sigma^4}$$

$g_2>3$ **Leptocúrtica**. Mayor apuntamiento que en una distribución normal.

$g_2=3$ **Mesocúrtica**. Igual apuntamiento que en una distribución normal.

$g_2<3$ **Platicúrtica**. Menor apuntamiento que en una distribución normal.

$$g_2 = \frac{m_4}{\sigma^4} = \frac{\dfrac{\sum (x_i - \bar{x})^4 \cdot f_i}{n}}{\sigma^4} \qquad\qquad g_2 = \frac{m_4}{\sigma^4} = \frac{m_4}{m_2^2}$$

Ejercicio resuelto 4.2.38

Calcula el primer y el segundo coeficiente de asimetría de Pearson para los siguientes valores: 12, 6, 2, 8 y 2.

Solución

a) Cálculo de la media aritmética, la moda, la mediana y la desviación típica.

La moda es 2 y la mediana: 2,2,6,8,12. Es la media aritmética de 6 y 8.Md es 7.

$$\overline{X} = \frac{12 + 6 + 2 + 8 + 2}{5} = 6,0$$

$$\sigma = \sqrt{\frac{(x_1 - \bar{x})^2 + (x_2 - \bar{x})^2 + \ldots + (x_n - \bar{x})^2}{N}} = \sqrt{\frac{(12-6)^2 + (6-6)^2 + (2-6)^2 + (8-6)^2 + (2-6)^2}{5}} = 3,795$$

Las expresiones indicadas son el primer y el segundo coeficiente de asimetría de Pearson.

$$Asimetría = \frac{\overline{X} - Mo}{S} = \frac{6-2}{3,795} = 1,054 \qquad\qquad Asimetría = \frac{3 \cdot (\overline{X} - Mo)}{S} = \frac{3(6-2)}{3,795} = 3,16$$

Los coeficientes primero y segundo son positivos, por lo que presentan un sesgo positivo hacia la derecha.

Ejercicio resuelto 4.2.39

Calcula el coeficiente de curtosis g_2 y el coeficiente de Fisher (tercer momento) para los valores siguientes: 2, 4, 7, 8 y 12.

Solución

La media aritmética es:

$$\bar{x} = \frac{\sum X}{N} = \frac{2 + 4 + 7 + 8 + 12}{5} = 6,60$$

Los momentos:

$$m_2 = \overline{(x-\bar{x})}^2 = \frac{\sum(x-\bar{x})^2}{N} = \frac{(2-6,6)^2+(4-6,6)^2+(7-6,6)^2+(8-6,6)^2+(12-6,6)^2}{5} = 11,84$$

$$m_3 = \overline{(x-\bar{x})}^3 = \frac{\sum(x-\bar{x})^3}{N} = \frac{(2-6,6)^3+(4-6,6)^3+(7-6,6)^3+(8-6,6)^3+(12-6,6)^3}{5} = 9,07$$

$$m_4 = \overline{(x-\bar{x})}^4 = \frac{\sum(x-\bar{x})^4}{N} = \frac{(2-6,6)^4+(4-6,6)^4+(7-6,6)^4+(8-6,6)^4+(12-6,6)^4}{5} = 269,52$$

Coeficiente de asimetría de Fisher (tercer momento)

$$A_F = \frac{m_3}{\sigma^3} = \frac{m_3}{\left(\sqrt{m_2}\right)^3} = \frac{m_3}{\sqrt{m_2^3}} = \frac{9,07}{\sqrt{11,84^3}} = 0,223 \qquad\qquad g_2 = \frac{m_4}{\sigma^4} = \frac{m_4}{m_2^2} = \frac{269,52}{11,84^2} = 1,92$$

El **coeficiente de Fisher** es mayor que cero, por lo que tiene una asimetría a la derecha o positiva. **G₂** es menor que 3, por lo que tiene una distribución platicúrtica.

Ejercicio resuelto 4.2.40

En la siguiente tabla se presentan las edades de los 17 estudiantes de un grupo de intercambio.

17	18	20	20	20	21	21	22	22
22	22	23	24	24	25	25	26	

Determinar:

    a.   **Los valores de tendencia central: media, moda y mediana.**

    b.   **Los valores de variabilidad o dispersión (desviación típica, varianza y recorrido).**

    c.   **Otros valores de la media: media armónica, geométrica y cuadrática. Comprueba que la media aritmética es mayor que la media geométrica y esta que la armónica.**

    d.   **Desviación media.**

    e.   **Coeficiente de curtosis.**

Solución

a. Cálculo de la media, moda y mediana.

$$\bar{x} = \frac{17+18+20\cdot3+\cdots+26}{17} = 21,88$$

La moda es 22. El valor 22 se repite 4 veces.

La mediana es 22. El valor 22 divide la serie de valores en dos grupos.

b. La desviación típica, la varianza y el recorrido.

$$\sigma = \sqrt{\frac{\sum (x_i - \bar{x})^2}{N}} = \sqrt{\frac{(17-21,88)^2 + (18-21,88)^2 + \cdots (26-21,88)^2}{17}} = \sqrt{\frac{97,76}{17}} = 2,398$$

$$\sigma^2 = 5,751$$

$$R = 26 - 17 = 9$$

c. Otros valores de la media.

$$G = \sqrt[17]{17 \cdot 18 \cdot 20 \cdot 20 \cdots 26} = \sqrt[17]{5,44 \cdot 10^{22}} = 21,747$$

$$H = \frac{17}{\dfrac{1}{17} + \dfrac{1}{18} + \dfrac{1}{20} + \dfrac{1}{20} + \cdots + \dfrac{1}{26}} = \frac{17}{0,797} = 21,609$$

$$MC = \sqrt{\frac{17^2 + 18^2 + 20^2 + 20^2 + \cdots + 26^2}{17}} = \sqrt{\frac{8238}{17}} = 22,013$$

d. Desviación media.

$$DM = \frac{4}{5} S \qquad DM = \frac{4}{5} \cdot 2,398 = 3,918 \qquad DM = \frac{(17-21,88) + (18-21,88) + \cdots + (26-21,88)}{17} = 1,903$$

e. Curtosis.

Para determinar la curtosis calculamos el momento cuarto y la desviación típica o el segundo momento.

$$m_4 = \overline{(x-\bar{x})^4} = \frac{\sum (x-\bar{x})^4}{N} = \frac{(17-21,88)^4 + (18-21,88)^4 + \cdots + (26-21,88)^4}{17} = \frac{1352,48}{17} = 79,55$$

$$m_2 = \overline{(x-\bar{x})^2} = \frac{\sum (x-\bar{x})^2}{N} = \frac{(17-21,88)^2 + (18-21,88)^2 + \cdots + (26-21,88)^2}{17} = \frac{97,76}{17} = 5,75$$

Aplicando la expresión determinamos el coeficiente de curtosis.

$$g_2 = \frac{m_4}{\sigma^4} = \frac{m_4}{m_2^2} = \frac{79,55}{5,75^2} = 0,026$$

La distribución es platicúrtica, puesto que g_2 es menor a 3.

Ejercicio resuelto 4.2.41

Las edades de un grupo de estudiantes de primero son:

18	19	19	20	21	21	18	21
21	20	20	20	21	21	20	20
18	21	19	18	20	21	20	21

Calcular: La media, moda, mediana, el recorrido y la desviación típica.

Solución:

Realizamos la tabla con la distribución de frecuencia de la edades:

x_i	f	$x_i \cdot f$	$(x_i - \overline{x})^2$	$f \cdot (x_i - \overline{x})^2$
18	4	(18)(4)=72	3,6481	14,5924
19	3	(19)(3)=57	0,8281	2,4843
20	8	(20)(8)=160	0,0081	0,0648
21	9	(21)(9)=189	1,1881	10,6929
	24	478	5,6724	27,8344

$$\overline{x} = \frac{478}{24} = 19,9$$

La **moda** es la marca de clase de mayor frecuencia por lo que se corresponde con 20 años.

La **mediana** se obtiene localizando el valor que divide la serie ordenada en dos partes iguales. La mediana es 20.

El **recorrido** es:

$$R = 21 - 18 = 3$$

Para determinar la **desviación típica**:

$$\sigma = \sqrt{\frac{\sum_{i=1}^{n}(x_i - \overline{x})^2 f_i}{N}} = \sqrt{\frac{27,83}{24}} = 1,077$$

Ejercicio resuelto 4.2.42

Se han medido los diámetros de 38 ejes fabricados en un torno semiautomático, con los siguientes resultados indicados en la tabla.

Intervalo	Frecuencia (f)
1,98-1,99	5
1,99-2,00	8
2,00-2,01	12
2,01-2,02	7
2,02-2,03	6

Calcular la media aritmética, la moda, la mediana, el recorrido y la desviación típica.

Solución

La **media aritmética** se calcula según:

$$\bar{x} = \frac{\sum f \cdot x}{\sum f} = \frac{76,2}{38} = 2,005$$

La **moda** está situada en el intervalo 2,00-2,01, por tener una frecuencia absoluta de 12. El valor moda es la marca de clase de ese intervalo.

$$Mo = \frac{2,00 + 2,01}{2} = 2,005$$

La **mediana** se obtiene localizando el valor que divide la serie ordenada en dos partes iguales. La mediana es 2,005 porque se encuentra en el intervalo 2,00-2,01.

El **recorrido** es la diferencia entre la mayor y la menor marca de clase. Se calcula según:

$$R = 2,025 - 1,985 = 0,040$$

La desviación típica se calcula aplicando la expresión:

$$\sigma = \sqrt{\frac{\sum_{i=1}^{n}(x_i - \bar{x})^2 f_i}{N}} = \sqrt{\frac{0,0058}{38}} = 0,012$$

Intervalo	Frecuencia f	x (MC)	$f \cdot x$	$(x - \bar{x})$	$(x - \bar{x})^2$	$f \cdot (x - \bar{x})^2$	$f \cdot x^2$
1,98-1,99	5	1,985	9,925	-0,0202	0,0004080	0,00204	19,701
1,99-2,00	8	1,995	15,96	-0,0102	0,0001040	0,00083	31,840
2,00-2,01	12	2,005	24,06	-0,0002	4E-08	4,8E-07	48,240
2,01-2,02	7	2,015	14,10	0,0098	9,604E-05	0,00067	28,421
2,02-2,03	6	2,025	12,15	0,0198	0,0003920	0,00235	24,603
Suma=	38	--	76,17	-0,001	0,0010	0,0058	152,80

Existe un procedimiento reducido para determinar la desviación típica sin necesidad de realizar tantos cálculos:

$$\sigma = \sqrt{\frac{\sum f \cdot x_1^2}{\sum f} - \left(\frac{\sum f x_i}{\sum f}\right)^2} = \sqrt{\frac{152,80}{38} - \left(\frac{76,17}{38}\right)^2} = 0,056$$

Test, cuestiones y problemas propuestos

Test

Responde verdadero o falso.

	V	F

1. La muestra sistemática debe ser extraída del proceso productivo y examinada al instante.

2. Se define población como el conjunto total de datos que se pretenden estudiar.

3. Se dice que una muestra es aleatoria cuando cada unidad de la población tiene la misma probabilidad de ser escogida.

4. La longitud de un intervalo de frecuencias es la diferencia entre la marca de clase y el intervalo inferior.

5. La marca de clase es el punto medio del intervalo.

6. La frecuencia absoluta acumulada se obtiene de dividir la frecuencia absoluta de un intervalo por el número de datos del experimento.

7. Los parámetros de tendencia central más usados son la desviación típica y el recorrido.

8. La relación entre la media geométrica (G), la armónica (H) y la media aritmética (X) es: G>H>X.

9. La moda es el valor de la variable con mayor frecuencia.

10. En una distribución de frecuencias asimétrica negativa se cumple que: x<Md<Mo.

11. En distribuciones de frecuencia unimodales y con ligero sesgo o asimetría se cumple que: media-moda=1/3(media-mediana).

12. La varianza (σ^2) es poco sensible a puntuaciones desiguales.

13. La varianza (σ^2) nunca puede ser igual a cero.

14. La desviación típica es la raíz cuadrada positiva de la varianza (σ^2).

15. La desviación típica permite definir el grado de correlación o acercamiento de cada una de las variables de una distribución a un valor medio.

	V	F

16. La distribución platicúrtica es típica en distribuciones con pequeña desviación típica.

17. El coeficiente de correlación de Pearson es el cociente entre la desviación típica y la mediana.

18. El coeficiente de asimetría de Pearson negativo indica asimetría a la izquierda o negativa.

19. El coeficiente de asimetría de Fisher emplea el segundo momento con respecto a la media para realizar el cálculo.

20. Una distribución leptocúrtica tiene mayor apuntalamiento que una distribución normal y el valor de curtosis g_2 obtenido debe ser mayor a 3.

Cuestiones

1. Define el concepto de población y muestra.

2. ¿Qué características debe tener una muestra? ¿Por qué?

3. Indica y define los diferentes tipos de muestra que conozcas.

4. ¿Qué medidas estadísticas se emplean para definir la tendencia central y la dispersión en una distribución de frecuencias?

5. Indica y demuestra con un breve ejemplo la relación existente entre la media aritmética, la geométrica y la armónica.

6. Conociendo la media, la moda y la mediana, ¿es posible determinar el tipo de asimetría de una distribución? En caso afirmativo indica de qué forma puede hacerse.

7. ¿Cómo podemos calcular el tercer cuartel de una serie de valores?

8. ¿De qué forma podemos calcular el recorrido semiintercuartílico de una serie de datos?

9. Indica la expresión matemática que define la varianza. ¿Qué características presenta?

10. ¿Qué nos indica la desviación típica? ¿Por qué es útil conocer su valor?

11. ¿Qué relación podemos establecer entre la desviación típica y la desviación media?

12. ¿Cuándo una distribución es simétrica según el coeficiente de asimetría de Fisher?

13. Demuestra que cuando el valor de $g_2=3$ la distribución de frecuencias es una distribución normal.

14. Demuestra que una distribución tiene asimetría positiva o a la derecha cuando el valor del coeficiente de Fisher es positivo.

Problemas

1. Dada la distribución de frecuencias indicada en la tabla:

Intervalo	Frecuencia
3,0-3,5	3
3,5-4,0	4
4,0-4,5	8
4,5-5,0	12
5,0-5,5	7
5,5-6,0	5

Calcular:

   a) la longitud de los intervalos.

   b) La marca de clase de cada intervalo.

   c) Dibuja el histograma con la distribución absoluta e incremental.

2. Se han medido el diámetro de 50 piezas obteniendo las mediciones indicadas en la tabla:

10,2	9,4	10,1	9,8	9,6	9,5	10,3	9,6	10,3	10,8
10,7	10,8	9,8	9,9	9,6	10,3	10,2	10,3	9,3	9,4
9,4	10,1	9,5	9,6	10,2	10,7	9,8	10,1	10,2	10,3
10,6	10,1	9,1	9,4	10,4	9,6	9,8	10,4	10,5	10,5
10,5	10,4	10,3	10,4	10,4	9,8	10,1	10,2	10,5	9,4

Para realizar el estudio estadístico de los resultados obtenidos se desean distribuir las medidas en distintos intervalos de frecuencia y dibujar el histograma correspondiente. Para ello se pide:

   a) Determina la longitud del intervalo y rellena la tabla siguiente con los datos calculados.

   b) Dibuja el histograma de frecuencias absolutas y frecuencias absolutas incrementales.

Intervalo	Frecuencia	Marca de clase	Frecuencia relativa	Frecuencia relativa acumulada

3. Determina la media, la moda, la mediana, la desviación típica y la desviación media de las edades de los estudiantes indicados en la tabla:

18	20	19	23	21	21	20	21
21	22	22	22	22	18	18	20
21	20	20	19	21	19	23	20
22	21	19	23	20	21	20	21

4. En la siguiente tabla se muestra el peso de un grupo de estudiantes. Determinar la media, moda, mediana, desviación media y desviación estándar.

Peso (kg)	Frecuencia
60-65	2
65-70	8
70-75	10
75-80	7
80-85	6
85-90	5

5. De las siguientes mediciones realizadas con un pie de rey calcular la media aritmética, la media geométrica, la media armónica, la media cuadrática, el recorrido, la varianza, la desviación típica y la desviación media.

5,035	5,207	5,671	5,038
4,980	4,998	4,537	4,743

6. Con los resultados del ejercicio anterior demuestra la relación entre la media aritmética, geométrica y armónica.

$$\overline{X} \geq G \geq H$$

7. Con los resultados del ejercicio número 5 indica si la siguiente expresión se cumple:

$$DM = \frac{4}{5}(S)$$

8. Determina si la distribución de valores indicada en la tabla es asimétrica negativa o asimétrica positiva mediante el cálculo de la media, la mediana y la moda.

Intervalo	Frecuencia
20-22	3
22-24	8
24-26	10
26-28	7
28-30	4

9. De las siguientes notas obtenidas por 10 alumnos de un grupo calcular la media aritmética, geométrica, armónica y cuadrática.

3,85	4,55	7,89	9,25	8,35
6,05	6,25	5,05	4,03	5,25

10. De los siguientes valores determinar: la media, la moda, la mediana, el recorrido, la desviación típica y la varianza.

1	1	2	5	8
8	8	10	11	11
11	15	17	18	19

11. Con los resultados del ejercicio anterior determina:

   a) El coeficiente de variación en porcentaje.

   b) El coeficiente de asimetría de Pearson.

   c) ¿Qué tipo de asimetría presenta?

12. Calcular la desviación típica y el segundo momento para el siguiente conjunto de alturas de estudiantes de una clase.

1,85	1,82	1,75	1,70
1,69	1,72	1,73	1,89

13. Para los valores 2, 1, 5, 7 y 10, calcula:

   a) Segundo, tercer y cuarto momento

   b) Coeficiente de asimetría de Fisher

   c) Curtosis

14. A partir de los datos adjuntos:

Intervalo	Frecuencia
10,5-11,5	1
11,5-12,5	3
12,5-13,5	16
13,5-14,5	35
14,5-15,5	47
15,5-16,5	34
16,5-17,5	15
17,5-18,5	6
18,5-19,5	4
19,5-20,5	3

Intervalo	Frecuencia	x (MC)	$f \cdot x$	$(x - \overline{x})$	$(x - \overline{x})^2$	$f \cdot (x - \overline{x})^2$	$f \cdot x^2$

Rellenar la tabla y calcular: la moda, mediana, media, recorrido, desviación típica, coeficiente de variación, curtosis.

15. De la siguiente distribución determinar:

x_i	80	95	110	130	150
f_i	2	7	12	17	20

   a) Moda, mediana y media

   b) Recorrido, desviación típica, varianza y desviación media

16. Determinar la media, la mediana y la moda de los siguientes datos: 5, 5, 3, 8, 9, 10, 10, 10 y 12.

17. Determinar la desviación media, la varianza y la desviación típica de: 2, 3, 7, 9 y 10.

18. De la siguiente serie de datos, 3, 5, 2, 8, 7, 4 y 10, determinar:

   a) Media, moda y mediana

   b) Desviación media, varianza y desviación típica

   c) Curtosis

19. Las notas obtenidas por un grupo de estudiantes han sido:

7,5	10	7,4	6,0	8,1	6,5	4,6	3,8
8,4	7,3	5,0	5,5	4,6	4,0	6,0	3,4
4,4	3,0	5,5	6,5	9,5	8,5	7,5	7,9
6,5	9,5	10	4,5	3,0	6,5	2,3	2,0
7,5	2,4	3,0	3,5	4,0	8,5	7,5	6,0

Construye una tabla de distribución de frecuencias y dibuja un diagrama de barras absoluto e incremental. Determina los principales parámetros de tendencia central (media, moda y mediana) y de variabilidad (desviación media, típica y recorrido). ¿Es una distribución asimétrica? Justifica la respuesta de forma matemática.

20. Se han pesado los trabajadores de una empresa y se han obtenido los pesos indicados en la tabla:

Pesos (kg)					
40-50	50-60	60-70	70-80	80-90	90-100
5	13	47	50	35	10

Determina los principales parámetros de tendencia central (media, moda y mediana) y de variabilidad (desviación media, típica y recorrido). ¿Es una distribución asimétrica? Justifica la respuesta de forma matemática. Construye una tabla de distribución de frecuencias y dibuja un diagrama de barras absoluto e incremental.

Fundamentos de probabilidad

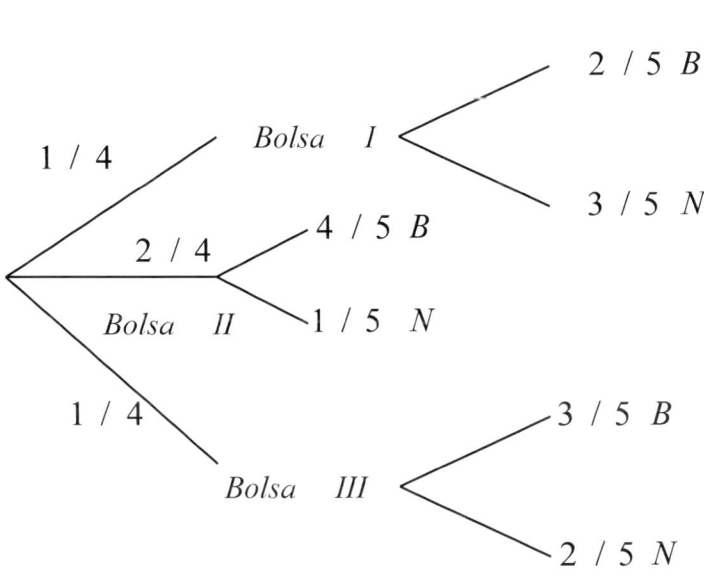

4.3

Contenidos

Experimentos aleatorios. Espacio muestral

Sucesos. Operaciones con sucesos

Definición de probabilidad. Probabilidad condicionada

Sucesos dependientes e independientes

Tablas de contingencia y diagramas de árbol

Probabilidad total

Teorema de Bayes

Problemas resueltos

Problemas propuestos

Objetivos

- Describir los fundamentos de la probabilidad.
- Definir la ley de Morgan, la probabilidad y la probabilidad condicionada, así como los sucesos dependientes e independientes.
- Conocer y saber aplicar las tablas de contingencia y los diagramas de árbol.
- Definir la probabilidad total.

4.3.1 **Experimentos aleatorios. Espacio muestral**

Se define un **experimento o fenómeno aleatorio** como aquel que puede dar lugar a varios resultados sin saber con certeza cuál va a ser observado después de sucederse. Cuando el resultado del experimento puede ser calculado y, por lo tanto, conocido antes de que se produzca se habla de **experimentos deterministas**.

Ejemplos de experimentos aleatorios son lanzar una moneda o extraer una carta de una baraja de cartas. En ninguno de los dos casos se sabe con certeza qué resultados se van a observar. Son muchas las situaciones de la vida diaria en las que se dan fenómenos aleatorios.

Un **espacio muestral** es el conjunto formado por todos los resultados posibles de un experimento aleatorio. Se designa con la letra E. Algunos ejemplos:

Lanzar un dado, E={1,2,3,4,5,6}

Lanzar una moneda, E={cara, cruz}

 Ejercicio resuelto 4.3.1

Determina el espacio muestral asociado a los siguientes experimentos:

   a. **Lanzar una moneda.**

   b. **Lanzar dos monedas.**

   c. **Lanzar tres monedas.**

   d. **Lanzar tres dados y anotar la suma de los resultados obtenidos.**

   e. **Extracción de dos bolas de una caja en las que se tienen cuatro bolas blancas y tres negras.**

Solución

a. Se define el resultado de la cara como (C) y (X) como cruz. El espacio muestral define todos los posibles resultados del experimento y es:

$$E=\{(C,X)\}$$

b. Lanzar dos monedas:

$$E=\{(CC, CX, XC, XX)\}$$

Una forma intuitiva de crear el espacio muestral es dibujar el árbol de sucesos.

Figura 4.3.1 Árbol de sucesos del lanzamiento de dos monedas.

c. Lanzar tres monedas:

$$E=\{(CCC),(CCX),(CXC),(XCC),(CXX),(XCX),(XXC),(XXX)\}$$

d.   Lanzar tres dados y anotar la suma de los resultados obtenidos:

$$E=\{3,4,5,6,7,8,9,10,11,12,13,14,15,16,17,18\}$$

e.   Extracción de dos bolas de una caja en las que se tienen cuatro bolas blancas y tres negras. Se define la extracción de la bola blanca como B y la negra como N.

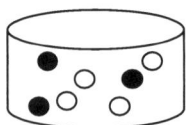

E={BB,BN,NN}

4.3.2 Tipos de sucesos y sus operaciones

En el ejercicio resuelto anterior se ha determinado el espacio muestral de lanzar tres dados y anotar la suma de los resultados obtenidos:

$$E=\{3,4,5,6,7,8,9,10,11,12,13,14,15,16,17,18\}$$

Para el **espacio muestral E** se puede considera algunos subconjuntos denominados **sucesos**. Como, por ejemplo: salir número múltiplo de 5 o mayor o igual a 10:

$$A=\{5,10,15\} \text{ y } B=\{10,11,12,13,14,15,16,17,18\}$$

Todos esos subconjuntos que forman parte del espacio muestral E se denominan **sucesos**. Y un **suceso** se define como cada uno de los subconjuntos del espacio muestral E.

Otro tipo de suceso son los **sucesos seguros**, los **imposibles** y los **individuales**.

{1,2},{2,4,6,3} son sucesos. {1},{2}, {3} son sucesos individuales.

Al conjunto de sucesos de un experimento se denomina S. Un Espacio muestral con un número n de elementos tiene $S=2^n$ sucesos. En un dado hay $2^6 = 64$ sucesos.

Ejemplo resuelto 4.3.2

Indica el número de sucesos existentes en el lanzamiento de una moneda.

Solución

Para determinar el número de sucesos $S=2^n$ en una moneda: $2^2 = 4$ sucesos. Los sucesos son S={Ø,{C},{+},{C,+}}

Las operaciones que pueden realizarse con los sucesos son las de intersección, unión, diferencia y suceso contrario.

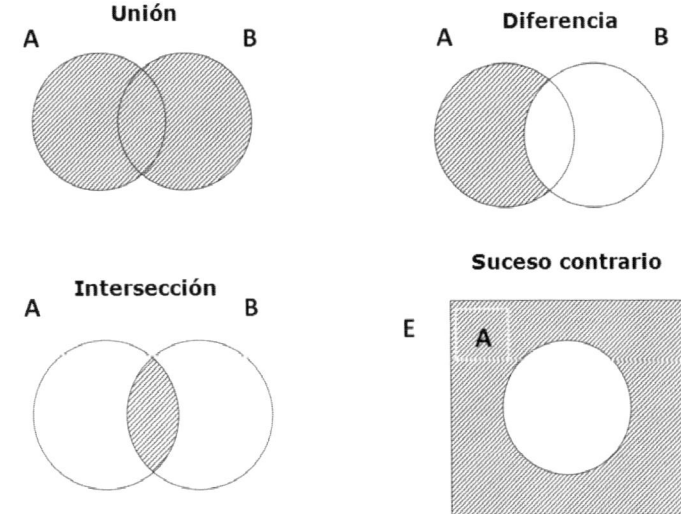

Figura 4.3.2 Sucesos existentes en el lanzamiento de dos monedas.

Unión. Es el suceso formado por todos los elementos de A y todos los elementos de B.

$$A \cup B$$

Intersección. Es el suceso formado por todos los elementos que son de A y B al mismo tiempo.

$$A \cap B$$

Diferencia. Es el suceso formado por todos los elementos de A que no pertenecen a B.

$$A - B$$

Suceso contrario. Es el suceso formado por todos los elementos que no pertenecen a A.

$$\overline{A} = E - A$$

Suceso incompatible. Dos sucesos son incompatibles cuando no tienen elementos comunes. El suceso A y el suceso B son disjuntos.

$$A \cap B = \emptyset$$

Las operaciones definidas cumplen las propiedades conmutativa, asociativa, indempotente, simplificación, distributiva, elemento neutro y absorción.

Las operaciones unión, intersección y complementación (contrario) verifican las propiedades definidas por el **álgebra de Boole**.

	Unión	Intersección
Conmutativa	$A \cup B = B \cup A$	$A \cap B = B \cap A$
Asociativa	$A \cup (B \cup C) = (A \cup B) \cup C$	$A \cap (B \cap C) = (A \cap b) \cap C$
Idempotente	$A \cup A = A$	$A \cap A = A$
Simplificación	$A \cup (B \cap A) = A$	$A \cap (B \cup A) = A$
Distributiva	$A \cup (B \cap C) = (A \cup B) \cap (A \cup C)$	$A \cap (B \cup C) = (A \cap B) \cup (A \cap C)$

	Unión	Intersección
Elemento	$A \cup \emptyset = A$	$A \cap E = A$
Absorción	$A \cup E = E$	$A \cap \emptyset = \emptyset$

Figura 4.3.3 Álgebra de Boole.

4.3.3 Leyes de De Morgan

El suceso contrario de la unión de dos sucesos es la intersección de sus sucesos contrarios:

$$\overline{A \cup B} = \overline{A} \cap \overline{B}$$

Y el suceso contrario de la intersección de dos sucesos es la unión de sus sucesos contrarios:

$$\overline{A \cap B} = \overline{A} \cup \overline{B}$$

Ejercicio resuelto 4.3.3

En una caja se introducen 9 bolas enumeradas del 1 al 9. Se saca una bola de la caja y se anota el número de la misma. A continuación se vuelve a introducir la bola en la caja. Se consideran los dos sucesos siguientes: A. Número primo. B. Número cuadrado.

  a. **Determinar los sucesos unión e intersección de A y B.**

  b. **¿Son compatibles los sucesos A y B?**

  c. **Determinar los sucesos contrarios a A y B.**

Solución

Los sucesos elementales de A y B son:

$$A = \{2,3,5\}$$

$$B = \{1,4,9\}$$

La unión e intersección de A y B es:

$$A \cup B = \{1,2,3,4,5,7,9\}$$

$$A \cap B = \emptyset$$

Los sucesos son incompatibles.

Ejercicio resuelto 4.3.4

El espacio muestral de lanzar un dado es: E={1,2,3,4,5,6}. Determinar la intersección y la unión de los siguientes espacios:

    a) **A={2,4,6} y B={2,5}**

    b) **C={3} y D={5}**

    c) **E={2,5,9} y F={1,3,6,10}**

Solución

a.

$$A \cup B = \{2,4,5,6\}$$

b.

$$A \cap B = \{2\} \quad C \cup D = \{3,5\}$$

c.

$$C \cap D = \emptyset \qquad E \cup F = \{1,2,3,5,6,9,10\} \qquad E \cap F = \emptyset$$

4.3.4 Probabilidad

La ley **de los grandes números** descrita por Bernouilli define que en un experimento aleatorio, cuando es repetido muchas veces en las mismas condiciones, el cociente entre el número de veces que aparece un resultado (suceso) y el número total de veces que se realiza la experiencia tiende a un número fijo. Ese valor fijo se denomina frecuencia relativa del suceso f_r (A):

$$f_r(A) = \frac{N\acute{u}mero\ de\ veces\ que\ aparece\ A}{N\acute{u}mero\ de\ veces\ que\ se\ realiza\ el\ experimento}$$

"La frecuencia relativa de un suceso tiende a estabilizarse alrededor de un número a medida que el número de pruebas del experimento crece indefinidamente." **Ley de los grandes números**.

Se define la **probabilidad** de un suceso como el número al que tiende la frecuencia relativa fr(A) cuando el experimento se realiza un gran número de veces. Propiedades de la frecuencia relativa:

    1. $0 \leq f_r(A) \leq 1$ cualquiera que sea el suceso A.

    2. $f_r(A \cup B) = f_r(A) + f_r(B)$ si $A \cap B = \emptyset$

    3. $f_r(E) = 1$ y $f_r(\emptyset) = 0$

Kolmogorov consideró la relación entre la frecuencia relativa de un suceso y su probabilidad cuando el número de veces que se realiza el experimento es muy grande. Es por ello que según Kolmogorov se cumple:

1. Cualquiera que sea el suceso A, $P(A) \geq 0$.
2. Para dos sucesos incompatibles, la probabilidad de su unión es igual a la suma de sus probabilidades.

$$A \cap B = \emptyset \qquad p(A \cup B) = P(A) + P(B)$$

3. LA probabilidad total es 1. P(E)=1.

Laplace define la probabilidad como el cociente entre el número de resultados favorables a que se dé el suceso A en el experimento y el número de resultados posibles que pueden darse en el experimento.

Entonces:

$$Si \ E = \{x_1, x_2, \cdots, x_n\} \ y \ P(x_1) = P(x_2) = \cdots = P(x_n).$$

$$P(A) = \frac{Número \ de \ casos \ favorables \ al \ suceso \ A}{Número \ de \ casos \ posibles}$$

Ejercicio resuelto 4.3.5

Según Laplace, ¿cuál es la probabilidad de obtener un AS y una carta de oros de una baraja de cartas española si la extracción es realizada al azar?

Solución

$$P(AS) = \frac{Número \ de \ ASES \ en \ la \ baraja}{Número \ total \ de \ cartas} = \frac{4}{40} = 0,10$$

$$P(AS) = \frac{Número \ de \ OROS \ en \ la \ baraja}{Número \ total \ de \ cartas} = \frac{10}{40} = 0,25$$

(En una baraja española hay 4 ases y 10 cartas de oros).

Ejercicio resuelto 4.3.6

Se subcontrata la fabricación de 1000 piezas. El fabricante informa que la máquina empleada en la fabricación siempre fabrica 15 piezas fuera de tolerancias. ¿Qué probabilidad tenemos de encontrar una pieza mala y una buena si se extraen al azar?

Solución

$$P(Mala) = p(F) = \frac{15}{100} = 0{,}15 \qquad P(Buena) = p(\overline{F}) = 1 - p(F) = 1 - \frac{15}{100} = 0{,}85$$

Ejercicio resuelto 4.3.7

¿Qué probabilidad existe de obtener una cruz en el lanzamiento de tres monedas?

Solución

Suceso (A). Obtener una cruz. Puede determinarse el suceso contrario (no A), obtener tres caras.

$$p(\overline{A}) = \frac{1}{8} \qquad p(A) = 1 - p(\overline{A}) = 1 - \frac{1}{8} = \frac{7}{8}$$

Ejercicio resuelto 4.3.8

Si se lanzan dos dados al mismo tiempo, determinar la probabilidad de que los resultados de cada dado sean distintos.

Solución

Probabilidad de encontrar resultados iguales.

A={(1,1), (2,2), (3,3), (4,4), (5,5), (6,6)}. La probabilidad de obtener el mismo resultado es p(A).

$$p(A) = \frac{6}{36}$$

La probabilidad de obtener distintos resultados es:

$$p(\overline{A}) = 1 - p(A) = 1 - \frac{6}{36} = \frac{30}{36}$$

Ejercicio resuelto 4.3.9

Determinar la probabilidad de los siguientes sucesos:

    a. **Obtener un número impar en el lanzamiento de un dado.**

    b. **Obtener por lo menos una vez cara en dos lanzamientos de una moneda.**

    c. **Obtener 7 puntos en un solo lanzamiento de un par de dados.**

Solución

a. Obtener un número impar en el lanzamiento de un dado. Existen 6 casos con la misma posibilidad de suceso. Tan solo tres (1,3 y 5) son favorables y, los otros tres (2, 4 y 6) desfavorables. La probabilidad es:

$$P = \frac{N\acute{u}mero\ de\ casos\ favorables}{N\acute{u}mero\ de\ casos\ posibles} = \frac{3}{6} = \frac{1}{2}$$

b. Obtener por lo menos una vez cara en dos lanzamientos de una moneda. Los dos lanzamientos puede dar (CC, CX, XC y XX), con igual probabilidad (1/4). Los tres primeros casos son favorables, por lo que la probabilidad es:

$$P = \frac{N\acute{u}mero\ de\ casos\ favorables}{N\acute{u}mero\ de\ casos\ posibles} = \frac{3}{4}$$

c. Obtener 7 puntos en un solo lanzamiento de un par de dados.

El número de casos favorables en el lanzamiento de los dos dados es 6·6=36. Son (1,1), (2,1), (3,1)...(6,6). Para obtener un 7 pueden darse seis formas distintas (1,6), (2,5), (3,4), (4,3), (5,2) y (6,1). Por lo que el número de casos favorables es 6 y el número de casos posibles 36.

$$P = \frac{N\acute{u}mero\ de\ casos\ favorables}{N\acute{u}mero\ de\ casos\ posibles} = \frac{6}{36} = \frac{1}{6}$$

4.3.5 **Probabilidad condicionada**

En muchos casos, la probabilidad de un suceso puede variar en función del conocimiento de otras variables que influyen en el experimento.

Por ejemplo, si se tiene una caja con cinco bolas numeradas del 1 al 5 y se extrae una bola al azar y a continuación se realiza una segunda extracción después de introducir la primera bola extraída, la probabilidad de extraer, por ejemplo, la bola número 4 en la segunda extracción es la misma que en la primera. Si realizamos el mismo experimento pero sin volver a introducir la primera bola extraída, la probabilidad de extraer la bola número 4 en la segunda extracción está condicionada al resultado obtenido en la primera extracción. Este es un ejemplo de probabilidad condicionada.

Si A y B son dos sucesos tal que:

$$p(A) \neq 0$$

Se define **probabilidad de B condicionada A**, P(B/A), a la probabilidad de B tomando como espacio muestral A o, dicho de otra forma, la probabilidad de que ocurra B dado que ha sucedido A.

$$P(B/A) = \frac{P(B \cap A)}{P(A)}$$

Se deduce:

$$P(B \cap A) = P(B/A) \cdot P(A)$$

Para tres sucesos:

$$P(A \cap B \cap C) = P(A) \cdot P(B/A) \cdot P(C/A \cap B)$$

Análogamente, la probabilidad condicionada del suceso A respecto del suceso B se expresa:

$$P(A/B) = \frac{P(A \cap B)}{P(B)} \qquad si \ \ P(B) \neq 0$$

De la relación se obtiene:

$$P(A \cap B) = P(A) \cdot P(B/A) \qquad\qquad P(A \cap B) = P(B) \cdot P(A/B)$$

La probabilidad condicionada permite determinar, por ejemplo, la probabilidad de extraer dos reyes de una baraja española si la extracción es sucesiva. Si en la primera de las extracciones se obtiene un rey, la probabilidad de la segunda extracción será distinta a la primera y estará condicionada por esta.

Si se define A (obtener un rey en la primera extracción) y B (obtener un rey en la segunda extracción):

$$p(A \cap B) = P(A) \cdot P(B/A) = \frac{4}{40} \cdot \frac{3}{39} = \frac{1}{130}$$

La probabilidad 3/39 es debido a que ya se ha extraído un rey, por lo que en la segunda extracción quedan 39 cartas, en lugar de las 40 iniciales.

Ejercicio resuelto 4.3.10

Se realiza el lanzamiento de dos dados.

    a. ¿Cuál es la probabilidad de obtener una suma igual a 7?

    b. Si la suma de los puntos obtenidos es de 7, ¿cuál es la probabilidad de que en alguno de los dados haya salido un 3?

Solución

Se definen los sucesos como: A (suma de los puntos igual a 7) y B (en alguno de los dados ha salido un 3).

a.

Los distintos casos posibles para el lanzamiento de dos dados es 36. Y los casos favorables para el suceso A son 6: (1,6), (2,5), (3,4), (5,2), (6,1). Por lo que P(A)=6/36=1/6.

b.

El suceso B/A es salir en algún dado 3 si la suma ha sido 7. Esta situación condicional solo ocurre en las parejas de resultados (3,4) y (4,3), por lo que la probabilidad es p(B/A)=2/6=1/3.

4.3.6 **Sucesos dependientes e independientes**

Un suceso es **dependiente** cuando el conocimiento de la ocurrencia de un suceso A no modifica la probabilidad del suceso B. Se dice que el suceso es **independiente** cuando la ocurrencia de suceso A modifica la probabilidad del suceso B.

Sucesos A y B independientes. Son independientes entre sí cuando la ocurrencia de uno de ellos no modifica la probabilidad de ocurrencia del otro.

$$P(B/A) = P(B) \ \acute{o} \ P(A/B) = P(A)$$

Sucesos A y B dependientes. La ocurrencia de uno de ellos modifica la probabilidad del otro.

$$P(B/A) \neq P(B) \ \acute{o} \ P(A/B) \neq P(A)$$

Por lo que dos sucesos A y B son independientes cuando:

$$P(A \cap B) = P(A) \cdot P(B)$$

Y tres sucesos A, B y C son independientes cuando:

$$P(A \cap B) = P(A) \cdot P(B) \qquad P(A \cap C) = P(A) \cdot P(C) \qquad P(B \cap C) = P(B) \cdot P(C)$$

$$P(A \cap B \cap C) = P(A) \cdot P(B) \cdot P(C)$$

Ejercicio resuelto 4.3.11

Un estudiante de metrología debe prepararse 20 temas para el examen final de la asignatura. El examen consiste en desarrollar dos de los 20 temas. Los temas seleccionados para el examen se escogen al azar a partir de la extracción de dos bolas de un saco en el que se tienen las 20 bolas representativas de todos los temas. Calcula la probabilidad de que los dos temas se encuentren entre los 15 temas que el estudiante ha preparado.

Solución

A. Contestar bien el tema 1

B. Contestar bien el tema 2

La probabilidad buscada es contestar el tema 1 y el tema 2. Los dos sucesos son dependientes. La probabilidad es:

$$P(A \cap B) = P(A) \cdot P(A/B) = \frac{15}{20} \cdot \frac{14}{19} = 0,55$$

Ejercicio resuelto 4.3.12

Se realiza la extracción de dos bolas de una caja que contiene 15 bolas rojas y 8 negras. Calcula la probabilidad que las dos sean negras con devolución a la caja después de la primera extracción o sin devolución.

Solución

A. Obtener bola negra en la primera de las extracciones.

B. Obtener bola negra en la segunda de las extracciones.

Si después de la extracción se devuelve la bola a la caja los sucesos son independientes:

$$P(A \cap B) = P(A) \cdot P(B) = \frac{8}{15} \cdot \frac{8}{15} = 0,28$$

Si después de la extracción de la primera bola no se produce la devolución de la misma a la caja se tiene un suceso dependiente y la probabilidad es:

$$P(A \cap B) = P(A) \cdot P(B/A) = \frac{8}{15} \cdot \frac{7}{14} = 0,26$$

4.3.7 Tablas de contingencia y diagramas de árbol

En muchos problemas de probabilidad condicionada puede ser muy útil organizar todos los datos en una tabla de doble entrada denominada **tabla de contingencia** o en un esquema en forma de árbol denominado **diagrama de árbol**. Tanto uno como otro están íntimamente relacionados y a partir de uno de ellos puede obtenerse el otro. Su uso facilita la resolución de problemas que aparentemente pueden ser más complejos.

Las tablas de contingencia se refieren a dos características que presenta cada una de dos o más sucesos. Pueden figurar frecuencias absolutas, frecuencias relativas o probabilidades. En el ejemplo indicado se tienen los sucesos:

$$A, \ \overline{A}, B, \ \overline{B}$$

	A	$\overline{A}$	$TOTAL$
B	$P(A \cap B)$	$P(\overline{A} \cap B)$	$P(B)$
$\overline{B}$	$P(A \cap \overline{B})$	$P(\overline{A} \cap \overline{B})$	$P(\overline{B})$
$TOTAL$	$P(A)$	$P(\overline{A})$	1

Figura 4.3.4 Tabla de contingencia.

La tabla puede representarse con la forma del diagrama de árbol adjunto. a cada uno de los sucesos de A se les asocia los sucesos de B.

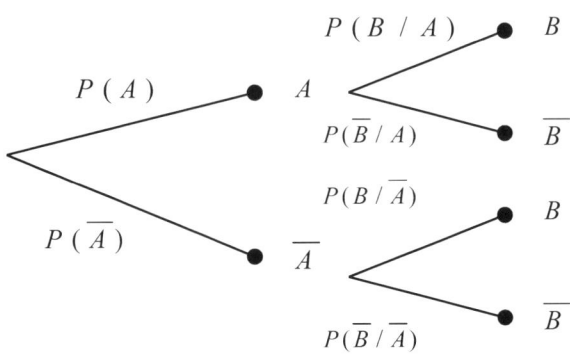

Figura 4.3.5 Diagrama de árbol.

A partir del diagrama de árbol se anotan las probabilidades condicionadas:

$$P(B/A) = \frac{P(B \cap A)}{P(A)}$$

De manera similar, a partir de un diagrama de árbol, se puede deducir la tabla de contingencia equivalente simplemente utilizando la expresión:

$$P(B \cap A) = P(B/A) \cdot P(A)$$

Ejercicio resuelto 4.3.13

En una verificación del producto se encuentran algunos defectos eléctricos, mecánicos y ópticos tanto en el turno de mañana como en el turno de tarde. Así, por la mañana se encuentran 4 defectos eléctricos, 5 mecánicos y 3 ópticos. Por la tarde, 4 eléctricos, 1 mecánicos y 2 ópticos. Determinar el porcentaje de los defectos que se encuentran por la tarde, el porcentaje de defectos mecánicos y la probabilidad de que se encuentre un defecto eléctrico por la mañana.

	Eléctricos	Mecánicos	Ópticos	Totales
Mañana	4	5	3	12
Tarde	4	1	2	7
Total	8	6	5	19

Solución

Se pueden escribir las tablas de contingencia incluyendo los defectos mecánicos, eléctricos y ópticos, así como su frecuencia de aparición en el turno de mañana y tarde.

La tabla de probabilidades:

	Eléctricos	Mecánicos	Ópticos	Totales
Mañana	4/12 (0,33)	5/12 (0,41)	3/12 (0,25)	12/19 (0,63)
Tarde	4/7 (0,57)	1/7 (0,14)	2/7 (0,28)	7/19 (0,37)
Total	8/19 (0,42)	6/19 (0,31)	5/19 (0,26)	19/19 (1)

De los datos indicados en la tabla se concluye:

- El 37% de los defectos son localizados por la tarde. De los que se tienen un 57% eléctricos, 14% mecánicos y un 28% ópticos.

- El porcentaje de defectos de tipo mecánico detectado en la verificación son de un 31%.

- La probabilidad de que se encuentre un defecto por la mañana es P (por la mañana/problemas eléctricos)=4/8= 0,5.

4.3.8 Probabilidad total

Un sistema completo de sucesos es una familia de sucesos $A_1, A_2, \ldots, A_n$ que cumplen las siguientes condiciones:

1. Son incompatibles dos a dos, $A_i \cap A_j = \varnothing$.

2. La unión de todos ellos es el suceso seguro, $\bigcup\limits_{i=1}^{n} A_i = E$.

Llamamos **sistema completo de sucesos** a una familia de sucesos $A_1, A_2, \ldots, A_n$ que cumplen:

1. Son incompatibles dos a dos, $A_i \cap A_j = \varnothing$.

2. La unión de todos ellos es el suceso seguro.

$A_1, A_2, \ldots, A_n$ es un sistema completo de sucesos y la probabilidad de cada uno de los sucesos es diferente de cero. Sea B un suceso cualquiera a partir del cual se conocen las probabilidades de $P(B/A_i)$, entonces la probabilidad del suceso B viene definida por la expresión:

$$P(B) = P(A_1) \cdot P(B / A_1) + P(A_2) \cdot P(B / A_2) + \cdots + P(A_n) \cdot P(B / A_n)$$

El **teorema de la probabilidad total** también puede escribirse como:

$$P(B) - \sum_{i=1}^{n} P(A_i) \cdot P(B / A_i)$$

Ejercicio resuelto 4.3.14

Se lanzan dos monedas.

- **Si salen dos caras se decide extraer una bola de la bolsa I.**
- **Si sale cara y cruz, se extrae una bola de la bolsa II.**
- **Si salen dos cruces, se extrae una bola de la bolsa III.**

Bolsa I. Contiene 2 bolas blancas y 3 negras. Bolsa II. Contiene 4 bolas blancas y 1 negra. Bolsa III. Contiene 3 bolas blancas y 2 negras.

¿Cuál es la probabilidad de extraer una bola blanca después de lanzar las monedas y sacar la bola de la bolsa?

Solución

Se puede representar el diagrama de árbol y determinar las probabilidades correspondientes a cada uno de los sucesos. La probabilidad de extraer bola blanca puede calcularse:

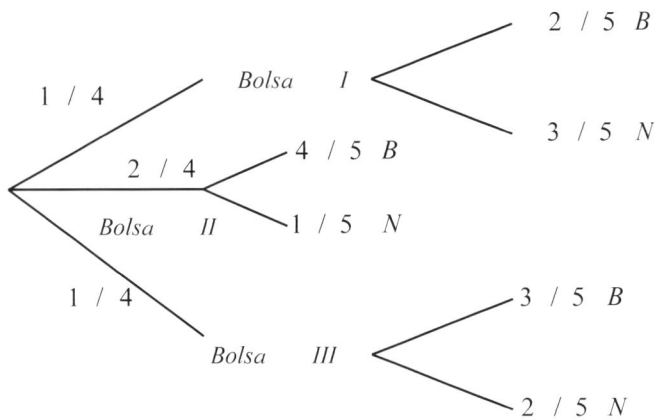

Figura 4.3.6 Diagrama de árbol.

Aplicando el **teorema de la probabilidad total**:

$$P(B) = P(B/Bolsa\ I) \cdot P(Bolsa\ I) + P(B/Bolsa\ II) \cdot P(Bolsa\ II) + P(B/Bolsa\ III) \cdot P(Bolsa\ III)$$

$$P(B) = \frac{2}{5} \cdot \frac{1}{4} + \frac{4}{5} \cdot \frac{2}{4} + \frac{3}{4} \cdot \frac{1}{4} = 13/20$$

4.3.9 Teorema de Bayes

Permite determinar la probabilidad de las causas a partir de los efectos que han podido ser observados. A partir de un **sistema completo de sucesos** (A_1, A_2, ..., A_n), tal que la probabilidad de cada uno de ellos es diferente a cero, y sea B un suceso del que se conocen las probabilidades condicionales $P(B/A_i)$, la probabilidad $P(A_i/B)$ viene definida por la expresión:

$$P(A_i / B) = \frac{P(A_i) \cdot P(B / A_i)}{P(A_1) \cdot P(B / A_1) + P(A_2) \cdot P(B / A_2) + \cdots + P(A_n) \cdot P(B / A_n)}$$

Las probabilidades $P(A_i)$ se denominan *a priori*, las $P(A_i/B)$ *a posteriori*.

Ejercicio resuelto 4.3.15

En una población se conoce que la probabilidad de tener dengue es de 0,005. Se selecciona una persona al azar y después de analizar su sangre se conoce que es portador de la enfermedad. La probabilidad de que el método de análisis sea correcto es de un 0,92 si realmente el paciente es portador de la enfermedad, y 0,08 si no la tiene. ¿Qué puede decirse del diagnóstico que se ha realizado a la persona escogida al azar?

Solución

La probabilidad de tener dengue y ser detectado por la máquina es:

$$P = \frac{0,005 \cdot 0,97}{0,01 \cdot 0,97 + 0,99 \cdot 0,001} = 0,45$$

Test, cuestiones y problemas propuestos

Test

Responde verdadero o falso.

	V	F

1. Un fenómeno aleatorio es aquel que puede dar lugar a varios resultados sabiendo con certeza cuál va a ser observado después de sucederse

2. Un espacio muestral es el conjunto formado por todos los resultados posibles de un experimento aleatorio.

3. El espacio muestral del lanzamiento de dos monedas es E={(CC, CX, XC, XX)}

4. En un dado hay $2^6 = 64$ sucesos.

5. La ley de Morgan establece que el suceso contrario de la unión de dos sucesos es la intersección de sus sucesos contrarios.

6. La ley de los grandes números dice que la frecuencia relativa de un suceso tiende a estabilizarse alrededor de un número a medida que el número de pruebas del experimento crece indefinidamente.

7. La probabilidad condicionada no permite determinar la probabilidad de extraer dos reyes de una baraja española si la extracción es sucesiva.

8. Las tablas de contingencia se hacen con frecuencias absolutas y relativas, nunca con probabilidades.

Cuestiones

1. Define espacio muestral y suceso. ¿Cuántos tipos de sucesos conoces? Define cada uno de ellos.

2. ¿Qué tipo de operaciones puede realizarse con los sucesos?

3. Indica un ejemplo de suceso incompatible.

4. Define las operaciones de unión, intersección y complementación según el álgebra de Boole (conmutativa, asociativa, simplificación y distributiva).

5. Describe las leyes de Morgan.

6. ¿Qué es la probabilidad? Describe sus propiedades.

7. ¿De qué forma Kolmogorov considera la relación entre la frecuencia relativa de un suceso y su probabilidad?

8. ¿Cómo define la probabilidad Laplace?

9. Indica un ejemplo de probabilidad condicionada.

10. ¿Para qué es útil una tabla de contingencia? ¿Y el diagrama de árbol?

Problemas

1. La probabilidad de que un misil toque a su objetivo es de 2/3. Determinar la probabilidad de tocar el objetivo si se lanzan tres misiles seguidos.

2. Si la probabilidad de ganar en un juego de azar es de 0,009, determina la probabilidad de ganar en dos o tres juegos independientes.

3. Determina la probabilidad de sacar un seis doble en n tiradas de dos dados.

4. En un país, el 32% de votos es para el partido A, el 47% para el partido B y el resto de la población se abstiene. Se conoce que el 18% de los votantes de A, el 32% de los de B y el 15% de los que se abstienen, son mayores de 50 años. A) Determinar la probabilidad de que un votante seleccionado al azar sea mayor de 50 años. B) Determinar la probabilidad de que un votante mayor de 50 años haya votado en blanco.

5. Se extrae al azar una bola de una bolsa en la que se tienen 8 bolas rojas, 3 blancas y 9 azules. Determinar la probabilidad de que la bola extraída sea: roja, blanca, azul, no roja, roja o blanca.

6. De la bolsa del ejercicio anterior se extraen 3 bolas de forma sucesiva. Determinar la probabilidad de que se extraigan en el orden una blanca, una azul y una roja en dos supuestos. Primer supuesto: cada vez que se extrae una bola se vuelve a introducir en la bolsa. Segundo supuesto: las bolas extraídas no se devuelven a la bolsa.

7. Se lanza un dado dos veces. Calcular la probabilidad de obtener 3, 5 o 6 en el primer lanzamiento y 1, 2 o 4 en el segundo.

8. Una bolsa con 4 bolas blancas y 3 negras. Otra bolsa con 3 blancas y 6 negras. Si se extrae una bola de cada una de las bolsas, ¿cuál es la probabilidad de que las dos bolas sean blancas?, ¿las dos bolas extraídas sean negras?, ¿una bola sea blanca y la otra negra?

9. Se extraen de forma sucesiva dos bolas de una caja en la que se tienen 9 bolas rojas y 7 negras. Determina la probabilidad de los siguientes sucesos: a) que la primera sea roja y la segunda negra, b) que una sea roja y la otra negra.

10. El 15% de los trabajadores de una empresa son ingenieros industriales y el 24% son economistas. El 85% de los ingenieros industriales ocupan un cargo directivo y el 52% de los economistas también, mientras que de los no ingenieros y no economistas solo el 20% ocupan puestos directivos. Determina la probabilidad de que un empleado directivo elegido al azar sea ingeniero. Determina la probabilidad de que un empleado directivo elegido al azar sea economista.

Distribución normal

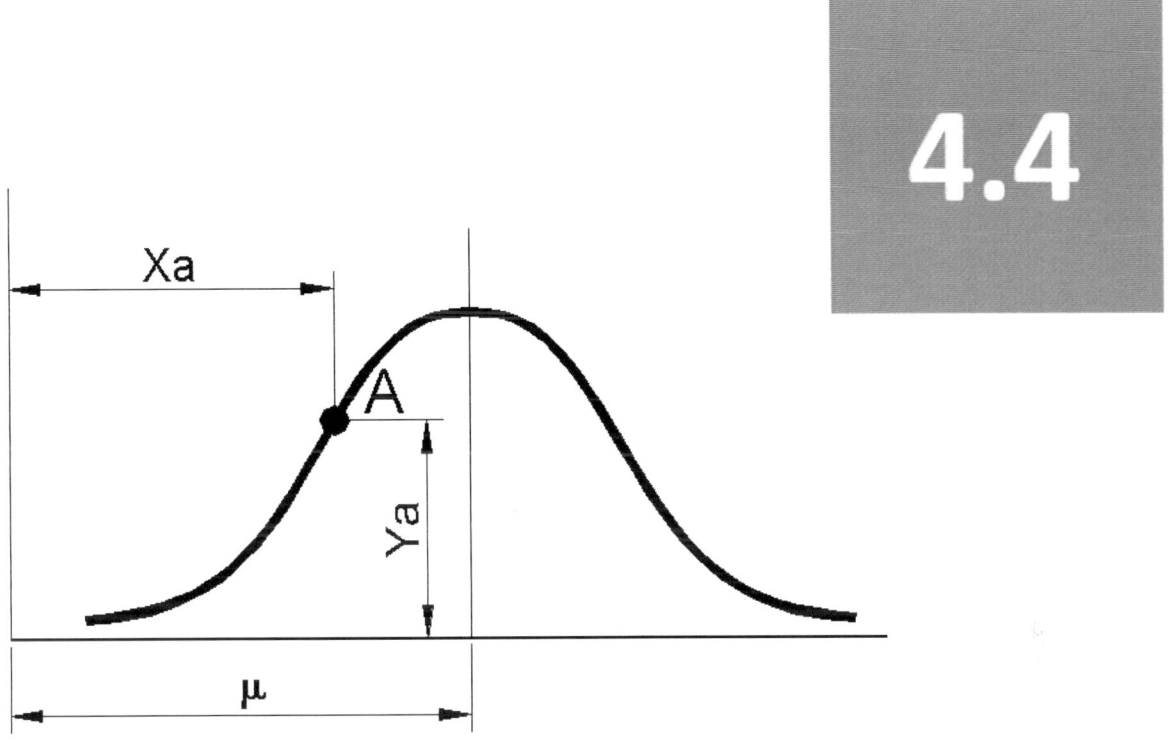

4.4

Contenidos

Distribución normal o de Gauss

Curva normal teórica

Tratamiento estadístico de las curvas normales

Problemas resueltos

Test, cuestiones y problemas propuestos

Objetivos

- Describir la distribución normal o de Gauss.
- Conocer el procedimiento operativo para el tratamiento estadístico de las curvas normales.

4.4.1 Distribución normal o de Gauss

En los apartados anteriores se han estudiado las distintas formas que pueden adoptar las distribuciones de frecuencia así como los métodos estadísticos más apropiados para determinar el comportamiento de las mismas (tendencias centrales y variabilidad o dispersión). Sin embargo, en la mayoría de procesos productivos y en concretos en los procesos vinculados a las industrias de fabricación mecánica se observan distribuciones normales o de Gauss, también conocidas como distribuciones con forma de campana.

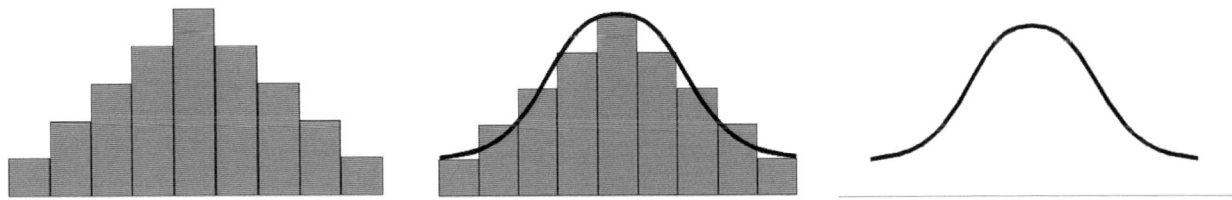

Figura 4.4.1 Aproximación a una distribución normal.

Si consideramos la distribución de frecuencias de la figura podemos ver que si disminuimos la longitud de cada uno de los intervalos (barras más pequeñas en el histograma) y aumentamos el número de datos, la variación de los saltos disminuye hasta que su comportamiento se puede asemejar a una línea continua con forma de campana.

La curva normal teórica de Gauss es aquella que posee una longitud de intervalo que tiende a cero y el número de datos tiende a infinito y representa la distribución de frecuencias cuya suma de frecuencias relativas es 1.

Estas características hacen que su estudio sea de gran importancia en los procesos de fabricación mecánica (mecanizado de ejes, tratamientos térmicos, etc.), ya que nos permite determinar, en función de la representación de las frecuencias de un experimento, el porcentaje de la población que se encuentra con unas medidas comprendidas entre una máxima y otra mínima.

Imaginemos que se han verificado los diámetros exteriores de un eje de una producción diaria de 1000 piezas. Si representamos las frecuencias de un lote representativo de toda la población obtendremos una distribución normal siempre y cuando el proceso productivo no este viciado (desgaste acusado de la herramienta de corte, diferencias en las calidades de la materia prima, etc.).

Conociendo las especificaciones técnicas del eje, sabremos qué medidas se consideran de no calidad (fuera de tolerancias), es decir, aquellas dimensiones que no serán aptas y aquellas que sí lo serán. Mediante la curva normal de Gauss podremos determinar el área de la curva que asegura piezas dentro de tolerancia (cálculo del porcentaje de piezas aptas), así como el área de las piezas fuera de tolerancias (porcentaje no apto). Al mismo tiempo nos permitirá calcular el porcentaje de piezas que se encuentran entre dos medidas (una máxima y otra mínima), sin tener que verificar el 100% de las piezas.

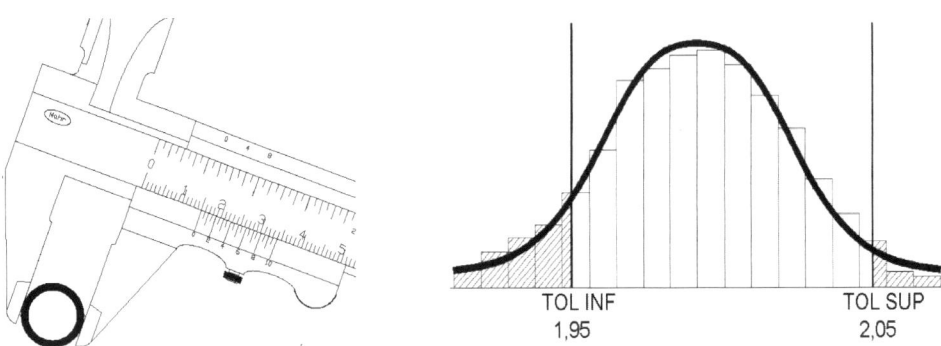

Figura 4.4.2 Tolerancias en un proceso de medición.

4.4.1.1 Curva normal teórica

Una variable continua tiene una distribución normal o de Gauss de media μ y desviación típica σ si cumple dos condiciones:

1) La variable continua puede tomar cualquier valor del intervalo (-:, +:).

2) Su función matemática es:

$$y = \frac{1}{\sigma\sqrt{2\pi}} \times e^{-\frac{(x-\mu)^2}{2\sigma^2}}$$

(π=3,14 y e=2,72)

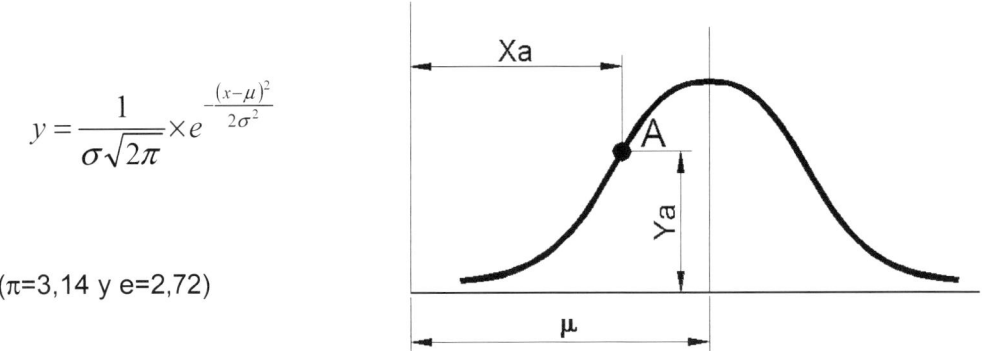

Figura 4.4.3 Curva normal teórica.

Podemos observar que la distribución normal depende de los parámetros μ (media) y σ (desviación típica). De forma que pueden obtenerse familias de curvas en función de esos parámetros. Por otro lado observamos en la figura que para cada valor de X_a le corresponde un valor de Y_a.

La distribución normal debe ser simétrica respecto de la media μ y en el punto medio de la misma deben coincidir la media, la moda y la mediana.

Para estudiar mejor variación en las figuras 15.4 y 15.5 se representan curvas normales obtenidas al variar μ manteniendo constante σ y viceversa, variando σ manteniendo constante μ.

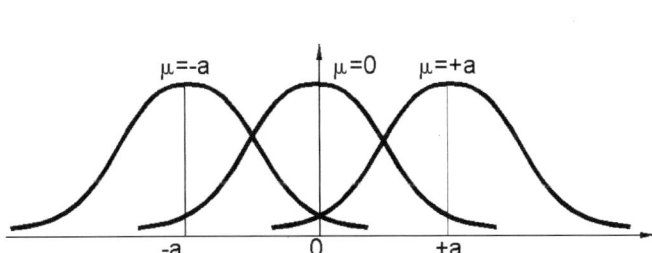

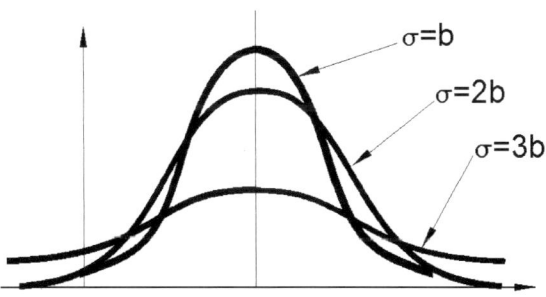

Figura 4.4.4 Representación de diversas curvas normales obtenidas al variar la media μ manteniendo constante la desviación típica σ. Se observa como la curva se desplaza.

Figura 4.4.5 Representación de diversas curvas normales obtenidas al variar la desviación típica σ manteniendo constante la media μ. Se observa como la curva adopta diferentes apuntamientos o curtosis.

En los tratamientos estadísticos realizados en las industrias de fabricación mecánica lo ideal sería obtener distribuciones simétricas y leptocúrticas (mínima desviación típica), de esta forma se garantiza que todas las piezas verificadas se encuentran concentradas y centradas sobre el valor medio que debe ser lo más cercano al valor nominal.

4.4.1.2 Tratamiento estadístico de las curvas normales

La principal ventaja de las distribuciones normales deriva de la posibilidad de poder calcular el área comprendida entre la curva de Gauss que es una función matemática conocida (media y desviación típica) y dos valores, x_1 y x_2, según se indica en la figura 15.6.

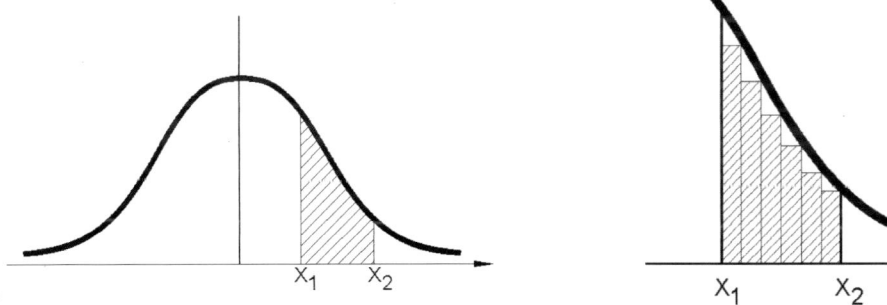

Figura 4.4.6 Representación gráfica del cálculo del área comprendida entre los valores X_1 y X_2 mediante aproximación de áreas.

Para calcular el área entre los valores x_1 y x_2 es necesario conocer la media y la desviación típica, pues son las dos únicas variables que no conocemos *a priori* en la función matemática que define la curva.

Una vez determinadas estas dos variables tenemos que asegurarnos que la distribución es realmente una distribución simétrica respecto a la media.

Para calcular el área pueden delimitarse áreas pequeñas como se indica en la figura y sumarlas. Pero evidentemente, este procedimiento sería muy aproximado y nos obligaría a representar gráficamente la curva.

Para determinar el área de forma más precisa solo debemos integrar la curva de Gauss entre los límites X₁ y X₂.

$$Area = \frac{1}{\sigma\sqrt{2\pi}} \times \int_{x_1}^{x_2} e^{-\frac{(x-\mu)^2}{2\sigma^2}}$$

Pero industrialmente se utilizan tablas como la representada en la página 138, que nos permite conocer las áreas encerradas entre la curva y dos variables. Para ver el funcionamiento de la misma se propone al lector seguir el siguiente ejercicio.

Ejercicio resuelto 4.4.1

Calcular el área de la curva situada a la izquierda del valor X=12 (entre el valor X=12 y X=-:). Sabiendo que μ=16 (media) y σ=2.

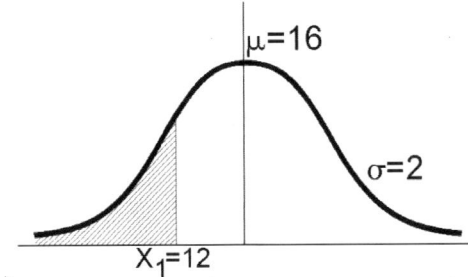

Solución

Realizamos el cálculo siguiente:

$$\frac{x-\mu}{\sigma} = \frac{12-16}{2} = -2,00$$

Buscamos en la tabla el valor de −2,00 y obtenemos un área de 0,00228.

$\dfrac{x-\mu}{\sigma}$	Área	$\dfrac{x-\mu}{\sigma}$	Área
-4,0	0,00004	0,0	0,50000
-3,9	0,00005	0,1	0,53980
-3,8	0,00008	0,2	0,5793
-3,7	0,00011	0,3	0,6179
-3,6	0,00016	0,4	0,6554
-3,5	0,00023	0,5	0,6915
3,4	0,00034	0,6	0,7257
-3,3	0,00048	0,7	0,7580
-3,2	0,00069	0,8	0,7881
-3,1	0,00097	0,9	0,8159
-3,0	0,00135	1,0	0,8413
-2,9	0,00190	1,1	0,8643
-2,8	0,00260	1,2	0,8849
-2,7	0,00350	1,3	0,9032
-2,6	0,00470	1,4	0,9192
-2,5	0,00620	1,5	0,9332
-2,4	0,00820	1,6	0,9452
-2,3	0,01070	1,7	0,9554
-2,2	0,01390	1,8	0,9641
-2,1	0,01790	1,9	0,9713
-2,0	0,02280	2,0	0,9773
-1,9	0,02870	2,1	0,9821
-1,8	0,03590	2,2	0,9861
-1,7	0,04460	2,3	0,9893
-1,6	0,05480	2,4	0,9918
-1,5	0,06680	2,5	0,9938
-1,4	0,08080	2,6	0,9953
-1,3	0,09680	2,7	0,9965
-1,2	0,11510	2,8	0,9974
-1,1	0,13570	2,9	0,9981
-1,0	0,15870	3,0	0,99865
-0,9	0,18410	3,1	0,99903
-0,8	0,21190	3,2	0,99931
-0,7	0,24200	3,3	0,99952
-0,6	0,27430	3,4	0,99966
-0,5	0,30850	3,4	0,99977
-0,4	0,34460	3,6	0,99984
-0,3	0,38210	3,7	0,99989
-0,2	0,42070	3,8	0,99992
-0,1	0,46020	3,9	0,99995
0,0	0,50000	4,0	0,99996

Figura 4.4.7 Área bajo la curva normal.

Ejercicio resuelto 4.4.2

Calcular el área de la curva situada entre X₁=9 y X₂=12 sabiendo que μ=16 (media) y σ=2.

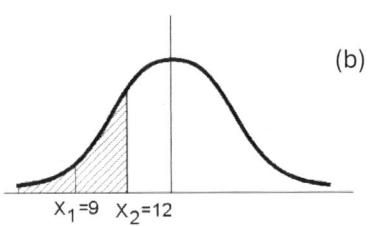

(b)

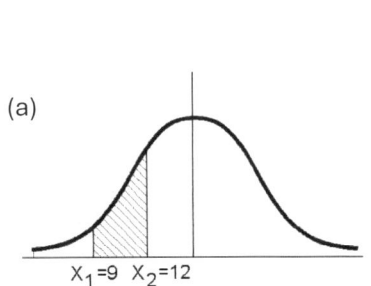

(a)

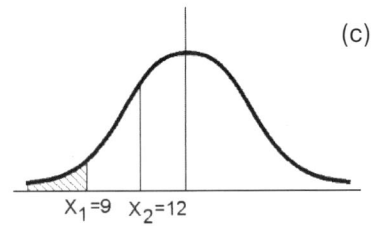

(c)

Solución

Para calcular el área situada entre X_1 y X_2 podemos calcular el área de la curva a la izquierda de X_1=9 (ver figura c) y el área a la izquierda de X_2=12 (ver figura b). Si a la segunda le restamos el área de la primera obtenemos el área demandada en el problema.

Cálculo del área a la izquierda de X_1=9.

$$\frac{x-\mu}{\sigma} = \frac{9-16}{2} = -3,5$$

Buscamos en la tabla el valor de −3,5 y obtenemos un área de 0,00023.

Cálculo del área a la izquierda de X_1=9.

$$\frac{x-\mu}{\sigma} = \frac{12-16}{2} = -2,00$$

Buscamos en la tabla el valor de −2,0 y obtenemos un área de 0,02280.

El área comprendida entre X_1 y X_2 será la diferencia entre 0,02280 y 0,00023.

Área = 0,02280 − 0,00023 = **0,02257**. Multiplicando por 100, obtenemos el porcentaje del área total.

Ejercicio resuelto 4.4.3

Calcular el área de la curva situada entre: (1σ y -1σ), (2σ y -2σ), (3σ y -3σ), (4σ y -4σ).

Solución

Área comprendida entre 1σ y -1σ

En este caso $X_1 = \mu + \sigma$ y $X_2 = \mu - \sigma$

$$\frac{x - \mu}{\sigma} = \frac{\mu + \sigma - \mu}{\sigma} = \frac{\sigma}{\sigma} = 1$$

Buscamos en la tabla el valor de 1,0 y obtenemos un área de 0,8413.

$$\frac{x - \mu}{\sigma} = \frac{\mu - \sigma - \mu}{\sigma} = \frac{-\sigma}{\sigma} = -1$$

Buscamos en la tabla el valor de -1,0 y obtenemos un área de 0,15870.

Área total = 0,8413 - 0,15870 = **68,26%**

El cálculo del área comprendida entre (2σ y -2σ), (3σ y -3σ), (4σ y -4σ) se calcula de la misma forma. En la siguiente figura se representan las áreas para cada una de las distribuciones de frecuencia.

Áreas comprendidas entre ± σ, ±2 σ,±3 σ,± 4σ.

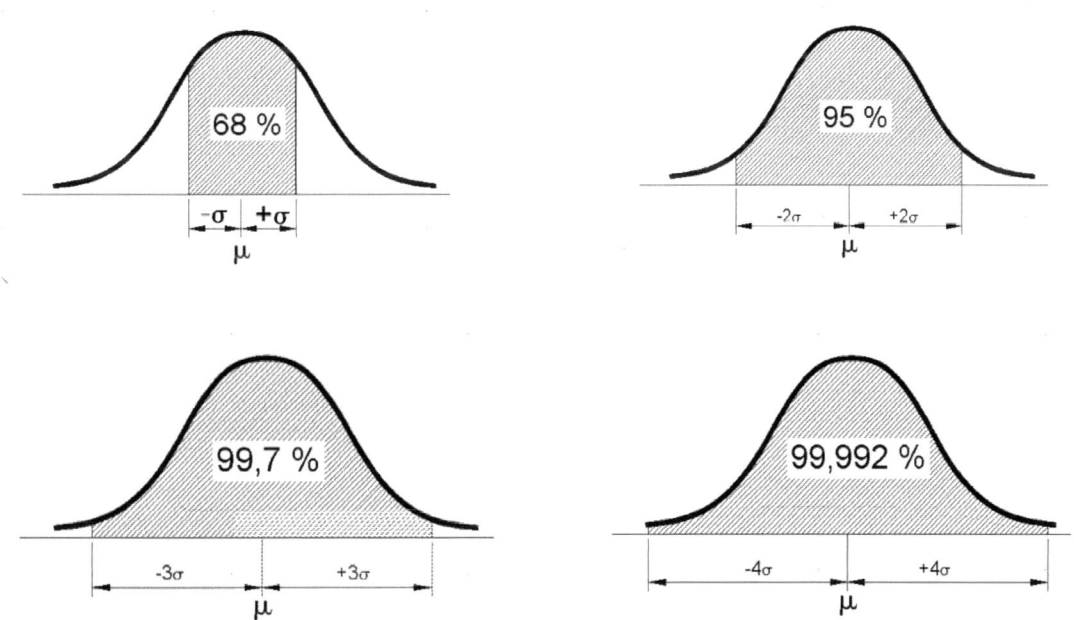

Figura 4.4.8 Área bajo la curva normal.

Test, cuestiones y problemas propuestos

Test

		V	F

1. La muestra sistemática debe ser extraída del proceso productivo y examinada al instante.

2. Se define población como el conjunto total de datos que se pretenden estudiar.

3. La distribución normal debe ser simétrica respecto de la media y en el punto medio deben coincidir la media, la moda y la mediana.

4. El área contenida entre 1θ y -1θ es de un 68% en una distribución normal.

Cuestiones

1. ¿Qué es una distribución normal o de Gauss? Indica algunos ejemplos.

2. ¿Qué características definen a la curva normal?

3. Representa distintas distribuciones de frecuencia normales variando la desviación típica y la media.

4. ¿Cómo puede determinarse el porcentaje del área ocupado por 3 desviaciones típicas?

Problemas

1. Calcular el área de la curva situada a la izquierda del valor X=11 (entre el valor X=14 y X=-:). Sabiendo que $\mu=15$ (media) y $\sigma=1,5$.

2. Calcular el área de la curva situada entre $X_1=8$ y $X_2=13$ sabiendo que $\mu=14$ (media) y $\sigma=2$.

Diagrama de dispersión. Regresión y correlación

4.5

$$m = \frac{S_{XY}}{S_X^2} = \frac{\dfrac{\sum f_i (x_i - \bar{x}) \cdot (y_i - \bar{y})}{N}}{\dfrac{\sum f_i (x_i - \bar{x})2}{N}}$$

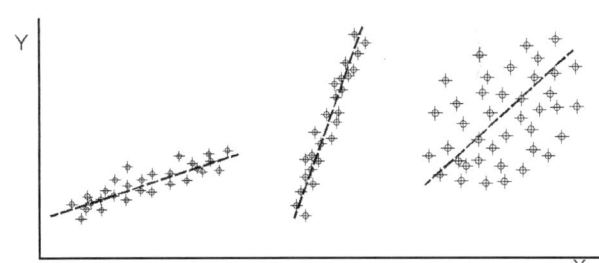

Contenidos

Correlación y regresión

Grado de correlación

Coeficiente de correlación lineal

Cálculo del coeficiente de correlación lineal

La recta

Regresión lineal

Problemas resueltos

Test, cuestiones y problemas propuestos

Objetivos

- Definir los conceptos relacionados con la regresión-correlación de variables.

- Describir el procedimiento para la realización de una regresión lineal a partir de una serie de puntos.

4.5.1 **Introducción**

Es un diagrama en el cual se representan los pares de datos que se quieren relacionar en un sistema de ejes cartesianos. De los dos tipos de datos que se pretenden estudiar uno suele ser la causa y el otro el efecto que produce. Por ejemplo, puede estudiarse el porcentaje de carbono y la temperatura de enfriamiento al templar (causa de defecto de dureza) o la relación entre un tornillo flojo (efecto) y el par de apriete que se le da en el montaje (causa).

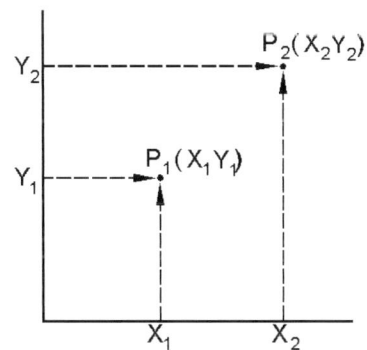 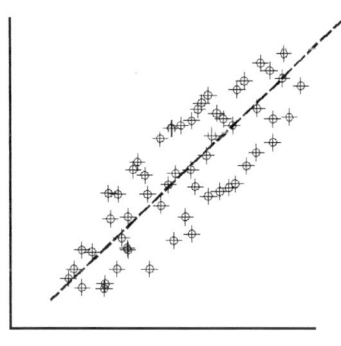

Figura 4.5.1 Diagrama de distribución. Se indican unos dos tipos de datos en un sistema de ejes cartesianos. Habitualmente la causa se representa en el eje de abscisas y el efecto en el eje de ordenadas.

Para realizar la construcción de un diagrama de distribución deben seguirse unos pasos.

1) Reunir los pares de datos que se desean cotejar (X, Y). Normalmente, estos valores suelen estar indicados en una tabla. El número de medidas en conveniente que sea mayor de 50, ya que de esta forma puede establecerse mejor la relación entre ambas variables.

2) Se trazan los ejes del diagrama; en el eje X se indica la causa y en el eje Y el efecto.

3) Se marca cada uno de los puntos de la tabla en el gráfico formando de esta forma una nube de puntos. Si algún punto coincide en las mismas coordenadas se suele indicar marcando un círculo concéntrico al primero.

4) Por último, esta nube de puntos debe ser interpretada para conocer la relación entre el efecto y la causa.

 Ejercicio resuelto 4.5.1

Si se deja caer un cuerpo desde una altura determinada puede conocer su posición en un tiempo determinado mediante la expresión:

$$h = \frac{1}{2}gt^2$$

Donde h es la altura (m), g la gravedad (9,8 m/s²) y t el tiempo en segundos (s).

Representa la gráfica con el comportamiento de la caída de un cuerpo.

Solución

X	Y
2	3
4	7
5	8
8	10

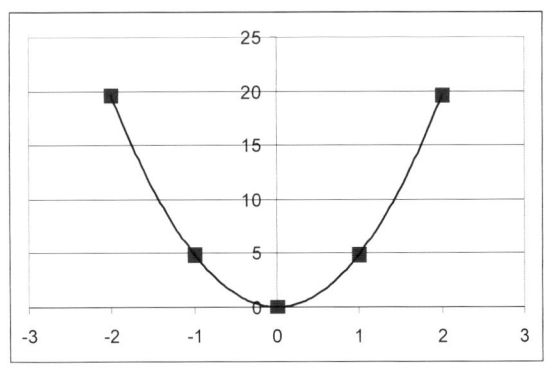

Para t=2.

$$h = \frac{1}{2} \cdot 9{,}81 \cdot 2^2 = 19{,}6$$

Se llama **diagrama de dispersión** a la nube de puntos creada al representar cada par de valores (X, Y) sobre un sistema de ejes cartesiano. Sobre ese diagrama de dispersión puede trazarse la recta que define el comportamiento y que mejor se ajusta a cada uno de los puntos. A la recta de ajuste se le llama **recta de regresión**.

h	t
19,6	2
4,9	1
0	0
4,9	-1
19,6	-2

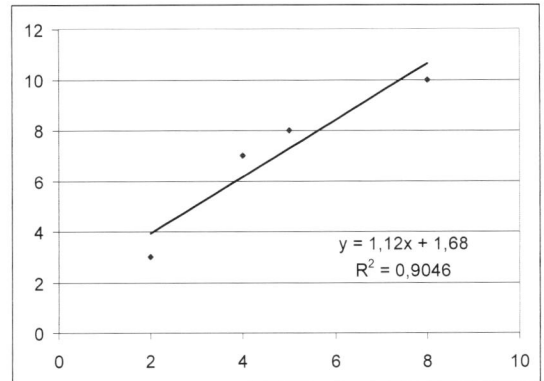

Figura 4.5.2 Recta de regresión.

Interpretación del diagrama

Después de indicar cada uno de los puntos en el gráfico podemos ver la tendencia que existe entre cada una de las variables que forman la nube de puntos. Por ejemplo, podemos determinar que la nube de puntos tiene una tendencia positiva o negativa. Se dice que es positiva cuando el aumento de X provoca un aumento en Y. Será negativa, por el contrario, cuando un aumento de X provoca un decremento en Y.

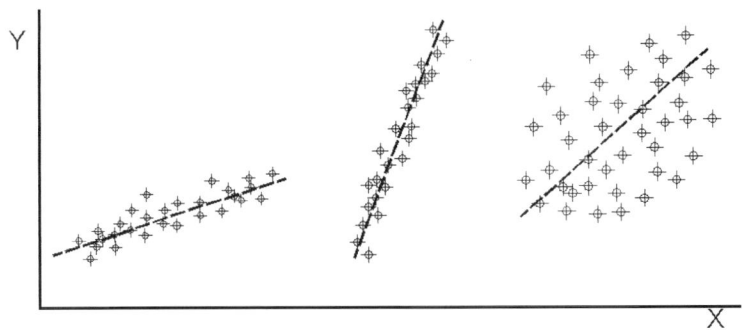

Figura 4.5.3 Diferencias de tendencia entre las nubes de puntos.

También puede verse el tipo de correlación que existe entre ambas variables conociendo la pendiente de la recta que engloba a la mayoría de puntos.

Y también podemos obtener información acerca del ajuste de las variables sobre la recta de regresión. Se dice que la relación de las variables es exacta cuando a cada valor de X le corresponde un único valor de Y y viceversa.

Pero para entender correctamente el diagrama de dispersión es necesario conocer antes una serie de conceptos que se indican a continuación:

Correlación

Es el grado de relación que existe entre dos variables. Se dice que existe total correlación cuando a cada valor de una variable le corresponde un solo valor de la otra. A cada valor de x corresponde uno solo de y.

$$y = f(x)$$

La relación funcional entre ambas variables tiene tendencia a ajustarse en torno a una línea ideal llamada "LÍNEA DE REGRESIÓN", que puede ser una recta o una curva.

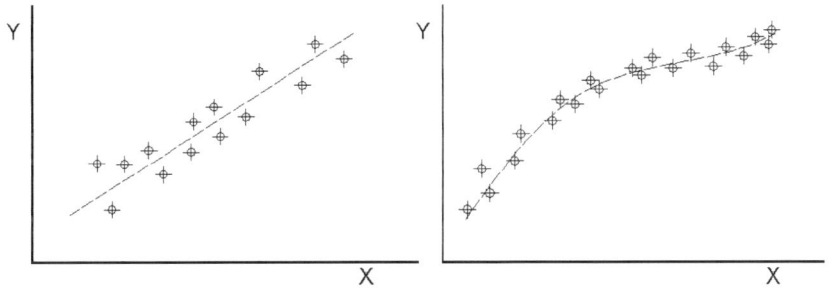

Figura 4.5.4 Línea de regresión.

Regresión. Es el análisis del tipo de dependencia entre dos o más variables. Gráficamente es la sustitución de la nube de puntos por una línea o curva, llamada de ajuste o regresión, que sin pasar por todos ellos se adapte a la mayoría.

Dependiendo de relación entre las variables se tendrá un tipo de correlación u otro.

- **Correlación lineal positiva**. Un aumento de la variable X provoca el aumento de la variable Y.

- **Correlación lineal negativa**. El aumento de la variable X provoca la disminución de la variable Y.

- **Ausencia de correlación**. Las variaciones de X no influyen en las variaciones de Y.

- **Posible correlación lineal positiva**. El aumento de la variable X provoca un ligero aumento de la variable Y.

- **Posible correlación lineal negativa**. El aumento de la variable X provoca una ligera disminución de la variable Y.

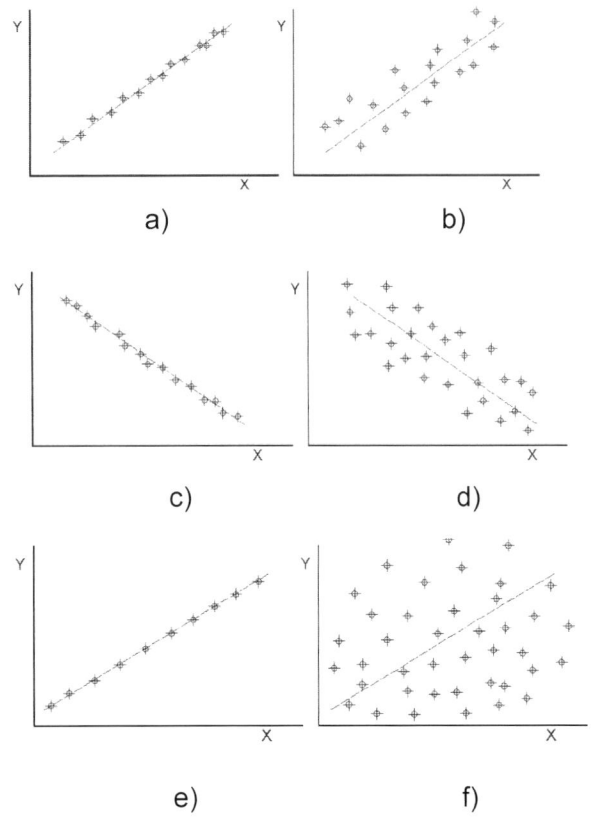

Tipos de correlación:

Figura a). Correlación lineal positiva.

Figura b). Posible correlación lineal positiva.

Figura c). Correlación línea negativa.

Figura d). Posible correlación lineal negativa.

Figura e). Correlación total.

Figura f). Ausencia de correlación.

Figura 4.5.5 Tipos de correlación.

4.5.2 **Grado de correlación**

Para estudiar el grado de correlación es necesario utilizar el concepto de regresión. En los diagramas de dispersión pueden indicarse dos rectas de regresión:

- Una considerando como variable independiente (x) y variable dependiente (y). En función de x, y=f(x).

- Otra considerando como variable independiente (y) y variable dependiente (x). En función de y, x=f(y).

Cada una de estas rectas tendrá una pendiente diferente que llamaremos b y b', respectivamente.

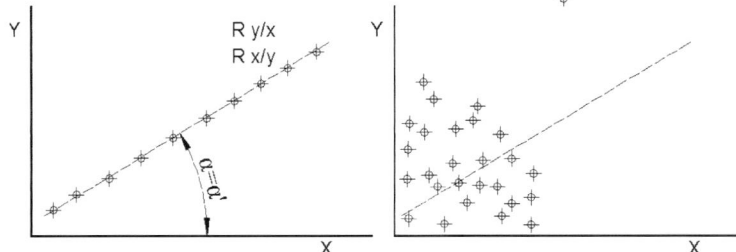

Figura 4.5.6. Grado de correlación. En la figura izquierda el grado de correlación es perfecto y la nube de puntos se sitúa en la recta de regresión. En la figura derecha la correlación es nula, no existe ninguna relación entre las variables.

Cuando la nube de puntos se sitúa en una estrecha banda las dos rectas de regresión estarán muy próximas la una de la otra. En el supuesto perfecto, es decir, cuando la nube de puntos es sumamente estrecha y se ajusta perfectamente a una recta, las rectas de regresión Ry/x y Rx/y coinciden y forman un ángulo de 0 grados entre ellas.

En el caso extremo de que la correlación sea nula (ninguna relación entre las variables), los puntos estarán distribuidos al azar por toda la región del plano.

4.5.3 **Coeficiente de correlación lineal**

Es la media geométrica de los coeficientes de inclinación de b y b' de las rectas de regresión, y por lo tanto valen:

$$r = \sqrt{b \times b'}$$

Mide el grado de correlación que existe entre dos variables.

Los valores de b y b' son el de las pendientes de ambas rectas de regresión, y por lo tanto valen:

$$b = tag\,\alpha \qquad\qquad b' = \frac{1}{tag\,\alpha'}$$

Se presentan los siguientes casos extremos:

a) **Máximo valor de r**, cuando α y α' son iguales, o sea:

$$\alpha = \alpha' \qquad r = \sqrt{b \times b'} = \sqrt{\frac{tag\,\alpha}{tag\,\alpha'}} = \sqrt{1} = \pm 1$$

Corresponde a la máxima correlación.

b) **Mínimo valor de r**, las rectas de regresión coinciden con los ejes de coordenadas, es decir, α=0 y α'=90, o sea:

$$\alpha \neq \alpha' \qquad r = \sqrt{b \times b'} = \sqrt{\frac{tag\,\alpha}{tag\,\alpha'}} = \sqrt{\frac{0}{\infty}} = 0$$

Correlación mínima o nula.

Cuando se ubican los puntos de cada una de las variables en un diagrama de dispersión se desconocen los ángulos α y α', por lo que para calcular el coeficiente de correlación se emplea la siguiente expresión:

$$r = \frac{\sum (X_i - \overline{X}) \times (Y_i - \overline{Y})}{N\sqrt{\dfrac{\sum (X_i - \overline{X})^2}{N} \times \dfrac{\sum (Y_i - \overline{Y})^2}{N}}}$$

Donde:

N es el número total de puntos.

X_i y Y_i son los valore de la variable "x" y "y", respectivamente.

$\overline{X}$ y $\overline{Y}$ son la media de los valores de "x" y de "y", respectivamente.

4.5.4 **Cálculo del coeficiente de correlación lineal**

Para un conjunto de datos puede determinarse el **coeficiente de correlación lineal de Pearson**. Se define como el cociente entre la covarianza (S_{XY}) y el producto de las desviaciones típicas de las dos variables (S_X) y (S_Y).

$$r = \frac{S_{XY}}{S_X S_Y}$$

S_{XY} es la **covarianza**. La covarianza es la media aritmética de los productos de las desviaciones de cada una de las variables respecto de sus medias respectivas. Se calcula con la expresión:

$$S_{XY} = \frac{\sum f_i (x_i - \bar{x}) \cdot (y_i - \bar{y})}{N} \qquad S_{XY} = \frac{\sum f_i x_i y_i}{N} - \bar{x} \cdot \bar{y}$$

La covarianza indica el sentido de la correlación entre las variables X y Y. Cuando SXY es mayor que cero la correlación es directa y el aumento de una variable provoca el aumento de la otra. Cuando SXY es menor que cero la relación es inversa y el incremento de una variable provoca el decremento de la otra.

S_x y S_y es la desviación típica o raíz cuadrada positiva de la varianza.

$$S_X^2 = \frac{\sum f_i (x_i - \bar{x})^2}{N} \qquad S_X^2 = \frac{\sum x_i^2 f_i}{N} - \bar{x}^2 \qquad \bar{x} = \frac{\sum x_i f_i}{N}$$

$$S_Y^2 = \frac{\sum f_i (y_i - \bar{y})^2}{N} \qquad S_Y^2 = \frac{\sum y_i^2 f_i}{N} - \bar{y}^2 \qquad \bar{y} = \frac{\sum y_i f_i}{N}$$

El **coeficiente de correlación de Pearson** se define con la expresión:

$$r = \frac{S_{XY}}{S_X S_Y} = \frac{\dfrac{\sum f_i (x_i - \bar{x}) \cdot (y_i - \bar{y})}{N}}{\left(\sqrt{\dfrac{\sum f_i (x_i - \bar{x})^2}{N}} \right) \cdot \left(\sqrt{\dfrac{\sum f_i (y_i - \bar{y})^2}{N}} \right)}$$

Recuerde que:

r=1	**Correlación lineal total positiva**. La recta de regresión pasa por todos los puntos. Un aumento de la variable X provoca el aumento de la variable Y.
r=-1	**Correlación lineal total negativa**. La recta de regresión pasa por todos los puntos. El aumento de la variable X provoca la disminución de la variable Y.
r=0	**Ausencia de correlación**. Las variaciones de X no influyen en las variaciones de Y.
0<r<1	**Posible correlación lineal positiva**. El aumento de la variable X provoca un aumento de la variable Y. La correlación será mejor cuando r sea mayor y cercano a 1.
-1<r<0	**Posible correlación lineal negativa**. El aumento de la variable X provoca un decremento de la variable Y. La correlación será mejor cuando r sea mayor y cercano a -1.

Figura 4.5.7 Coeficiente de correlación.

También puede escribirse como:

$$r = \frac{\sum x \cdot y}{\sqrt{\left(\sum x^2\right)\left(\sum y^2\right)}}$$

Características del coeficiente de correlación lineal:

- El coeficiente de correlación lineal es un número real comprendido entre -1 y 1.

- Cuando el coeficiente es cercano a -1 o a 1, la correlación es directa. Cuando r=0 hay ausencia de correlación.

- El signo del coeficiente de correlación es el mismo que el de la covarianza. Cuando es positivo, el aumento de la variable X provoca el aumento de la variable Y, y viceversa.

Ejercicio resuelto 4.5.2

En la siguiente tabla se indican las notas obtenidas en la asignatura de expresión gráfica y materiales del primer curso de producción por mecanización. Calcular la covarianza de la distribución de notas.

Expresión gráfica	7,2	6,8	6,5	9,4	9,2	6,5	5	5,5	5,5
Materiales	6,8	6,9	7,5	8,2	7,3	5,2	4,8	5,2	5,7

Solución

Aplicando la expresión:

$$S_{XY} = \frac{\sum f_i x_i y_i}{N} - \bar{x} \cdot \bar{y}$$

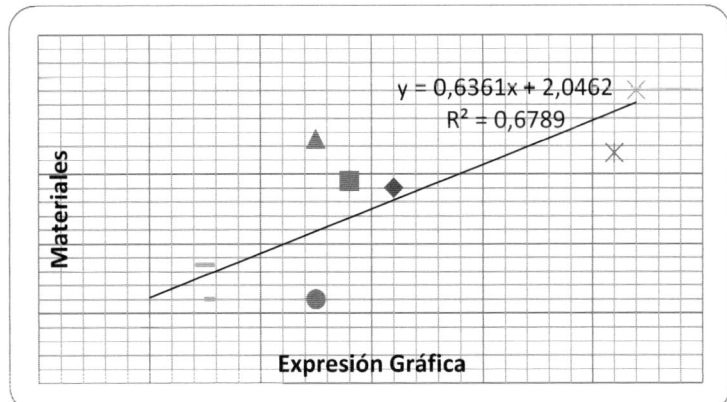

Expresión gráfica	7,2	6,8	6,5	9,4	9,2	6,5	5	5,5	5,5	**61,6**
Materiales	6,8	6,9	7,5	8,2	7,3	5,2	4,8	5,2	5,7	**57,6**
Suma	**48,96**	**46,92**	**48,75**	**77,08**	**67,16**	**33,8**	**24**	**28,6**	**31,35**	**406,6**

$$\bar{x} = \frac{61,6}{9} = 6,84 \qquad \bar{y} = \frac{57,6}{9} = 6,4 \qquad S_{XY} = \frac{406}{9} - 6,84 \cdot 6,4 = 1,33$$

Ejercicio resuelto 4.5.3

Calcular la covarianza de los datos incluidos en la tabla adjunta:

X/Y	0	2	4
1	2	3	3
3	3	5	2
5	2	4	3

Solución

Calculamos los valores indicados en la tabla.

x_i	y_i	f_i	$x_i f_i$	$y_i f_i$	$x_i y_i f_i$
1	0	2	2	0	0
3	0	3	9	0	0
5	0	2	10	0	0
1	2	3	3	6	6
3	2	5	15	10	30
5	2	4	20	8	40
1	4	3	3	12	12
3	4	2	6	8	24
5	4	3	15	12	60
27	**18**	**27**	**83**	**56**	**172**

$$\bar{x} = \frac{27}{27} = 1$$

$$\bar{y} = \frac{18}{27} = 0,66$$

$$S_{XY} = \frac{172}{27} - 1 \cdot 0,66 = 5,71$$

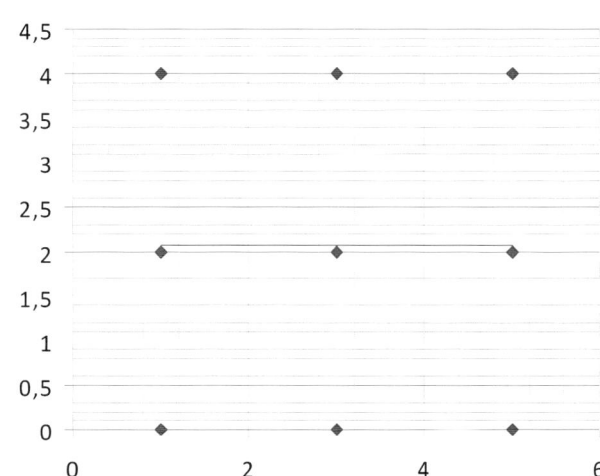

4.5.5 **La recta**

La ecuación que define a una recta es:

$$Y = a_0 + a_1 X$$

Las constantes de la recta a_0 y a_1 pueden ser calculadas conociendo dos puntos (x_1, y_1) y (x_2, y_2) de la recta. De esta forma, la expresión de la recta puede definirse como:

$$Y - Y_1 = \left(\frac{Y_2 - Y_1}{X_2 - X_1} \right)(X - X_1) \qquad Y - Y_1 = m(X - X_1) \qquad m = \left(\frac{Y_2 - Y_1}{X_2 - X_1} \right)$$

Donde m es la pendiente de la recta y define el cambio en Y dividido por el cambio en X.

Ejercicio resuelto 4.5.4

Encuentre la ecuación de la recta definida por los puntos indicados en la tabla adjunta y represente los puntos de la misma en un sistema de ejes coordenados:

X	2	3	5	7
Y	1	3	7	11

Solución

Representamos cada uno de los puntos en un gráfico:

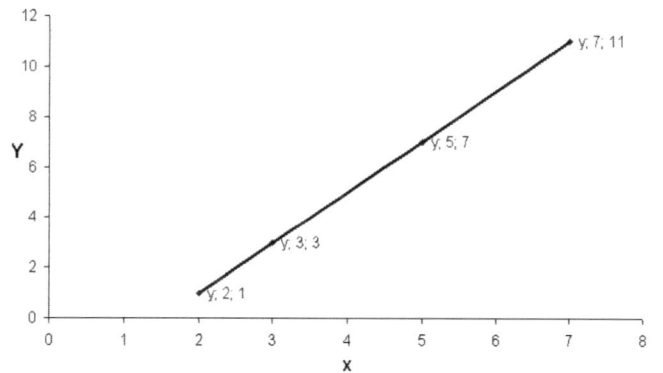

Una vez representados todos los puntos puede dibujar una recta de forma que se ajuste perfectamente a todos los puntos dibujados. A continuación debe determinar la expresión matemática de la recta dibujada.

$$Y = a_0 + a_1 X$$

Seleccionamos dos puntos de la recta (2,1) y el (7, 11) y los sustituimos en la ecuación de la recta de la siguiente forma:

Punto 1 (x=2 y y=1)

$$1 = a_0 + a_1 2$$

Punto 2 (x=7 y y=11)

$$11 = a_0 + a_1 7$$

Tenemos dos ecuaciones y dos incógnitas (a_0 y a_1). Despejando de la primera de las ecuaciones.

$$a_0 = 1 - a_1 2$$

$$11 = (1 - a_1 2) + a_1 7 \qquad 11 - 1 = a_1 7 - a_1 2 \qquad 10 = a_1 5 \qquad 2 = a_1$$

Sustituyendo en la ecuación:

$$a_0 = 1 - a_1 2 \qquad a_0 = 1 - 2 \cdot 2 = -3$$

Sustituyendo los valores de $a_1=2$ y $a_0=-3$ en la ecuación principal:

$$Y = a_0 + a_1 X \qquad Y = -3 + 2X$$

Podemos dar valores a Y y encontrar los valores de la X.

X	0	1	2	3	4	5
Y	-3	-1	1	3	5	7

 Ejercicio resuelto 4.5.5

Determinar la pendiente, la ecuación y la intersección en Y y en X de la recta que pasa por los dos puntos: punto 1 (1,-3) y punto 2 (2,3).

Solución

$$Y - Y_1 = m(X - X_1)$$

$$m = \left(\frac{Y_2 - Y_1}{X_2 - X_1} \right)$$

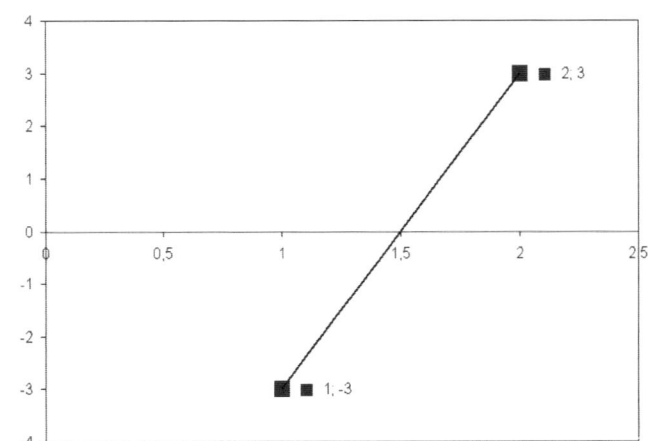

Para determinar la pendiente de la recta:

$$m = \frac{Y_2 - Y_1}{X_2 - X_1} = \frac{3 - (-3)}{2 - 1} = \frac{6}{1} = 6$$

La pendiente es positiva, por lo que al aumentar X aumenta Y.

Para determinar la ecuación de la recta:

$$Y - Y_1 = m(X - X_1) \qquad Y - (-3) = 6(X - 1) \qquad Y = 6X - 9$$

Para encontrar la intersección en Y debemos sustituir en la ecuación el valor de X=0. Lo mismo para encontrar la intersección de la recta en X.

$$Y = 6X - 9 \qquad Y = 6(0) - 9 = -9$$

$$Y = 6X - 9 \qquad 0 = 6X - 9 \qquad 6X = 9 \qquad 6X = \frac{9}{6} = 1,5$$

Ejercicio resuelto 4.5.6

Determinar la ecuación de la recta que es paralela a la recta anterior (y=6x-9) y pasa por el punto (2,2).

Solución

$$Y - Y_1 = m(X - X_1)$$

$$m = \left(\frac{Y_2 - Y_1}{X_2 - X_1} \right)$$

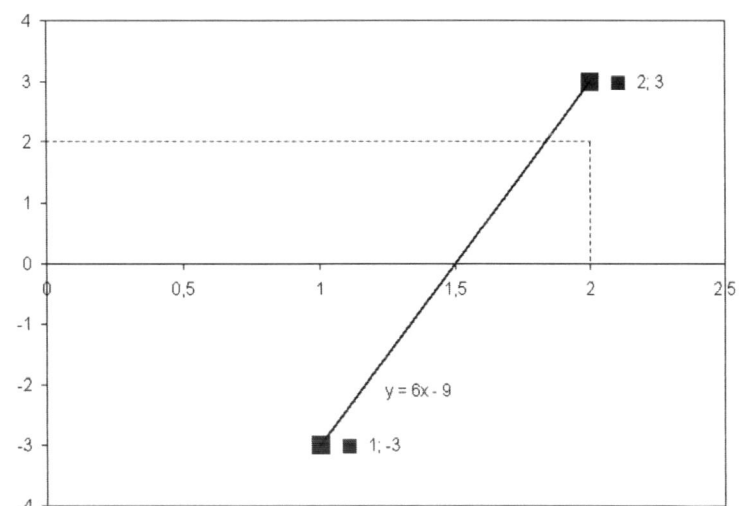

Solución

Para que la recta sea paralela a la recta indicada debe tener la misma pendiente (m=6), por lo que la nueva recta debe tener la siguiente forma:

$$Y - 2 = 6(X - 2) \qquad\qquad Y = 6x - 10$$

Ejercicio resuelto 4.5.7

Representar los datos de la tabla en un gráfico y buscar la ecuación de la recta que se aproxime mejor a esa nube de puntos.

x	1	4	5	6	9
y	3	7	7	11	13

Solución

Representar los 5 puntos indicados en la tabla en un diagrama de ejes cartesianos como se indica en la figura y dibujar sobre los puntos una recta que se adapte lo mejor posible a los puntos dibujados. En la figura la recta dibujada parte del primer punto y termina en el último. Tan solo el punto 3 y el 4 están algo alejados de la misma.

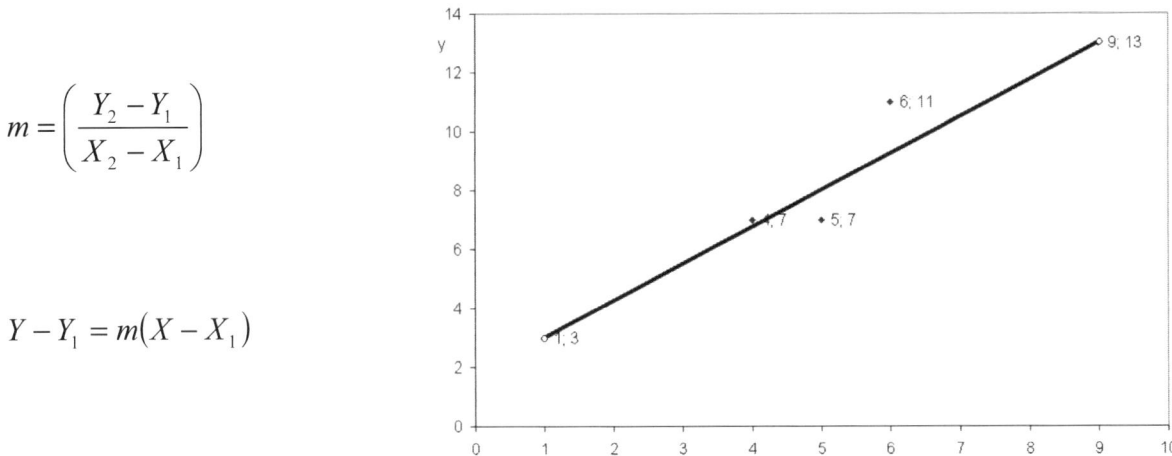

$$m = \left(\frac{Y_2 - Y_1}{X_2 - X_1} \right)$$

$$Y - Y_1 = m(X - X_1)$$

Para calcular la pendiente de la recta y la ecuación de la recta:

$$m = \left(\frac{13-3}{9-1} \right) = \frac{10}{8} = 1{,}25 \qquad\qquad Y - 3 = 1{,}25(X - 1)$$

La ecuación de la recta obtenida es una aproximación. La ecuación real debe obtenerse aplicando la teoría de los mínimos cuadrados y el resultado es (y = 1,2941x + 1,7294)

4.5.6 Regresión lineal

El coeficiente de correlación lineal ya estudiado no indica que cuando dos variables presentan una correlación lineal cercana a 1 la nube de puntos puede sustituirse por una recta de regresión que se adapta a ellos. Para ello es necesario encontrar la recta que mejor se ajusta a esa nube de puntos.

En la determinación de esa recta debe emplearse el método de los mínimos cuadrados que consiste en hacer mínima la suma de los cuadrados de las diferencias entre los valores a estudiar y los valores teóricos que se obtienen a partir de la recta. Cuando la suma del cuadrado de las distancias de cada uno de los puntos a la recta es igual a cero, todos los puntos se encuentran sobre la recta y el coeficiente de correlación es igual a 1.

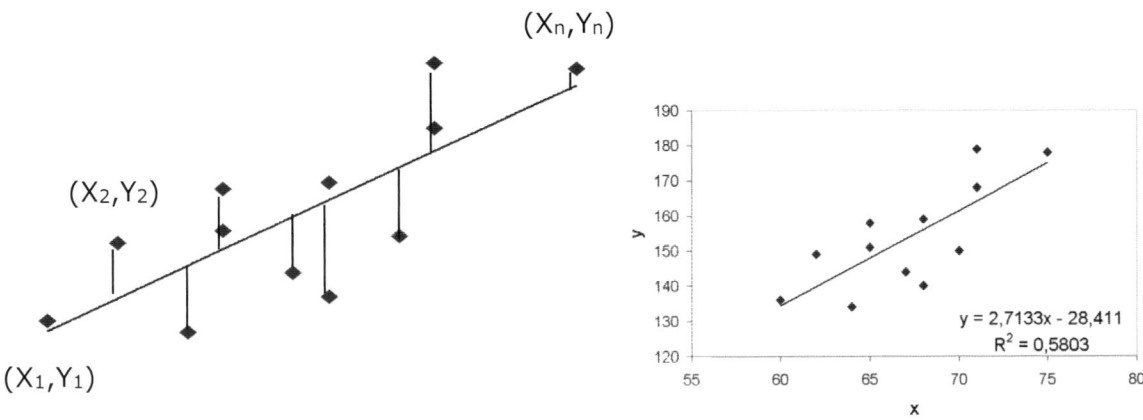

Figura 4.5.8 Regresión lineal.

Para obtener la recta debe calcular el coeficiente de regresión (m):

$$y - \overline{y} = m \cdot (x - \overline{x}) \qquad m = \frac{S_{XY}}{S_X^2}$$

Donde S_{XY} y S_X^2 son la covarianza y la desviación típica, respectivamente.

$$S_{XY} = \frac{\sum f_i(x_i - \overline{x}) \cdot (y_i - \overline{y})}{N}$$

$$S_{XY} = \frac{\sum f_i x_i y_i}{N} - \overline{x} \cdot \overline{y}$$

$$S_X^2 = \frac{\sum f_i(x_i - \overline{x})^2}{N}$$

$$S_X^2 = \frac{\sum x_i^2 f_i}{N} - \overline{x}^2$$

$$\overline{x} = \frac{\sum x_i f_i}{N}$$

El coeficiente de regresión lineal es:

$$m = \frac{S_{XY}}{S_X^2} = \frac{\dfrac{\sum f_i(x_i - \overline{x}) \cdot (y_i - \overline{y})}{N}}{\dfrac{\sum f_i(x_i - \overline{x})2}{N}}$$

La ecuación de la recta de regresión de y sobre x es:

$$y - \overline{y} = \frac{S_{XY}}{S_X^2} \cdot (x - \overline{x})$$

Para obtener la ecuación debe sustituir el valor de la media de X e Y e indicar el valor del coeficiente de regresión para los puntos a estudiar. La recta de regresión de x sobre y es:

$$x - \overline{x} = \frac{S_{XY}}{S_Y^2} \cdot (y - \overline{y})$$

La pendiente m de la recta se define como el cociente entre la covarianza (S_{XY}) y la varianza de la variable (S_X^2). Cuando la correlación es nula (r=0) las rectas de regresión de X sobre Y y de Y sobre X son perpendiculares. Se cumple:

$$x = \overline{x} \qquad\qquad y = \overline{y}$$

 Ejercicios resueltos 4.5.8

Calcular el coeficiente de correlación lineal de las variables X e Y indicadas en la tabla.

X	Y
1	1
3	4
4	4
6	4
9	5
9	7
10	10
14	9

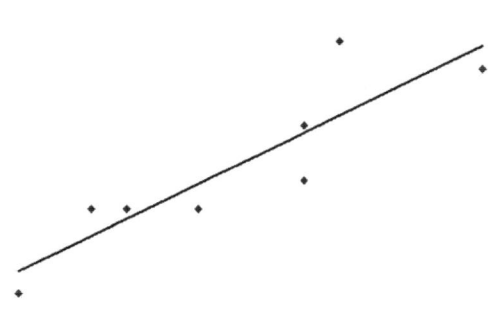

Solución

Para determinar el coeficiente de correlación entre las variables X e Y se debe aplicar la expresión:

$$r = \frac{\sum x \cdot y}{\sqrt{\left(\sum x^2\right)\left(\sum y^2\right)}}$$

Construir una tabla con las siguientes columnas:

X	Y	x-x̄	y-ȳ	x²	xy	y²
1	1	-6	-4,5	36	27	20,25
3	4	-4	-1,5	16	6	2,25
4	4	-3	-1,5	9	4,5	2,25
6	4	-1	-1,5	1	1,5	2,25
9	5	2	-0,5	4	-1	0,25
9	7	2	1,5	4	3	2,25
10	10	3	4,5	9	13,5	20,25
14	9	7	3,5	49	24,5	12,25
56	**44**	**0**	**0**	**128**	**79**	**62**

$$\bar{x} = \frac{56}{8} = 7$$

$$\bar{y} = \frac{44}{8} = 5,5$$

$$r = \frac{\sum x \cdot y}{\sqrt{\left(\sum x^2\right)\left(\sum y^2\right)}} = \frac{79}{\sqrt{(128) \cdot (62)}} = 0,887$$

Test, cuestiones y problemas propuestos

Test

Responde verdadero o falso:

		V	F
1.	Se llama diagrama de dispersión a la nube de puntos creada al representar cada par de valores (X, Y) sobre un sistema de ejes cartesiano.		
2.	En una correlación lineal negativa un aumento de la variable X provoca el incremento de la variable Y.		
3.	La covarianza es la media geométrica de los productos de las desviaciones de cada una de las variables respecto de sus medias respectivas.		
4.	El aumento de la variable X provoca un aumento de la variable Y. La correlación será mejor cuando r sea mayor y cercano a 1.		
5.	El coeficiente de correlación lineal es un número real comprendido entre -1 y 1.		

Cuestiones

1. ¿Qué es la correlación?

2. ¿Qué se entiende por relación funcional exacta? Indica un ejemplo.

3. ¿Qué tipos de relación pueden establecerse entre las variables X e Y? Describe cada una de ellas.

4. ¿Qué representa una recta de regresión?

5. ¿Qué indica el coeficiente de correlación y qué valor puede adoptar?

6. ¿Cómo se puede determinar que entre dos variables existe estratificación?

Problemas

1. Representar de manera gráfica las ecuaciones siguientes:

$$y = 3x + 5 \qquad y = \frac{x}{2} - 1$$

2. Se ha estudiado la relación entre la altura de los padres y de los hijos de dos poblaciones distintas. Los estudios realizados se adjuntan en la siguiente tabla:

Población A		Población B	
Altura padre	Altura hijo	Altura padre	Altura hijo
1,51	1,67	1,50	1,54
1,67	1,81	1,67	1,78
1,65	1,65	1,73	1,75
1,69	1,67	1,74	1,80
1,90	1,91	1,70	1,68
1,70	1,75	1,83	1,86
1,80	1,83	1.90	2,00
1,60	1,62	1,52	1,56

Determinar el grado de correlación de cada una de las poblaciones. ¿Qué población tiene mejor grado de correlación? Calcula la recta de regresión para cada una de las poblaciones. ¿Qué altura debería tener un hijo en el pueblo A y en el B si el padre midiera 1,42 metros de altura? ¿Qué altura deberían tener los padres del pueblo A y del B si su hijo mide 1,90 metros de altura?

3. Encuentra la ecuación de la recta definida por los puntos indicados en la tabla adjunta y representa los puntos de la misma en un sistema de ejes coordenados:

X	-2	0	2
Y	4	10	16

4. Encuentra la ecuación de la recta definida por los puntos indicados en la tabla adjunta y represente los puntos de la misma en un sistema de ejes coordenados:

X	-3	0	3
Y	-6	-5	-2

5. Calcula la pendiente, la ecuación, la intersección en Y y la intersección en X de la línea que pasa por los puntos (2,4) y (3,5).

6. De la tabla adjunta:

X	10	8	5	2	-1	-10
Y	1	4	8	10	12	15

Calcula la desviación estándar de X, la desviación estándar de Y, la varianza de X y de Y, la covarianza de X y Y. Calcular la correlación lineal.

7. Para los datos indicados en la tabla adjunta:

X	10	6	4	0
Y	-4	0	8	16

Dibuja un diagrama de dispersión.

Calcula la recta de regresión de Y sobre X.

Calcula la recta de regresión de X sobre Y.

Determina el coeficiente de correlación.

8. Se ha medido la presión sanguínea a 10 trabajadores de una empresa. Los resultados se indican en la tabla junto a la edad de los mismos.

Presión	112	120	112	150	147
Edad	43	45	35	58	62

Determinar el coeficiente de correlación y la ecuación lineal que define el comportamiento. Determinar la presión aproximada para un trabajador de 65 años aplicando la ecuación calculada. ¿Es fiable el resultado obtenido? Justifica la respuesta.

Gráficos de control por variables y por atributos

4.6

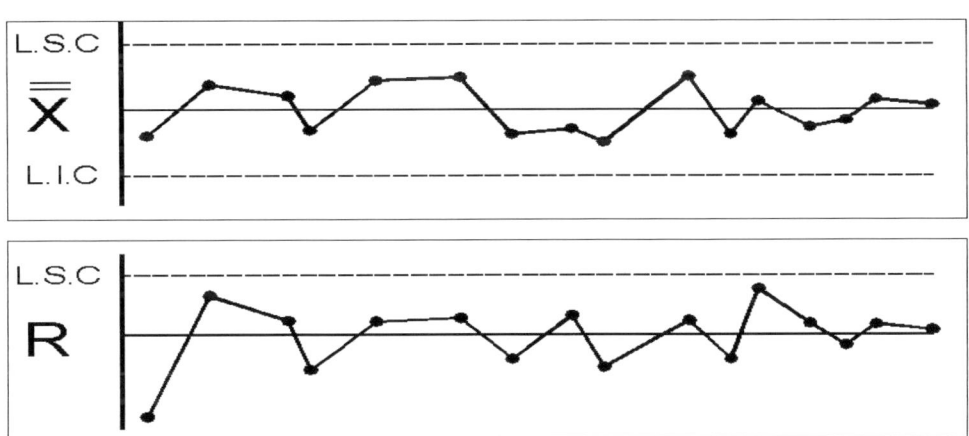

Objetivos

- Definir estado de control de un proceso y sus causas de variabilidad.
- Describir los procedimientos para la realización de gráficos de control por variables y gráficos por control de atributos.
- Definir el procedimiento para conocer la capacidad de un proceso.

4.6.1 **Introducción**

Un proceso se define como la combinación de recursos humanos y no humanos (personas, equipo y materia prima) empleados para producir un producto o servicio. El número de variables a controlar en los procesos productivos es muy grande y si se tuvieran que evaluar todas el coste de control sería superior al de fabricación. En este sentido, la aplicación de las técnicas estadísticas permiten asegurar las características del producto fabricado y reducir el coste de control y verificación.

La aplicación del control estadístico del proceso (CEP, SCP, Statistical Process Control) permite controlar el proceso de producción mediante la comparación del funcionamiento del mismo con unos límites establecidos estadísticamente.

El control estadístico de procesos se puede realizar por el control por variables, control por atributos o contando el número de defectos por unidad producida.

SCP
Control estadístico
del proceso

Control por variables
- Gráfico $\overline{X}, R$
- Gráficos $\overline{S}, R$
- Gráficos $\widetilde{X}, R$

Control por atributos
- Gráfico 100p
- Gráfico pn
- Gráfico c
- Gráfico u

Figura 4.6.1 Control estadístico del proceso.

En el **control por variables** la característica a controlar es una variable medible como una longitud, diámetro, porcentaje de carbono, velocidad, etc. Mientras que en el **control por atributos**, la verificación se realiza sobre un atributo o característica cualitativa que el producto posee o no: como puede ser el control pasa o no pasa, por pieza defectuosa, etc.

El procedimiento de funcionamiento de todos ellos es semejante. Se basa en representar en una gráfica en cuya abscisa se representa la secuencia o escala temporal y en la ordenada la medida o el atributo a controlar. Se realizan las mediciones y se anota en el gráfico los datos de las muestras. La aparición de puntos fuera de los límites de control (superior e inferior) indica la existencia de una causa de variación la cual obliga a tomar acciones correctoras para su eliminación.

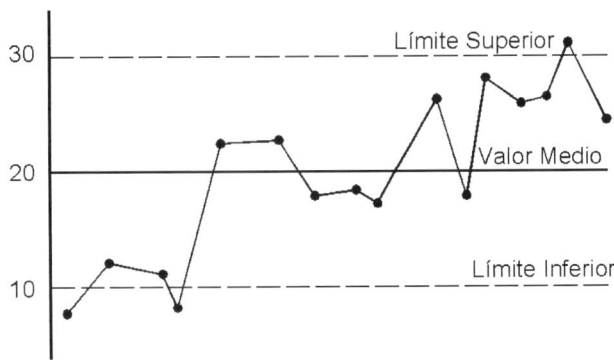

Figura 4.6.2 Gráfico de control con sus límites superiores e inferiores.

La simple observación permite determinar si los datos son normales o anormales o si están conformes con los resultados esperados. Al mismo tiempo pueden detectarse cambios anormales en el proceso antes de la aparición de puntos fuera de control mediante las tendencias de deriva o sesgos, pudiéndose tomar acciones correctoras inmediatas o para el proceso.

4.6.2 Estado de control de los procesos

En el capítulo anterior se definió la distribución normal o de Gauss como una función simétrica con forma de campana y con una frecuencia máxima en el punto central de la misma, donde se sitúa la media aritmética. Se decía que para su obtención era necesario obtener un gran número de datos (a mayor número de datos, mejor definición de la distribución normal).

Sin embargo, como es sabido, en un control de procesos no es posible extraer muestras grandes para tener buenas representaciones de distribuciones de frecuencias, por lo que la distribución de un proceso debe ser estudiada por medio de pequeñas muestras extraídas cada hora, cada dos horas, por turno de trabajo, etc.

Es interesante definir un procedimiento de trabajo que permita comprobar de forma periódica las distribuciones de frecuencia durante la producción por medio de pequeñas extracciones de muestras y estudiando parámetros de tendencia central y variabilidad como son la media aritmética, el recorrido y la desviación típica, que nos darán información acerca de cómo son las distribuciones.

Tanto la media como la desviación típica pueden calcularse con un pequeño número de medidas y predecir de esta forma si el porcentaje de la población se encuentra dentro de unos límites específicos de calidad. La variación de estos parámetros define el tipo de proceso:

- **Procesos perfectos**. Se dice que un proceso es perfecto cuando se obtienen distribuciones análogas a la normal en los distintos intervalos de extracción de muestras. Estadísticamente estas distribuciones de frecuencia tienen la misma media aritmética (tendencia central) y desviación típica (variabilidad).

- **Procesos con variación de las medias aritméticas**. Son procesos donde para cada una de las muestras estudiadas se obtienen mismas desviaciones típicas pero diferentes medias aritméticas. Existe variación en las tendencias centrales pero no en la variabilidad.

- **Procesos con variación de las desviaciones típicas**. Son procesos donde las medias aritméticas conservan las mismas tendencias centrales, pero las desviaciones típicas varían de una muestra a otra.

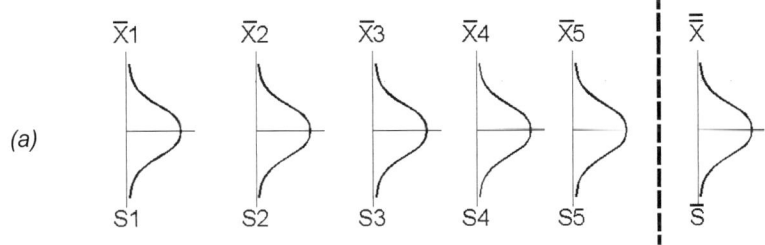

(a)

En la figura (a) se representa un proceso perfecto donde las medias y las desviaciones típicas se mantienen idénticas en las diferentes extracciones. Es un proceso ideal.

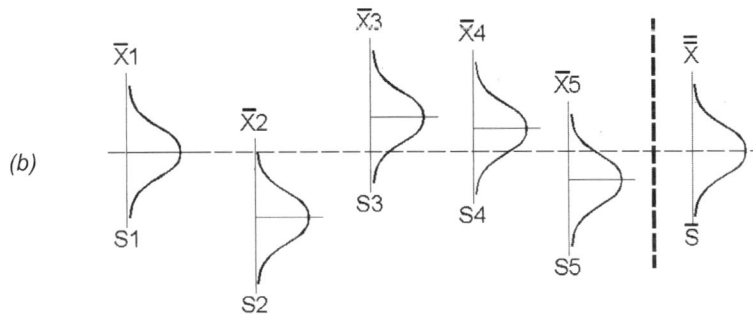

(b)

Figura 4.6.3 Control de procesos. Se realiza la evaluación de cada una de las muestras en función de la media aritmética y de la desviación típica.

En la figura (b) las desviaciones típicas son iguales en las diferentes extracciones (misma curva normal); sin embargo, las medias aritméticas obtenidas varían.

En la figura (c) se representa un proceso con variación de las desviaciones típicas.

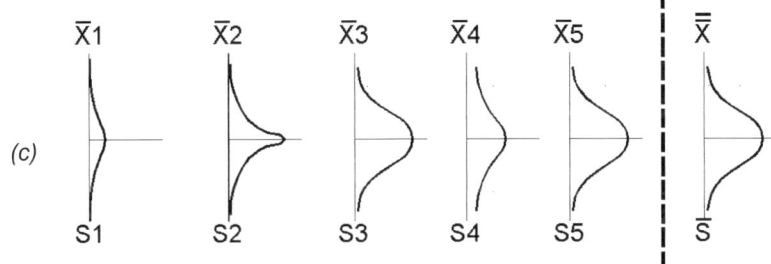

(c)

En los procesos industriales lo más frecuente es obtener representaciones gráficas con distintas tendencias centrales y distinta variabilidad, es decir, combinaciones de los tres supuestos comentados.

4.6.3 **Variabilidad de los procesos**

Es prácticamente imposible obtener un proceso como el indicado en la figura 17.3.a, donde se mantienen las desviaciones típicas y las medias aritméticas constantes durante todo el proceso. En este caso hipotético se dice que la variación se mantiene con el tiempo y que el proceso es perfectamente estable.

Sin embargo, cuando en un proceso se producen cambios de materia prima, rotación de turnos de trabajo o simplemente el cambio de herramientas, es muy probable que el modelo estadístico de variación no se mantenga con el tiempo y, en este caso, se producen distribuciones de frecuencias como las indicadas en la figura 17.3b y 17.3c. En estos, el proceso está fuera de control.

Deming,[1] que define la calidad como: *"Un grado predecible de uniformidad y fiabilidad a bajo coste y adecuado a las necesidades del mercado"*, considera que la calidad uniforme se puede garantizar si se consigue disminuir la variabilidad de las características del producto. Para ello, define e identifica las causas que provocan variabilidad en tres grupos: los operarios, los materiales y los procesos (causas internas y causas externas).

---

[1] **Dr. W.E. Deming**. Introductor de los principios de estadística en control de calidad.

- **Causas internas**. Son causas de variación debidas al azar, intrínsecas en el sistema, poco previsibles y que se mantienen de forma permanente si no se cambia el proceso (vibraciones de máquinas, ambiente, etc.).

- **Causas externas**. También denominadas anormales por ser imprevisibles y son debidas a desgastes de herramienta, cambio de la materia prima, avería de una máquina, etc. Las causas externas reaparecen si no se han adoptado las acciones correctas para eliminarlas.

Cuando en un proceso solo se presentan causas internas de variación se dice que el **proceso es estable**. Sin embargo, cuando además aparecen causas externas, el modelo estadístico no se mantiene con el tiempo y se dice que está **fuera de control**.

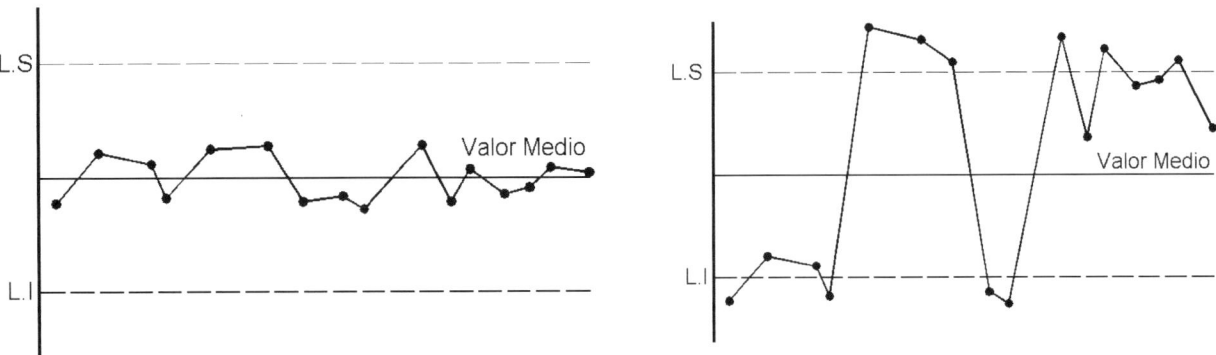

Figura 4.6.4 **Variabilidad de procesos**. (a). Proceso estable. El modelo estadístico se mantiene estable con el tiempo (cada uno de los puntos se encuentran cerca del valor medio y dentro de los límites de control). Solo actúan causas debidas al azar (causas internas). (b) Proceso fuera de control. La existencia de puntos alejados del valor medio y localizados fuera de los límites de control indica la existencia de causas externas que provocan una variabilidad muy superior a la normal.

El objeto del control de procesos es llegar a obtener un proceso estable y controlado, donde la variabilidad sea constante a lo largo del tiempo y se encuentre dentro de los límites de control.

4.6.4 **Gráficos de control por variables**

Los **gráficos de control por variables** son representaciones gráficas donde la característica a controlar es una variable que puede ser medida (el peso, la longitud, etc.).

Consisten en representar en un diagrama donde previamente se han indicado los límites de control superior e inferior, cada una de las pequeñas muestras (4 o 5 unidades) extraídas de forma homogénea y al azar de un proceso productivo continuo durante pequeños intervalos de tiempo. Cada uno de los puntos representados en las gráficas indica las características de la producción en un momento dado y su representación ofrece información sobre la situación actual del proceso y las tendencias futuras de deriva.

Para representar cada uno de esos puntos lo ideal sería extraer grandes muestras para conocer las distribuciones de la mejor forma posible; sin embargo, en la práctica se extraen pocas unidades en intervalos de tiempo pequeños y se estudia la tendencia central del proceso (mediante la media aritmética o la mediana) y la variabilidad del mismo (con la ayuda de parámetros como el recorrido y desviación típica).

Actualmente pueden utilizarse tres tipos diferentes de diagramas de control por variables en función de los parámetros de tendencia central y de variabilidad utilizados:

$$\text{Control por variables} \begin{cases} \text{Gráfico } \overline{X}, R \\ \text{Gráficos } \overline{S}, R \\ \text{Gráficos } \widetilde{X}, R \end{cases}$$

Figura 4.6.5 Gráficos de control por variables.

4.6.4.1 Gráfico $\overline{X}, R$

El gráfico de control por variables $\overline{X}, R$ es una representación gráfica formada por la combinación de dos gráficos de control juntos (gráfico de medias y gráfico de recorridos) donde se representan por puntos las medias y los recorridos de las pequeñas muestras extraídas del proceso y los límites de variación (LCS y LCI), dentro de los cuales se deben encontrar las medias y los recorridos. Su uso conjunto permite identificar el estado cambiante de un proceso de forma más efectiva que utilizando los dos gráficos por separado.

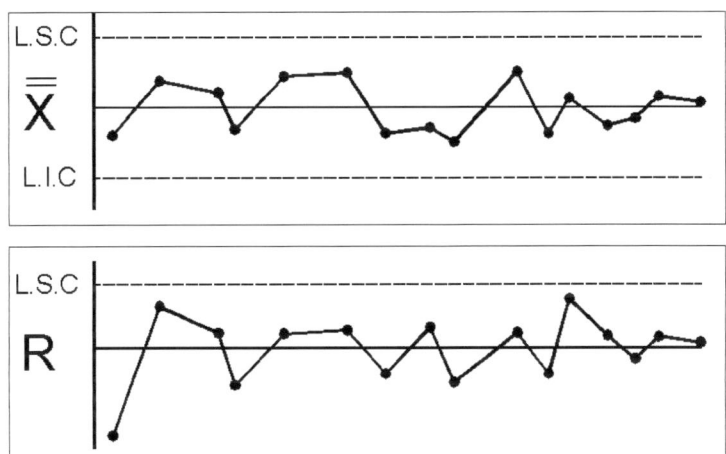

Figura 4.6.6 Gráfico de control $\overline{X}, R$. En la parte superior se representa las medias aritméticas de cada una de las muestras extraídas durante el proceso y los límites de control superior e inferior. Cada uno de los puntos deben permanecer dentro de los límites de control y cercanos a la media aritmética general de las muestras utilizadas. En la parte inferior se representan los recorridos.

Para su elaboración deben definirse los límites de control superior e inferior (LCS y LCI) para la gráfica de medias y de recorridos así como las líneas centrales de variación (doble media y recorrido medio).

Parte superior del gráfico (gráfico de medias)

Está formado por la línea central o principal $\overline{\overline{X}}$ y por los límites de variabilidad probable (límites de control superior e inferior).

$$\overline{\overline{X}} = \frac{\overline{X}_1 + \overline{X}_2 + \overline{X}_3 + \cdots + \overline{X}_n}{n} \qquad L.C.S = \overline{\overline{X}} + A_2 \times \overline{R} \qquad L.C.I = \overline{\overline{X}} - A_2 \times \overline{R}$$

Donde:

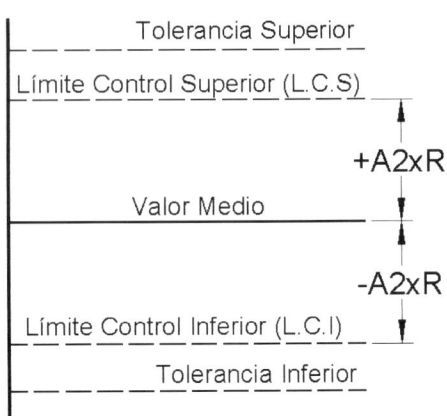

$\overline{\overline{X}}$ es la media aritmética general de las muestras utilizadas.

$\overline{X}_1$ es la media aritmética de la primera muestra.

$\overline{R}$ es la media aritmética de los recorridos de todas las muestras.

Parte inferior del gráfico (gráfico de recorridos)

Esta formado por la línea central $\overline{R}$ y los límites de control superior e inferior (LCS y LCI).

$$\overline{R} = \frac{R_1 + R_2 + R_3 + \cdots + R_n}{n} \qquad L.C.S = D_4 \times \overline{R} \qquad L.C.I = D_3 \times \overline{R}$$

Donde:

D4 y D3: constantes que dependen los tamaños (n) de la muestra.

Número de unidades de la muestra	Constantes[2]		
	A_2	D_3	D_4
2	1,880	0	3,268
3	1,023	0	2,574
4	0,729	0	2,282
5	0,577	0	2,114
6	0,483	0	2,004
7	0,419	0,079	1,924
8	0,373	0,140	1,864
9	0,337	0,181	1,816
10	0,308	0,220	1,777

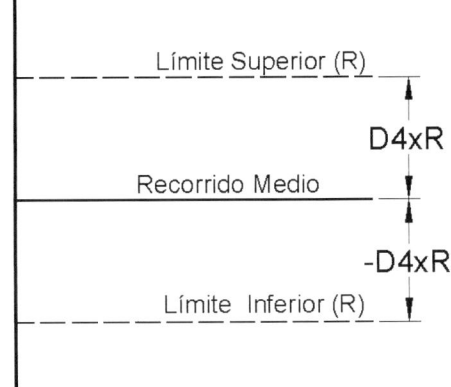

Figura 4.6.7 Constantes A2, D3 y D4 para el cálculo de los límites de control en los gráficos de control por variables.

Para cumplimentar un diagrama de control por variables $\overline{X}, R$ deben seleccionarse muestras pequeñas formadas por 4 o 5 unidades extraídas del proceso productivo en breves espacios de tiempo y con un mínimo de 25 muestras consecutivas. A continuación deben seguirse los siguientes pasos:

Procedimiento

1) Cálculo de la media aritmética de cada muestra.

2) Cálculo de la media de las medias.

3) Cálculo del recorrido de cada muestra.

---

[2] Constantes obtenidas de INI. Prontuario de calidad.

4) Cálculo del recorrido medio.

5) Representación mediante ordenador o papel milimetrado los gráficos de medias y recorridos, donde cada muestra debe ser representada por un punto.

6) En cada uno de los gráficos se representan los valores calculados en los apartados 2 y 3 (media y recorridos medios).

7) Calcular y representar los límites de control para el gráfico de medias y para el gráfico de recorridos.

8) Unir cada uno de los puntos representados en el gráfico de control (de medias y de recorridos).

9) Analizar la información obtenida y, en caso de obtener puntos fuera de los límites de control, determinar la posible causa y eliminarla.

Ejemplo resuelto 4.6.1

Se han verificado 25 muestras en un proceso de fabricación y se han obtenido las medidas indicadas en la tabla de la figura 4.6.8. El tamaño de cada muestra es de n=4 piezas. Hallar los límites de control y representar cada una de las muestras.

Muestra	Lecturas realizadas				Suma	Media	Recorrido
1	2,61	2,67	2,71	2,72	10,71	2,6775	0,11
2	2,52	2,65	2,70	2,59	10,46	2,6150	0,18
3	2,73	2,68	2,52	2,58	10,51	2,6275	0,21
4	2,56	2,77	2,71	2,52	10,56	2,6400	0,25
5	2,54	2,55	2,66	2,75	10,50	2,6250	0,21
6	2,63	2,52	2,63	2,76	10,54	2,6350	0,24
7	2,75	2,71	2,53	2,65	10,64	2,6600	0,22
8	2,55	2,65	2,78	2,75	10,70	2,6750	0,23
9	2,64	2,54	2,79	2,72	10,69	2,6725	0,25
10	2,71	2,71	2,53	2,62	10,57	2,6425	0,18
11	2,56	2,66	2,77	2,51	10,50	2,6250	0,26
12	2,62	2,55	2,76	2,55	10,48	2,6200	0,21
13	2,72	2,73	2,55	2,63	10,63	2,6575	0,18
14	2,51	2,65	2,77	2,58	10,51	2,6275	0,26
15	2,66	2,73	2,56	2,52	10,47	2,6175	0,21
16	2,79	2,57	2,63	2,53	10,52	2,6300	0,26
17	2,51	2,72	2,62	2,74	10,59	2,6475	0,23
18	2,61	2,67	2,76	2,71	10,75	2,6875	0,15
19	2,70	2,57	2,64	2,52	10,43	2,6075	0,18
20	2,52	2,67	2,73	2,62	10,54	2,6350	0,21
21	2,62	2,74	2,56	2,61	10,53	2,6325	0,18
22	2,73	2,54	2,62	2,68	10,57	2,6425	0,19
23	2,52	2,75	2,61	2,52	10,40	2,6000	0,23
24	2,65	2,68	2,77	2,51	10,61	2,6525	0,26
25	2,72	2,60	2,51	2,79	10,62	2,6550	0,19
Total						66,0075	5,28

Figura 4.6.8 Ejemplo 4.6.1.

Solución

Calculamos la media aritmética y el recorrido para cada una de las 25 muestras (ver figura 17.8) y posteriormente calculamos la doble media y el recorrido medio según las ecuaciones:

$$\overline{\overline{X}} = \frac{\overline{X}_1 + \overline{X}_2 + \overline{X}_3 + \cdots + \overline{X}_n}{n} = \frac{66,0075}{25} = 2,6403 \qquad \overline{R} = \frac{R_1 + R_2 + R_3 + \cdots + R_n}{n} = \frac{5,28}{25} = 0,2112$$

Una vez calculada la doble media y el recorrido medio se calculan los LCS y LCI(para el gráfico de medias y de recorridos.

Las constantes pueden consultarse en la figura 4.6.7, en función del número de muestras estudiadas (n=4).

<table>
<tr><td align="center">Gráfico de medias</td><td align="center">Gráfico de recorridos</td></tr>
</table>

$$L.C.S = \overline{\overline{X}} + A_2 \times \overline{R} = 2,6403 + 0,729 \times 0,2112 = 2,7942 \qquad L.C.S = D_4 \times \overline{R} = 2,282 \times 0,2112 = 0,4819$$

$$L.C.I = \overline{\overline{X}} - A_2 \times \overline{R} = 2,6403 - 0,729 \times 0,2112 = 2,4863 \qquad L.C.I = D_3 \times \overline{R} = 0$$

La representación de cada una de las muestras así como los límites de control se indican en la figura 4.6.9.

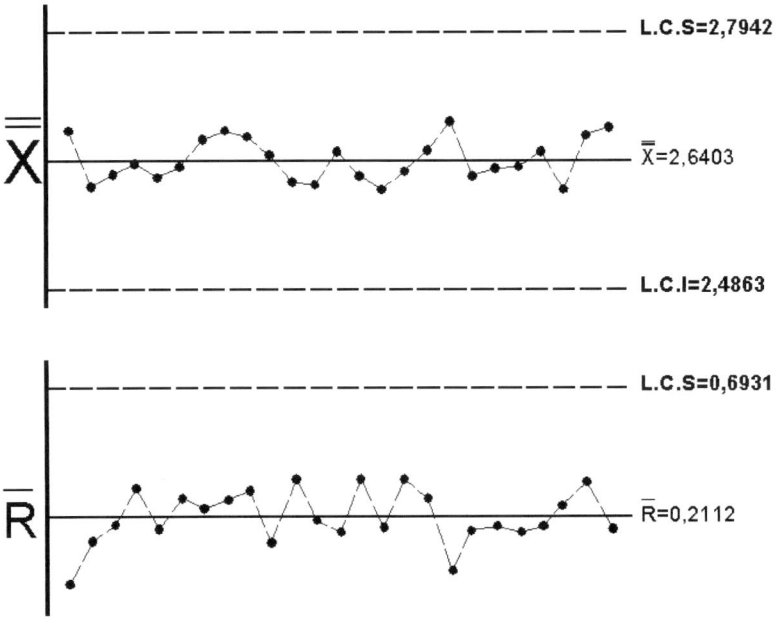

Figura 4.6.9 Gráfico de control por variables $\overline{X}, R$ para el ejercicio 4.6.1.

Interpretación de los gráficos $\overline{X}, R$

Los gráficos $\overline{X}$ y R deben ser analizados por separado, pero al final del estudio deben ser cotejados para comprender mejor el proceso y las posibles causas que le pueden afectar.

- **Gráfico R**. Después de su representación es conveniente marcar sobre el gráfico los puntos que aparecen fuera de los límites de control establecidos. Cuando se observe un punto fuera de los límites, ya sean superiores o inferiores, debe asegurarse de que esté bien marcado y que los límites hayan sido bien calculados.

La existencia de uno o varios puntos fuera de los límites de control son debidos a cambios en el proceso de fabricación y deben estudiarse. Normalmente, estos cambios en el proceso son advertidos previamente mediante los sesgos y/o tendencias.

Los **sesgos** es la disposición de 7 o más puntos a un lado del recorrido medio sin que ninguno de ellos sobrepase el límite de control. Indican variabilidad en la producción y son debidos a causas externas como puede ser la avería de una máquina, el cambio de herramientas, etc.

La **tendencia** es la disposición de 7 o más puntos de forma creciente o decreciente. También indican variabilidad en el proceso y es debido a causas externas.

Otra forma de manifestarse las causas externas de variación es cuando en el **tercio central** de la distribución se encuentran menos del 60% de los puntos, es decir, que la mayor concentración de puntos se distribuyen lejos de la línea del recorrido medio.

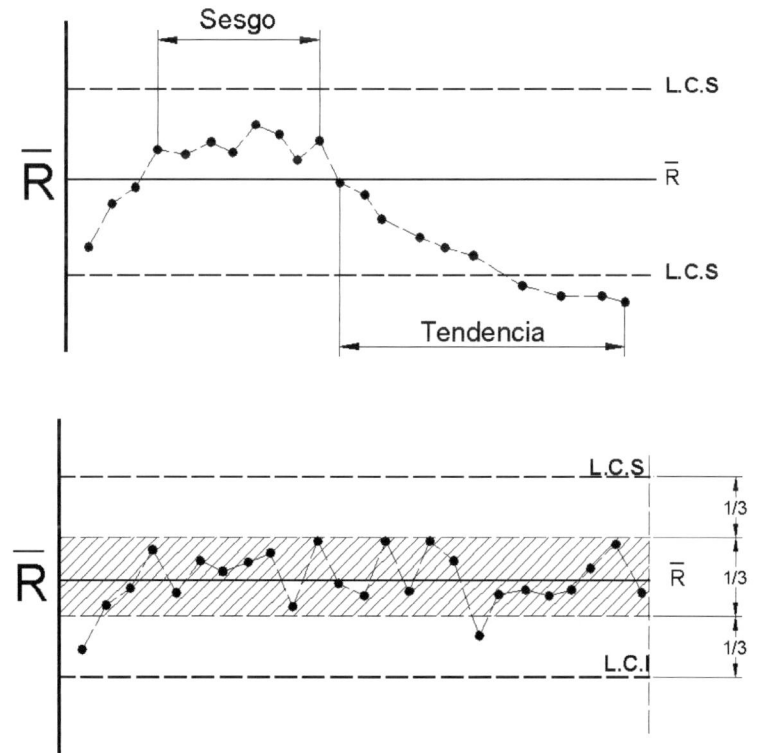

Figura 4.6.10 Causas de variabilidad en los gráficos R. Sesgo, tendencia y 1/3 central.

- **Gráfico $\overline{\overline{X}}$**. Se estudia después de haber analizado el gráfico R, dándonos información acerca de la variabilidad del proceso y si es estable o no. Para estudiar el gráfico de medias deben marcarse los puntos que aparecen fuera de los límites de control establecidos. Los puntos fuera de control indican causas de variación externas que modifican el valor central y que deben ser analizadas. Los sesgos y tendencias deben ser estudiados tal y como se hace para el gráfico de recorridos.

Cualquier punto fuera de los límites de control es suficiente para investigar las causas que lo han podido provocar.

En todos los casos, después de eliminar las posibles causas que provocan la existencia de puntos fuera de los límites de control, deben recalcularse los límites de control superior e inferior para el gráfico de medias y de recorridos.

4.6.4.2 Gráfico $\overline{X}, S$

El procedimiento de cálculo e interpretación es semejante al $\overline{X}, R$, pero en lugar de representar el gráfico de recorrido se representa el gráfico de desviación típica.

La desviación típica es el procedimiento de cálculo de variabilidad más preciso que el recorrido, sobre todo para tamaños de muestra mayores a 8; sin embargo, su procedimiento de cálculo es más costoso.

$$S = \sqrt{\frac{\left(X_i - \overline{X}\right)^2}{n-1}}$$

Donde $\overline{X}$ es la media aritmética.

N es el número de datos obtenidos.

X_i son cada uno de los datos individuales.

Cálculo de los límites de control:

$$\left. \begin{array}{l} L.C.S = \overline{\overline{X}} + A_3 \times \overline{S} \\ L.C.I = \overline{\overline{X}} - A_3 \times \overline{S} \end{array} \right\}$$ Para el gráfico de medias.

Donde $\overline{S}$ es la desviación típica.

A_3, B_3 y B_4, son constantes.

$$\left. \begin{array}{l} L.C.S = B_4 \times \overline{S} \\ L.C.I = B_3 \times \overline{S} \end{array} \right\}$$ Para gráfico de desviaciones típicas.

n	A_3	B_3	B_4
2	2,66	0	3,27
3	1,95	0	2,57
4	1,63	0	2,27
5	1,43	0	2,09
6	1,29	0,03	1,97
7	1,18	0,12	1,88
8	1,10	0,19	1,82
9	1,03	0,24	1,76
10	0,98	0,28	1,75

Figura 4.6.11 Constantes A_3, B_3 y B_4 para el cálculo de los límites de control en los gráficos de control por variables $\overline{X}, S$.

4.6.4.3 Gráfico $\tilde{X}, R$

El procedimiento de cálculo e interpretación es semejante al $\overline{X}, R$, pero en lugar de representar la media aritmética se representa la mediana. El procedimiento y cálculo de los límites de control para el recorrido son los mismos que los indicados en $\overline{X}, R$. Como es sabido, el cálculo de la mediana es más sencillo y rápido de efectuar que la media aritmética; sin embargo, la mediana proporciona límites de control mayores, por lo que en algunos casos puede no indicar exactamente el estado de control del proceso.

Cálculo de los límites de control:

$$L.C.S = \overline{\overline{X}} + A_4 \times \overline{R}$$
$$L.C.S = \overline{\overline{X}} + A4 \times \overline{R}$$

Para el gráfico de medianas

Donde $\overline{\overline{X}}$ es la media de las medianas

A_4, es una constante

Número de unidades	Constantes[32]		
de la muestra	D_3	D_4	A_4
2	0	3,27	1,88
3	0	3,57	1,19
4	0	2,28	0,80
5	0	2,11	0,69
6	0	2,00	0,55
7	0,08	1,92	0,51
8	0,14	1,86	0,43
9	0,18	1,82	0,41
10	0,22	1,76	0,36

4.6.4.4 Capacidad de procesos

Hasta ahora se ha estudiado el estado del proceso mediante la comparación de pequeñas muestras con los límites de control (superior e inferior), pero en ningún momento se ha indicado nada sobre las tolerancias técnicas. El estudio de la capacidad consiste en comparar la variabilidad obtenida en la fabricación con la permitida por las especificaciones técnicas.

La variación máxima que se suele utilizar tiene un ancho de 6σ, donde se incluyen el 99,73% de los valores. El 0,27% restante cae fuera de los límites (aunque parezca poco, representa 2700 artículos disconformes de por millón).

Para conocer la variación máxima de los valores y poder compararlos con las tolerancias, a partir de un gráfico de control, puede calcularse las 6σ que determinan el 99,77%.

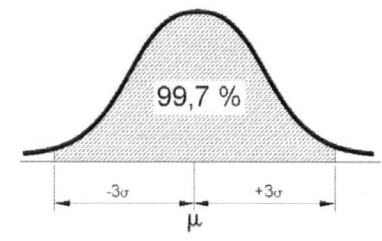

Figura 4.6.12 Distribución normal. 6σ.

---

[2] Constantes obtenidas de INI. Prontuario de calidad.

Por ejemplo, para los gráficos de control por atributos $\overline{X}, R$, deben trazarse dos líneas equidistantes a $\overline{\overline{X}}$, a distancias 3σ y -3σ. De esta forma puede afirmarse que el 99,77% de los valores individuales se encuentra dentro de este intervalo.

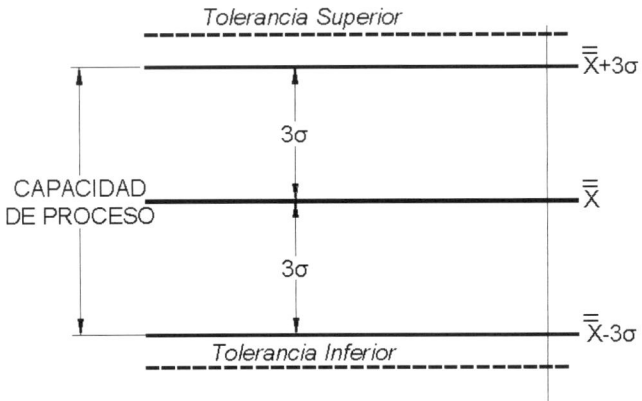

Para gráficos $\overline{X}, R$, la capacidad es $\dfrac{6\overline{R}}{d_2}$. Para gráficos $\overline{X}, S$, la capacidad es $\dfrac{6\overline{S}}{C_4}$.

Donde d_2 y C_4 son constantes:

n	2	3	4	5	6	7	8	9	10
d_2	1,128	1,693	2,059	2,326	2,534	2,704	2,847	2,970	3,078
C_4	0,798	0,886	0,921	0,940	0,952	0,959	0,965	0,969	0,973

Ejercicio resuelto 4.6.2

Determina si el proceso productivo del ejemplo 17.1 es capaz sabiendo que las tolerancias técnicas son 2,67 (máxima) y 2,50 (mínima).

Solución

Para gráficos $\overline{X}, R$, la capacidad es y $T_s - T_i = 2,67 - 2,50 = 0,17$.
$$\frac{6\overline{R}}{d_2} = \frac{6 \times 0,2112}{2,059} = 0,61455$$

0,61455 > 0,17, por lo que la capacidad del proceso es insuficiente para obtener los productos dentro de tolerancias.

4.6.5 **Control por atributos**

El control por atributos es un procedimiento de control de la marcha del proceso donde se observan si las piezas son correctas o defectuosas, o si cumplen con las especificaciones, sin llegar a practicar ninguna medición. Se utilizan cuando las características del producto a controlar son difíciles de medir, ya sea por corresponder a aspectos cualitativos o por ser más rápido y económico comprobar especificaciones de un atributo concreto.

Una de las principales formas de actuar mediante el control por atributos en las industrias de fabricación mecánica es con la ayuda de los calibres "pasa/no pasa". Su aplicación se basa en comprobar si las medidas a verificar están dentro de unas tolerancias específicas, sin importar cuánto miden. De esta forma se garantiza que la producción se encuentra estable de forma sencilla, rápida y económica.

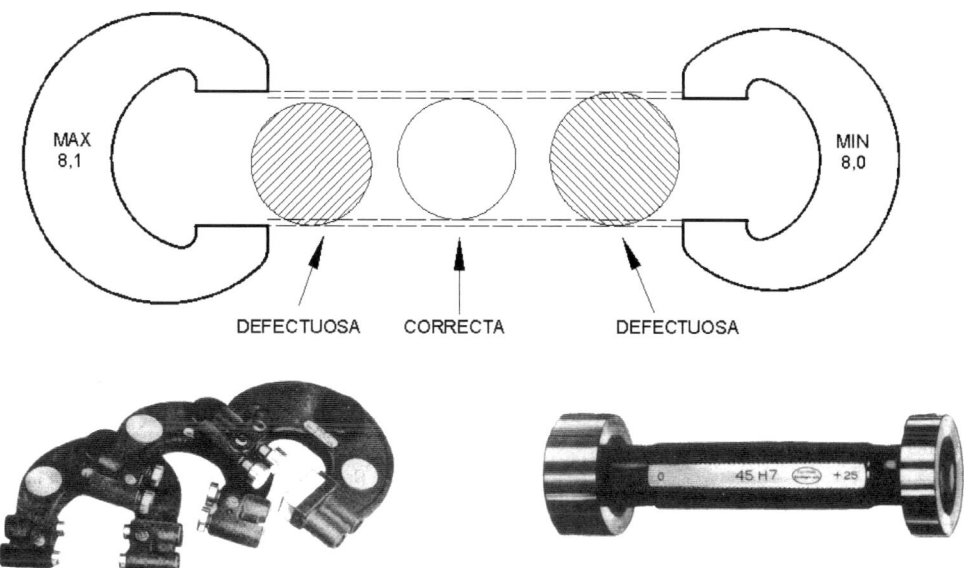

Figura 4.6.13 Calibres "pasa" y "no pasa". Son aplicados en el control por atributos, donde no es necesario indicar la dimensión exacta de la pieza inspeccionada, sino que solo se pretende conocer si se encuentra entre unas tolerancias máximas y mínimas definidas.

El control por atributos se realiza en gráficas que permiten registrar los resultados obtenidos en muestras sucesivas extraídas del proceso productivo. Permite detectar variabilidades y, de esta forma, garantizar la correcta marcha del proceso. Los gráficos de control más utilizados son:

Control por atributos
{
Gráfico 100p. Porcentaje de unidades defectuosas.
Gráfico pn. Número de unidades defectuosas.
Gráfico c. Número de defectos por muestra.
Gráfico u. Número medio de defectos por unidad.
}

Figura 4.6.14 Tipos de gráficos de control por atributos.

4.6.5.1 Gráfico de control 100p. Porcentaje de unidades defectuosas

El gráfico de control 100p o gráfico de porcentaje de unidades defectuosas es una representación gráfica, parecida a las indicadas para el control por variables, en las que se controla la evolución del porcentaje de piezas defectuosas obtenidas en muestras sucesivas durante el proceso de fabricación.

En este caso, en lugar de medir, se comprueban atributos de aptitud y se calcula el porcentaje de piezas defectuosas o no aptas. Para cada una de las muestras examinadas se representa un punto en el gráfico 100p y se estudia la evolución del conjunto de las muestras.

El objeto de los gráficos 100p consiste en controlar la marcha del proceso y lograr que se mantenga estable y con un nivel de calidad aceptable. Para ello, deben definirse límites de control y parámetros medios:

- **Porcentaje defectuoso (100p)**. Es la proporción de unidades defectuosas halladas en una muestra inspeccionada.

- **Porcentaje defectuoso medio (100 $\bar{p}$).** Es la proporción de unidades defectuosas media hallada en el total de piezas verificadas.

$$100p = \frac{número\ de\ unidades\ defectuosas}{número\ de\ unidades\ inspeccionadas} \times 100$$

$$100\bar{p} = \frac{número\ total\ unidades\ defectuosas}{número\ total\ unidades\ inspeccionadas} \times 100$$

Límite de control

Se establece un límite de control para detectar las posibles causas que pueden desestabilizar el proceso. El límite de control indicará el porcentaje de piezas defectuosas límite y cualquier punto mayor a este indicará la variación del proceso.

El límite de control se encuentra a 3σ desde la línea de porcentaje defectuoso medio tal y como se indica en la figura:

$$Límite\ de\ Control = 100\bar{p} + 3\sigma = 100\bar{p} + 3 \times \sqrt{\frac{100\bar{p}(100 - 100\bar{p})}{n}}$$

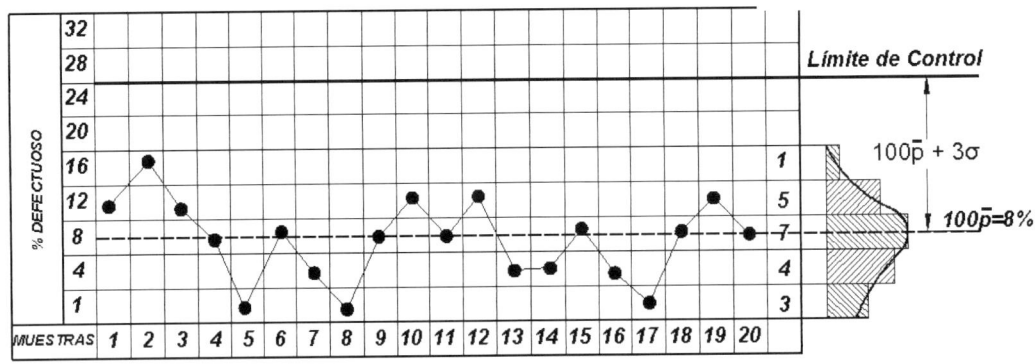

Figura 4.6.15 Gráfico de control por atributos 100p. En la parte inferior del gráfico se representan cada una de las muestras extraídas de la producción a intervalos cortos de tiempo. En el eje de ordenadas (eje vertical) se indican los porcentajes defectuosos. Para cada una de las muestras inspeccionadas se indica el porcentaje defectuoso encontrado y se unen todos los puntos marcados mediante una línea poligonal. A continuación se calcula el porcentaje de defectos medios y se determina el límite de control sumando tres desviaciones típicas a la media.

Ejemplo resuelto 4.6.3

Se ha calculado el porcentaje defectuoso medio 100 $\bar{p}$ en un proceso estable y es igual a 12%. Cada muestra está formada por n=25 piezas. Determinar el límite de control.

Solución

Los procesos de fabricación pueden variar con el transcurso del tiempo por lo que es necesario calcular el límite de control durante periodos de tiempo de cómo mínimo 20 muestras. Si se obtienen procesos estables pueden variarse el tiempo de extracción entre muestras, el número de piezas de cada muestra. Pero cuando el proceso es inestable (puntos fuera de control) es preciso localizar la causa principal de variación e implantarse una inspección más rigurosa (menos tiempo de extracción entre muestras, mayor número de piezas por muestra verificada y nuevo cálculo del límite de control).

$$Límite \ de \ Control = 100p + 3\sigma = 100\overline{p} + 3\times\sqrt{\frac{100\overline{p}(100-100\overline{p})}{n}} = 12 + 3\times\sqrt{\frac{12\times(100-12)}{25}} = 31,49\%$$

Figura 4.6.16 Gráfico de control por atributos 100p. Proceso inestable. Las muestras 2, 9, 15 y 18 han obtenido porcentajes defectuosos superiores al límite de control. En este caso, el proceso debe ser analizado para localizar la causa de variación. En las siguientes 20 muestras debe calcularse un nuevo límite de control y los procesos de inspección deberán ser más rigurosos.

4.6.5.2 Gráfico de control de unidades defectuosas ("pn")

El gráfico de control de unidades defectuosas es muy parecido al 100p, pero en lugar de marcar en el gráfico el porcentaje defectuoso se indica el número de unidades defectuosas por muestras considerando para ello que el tamaño de la muestra permanece constante. Esta pequeña modificación varía el cálculo del límite de control:

$$Límite \ de \ control = pn' + 3\sqrt{pn'(1-p')} \qquad p' = \frac{\% \ defectuoso \ medio \ esperado}{100}$$

Donde:

pn': Es el número medio de piezas defectuosas por muestra que se espera obtener siendo el proceso estable.

n: Es el número de unidades de la muestra.

p': Es el porcentaje defectuoso medio esperado.

pn: Número de unidades defectuosa de la muestra obtenido.

Ejemplo resuelto 4.6.4

Suponiendo un gráfico "pn" como el indicado en la figura con n=25, donde se espera obtener un valor pn'=0,6. Determinar el límite de control para este periodo de 20 muestra y para el periodo siguiente.

Solución

Se ha representado un diagrama de control "pn" donde la primera muestra tiene 5 unidades defectuosas y el resto entre 2 y cero. Antes de empezar a realizar el estudio se fija el parámetro pn' o número medio de piezas defectuosas por muestra que se espera obtener. El valor del número pn' depende de los resultados obtenidos en periodos anteriores y de la criticidad del producto a fabricar. En este caso se establece un valor de 0,6 piezas defectuosas por muestra.

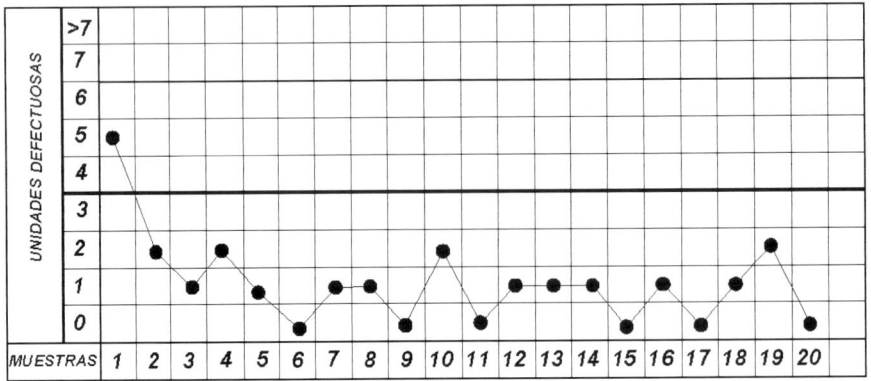

A continuación, y conociendo el número de unidades defectuosas de cada muestra se calcula pn, sin considerar las unidades defectuosas de la primera muestra por estar fuera de los límites de control.

$$pn = \frac{suma\ unidades\ defectuosas\ de\ las\ 20\ muestras}{n\'umero\ de\ muestras} = \frac{2+1+2+1+1+1+2+1+1+1+1+1+2}{19} = \frac{17}{19} = 0,89$$

Una vez conocido el valor de pn se puede calcular el límite de control:

$$L\'imite\ de\ control = pn\' + 3\sqrt{pn\'(1-p\')} = 0,6 + 3\sqrt{0,6\left(1 - \frac{0,6}{25}\right)} = 2,89$$

Segundo periodo

Pn'=0,6. Puesto que es más restrictivo que el obtenido en el primer periodo pn=0,89. El cálculo del nuevo límite de control coincide, en este caso, con el del primer periodo.

$$L\'imite\ de\ control = 0,6 + 3\sqrt{0,6\left(\frac{1-0,6}{25}\right)} = 2,89$$

4.6.5.3 Gráfico de control de defectos por muestra ("c") y por unidad ("u")

Es semejante a los gráficos anteriores pero en este caso se representa el número de defectos detectados en cada una de las muestras. Es aplicable en todos aquellos procesos donde el producto a fabricar es complejo y la probabilidad de aparición de algún tipo de defecto es muy elevada.

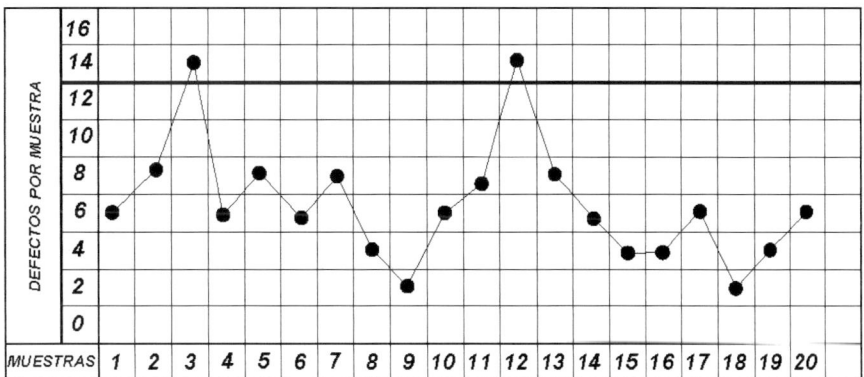

Figura 4.6.17 Gráfico de control de defectos por muestra (c). En el eje de abscisas se representan las 20 muestras extraídas del proceso de fabricación a pequeños intervalos de tiempo. En el eje de ordenadas se indica el número de defectos detectado en cada una de las muestras evaluadas. En la figura aparecen dos muestras, la 3 y la 12, en las que el número de defectos es superior al límite de control establecido.

En este tipo de gráfico el cálculo del límite de control es:

$$Límite = c' + 3\sqrt{c'}$$

Donde c' es el número medio de defectos que se espera obtener por muestra y c es el número medio de defectos obtenidos. El procedimiento de cálculo del límite de control y el valor medio del número de defectos obtenidos se realiza de la misma forma que en el procedimiento anterior.

Una variante de este procedimiento es el **gráfico de control del número de defectos por unidad ("u")**, donde también se tienen en cuenta todos los defectos detectados en la inspección, pero es este caso se hace referencia a cada una de las piezas que componen la muestra.

Se define:

u: Como el número medio de defectos por unidad.

u': El número medio de defectos que se esperan encontrar por unidad.

n: El número de unidades inspeccionadas de cada muestra.

$$u = \frac{número\ total\ de\ defectos\ detectado\ en\ la\ muestra}{número\ de\ unidades\ de\ la\ muestra}$$

$$Límite\ de\ Control = u' + 3\sqrt{\frac{u'}{n}}$$

Test, cuestiones y problemas propuestos

Test

Responde verdadero o falso:

	V	F
1. Las causas externas son debidas al azar. Son poco previsibles.		
2. En la determinación del límite superior e inferior de control en un gráfico de control por variables XR es necesario conocer el número de unidades de la muestra medida para realizar el cálculo.		
3. Los gráficos de control por atributos también determinan la variabilidad a partir de parámetros de tendencia central y de variabilidad.		
4. El gráfico XS determina la media y la mediana.		
5. El gráfico 100p determina el número de defectos por muestra.		

Cuestiones

1. ¿Cómo se puede representar la variabilidad de un proceso?

2. ¿Qué tipos de causas pueden provocar la variabilidad en un proceso?

3. ¿Qué causas provocan que un proceso pase a estar fuera de control?

4. Define e indica alguna aplicación para la realización de un control por variables y por atributos.

5. ¿Qué tamaño de muestra se usa en la realización de un gráfico de control por variables? Razona la respuesta.

6. ¿Qué formula debemos usar para calcular los límites superiores e inferiores en un gráfico de XR? ¿De qué depende la variable A_2?

7. Define los conceptos de tendencia y sesgo en la variabilidad de un gráfico de control por variables.

8. Describe los pasos a seguir para realizar un gráfico de control por variables XS.

9. ¿Qué se entiende como capacidad de un proceso? ¿Cómo la podemos determinar?

10. Describe los distintos tipos de gráficos de control por atributos que pueden emplearse.

11. ¿Cómo se determinan los límites de control en un gráfico 100p?

12. ¿En qué consisten los gráficos de control del número de defectos por unidad? Indica un ejemplo de aplicación.

13. ¿Qué valor se controla en el gráfico 100p?

14. En los procesos en los que se controlan el porcentaje defectuoso, ¿qué sucede cuando se obtienen variaciones muy bruscas de los valores de % defectuoso?

15. ¿Qué fórmula se emplea para calcular el límite de control en el gráfico 100p?

16. ¿Qué aplicaciones tiene el gráfico 100p'?

17. ¿Cuándo se emplea el gráfico c?

Problemas

1. Utiliza cualquier sistema informático para crear un modelo que sea capaz de resolver los gráficos de control por variables y por atributos.

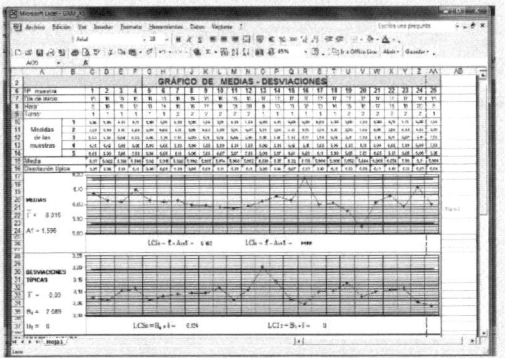
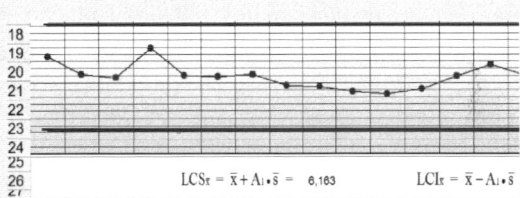

$$LCS_T = \bar{x} + A_1 \cdot \bar{s} = \ 6{,}163 \qquad LCI_T = \bar{x} - A_1 \cdot \bar{s}$$

2. Se han verificado 25 muestras en un proceso de fabricación continuo. El tamaño de cada muestra es de n=4 piezas. Determina los límites de control y representa los datos en una gráfica XR y XS. Comenta los resultados obtenidos.

Muestra	Lecturas realizadas			
1	5,34	5,32	5,12	5,23
2	5,34	5,12	5,78	5,23
3	5,23	5,35	5,45	5,23
4	5,56	5,45	5,32	5,32
5	5,78	5,65	5,87	5,45
6	5,45	5,54	5,32	5,78
7	5,32	5,45	5,23	5,45
8	5,87	5,34	5,12	5,32
9	5,32	5,21	5,23	5,87
10	5,23	5,78	5,34	5,32
11	5,12	5,45	5,43	5,23
12	5,23	5,32	5,55	5,67
13	5,43	5,87	5,56	5,87
14	5,95	5,32	5,75	5,98
15	5,78	5,23	5,78	5,78
16	5,79	5,78	5,78	5,67
17	5,87	5,87	5,67	5,89

Muestra	Lecturas realizadas			
18	5,67	5,78	5,59	5,87
19	5,45	5,89	5,80	5,98
20	5,67	5,90	5,85	5,78
21	5,98	5,86	5,90	5,56
22	5,89	5,89	5,89	5,89
23	5,78	5,79	5,95	5,98
24	5,98	5,87	5,58	5,99
25	5,79	5,90	5,98	5,87

3. Se inspeccionan 10 muestras de un proceso de fabricación y se registran los resultados en la tabla siguiente. Representa los resultados en un gráfico u.

Muestra	1	2	3	4	5	6	7	8	9	10
Tamaño muestra	180	150	200	187	170	165	198	180	150	158
N.º defectos	24	23	29	24	31	24	37	31	25	27

Técnicas estadísticas de muestreo

4.7

Probabilidad de aceptacion

100

Zona de incertidumbre

n=80
Ac=3
N=1000

50
40

0

5%

% Defectuoso
del lote

NCA=1,5%

CL=8%

Contenidos

Planes de muestreo

Norma MIL-STD-105D (UNE 66020)

Problemas resueltos

Test, cuestiones y problemas propuestos

Objetivos

- Definir los conceptos relacionados con las técnicas estadísticas de muestreo y los planes de muestreo.
- Definir la Norma MIL-STD-105D (UNE 66.020) y sus tipos de inspección.

4.7.1 Introducción

En las industrias de fabricación mecánica es habitual comprobar la calidad de la materia prima procedente de un proveedor, los productos en curso de fabricación o los productos ya terminados con el objetivo de asegurar que el producto cumple con las especificaciones establecidas. Para realizar tal verificación pueden inspeccionarse todas las unidades que forman el lote (inspección 100%) o, por el contrario, pueden inspeccionarse algunas muestras representativas del lote y extrapolar estadísticamente estos resultados al comportamiento de todo el lote.

En la mayoría de los casos no es conveniente realizar una inspección total o 100% (ensayos destructivos o elevados costes de verificación que encarecen el producto), sino que es conveniente estudiar una muestra parcial del lote y deducir la calidad de este en función de la muestra evaluada, lo que servirá además para decidir si se acepta o rechaza el lote.

Para ello se utilizan los planes de muestreo que proporcionan información sobre el tamaño de la muestra a utilizar y los criterios de aceptación y rechazo de los mismos en función del riesgo que se esté dispuesto a asumir. Las tablas de muestreo son las herramientas básicas utilizadas en este caso y relacionan el tamaño de la muestra que va a verificarse y el número de unidades defectuosas que se va a admitir tabuladas previamente por procedimientos estadísticos.

En este capítulo se estudia la aplicación de las tablas de muestreo por atributos MIL-STD.105D o UNE 66020, que son las más utilizadas.

4.7.2 Planes de muestreo

Los **planes de muestreo** se definen en función del tamaño de la muestra (n), el número de aceptación (Ac) y el número de rechazo (Re), la probabilidad (Pa) y criterio de aceptación de los lotes.

> N=300 *De un lote de 300 piezas se toman muestras de 30 unidades que son inspeccionadas.*
> *Cuando se encuentran más de 2 defectuosas (Ac) se rechaza el lote, en caso contrario, se*
> n−30

Para realizar un plan de muestreo es conveniente definir antes una serie de conceptos:

Tamaño de la muestra (n)

El tamaño de la muestra a inspeccionar debe ser lo suficientemente grande para que represente la homogeneidad del lote y lo suficientemente pequeña para minimizar el coste de verificación o inspección. La muestra seleccionada debe ser homogénea y aleatoria.

-   **Homogénea**. Se dice que una muestra es homogénea cuando todas las unidades que lo componen se han obtenido por procedimientos similares y en las mismas condiciones (turno de trabajo, misma máquina, etc.).

-   **Aleatoria**. Se dice que una muestra es aleatoria cuando todas las unidades que componen la muestra tienen la misma probabilidad de ser escogidas.

Número de aceptación (Ac)

Es el máximo número de unidades defectuosas que puede haber en la muestra extraída del lote para que sea aceptado.

Número de rechazo (Re)

Es el mínimo número de unidades defectuosas que puede aparecer en una muestra y que da lugar al rechazo del lote.

Probabilidad de aceptación (Pa)

La probabilidad de aceptación de un lote es el número de veces, como término medio, que se acepta un lote que contiene un porcentaje determinado de unidades defectuosas. Por ejemplo, un plan de muestreo (n=100 y Ac=4%) con una probabilidad Pa=60% nos indica que de cada 100 veces que se presenta a inspección lotes con un 4% defectuoso, se aceptan en 60 ocasiones como término medio.

Existen gráficas (curvas características) que relacionan la probabilidad de aceptación de un lote (Pa) en función del porcentaje defectuoso del mismo para diferentes planes de muestreo (n y Ac). Permiten calcular la probabilidad de aceptar un lote con un determinado porcentaje defectuoso después de haber definido previamente el plan de muestreo. En la figura siguiente se representa una curva característica para n=100 y Ac=7.

Puede verse en la curva cómo para una probabilidad de aceptación Pa=100 se corresponde con lotes que tienen un porcentaje defectuoso igual a cero. Para Pa=0 (menor valor de la probabilidad de aceptación) se corresponde a lotes con grandes porcentajes defectuosos (10%).

Para un plan de muestreo específico (con tamaño de muestra n y número de aceptación Ac), el cálculo de la probabilidad de aceptación de un lote con un determinado porcentaje de defectuosos se realiza utilizando la curva característica del plan. Para obtener esta probabilidad, se traza una línea vertical desde el porcentaje de defectuosos hasta intersectar con la curva característica; luego, desde este punto de intersección, se proyecta una línea horizontal hacia el eje de ordenadas, donde se indica la probabilidad de aceptación (ver figura 4.7.1).

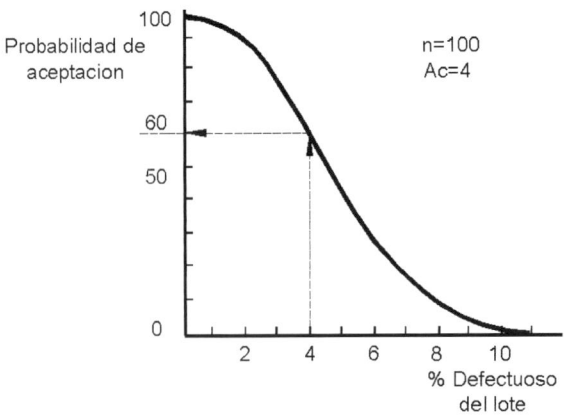

Figura 4.7.1 Curva característica de probabilidad de aceptación para n=100 y Ac=Ac=4. Cuanto más alto es el porcentaje defectuoso de un lote, menor es la probabilidad de aceptación.

Probabilidad de rechazo (Pre)

Indica el número de veces que como término promedio se rechaza un lote con un determinado porcentaje defectuoso, por cada 100 veces que se presenta a inspección.

Nivel de calidad aceptable (NCA)

Es el máximo porcentaje defectuoso que admite el cliente como promedio de los porcentajes de los lotes que se reciben del proveedor. Un NCA=2% nos indica que el cliente admite un lote con un porcentaje defectuoso superior al 2% siempre y cuando la media de los lotes recibidos no sea superior al 2%.

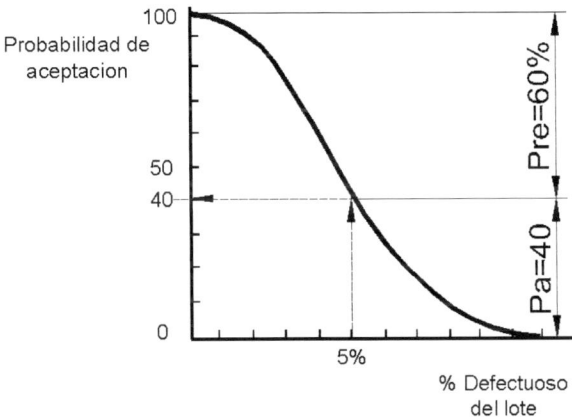

Figura 4.7.2 Curva característica de probabilidad de aceptación y probabilidad de rechazo. Para lotes un 5% defectuoso la probabilidad de aceptación es del 40% y la de rechazo es del 60%.

Riesgo del cliente (α). Es la probabilidad o riesgo de que el cliente rechace un lote con un porcentaje defectuoso igual al NCA.

Calidad límite (CL). Es el máximo porcentaje defectuoso que puede admitirse en un lote aislado.

Riesgo del cliente (β). Es la probabilidad o riesgo de que el cliente acepte un lote con un porcentaje defectuoso igual a la calidad límite.

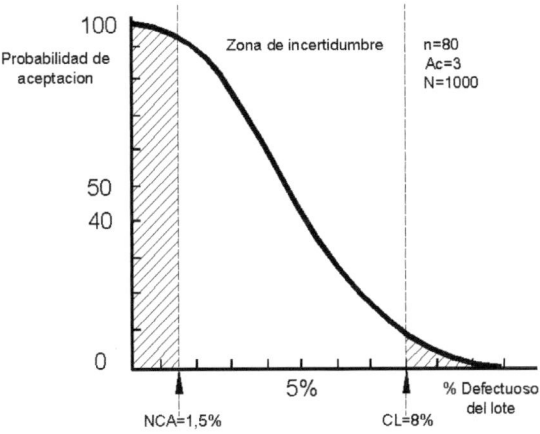

Figura 4.7.3 Curva características. Nivel de calidad aceptable y calidad límite.

En la figura se representa una curva característica (n=80, Ac=3 y N=1000) en la que se han marcado el nivel de calidad aceptable y la calidad límite.

- Cuando el porcentaje defectuoso de un lote es inferior al NCA la probabilidad de aceptación es elevada (zona rayada izquierda).

- Cuando el porcentaje defectuoso es superior a la CL, el riesgo de aceptarlo es pequeño y se rechazará.

- Entre el NCA y la CL se define la zona de incertidumbre donde se aceptará o rechazará el lote en función del porcentaje defectuoso.

Ejemplo resuelto 4.7.1

Para la verificación de la materia prima procedente de proveedores se establece el plan de muestreo (n=75 y Ac=4) para lotes de 1200 piezas. Se desea conocer:

a) **El riesgo de aceptar un lote con un porcentaje defectuoso del 8%.**

b) **La probabilidad de rechazar un lote con un 5% defectuoso.**

c) **La calidad media que debe dar el proveedor para que el riesgo de rechazo de lote sea del 5%.**

d) **Admitiendo que el riesgo de aceptar un lote defectuoso es β=10%, determinar cuál es el porcentaje defectuoso pero que se puede admitir, en un lote aislado, al aplicar este plan de muestreo.**

Solución

Para empezar a contestar cada una de las preguntas debemos buscar la curva característica para el plan (n=75, Ac=4 y lotes N=1200). Estas curvas se pueden localizar en tablas especializadas de la Norma UNE.

a) Para conocer el riesgo que se comete al aceptar un lote que tuviera un porcentaje defectuoso del 8% debe trazarse una línea perpendicular desde el eje de abscisas al 8% hasta cortar la curva característica en el punto a. Trazando una horizontal desde el punto a hasta el eje de ordenadas obtenemos un 35%.

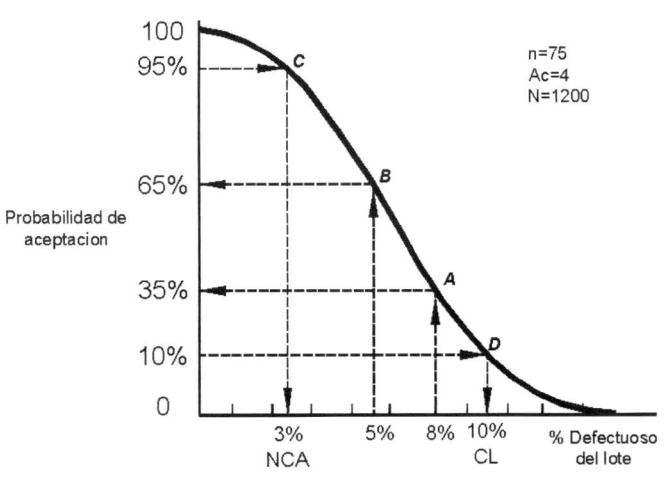

b) Para calcular la probabilidad de rechazar un lote con un 5% realizamos la misma operación que en el apartado anterior cortando la curva característica en el punto b y obteniendo un riesgo de aceptar el lote de un 65%. La probabilidad de rechazo será 100-65=35%.

c) El cálculo de la calidad media que debe dar el proveedor para un riesgo de rechazo del 5% lo obtenemos suponiendo una probabilidad de aceptación del 100-5%=95%. Trazamos una línea horizontal desde el eje de ordenadas que nos corta la curva característica en el punto c y obtenemos un % defectuoso de un 3%. Coincide con el NCA.

d) Se traza una horizontal desde el 10% (probabilidad de aceptación) hasta que corte con la curva característica en el punto d; la vertical nos da un porcentaje defectuoso de un 10%. Coincide con CL.

4.7.3 **Norma MIL-STD-105D (O UNE-66020)**

La norma MIL-STD–105[1] es un procedimiento estandarizado de muestreo por atributos desarrollado por el ejército de Estados Unidos durante la Segunda Guerra Mundial para imponer a los proveedores el cumplimiento de unas especificaciones en cuanto a muestreo por aceptación.

La norma MIL-STD-105 ha sido adoptada por la Norma UNE (UNE 66.020) y la ISO (ISO/DIS 2859/1) y está formada por un conjunto de diez tablas, así como documentación que indica los procedimientos de aplicación. Estos planes obligan a utilizar unos NCA determinados y permiten seleccionar tres niveles de inspección (de las tablas correspondientes se obtiene el tamaño de la muestra a verificar y el número de aceptación). En la norma también se indica la forma de ir variando la rigurosidad de la inspección en función de los resultados obtenidos.

Antes de describir las tablas que componen la norma es preciso describir los diferentes planes de muestreo (simple doble y múltiple) y los tipos de inspección (normal, rigurosa y reducida), que contempla la norma en cuestión.

4.7.3.1 **Tipos de inspección**

La aplicación de planes de muestreo más o menos rigurosos se hace en función del comportamiento de lotes sucesivos. Si durante un proceso de inspección se observa que los lotes son aceptados sin ningún tipo de problema, es conveniente cambiar a un procedimiento de inspección menos riguroso y exigente con el consecuente ahorro económico. Por el contrario, cuando más de un lote es rechazado de forma sistemática, es conveniente aplicar un plan de muestreo más riguroso que el anterior para minimizar el riesgo de aceptar lotes con porcentajes defectuosos elevados.

Para ello, la norma MIL-STD-105D, establece tablas de inspección con diferentes niveles de exigencia: Inspección normal, inspección rigurosa e inspección reducida (tablas 1, 2 y 3).

Tablas de inspección normal

Son tablas que definen un tipo de muestreo de aceptación poco riguroso. Se utilizan al comienzo de la inspección de lotes y siempre que se tenga confianza con el proveedor (calidad concertada) o cuando los procesos son estables o en régimen uniforme. También se utiliza cuando en una inspección rigurosa se obtienen cinco lotes consecutivos aceptados (se dice que se pasa de una inspección rigurosa a una reducida).

Tablas de inspección rigurosa

Se utilizan cuando bajo una inspección normal se han rechazado dos lotes de un total de cinco consecutivos.

---

[1] **MIL.STD-106D.** *Sampling procedures and tables for inspection by attributes.* UNE 66.020. Inspección y recepción por atributos. Procedimientos y tablas.

Tablas de inspección reducida

Es la menos rigurosa de las tres y se utiliza cuando en una inspección normal se obtienen diez lotes consecutivos sin rechazo. En estos casos se considera que la producción es perfectamente estable y uniforme.

4.7.3.2 Planes de muestreo

La Norma MIL-STD-105D también hace referencia a los diferentes tipos de muestreo que pueden aplicarse: muestreo simple, doble y múltiple:

Muestreo simple

La aceptación o rechazo de un lote se basa en los resultados obtenidos en una muestra. Se da un solo tamaño de muestra (n), una cifra de aceptación (Ac) y una de rechazo (Re).

Para ponerlo en práctica se deben verificar las unidades de una muestra siendo aceptada cuando aparecen Ac o menos unidades defectuosas y rechazado cuando aparecen Re o más unidades defectuosas.

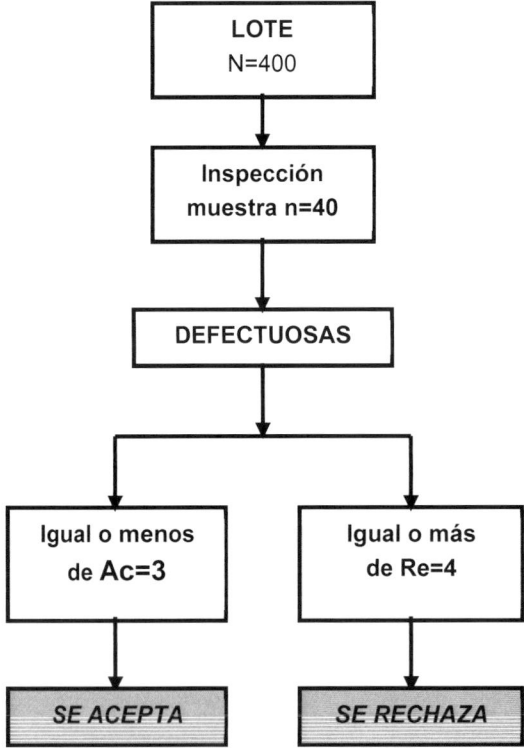

Figura 4.7.4 Muestreo simple. Se inspecciona una muestra formada por n=40 piezas de un lote de 400. Se acepta cuando el número de piezas defectuosas es igual o menor al Ac y se rechaza cuando es igual o mayor a Re.

Muestreo doble

Se seleccionan dos tamaños de muestra (n_1 y n_2), dos número de aceptación (Ac_1 y Ac_2) y dos números de rechazo (Re_1 y Re_2). Para ponerlo en práctica deben verificarse las n_1 unidades de la muestra extraída del lote. En el caso de aparecer Ac_1 o menos unidades defectuosas, el lote será aceptado, por el contrario, cuando aparecen Re_1 o más unidades no aptas, el lote debe ser rechazado, tal y como se ha comentado para el caso del muestreo simple. Sin embargo, en los casos en los que aparece un número de unidades defectuosas entre Ac_1 y Re_1 se extrae una segunda muestra formada por n_2 unidades. Las unidades defectuosas localizadas se suman a las encontradas en la muestra n1 y se acepta el lote si el total de estas unidades defectuosas es igual o menor que Ac_2. Se rechazará cuando el número sea igual o mayor a Re_2.

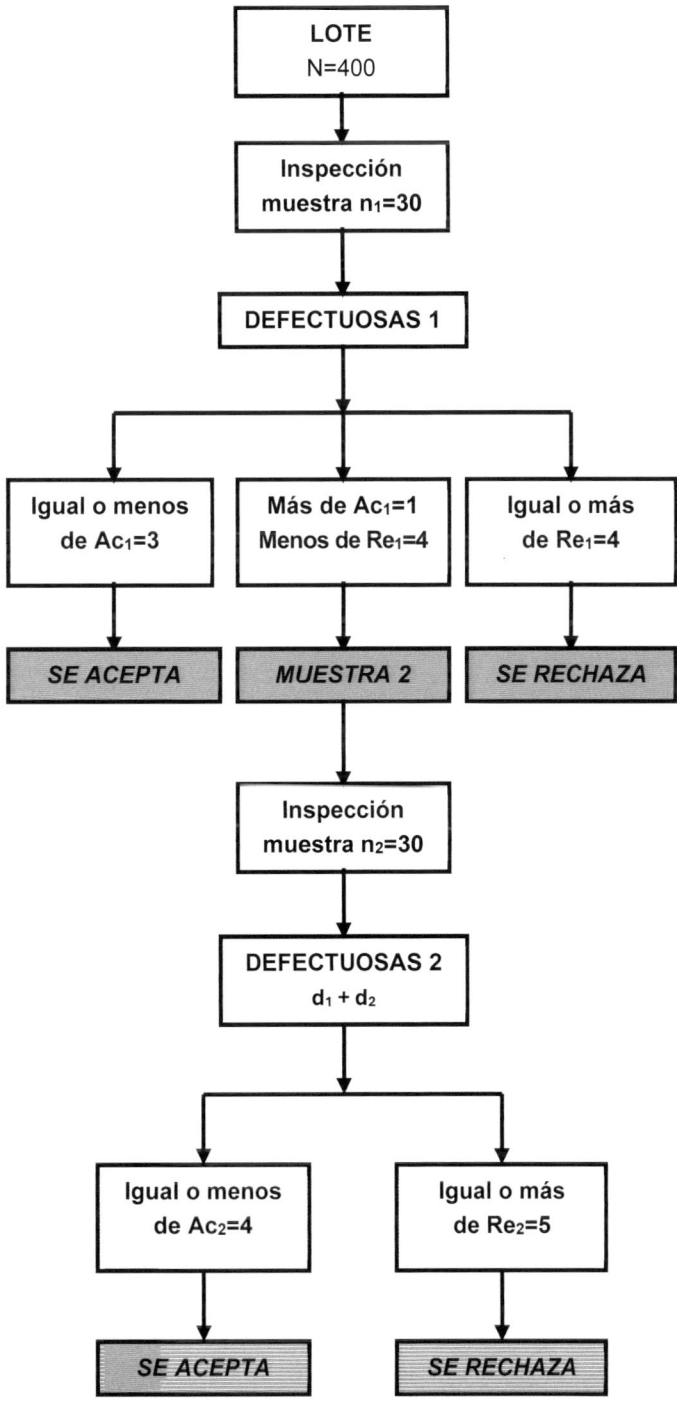

Figura 4.7.5 Muestreo doble. Permite tomar una segunda muestra antes de decidir la aceptación o rechazo del lote.

Muestreo múltiple

La aceptación o rechazo de un lote se realiza en función de los resultados obtenidos en varias muestras tomadas del mismo lote. La norma establece siete tamaños de muestra, de aceptación y de rechazo. La forma de realizar el muestreo es aditiva como el caso anterior, pero con la posibilidad de extraer hasta siete muestras.

4.7.4 Ejemplos y tablas

Ejemplo resuelto 4.7.2

Calcular el número de aceptación (Ac), el número de rechazo (Re) y el tamaño de la muestra que debe establecerse como plan de muestreo en el caso de un tamaño de lote N=2500 y un nivel de calidad admisible NCA=1,5% (muestreo simple), para los siguientes casos: inspección normal, rigurosa y reducida.

Solución

Para obtener cada uno de los planes de muestreo deben consultarse las tablas indicadas por las normas:

Inspección normal

Acudimos a la tabla I (Letras código para la magnitud muestral) y localizamos en la primera columna el intervalo de tamaño de lote más cercano a 2500 (entre 1201 y 3200), trazamos la horizontal hasta coincidir con la columna II (Niveles de inspección generales), letra K. Con esta definición vamos a la tabla de muestreo simple para inspección normal (tabla II). Hacemos coincidir la letra código K con el NCA (columna superior) y obtenemos n=125, Ac=5 y Re=6.

Inspección rigurosa

Realizamos el mismo procedimiento, pero consultando la tabla II-B. Obtenemos n=125, Ac=3 Re=4.

Inspección reducida

Tabla II-C. Obtenemos n=50, Ac=2 Re=5.

Una vez definidos n, Ac y Re, para cada uno de los niveles de inspección puede realizarse el control pasando de un tipo de inspección a otro en función de las piezas defectuosas localizadas, tal y como se ha definido en el punto 4.7.2.

TABLA I— Letras código para la magnitud muestral

Tamaño del lote o partida		Niveles de inspección especiales				Niveles de inspección generales		
		S-1	S-2	S-3	S-4	I	II	III
2	a 8	A	A	A	A	A	A	B
9	a 15	A	A	A	A	A	B	C
16	a 25	A	A	B	B	B	C	D
26	a 50	A	B	B	C	C	D	E
51	a 90	B	B	C	C	C	E	F
91	a 150	B	B	C	D	D	F	G
151	a 280	B	C	D	E	E	G	H
281	a 500	B	C	D	E	F	H	J
501	a 1200	C	C	E	F	G	J	K
1201	a 3200	C	D	E	G	H	K	L
3201	a 10000	C	D	F	G	J	L	M
10001	a 35000	C	D	F	H	K	M	N
35001	a 150000	D	E	G	J	L	N	P
150001	a 500000	D	E	G	J	M	P	Q
500001	a más	D	E	H	K	N	Q	R

TABLA II-A— Planes de muestreo simple para inspección normal (Tabla maestra)

$\Downarrow$ = Utilizar el primer plan de muestreo debajo de la flecha. Si la magnitud muestral es igual o excede de la magnitud del lote, hacer inspección cien por cien.
$\Uparrow$ = Utilizar el primer plan de muestreo encima de la flecha.
Ac = Número de aceptación.
Re = Número de rechazo.

Test, cuestiones y problemas propuestos

Test

Responde verdadero o falso:

		V	F
1.	Ac es el número de aceptación o el máximo número de unidades defectuosas que puede haber en una muestra extraída del lote para que sea aceptado.		
2.	La probabilidad de rechazo (Pre) indica el número de veces que se rechaza un lote con un determinado porcentaje de defectuoso por cada 100 veces que se presenta la inspección.		
3.	El riesgo del cliente es la probabilidad de que el cliente acepte un lote con un porcentaje defectuoso igual a la calidad límite.		
4.	CL es la calidad límite o el mínimo porcentaje defectuoso que puede admitirse en un lote aislado.		
5.	Las tablas de inspección rigurosa se utilizan cuando se está realizando una inspección normal y se rechazan dos lotes de un total de cinco de forma consecutiva.		
6.	La inspección reducida es la más rigurosa de los tres tipos de inspección.		

Cuestiones

1. ¿En qué consiste un plan de muestreo? Indicar un ejemplo.

2. ¿Qué quiere decir que la probabilidad de aceptar un lote es del 85%?

3. ¿Qué información ofrece una curva característica?

4. ¿Qué significa que la probabilidad de aceptar un lote es del 100%?

5. Tenemos un plan de muestreo en el que n=120 unidades y Ac= 4 unidades. Se obtienen 3 lotes con los siguientes porcentajes defectuosos A(7%), B(12%) y C(27%). ¿Tienen la misma probabilidad de ser aceptados cada uno de los tres lotes? Justifica la respuesta.

6. Define los conceptos de AC y Re.

7. ¿Qué queremos decir cuando en NCA es del 2%?

8. ¿Qué son las talas de inspección? Describe el procedimiento de uso.

9. ¿Cuándo deben usarse las tablas de inspección reducida? ¿Por qué?

10. ¿En qué consiste el muestreo múltiple?

Problemas

1. Se establece el plan de muestreo (n=80 y Ac=3) para lotes de 1000 piezas. Se desea conocer:

   a. El riesgo de aceptar un lote con un porcentaje defectuoso del 8%.

   b. La probabilidad de rechazar un lote con un 5% defectuoso.

   c. La calidad media que debe dar el proveedor para que el riesgo de rechazo de lote sea del 5%.

   d. Admitiendo que el riesgo de aceptar un lote defectuoso es β=10%, determinar cuál es el porcentaje defectuoso pero que se puede admitir, en un lote aislado, al aplicar este plan de muestreo.

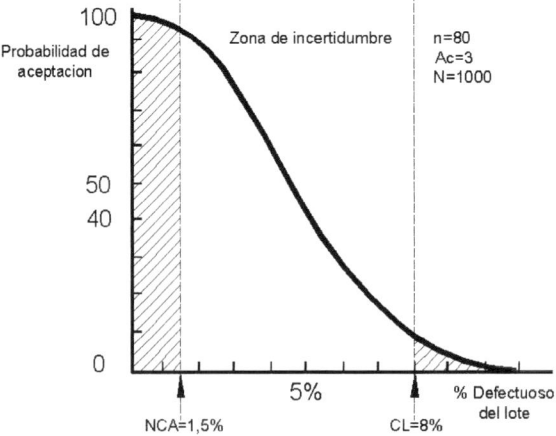

2. Calcular el número de aceptación (Ac), el número de rechazo (Re) y el tamaño de la muestra que debe establecerse como plan de muestreo en el caso de un tamaño de lote N=2000 y un nivel de calidad admisible NCA=1,0% (muestreo simple) para los siguientes casos: inspección normal, rigurosa y reducida.

TABLA I — Letras código para la magnitud muestral

Tamaño del lote o partida	Niveles de inspección especiales				Niveles de inspección generales		
	S-1	S-2	S-3	S-4	I	II	III
2 a 8	A	A	A	A	A	A	B
9 a 15	A	A	A	A	A	B	C
16 a 25	A	A	B	B	B	C	D
26 a 50	A	B	B	C	C	D	E
51 a 90	B	B	C	C	C	E	F
91 a 150	B	B	C	D	D	F	G
151 a 280	B	C	D	E	E	G	H
281 a 500	B	C	D	E	F	H	J
501 a 1200	C	C	E	F	G	J	K
1201 a 3200	C	D	E	G	H	K	L
3201 a 10000	C	D	F	G	J	L	M
10001 a 35000	C	D	F	H	K	M	N
35001 a 150000	D	E	G	J	L	N	P
150001 a 500000	D	E	G	J	M	P	Q
500001 o más	D	E	H	K	N	Q	R

TABLA II-A — Planes de muestreo simple para inspección normal (Tabla maestra)

Niveles de calidad aceptables (inspección normal)

Cada celda muestra los valores **Ac Re** (Ac = Número de aceptación, Re = Número de rechazo). ↓ = utilizar el primer plan debajo de la flecha; ↑ = utilizar el primer plan encima de la flecha.

Letra código	Tamaño muestral	0,010	0,015	0,025	0,040	0,065	0,10	0,15	0,25	0,40	0,65	1,0	1,5	2,5	4,0	6,5	10	15	25	40	65	100	150	250	400	650	1000
A	2	↓	↓	↓	↓	↓	↓	↓	↓	↓	↓	↓	↓	↓	↓	↓	↓	0 1	1 2	2 3	3 4	5 6	7 8	10 11	14 15	21 22	30 31
B	3	↓	↓	↓	↓	↓	↓	↓	↓	↓	↓	↓	↓	↓	↓	↓	0 1	1 2	2 3	3 4	5 6	7 8	10 11	14 15	21 22	30 31	44 45
C	5	↓	↓	↓	↓	↓	↓	↓	↓	↓	↓	↓	↓	↓	↓	0 1	1 2	2 3	3 4	5 6	7 8	10 11	14 15	21 22	30 31	44 45	↑
D	8	↓	↓	↓	↓	↓	↓	↓	↓	↓	↓	↓	↓	↓	0 1	1 2	2 3	3 4	5 6	7 8	10 11	14 15	21 22	30 31	44 45	↑	↑
E	13	↓	↓	↓	↓	↓	↓	↓	↓	↓	↓	↓	↓	0 1	1 2	2 3	3 4	5 6	7 8	10 11	14 15	21 22	30 31	44 45	↑	↑	↑
F	20	↓	↓	↓	↓	↓	↓	↓	↓	↓	↓	↓	0 1	1 2	2 3	3 4	5 6	7 8	10 11	14 15	21 22	30 31	44 45	↑	↑	↑	↑
G	32	↓	↓	↓	↓	↓	↓	↓	↓	↓	↓	0 1	1 2	2 3	3 4	5 6	7 8	10 11	14 15	21 22	30 31	44 45	↑	↑	↑	↑	↑
H	50	↓	↓	↓	↓	↓	↓	↓	↓	↓	0 1	1 2	2 3	3 4	5 6	7 8	10 11	14 15	21 22	30 31	44 45	↑	↑	↑	↑	↑	↑
J	80	↓	↓	↓	↓	↓	↓	↓	↓	0 1	1 2	2 3	3 4	5 6	7 8	10 11	14 15	21 22	30 31	44 45	↑	↑	↑	↑	↑	↑	↑
K	125	↓	↓	↓	↓	↓	↓	↓	0 1	1 2	2 3	3 4	5 6	7 8	10 11	14 15	21 22	30 31	44 45	↑	↑	↑	↑	↑	↑	↑	↑
L	200	↓	↓	↓	↓	↓	↓	0 1	1 2	2 3	3 4	5 6	7 8	10 11	14 15	21 22	30 31	44 45	↑	↑	↑	↑	↑	↑	↑	↑	↑
M	315	↓	↓	↓	↓	↓	0 1	1 2	2 3	3 4	5 6	7 8	10 11	14 15	21 22	30 31	44 45	↑	↑	↑	↑	↑	↑	↑	↑	↑	↑
N	500	↓	↓	↓	↓	0 1	1 2	2 3	3 4	5 6	7 8	10 11	14 15	21 22	30 31	44 45	↑	↑	↑	↑	↑	↑	↑	↑	↑	↑	↑
P	800	↓	↓	↓	0 1	1 2	2 3	3 4	5 6	7 8	10 11	14 15	21 22	30 31	44 45	↑	↑	↑	↑	↑	↑	↑	↑	↑	↑	↑	↑
Q	1250	↓	↓	0 1	1 2	2 3	3 4	5 6	7 8	10 11	14 15	21 22	30 31	44 45	↑	↑	↑	↑	↑	↑	↑	↑	↑	↑	↑	↑	↑
R	2000	↓	0 1	1 2	2 3	3 4	5 6	7 8	10 11	14 15	21 22	30 31	44 45	↑	↑	↑	↑	↑	↑	↑	↑	↑	↑	↑	↑	↑	↑

⇩ = Utilizar el primer plan de muestreo debajo de la flecha. Si la magnitud muestral es igual o excede de la magnitud del lote, hacer inspección cien por cien.

⇧ = Utilizar el primer plan de muestreo encima de la flecha.

Ac = Número de aceptación.

Re = Número de rechazo.

TABLA II-B — Planes de muestreo simple para inspección rigurosa (Tabla maestra)

Niveles de calidad aceptables (inspección rigurosa)

Letra código para el tamaño muestral	Tamaño muestral	0,010	0,015	0,025	0,040	0,065	0,10	0,15	0,25	0,40	0,65	1,0	1,5	2,5	4,0	6,5	10	15	25	40	65	100	150	250	400	650	1000
		Ac Re	Ac Re	Ac Re	Ac Re	Ac Re	Ac Re	Ac Re	Ac Re	Ac Re	Ac Re	Ac Re	Ac Re	Ac Re	Ac Re	Ac Re	Ac Re	Ac Re	Ac Re	Ac Re	Ac Re	Ac Re	Ac Re	Ac Re	Ac Re	Ac Re	Ac Re
A	2																		⇩	1 2	2 3	3 4	5 6	8 9	12 13	18 19	27 28
B	3															⇩	1 2	2 3	3 4	5 6	8 9	12 13	18 19	27 28	41 42
C	5												⇩	0 1	1 2	2 3	3 4	5 6	8 9	12 13	18 19	27 28	41 42
D	8										⇩	0 1	⇧		1 2	2 3	3 4	5 6	8 9	12 13	18 19	27 28	41 42
E	13									⇩	0 1	⇧		1 2	2 3	3 4	5 6	8 9	12 13	18 19	27 28	41 42
F	20								⇩	0 1	⇧		1 2	2 3	3 4	5 6	8 9	12 13	18 19	27 28	41 42
G	32							⇩	0 1	⇧		1 2	2 3	3 4	5 6	8 9	12 13	18 19
H	50						⇩	0 1	⇧		1 2	2 3	3 4	5 6	8 9	12 13	18 19	⇧
J	80					⇩	0 1	⇧		1 2	2 3	3 4	5 6	8 9	12 13	18 19	⇧
K	125				⇩	0 1	⇧		1 2	2 3	3 4	5 6	8 9	12 13	18 19	⇧
L	200			⇩	0 1	⇧		1 2	2 3	3 4	5 6	8 9	12 13	18 19	⇧
M	315		⇩	0 1	⇧		1 2	2 3	3 4	5 6	8 9	12 13	18 19	⇧
N	500	⇩	0 1	⇧		1 2	2 3	3 4	5 6	8 9	12 13	18 19	⇧
P	800	0 1	⇧		1 2	2 3	3 4	5 6	8 9	12 13	18 19	⇧
Q	1250	⇧		1 2	2 3	3 4	5 6	8 9	12 13	18 19	⇧
R	2000		1 2	2 3	3 4	5 6	8 9	12 13	18 19	⇧
S	3150	1 2	2 3

⇩ = Utilizar el primer plan de muestreo debajo de la flecha. Si la magnitud muestral es igual o excede de la magnitud del lote, hacer inspección cien por cien.

⇧ = Utilizar el primer plan de muestreo encima de la flecha.

Ac = Número de aceptación.

Re = Número de rechazo.

TABLA III-A — Planes de muestreo doble para inspección normal (Tabla maestra)

Niveles de calidad aceptables (inspección normal)

Letra código para el tamaño muestral	Muestra	Tamaño muestral	Tamaño muestras acumuladas	0,010	0,015	0,025	0,040	0,065	0,10	0,15	0,25	0,40	0,65	1,0	1,5	2,5	4,0	6,5	10	15	25	40	65	100	150	250	400	650	1000
A				↓	↓	↓	↓	↓	↓	↓	↓	↓	↓	↓	↓	↓	↓	↓	↓	↑	↑	↑	↑	↑	↑	↑	↑	↑	↑
B	1ª	2	2	↓	↓	↓	↓	↓	↓	↓	↓	↓	↓	↓	↓	↓	↓	↓	*	0 2	0 3	1 4	2 5	3 7	5 9	7 11	11 16	17 22	25 31
	2ª	2	4	↓	↓	↓	↓	↓	↓	↓	↓	↓	↓	↓	↓	↓	↓	↓	*	1 2	3 4	4 5	6 7	8 9	12 13	18 19	26 27	37 38	56 57
C	1ª	3	3	↓	↓	↓	↓	↓	↓	↓	↓	↓	↓	↓	↓	↓	↓	*	0 2	0 3	1 4	2 5	3 7	5 9	7 11	11 16	17 22	25 31	↑
	2ª	3	6	↓	↓	↓	↓	↓	↓	↓	↓	↓	↓	↓	↓	↓	↓	*	1 2	3 4	4 5	6 7	8 9	12 13	18 19	26 27	37 38	56 57	↑
D	1ª	5	5	↓	↓	↓	↓	↓	↓	↓	↓	↓	↓	↓	↓	↓	*	0 2	0 3	1 4	2 5	3 7	5 9	7 11	11 16	17 22	25 31	↑	↑
	2ª	5	10	↓	↓	↓	↓	↓	↓	↓	↓	↓	↓	↓	↓	↓	*	1 2	3 4	4 5	6 7	8 9	12 13	18 19	26 27	37 38	56 57	↑	↑
E	1ª	8	8	↓	↓	↓	↓	↓	↓	↓	↓	↓	↓	↓	↓	*	0 2	0 3	1 4	2 5	3 7	5 9	7 11	11 16	17 22	25 31	↑	↑	↑
	2ª	8	16	↓	↓	↓	↓	↓	↓	↓	↓	↓	↓	↓	↓	*	1 2	3 4	4 5	6 7	8 9	12 13	18 19	26 27	37 38	56 57	↑	↑	↑
F	1ª	13	13	↓	↓	↓	↓	↓	↓	↓	↓	↓	↓	↓	*	0 2	0 3	1 4	2 5	3 7	5 9	7 11	11 16	17 22	25 31	↑	↑	↑	↑
	2ª	13	26	↓	↓	↓	↓	↓	↓	↓	↓	↓	↓	↓	*	1 2	3 4	4 5	6 7	8 9	12 13	18 19	26 27	37 38	56 57	↑	↑	↑	↑
G	1ª	20	20	↓	↓	↓	↓	↓	↓	↓	↓	↓	↓	*	0 2	0 3	1 4	2 5	3 7	5 9	7 11	11 16	17 22	25 31	↑	↑	↑	↑	↑
	2ª	20	40	↓	↓	↓	↓	↓	↓	↓	↓	↓	↓	*	1 2	3 4	4 5	6 7	8 9	12 13	18 19	26 27	37 38	56 57	↑	↑	↑	↑	↑
H	1ª	32	32	↓	↓	↓	↓	↓	↓	↓	↓	↓	*	0 2	0 3	1 4	2 5	3 7	5 9	7 11	11 16	17 22	25 31	↑	↑	↑	↑	↑	↑
	2ª	32	64	↓	↓	↓	↓	↓	↓	↓	↓	↓	*	1 2	3 4	4 5	6 7	8 9	12 13	18 19	26 27	37 38	56 57	↑	↑	↑	↑	↑	↑
J	1ª	50	50	↓	↓	↓	↓	↓	↓	↓	↓	*	0 2	0 3	1 4	2 5	3 7	5 9	7 11	11 16	17 22	25 31	↑	↑	↑	↑	↑	↑	↑
	2ª	50	100	↓	↓	↓	↓	↓	↓	↓	↓	*	1 2	3 4	4 5	6 7	8 9	12 13	18 19	26 27	37 38	56 57	↑	↑	↑	↑	↑	↑	↑
K	1ª	80	80	↓	↓	↓	↓	↓	↓	↓	*	0 2	0 3	1 4	2 5	3 7	5 9	7 11	11 16	17 22	25 31	↑	↑	↑	↑	↑	↑	↑	↑
	2ª	80	160	↓	↓	↓	↓	↓	↓	↓	*	1 2	3 4	4 5	6 7	8 9	12 13	18 19	26 27	37 38	56 57	↑	↑	↑	↑	↑	↑	↑	↑
L	1ª	125	125	↓	↓	↓	↓	↓	↓	*	0 2	0 3	1 4	2 5	3 7	5 9	7 11	11 16	17 22	25 31	↑	↑	↑	↑	↑	↑	↑	↑	↑
	2ª	125	250	↓	↓	↓	↓	↓	↓	*	1 2	3 4	4 5	6 7	8 9	12 13	18 19	26 27	37 38	56 57	↑	↑	↑	↑	↑	↑	↑	↑	↑
M	1ª	200	200	↓	↓	↓	↓	↓	*	0 2	0 3	1 4	2 5	3 7	5 9	7 11	11 16	17 22	25 31	↑	↑	↑	↑	↑	↑	↑	↑	↑	↑
	2ª	200	400	↓	↓	↓	↓	↓	*	1 2	3 4	4 5	6 7	8 9	12 13	18 19	26 27	37 38	56 57	↑	↑	↑	↑	↑	↑	↑	↑	↑	↑
N	1ª	315	315	↓	↓	↓	↓	*	0 2	0 3	1 4	2 5	3 7	5 9	7 11	11 16	17 22	25 31	↑	↑	↑	↑	↑	↑	↑	↑	↑	↑	↑
	2ª	315	630	↓	↓	↓	↓	*	1 2	3 4	4 5	6 7	8 9	12 13	18 19	26 27	37 38	56 57	↑	↑	↑	↑	↑	↑	↑	↑	↑	↑	↑
P	1ª	500	500	↓	↓	↓	*	0 2	0 3	1 4	2 5	3 7	5 9	7 11	11 16	17 22	25 31	↑	↑	↑	↑	↑	↑	↑	↑	↑	↑	↑	↑
	2ª	500	1000	↓	↓	↓	*	1 2	3 4	4 5	6 7	8 9	12 13	18 19	26 27	37 38	56 57	↑	↑	↑	↑	↑	↑	↑	↑	↑	↑	↑	↑
Q	1ª	800	800	↓	↓	*	0 2	0 3	1 4	2 5	3 7	5 9	7 11	11 16	17 22	25 31	↑	↑	↑	↑	↑	↑	↑	↑	↑	↑	↑	↑	↑
	2ª	800	1600	↓	↓	*	1 2	3 4	4 5	6 7	8 9	12 13	18 19	26 27	37 38	56 57	↑	↑	↑	↑	↑	↑	↑	↑	↑	↑	↑	↑	↑
R	1ª	1250	1250	↓	*	0 2	0 3	1 4	2 5	3 7	5 9	7 11	11 16	17 22	25 31	↑	↑	↑	↑	↑	↑	↑	↑	↑	↑	↑	↑	↑	↑
	2ª	1250	2500	↓	*	1 2	3 4	4 5	6 7	8 9	12 13	18 19	26 27	37 38	56 57	↑	↑	↑	↑	↑	↑	↑	↑	↑	↑	↑	↑	↑	↑

↓ = Utilizar el primer plan de muestreo debajo de la flecha. Si la magnitud muestral es igual o excede de la magnitud del lote, hacer inspección cien por cien.

↑ = Utilizar el primer plan de muestreo encima de la flecha.

Ac = Número de aceptación.

Re = Número de rechazo.

* = Utilizar el plan de muestreo simple (con la alternativa de poder emplear el plan de muestreo doble inmediato disponible).

TABLA IV-A—Planes de muestreo múltiple para inspección normal (Tabla maestra)

TABLA IV-A — Planes de muestreo múltiple para inspección normal (Tabla maestra) (Continuación)

Niveles de calidad aceptables (inspección normal)

⬇ = Utilizar el primer plan de muestreo debajo de la flecha. Si la magnitud muestral es igual o excede de la magnitud del lote, hacer inspección cien por cien.
⬆ = Utilizar el primer plan de muestreo encima de la flecha.
Ac = Número de aceptación.
Re = Número de rechazo.
◆ = Utilizar el plan de muestreo simple (con la alternativa de poder emplear el plan de muestreo doble inmediato disponible).
* = La aceptación no es posible con esta magnitud muestral.

TABLA VIII – Números límite para inspección reducida

Niveles de calidad aceptables

Unidades inspeccionadas en las muestras de los últimos 10 lotes	0,010	0,015	0,025	0,040	0,065	0,10	0,15	0,25	0,40	0,65	1,0	1,5	2,5	4,0	6,5	10	15	25	40	65	100	150	250	400	650	1000
20 – 29	•	•	•	•	•	•	•	•	•	•	•	•	•	•	•	0	0	2	4	8	14	22	40	68	115	181
30 – 49	•	•	•	•	•	•	•	•	•	•	•	•	•	•	0	0	1	3	7	13	22	36	63	105	178	277
50 – 79	•	•	•	•	•	•	•	•	•	•	•	•	•	0	0	2	3	7	14	25	40	63	110	181	301	
80 – 129	•	•	•	•	•	•	•	•	•	•	•	•	0	0	2	4	7	14	24	42	68	105	181	297		
130 – 199	•	•	•	•	•	•	•	•	•	•	•	0	0	2	4	7	13	25	42	72	115	177	301	490		
200 – 319	•	•	•	•	•	•	•	•	•	•	0	0	2	4	8	14	22	40	68	115	181	277	471			
320 – 499	•	•	•	•	•	•	•	•	•	0	0	1	4	8	14	24	39	68	113	189						
500 – 799	•	•	•	•	•	•	•	•	0	0	2	3	7	14	25	40	63	110	169							
800 – 1249	•	•	•	•	•	•	•	0	0	2	4	7	14	24	42	68	105	181								
1250 – 1999	•	•	•	•	•	•	0	0	2	4	7	13	24	40	69	110	169									
2000 – 3149	•	•	•	•	•	0	0	2	4	8	14	22	40	68	115	181										
3150 – 4999	•	•	•	•	0	0	1	4	8	14	24	38	67	111	186											
5000 – 7999	•	•	•	0	0	2	3	7	14	25	40	63	110	181												
8000 – 12499	•	•	0	0	2	4	7	14	24	42	68	105	181													
12500 – 19999	•	0	0	2	4	7	13	24	40	69	110	169														
20000 – 31499	0	0	2	4	8	14	22	40	68	115	181															
31500 – 49999	0	1	4	8	14	24	38	67	111	186																
50000 ó más	2	3	7	14	25	40	63	110	181	301																

• Indica que el número de unidades inspeccionadas en las muestras de los últimos 10 lotes o partidas, no es suficiente para decidir la implantación de la inspección reducida para estos NCA's. En este caso deben utilizarse mas de 10 lotes ó partidas.

Contenido web

Acceda a www.marcombo.info y descargue los anexos imprescindibles de este libro con el código **MARCOMBO30**.